DELIUS KLASING

Dr. Etzold
Diplom-Ingenieur für Fahrzeugtechnik

So wird's gemacht

pflegen – warten – reparieren

Band 132

OPEL VECTRA C
CARAVAN/SIGNUM

Benziner
1,6 l/ 74 kW (100 PS) 8/04 – 7/08
1,8 l/ 90 kW (122 PS) 3/02 – 7/08
2,0 l/129 kW (175 PS) 5/03 – 7/08
2,2 l/108 kW (147 PS) 3/02 – 8/05
2,2 l/114 kW (155 PS) 5/03 – 7/08
2,8 l/169 kW (230 PS) 9/05 – 7/08
2,8 l/188 kW (255 PS) 11/05 – 7/08
3,2 l/155 kW (211 PS) 10/03 – 8/05

Diesel
1,9 l/ 74 kW (100 PS) 9/05 – 7/08
1,9 l/ 88 kW (120 PS) 5/04 – 7/08
1,9 l/110 kW (150 PS) 5/04 – 7/08
2,0 l/ 74 kW (100 PS) 3/02 – 8/05
2,2 l/ 92 kW (125 PS) 3/02 – 8/05
3,0 l/130 kW (177 PS) 5/03 – 8/05
3,0 l/135 kW (184 PS) 9/05 – 7/08

Delius Klasing Verlag

Redaktion: Günter Skrobanek (Text)
Christine Etzold (Bild)

Bibliografische Information der Deutschen Nationalbibliothek

Die Deutsche Nationalbibliothek verzeichnet diese Publikation in der Deutschen Nationalbibliografie; detaillierte bibliografische Daten sind im Internet über http://dnb.dnb.de abrufbar.

8. Auflage
ISBN 978-3-7688-1586-4

Alle Angaben ohne Gewähr
Druck: Kunst- und Werbedruck, Bad Oeynhausen
Printed in Germany 2022

Delius Klasing Verlag, Siekerwall 21, D-33602 Bielefeld
Tel.: 0521/559-0, Fax: 0521/559-115
E-Mail: info@delius-klasing.de
www.delius-klasing.de
http://sowirdsgemacht.com

Lieber Leser,

die Automobile werden von Modellgeneration zu Modellgeneration technisch immer aufwändiger und komplizierter. Ohne eine Anleitung kann man mitunter nicht einmal mehr die Glühlampe eines Scheinwerfers auswechseln. Und so wird verständlich, dass von Jahr zu Jahr immer mehr Heimwerker zum »So wird's gemacht«-Handbuch greifen.

Doch auch der kundige Hobbymonteur sollte bedenken, dass der Fachmann viel Erfahrung hat und durch die Weiterschulung und den ständigen Erfahrungsaustausch über den neuesten Technikstand verfügt. Mithin kann es für die Überwachung und Erhaltung der Betriebs- und Verkehrssicherheit des eigenen Fahrzeugs sinnvoll sein, in regelmäßigen Abständen eine Fachwerkstatt aufzusuchen.

Grundsätzlich muss sich der Heimwerker natürlich darüber im Klaren sein, dass man mithilfe eines Handbuches nicht automatisch zum Kfz-Mechaniker wird. Auch deshalb sollten Sie nur solche Arbeiten durchführen, die Sie sich zutrauen. Das gilt insbesondere für jene Arbeiten, die die Verkehrssicherheit des Fahrzeugs beeinträchtigen können. Gerade in diesem Punkt sorgt das »So wird's gemacht«-Handbuch jedoch für praktizierte Verkehrssicherheit. Durch die Beschreibung der Arbeitsschritte und den Hinweis, die Sicherheitsaspekte nicht außer Acht zu lassen, wird der Heimwerker vor der Arbeit entsprechend sensibilisiert und informiert. Auch wird darauf hingewiesen, im Zweifelsfall die Arbeit lieber von einem Fachmann ausführen zu lassen.

Sicherheitshinweis
Auf verschiedenen Seiten dieses Buches stehen »Sicherheitshinweise«. Bevor Sie mit der Arbeit anfangen, lesen Sie bitte diese Sicherheitshinweise aufmerksam durch und halten Sie sich strikt an die dort gegebenen Anweisungen.

Vor jedem Arbeitsgang empfiehlt sich ein Blick in das vorliegende Buch. Dadurch werden Umfang und Schwierigkeitsgrad der Reparatur offenbar. Außerdem wird deutlich, welche Ersatz- oder Verschleißteile eingekauft werden müssen und ob unter Umständen die Arbeit nur mithilfe von Spezialwerkzeug durchgeführt werden kann. Besonders empfehlenswert: Wenn Sie eine elektronische Kamera zur Hand haben, dann sollten Sie komplizierte Arbeitsschritte für den Wiedereinbau fotografisch dokumentieren.

Für die meisten Schraubverbindungen ist das Anzugsdrehmoment angegeben. Bei Schraubverbindungen, die in jedem Fall mit einem Drehmomentschlüssel angezogen werden müssen (Zylinderkopf, Achsverbindungen usw.), ist der Wert **f e t t** gedruckt. Nach Möglichkeit sollte man generell jede Schraubverbindung mit einem Drehmomentschlüssel anziehen. Übrigens: Für viele Schraubverbindungen sind Innen- oder Außen-Torxschlüssel erforderlich.

Als ich Anfang der siebziger Jahre den ersten Band der »So wird´s gemacht«-Buchreihe auf den Markt brachte, wurden im Automobilbau nur ganz wenige elektronische Bauteile eingesetzt. Inzwischen ist das elektronische Management allgegenwärtig; ob bei der Steuerung der Zündung, des Fahrwerks oder der Gemischaufbereitung. Die Elektronik sorgt auch dafür, dass es in verschiedenen Bereichen keine Verschleißteile mehr gibt. Das Überprüfen elektronischer Bauteile ist wiederum nur noch mit teuren und speziell auf das Fahrzeugmodell abgestimmten Prüfgeräten möglich, die dem Heimwerker in der Regel nicht zur Verfügung stehen. Wenn also verschiedene Reparaturschritte nicht mehr beschrieben werden, so liegt das ganz einfach am vermehrten Einsatz von elektronischen Bauteilen.

Das vorliegende Buch kann nicht auf jedes technische Fahrzeug-Problem eingehen. Dennoch hoffe ich, dass Sie mithilfe der Beschreibungen viele Arbeiten am Fahrzeug durchführen können. Eines sollten Sie jedoch bei Ihren Arbeiten am eigenen Auto beachten: Ständig werden am aktuellen Modell Änderungen in der Produktion durchgeführt, so dass sich die im Buch veröffentlichten Arbeitsanweisungen und Einstelldaten für Ihr spezielles Modell geändert haben könnten. Sollten Zweifel auftreten, erfragen Sie bitte den aktuellen Stand beim Kundendienst des Automobilherstellers.

Rüdiger Etzold

Inhaltsverzeichnis

OPEL VECTRA-C/SIGNUM

Aus dem Inhalt:

- **Modellvarianten**
- **Fahrzeugidentifizierung**
- **Motordaten**

Im März 2002 wurde der OPEL VECTRA C der Öffentlichkeit präsentiert. Die Kennzeichnung der Modell-Generationen in alphabetischer Reihenfolge weist auf die 3. Modell-Generation des VECTRA hin.

Der VECTRA C bietet gegenüber dem Vorgängermodell einige Vorteile. Dazu zählen unter anderem der verbesserte Fahrkomfort sowie der hohe passive Sicherheitsstandard. Dank der umfangreichen Verzinkung der Karosserie gibt es eine zwölfjährige Garantie gegen Durchrostung. Die Wartungsintervalle wurden verlängert, die Zündkerzen müssen beim Benzinmotor beispielsweise nur noch alle 120.000 km gewechselt werden. Wesentliche Stilelemente des neuen VECTRA sind der in die Motorhaube integrierte Kühlergrill und die doppelstöckigen, vertikalen Klarglas-Scheinwerfer. Das Heck des VECTRA wird geprägt durch die großen, um die Ecken herumgezogenen Rückleuchten und den durch die Quersicke und die untere Chromleiste sehr breit wirkenden Kofferraumdeckel.

Im September 2005 wurde im Rahmen eines Facelifts die Front des VECTRA C neu gestaltet. Die Scheinwerfer mit ihren zylinderförmigen, chromfarbenen Leuchteinheiten sind jetzt um die Ecken herum gezogen. Die runden Nebelscheinwerfer haben neue Abdeckungen. Der Kühlergrill erhielt einen breiten Chromsteg und die Motorhaube eine Falte in Längsrichtung.

Für den VECTRA stehen in Leistung, Hubraum und Bauart recht unterschiedliche Benzin- und Dieselmotoren zur Verfügung, so dass je nach persönlicher Anforderung zwischen sehr wirtschaftlicher und sportlicher Motorisierung ausgewählt werden kann.

VECTRA C, Limousine, Modell 2006

VECTRA C, Limousine, Modell 2002

VECTRA C, GTS

VECTRA C, CARAVAN

SIGNUM

Fahrzeug- und Motoridentifizierung

Anhand der Fahrzeug-Identifizierungsnummer (Fahrgestellnummer) kann das Fahrzeugmodell identifiziert werden. In der Fahrgestellnummer sind Modellreihe und Karosserievariante verschlüsselt aufgeführt.

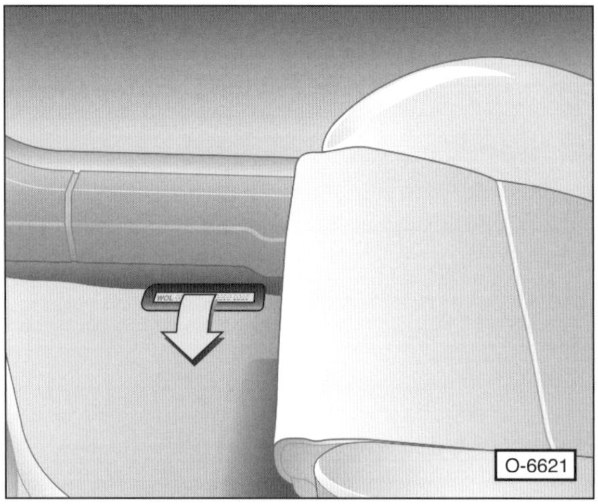

O-6621

Die Fahrzeug-Identifizierungsnummer ist neben dem rechten Vordersitz in das Karosserie-Bodenblech eingeprägt und durch eine Abdeckklappe verdeckt. Je nach Modell kann die Fahrzeug-Identifizierungsnummer auch auf dem Armaturenbrett angebracht sein.

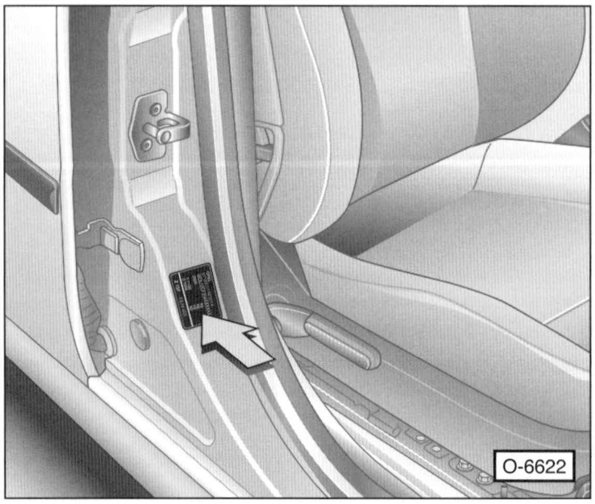

O-6622

Das Typschild befindet sich am rechten Vordertürrahmen beziehungsweise bei manchen Modellen im Motorraum am rechten Federbeindom. Außer der Fahrzeug-Identifizierungsnummer enthält es weitere Daten, wie beispielsweise die Farbnummer.

Aufschlüsselung der Fahrzeug-Identifizierungsnummer

WOL	O	Z	C	F	35	3	2	123 456
①	②	③	④	⑤	⑥	⑦	⑧	⑨

① Weltherstellercode: WOL = Adam Opel AG.

② Sonderausführung: O = kein Sonderfahrzeug.

③ GM-Code: Z = VECTRA C/SIGNUM.

④ Modell: C = VECTRA C.

⑤ Ausstattung.

⑥ Karosserie: 69 = 4-Türer Limousine, 68 = GTS, 48 = SIGNUM, 35 = CARAVAN.

⑦ Modelljahr: Y = 2000, 1 = 2001, 2 = 2002, 3 = 2003, ... bis ... 9 = 2009, A = 2010, B = 2011 usw.

⑧ Herstellerwerk: 1 = Rüsselsheim, 2 = Bochum.

⑨ Fortlaufende Seriennummer.

Aufschlüsselung der Motorkennzeichnung

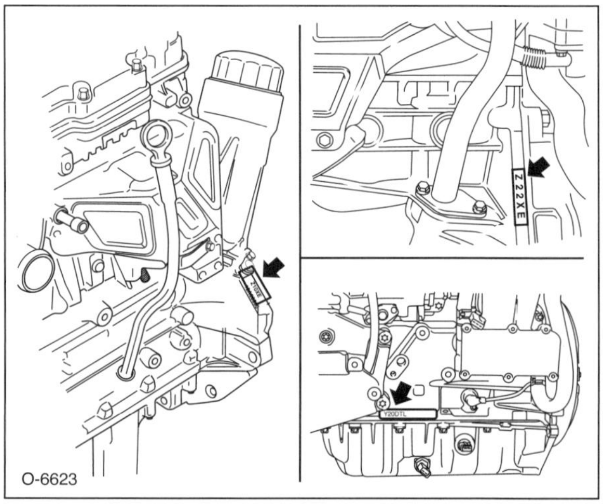

O-6623

Motorkennzeichnung und Motornummer sind in den Motorblock eingeschlagen. Die Abbildung zeigt beispielhaft einige Positionen der Motornummer –Pfeile–.

Beispiel:

Z	18	X	E	–	–
Y	20	–	D	T	H
①	②	③	④	⑤	⑤

① **Abgasnorm:** Y = EURO-3; Z = EURO-4.

② **Hubraum:** 18 = 1,8 l; 20 = 2,0 l.

③ **Verdichtungsverhältnis:** L = 8,5 – 9,0; N = 9,0 – 9,5; S = 9,5 – 10,0; X = 10,0 – 11,5; Y > 11,5. **Hinweis:** Beim Dieselmotor wird der Buchstabe »Y« in der aktuellen Bezeichnung weggelassen.

④ **Gemischsystem:** E = Benzin-Einspritzung; D = Diesel.

⑤ **Ausführung:** H = Höhere Leistung; L = Niedrigere Leistung; T = Turboaufladung.
Hinweis: Die Buchstaben »H« und »L« beziehen sich auf Basismotoren, deren Leistung erhöht beziehungsweise vermindert wurde. Beispielsweise wurden vom VECTRA-Motor **Z19DT** mit 120 PS der VECTRA-Motor Z19DT**H** mit 150 PS sowie der Motor Z19DT**L** mit 100 PS abgeleitet.

Motordaten

Motor/Modell	1.6	1.8	2.0 turbo	2.2	2.2 direct	2.8 V6	2.8 V6	3.2 V6
Fertigung von – bis	8/04 – 7/08	3/02 – 7/08	5/03 – 7/08	3/02 – 8/05	5/03 – 7/08	9/05 – 7/08	11/05 – 7/08	10/03 - 8/05
Motorbezeichnung	Z16XE	Z18XE	Z20NET	Z22SE	Z22YH	Z28NEL	Z28NET	Z32SE
Hubraum cm^3	1598	1796	1998	2198	2198	2792	2792	3175
Leistung kW bei 1/min PS bei 1/min	74/6000 100/6000	90/6000 122/6000	129/5500 175/5500	108/5600 147/5600	114/5600 155/5600	169/5500 230/5500	188/5500 255/5500	155/6200 211/6200
Drehmoment Nm bei 1/min	150/3600	167/3800	265/2500	203/4000	220/3800	330/1800	355/1800	300/4000
Bohrung ∅ mm	79,0	80,5	86,0	86,0	86,0	89,0	89,0	87,5
Hub mm	81,5	88,2	86,0	94,6	94,6	74,8	74,8	88,0
Verdichtung	10,5	10,5	9,5	10,0	12,0	9,5	9,5	10,0
Zylinder/Ventile pro Zylinder	4/4	4/4	4/4	4/4	4/4	6/4	6/4	6/4
Motormanagement	Multec S	Simtec 71	Trionic 8	GMPT-E15	Simtec 81	Motr.ME 9.6	Motr.ME 9.6	ME 3.1.1
Kraftstoff bleifrei ROZ	Super 95	Super 95	Super 95	Super 95	Super 95[2]	Super 95	Super 95	Super 95
Wechselmengen Motoröl Liter Kühlflüssigkeit Liter	 3,5 6,1	 4,25 5,5	 6,0 7,4	 4,75 7,1	 5,0 7,1	 6,0 7,5	 6,0 7,5	 4,75 7,4

Motor/Modell	1.9 CDTI	1.9 CDTI	1.9 CDTI	2.0 DTI	2.2 DTI	3.0 V6 CDTI	3.0 V6 CDTI
Fertigung von – bis	9/05 – 7/08	5/04 – 7/08	5/04 – 7/08	3/02 – 8/05	3/02 – 8/05	5/03 – 8/05	9/05 – 7/08
Motorbezeichnung	Z19DTL	Z19DT	Z19DTH	Y20DTH	Y22DTR	Y30DT	Z30DT
Hubraum cm^3	1910	1910	1910	1995	2172	2958	2958
Leistung kW bei 1/min PS bei 1/min	74/3500 100/3500	88/3500 120/3500	110/4000 150/4000	74/4000 100/4000	92/4000 125/4000	130/4000 177/4000	135/4000 184/4000
Drehmoment Nm bei 1/min	260/1700	280/2000	315/2000[1]	230/1500	280/1500	370/1900	400/1900
Bohrung ∅ mm	82,0	82,0	82,0	84,0	84,0	87,5	87,5
Hub mm	90,4	90,4	90,4	90,0	98,0	82,0	82,0
Verdichtung	18,0	18,0	17,5	18,5	18,5	18,5	18,5
Zylinder/Ventile pro Zylinder	4/2	4/2	4/4	4/4	4/4	6/4	6/4
Motormanagement	EDC 16C9	EDC 16C9	EDC 16C9	PSG 16	PSG 16	Denso-0100	Denso-0100
Kraftstoff	Diesel	Diesel	Diesel	Diesel	Diesel	Diesel	Diesel
Wechselmengen Motoröl Liter Kühlflüssigkeit Liter	 4,3 7,5	 4,3 7,5	 4,3 7,5	 5,5 7,3	 5,5 7,3	 7,25 8,3	 7,25 8,3

Hinweis: Die Wechselmengen sind ungefähre Angaben. Abweichungen entsprechend der jeweiligen Fahrzeugausstattung sind möglich. Für den richtigen Flüssigkeitsstand sind immer die Markierungen am Messstab oder am Ausgleichbehälter maßgeblich.

[1]) Ab 9/04 beträgt das höchste Drehmoment 320 Nm bei 2000/min.

[2]) Bei diesem Motor darf kein neues, schwefelfreies »Super 95 E10« getankt werden. Falls kein bisheriges »Super 95 E5« vorhanden ist, muss stattdessen »Super Plus 98 E5« verwendet werden.

1,8-l-Benzinmotor

90 kW/122 PS

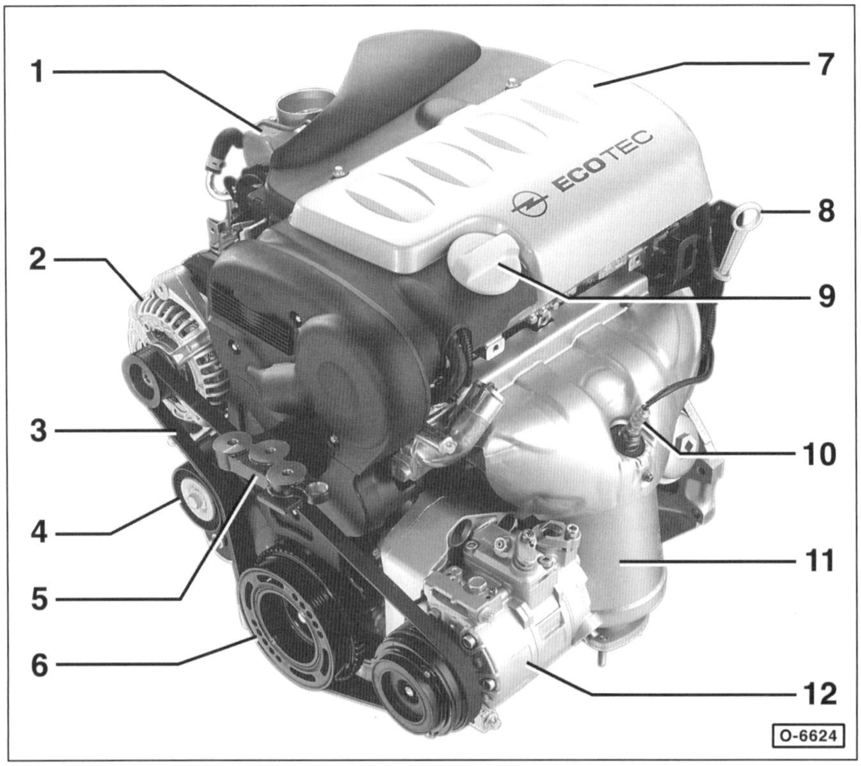

1 – Drosselklappen-Steuereinheit
2 – Generator
3 – Keilrippenriemen
4 – Spannrolle
5 – Motorhalter
6 – Kurbelwellen-Riemenscheibe
7 – Motorabdeckung oben
8 – Ölmessstab
9 – Öleinfülldeckel
10 – Lambdasonde 1
11 – Hitzeschutzblech
12 – Klimakompressor

1,9-l-Dieselmotor

110 kW/150 PS

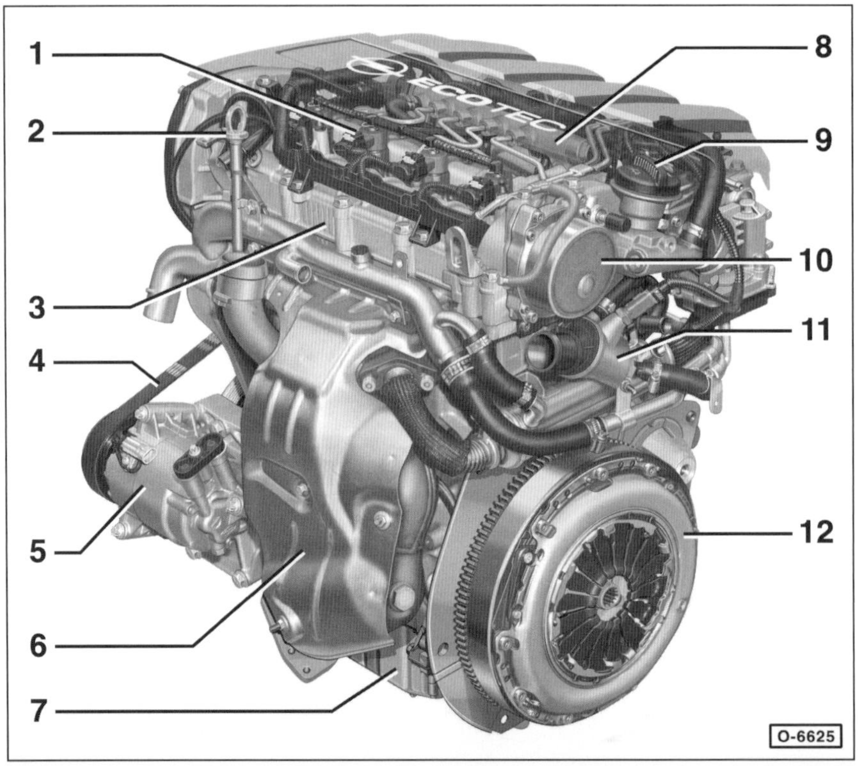

1 – Einspritzventil
2 – Ölmessstab
3 – Zylinderkopf
4 – Keilrippenriemen
5 – Klimakompressor
6 – Hitzeschutzblech
7 – Ölwanne
8 – Common Rail
9 – Öleinfülldeckel
10 – Vakuumpumpe
11 – Thermostatgehäuse
12 – Kupplungs-Druckplatte

Wartung

Aus dem Inhalt:

- Wartungsplan
- Wartungsarbeiten
- Serviceanzeige nach der Wartung zurückstellen
- Werkzeugausrüstung
- Motorstarthilfe
- Aufbocken

Die Wartung des VECTRA erfolgt nach **flexiblen** Intervallen. Dabei werden von einem Steuergerät die Wartungsintervalle je nach Fahrweise aufgrund folgender Faktoren berechnet: Zurückgelegte Fahrstrecke, Motordrehzahl, Motordrehmoment, Fahrzyklen, Kühlmitteltemperatur und Öltemperatur.

Hinweis: Bei Fahrzeugen mit **1,9-l-Dieselmotor** ist auch ein Wartungssystem mit starren Wartungsintervallen möglich. Diese Fahrzeuge besitzen eine Wartungs-Warnlampe für Wenigfahrer.

O-62180

Wenn die Restlaufstrecke bis zur Wartung weniger als 1.500 km beträgt, erscheint im Display des Drehzahlmessers das Wartungs-Symbol mit einer Restlaufstrecke von 1.000 km. **Hinweis:** Die Restlaufstrecke bis zur nächsten Wartung kann bei ausgeschalteter Zündung im Display des Drehzahlmessers angezeigt werden. Dazu Stellknopf unter dem Tageskilometerzähler drücken, es erscheint dann das Wartungs-Symbol und die Restlaufstrecke bis zur nächsten Wartung, beispielsweise 10.000 km, siehe Abbildung.

Nachdem die Wartung durchgeführt wurde, muss die Service-Intervallanzeige zurückgesetzt werden.

Hinweis: Standzeiten, bei denen die Fahrzeugbatterie abgeklemmt ist, bleiben von der Service-Intervallanzeige unberücksichtigt.

Service-Intervallanzeige zurücksetzen

VECTRA-C/SIGNUM mit 1,9-l-Dieselmotor Z19DT(L/H)

Die Service-Intervallanzeige muss nach jeder Wartung zurückgesetzt werden.

Zurücksetzen

- Zündung ausschalten, Zündschlüssel steht in Nullstellung.
- Rückstellknopf für Tageskilometerzähler drücken. Im Kombiinstrument wird der Tageskilometerzähler angezeigt.
- Rückstellknopf für Tageskilometerzähler drücken und festhalten. Nach ca. 3 Sekunden erscheint die Service-Intervallanzeige, zum Beispiel »InSP 15000« oder »InSP 0«.
- Rückstellknopf für Tageskilometerzähler gedrückt halten, zusätzlich Bremspedal treten und beide halten.
- Zündung einschalten, im Display wird »InSP - - -« blinkend angezeigt. Rückstellknopf und Bremspedal weiter halten, bis die Anzeige umspringt.
- Nach ca. 10 Sekunden wird im Display die maximale Laufleistung bei flexiblem Wartungssystem angezeigt; beim Benzinmotor ist das »InSP 35000«, beim Dieselmotor »InSP 50000« . **Hinweis:** Bei starren Wartungsintervallen wird »InSP 30000« angezeigt.
- Rückstellknopf und Bremspedal lösen. Das Service-Intervall ist jetzt zurückgesetzt. **Hinweis:** Dadurch wird der Zeitzähler im Kombiinstrument auf 24 Monate und die im Motor-Steuergerät abgelegte Information »Ölzustand« auf 100% gesetzt.

Wartungsplan

Die Wartung ist nach der Service-Intervallanzeige durchzuführen. Auf jeden Fall aber nach **2 Jahren** oder, wenn innerhalb dieser Zeit mehr als **30.000 km** (Benzinmotor) beziehungsweise **50.000 km** (Dieselmotor) gefahren werden, bereits nach 30.000/50.000 km.

Achtung: Beim **Dieselmotor mit Partikelfilter** (ca. ab 5/04, 1,9-l-Motor ab Serienbeginn) ist der Motorölwechsel alle **2 Jahre** beziehungsweise bereits nach **25.000 km** durchzuführen. Dabei ist ebenfalls der Kraftstofffilter zu ersetzen.

Im Rahmen der Wartung sind ebenfalls die zusätzlichen, mit ◆ gekennzeichneten Wartungspunkte nach den angegebenen Intervallen durchzuführen. **Achtung:** Abweichend von den Wartungsintervallen muss beim Dieselmotor der Kraftstofffilter **jedes Jahr** entwässert werden.

Nach erfolgter Wartung sollte die Service-Intervallanzeige im Kombiinstrument zurückgesetzt werden.

Achtung: Bei häufigen Fahrten in staubiger Umgebung müssen Motor-Luftfilter und Pollenfilter bereits nach der Hälfte des ursprüngliche Wartungsintervalls gewechselt werden.

Motor

- Motor/Motorraum: Sichtprüfung auf Undichtigkeiten.
- Motor: Ölstand prüfen, Sichtprüfung auf Ölundichtigkeiten.
- Motor: Öl wechseln, Ölfilter ersetzen.
- Kühlsystem: Flüssigkeitsstand prüfen, Konzentration des Frostschutzmittels prüfen. Sichtprüfung auf Undichtigkeiten und äußere Verschmutzung des Kühlers.
- Motor Y20DTH/Y22DTR/Y30DT: Kraftstofffilter ersetzen. Beim Motor Y30DT Kraftstofffilter entwässern.
- Keilrippenriemen: Zustand und Spannvorrichtung prüfen.
- Abgasanlage: Auf Beschädigungen sichtprüfen.

Getriebe, Achsantrieb

- Getriebe: Sichtprüfung auf Undichtigkeiten.
- Motor Z18XE mit CV-Tronic-Automatikgetriebe: Getriebeöl mit Additiv auffrischen.

  Hinweis: Additive sind Wirkstoffe, die dem Grundöl zugemischt werden, um Eigenschaften zu erhalten, die technisch notwendig, aber im Grundöl nicht vorhanden sind. Zum Beispiel besserer Verschleißschutz, Alterungsschutz etc.

Vorderachse und Lenkung

- Radaufhängung und Federung vorn und hinten: Sichtprüfen auf Beschädigungen.
- Servolenkung: Auf Dichtheit sichtprüfen, gegebenenfalls Flüssigkeitsstand prüfen.
- Lenkgetriebe: Manschetten prüfen.
- Gummimanschetten der Gelenkwellen: Auf Undichtigkeiten und Beschädigungen prüfen.
- Spurstangenköpfe und Achsgelenke: Staubkappen prüfen, Gelenke auf Spiel prüfen.

Bremsen, Reifen, Räder

- Bremsen vorn/hinten: Belagstärke prüfen.
- Bremsanlage: Flüssigkeitsstand prüfen.
- Bremsanlage: Leitungen, Schläuche und Anschlüsse auf Undichtigkeiten und Beschädigungen prüfen.
- Handbremse: Funktion prüfen.
- Bereifung: Reifenfülldruck und Profiltiefe prüfen (einschließlich Reserverad); Reifen auf Verschleiß und Beschädigungen prüfen.
- Räder: Radschrauben lösen und über Kreuz wieder mit **110 Nm** festziehen.

Aufbau, Heizung

- Airbag-Einheiten: Sichtprüfen auf Beschädigungen.
- Klimaanlage: Auf Dichtheit sichtprüfen.
- Pollenfilter: Filtereinsatz ersetzen. **Hinweis:** Bei nachlassender Wirkung der Klimaanlage Pollenfilter schon früher wechseln.
- Türfeststeller und Türscharniere (nur hinten), Tür-Schließzylinder, Schließbügel, Motorhaubenschloss und Heckklappenscharniere: Schmieren.

Elektrische Anlage

- Alle Stromverbraucher: Funktion prüfen.
- Signalhorn: Prüfen.
- Beleuchtungsanlage/Kontrolllampen: Funktion prüfen.
- Scheinwerfereinstellung: Prüfen (Werkstattarbeit).
- Scheibenwischer: Wischergummis auf Verschleiß prüfen.
- Scheibenwaschanlage: Funktion prüfen, Düsenstellung kontrollieren, Flüssigkeit nachfüllen, Scheinwerfer-Waschanlage prüfen.
- Batterie: Prüfen.
- Service-Intervallanzeige: Zurücksetzen.

Zusätzliche Wartungsarbeiten

Alle 25.000 km

◆ Motor Z19DT(L/H): Kraftstofffilter ersetzen und entwässern.

Alle 2 Jahre unabhängig von den gefahrenen Kilometern

◆ Bremsflüssigkeit für Bremssystem und Kupplungshydraulik wechseln.

◆ Funk-Fernbedienung: Batterien wechseln.

◆ Karosserie: Lackierung auf Beschädigung prüfen.

◆ Unterbodenschutz: Prüfen.

◆ Erste-Hilfe-Kasten: Haltbarkeitsdatum prüfen.

◆ Abgasuntersuchung (AU) erstmalig nach 3 Jahren, dann alle 2 Jahre (Werkstattarbeit).

Alle 50.000 km

◆ Motor Z19DT(L): Ventilspiel prüfen, gegebenenfalls einstellen.

Alle 4 Jahre / 60.000 km

- Motor-Luftfilter: Filtereinsatz ersetzen. **Hinweis:** Kilometerbegrenzung für den Dieselmotor: 50.000 km.
- Benzinmotor: Kraftstofffilter ersetzen.
- 1,6-/ 1,8-l-Benzinmotor: Zündkerzen ersetzen.
Achtung: Gilt nur ab folgender Motornummer:
»Z16XE: 20 CK 0775«;
»Z18XE: 20 CK 0551«.
- Automatisches Getriebe AF23, AF33: Bei erschwerten Betriebsbedingungen, Getriebeöl wechseln.
- VT 20-E/CV-Tronic-Getriebe: Getriebeöl wechseln.

Alle 6 Jahre / 90.000 km

- Motor Z16XE/Z18XE: Zahnriemen und Zahnriemenspannrolle ersetzen, Umlenkrolle und Antriebsrad prüfen.

Alle 6 Jahre / 120.000 km

- Motor Z19DT(L): Zahnriemen ersetzen.

Alle 8 Jahre / 120.000 km

- Benzinmotor: Zündkerzen ersetzen. **Achtung:** Beim 1,6-/ 1,8-l-Motor ab einer bestimmten Motornummer müssen die Zündkerzen bereits nach 4 Jahren oder 60.000 km gewechselt werden.
- Motor Z32SE: Zahnriemen und Zahnriemenspannrolle ersetzen, Umlenkrolle und Antriebsrad prüfen.
- Motor Y30DT: Keilrippenriemen ersetzen.

Alle 10 Jahre / 120.000 km

- Motor Z19DT(L/H): Keilrippenriemen ersetzen.

Alle 10 Jahre / 150.000 km

- Motor Y30DT: Zahnriemen und Zahnriemenspannrolle ersetzen, Umlenkrolle und Antriebsrad prüfen.
- Motor Y30DT: Ventilspiel prüfen beziehungsweise einstellen.
- Motor Z19DTH: Zahnriemen ersetzen.

Wartungsarbeiten

Hier werden, nach den verschiedenen Baugruppen des Fahrzeugs aufgeteilt, alle Wartungsarbeiten beschrieben, die gemäß dem Wartungsplan durchgeführt werden müssen. Auf die erforderlichen Verschleißteile sowie das möglicherweise benötigte Sonderwerkzeug wird jeweils hingewiesen.

Es empfiehlt sich, Reifendruck, Motorölstand und Flüssigkeitsstände für Kühlung, Wisch-/Waschanlage etc. mindestens alle 4 bis 6 Wochen zu prüfen und gegebenenfalls zu ergänzen.

Achtung: Beim **Einkauf von Ersatzteilen** ist zur Identifizierung des Fahrzeuges unbedingt der **KFZ-Schein** mitzunehmen, denn nur durch die Fahrzeug-Identnummer ist eine eindeutige Zuordnung von Ersatzteil und Fahrzeugmodell möglich. Sinnvoll ist es auch, das Altteil zum Ersatzteilhändler mitzunehmen, um es dort mit dem Neuteil vergleichen zu können.

Motor und Abgasanlage

Folgende Wartungspunkte müssen nach dem Wartungsplan durchgeführt werden:

- Motor/Motorraum: Sichtprüfung auf Undichtigkeiten.
- Motorölstand prüfen, Sichtprüfung auf Ölundichtigkeiten.
- Motoröl wechseln, Ölfilter ersetzen.
- Kühlsystem: Flüssigkeitsstand prüfen, Konzentration des Frostschutzmittels prüfen. Sichtprüfung auf Undichtigkeiten und äußere Verschmutzung des Kühlers.
- Dieselmotor: Kraftstofffilter entwässern, ersetzen.
- Benzinmotor: Kraftstofffilter ersetzen.
- Keilrippenriemen: Zustand und Spannvorrichtung prüfen.
- Motor-Luftfilter: Filtereinsatz ersetzen.
- Abgasanlage auf Beschädigungen sichtprüfen.
- Benzinmotor: Zündkerzen ersetzen.
- Zahnriemen: Zahnriemenrollen prüfen.
- Zahnriemen und Zahnriemenspannrolle ersetzen, siehe auch Kapitel »Motor-Mechanik«.
- Keilrippenriemen ersetzen, siehe Kapitel »Motor-Mechanik«.
- Motor Z19DT(L)/Y30DT: Ventilspiel prüfen beziehungsweise einstellen, siehe Kapitel »Motor-Mechanik«.
- Abgasuntersuchung (AU) erstmalig nach 3 Jahren, dann alle 2 Jahre (Werkstattarbeit).

Motor/Motorraum: Sichtprüfung auf Undichtigkeiten

Spezialwerkzeug: nicht erforderlich.

- Obere Motorabdeckung ausbauen, siehe Seite 167.
- Leitungen, Schläuche und Anschlüsse der
  - Kraftstoffanlage,
  - des Kühl- und Heizungssystems,
  - der Bremsanlage

  auf Undichtigkeiten, Scheuerstellen, Porosität und Brüchigkeit sichtprüfen.

Ölundichtigkeit suchen

Bei ölverschmiertem Motor und hohem Ölverbrauch überprüfen, wo das Öl austritt. Dazu folgende Stellen überprüfen:

- Öleinfülldeckel öffnen und Dichtung auf Porosität oder Beschädigung prüfen.
- Kurbelgehäuse-Entlüftung: Zum Beispiel Belüftungsschlauch vom Zylinderkopfdeckel zum Luftansaugschlauch.
- Zylinderkopfdeckel-Dichtung.
- Zylinderkopf-Dichtung.
- Ölablassschraube (Dichtring).
- Ölfilterdichtung: Ölfilter am Ölfilterflansch.
- Ölwannendichtung.
- Wellendichtringe vorn und hinten für Nockenwelle und Kurbelwelle.

Da sich bei Undichtigkeiten das Öl meistens über eine größere Motorfläche verteilt, ist der Austritt des Öls nicht auf den ersten Blick zu erkennen. Bei der Suche geht man zweckmäßigerweise wie folgt vor:

- Motorwäsche folgendermaßen durchführen: Generator mit Plastiktüte abdecken. Motor mit handelsüblichem Kaltreiniger einsprühen und nach einer kurzen Einwirkungszeit an einer Autowaschanlage mit Wasser abspritzen.
- Trennstellen und Dichtungen am Motor von außen mit Kalk oder Talkumpuder bestäuben.
- Ölstand kontrollieren, gegebenenfalls auffüllen.
- Probefahrt durchführen. Da das Öl bei heißem Motor dünnflüssig wird und dadurch schneller an den Leckstellen austreten kann, sollte die Probefahrt über eine Strecke von ca. 30 km auf einer Schnellstraße durchgeführt werden.
- Anschließend Motor mit Lampe anstrahlen, undichte Stelle lokalisieren und Fehler beheben.

Kühlsystem prüfen

- Kühlmittelschläuche durch Zusammendrücken und Verbiegen auf poröse Stellen untersuchen, hart gewordene und aufgequollene Schläuche erneuern.
- Die Schläuche dürfen nicht zu kurz auf den Anschlussstutzen sitzen.
- Festen Sitz der Schlauchschellen kontrollieren, gegebenenfalls Schellen erneuern.
- Dichtung des Verschlussdeckels für den Ausgleichbehälter auf Beschädigungen überprüfen.

Achtung: Ein zu niedriger Kühlmittelstand kann auch von einem nicht richtig aufgeschraubten Verschlussdeckel herrühren.

- Deutlicher Kühlmittelverlust und/oder Öl in der Kühlflüssigkeit sowie weiße Abgaswolken bei warmem Motor deuten auf eine defekte Zylinderkopfdichtung hin.

Achtung: Mitunter ist es schwierig, die Leckstelle ausfindig zu machen. Dann empfiehlt sich eine Druckprüfung durch die Werkstatt (Spezialgerät erforderlich). Hierbei kann ebenfalls das Überdruckventil des Verschlussdeckels geprüft werden.

- Obere Motorabdeckung einbauen, siehe Seite 167.

Motorölstand prüfen

Spezialwerkzeug: nicht erforderlich.

Erforderliche Betriebsmittel/Verschleißteile:

- Zum Nachfüllen nur ein von OPEL freigegebenes Motoröl verwenden, siehe Seite 184.

Prüfen

- Motor warm fahren und auf einer ebenen, waagerechten Fläche abstellen.
- Nach Abstellen des Motors mindestens 5 Minuten lang warten, damit sich das Öl in der Ölwanne sammelt.

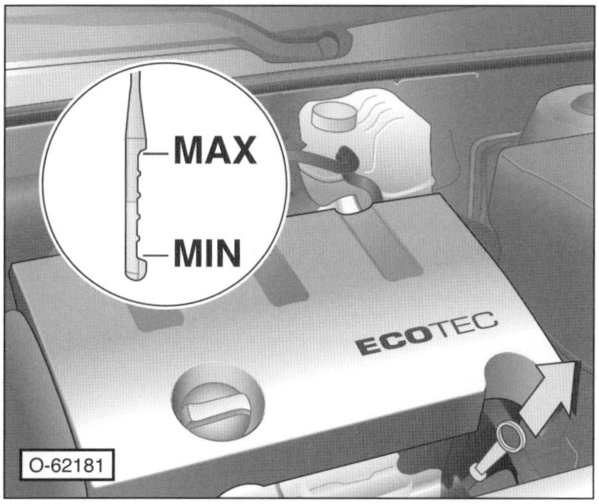

O-62181

- Ölmessstab herausziehen –Pfeil– und mit sauberem Lappen abwischen.
- Anschließend Messstab bis zum Anschlag in das Führungsrohr einführen und wieder herausziehen. Der Ölstand muss zwischen den beiden Markierungen –MAX– und –MIN– liegen.
- Neues Öl erst nachfüllen, wenn sich der Ölstand der MIN-Marke nähert. Die Ölmenge von der MIN- bis zur MAX-Markierung beträgt **1,0 l** (2,2-l-Benzinmotor Z22SE: **0,75 l**, 3,0-l-Dieselmotor Y30DT: **1,3 l**).

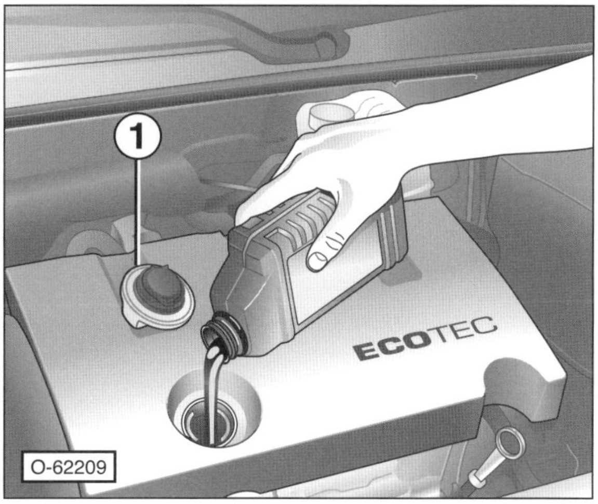

O-62209

- Nachgefüllt wird am Verschluss des Zylinderkopf- oder Nockenwellengehäusedeckels. Beim Nachfüllen vorgeschriebene Ölsorte verwenden, keine Ölzusätze verwenden. 1 – Öleinfülldeckel.

Achtung: Zu viel eingefülltes Motoröl (oberhalb von der MAX-Markierung) muss wieder abgesaugt werden, da sonst die Motordichtungen beziehungsweise der Katalysator beschädigt werden können.

- Bei hoher Motorbeanspruchung, durch beispielsweise längere Autobahnfahrten im Sommer, bei Anhängerbetrieb oder Gebirgsfahrten, sollte der Ölstand im oberen Teil des Sollbereichs liegen.

Motoröl wechseln/Ölfilter ersetzen

Erforderliches Spezialwerkzeug:

- Spezialwerkzeug zum Lösen des Ölfilters (Ölfilterzange, Spannbandschlüssel).
- Stecknuss zum Lösen des Ölfilterdeckels.

Wenn das Motoröl abgesaugt wird:

- Ölabsauggerät. Außendurchmesser der Sonde: 4,5 mm.
- Ölauffangbehälter.

Wenn das Motoröl abgelassen wird:

- Grube oder hydraulischer Wagenheber mit Unterstellböcken.
- Ölauffangwanne, die je nach Motor bis zu 8 Liter Öl fasst.

Erforderliche Betriebsmittel/Verschleißteile:

- Je nach Motor 3,5 bis 7,5 Liter Motoröl. Dabei nur ein von OPEL freigegebenes Motoröl verwenden, siehe Seite 184.
- Je nach Motor Ölfiltereinsatz oder Ölfilterpatrone.
- Nur wenn Öl abgelassen wird: Aluminium- oder Kupfer-Dichtring für die Ölablassschraube. Der Dichtring wird manchmal mit dem Ölfilter mitgeliefert.

Hinweis: Die Öl-Verkaufsstellen nehmen die entsprechende Menge Altöl kostenlos entgegen, daher beim Ölkauf Quittung und Ölkanister für spätere Altölrückgabe aufbewahren! **Um Umweltschäden zu vermeiden, keinesfalls Altöl einfach wegschütten oder dem Hausmüll mitgeben.**

Ölwechselmenge mit Filterwechsel

1,6-l-Motor	3,50 l
1,8-l-Motor	4,25 l
2,0-l-Benzinmotor	6,00 l
2,2-l-Benzinmotor (108 kW/147 PS)	4,75 l
2,2-l-Benzinmotor (114 kW/155 PS)	5,00 l
2,8-l-Benzinmotor	6,00 l
3,2-l-Benzinmotor	4,75 l
1,9-l-Dieselmotor	4,30 l
2,0-/2,2-l-Dieselmotor	5,50 l
3,0-l-Dieselmotor	7,25 l

Hinweis: Die angegebenen Ölwechselmengen sind ungefähre Mengenangaben. Auf jeden Fall nach dem Ölwechsel den Ölstand mit dem Ölmessstab prüfen und gegebenenfalls korrigieren.

Das Motoröl kann entweder durch das Ölmessstab-Führungsrohr abgesaugt werden oder aus der Ölwanne abgelassen werden. Zum Absaugen ist eine geeignete Absaugpumpe erforderlich, dabei darauf achten, dass der Absaugschlauch in das Ölmessstab-Führungsrohr passt.

Motoröl ablassen

- **Motor Z20NET/Z22SE/Z22YH/Y20DTH/Y22DTR:** Obere Motorabdeckung ausbauen, siehe Seite 167.
- Öleinfülldeckel –1– abschrauben, siehe Abbildung O-62209 auf Seite 19.

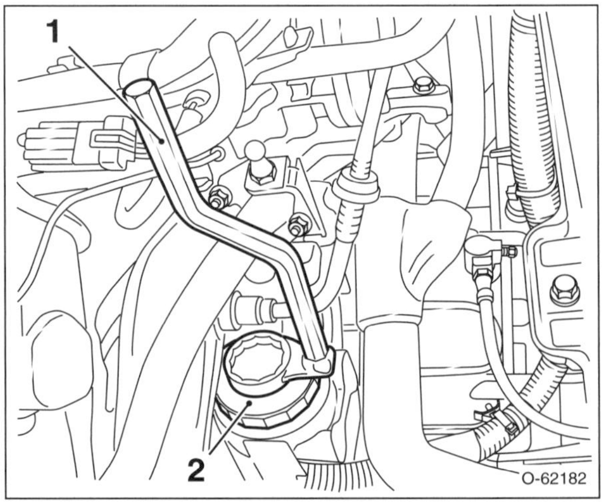

- **Motor Z20NET/Z22SE/Z22YH/Z19DT(L)/Y20DTH/Y22 DTR:** Deckel –2– vom Ölfiltergehäuse mit geeignetem Steckschlüssel SW-32 abschrauben. In der Abbildung ist der Motor **Z20NET/Z22SE/Z22YH** und der OPEL-Schlüssel KM-6150 –1– dargestellt. **Achtung:** Durch Abschrauben des Filterdeckels wird ein Ventil geöffnet, wodurch das Öl aus dem Filter in die Ölwanne zurücklaufen kann.
- Nachdem das Öl aus dem Filter abgelaufen ist, Ölfiltereinsatz herausnehmen.
- Motoröl mit einem Ölabsauggerät über das Ölmessstab-Führungsrohr absaugen.
- Steht das Ölabsauggerät nicht zur Verfügung, Motoröl ablassen. Dazu Fahrzeug waagerecht aufbocken oder über eine Montagegrube fahren.

Sicherheitshinweis
Beim Aufbocken des Fahrzeugs besteht Unfallgefahr! Hinweise im Kapitel »Fahrzeug aufbocken« beachten.

- **Motor Z19DT(L/H)/Y20DTH/Y22DTR/Y30DT:** Servicedeckel in der unteren Motorraumabdeckung abschrauben. Dazu je nach Motor 4 beziehungsweise 5 Schrauben herausdrehen, siehe Seite 249.
- Altöl-Auffangwanne unter die Ölablassschraube stellen.

Sicherheitshinweis
Darauf achten, dass beim Herausdrehen der Ölablassschraube das heiße Motoröl nicht über die Hand läuft. Deshalb beim Abschrauben mit den Fingern den Arm waagerecht halten.

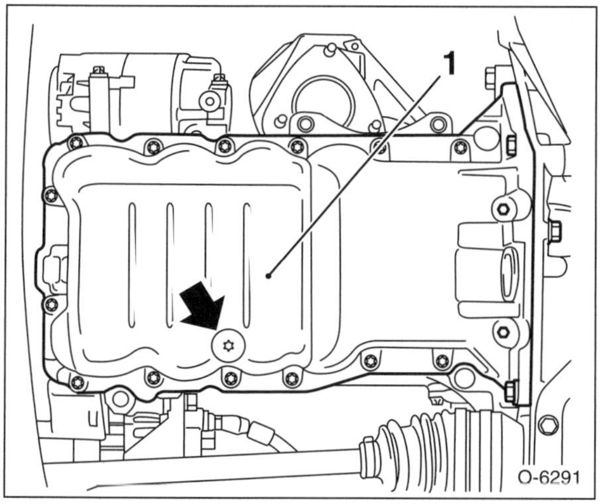

- Ölablassschraube –Pfeil– je nach Ausführung mit Innentorxschlüssel oder 13er Stecknuss aus der Ölwanne –1– herausdrehen und Altöl ganz ablassen.
- Ölablassschraube mit **neuem** Dichtring einschrauben.
  Anzugsdrehmomente:
  Motor Z16XE/Z18XE . . . . **14 Nm**
  Motor Z20NET/Z22SE/Z22YH/Z28NEL(T) . . . . . . **25 Nm**
  Motor Z32SE . . . . **10 Nm**
  Motor Z19DT(L) . . . . **20 Nm**
  Motor Y20DTH/Y22DTR . . . . **10 Nm**
  Motor Y30DTH . . . . **42 Nm**

Achtung: Werden im Motoröl Metallspäne und Abrieb in größeren Mengen festgestellt, deutet dies auf Fressschäden hin, zum Beispiel Kurbelwellen- oder Pleuellagerschäden. Um Folgeschäden nach erfolgter Reparatur zu vermeiden, ist die sorgfältige Reinigung von Ölkanälen und Ölschläuchen unerlässlich, gegebenenfalls Ölkühler erneuern.

- **Motor Y30DTH:** Ölauffangwanne unter den Ölfilter stellen. Ölablassschraube unten am Ölfiltergehäuse herausdrehen und Motoröl ablassen. Anschließend Ölablassschraube mit neuem Dichtring in das Ölfiltergehäuse einschrauben.
- **Motor Y30DTH:** Deckel für Ölfiltergehäuse abschrauben und mit Ölfiltereinsatz abnehmen. Die Fachwerkstatt verwendet dazu das OPEL-Werkzeug KM-6374.

Ölfilter wechseln

Achtung: Benutzte Ölfilter oder Filtereinsätze müssen als Sondermüll entsorgt werden.

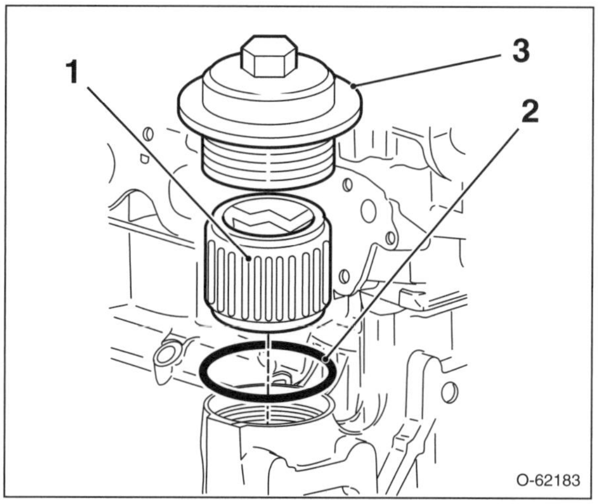

- **Motor Z20NET/Z22SE/Z22YH/Z28NEL(T)/Z19DT(L)/Y20 DTH/Y2DTR: Neuen** Filtereinsatz –1– in das Ölfiltergehäuse einsetzen. **Hinweis:** Die Abbildung zeigt den **Motor Z20NET/ Z22SE/Z22YH.**
- **Neuen** Dichtring –2– auflegen und Ölfilterdeckel –3– anschrauben. **Hinweis:** Beim Motor Z32SE/Z19DT(L/H) sitzt der Dichtring in einer Nut im Filterdeckel.
  Anzugsdrehmoment:
  Motor Z19DT(L/H) . . . . **30 Nm**
  Motor Z20NET/Z22SE/Z22YH/
  Z28NEL(T)/Z32SE . . . . **25 Nm**

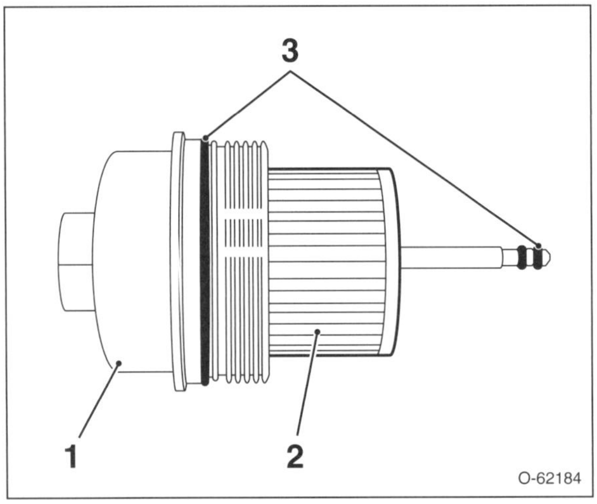

O-62184

- **Motor Y20DTH/Y22DTR:** Ölfilterdeckel –1– mit **neuem** Filtereinsatz –2– und **neuen** Dichtringen –3– am Ölfiltergehäuse anschrauben und mit **25 Nm** festziehen. **Hinweis:** Bei Undichtigkeiten mit **30 Nm** nachziehen.
- **Motor Y30DT: Neue** Dichtringe am Ölfilterdeckel und oben am Ölfiltereinsatz einsetzen. Dichtringe mit Motoröl benetzen. Ölfilterdeckel mit Filtereinsatz in das Ölfiltergehäuse einschrauben.

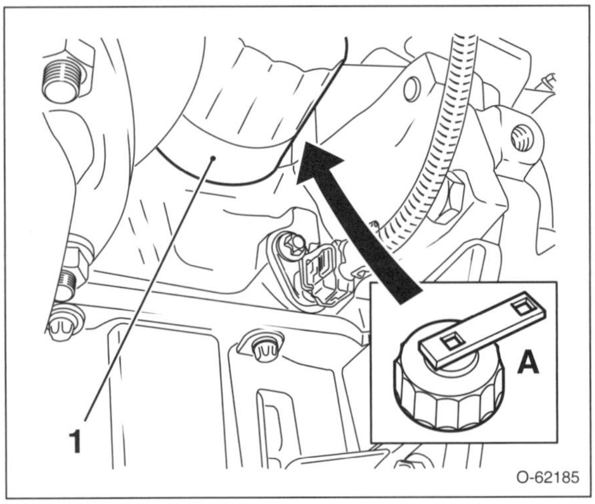

O-62185

- **Motor Z16XE/Z18XE:** Ölfilter –1– ausbauen. Für den Ausbau des Ölfilters benutzen die Werkstätten ein spezielles Werkzeug –A–. Steht dieses nicht zur Verfügung, kann auch das Werkzeug HAZET-2172 genommen werden. Man kann auch einen spitzen Schraubendreher seitlich in den Ölfilter eintreiben. Beim Drehen läuft dann allerdings Öl aus – Gefäß unterstellen. Altöl aus dem Ölfilter in das Auffanggefäß ablaufen lassen.
- **Motor Z16XE/Z18XE:** Ölfilterflansch mit Kraftstoff reinigen. Eventuell dort verbliebene Filterdichtung abnehmen.
- **Motor Z16XE/Z18XE:** Gummidichtring am neuen Ölfilter mit sauberem Motoröl bestreichen.
- **Motor Z16XE/Z18XE:** Neuen Ölfilter nur mit der Hand festschrauben. Wenn die Filterdichtung am Motorblock anliegt, Filter noch um ½ Umdrehung weiterdrehen. Hinweise auf dem Ölfilter beachten. **Anzugsdrehmoment: 15 Nm.**
- **Motor Y20DTH/Y22DTR/Y30DT:** Servicedeckel in der unteren Motorraumabdeckung mit 4 beziehungsweise 5 Schrauben anschrauben.
- Fahrzeug ablassen.

Motoröl auffüllen

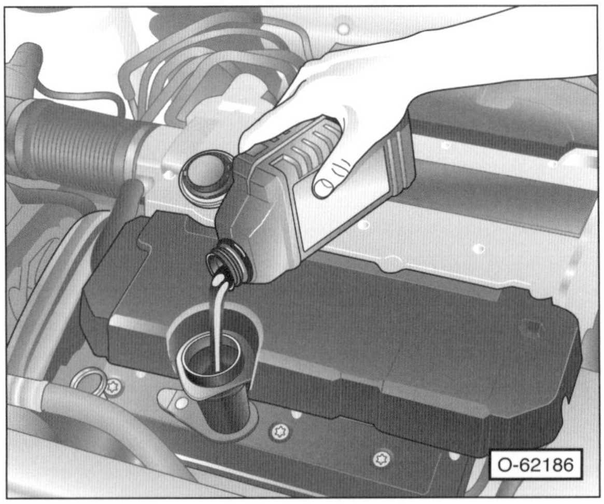
O-62186

- **Neues** Öl am Einfüllstutzen des Zylinderkopfdeckels einfüllen. 1 – Verschlussdeckel.

Achtung: Grundsätzlich empfiehlt es sich, zunächst ½ Liter Motoröl weniger einzufüllen, den Motor warm laufen zu lassen und nach einigen Minuten den Ölstand mit dem Messstab zu kontrollieren und gegebenenfalls zu ergänzen. Zu viel eingefülltes Motoröl muss wieder abgesaugt werden, da sonst die Motordichtungen beziehungsweise der Katalysator beschädigt werden können.

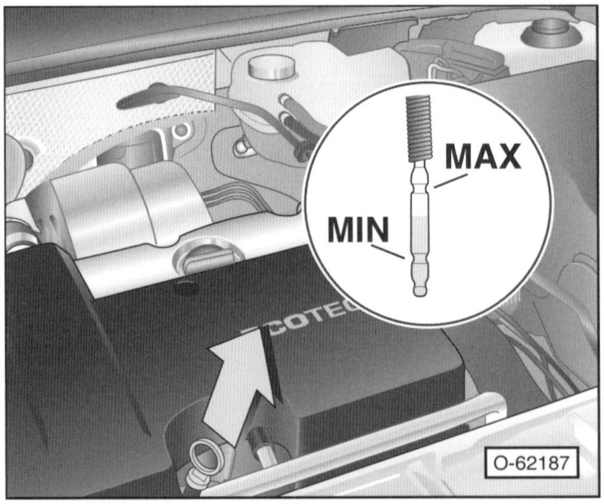

O-62187

- Ölmessstab herausziehen –Pfeil– und mit sauberem Lappen abwischen.

- Anschließend Messstab bis zum Anschlag in das Führungsrohr einführen und wieder herausziehen. Der Ölstand muss zwischen den beiden Markierungen –MAX– und –MIN– liegen.
- Neues Öl erst nachfüllen, wenn sich der Ölstand der MIN-Marke nähert. Die Ölmenge von der MIN- bis zur MAX-Markierung beträgt **1,0 l**.
- **Motor Y30DTH:** Motor starten und im Leerlauf drehen lassen, bis die Öldruckanzeige erlischt. Anschließend Motorölstand prüfen, gegebenenfalls korrigieren.
- Nach Probefahrt Dichtigkeit der Ölablassschraube und des Ölfilters überprüfen, gegebenenfalls vorsichtig nachziehen.
- Ölstand ca. 5 Minuten nach Abstellen des Motors nochmals prüfen, gegebenenfalls korrigieren.
- **Motor Z19DT(L/H):** Untere Motorraumabdeckung ansetzen und mit 17 Schrauben anschrauben, siehe Seite 249.

Kühlmittelstand prüfen/auffüllen

Ein zu niedriger Kühlmittelstand wird im Display des Kombiinstruments angezeigt. Vor jeder größeren Fahrt sollte dennoch grundsätzlich der Kühlmittelstand geprüft werden.

Spezialwerkzeug: nicht erforderlich.

Erforderliche Betriebsmittel zum Nachfüllen:

- Von OPEL freigegebenes Kühlerfrostschutzmittel. **Hinweis:** Grundsätzlich nur hellrotes, silikatfreies Kühlerfrostschutzmittel verwenden. **Auf keinen Fall grünblaues,** silikathaltiges Frostschutzmittel zum Nachfüllen verwenden.
- Sauberes, kalkarmes Wasser in Trinkwasserqualität.

Zum Nachfüllen – auch in der warmen Jahreszeit – nur eine Mischung aus Kühlerfrostschutzmittel und kalkarmem, sauberem Wasser verwenden.

Achtung: Um die Weiterfahrt zu ermöglichen, kann auch, insbesondere im Sommer, reines Wasser nachgefüllt werden. Der Kühlerfrostschutz muss dann jedoch baldmöglichst korrigiert werden.

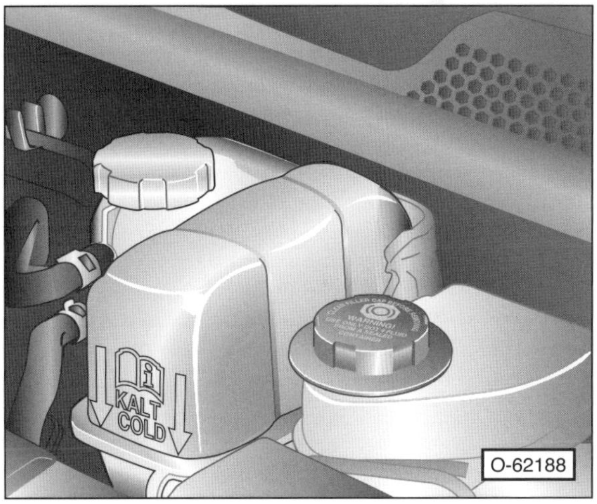

- Der Kühlmittelstand soll bei kaltem Motor (Kühlmitteltemperatur ca. +20° C) etwas über der Markierung »KALT/COLD« am Ausgleichbehälter liegen –Pfeil–.

Hinweis: Die ursprünglich hellrote bis orangefarbene Kühlflüssigkeit kann nach längerem Betrieb eine gelbliche Färbung annehmen. Dies ist normal und hat keinen Einfluss auf die Funktion der Kühlflüssigkeit.

- Wenn der Kühlmittelstand bei kaltem Motor die Markierung »KALT/COLD« unterschreitet, Kühlmittel nachfüllen.
- **Kaltes** Kühlmittel nur bei **kaltem Motor** nachfüllen, um Motorschäden zu vermeiden.

Sicherheitshinweis
Verschlussdeckel bei heißem Motor vorsichtig öffnen. **Verbrühungsgefahr!** Beim Öffnen Lappen über den Verschlussdeckel legen. Verschlussdeckel nur bei einer Kühlmittel-Temperatur unter +90° C öffnen.

- Verschlussdeckel beim Öffnen zuerst etwas aufdrehen und Überdruck entweichen lassen. Danach Deckel weiterdrehen und abnehmen.
- Sichtprüfung auf Dichtheit durchführen, wenn der Kühlmittelstand in kurzer Zeit absinkt.

Frostschutz prüfen/korrigieren

Regelmäßig vor Winterbeginn sollte sicherheitshalber die Konzentration des Frostschutzmittels geprüft werden, insbesondere wenn zwischendurch reines Wasser nachgefüllt wurde.

Erforderliches Spezialwerkzeug:

- Prüfspindel beziehungsweise Refraktometer, zum Beispiel HAZET 4810-C, zum Messen des Frostschutzanteils.

Hinweis: Eventuell ist es erforderlich die **Prüfspindel zu eichen.** Dabei ist folgendermaßen vorzugehen: 50 ml Kühlkonzentrat mit 50 ml Trinkwasser mischen. Diese Mischung hat einen Frostschutz von –40° C. Frostschutz mit der Prüfspindel messen und eventuelle Abweichung zum Sollwert von –40° C notieren. Beispiel: Die Prüfspindel zeigt –34° C an. Die Abweichung beträgt also –6° C. Wird dann am Fahrzeug ein Wert von –16° C gemessen, dann beträgt der korrekte Frostschutz (–16°) + (–6°) = –22° C.

Erforderliche Betriebsmittel zum Nachfüllen:

- Von OPEL freigegebenes Kühlerfrostschutzmittel. **Hinweis:** Grundsätzlich nur hellrotes, silikatfreies Kühlerfrostschutzmittel verwenden. **Auf keinen Fall grünblaues,** silikathaltiges Frostschutzmittel zum Nachfüllen verwenden.
- Sauberes, kalkarmes Wasser in Trinkwasserqualität.

Prüfen

- Motor warm fahren, bis der obere Kühlmittelschlauch zum Kühler etwa handwarm ist.
- Verschlussdeckel am Ausgleichbehälter vorsichtig öffnen. **Achtung:** Nicht bei heißem Motor öffnen, siehe unter »Kühlmittelstand prüfen«.

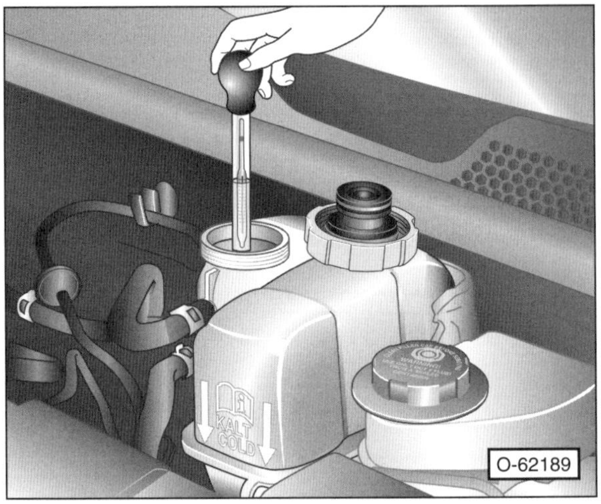

- Mit Messspindel Kühlflüssigkeit ansaugen und am Schwimmer die Kühlmitteldichte ablesen. Der Frostschutz soll in unseren Breiten bis –30° C reichen.

OPEL-Kühlkonzentrat ergänzen

Achtung: Da Kühler und Wärmetauscher aus Aluminium gefertigt sind, darf nur ein dafür geeignetes und von OPEL freigegebenes Frost- und Korrosionsschutzmittel verwendet werden.

Beispiel: Die Frostschutz-Messung mit der Spindel ergibt beim 1,8-l-Motor ohne Klimaanlage einen Frostschutz bis – 10° C. In diesem Fall aus dem Kühlsystem 1,3 l Kühlflüssigkeit ablassen und dafür 1,3 l reines Frostschutzkonzentrat auffüllen. Dadurch wird ein Frostschutz bis –30° C erreicht. Für einen Frostschutz von –40° C ist der Austausch von 1,6 l Flüssigkeit erforderlich.

Gemess. Wert in °C		0	–5	–10	–15	–20	–30	Füll-menge
Motor	Sollwert	Differenzmenge in Liter						
Z16XE	–30°	2,4	2,1	1,8	1,4	1,1	–	6,1
	–40°	3,1	2,6	2,2	1,8	1,4	0,6	
Z18XE	–30°	2,2	1,9	1,6	1,3	1,0	–	5,5
	–40°	2,8	2,4	2,0	1,6	1,3	0,5	
2,0-/2,8-/3,2-B	–30°	3,0	2,6	2,2	1,8	1,4	–	7,3-7,5
1,9-/2,0-Dies.	–40°	3,8	3,2	2,7	2,2	1,7	0,7	
Z22SE/	–30°	2,8	2,4	2,1	1,7	1,3	–	7,1
Z22YH	–40°	3,6	3,1	2,6	2,1	1,6	0,7	
Y30DT/	–30°	3,3	2,9	2,4	2,0	1,5	–	8,3
Z30DT	–40°	4,2	3,6	3,0	2,4	1,9	0,8	

Achtung: Die in der Tabelle angegebenen Werte gelten bei einer Kühlflüssigkeitstemperatur von ca. +20° C.

- Verschlussdeckel am Kühler verschließen und nach Probefahrt Frostschutz erneut überprüfen.

Achtung: Eine zu hohe Konzentration des Frostschutzmittels führt zu einer Verschlechterung von Kühleigenschaften und Frostschutz. Dies ist der Fall ab einem Frostschutzanteil von ca. 55 %.

Kraftstofffilter für Dieselmotor entwässern/ersetzen

Achtung: Auslaufender Dieselkraftstoff muss besonders von Gummiteilen, beispielsweise Kühlmittelschläuchen, sofort abgewischt werden, sonst werden die Gummiteile im Lauf der Zeit zerstört.

Hinweis: Dieselkraftstoff ist ein Problemstoff und darf auf keinen Fall einfach weggeschüttet oder dem Hausmüll mitgegeben werden. Gemeinde- und Stadtverwaltungen informieren darüber, wo sich die nächste Problemstoff-Sammelstelle befindet.

Erforderliches Spezialwerkzeug, um den Filter zu ersetzen:

- Spezialzange zum Öffnen von Schnellverschlüssen der Kraftstoffleitungen, zum Beispiel HAZET 4501-1.
- Zum Auffangen des Wassersatzes ist ein geeignetes Auffanggefäß erforderlich.
- **2,0-/2,2-l-Dieselmotor:** Entlüftungsgerät, zum Beispiel OPEL-KM-948. **Achtung:** Falls kein entsprechendes Gerät zur Verfügung steht, empfiehlt es sich, den Kraftstofffilter in der Werkstatt ersetzen zu lassen.

Erforderliche Verschleißteile, um den Filter zu ersetzen:

- Kraftstofffiltereinsatz.
- Dichtungen für Filterdeckel.
- Etwa 0,2 l sauberen Dieselkraftstoff zum Füllen des Filters.

Entwässern

Motor Y20DTH/Z22DTR/Y30DT

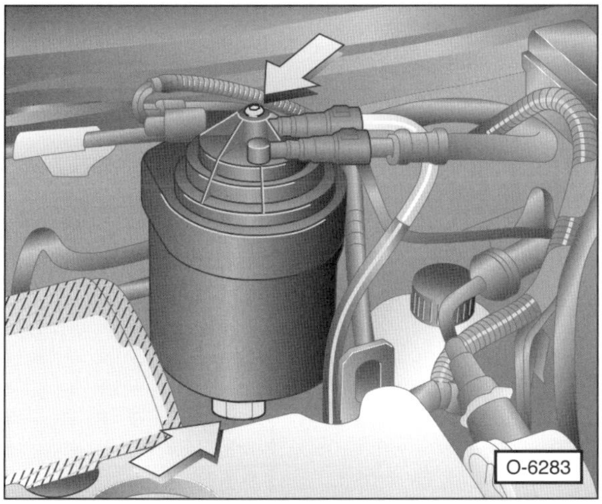

O-6283

- Geeignete Auffangwanne unter das Filtergehäuse stellen. **Hinweis:** Es kann auch ein geeigneter Schlauch am Stutzen der Ablassschraube –Pfeil unten– aufgesteckt werden. In diesem Fall Schlauch durch den Motorraum in einen Auffangbehälter führen.
- Zentralschraube am Filterdeckel –Pfeil oben– etwas lösen.
- Ablassschraube unten am Filter –Pfeil unten– ca. 1 Umdrehung öffnen und Wassersatz (ca. 100 cm^3) in das Auffanggefäß ablaufen lassen. Sobald reiner Kraftstoff austritt, Ablassschraube festziehen. **Achtung:** Kraftstofffiltergehäuse nicht leerlaufen lassen.
- Zentralschraube am Filterdeckel mit **6 Nm** festziehen. **Achtung:** Schraube **nicht zu stark anziehen,** sonst können Undichtigkeiten auftreten.

Achtung: Die Kraftstoffanlage braucht nach dem Entwässern nicht entlüftet zu werden.

Allerdings darf beim **2,0-/2,2-l-Dieselmotor** der Filter nicht ganz leerlaufen, sonst muss das Kraftstoffsystem mit einem Entlüftungsgerät entlüftet werden. Daher nur ca. 100 cm^3 Flüssigkeit ablaufen lassen.

1,9-l-Dieselmotor Z19DT(L/H)

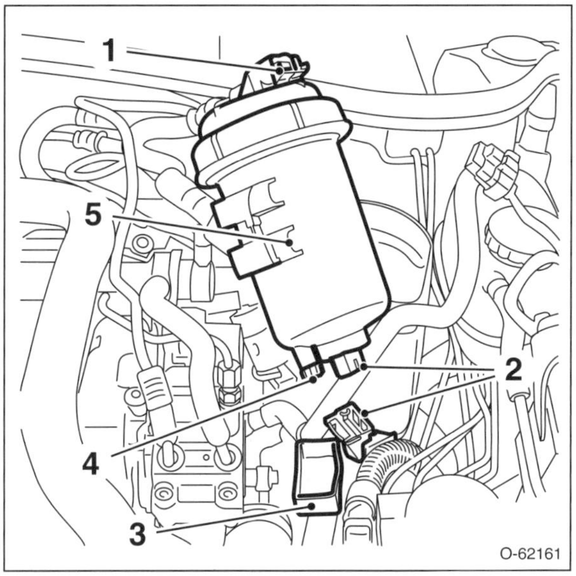

O-62161

- Kraftstofffiltergehäuse –5– ausbauen. Dazu Mehrfachstecker für Kraftstoffvorwärmung –1– und, falls vorhanden, Stecker für Kraftstofftemperaturgeber –2– abziehen.
- Kraftstofffiltergehäuse –5– vorsichtig nach oben aus der Crash-Box herausziehen. **Hinweis:** Die Kraftstoffanlage bleibt geschlossen.
- Geeignete Auffangwanne –3– unter das Filtergehäuse stellen. **Achtung**: Kraftstofffiltergehäuse nicht schütteln.
- Ablassschraube –4– ca. 1 Umdrehung öffnen und Wassersatz (ca. 100 cm^3) ablaufen lassen. Sobald reiner Dieselkraftstoff austritt, Ablassschraube –4– schließen. **Achtung:** Kraftstofffiltergehäuse nicht leerlaufen lassen.
- Kraftstofffiltergehäuse in die Crash-Box einsetzen und in der Führung nach unten schieben.
- Mehrfachstecker für Kraftstoffvorwärmung und, falls vorhanden, für Kraftstofftemperaturgeber aufstecken.

Achtung: Die Kraftstoffanlage braucht nach dem Entwässern nicht entlüftet zu werden.

Ersetzen

Ausbau

- Batterie-Massekabel (–) abklemmen. **Achtung:** Hinweise im Kapitel »Batterie aus- und einbauen« durchlesen.

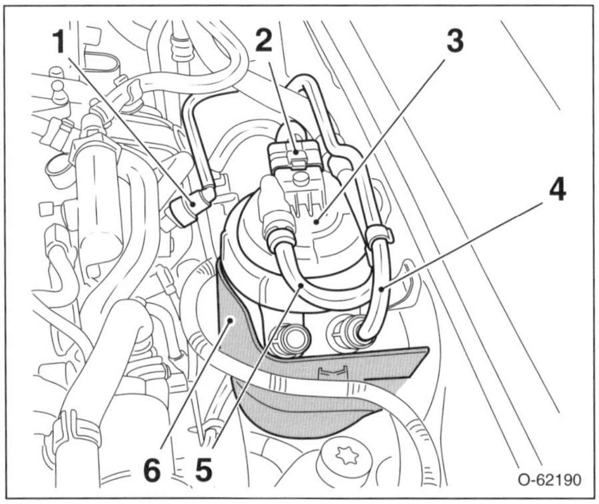

- Kabelsatzstecker für Kraftstoffheizung –2– am Kraftstofffiltergehäuse –3– entriegeln und abziehen. **Hinweis:** Die Abbildung zeigt den 1,9-l-Motor.
- Stecker für Wasserstandsensor am Kraftstofffiltergehäuse –3– entriegeln und abziehen. **Hinweis:** Bei einem Defekt des Wasserstandsensors muss das komplette Kraftstofffiltergehäuse ersetzt werden.
- Gegebenenfalls Stecker für Kraftstofftemperaturgeber unten am Kraftstofffiltergehäuse abziehen.
- Kraftstoffvorlaufleitung –5– am Filter abbauen, dazu Verschluss mit OPEL-Spezialwerkzeug KM-796-A oder HAZET 4501-1 öffnen. Kraftstoffvorlaufleitung mit geeignetem Stopfen verschließen.
- Kraftstoffvorlaufleitung zur Pumpe –4– vom Kraftstofffiltergehäuse abbauen und mit geeignetem Stopfen verschließen.
- Kraftstofffiltergehäuse –3– vorsichtig aus der Crash-Box –6– herausziehen.

2,0-/2,2-/3,0-l-Dieselmotor

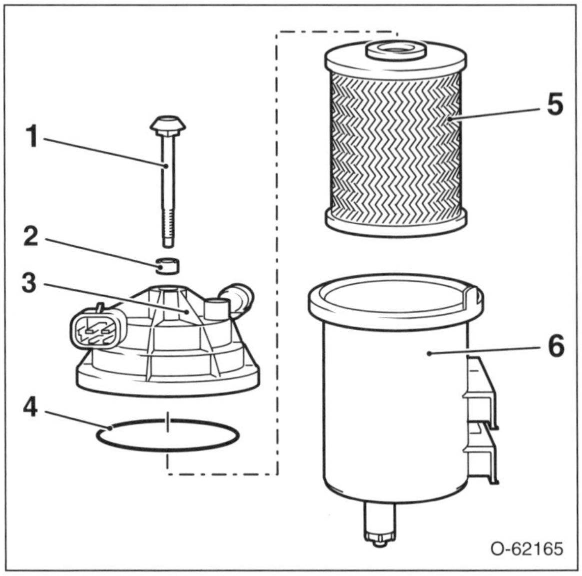

1 – Zentralschraube
2 – Dichtung
3 – Deckel
4 – Deckeldichtung
5 – Filterelement
6 – Filtergehäuse

- Kraftstofffilterdeckel –3– vom Kraftstoffffiltergehäuse –6– abschrauben.
- Kraftstofffilterelement –5– aus dem Kraftstofffiltergehäuse herausnehmen und in geeignetem Behälter ablegen.
- Kraftstoffrestmenge aus Kraftstofffiltergehäuse in einen geeigneten Behälter entleeren.
- Filterdeckel und Kraftstofffiltergehäuse innen mit flusenfreiem Lappen reinigen.

1,9-l-Dieselmotor

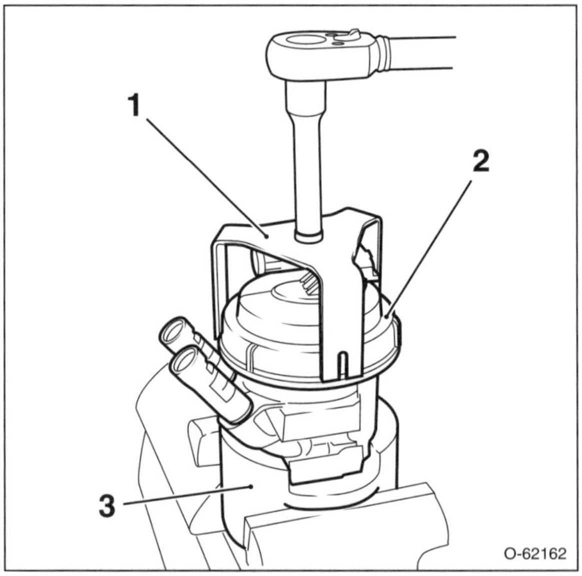

- Um den Schraubring –2– für den Kraftstofffilterdeckel zu lösen, setzt die Fachwerkstatt das Filtergehäuse in die Aufnahme –3– (OPEL-EN-46784-020) und spannt diese in einen Schraubstock ein. Anschließend wird der Schraubring mit dem Spezialschlüssel –1– (OPEL-EN-46784-010) gelöst.

Achtung: Steht das Spezialwerkzeug nicht zur Verfügung, muss besonders vorsichtig vorgegangen werden, damit Filtergehäuse und Schraubring nicht beschädigt werden.

- Kraftstofffiltergehäuse in einen Schraubstock einspannen und Schraubring mit einem Hartholzstab und einem Hammer vorsichtig lösen. Dabei Holzstab an unterschiedlichen Rippen des Rings ansetzen.

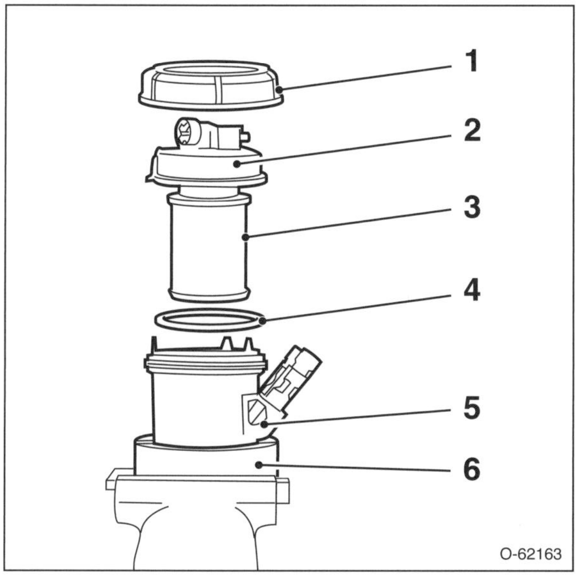

- Schraubring –1– von Kraftstofffiltergehäuse –5– abschrauben.
- Filterdeckel –2– mit Filterelement –3– herausnehmen.
- Dichtring –4– abnehmen.
- Filterelement –3– um 50° gegen den Uhrzeigersinn drehen und vom Filterdeckel abnehmen.
- Filterdeckel und Kraftstofffiltergehäuse innen mit flusenfreiem Lappen reinigen.

Einbau

2,0-/2,2-/3,0-l-Dieselmotor

- **Neues** Filterelement in das Filtergehäuse einsetzen.
- Filtergehäuse bis kurz unterhalb vom Rand mit **sauberem** Dieselkraftstoff füllen. **Achtung:** Jedes Sandkorn auf der Filter-»Reinseite« kann zur Zerstörung der Einspritzpumpe führen.
- Deckel mit neuen Dichtungen –2– und –4– aufsetzen, siehe Abbildung O-62165.
- Zentralschraube –1– (Abbildung O-62165) mit **6 Nm** festziehen. **Achtung:** Schraube **nicht zu stark anziehen,** sonst können Undichtigkeiten auftreten.

1,9-l-Dieselmotor

- **Neues** Filterelement am Filterdeckel ansetzen, um 50° im Uhrzeigersinn drehen und dadurch befestigen.
- **Neuen** Dichtring auflegen.
- Filterdeckel mit Filterelement in das Filtergehäuse einsetzen und mit Schraubring anschrauben. **Hinweis:** Der Filterdeckel passt nur in einer Einbaulage. Eine Falschmontage ist nicht möglich.
- Schraubring mit **30 Nm** festziehen.

Kraftstofffiltergehäuse einbauen

- Kraftstofffiltergehäuse in die Crash-Box einsetzen.
- Stopfen abnehmen und Kraftstoffleitungen am Kraftstofffilter aufstecken und verriegeln.
- Kabelsatzstecker aufstecken und einrasten.
- Batterie-Massekabel (–) anklemmen. **Achtung:** Hinweise im Kapitel »Batterie aus- und einbauen« durchlesen.
- **1,9-/3,0-l-Motor** starten und im Leerlauf laufen lassen. Kraftstoffsystem auf Dichtheit sichtprüfen. **Achtung:** Die Kraftstoffanlage entlüftet sich beim Starten des Motors normalerweise automatisch. Sollte der Motor nicht anspringen oder sofort wieder ausgehen, Kraftstofffiltergehäuse entlüften. Dazu Zündschlüssel 3-mal auf Stellung »Zündung ein« drehen und jeweils mindestens 3 Sekunden halten. **Hinweis:** Beim Einschalten der Zündung läuft jedes Mal die Kraftstoff-Vorförderpumpe im Tank an und pumpt Kraftstoff in das Kraftstofffiltergehäuse. Gegebenenfalls Entlüftungsvorgang mehrmals wiederholen.
- **2,0-/2,2-l-Dieselmotor:** Kraftstoffanlage entlüften.

2,0-/2,2-l-Dieselmotor: Kraftstoffanlage entlüften

Beim **2,0-/2,2-l-Dieselmotor (Y20DTH/Y22DTR)** muss die Kraftstoffanlage entlüftet werden, damit nach dem Wechsel des Kraftstofffilters oder nach leergefahrenem Tank der Motor wieder gestartet werden kann. Dazu ist ein spezielles Entlüftungsgerät (externe Kraftstoffpumpe) erforderlich, zum Beispiel OPEL-KM-948 . Ein **Entlüften durch Betätigen des Anlassers ist nicht möglich.** In diesem Fall kann die Einspritzpumpe »trockenlaufen« und dadurch beschädigt werden.

Hinweis: Die Hochdruckpumpe im 1,9-/3,0-l-Dieselmotor ist selbstentlüftend und selbstansaugend.

Entlüftungs-Voraussetzungen:

- Im Kraftstoffbehälter (Tank) müssen sich mindestens 5 Liter Kraftstoff befinden.
- Alle Kraftstoff-Zulauf- und -Rücklaufleitungen müssen dicht montiert sein.
- Die Fahrzeugbatterie muss einen ausreichenden Ladezustand aufweisen.

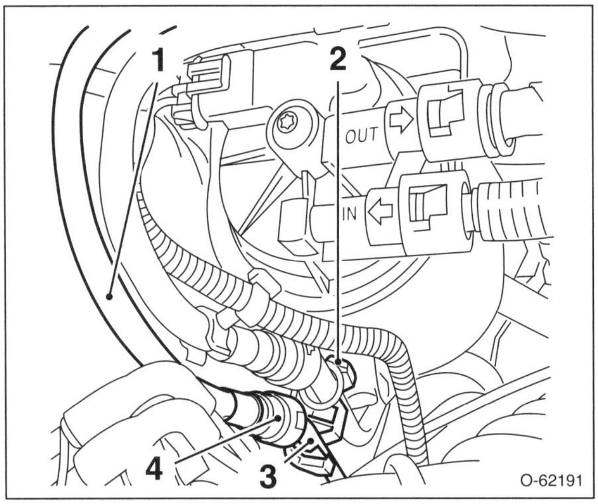

Achtung: Austretenden Kraftstoff in geeignetem Behälter auffangen.

- Schnellverschluss –4– öffnen und vordere Kraftstoffleitung –1– von der Stirnwand-Kraftstoffleitung –3– abziehen und aus dem Halter –2– ausclipsen.

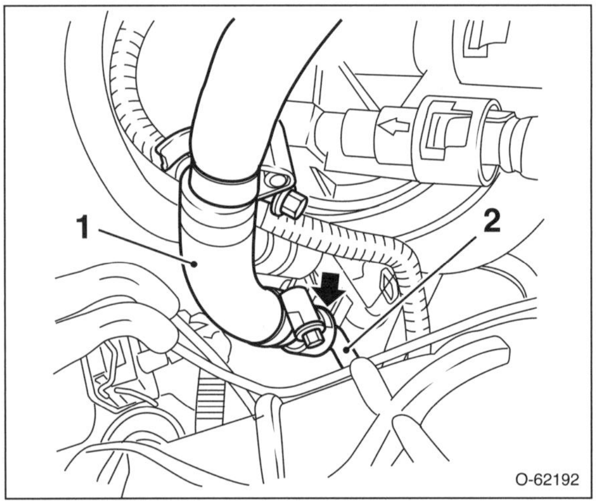

- Druckleitung der Unterdruckpumpe (KM-948) –1– an die Stirnwand-Kraftstoffleitung –2– anbauen. Dazu Schnellverschlüsse zusammenstecken –Pfeil–.

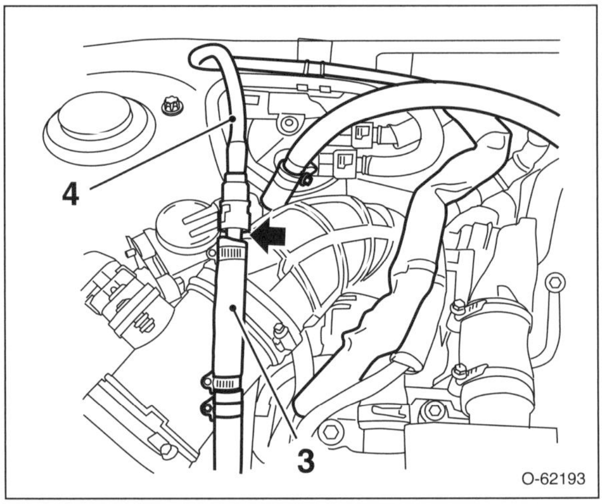

- Saugleitung der Unterdruckpumpe (KM-948) –3– an die vordere Kraftstoffleitung –4– anbauen. Dazu Schnellverschlüsse zusammenstecken –Pfeil–.
- Kraftstoffanlage vorentlüften. Dazu Entlüftungsgerät ca. 3 Minuten laufen lassen. Anlasser dabei nicht betätigen.
- Anschließend zusätzlich den Anlasser betätigen, bis der Motor anspringt. Das Entlüftungsgerät läuft während dieser Zeit weiter.

Achtung: Der Anlasser darf maximal 40 Sekunden laufen. Wenn der Motor während dieser Zeitspanne nicht anspringt, eine Pause von ca. 20 Sekunden einlegen, damit Batterie und Anlasser abkühlen können. Anschließend Startvorgang wiederholen.

- Nach erfolgtem Start den Motor kurze Zeit mit angeschlossenem Entlüftungsgerät im Leerlauf laufen lassen.
- Motor abstellen.
- Entlüftungsgerät abbauen, dabei auslaufenden Kraftstoff in geeignetem Gefäß auffangen.
- Getrennte Kraftstoffleitung zusammenstecken und in den Halter einclipsen.
- Motor starten und Kraftstoffsystem auf Dichtheit sichtprüfen.

Kraftstofffilter für Benzinmotor ersetzen

Der Kraftstofffilter sitzt am Fahrzeugunterboden links neben dem Kraftstofftank.

Erforderliches Spezialwerkzeug:

- Eine Grube oder ein hydraulischer Wagenheber mit Unterstellböcken.
- Spezialzange zum Öffnen von Schnellverschlüssen der Kraftstoffleitungen, zum Beispiel HAZET 4501-1.

Erforderliche Verschleißteile:

- Kraftstofffilter.

Ausbau

Achtung: Kein offenes Feuer, Brandgefahr! Feuerlöscher bereitstellen.

- Kraftstoffdruck in der Leitung abbauen, siehe Seite 210.

Sicherheitshinweis
Beim Aufbocken des Fahrzeugs besteht Unfallgefahr! Hinweise im Kapitel »Fahrzeug aufbocken« beachten.

- Fahrzeug aufbocken.
- Geeigneten Auffangbehälter unter den Kraftstofffilter halten.
- Zufluss- und Ablaufleitung mit Tesaband kennzeichnen. Die Zuordnung der Leitungen ist an der Pfeilrichtung auf dem Filter zu erkennen, der Pfeil zeigt in Durchflussrichtung.

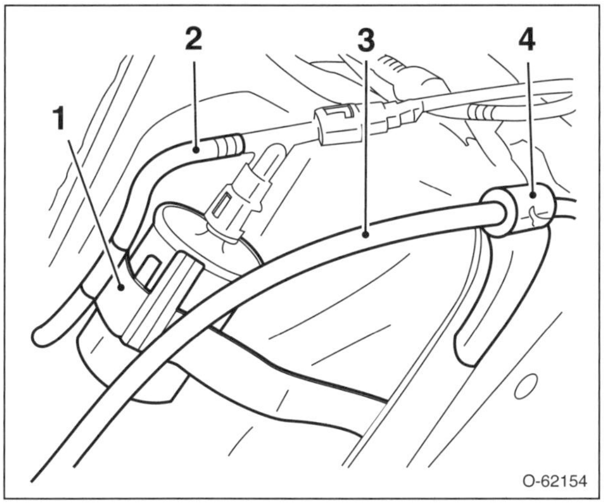

- Rücklaufleitung –2– aus dem Halter –1– des Kraftstofffilters ausclipsen.
- Handbremsseil –3– am Halter –4– ausclipsen.

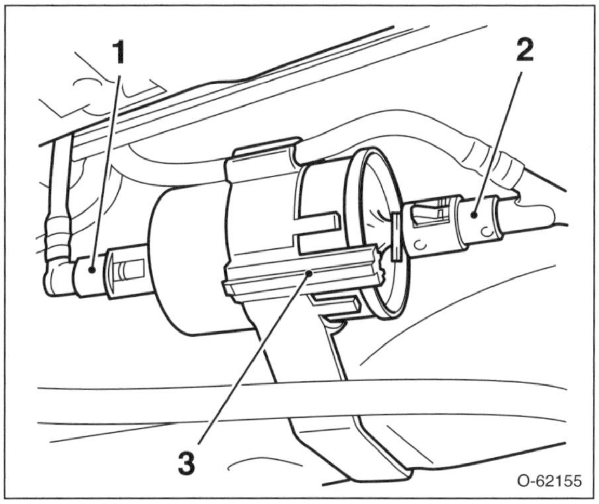

- Schnellverschlüsse –1– und –2– der Kraftstoffleitungen mit Spezialzange entriegeln und beide Leitungen abziehen. **Achtung:** Lappen um die Anschlüsse legen und herauslaufenden Kraftstoff auffangen.
- Kunststoffhaken –3– anheben und Filter seitlich aus dem Halter herausziehen.

Achtung: Der Kraftstofffilter ist auch nach dem Lösen der Leitungen mit Benzin gefüllt.

Einbau

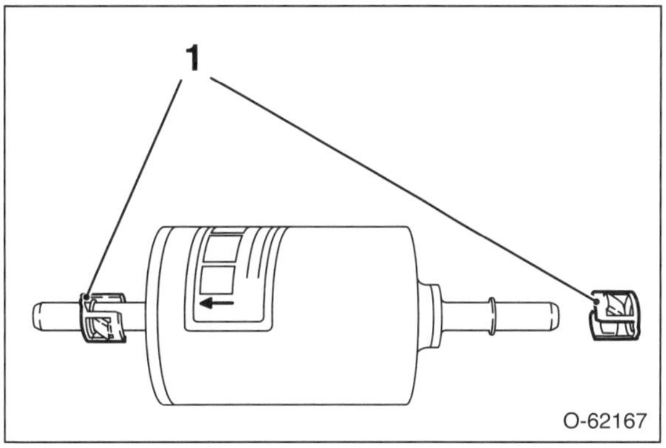

- Verbindungsclips –1– vom alten auf den neuen Filter umbauen.

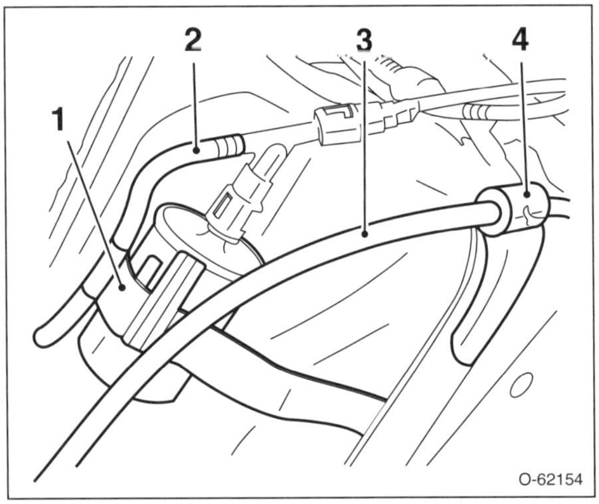

- Kraftstofffilter von vorn in den Halter –1– einschieben und einrasten. Dabei darauf achten, dass der Pfeil auf dem Gehäuse in Durchflussrichtung zeigt, also vom Tank zum Motorraum.
- Handbremsseil –3– am Halter –4– einclipsen.
- Kraftstoffleitungen am Filter aufschieben, bis die Schnellverschlüsse spürbar einrasten.
- Rücklaufleitung –2– am Halter –1– einclipsen.
- Fahrzeug ablassen.
- Nach Probelauf des Motors Dichtheit der Kraftstoffanschlüsse kontrollieren.

Keilrippenriemen prüfen

Der Keilrippenriemen muss nicht nachgespannt werden, da eine automatische Spannrolle die Riemenspannung konstant hält. Im Rahmen der Wartung muss der Keilrippenriemen auf Beschädigungen geprüft und gegebenenfalls erneuert werden.

Spezialwerkzeug: nicht erforderlich.

Erforderliche Betriebsmittel/Verschleißteile bei defektem Keilrippenriemen:

- Keilrippenriemen für die jeweilige Motorausführung.

Spannvorrichtung prüfen

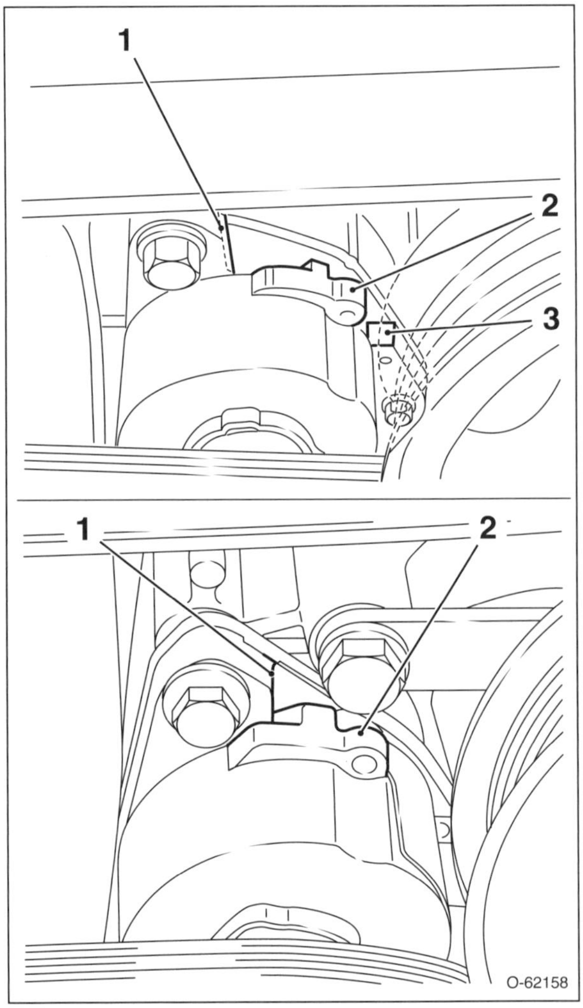

- Position des beweglichen Spannarms –2– der Keilrippenriemen-Spannvorrichtung prüfen. Der Spannarm sollte zwischen den Anschlägen –1– und –3– liegen. Falls der Spannarm an einem der Anschläge anliegt –untere Bildhälfte–, müssen Keilrippenriemen und Spannvorrichtung ersetzt werden.

- **Motor Y20DTH/Y22DTR:** Spannvorrichtung am Sechskantanguss entgegen dem Uhrzeigersinn drehen und langsam zurückgleiten lassen. Dabei muss die Spannvorrichtung wieder in die Ausgangslage zurückgleiten.

Achtung: Beim Spannen darauf achten, dass der Gummibalg nicht vom Hydraulikelement der Spannvorrichtung abrutscht. Der Gummibalg darf nur in gespanntem Zustand (Spannvorrichtung auf Anschlag) wieder aufgeschoben werden.

Zustand prüfen

- Zündung ausschalten.
- Riemen an gut sichtbarer Stelle mit einem Kreidestrich markieren.
- Motor stückweise langsam durchdrehen und dabei Zustand des Keilrippenriemens sichtprüfen. Motor durchdrehen, siehe Seite 168.

Achtung: Motor nicht rückwärts drehen.

- Keilrippenriemen auf folgende Beschädigungen prüfen:

■ Öl- und Fettspuren.

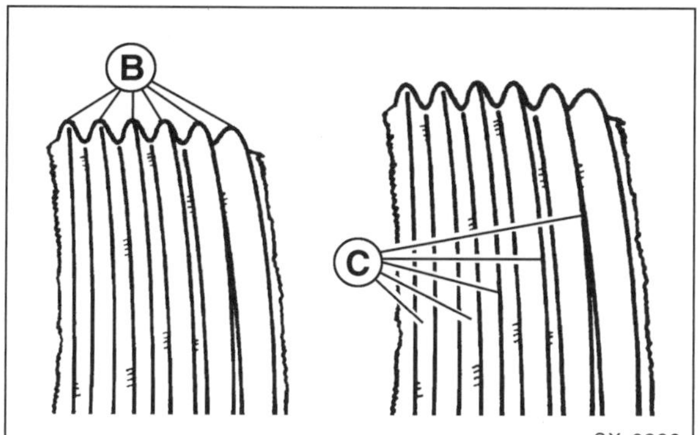

SX-6238

■ Flankenverschleiß: Rippen laufen spitz zu –B–, neu sind sie trapezförmig. Der Zugstrang ist im Rippengrund sichtbar, erkenntlich an den helleren Stellen –C–.

■ Flankenverhärtungen, glasige Flanken.

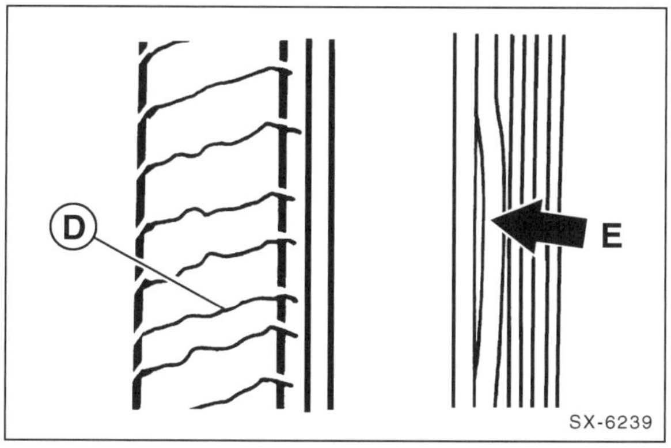

SX-6239

■ Querrisse –D– auf der Rückseite des Riemens.

■ Einzelne Rippen lösen sich ab –E–.

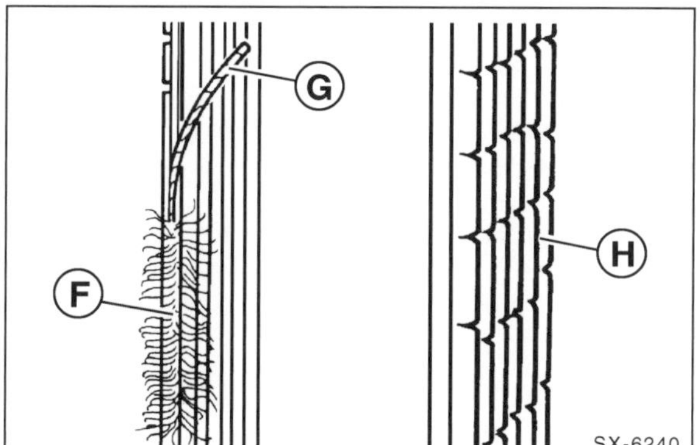

SX-6240

■ Ausfransungen der äußeren Zugstränge –F–.

■ Zugstrang seitlich herausgerissen –G–.

■ Querrisse –H– in mehreren Rippen.

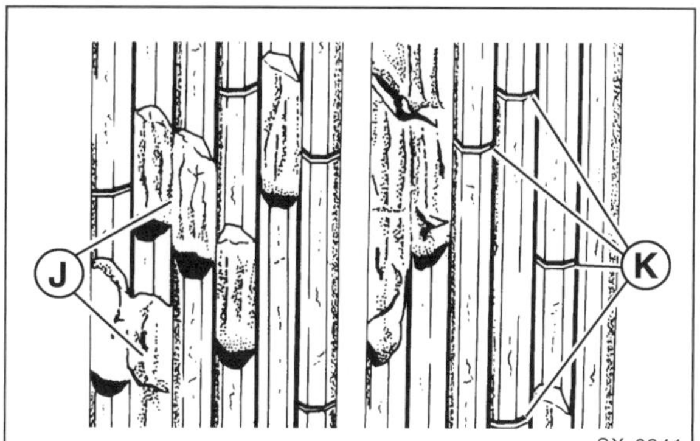

SX-6241

■ Rippenbrüche –J–.

■ Einzelne Rippenquerrisse –K–.

■ Einlagerung von Schmutz und Steinen zwischen den Rippen.

■ Gummiknollen im Rippengrund.

- Wenn eine oder mehrere dieser Beschädigungen vorhanden sind, Keilrippenriemen ersetzen, siehe Seite 181.

Zahnriemen ersetzen/ Zahnriemenrollen prüfen

Das Ersetzen des Zahnriemens ist im Kapitel »Motor-Mechanik« beschrieben. **Achtung:** Wird die Arbeit falsch ausgeführt, können schwere Motorschäden die Folge sein. Daher bei unzureichender Erfahrung Fachwerkstatt aufsuchen.

Zahnriemenrollen prüfen und bei Auftreten der folgenden Punkte **austauschen.**

Umlenkrolle, Spannrolle:

- Deutliche Lagergeräusche der Spann-/Umlenkrolle bei aufgelegtem und nicht aufgelegtem Zahnriemen.
- Bei abgenommenem Zahnriemen drehen die Rollen bei leichtem Anstoßen mehrere Umdrehungen nach.
- Defekte Lager-Dichtlippe, dadurch extremer Fettverlust mit langem Nachlaufen der Rollen.
- Zahnriemen-Lauffläche auf der Spann-/Umlenkrolle weist Beschädigungen durch beispielsweise Sand, Staub, oder Salzwasser auf.

Zahnriemen-Antriebsrad:

- Zahnriemen-Lauffläche weist Beschädigungen durch beispielsweise Sand, Staub, oder Salzwasser auf.
- Stufenbildung zwischen verschlissenem und nicht verschlissenem Bereich ist größer als 0,1 mm (Papierdicke).

Sichtprüfung der Abgasanlage

Spezialwerkzeug: nicht erforderlich.

Sicherheitshinweis
Beim Aufbocken des Fahrzeugs besteht Unfallgefahr! Hinweise im Kapitel »Fahrzeug aufbocken« beachten.

- Fahrzeug aufbocken.
- Befestigungsschellen und -flansche auf festen Sitz prüfen.
- Abgasanlage auf Löcher, durchgerostete Teile sowie Scheuerstellen absuchen.
- Stark gequetschte Abgasrohre ersetzen.
- Gummihalterungen durch Drehen und Dehnen auf Porosität überprüfen und gegebenenfalls austauschen.
- Benziner: Elektrischen Anschluss und festen Sitz der Lambdasonde(n) prüfen.
- Fahrzeug ablassen.

Motor-Luftfilter: Filtereinsatz erneuern

Spezialwerkzeug: nicht erforderlich.

Erforderliche Betriebsmittel/Verschleißteile:

- Luftfiltereinsatz.

Ausbau

- Stecker –1– vom Luftmassenmesser –3– abziehen. Dazu Clip –2– eindrücken und dadurch Stecker ausrasten.

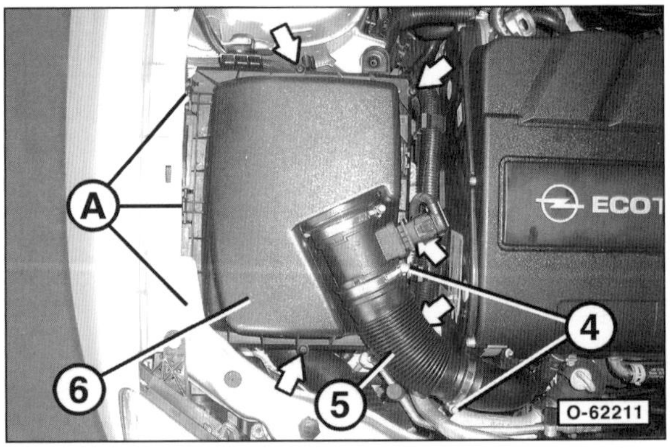

- Schellen –4– öffnen und Luftschlauch –5– abziehen.
- 5 Kreuzschlitzschrauben –Pfeile– herausdrehen.
- Luftfilterdeckel –6– an der Motorseite anheben, an der Kotflügelseite aus den 3 Laschen –A– aushängen und herausnehmen.
- Filtereinsatz herausnehmen und ersetzen.

Einbau

- **Neuen** Filtereinsatz einsetzen.
- Filterdeckel einsetzen und mit **3,5 Nm** anschrauben.

Achtung: Bei den Befestigungsschrauben handelt es sich um selbstfurchende Schrauben, die sich das Gewinde in das Luftfiltergehäuse selbst schneiden. Die Schrauben können bis zu 10-mal verwendet werden. Falls der Deckel nicht mehr festgeschraubt werden kann, Gewinde ausbohren und neue Schrauben mit Muttern einsetzen.

- Der weitere Einbau erfolgt in umgekehrter Ausbaureihenfolge.

Zündkerzen erneuern

4-Zylinder-Benzinmotor

Erforderliches Spezialwerkzeug:

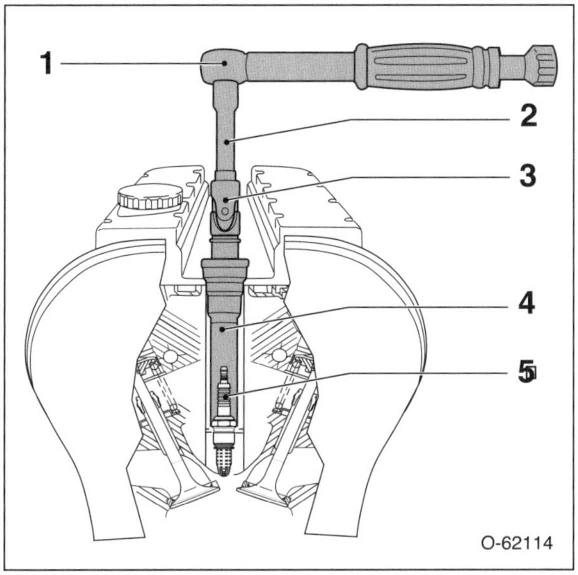

- Ein 16 mm-Zündkerzenschlüssel, zum Beispiel HAZET 4766-1. **Achtung:** Für die DOHC-Motoren darf nur ein Schlüssel verwendet werden, dessen Gehäuse –4– sich **nicht** an den Isolator –5– der Zündkerze anlegen und verkanten kann. Außerdem wird eine Verlängerung –2– mit Gelenk –3– benötigt. 1 – Drehmomentschlüssel.

Erforderliche Verschleißteile:

- Je nach Motor 4 oder 6 Zündkerzen.

Motor	Zündkerzen		Anzugs-drehm.
	BOSCH	EA*	
Z20NET Z16XE bis Mot-Nr. »20CK0774« Z18XE bis Mot-Nr. »20CK0550«	FLR 8 LDCU	0,9 – 1,1	25 Nm
Z16XE ab Mot-Nr. »20CK0775« Z18XE ab Mot-Nr. »20CK0551«	FQR 8 LEU2	1,35	25 Nm
Z22SE	HLR 8 STEX	1,1	25 Nm
Z22YH	12 14 027 (OPEL-Nr.)	0,8	25 Nm
Z28NEL/NET	PLF R6C-10G (NGK-Nr.)	1,0	18 Nm
Z32SE	FGR 8 KQE0	1,35	25 Nm

*) **EA** = Elektrodenabstand in mm.

Achtung: Es kann sein, dass für einzelne Motoren andere Zündkerzenwerte gelten, so dass unsere Tabelle nicht auf dem neuesten Stand ist. Um die aktuelle Zündkerze für Ihren Fahrzeugmotor zu ermitteln, benötigt der Fachhandel die **Fahrzeug-Ident-Nummer** und die **3 Schlüsselnummern**. Diese Nummern sind im Fahrzeugschein aufgeführt. Sie sollten beim Kauf von Zündkerzen angegeben werden.

Ausbau

Achtung: Zündkerzen nur bei kaltem oder handwarmem Motor wechseln. Wenn die Zündkerzen bei heißem Motor herausgedreht werden, kann das Zündkerzengewinde des Leichtmetall-Zylinderkopfes ausreißen.

- Obere Motorabdeckung ausbauen, siehe Seite 167.
- Zündmodul ausbauen, beim Motor Z20NET 4 Einzelzündspulen ausbauen, siehe Seite 205.
- Zündkerzen mit geeignetem Kerzenschlüssel herausdrehen. Dabei darauf achten, dass der Kerzenschlüssel nicht verkantet wird, was zum Bruch des Keramikisolators führen kann.

Prüfen

- Zustand der Kerze (so genanntes »Kerzengesicht«) prüfen. Eine verölte Kerze deutet auf Aussetzen der betreffenden Zündkerze oder schlecht abdichtende Kolbenringe hin (Kompression prüfen).

Einbau

- Zündkerzen mit Kerzenschlüssel von Hand bis zur Anlage am Zylinderkopf einschrauben. **Achtung:** Dabei Kerzen nicht verkanten.
- Zündkerzen mit **25 Nm** festziehen. **Achtung:** Dabei Zündkerzenschlüssel nicht verkanten, damit der Keramikisolator nicht beschädigt wird.
- Zündmodul/Zündspulen einbauen, siehe Seite 205.
- Obere Motorabdeckung einbauen, siehe Seite 167.

Alle Motoren:

Zündkerzengewinde erneuern

Hinweis: Falls festgestellt wird, dass das Zündkerzengewinde defekt ist, muss dieses erneuert werden. Dazu gibt es unter anderem von BERU einen entsprechenden Werkzeug- und Reparatursatz. Mit einem Spezialbohrer wird das alte Gewinde herausgeschält; der Zylinderkopf muss dazu nicht ausgebaut werden. Anschließend wird ein neues Gewinde in den Zylinderkopf geschnitten und die Zündkerze mit einem speziellen Gewindeeinsatz reingedreht. Nachträglich eingebaute Zündkerzengewindeeinsätze sitzen sicher und sind kompressionsdicht.

Getriebe/Achsantrieb

Folgende Wartungspunkte müssen nach dem Wartungsplan durchgeführt werden:

- Getriebe: Sichtprüfung auf Undichtigkeiten.
- Automatisches Getriebe AF23, AF33: Bei erschwerten Betriebsbedingungen, Getriebeöl wechseln.
- VT 20-E/CV-Tronic-Getriebe: Getriebeöl wechseln.
- Motor Z18XE mit CV-Tronic-Automatikgetriebe: Getriebeöl mit Additiv auffrischen, siehe unter »Automatik-Getriebeöl wechseln« beim VT 20-E/CV-Tronic-Getriebe.

Achtung: Getriebe-Altöl **keinesfalls einfach wegschütten oder dem Hausmüll mitgeben**. Die Öl-Verkaufsstellen nehmen die entsprechende Menge Altöl kostenlos entgegen, daher beim Ölkauf Quittung und Ölkanister für spätere Altölrückgabe aufbewahren!

Getriebe-Sichtprüfung auf Dichtheit

Spezialwerkzeug: nicht erforderlich.

Folgende Leckstellen sind möglich:

- Trennstelle zwischen Motorblock und Getriebe.
- Antriebswelle an Getriebe.
- Öleinfüllschraube.
- Ölablassschraube.

Prüfen

Bei ölverschmiertem Getriebe und Ölverlust überprüfen, wo das Öl austritt. Bei der Suche nach der Leckstelle folgendermaßen vorgehen:

- Getriebegehäuse mit Kaltreiniger reinigen.
- Mögliche Leckstellen mit Kalk oder Talkumpuder bestäuben.
- Probefahrt durchführen. Damit das Öl besonders dünnflüssig wird, sollte die Probefahrt auf einer Schnellstraße über eine Entfernung von ca. 30 km durchgeführt werden.

Sicherheitshinweis
Beim Aufbocken des Fahrzeugs besteht Unfallgefahr! Hinweise im Kapitel »Fahrzeug aufbocken« beachten.

- Fahrzeug aufbocken und Getriebe mit einer Lampe anstrahlen und nach der Leckstelle absuchen.
- Leckstelle umgehend beseitigen. Anschließend Getriebeöl auffüllen.

Schaltgetriebe: Getriebeölstand prüfen

Achtung: Beim Motor **Z20NET/Y30DT** mit 6-Gang-Getriebe Getriebeölstand **nicht** prüfen, da der Ölstand produktionsseitig um 1,3 l über der Kontrollbohrung liegt.

Der Ölstand muss nur geprüft werden, wenn bei der Sichtprüfung Ölundichtigkeiten festgestellt werden. **Hinweis:** Ab Werk ist ein Getriebeölstand bis zu 20 mm unterhalb der Kontrollbohrung möglich.

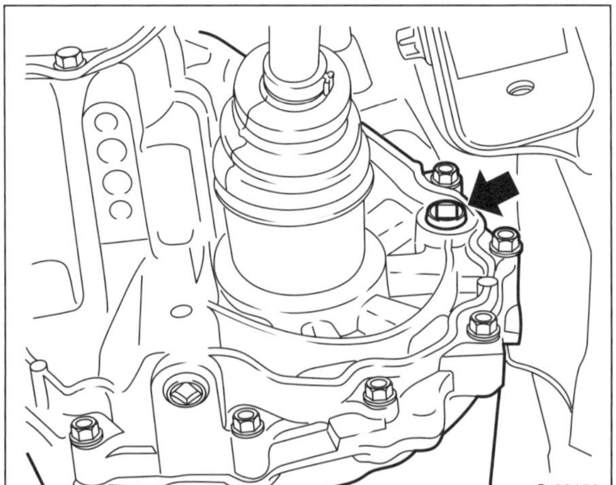

O-62150

- Ölkontrollschraube herausdrehen. Die Kontrollschraube befindet sich links hinten am Getriebe (hinter der Antriebswelle).
- Der Ölstand liegt produktionsseitig ca. 20 mm unter der Unterkante der Kontrollöffnung. Das entspricht gleichzeitig dem Mindestölstand. Zur Kontrolle rechtwinklig gebogenen Hilfsdraht einführen.
- Falls Öl nachgefüllt werden muss, kann bis zum Austreten aus der Kontrollöffnung aufgefüllt werden.
- **Getriebe F17/F17+:** Zum Nachfüllen Stecker am Schalter für Rückfahrscheinwerfer, seitlich am Getriebe, abziehen und den Schalter herausdrehen. Getriebeöl durch die Bohrung des Schalters einfüllen.
- **Getriebe F23/F35/F40:** Das Getriebeöl wird mit einer Ölspritzkanne durch die Getriebeöl-Kontrollbohrung nachgefüllt.
- Getriebeöl langsam einfüllen, bis es an der Kontrollbohrung herausläuft. **Achtung:** Getriebeöl ist zähflüssig und braucht Zeit bis es sich unten im Getriebe sammelt. Nicht zu viel Öl auf einmal einfüllen, zwischendurch Ölstand prüfen.

- Kontrollschraube und, falls ausgebaut, Entlüftungsschraube wieder einschrauben. Anzugsdrehmoment für beide Schrauben: Mit **4 Nm** anziehen und anschließend mit starrem Schlüssel um **45° bis 135°** (also 1/8 bis maximal 3/8 Umdrehung) weiterdrehen.
- Falls ausgebaut, Schalter für Rückfahrscheinwerfer mit **neuem** Dichtring einschrauben und mit **20 Nm** festziehen.
- Abdeckkappe für Getriebeentlüftung auf losen Sitz prüfen. **Achtung:** Eine festsitzende oder verstopfte Abdeckkappe kann zu Überdruck im Getriebe führen und dadurch Fehlfunktionen beziehungsweise Undichtigkeiten des Getriebes verursachen.

Automatikgetriebe: Öl wechseln/ Ölstand prüfen

Getriebe AF23, AF33

Erforderliches Spezialwerkzeug:

- Trichter mit feinmaschigem Sieb.

Erforderliche Betriebsmittel/Verschleißteile:

- Spezial-Getriebeöl **OPEL-19 40 771**, ET-Nr. 93 260 393.
  Füllmenge gesamt: ca. 7,2 l.
  Wechselmenge: ca 3,0 bis 3,5 l.

Ablassen

Hinweis: Die Beschreibung bezieht sich auf die Motoren Z22SE/Z32SE/Y22DTR. Ergänzende Hinweise für den 3,0-l-Dieselmotor Y30DT stehen am Ende dieses Abschnittes.

- Obere Motorabdeckung ausbauen, siehe Seite 167.

Sicherheitshinweis
Beim Aufbocken des Fahrzeugs besteht Unfallgefahr! Hinweise im Kapitel »Fahrzeug aufbocken« beachten.

- Fahrzeug waagerecht aufbocken oder über eine Montagegrube fahren.
- **Dieselmotor:** Untere Motorraumabdeckung ausbauen, siehe Seite 249.
- Altöl-Auffangwanne unter die Getriebeöl-Ablassschraube stellen.

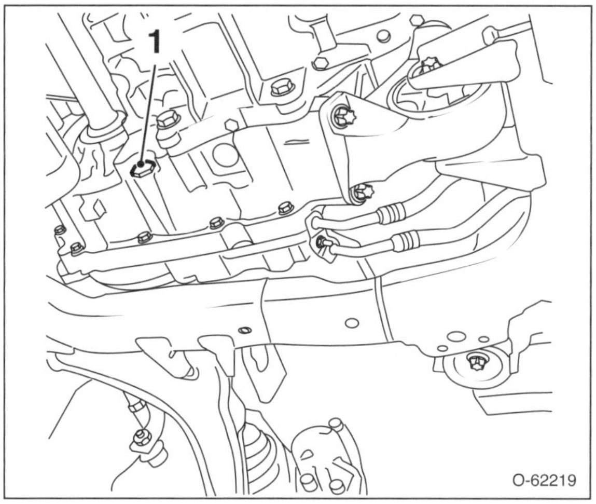

- Ölablassschraube –1– aus der Ölwanne herausdrehen und Altöl ganz ablassen.

Achtung: Werden beim Ablassen des Öles Metallspäne oder Reste von Kupplungsbelägen vorgefunden, dann muss das Getriebe vollständig zerlegt und gereinigt werden (Werkstattarbeit).

- Ölablassschraube mit **neuer** Dichtung einsetzen und mit **40 Nm** festziehen.

- Fahrzeug ablassen. **Hinweis:** Das Fahrzeug muss auf einer waagerechten Fläche stehen, damit später der Getriebeölstand korrekt geprüft werden kann.

Auffüllen

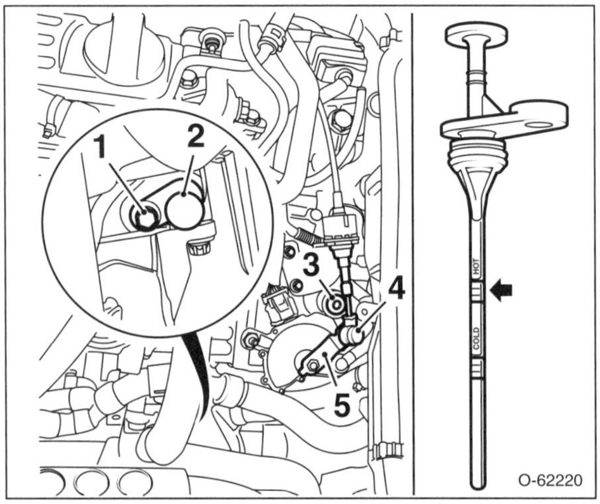

- Wählhebelseilzug –4– vom Betätigungshebel –5– abclipsen. **Hinweis:** Die Fachwerkstatt verwendet dazu das Spezialwerkzeug KM-6042.
- Öleinfüllschraube –3– herausdrehen.
- Ca. 3 Liter Getriebeöl einfüllen und Öleinfüllschraube eindrehen.
- Wählhebelseilzug am Betätigungshebel einclipsen.

Getriebeölstand prüfen

- Fahrzeug auf einer waagerechten Fläche abstellen, Handbremse anziehen.
- Motor starten und im Leerlauf drehen lassen.
- Wählhebel durch die einzelnen Wählstufen schalten. Zunächst von »P« bis »D« und dann zurück auf »P«.
- Die Getriebeöltemperatur muss bei 70 – 80° C liegen.
- Ölmessstab –2– ausbauen. Dabei, falls notwendig, den Kabelstrang am Getriebe lösen. Schraube –1– herausdrehen und Ölmessstab herausnehmen.

Achtung: Auf keinen Fall die große, versiegelte Sechskant- oder Fünfkantschraube öffnen, da sonst das Getriebe zerlegt beziehungsweise ersetzt werden muss.

- Der Ölstand muss zwischen den Nuten der Markierung »HOT« stehen –Pfeil–.
- Ölmessstab –2– einsetzen und Schraube –1– mit **20 Nm** festziehen. Falls abgebaut, Kabelstrang am Getriebe befestigen.

- Öleinfüllschraube –3– mit neuem Dichtring einschrauben und mit **40 Nm** anziehen.
- Wählhebelseilzug –4– am Betätigungshebel –5– einclipsen.
- Obere Motorabdeckung einbauen, siehe Seite 167.
- **Dieselmotor:** Untere Motorraumabdeckung einbauen, siehe Seite 249.

Speziell Motor Y30DT

- Damit der Ölmessstab zugänglich wird, muss der vordere Motordämpfungblock ausgebaut werden.
- Damit die Öleinfüllöffnung zugänglich wird, müssen die Batterie und der Batterieträger ausgebaut werden.
- Der Ölstand muss bei einer Getriebeöltemperatur von 70 bis 80° C zwischen den Nuten der Markierung »HOT« am Ölmessstab. Die Nachfüllmenge zwischen den Nuten entspricht 0,3 l.

Anzugsdrehmomente:

Öleinfüllschraube	**30 Nm**
Batteriekasten	**15 Nm**
Batterie-Halteplatte	**10 Nm**
Schraube für Ölmessstab	**20 Nm**
3 Schrauben für Motordämpfungsblock	**80 Nm**
2 Schrauben Halter Kühlmittelschlauch	**6 Nm**
Schraube an Vorderachsträger mit neuer Mutter	**80 Nm**

Speziell Motor Z19DT(L/H) mit Getriebe AF40

Hinweis: Der Getriebeölstand wird auf die gleiche Weise wie beim CV-Tronic-Getriebe VT 20-E geprüft.

CV-Tronic-Getriebe VT 20-E

Erforderliche Betriebsmittel/Verschleißteile:

- Zum Wechseln Getriebeöl **TEXACO GM CVT Fluid** mit **Additiv**.
  Füllmenge gesamt: ca. 8,0 l.
  Wechselmenge: ca 3,5 bis 4,0 l.
  8 Spritzen Additiv (Ölzusatz, OPEL-93160537)

Getriebeölstand prüfen

- Probefahrt durchführen und Getriebeöl auf Betriebstemperatur (70 – 80° C) bringen.
- Fahrzeug auf eine ebene Fläche stellen, Handbremse anziehen.
- Motor starten und im Leerlauf drehen lassen.
- Wählhebel durch die einzelnen Wählstufen schalten. Zunächst von »P« bis »D« und dann zurück auf »P«. Dabei jede Wählhebelstellung ca. 10 Sekunden halten.

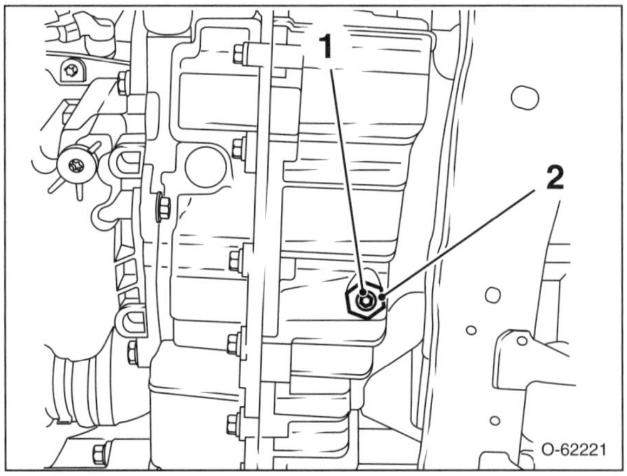

- Altöl-Auffangwanne unter das Getriebe stellen.

- Öl-Kontrollschraube –1– herausdrehen. **Achtung: Nicht** die Ablassschraube –2–, sondern nur die innere Kontrollschraube –1– herausdrehen.
- Bei herausgedrehter Kontrollschraube muss das Getriebeöl leicht heraustropfen. Gegebenenfalls warten, bis kein Öl mehr herausläuft. **Hinweis:** Bei korrektem Ölstand läuft ca. 0,5 l Getriebeöl aus.
- Kontrollschraube mit **11 Nm** einschrauben und Getriebeöl auffüllen.

Getriebeölstand korrigieren

Achtung: Je nach Öltemperatur müssen unterschiedliche Ölmengen nachgefüllt werden.

Getriebeöltemperatur	Nachfüllmenge
+20° C	0,47 l
+40° C	0,71 l
+60° C	0,95 l
+80° C	1,18 l

Hinweis: Die Getriebeöltemperatur wird in der Fachwerkstatt mit dem OPEL-Prüfgerät TECH2 kontrolliert.

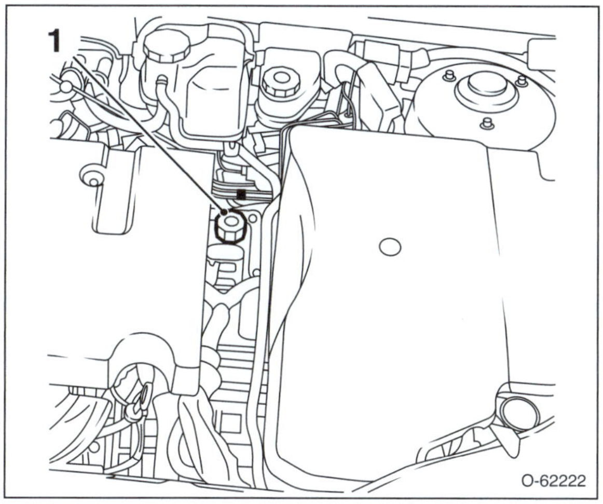

- Öleinfülldeckel –1– herausdrehen.
- Getriebeöl einfüllen und Deckel verschließen. **Achtung:** Vor dem Nachfüllen muss das Getriebeöl mit einem speziellen Additiv (Ölzusatz, OPEL-93160537) gemischt werden. Dabei 1 Spritze Additiv pro 1 Liter Öl verwenden.
- Öleinfülldeckel schließen.

Getriebeöl-Additiv-Auffrischung

Nur Motor Z18XE mit CV-Tronic VT20-E

- Öleinfülldeckel –1– herausdrehen.
- Zur Additiv-Auffrischung 8 Spritzen Getriebeöl-Additiv (Ölzusatz, OPEL-93160537) dem Getriebeöl zugeben.
- Öleinfülldeckel schließen.

Getriebeöl wechseln

- Fahrzeug auf eine ebene Fläche stellen, Handbremse anziehen.
- Altöl-Auffangwanne unter das Getriebe stellen.
- Öl-Ablassschraube –2– (Abbildung O-62196) herausdrehen und Getriebeöl ablaufen lassen. **Achtung:** Dabei fließen etwa 3,5 bis 4,0 l Getriebeöl ab, von insgesamt ca. 8 Litern. Beim Getriebeölwechsel werden nur die herausgelaufenen 3,5 bis 4 Liter ersetzt.
- Ablassschraube einschrauben.
- Getriebeölmenge mischen aus 4 Litern GM-CVT-Fluid und 8 Spritzen Additiv (Ölzusatz).
- Öleinfülldeckel –1– herausdrehen, siehe Abbildung O-62197.
- Ca. 3 l der Getriebeölmischung einfüllen und Deckel verschließen.
- Getriebeölstand prüfen und Getriebeöl nachfüllen, bis es aus der Prüföffnung heraustropft.

Vorderachse/Lenkung

Folgende Wartungspunkte müssen nach dem Wartungsplan durchgeführt werden:

- Radaufhängung sichtprüfen: Federn auf Bruch, Stoßdämpfer auf deutliche Ölspuren prüfen – etwas Feuchtigkeit ist unbedenklich.
- Gummimanschetten der Gelenkwellen: Auf Undichtigkeiten und Beschädigungen prüfen.
- Lenkgetriebe: Manschetten prüfen.
- Spurstangenköpfe und Achsgelenke: Staubkappen prüfen, Gelenke auf Spiel prüfen.
- Servolenkung: Auf Dichtheit sichtprüfen, gegebenenfalls Flüssigkeitsstand prüfen.

Gummimanschetten der Gelenkwellen prüfen

Für die Prüfung werden weder Spezialwerkzeuge noch Verschleißteile benötigt.

Sicherheitshinweis
Beim Aufbocken des Fahrzeugs besteht Unfallgefahr! Hinweise im Kapitel »Fahrzeug aufbocken« beachten.

- Fahrzeug aufbocken.

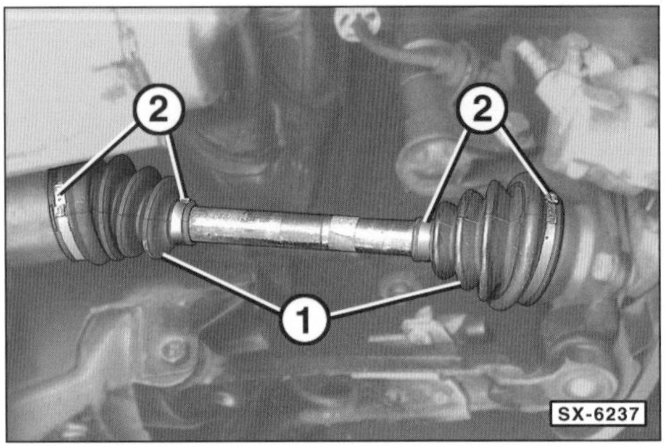

- Gummi der Manschetten –1– mit Lampe anstrahlen und auf Porosität und Risse untersuchen. Eingerissene Gelenkschutzhüllen umgehend erneuern.
- Sollte eine Manschette durch Unterdruck im Gelenk nach innen gezogen oder defekt sein, so ist sie umgehend auszutauschen.
- Auf sichtbare Fettspuren an den Manschetten und in deren Umgebung achten.
- Festen Sitz der Manschettenbänder –2– prüfen.

Lenkmanschetten prüfen

Für die Prüfung werden weder Spezialwerkzeuge noch Verschleißteile benötigt.

Sicherheitshinweis
Beim Aufbocken des Fahrzeugs besteht Unfallgefahr! Hinweise im Kapitel »Fahrzeug aufbocken« beachten.

- Fahrzeug vorn aufbocken.

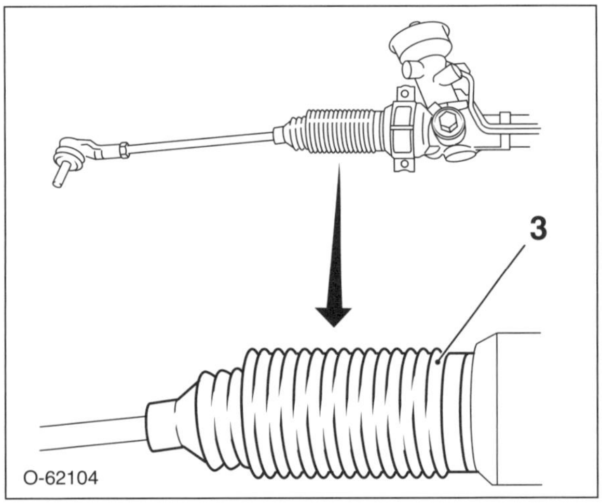

- Gummimanschetten –3– links und rechts mit Lampe anstrahlen und auf Beschädigungen überprüfen, dabei auf Fettspuren an den Manschetten und in deren Umgebung achten.
- Manschetten auf Risse, Einschnitte oder Marderbisse prüfen.
- Festen Sitz der Manschettenbänder prüfen.
- Fahrzeug ablassen.

Spurstangen- und Achsgelenke: Auf Undichtigkeit und Spiel prüfen

Staubkappen prüfen

Für die Prüfung werden weder Spezialwerkzeuge noch Verschleißteile benötigt.

Sicherheitshinweis
Beim Aufbocken des Fahrzeugs besteht Unfallgefahr! Hinweise im Kapitel »Fahrzeug aufbocken« beachten.

- Fahrzeug vorn aufbocken.

Spurstangengelenk

Achsgelenk

- Staubkappen links und rechts mit Lampe anstrahlen und auf Beschädigungen überprüfen, dabei auf Fettspuren an den Manschetten und in deren Umgebung achten.
- Manschetten auf Risse, Einschnitte und festen Sitz prüfen.
- Bei beschädigter Staubkappe sicherheitshalber entsprechendes Gelenk mit Schutzkappe auswechseln. Eingedrungener Schmutz zerstört das Gelenk.
- Befestigungsmuttern für die Gelenke auf festen Sitz prüfen, dabei Mutter jedoch nicht verdrehen.
- **Achsgelenke auf Spiel prüfen.** Dazu Vorderräder oben und unten packen und versuchen, diese über den Nabenmittelpunkt zu schwenken. Dabei darf kein spürbares Spiel vorhanden sein, andernfalls entsprechendes Achsgelenk ersetzen.
- Fahrzeug ablassen.

Spurstangengelenk auf Spiel prüfen

Für die Prüfung wird eine Grube benötigt.

- Fahrzeug über eine Montagegrube fahren.
- Räder und Lenkrad in Geradeausstellung bringen.
- Zündschlüssel abziehen und Lenkradschloss einrasten.
- Handbremse anziehen.
- Von unten Spurstangen mit beiden Händen fassen und abwechselnd Axialbewegungen (nach links und rechts schieben) und Torsionsbewegungen (drehen) ausführen. Dabei darf in den Spurstangengelenken kein spürbares Spiel vorhanden sein. Andernfalls entsprechendes Spurstangengelenk ersetzen.

Servolenkung: Flüssigkeitsstand prüfen

Spezialwerkzeug: nicht erforderlich.

Erforderliche Verschleißteile:

- Spezial-Hydrauliköl OPEL-19 49 715 (93 160 548).

Prüfen

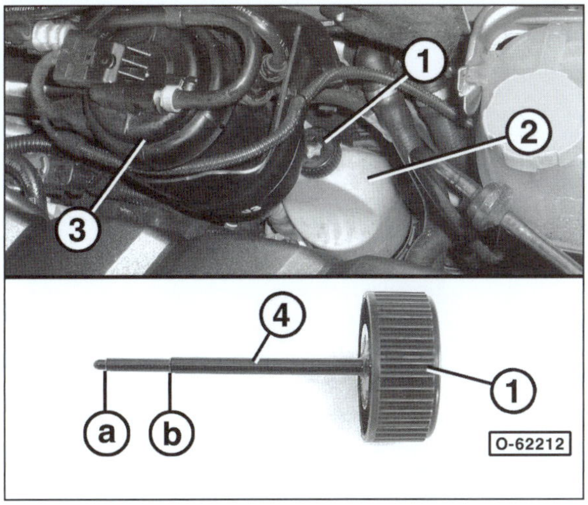

- Bei abgestelltem Motor Verschlussdeckel –1– vom Vorratsbehälter –2– abschrauben. **Hinweis:** Je nach Ausführung befindet sich der Vorratsbehälter direkt über dem Lenkgetriebe oder vorn im rechten Radkasten hinter dem Innenkotflügel. 3 – Kraftstofffilter, die Abbildung zeigt den Motor Z19DTH.
- Messstab –4– am Deckel abwischen. Deckel einschrauben und wieder herausschrauben.
- Der Ölstand muss zwischen der MAX-Markierung –b– und der MIN-Markierung –a– liegen.
- Andernfalls Hydrauliköl nachfüllen. **Achtung:** Dabei auf äußerste Sauberkeit achten.
- Vorratsbehälter verschließen.

Bremsen/Reifen/Räder

Folgende Wartungspunkte müssen nach dem Wartungsplan durchgeführt werden:

- Bremsflüssigkeitsstand prüfen.
- Bremsanlage vorn/hinten: Belagstärke prüfen.
- Handbremse: Funktion prüfen.
- Bremsanlage: Leitungen, Schläuche und Anschlüsse auf Undichtigkeiten und Beschädigungen prüfen.
- Bremsflüssigkeit für Bremssystem und Kupplungshydraulik wechseln.
- Bereifung: Reifenfülldruck und Profiltiefe prüfen (einschließlich Reserverad); Reifen auf Verschleiß und Beschädigungen prüfen.
- Räder: Radschrauben lösen und über Kreuz mit **110 Nm** festziehen.

Bremsflüssigkeitsstand prüfen

Spezialwerkzeug: nicht erforderlich.

Erforderliche Verschleißteile:

- Bremsflüssigkeit der Spezifikation **DOT 4**.

Der Vorratsbehälter für die Bremsflüssigkeit befindet sich im Motorraum vor der Stirnwand.

Der Vorratsbehälter ist durchscheinend, so dass der Bremsflüssigkeitsstand von außen überprüft werden kann. Außerdem wird ein zu niedriger Bremsflüssigkeitsstand durch eine Warnleuchte im Kombiinstrument signalisiert. Dennoch ist es ratsam, bei der regelmäßigen Motorölkontrolle auch einen Blick auf den Vorratsbehälter zu werfen.

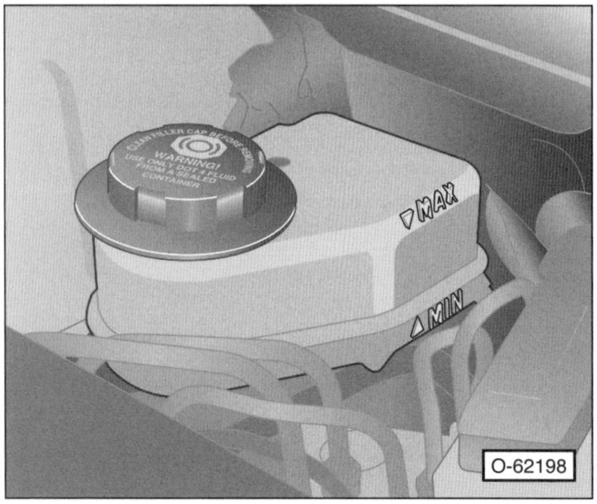

- Der Flüssigkeitsstand soll zwischen der MAX- und der MIN-Marke liegen.
- Falls nachgefüllt werden muss, nur **neue** Bremsflüssigkeit einfüllen.

Hinweis: Durch Abnutzung der Scheibenbremsbeläge entsteht ein geringfügiges Absinken der Bremsflüssigkeit. Das ist normal. Es muss keine Bremsflüssigkeit nachgefüllt werden.

Achtung: Sinkt die Bremsflüssigkeit jedoch innerhalb kurzer Zeit stark ab oder liegt der Flüssigkeitsspiegel unter der MIN-Marke, ist das ein Zeichen für Bremsflüssigkeitsverlust.

Die Leckstelle muss dann sofort ausfindig gemacht werden. Sicherheitshalber sollte die Überprüfung der Anlage von einer Fachwerkstatt durchgeführt werden.

Bremsbelagdicke prüfen

Für die Prüfung werden weder Spezialwerkzeuge noch Verschleißteile benötigt.

> **Sicherheitshinweis**
> Beim Aufbocken des Fahrzeugs besteht Unfallgefahr! Hinweise im Kapitel »Fahrzeug aufbocken« beachten.

- Fahrzeug aufbocken.
- Reifen-Laufrichtung mit Pfeil am Reifen markieren. Radschrauben lösen. Fahrzeug aufbocken und Räder abnehmen. **Achtung:** Unbedingt Hinweise im Kapitel »Rad aus- und einbauen« beachten.
- Bremsscheibendicke prüfen, siehe Seite 157.

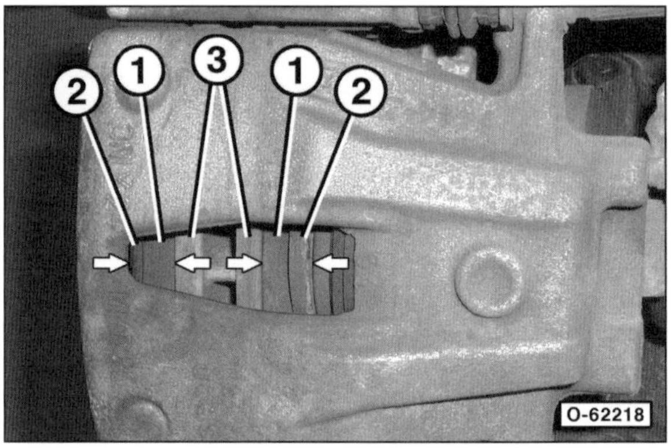

- Dicke der Bremsbeläge –1– mit Rückenplatte –2– sichtprüfen. Die Dicke des kompletten Belags muss **vorn** mindestens **9 mm**, **hinten** mindestens **8 mm** betragen. 3 – Bremsscheibe. **Hinweis:** Die Dicke von neuen Belägen liegt vorn bei 20 mm, hinten bei 17 mm.
- Im Zweifelsfall Bremsbeläge ausbauen und Belagdicke mit einer Schieblehre messen.

- Ist die Verschleißgrenze der Bremsbeläge erreicht, Bremsbeläge wechseln. Dabei müssen immer alle vier Beläge einer Achse ersetzt werden. Auch dann, wenn nur ein Belag die Verschleißgrenze erreicht hat.

Hinweis: Nach einer Faustregel entspricht bei den vorderen Scheibenbremsen 1 mm Bremsbelag einer Fahrleistung von mindestens 1.000 km. Diese Faustregel gilt unter ungünstigen Bedingungen. Im Normalfall halten die Beläge viel länger. Bei einer Belagdicke der Scheibenbremsbeläge von 5,0 mm (ohne Rückenplatte) beträgt die Restnutzbarkeit der Bremsbeläge also noch mindestens 3.000 km.

- Reifen-Laufrichtung beachten, Räder anschrauben, Fahrzeug ablassen, erst dann Radschrauben über Kreuz mit **110 Nm** festziehen. **Achtung:** Unbedingt Hinweise im Kapitel »Rad aus- und einbauen« beachten.

Handbremse prüfen

Erforderliches Spezialwerkzeug:

- Eine Grube oder ein hydraulischer Wagenheber mit Unterstellböcken.

Verschleißteile/Betriebsmittel: nicht erforderlich.

Sicherheitshinweis
Beim Aufbocken des Fahrzeugs besteht Unfallgefahr! Deshalb vorher das Kapitel »Fahrzeug aufbocken« durchlesen.

- Fahrzeug aufbocken und durch Unterstellböcke sichern. Die Räder sollen sich mindestens 5 cm über dem Boden befinden.
- Handbremse lösen und Hinterräder drehen. Die Räder müssen frei drehbar sein, die Bremsen dürfen nicht schleifen.
- Handbremshebel um 3 Zähne anziehen und Hinterräder drehen.
- Die Bremswirkung auf die Hinterräder muss gerade einsetzen. Die Hinterräder dürfen sich gerade noch drehen lassen (schwergängig).
- Andernfalls Ursache suchen, siehe Kapitel »Bremsanlage«. **Hinweis:** Beim VECTRA C/SIGNUM ist keine Handbremseinstellung möglich.
- Führungen für Handbremsseile fetten, zum Beispiel mit Silikonfett OPEL-1970206 (90167353).
- Fahrzeug ablassen.

Bremsleitungen sichtprüfen

Für die Prüfung werden weder Spezialwerkzeug noch Verschleißteile benötigt.

Sicherheitshinweis
Beim Aufbocken des Fahrzeugs besteht Unfallgefahr! Hinweise im Kapitel »Fahrzeug aufbocken« beachten.

- Fahrzeug aufbocken.
- Bremsleitungen mit Kaltreiniger reinigen.

Achtung: Die Bremsleitungen sind zum Schutz gegen Korrosion mit einer Kunststoffschicht überzogen. Wird diese Schutzschicht beschädigt, kann es zur Korrosion der Leitungen kommen. Aus diesem Grund dürfen Bremsleitungen nicht mit Drahtbürste, Schmirgelleinen oder Schraubendreher gereinigt werden.

- Bremsleitungen vom Hauptbremszylinder zu den einzelnen Radbremszylindern mit Lampe anstrahlen und überprüfen. Der Hauptbremszylinder sitzt im Motorraum unter dem Vorratsbehälter für Bremsflüssigkeit.
- Bremsleitungen dürfen weder geknickt noch gequetscht sein. Auch dürfen sie keine Rostnarben oder Scheuerstellen aufweisen. Andernfalls Leitung bis zur nächsten Trennstelle ersetzen.
- Bremsschläuche verbinden die Bremsleitungen mit den Radbremszylindern an den beweglichen Teilen des Fahrzeugs. Sie bestehen aus hochdruckfestem Material, können aber mit der Zeit porös werden, aufquellen oder durch scharfe Gegenstände angeschnitten werden. In einem solchen Fall sind sie sofort zu ersetzen.

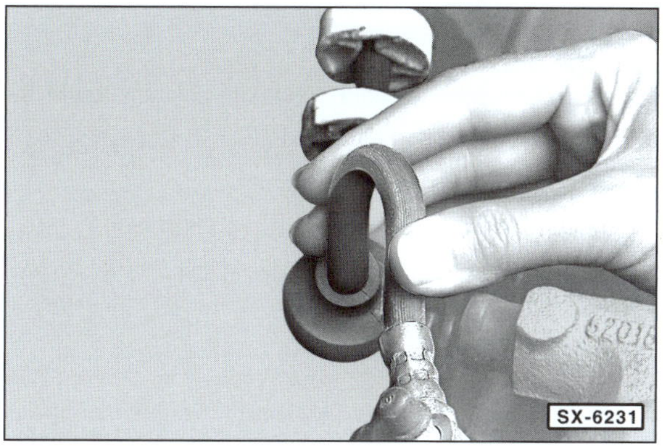

- Bremsschläuche mit der Hand hin- und herbiegen, um Beschädigungen festzustellen. Schläuche dürfen nicht verdreht sein, farbige Kennlinie beachten, falls vorhanden!
- Lenkrad nach links und rechts bis zum Anschlag drehen. Die Bremsschläuche dürfen dabei in keiner Stellung Fahrzeugteile berühren.
- Anschlussstellen von Bremsleitungen und -schläuchen dürfen nicht durch ausgetretene Flüssigkeit feucht sein.

Achtung: Wenn der Vorratsbehälter und die Dichtungen durch ausgetretene Bremsflüssigkeit feucht sind, so ist das nicht unbedingt ein Hinweis auf einen defekten Hauptbremszylinder. Vielmehr dürfte die Bremsflüssigkeit durch die Belüftungsbohrung im Deckel oder durch die Deckeldichtung ausgetreten sein.

- Fahrzeug ablassen.

Bremsflüssigkeit wechseln

Achtung: Da die Kupplungsbetätigung ebenfalls mit Bremsflüssigkeit arbeitet, muss im Rahmen der Wartung auch der Inhalt des Kupplungssystems ersetzt werden. Dazu schreibt OPEL vor, dass die hydraulische Kupplungsbetätigung nur noch mit einem Bremsentlüftungsgerät entlüftet werden darf. Manuelles Entlüften ist nicht mehr zulässig.

Es empfiehlt sich daher, das Wechseln der Bremsflüssigkeit in der Fachwerkstatt vornehmen zu lassen.

Da das Bremssystem auch weiterhin manuell entlüftet werden darf, bezieht sich die folgende Beschreibung nur auf den Wechsel der Bremsflüssigkeit im Bremssystem.

Bremsflüssigkeit im Bremssystem wechseln

Erforderliches Spezialwerkzeug:

- ■ Ringschlüssel für Entlüftungsschrauben.
- ■ Durchsichtigen Entlüftungsschlauch und Auffangflasche.

Erforderliches Betriebsmittel:

- ■ 1,0 l Bremsflüssigkeit der Spezifikation **DOT 4**.

Die Bremsflüssigkeit nimmt durch die Poren der Bremsschläuche sowie durch die Entlüftungsöffnung des Vorratsbehälters Luftfeuchtigkeit auf. Dadurch sinkt im Laufe der Betriebszeit der Siedepunkt der Bremsflüssigkeit. Bei starker Beanspruchung der Bremse kann es deshalb zu Dampfblasenbildung in den Bremsleitungen kommen, wodurch die Funktion der Bremsanlage stark beeinträchtigt wird.

Die Bremsflüssigkeit soll alle 2 Jahre, möglichst im Frühjahr, erneuert werden. Bei vielen Gebirgsfahrten, Bremsflüssigkeit in kürzeren Abständen wechseln.

Achtung: Die Arbeitsschritte zum Wechseln der Bremsflüssigkeit sind weitgehend gleich wie beim Entlüften der Bremsanlage. In der folgenden Beschreibung wird nur auf die Unterschiede eingegangen, daher muss auf jeden Fall auch das Kapitel »Bremsanlage entlüften« beachtet werden, siehe Seite 161.

- Bremsflüssigkeitsstand auf dem Vorratsbehälter mit Filzstift markieren. Nach Erneuern der Bremsflüssigkeit ursprünglichen Flüssigkeitsstand wieder herstellen. Dadurch wird ein Überlaufen des Bremsflüssigkeitsbehälters beim Wechsel der Bremsbeläge vermieden.
- Mit einer Absaugflasche aus dem Bremsflüssigkeitsbehälter so viel Bremsflüssigkeit wie möglich absaugen, maximal aber bis zu einem Stand von ca. 10 mm.
- Vorratsbehälter bis zur MAX-Marke mit **neuer** Bremsflüssigkeit füllen.
- Alte Bremsflüssigkeit durch Treten des Bremspedals nacheinander aus den Bremssätteln herauspumpen. Die abfließende Bremsflüssigkeit muss in jedem Fall klar und blasenfrei sein. An jedem Bremssattel sollen ca. **200 cm^3** Bremsflüssigkeit herausgepumpt werden.

Achtung: Vorratsbehälter zwischendurch immer mit **neuer** Bremsflüssigkeit auffüllen. Er darf nie ganz leer sein, sonst gelangt Luft in das Bremssystem. Falls der Bremsflüssigkeitsbehälter dennoch leer läuft, Bremsanlage in der Fachwerkstatt entlüften lassen.

- Nach dem Bremsflüssigkeitswechsel das Bremspedal betätigen und Leerweg prüfen. Der Leerweg darf maximal ⅓ des gesamten Pedalwegs betragen.
- Bremsflüssigkeit im Vorratsbehälter bis zum markierten Stand vor dem Bremsflüssigkeitswechsel auffüllen.
- Verschlussdeckel am Behälter aufschrauben.

Achtung, Sicherheitskontrolle durchführen:

- ◆ Sind die Entlüftungsschrauben angezogen?
- ◆ Ist genügend Bremsflüssigkeit eingefüllt?
- ◆ Bei laufendem Motor Dichtheitskontrolle durchführen. Hierzu Bremspedal mit 200 bis 300 N (entspricht 20 bis 30 kg) etwa 10 Sekunden betätigen. Das Bremspedal darf nicht nachgeben. Sämtliche Anschlüsse auf Dichtheit kontrollieren.

- Anschließend einige Bremsungen auf einer Straße mit geringem Verkehr durchführen. Dabei auch mindestens eine Vollbremsung vornehmen, bei der die ABS-Regelung einsetzt, beispielsweise auf losem Untergrund. Die ABS-Regelung ist am Pulsieren des Bremspedals spürbar. **Achtung: Dabei besonders auf nachfolgenden Verkehr achten.**

Reifenprofil/Radbefestigung prüfen

Spezialwerkzeug: nicht erforderlich.

Die Reifen ausgewuchteter Räder nutzen sich bei gewissenhaftem Einhalten des vorgeschriebenen Fülldrucks und bei fehlerfreier Radeinstellung und Stoßdämpferfunktion auf der gesamten Lauffläche annähernd gleichmäßig ab. Bei ungleichmäßiger Abnutzung können verschiedene Fehler vorliegen, siehe Kapitel »Räder und Reifen«. Im Übrigen lässt sich keine generelle Aussage über die Lebensdauer bestimmter Reifenfabrikate machen, denn die Lebensdauer hängt von unterschiedlichen Faktoren ab:

- Fahrbahnoberfläche
- Reifenfülldruck
- Fahrweise
- Witterung

Vor allem sportliche Fahrweise, scharfes Anfahren und starkes Bremsen fördern den schnellen Reifenverschleiß.

Achtung: Die Rechtsprechung verlangt, dass Reifen lediglich bis zu einer Profiltiefe von 1,6 mm abgefahren werden dürfen, und zwar müssen die Profilrillen auf der gesamten Lauffläche noch mindestens 1,6 mm Tiefe aufweisen. Es empfiehlt sich jedoch, sicherheitshalber die Reifen bereits bei einer Mindestprofiltiefe von 2 mm auszutauschen.

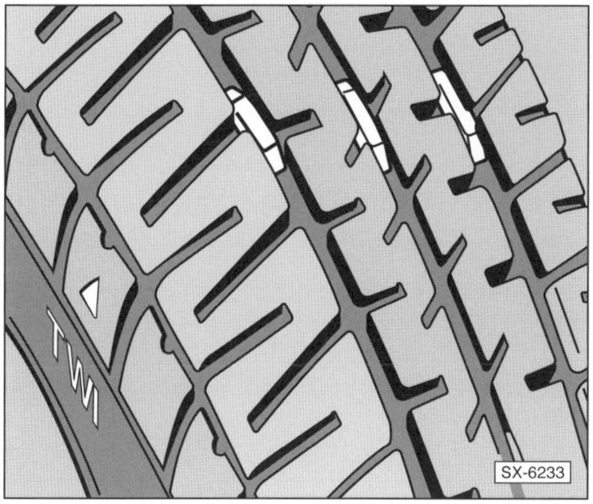

Nähert sich die Profiltiefe der gesetzlich zulässigen Mindestprofiltiefe, das heißt, weist der mehrmals am Reifenumfang angeordnete 1,6 mm hohe Verschleißanzeiger kein Profil mehr auf, müssen die Reifen gewechselt werden.

Achtung: »M+S«-Reifen haben auf Matsch und Schnee nur den gewünschten Grip, wenn ihr Profil noch mindestens 4 mm tief ist.

Achtung: Reifen auf Schnittstellen untersuchen und mit kleinem Schraubendreher Tiefe der Schnitte feststellen. Wenn die Schnitte bis zur Karkasse reichen, korrodiert durch eindringendes Wasser der Stahlgürtel. Dadurch löst sich unter Umständen die Lauffläche von der Karkasse, der Reifen platzt. Deshalb: Bei tiefen Einschnitten im Profil aus Sicherheitsgründen Reifen austauschen.

- Sämtliche Radschrauben lösen und über Kreuz mit **110 Nm** festziehen.

Reifenfülldruck prüfen

Für die Prüfung werden weder Spezialwerkzeug noch Verschleißteile benötigt.

Reifenfülldruck einmal im Monat an der Tankstelle prüfen. Vor längeren Autobahnfahrten Fülldruck zusätzlich kontrollieren, da hierbei die Temperaturbelastung für den Reifen am größten ist.

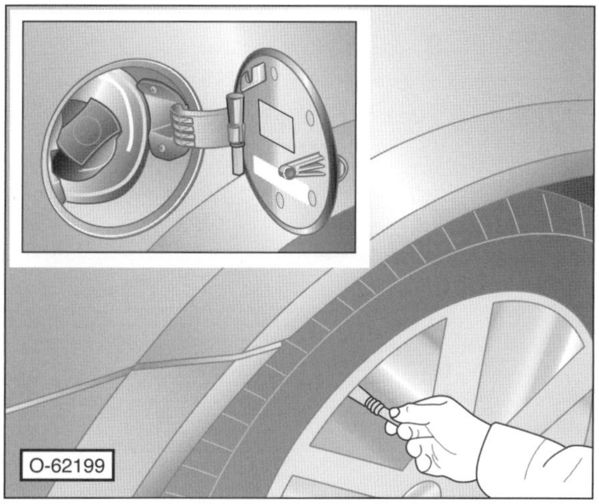

- Ventilkappe abschrauben. Damit dabei die Finger nicht verschmutzt werden, Kunststoffröhrchen innen an der Tankklappe abnehmen und auf die Ventilkappe aufsetzen.

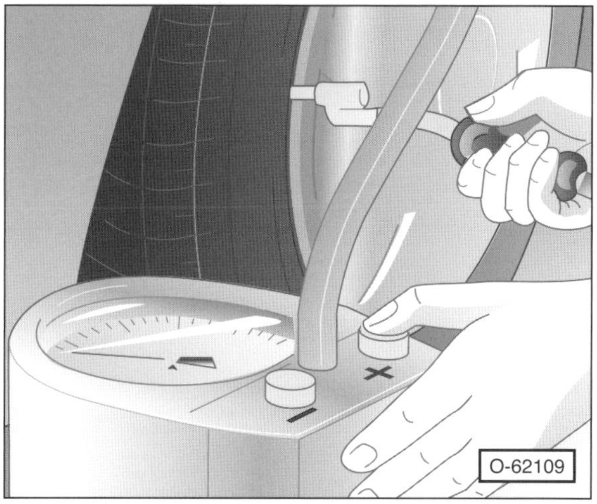

- Reifenfülldruck grundsätzlich am kalten Reifen prüfen. Höherer Druck infolge Reifenerwärmung durch längere Fahrt darf nicht reduziert werden. Der richtige Reifenfülldruck steht auf der Innenseite der Tankklappe. Anhaltswerte für den Reifenfülldruck, siehe Seite 143.
- Bei der Druckprüfung im Rahmen der Wartung ebenfalls das Reserverad prüfen. Der richtige Fülldruck entspricht dem höchsten angegebenen Druck bei voller Beladung.
- Ventilkappe mit Hilfswerkzeug fest aufschrauben.

Reifenventil prüfen

Erforderliches Spezialwerkzeug:

- Ventil-Metallschutzkappe oder HAZET 666-1.

Prüfen

- Staubschutzkappe vom Ventil abschrauben.

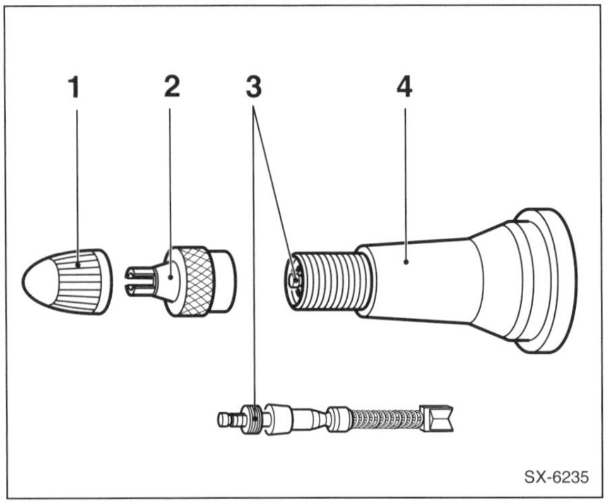

- Etwas Seifenwasser oder Speichel auf das Ventil geben. Wenn sich eine Blase bildet, Ventileinsatz –3– mit umgedrehter Metallschutzkappe –2– festdrehen.

Achtung: Zum Anziehen des Ventileinsatzes kann nur eine Metallschutzkappe –2– verwendet werden. Metallschutzkappen sind an der Tankstelle erhältlich. 1 – Gummischutzkappe, 4 – Ventil.

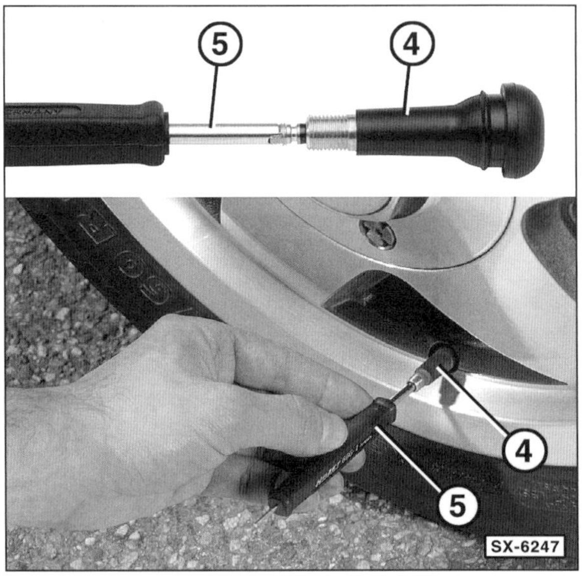

Hinweis: Anstelle der Metallschutzkappe kann auch das Werkzeug HAZET 666-1 –5– verwendet werden. 4 – Ventil.

- Ventil erneut prüfen. Falls sich wieder Blasen bilden oder das Ventil sich nicht weiter anziehen lässt, Ventileinsatz beziehungsweise Ventil erneuern.
- Grundsätzlich Staubschutzkappe wieder aufschrauben.

Karosserie/Innenausstattung/Heizung

Folgende Wartungspunkte müssen nach dem Wartungsplan durchgeführt werden:

- Airbag-Einheiten: Sichtprüfen auf Beschädigungen.
- Klimakompressor auf Dichtheit sichtprüfen.
- Pollenfilter: Filtereinsatz ersetzen.
- Türfeststeller und Türscharniere der Hintertür, Tür-Schließzylinder und Schließbügel, Motorhaubenschloss, Heckklappenscharniere: Schmieren.
- Erste-Hilfe-Kasten: Haltbarkeitsdatum überprüfen, gegebenenfalls Erste-Hilfe-Kasten ersetzen.
- Karosserie: Lackierung auf Beschädigung sichtprüfen.
- Unterbodenschutz und Hohlraumkonservierung: Sichtprüfen, Beschädigungen ausbessern.

Airbageinheiten sichtprüfen

Spezialwerkzeug und Verschleißteile/Betriebsmittel sind nicht erforderlich.

Erkennungsmerkmal für den Airbag ist der Schriftzug »AIRBAG« auf der Polsterplatte des Lenkrades beziehungsweise auf der Abdeckung an der rechten Seite der Armaturentafel.

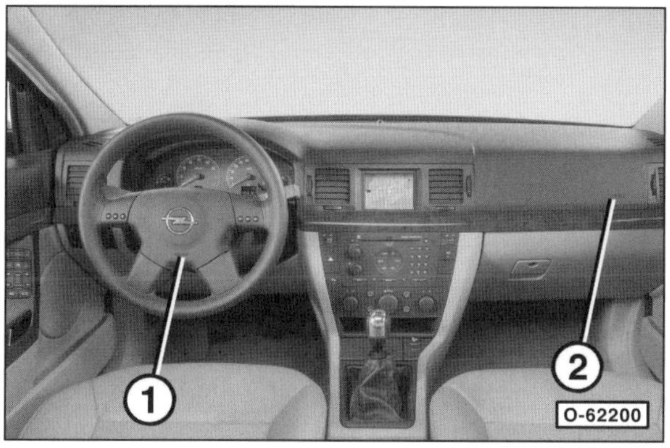

- Sichtprüfung der Airbageinheiten –1– und –2– durchführen. Sie dürfen keine äußeren Beschädigungen aufweisen.

Sicherheitshinweise

- Die Abdeckungen der Airbag-Einheiten dürfen nicht beklebt, überzogen oder anderweitig verändert werden.
- Die Abdeckungen der Airbag-Einheiten dürfen nur mit einem trockenen oder mit Wasser angefeuchteten Lappen gereinigt werden.

Zusätzliche Hinweise:

- Bei Ausstattung mit Seitenairbags dürfen die Sitzlehnen nur mit speziellen, von OPEL freigegebenen Bezügen überzogen werden.

Pollenfilter ersetzen

Spezialwerkzeug: nicht erforderlich.

Erforderliche Betriebsmittel/Verschleißteile:

- Filtereinsatz.

Der Filter sitzt unterhalb der Windschutzscheibe in der Mitte hinter einer Abdeckung. Er reinigt die von außen eintretende Luft von Staub, Ruß, Pollen und Sporen. Bei häufigen Fahrten in staubiger Umgebung Filter in kürzeren Abständen wechseln.

Hinweis: Fahrzeuge mit Klimaanlage besitzen einen herkömmlichen Pollenfilter, Fahrzeuge ohne Klimaanlage einen Filter mit Aktivkohlebeschichtung (dunkleres Filterflies). Filter immer gegen einen gleicher Ausführung ersetzen.

Ausbau

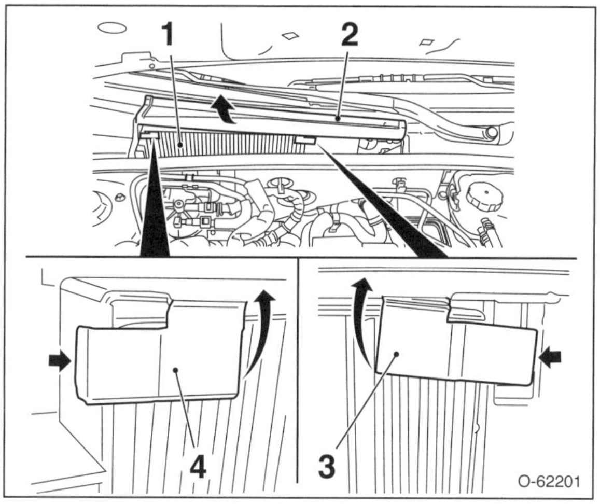

- Serviceklappe im Windlaufgrill –2– öffnen.
- Befestigungslaschen links –3– und rechts –4– in Pfeilrichtung entriegeln.

Hinweis: Für den leichteren Einbau ist es empfehlenswert sich die Einbaulage des Filtereinsatzes zu merken.

- Filtereinsatz –1– nach vorn klappen und herausnehmen.

Einbau

- Filtereinsatz einsetzen und verriegeln.
- Serviceklappe im Wasserabweiser schließen.

Schließeinrichtungen schmieren

Spezialwerkzeug: nicht erforderlich.

Erforderliches Betriebsmittel:

- Für Schließzylinder: OPEL-Fett mit der Kat-Nr. 1948610 und der ET-Nr. 09163311.
  Für die übrigen Schmierstellen: Radlager- oder Hochdruckfett, zum Beispiel OPEL-Fett mit der Kat-Nr. 1948607/-608 und der ET-Nr. 90510336/-2280.

Schmierstellen

- Türscharniere der hinteren Türen.
- Türbremse der hinteren Türen.

Achtung: Vordertür-Türbremse und Scharniere **nicht** fetten.

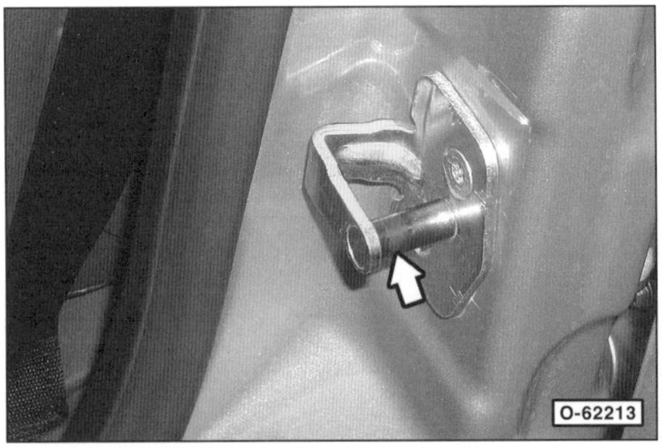

- Schließbügel.

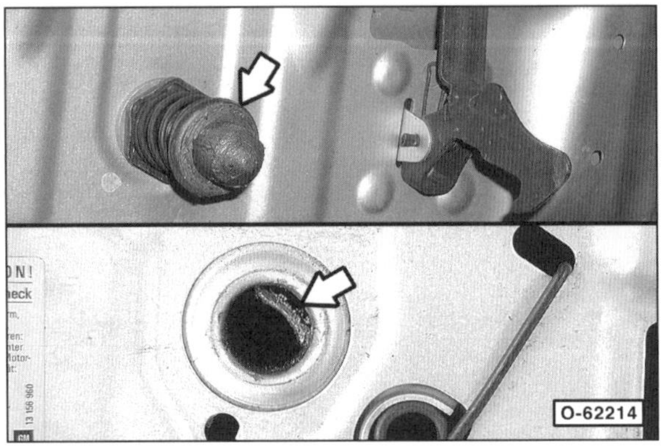

- Motorhaubenschloss.

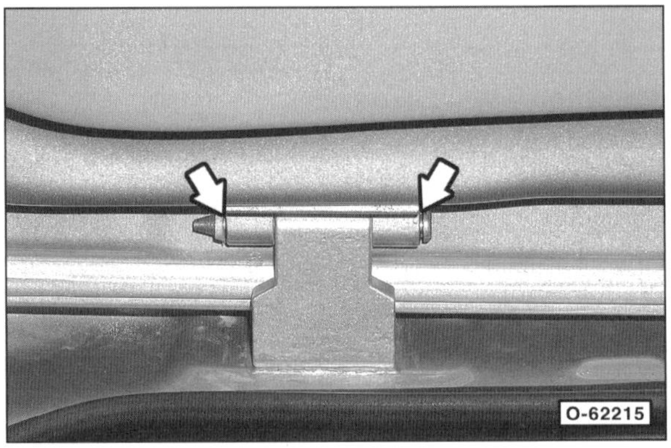

- Heckklappenscharniere.
- Schließzylinder der Vordertüren.

Elektrische Anlage

Folgende Wartungspunkte müssen nach dem Wartungsplan durchgeführt werden:

- Alle Stromverbraucher: Funktion prüfen.
- Hupe: Funktion prüfen.
- Beleuchtungsanlage/Kontrolllampen: Funktion prüfen.
- Scheinwerfereinstellung prüfen (Werkstattarbeit).
- Scheibenwischer: Wischergummis auf Verschleiß prüfen.
- Scheibenwaschanlage: Funktion prüfen, Düsenstellung kontrollieren, Flüssigkeit nachfüllen, Scheinwerfer-Waschanlage prüfen, siehe Kapitel »Scheibenwischanlage«.
- Funk-Fernbedienung: Batterien wechseln.
- Fahrzeugbatterie: Prüfen.

Stromverbraucher prüfen

Für die Prüfung werden weder Spezialwerkzeuge noch Verschleißteile benötigt.

Folgende Funktionen prüfen, gegebenenfalls Fehler beheben. Je nach Ausstattung sind nicht alle Verbraucher vorhanden:

- Beleuchtung: Abblendlicht, Fernlicht, Standlicht, Nebellicht vorn, Blinkleuchten, Warnblinkanlage, Schlusslicht, Nebelschlusslicht, Rückfahrlicht, Bremslicht.
- Leuchtweitenregulierung.
- Innen- und Leseleuchten (Abschaltautomatik für Innenleuchten vorn), Handschuhkastenbeleuchtung, beleuchteter Ascher, Sonnenblendenbeleuchtung, Einstiegsleuchten, Kofferraumbeleuchtung.
- Check-Control: Prüfen, ob »Check« innerhalb von ca. 4 Sekunden erlischt, nachdem die Zündung eingeschaltet wurde.
- Warnsummer für nicht ausgeschaltetes Licht und/oder Radio.
- Alle Schalter in der Konsole.
- Bordcomputer.
- Kombiinstrument mit allen Anzeigen, Leuchten und Beleuchtung.
- Hupe (Doppeltonfanfare).
- Scheibenwisch-/Scheibenwaschanlage, Scheinwerferreinigungsanlage.
- Zigarettenenanzünder.
- Elektrische Außenspiegel, Beheizung und Verstellung.
- Elektrische Fensterheber.
- Elektrisches Schiebe-/Ausstelldach.
- Zentralverriegelung, Funk-Fernbedienung.
- Beheizbare Sitze.
- Radio.

Funk-Fernbedienung: Batterie wechseln

Spezialwerkzeug: nicht erforderlich.

Erforderliche Betriebsmittel/Verschleißteile:

- Batterie für Fernbedienung.

Achtung: Die Batterie enthält Problemstoffe und darf auf keinen Fall dem Hausmüll mitgegeben werden. Verbrauchte Batterie bei der Verkaufsstelle der neuen Batterie abgeben.

Hinweis: Es empfiehlt sich, ebenfalls die Batterie für den Zweitschlüssel zu wechseln.

Batterie wechseln

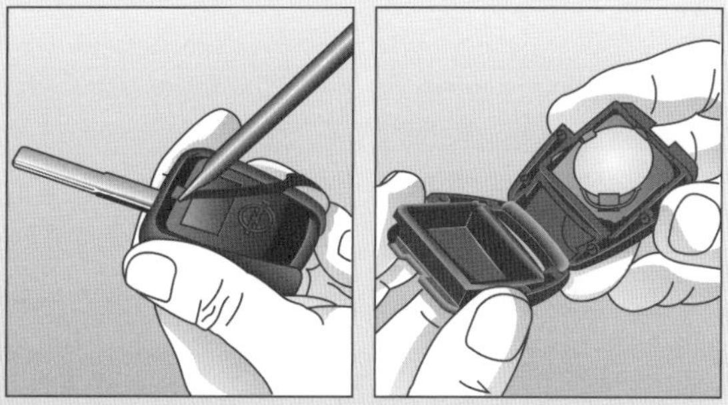

O-62113

- Schraubendreher, wie in der Abbildung gezeigt, ansetzen. Schraubendrehergriff schwenken und dadurch Fernbedienung vom Schlüsselteil trennen.
- Fernbedienung aufklappen.

Achtung: Prüfen, ob die Polarität auf den Batterien eingeprägt ist, andernfalls Einbaulage notieren. Batteriewechsel **innerhalb von 3 Minuten** durchführen, sonst muss man die Fernbedienung neu synchronisieren, siehe Seite 63.

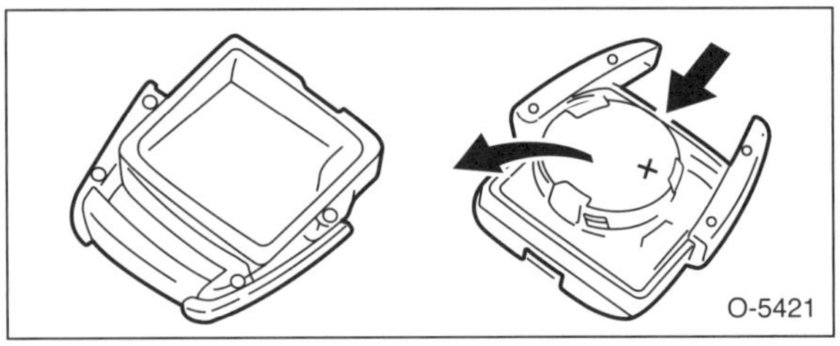

● Batterie herausnehmen und durch eine neue gleicher Ausführung (CR 2032) ersetzen. Neue Batterie in gleicher Lage wie die ausgebaute einsetzen, dabei auf richtige Polarität (+/–) achten.

● Fernbedienung zuklappen und hörbar einrasten. Fernbedienteil in das Schlüsselteil einschieben und hörbar einrasten.

Wischergummis prüfen

Spezialwerkzeug: nicht erforderlich.

Erforderliche Betriebsmittel/Verschleißteile:

■ Bei Bedarf: Scheibenwaschkonzentrat, Wischerblätter.

Prüfen

● Wischerarme hochklappen und Wischerblätter abwinkeln.

● Wischlippen mit einem weichen Tuch sowie Scheibenreinigungs- und Frostschutzmittel reinigen.

● Wischlippen auf Verhärtungen oder Risse prüfen, gegebenenfalls Wischergummis/Wischerblätter ersetzen, siehe Kapitel »Scheibenwischeranlage«.

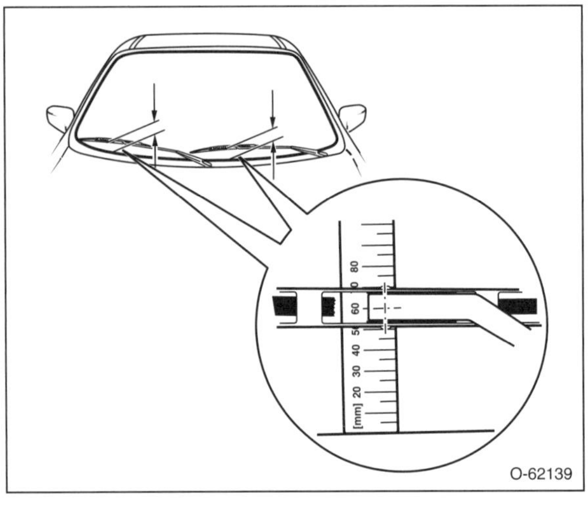

● Ruhestellung der Scheibenwischerarme prüfen. Dazu Abstandsmaß von der Scheibenfassung (sichtbares Glasende) zur Wischerblattmitte am Wischerblatt-Einhängepunkt messen. Gegebenenfalls Wischerarm an der Wischerwelle umsetzen, siehe Kapitel »Scheibenwischeranlage«.

Waschwasserstand prüfen

Spezialwerkzeug: nicht erforderlich.

Erforderliche Betriebsmittel/Verschleißteile:

■ Bei Bedarf: Scheibenwaschkonzentrat.

Prüfen

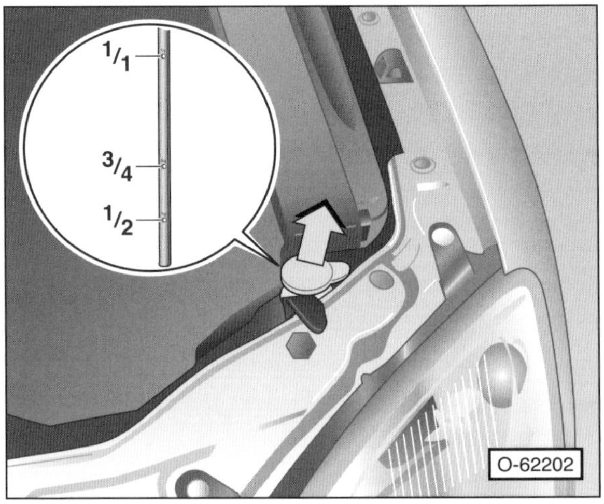

● Deckel am Vorratsbehälter, vorn links im Motorraum, hochklappen.

● Peilstab herausziehen und Flüssigkeitsstand ablesen.

● Fehlende Menge an Scheibenwaschflüssigkeit aus Scheibenwaschkonzentrat und sauberem Trinkwasser mischen.

● Scheibenwaschbehälter bis zur Markierung »1/1« mit Scheibenwaschflüssigkeit auffüllen und mit Deckel verschließen.

Fahrzeugbatterie prüfen

Erforderliches Spezialwerkzeug:

■ Voltmeter (Spannungsmessgerät).

Batterie sichtprüfen

- Batterieauge sichtprüfen. Bei grünem Batterieauge ist die Batterie in Ordnung. Bei schwarzem Batterieauge muss die Batterie geladen werden. **Hinweis:** Falls das Batterieauge nach dem Laden schwarz bleibt, Batterieauge nach einiger Zeit erneut prüfen. Wenn die Batterie in Ordnung ist, dann wird das Batterieauge aufgrund der Durchmischung der Batterieflüssigkeit beim Fahren nach einiger Zeit von selbst grün.
- Batteriegehäuse auf Beschädigungen sichtprüfen. Bei beschädigtem Gehäuse kann Batteriesäure auslaufen und die umliegenden Bauteile beschädigen. In diesem Fall Batterie schnellstmöglich ersetzen.

Batterie auf festen Sitz prüfen

Eine lockere Batterie hat eine verkürzte Lebensdauer durch Rüttelschäden. Lockere Batterieanschlüsse können einen Kabelbrand oder Funktionsstörungen in der elektrischen Anlage nach sich ziehen. Eine lockere Batterie vermindert außerdem die Crash-Sicherheit des Fahrzeuges.

- Batterie kräftig hin- und herbewegen.
- Sitzt die Batterie lose, Batterie-Haltebügel festziehen.

Achtung: Falls die Batterie-Plusklemme locker ist, muss vor dem Festziehen der Plusklemme wegen Kurzschlussgefahr die Masseklemme an der Batterie abgeklemmt werden. Nach Festziehen der Plusklemme, Massekabel wieder anklemmen. Batterie-Massekabel abklemmen, siehe Seite 63.

- Batterieklemmen hin- und herbewegen und festen Sitz prüfen, gegebenenfalls Befestigungsmuttern nachziehen.

Wagenpflege

Aus dem Inhalt:

- **Fahrzeug waschen**
- **Lackierung pflegen**
- **Unterbodenschutz**
- **Hohlraumkonservierung**
- **Polster reinigen**
- **Lackschäden ausbessern**

Fahrzeug waschen

Aus Umweltschutzgründen ist es in den meisten Gemeinden verboten, Fahrzeuge auf öffentlichen Plätzen zu waschen. Wird das Auto sehr oft in einer automatischen Waschanlage gewaschen, hinterlassen die rotierenden Waschbürsten Schleifspuren auf dem Lack. Diese lassen sich verhindern, wenn man den Wagen von Hand in einer entsprechenden Waschanlage wäscht.

- Vogelkot, Insekten, Baumharze, Teer- und Fettflecken, Streusalz und andere aggressive Ablagerungen sofort abwaschen, da sie ätzende Bestandteile enthalten, die Lackschäden verursachen.
- Bedienungshinweise für den Hochdruckreiniger bezüglich Druck und Düsenabstand des Sprühkopfes befolgen.
- Beim Waschen reichlich Wasser verwenden. Mit einem Schwamm oder Waschhandschuh beziehungsweise einer weichen Bürste mit dem Reinigen des Fahrzeugdaches beginnen; Schwamm oft ausspülen.
- Waschmittel nur bei hartnäckiger Verschmutzung verwenden. Mit klarem Wasser gründlich nachspülen, um die Reste des Waschmittels zu entfernen. Bei regelmäßiger Benutzung von Waschmitteln muss öfter konserviert werden. Dem Waschwasser kann ein Konservierungsmittel beigegeben werden.
- Darauf achten, dass kein Wasser in die Eintrittsöffnungen für die Innenraumbelüftung eindringt. Hochdruckdüse nicht gegen den Kühler oder schadhafte Lackflächen des Fahrzeugs richten.
- Zum Abtrocknen sauberes Leder verwenden. Verschiedene Reinigungsleder für Lack- und Fensterflächen verwenden, da Konservierungsmittelrückstände auf den Scheiben zu Sichtbehinderungen führen.
- Durch Streusalz besonders gefährdet sind alle innen liegenden Falze, Flansche und Fugen an Türen und Hauben. Diese Stellen müssen deshalb bei jeder Wagenwäsche – auch nach der Wäsche in automatischen Waschstraßen – mit einem Schwamm gründlich gereinigt und anschließend abgespült und abgeledert werden.
- Wagen niemals in der Sonne waschen oder trocknen. Wasserflecken sind sonst unvermeidlich.

Achtung: Nach der Wagenwäsche Bremspedal während der Fahrt leicht antippen, um den Wasserfilm abzubremsen.

Lackierung pflegen

Konservieren: Die gewaschene und getrocknete Lackierung möglichst oft mit einem Konservierungsmittel behandeln, um die Oberfläche durch eine Poren schließende und Wasser abweisende Wachsschicht gegen Witterungseinflüsse zu schützen. Auch wenn beim Waschen regelmäßig Waschkonservierer verwendet werden, empfiehlt es sich, den Lack mindestens zweimal im Jahr mit Hartwachs zu schützen.

Sofern Kraftstoff, Öl, Fett oder Bremsflüssigkeit auf den Lack gelangt, diese Flüssigkeiten **sofort entfernen,** sonst kommt es zu Lackverfärbungen.

Spätestens dann, wenn Wasser nicht mehr deutlich vom Lack abperlt, muss konserviert werden. Der Lack trocknet sonst aus.

Polieren: Das Polieren des Lackes ist nur dann erforderlich, wenn dieser infolge mangelhafter Pflege beziehungsweise unter der Einwirkung von Umwelteinflüssen unansehnlich geworden ist und sich durch eine Behandlung mit Konservierungsmitteln kein Glanz mehr erzielen lässt. Zu warnen ist vor stark schleifenden oder chemisch stark angreifenden Poliermitteln, auch wenn der erste Versuch damit noch so sehr zu überzeugen scheint.

Vor jedem Polieren muss der Wagen sauber gewaschen und sorgfältig abgetrocknet werden. Im Übrigen ist nach der Gebrauchsanweisung für das Poliermittel zu verfahren.

Die Bearbeitung soll in nicht zu großen Flächen erfolgen, um ein vorzeitiges Eintrocknen der Politur zu vermeiden. Bei manchen Poliermitteln muss anschließend noch konserviert werden. Nicht in der prallen Sonne polieren!

Kunststoffteile und matt lackierte Teile dürfen nicht mit Konservierungs- oder Poliermitteln behandelt werden, da sich sonst Flecken bilden.

Teerflecke entfernen: Frische Teerflecke können mit einem in Waschbenzin getränkten weichen Lappen entfernt werden oder mit speziellen Teerfleck-Entfernern. Notfalls kann auch Petroleum oder Terpentinöl verwendet werden. Sehr gut gegen Teerflecke eignet sich auch ein Lackkonservierer. Bei

Verwendung dieses Mittels kann auf ein Nachwaschen verzichtet werden.

Insekten entfernen: Insekten enthalten aggressive Stoffe, die den Lackfilm beschädigen können. Sie müssen deshalb umgehend mit lauwarmer Seifen- oder Waschmittellösung abgewaschen werden. Es gibt auch spezielle Insekten-Entferner.

Außenbeleuchtung: Leuchten- und Scheinwerferabdeckungen sind aus Kunststoff. Verunreinigungen nur mit einem feuchten, weichen Tuch entfernen. Scheinwerferabdeckungen auf keinen Fall mit einem trockenen oder scheuernden Tuch reinigen. Keine Eiskratzer verwenden und nicht mit Reinigungs- oder Lösungsmitteln säubern.

Kunststoffteile pflegen: Kunststoffteile, Kunstledersitze, Himmel, Leuchtengläser sowie mattschwarz gespritzte Teile mit Wasser und Flüssigseife säubern. Fahrzeughimmel nicht durchfeuchten. Kunststoffteile gegebenenfalls mit Kunststoffreiniger behandeln.

Scheiben reinigen: Schnee und Eis von Scheiben und Spiegeln nur mit einem Kunststoffschaber entfernen. Um Kratzer durch Schmutz zu vermeiden, sollte der Schaber nicht nach vorn und dann zurückbewegt, sondern nur geschoben werden. Fensterscheiben innen und außen mit sauberem, weichem Lappen abreiben. Bei starker Verschmutzung helfen Spiritus oder Salmiakgeist und lauwarmes Wasser oder auch ein spezieller Scheibenreiniger. Beim Reinigen der Windschutzscheibe Scheibenwischerarme nach vorn klappen. Bei der Reinigung der Windschutzscheibe auch die Wischerblätter säubern.

Achtung: Bei Verwendung silikonhaltiger Mittel dürfen die zur Reinigung der Lackierung verwendeten Waschbürsten, Schwämme, Lederlappen und Tücher nicht für die Scheiben verwendet werden. Beim Einsprühen der Lackierung mit silikonhaltigen Pflegemitteln sollten die Scheiben mit Pappe oder anderem Material abgedeckt werden.

Gummidichtungen pflegen: Gummidichtungen durch Einpudern der Dicht- und Gleitflächen mit Talkum oder Besprühen mit Silikonspray geschmeidig halten. So werden auch quietschende oder knarrende Geräusche beim Schließen der Türen vermieden. Auch das Einreiben der betreffenden Flächen mit Schmierseife beseitigt die Geräusche.

Reifen reinigen: Reifen nicht mit einem Dampfstrahlgerät reinigen. Wird die Düse des Dampfstrahlers zu nahe an den Reifen gehalten, wird dessen Gummischicht innerhalb weniger Sekunden irreparabel zerstört, selbst bei Verwendung von kaltem Wasser. Ein auf diese Weise gereinigter Reifen sollte sicherheitshalber ersetzt werden.

Leichtmetall-Scheibenräder mit Felgenreiniger und Bürste reinigen, jedoch keine aggressiven, säurehaltigen, stark alkalischen und rauen Reinigungsmittel oder Dampfstrahler über +60° C verwenden.

Sicherheitsgurte nur mit milder Seifenlauge im eingebauten Zustand säubern, nicht chemisch reinigen, da dadurch das Gewebe zerstört werden kann. Automatikgurte nur in trockenem Zustand aufrollen.

Unterbodenschutz/ Hohlraumkonservierung

Die Unterbodenverkleidung ist aus Kunststoff und schützt den hinteren Bereich des Fahrzeugunterbodens. Die besonders stark gefährdeten Bereiche in den Radläufen sind zusätzlich mit Kunststoffschalen gegen Steinschlag geschützt. Vor der kalten Jahreszeit und nach einer Unterbodenwäsche sollte der Unterbodenschutz kontrolliert und gegebenenfalls ausgebessert werden.

Im Schleuderbereich des Unterbaues können sich Staub, Lehm und Sand ablagern. Den angesammelten Schmutz entfernen, zumal er während der Winterzeit auch noch mit Streusalz angereichert sein kann.

Polsterbezüge pflegen/reinigen

Textilbezüge: Polsterbezüge mit Staubsauger und Bürste reinigen. Flecken mit Flüssigseife, 25-prozentiger Ammoniaklösung oder Branntweinessig entfernen.

Fett- und Ölflecke mit Reinigungsbenzin oder Fleckenwasser behandeln. Das Reinigungsmittel darf aber nicht unmittelbar auf den Stoff gegossen werden, da sich sonst unweigerlich Ränder bilden. Fleck durch kreisförmiges Reiben von außen nach innen bearbeiten. Andere Verschmutzungen lassen sich meistens mit lauwarmem Seifenwasser entfernen.

Lederbezüge: Bei starker Sonneneinstrahlung und längerer Standzeit Sitze abdecken, damit sie nicht ausbleichen.

Trikot- oder Wolllappen mit Wasser leicht anfeuchten und Lederflächen säubern, ohne das Leder oder die Nahtstellen zu durchfeuchten. Anschließend das getrocknete Leder mit einem sauberen und weichen Tuch nachreiben.

Stärker verschmutzte Lederflächen mit einem milden Feinwaschmittel ohne Aufheller (2 Esslöffel auf 1 Liter Wasser) oder Flüssigseife reinigen. Fett- und Ölflecke ohne zu reiben vorsichtig mit Reinigungsbenzin abtupfen.

Lackierte Lederpolster sollten nach dem Reinigen mit einem handelsüblichen Pflegemittel für Lederflächen behandelt werden. Das Mittel vor Gebrauch gut schütteln und mit einem weichen Lappen dünn auftragen. Nach dem Eintrocknen mit einem sauberen und weichen Tuch nachreiben. Diese Behandlung empfiehlt sich bei normaler Beanspruchung alle 6 Monate.

Steinschlagschäden ausbessern

Ausbeul- und Lackierarbeiten an der Autokarosserie setzen Erfahrung über den Werkstoff und dessen Bearbeitung voraus. Derartige Fertigkeiten werden in der Regel erst durch eine langjährige Praxis erreicht. Aus diesem Grund wird hier nur das Ausbessern von kleineren Lackschäden erläutert.

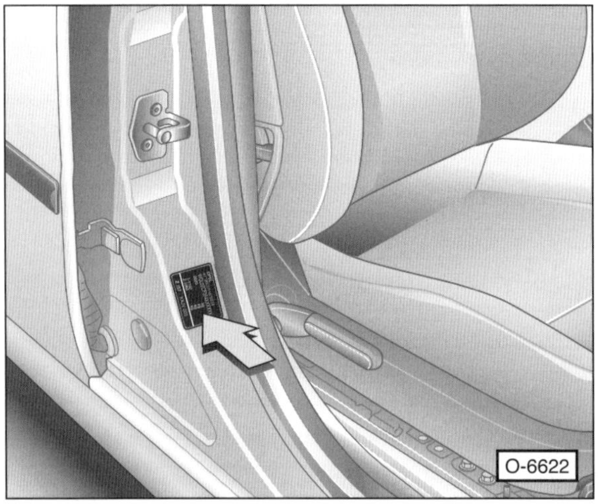

Zum Nachlackieren wird unbedingt dieselbe Lackfarbe benötigt, denn selbst kleinste Farbunterschiede fallen nach Abschluss der Arbeiten sofort ins Auge. Der jeweilige Fahrzeug-Farbton wird vom Hersteller durch die Lacknummer gekennzeichnet. Die Lacknummer steht auf dem Fahrzeugtypschild –Pfeil–. Das Typschild befindet sich am rechten Vordertürrahmen, je nach Modell unterhalb oder oberhalb des Schließzapfens. Lacknummern sind beispielsweise: Z157 = Starsilber III, Y20Z = Roylalblau, Z594 = Rubensrot.

Treten dennoch Differenzen zwischen dem Originallack und dem Reparaturlack auf, dann liegt das daran, dass sich Fahrzeug-Lackierungen durch Alterung, ultraviolette Sonnenbestrahlung, extreme Temperaturdifferenzen, Witterungsbedingungen und chemische Einflüsse wie beispielsweise Industrieabgase mit der Zeit verändern. Außerdem können Oberflächenschäden, Farbveränderungen und Ausbleichen des Lackes eintreten, wenn Reinigung und Lackpflege mit ungeeigneten Mitteln durchgeführt wurden.

Die Metallic-Lackierung besteht aus 2 Schichten, dem Metallic-Grundlack und der farblosen Decklackierung. Beim Lackieren wird der Klarlack über den feuchten Grundlack gespritzt. Die Gefahr von Farbdifferenzen bei der nachträglichen Metallic-Lackierung ist besonders groß, da hier schon die unterschiedliche Viskosität des Reparaturlackes gegenüber dem Originallack zu Farbverschiebungen führt.

Es lohnt sich, auch kleinste Lackschäden regelmäßig zu beseitigen, da auf diese Weise Rostschäden und größere Reparaturen vermieden werden.

Für kleine Kratzer und Steinschläge, die lediglich den Decklack abgesplittert haben, also nicht bis aufs blanke Blech vorgedrungen sind, genügt im allgemeinen der Lackstift oder Tupflack. Dabei handelt es sich um eine kleine Lackdose, in deren Deckel ein Pinsel integriert ist. Der Lackstift wird im Auto-Zubehörhandel angeboten.

- Tiefere Steinschlagschäden, die schon kleine Rostnarben gebildet haben, mit einem »Rostradierer« beziehungsweise einem Messer oder einem kleinen Schraubendreher auskratzen, bis das blanke Blech erscheint. Wichtig ist, dass keine auch noch so kleine Roststelle mehr sichtbar ist. Bei »Rostradierern« handelt es sich um kleine Kunststoffhülsen, die zum Auskratzen des Rostes kurze Drahtborsten besitzen.
- Die blanken Stellen müssen einwandfrei trocken und fettfrei sein. Dazu Reparaturstelle sowie den umgebenden Lack mit Silikonentferner reinigen.
- Auf die blanke Metallfläche mit einem dünnen Pinsel etwas Lackgrundierung (»Primer«) auftragen. Da das Grundiermittel meist in Sprühdosen erhältlich ist, etwas Grundiermittel in den Deckel der Dose sprühen.
- Nachdem die Grundierung trocken ist, Stelle mit Tupflack ausbessern. Bei den Tupflackdosen ist ein Pinsel bereits im Deckel integriert. Falls nur eine Spraydose mit der entsprechenden Farbe zur Verfügung steht, etwas Farbe in den Deckel der Dose sprühen und Lack mit einem dünnen Wasserfarbenpinsel auftragen. Dabei in einem Arbeitsgang immer nur eine dünne Lackschicht anbringen, damit der Lack nicht herunterlaufen kann. Anschließend Farbe gut trocknen lassen. Vorgang so oft wiederholen, bis der Krater ausgefüllt ist und die ausgebesserte Stelle gegenüber der umgebenden Lackfläche keine Vertiefung mehr bildet.

Werkzeugausrüstung

Langfristig zahlt es sich immer aus, wenn man qualitativ hochwertiges Werkzeug kauft. Neben einer Grundausstattung mit Maul- und Ringschlüsseln in den gängigen Größen und verschiedenen Torxschraubendrehern sowie einem Satz Steckschlüssel empfiehlt sich auch der Kauf eines Drehmomentschlüssels. Darüber hinaus ist bei manchen Arbeitsgängen der Einsatz von Spezialwerkzeug zwingend erforderlich.

Gutes und stabiles Werkzeug wird von der Firma HAZET (42804 Remscheid, Postfach 100461) angeboten. In den Tabellen sind die Werkzeuge mit der HAZET-Bestellnummer aufgeführt. Vertrieben wird das Werkzeug über den Fachhandel.

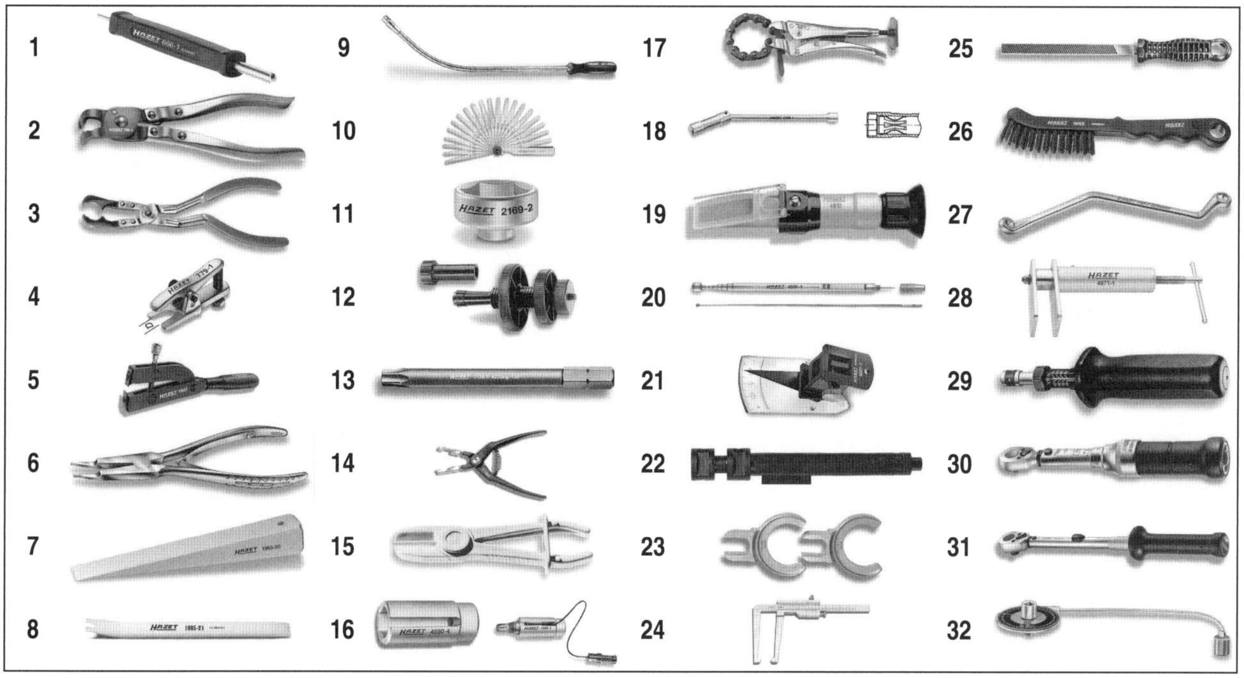

Abb.	Werkzeug	Hazet-Nr.
1	Ventildreher für Reifenventile	666-1
2	Zange für Clic-Typ-Schlauchschellen	798-2
3	Zange für Fensterkurbelsicherung	799
4	Kugelgelenk-Abzieher, Maulweite 20 – 22 mm, 2-stufig	1790-7
5	Klemmzange für Edelstahlhaltebänder der Gelenkwellenmanschetten	1847
6	Zange für Sicherungsring im Gleichlaufgelenk	1847-3
7	Montagekeil	1965-20
8	Montagekeil	1965-21
9	Magnet-Sucher	1976
10	Fühlerblattlehre 0,05 – 1,0 mm	2147
11	Ölfilter-Deckel SW 32	2169-32
12	Kupplungs-Zentrierwerkzeug	2174
13	Innentorx-Einsatz für für Airbagsensor-Schraube	2223Lg-T30
14	Zange für Verriegelung Kraftstoffleitungen	4501-1
15	Abklemmzangen-Satz	4590/3
16	Steckschlüssel für Lambdasondenausbau (1,6-/1,8-l-Motor)	4680-4

Abb.	Werkzeug	Hazet-Nr.
17	Ketten-Abgasrohrschneider	4682
18	Zündkerzenschlüssel	4766-1
19	Messgerät für Frostschutzanteil	4810 C
20	Spritzdüseneinsteller für Scheibenwaschanlage	4850-1
21	Winkeleinsteller für Scheibenwischerarme	4851-1
22	Spanngerät für Schraubenfedern der Federbeine	4900-2A
23	Federspanner-Spannplatten-Paar für den VECTRA/SIGNUM	4900-12
24	Bremsscheiben-Messschieber	4956-1
25	Bremssattelfeile	4968-1
26	Bremssatteldrahtbürste	4968-2
27	Entlüftungsschlüssel Bremse	4968-9
28	Bremskolben-Rücksetzvorrichtung	4971-1
29	Drehmomentschlüssel 1 – 6 Nm	6003 CT
30	Drehmomentschlüssel 4 – 40 Nm	6109-2 CT
31	Drehmomentschlüssel 40 – 200 Nm	6122-1 CT
32	Winkelscheibe für drehwinkelgesteuerten Schraubenanzug	6690

Motorstarthilfe

Sicherheitshinweise:
Werden die vorgeschriebenen Anschlusshinweise nicht genau eingehalten, besteht die Gefahr der Verätzung durch austretende Batteriesäure. Außerdem können Verletzungen oder Schäden durch eine Batterieexplosion entstehen oder Defekte an der Fahrzeugelektrik auftreten.

- Batterieflüssigkeit von Augen, Haut, Gewebe und lackierten Flächen fern halten. Die Flüssigkeit ist ätzend. Säurespritzer sofort mit klarem Wasser gründlich abspülen. Gegebenenfalls einen Arzt aufsuchen.
- Keine Funken oder offenen Flammen in Batterienähe, da aus der Batterie brennbare Gase austreten können.
- Augenschutz tragen.
- Darauf achten, dass die Starthilfekabel nicht durch drehende Teile wie zum Beispiel Kühlerlüfter beschädigt werden.

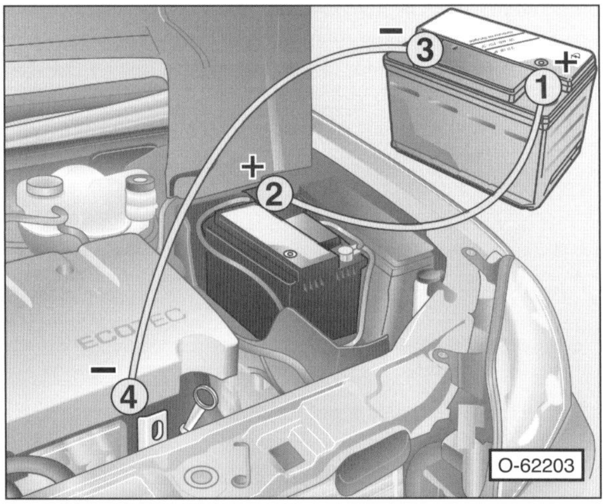

- Die Starthilfekabel sollten einen Leitungsquerschnitt von 25 mm^2 aufweisen und mit isolierten Kabelzangen ausgestattet sein. In der Regel ist der Leitungsquerschnitt auf der Packung der Starthilfekabel angegeben.
- Bei beiden Batterien muss die Spannung 12 Volt betragen. Die Kapazität der stromgebenden Batterie darf nicht wesentlich unter der der entladenen Batterie liegen.
- Eine entladene Batterie kann bereits bei –10° C gefrieren. Vor Anschluss der Starthilfekabel muss eine gefrorene Batterie unbedingt aufgetaut werden.
- Die entladene Batterie muss ordnungsgemäß am Bordnetz angeklemmt sein.
- Wenn möglich, Säurestand der entladenen Batterie prüfen, gegebenenfalls destilliertes Wasser auffüllen und Batterie verschließen.
- Fahrzeuge so weit auseinander stellen, dass kein metallischer Kontakt besteht. Andernfalls könnte bereits beim Verbinden der Pluspole ein Strom fließen.
- Bei beiden Fahrzeugen Handbremse anziehen. Schaltgetriebe in Leerlaufstellung, automatisches Getriebe zusätzlich in Parkstellung »P« schalten.
- Alle Stromverbraucher ausschalten.
- ● Grundsätzlich Motor des Spenderfahrzeuges ca. 1 Minute vor dem Startvorgang und während des Startvorganges mit Leerlaufdrehzahl drehen lassen. Dadurch wird eine Beschädigung des Generators durch Spannungsspitzen beim Startvorgang vermieden.
- Starthilfekabel in folgender Reihenfolge anschließen:
  1. Rotes Kabel an den Pluspol (+) –1– der stromgebenden Batterie anklemmen.
  2. Das andere Ende des roten Kabels an den Pluspol (+) –2– der entladenen Batterie anklemmen.
  3. Schwarzes Kabel an den Minuspol (–) –3– der stromgebenden Batterie anklemmen.
  4. Das andere Ende des schwarzen Kabels an eine gute Massestelle –4– des Empfängerfahrzeuges anschließen. **Achtung: Nicht an den Minuspol (–) der leeren Batterie.** Am besten eignet sich ein mit dem Motorblock verschraubtes Metallteil. Unter ungünstigen Umständen könnte beim Anschließen des Kabels an den Minuspol der leeren Batterie, durch Funkenbildung und Knallgasentwicklung, die Batterie explodieren.

Achtung: Die Klemmen der Starthilfekabel dürfen bei angeschlossenen Kabeln nicht in Kontakt miteinander kommen, beziehungsweise die Plusklemmen dürfen keine Massestellen (Karosserie oder Rahmen) berühren – Kurzschlussgefahr!

- Motor des Empfängerfahrzeuges (leere Batterie) starten und laufen lassen. Beim Starten Anlasser nicht länger als 10 Sekunden ununterbrochen betätigen, da sich durch die hohe Stromaufnahme Polzangen und Kabel erwärmen. Deshalb zwischendurch eine »Abkühlpause« von mindestens ½ Minute einlegen.
- Bei Startschwierigkeiten nicht unnötig lange den Anlasser betätigen. Während des Anlassens wird permanent Kraftstoff eingespritzt. Fehlerursache ermitteln und beseitigen.
- Nach erfolgreichem Start beide Fahrzeuge mit der »Strombrücke« noch 3 Minuten laufen lassen.
- Um Spannungsspitzen beim Trennen abzubauen, im Fahrzeug mit der leeren Batterie Gebläse und Heckscheibenheizung einschalten. Nicht das Fahrlicht einschalten. Glühlampen brennen bei Überspannung durch.
- **Nach der Starthilfe** Kabel in **umgekehrter** Reihenfolge abklemmen: Zuerst schwarzes Kabel (–) am Empfängerfahrzeug –4–, dann am stromgebenden Fahrzeug –3– abklemmen. Rotes Kabel zuerst am Empfängerfahrzeug –2– und dann am stromgebenden Fahrzeug –1– abklemmen.

Fahrzeug abschleppen

Das Fahrzeug darf nur an den dafür vorgesehenen Abschleppösen abgeschleppt werden.

Abschleppseil/Abschleppstange anbringen

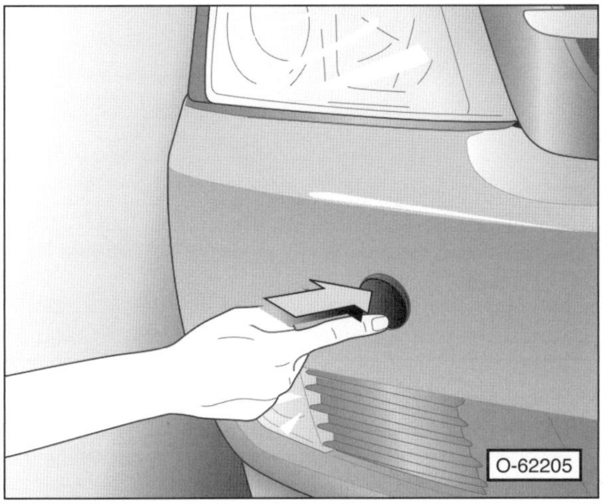

- Abdeckkappe für die Aufnahme der Abschleppöse vorn rechts öffnen: Abdeckkappe nach unten ausrasten und nach unten abziehen.
- Die Abschleppöse befindet sich in der Tasche für Wagenheber und Wagenwerkzeug im Gepäck- beziehungsweise Laderaum unter dem Reserverad.

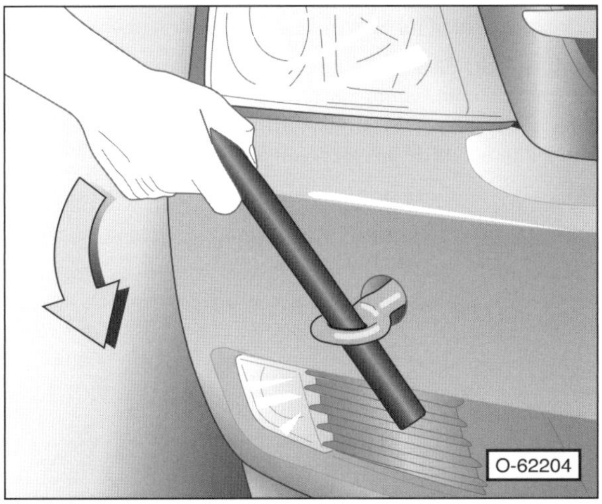

- Abschleppöse entgegen Uhrzeigersinn einschrauben und mit einem Radschlüssel bis zum Anschlag in waagerechte Stellung festziehen.

Achtung: Nach Gebrauch Abschleppöse in Werkzeugtasche legen. Abschleppöse immer im Fahrzeug mitführen.

- Die hintere Abschleppöse ist rechts am Wagenunterbau angeschweißt.

Regeln beim Abschleppen

- Zündung einschalten, damit das Lenkrad nicht blockiert ist und Blinkleuchten, Signalhorn, Scheibenwischer und Scheibenwischanlage betätigt werden können.
- Getriebe in Leerlaufstellung bringen.
- Warnblinkanlage bei beiden Fahrzeug einschalten.
- Da der Bremskraftverstärker und die Servolenkung nur bei laufendem Motor arbeiten, müssen bei nicht laufendem Motor das Bremspedal und das Lenkrad entsprechend kräftiger betätigt werden!
- Bei der Verwendung eines Abschleppseils muss der Fahrer des ziehenden Wagens beim Schalten weich einkuppeln. Der Fahrer des gezogenen Wagens hat darauf zu achten, dass das Seil stets straff ist.
- Ohne Öl im Schaltgetriebe beziehungsweise Automatikgetriebe darf der Wagen nur mit angehobenen Antriebsrädern abgeschleppt werden.
- **Empfehlenswert ist die Verwendung einer Abschleppstange.** Die Gefahr des Auffahrens ist bei Verwendung eines Abschleppseils groß. Ein Abschleppseil soll elastisch sein, damit das schleppende und das gezogene Fahrzeug geschont werden. Nur Kunstfaserseile oder Seile mit elastischen Zwischengliedern verwenden.

Fahrzeuge mit Automatikgetriebe

Wählhebelstellung: **»N«**
Maximale Schleppgeschwindigkeit: **80 km/h!**
Maximale Schleppentfernung: **100 Kilometer!**

- Über große Entfernungen das Fahrzeug mit einem Abschleppwagen vorn anheben oder aufladen.

Achtung: Zur Vermeidung von Getriebeschäden, Fahrzeug niemals rückwärts mit drehenden Antriebsrädern abschleppen.

Fahrzeug anschleppen (Notstart)

Bevor der Motor durch Anschleppen des Fahrzeuges (Starten des Motors durch das rollende Fahrzeug) gestartet wird, Starthilfe durch Batterie eines anderen Fahrzeugs durchführen.

Fahrzeuge mit Automatikgetriebe können nicht angeschleppt werden.

Achtung: Bei betriebswarmem Benzinmotor mit Schaltgetriebe darf nur über eine Strecke von maximal 50 Metern angeschleppt werden, da sonst die Gefahr von Katalysatorschäden besteht.

- Vor dem Anschleppen den 2. oder 3. Gang einlegen, Kupplungspedal treten und halten.
- Zündung einschalten.
- Langsam einkuppeln, wenn beide Fahrzeuge in Bewegung sind.
- Sobald der Motor angesprungen ist, Kupplung treten und Gang herausnehmen, um nicht auf das ziehende Fahrzeug aufzufahren.

Fahrzeug aufbocken

Bei Arbeiten unter dem Fahrzeug muss dieses, falls es nicht auf einer Hebebühne steht, auf zwei oder vier stabilen Unterstellböcken stehen.

Sicherheitshinweis
Wenn unter dem Fahrzeug gearbeitet werden soll, muss es mit geeigneten Unterstellböcken sicher abgestützt werden. Abstützen nur mit dem Wagenheber ist unzureichend. **Lebensgefahr!**

- Das Fahrzeug nur in unbeladenem Zustand auf ebener, fester Fläche aufbocken.
- Fahrzeug mit Unterstellböcken so abstützen, dass jeweils ein Bein seitlich nach außen zeigt.

Anheb- und Aufbockpunkte für Bordwagenheber

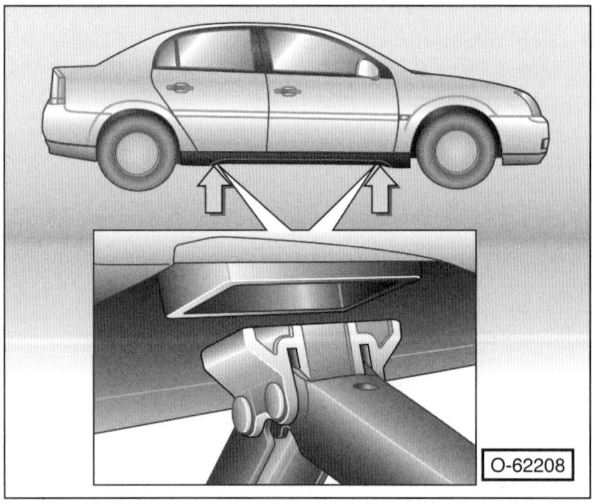

O-62208

- Am Wagenunterbau sind vorn und hinten Aussparungen zum Ansetzen des Wagenhebers vorhanden.
- Wagenheber so ansetzen, dass der Wagenheberkopf in die Wagenheberaufnahme am Fahrzeugunterboden eingreift. Die Aufnahmen sind durch Markierungen –Pfeile– an der unteren Fahrzeugkante gekennzeichnet.

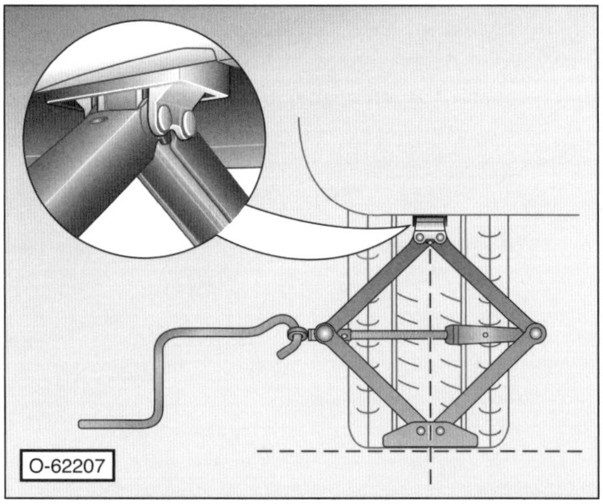

O-62207

- Wagenheber in die Aufnahme drücken und Spindel von Hand drehen, bis der Wagenheberfuß den Boden berührt. Wagenheber so ausrichten, dass der Wagenheberfuß senkrecht unter der Wagenheberaufnahme auf dem Boden steht.
- Kurbelstange in die Öse der Wagenheberspindel einsetzen. Wagenheber hochkurbeln, bis das Rad vom Boden abgehoben hat. Fahrzeug mit Unterstellböcken abstützen, beispielsweise am vorderen Längsträger.
- Die Räder, die beim Anheben auf dem Boden stehen bleiben, mit Keilen gegen Vor- oder Zurückrollen sichern.

Aufnahmepunkte für Hebebühne und Werkstattwagenheber

Achtung: Um Beschädigungen am Unterbau zu vermeiden, geeignete Gummi- oder Holzzwischenlagen verwenden. Der Wagen darf keinesfalls am Antriebsaggregat, an der Vorder- oder Hinterachse angehoben werden.

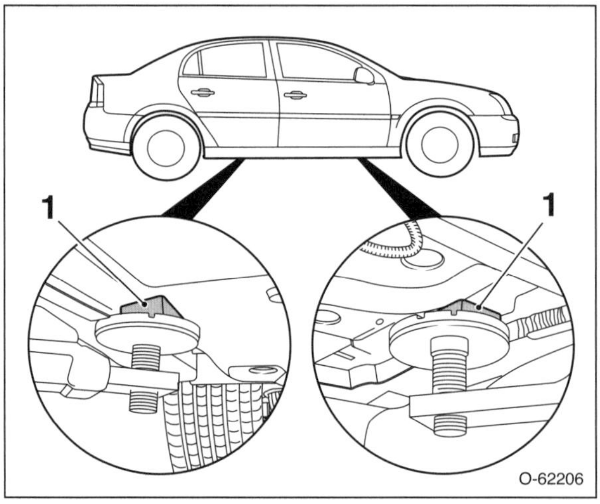

O-62206

- Die Aufnahmen einer Hebebühne oder eines Werkstattwagenhebers an den gleichen Stellen –1– ansetzen, die auch für den Bordwagenheber vorgesehen sind.

Elektrische Anlage

Aus dem Inhalt:

- Relais/Schalter prüfen
- Batterie ausbauen
- Scheibenwischer
- Elektromotoren prüfen
- Generator prüfen
- Beleuchtungsanlage
- Sicherungen auswechseln
- Anlasser prüfen
- Armaturen/Schalter

Sicherheitshinweis
Im Bordnetz des Fahrzeugs wird Hochspannung erzeugt, zum Beispiel an der Zündanlage und bei den Xenonlampen. Personen mit Herzschrittmacher dürfen deshalb keine Arbeiten an der elektrischen Anlage vornehmen.

Bei der Überprüfung der elektrischen Anlage stößt der Heimwerker in den technischen Unterlagen immer wieder auf die Begriffe Spannung, Stromstärke und Widerstand.

Die Spannung wird in Volt (V) gemessen, die Stromstärke in Ampere (A) und der Widerstand in Ohm (Ω). Mit dem Begriff Spannung ist beim Auto in der Regel die Batteriespannung gemeint. Es handelt sich dabei um eine Gleichspannung von ca. 12 Volt. Die Höhe der Batteriespannung hängt vom Ladezustand der Batterie und von der Außentemperatur ab. Sie kann zwischen 10 und 13 Volt betragen. Demgegenüber wird die Bordspannung vom Generator (Lichtmaschine) erzeugt, die bei mittleren Drehzahlen ca. 14 Volt beträgt.

Der Begriff Stromstärke taucht im Bereich der Automobil-Elektrik relativ selten auf. Die Stromstärke ist beispielsweise auf der Rückseite von Sicherungen angegeben und weist auf den maximalen Strom hin, der fließen kann, ohne dass die Sicherung durchbrennt und damit den Stromkreis unterbricht.

Überall wo Strom fließt, muss er einen Widerstand überwinden. Der Widerstand ist unter anderem von folgenden Faktoren abhängig: Leitungsquerschnitt und -länge, Leitungsmaterial, Leitfähigkeit. Ist der Widerstand zu groß, treten Funktionsstörungen auf. Beispielsweise darf beim Benzinmotor der Widerstand in den Zündleitungen nicht zu hoch sein, sonst fehlt ein ausreichend starker Zündfunke an den Zündkerzen, der das Kraftstoff-Luftgemisch entzündet und damit den Motor zum Laufen bringt.

Achtung: Vor Arbeiten an der elektrischen Anlage grundsätzlich das Batterie-Massekabel (–) abklemmen. Dazu Hinweise im Kapitel »Batterie aus- und einbauen« beachten. Als Arbeit an der elektrischen Anlage ist dabei schon zu betrachten, wenn eine elektrischen Leitung vom Anschluss abgezogen beziehungsweise abgeklemmt wird.

Elektrisches Zubehör nachträglich einbauen

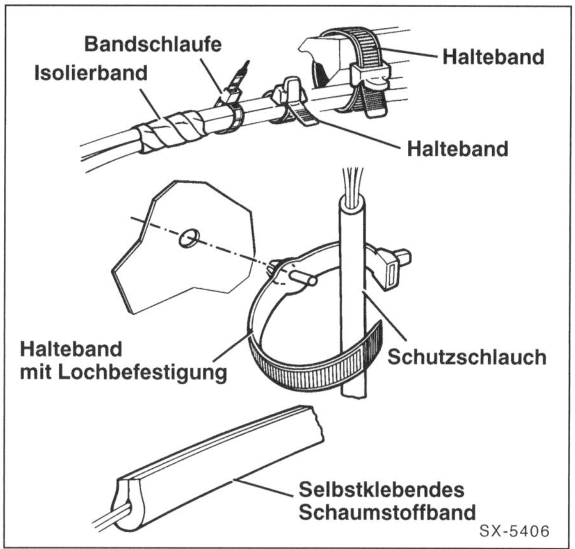

Kabel, die beim Einbau von Zubehör zusätzlich zu dem serienmäßig eingebauten Kabelsatz im Fahrzeug verlegt werden müssen, sind nach Möglichkeit immer entlang der einzelnen Kabelstränge unter Verwendung der vorhandenen Kabelschellen und Gummitüllen zu verlegen.

Falls erforderlich, zum Beispiel um Geräuschen während der Fahrt vorzubeugen und das Scheuern von Kabeln zu vermeiden, müssen die neu verlegten Kabel mit Isolierband, plastischer Masse, Kabelbändern und dergleichen zusätzlich befestigt werden. Hierbei ist besonders darauf zu achten, dass zwischen den Bremsleitungen und den festverlegten Kabeln ein Mindestabstand von 10 mm sowie zwischen den Bremsleitungen und den Kabeln, die mit dem Motor oder anderen Teilen des Fahrzeuges schwingen, ein Mindestabstand von 25 mm vorliegt.

Beim Bohren von Karosserie-Löchern müssen die Lochränder anschließend entgratet, grundiert und lackiert werden. Die beim Bohren zwangsläufig anfallenden Späne sind restlos aus der Karosserie zu entfernen.

Bei allen Arbeiten, die das elektrische Leitungssystem betreffen, ist grundsätzlich das Massekabel (–) von der Fahrzeugbatterie bei ausgeschalteter Zündung abzuklemmen und zur Seite zu hängen. Damit wird der Gefahr von Kurzschlüssen und Überlastungsschäden im Leitungssystem vorgebeugt.

Achtung: Wird die Batterie abgeklemmt, werden unter Umständen der Fehlerspeicher sowie elektrische Geräte wie zum Beispiel das Radio und die Zeituhr stillgelegt, beziehungsweise Speicherwerte gelöscht. Spezielle Hinweise zu diesem Thema stehen im Kapitel »Batterie aus- und einbauen«.

Sofern zusätzliche elektrische Verbraucher eingebaut werden, ist in jedem Fall zu überprüfen, ob die erhöhte Belastung noch von dem vorhandenen Drehstromgenerator mit übernommen werden kann. Falls erforderlich, sollte ein Generator mit größerer Leistung vorgesehen werden.

Fehlersuche in der elektrischen Anlage

Beim Aufspüren eines Fehlers in der elektrischen Anlage ist es wichtig, systematisch vorzugehen. Dies gilt sowohl beim Überprüfen von ausgefallenen Glühlampen als auch bei nicht laufenden Elektromotoren.

Der **erste Schritt** ist immer die Überprüfung der Sicherung, sofern das elektrische Bauteil abgesichert ist. Die aktuelle Sicherungsbelegung befindet sich auf Aufklebern in den beiden Sicherungskästen.

Defekte Sicherung gegebenenfalls auswechseln und nach Einschalten des elektrischen Verbrauchers kontrollieren, ob diese nicht unmittelbar danach wieder durchbrennt. In diesem Fall muss zuerst der Fehler aufgespürt und behoben werden. In der Regel handelt es sich um einen Kurzschluss. Das bedeutet, an irgend einer Stelle, mitunter auch intern im elektrischen Gerät, sind Masse- und Plusanschluss überbrückt.

Zweiter Prüfschritt: Wenn bei intakter Sicherung die Glühlampe nicht leuchtet beziehungsweise der Elektromotor nicht anläuft, ist die Stromversorgung zu überprüfen.

12-V-Glühlampe prüfen

- Glühlampe ausbauen und sichtprüfen. Ist der Glühfaden durchgebrannt oder sitzt der Glaskolben locker im Sockel, Lampe erneuern.
- Glühlampe auf Funktion prüfen: Glühlampe mit 2 Kabeln direkt an die Pole der Batterie anschließen. Wenn jetzt die Lampe nicht leuchtet, Glühlampe erneuern. **Hinweis:** Gegebenenfalls korrodierte oder verbogene Anschlüsse an der Glühlampe und in der Glühlampenfassung polieren und einwandfreien Kontakt herstellen.
- Ist die Glühlampe intakt, leuchtet aber immer noch nicht, Stromzufuhr überprüfen. Dazu Prüfspitze einer Prüflampe an eine gute Massestelle am Motor (blankes Metall) oder direkt am Batterie-Minuspol anschließen. Die andere Prüfspitze (+) entweder an den Strom führenden Stecker halten oder in das Strom führende Kabel einstechen.
- Wenn die Prüflampe jetzt aufleuchtet und die Lampe dennoch nicht brennt, ist die Massezuführung zur Glühlampe unterbrochen. Dazu Massehilfsleitung an die Glühlampenfassung anlegen. Die Glühlampe muss jetzt leuchten.
- Wenn das Strom führende Kabel zur Glühlampe keine Spannung aufweist, die Prüflampe also nicht aufleuchtet, ist sehr wahrscheinlich der Schalter defekt. Schalter auf Durchgang prüfen, siehe dazu auch Kapitel »Elektrischen Schalter auf Durchgang prüfen«.

Elektromotoren prüfen

Im Auto werden immer mehr Funktionen von Elektromotoren übernommen. Dazu gehören beispielsweise der Fensterheber, das Schiebedach oder die elektrische Zentralverriegelung. Jeder Motor wird bei Bedarf über einen Schalter zugeschaltet, meist von Hand.

- Sicherung des betreffenden Elektromotors prüfen und gegebenenfalls ersetzen.

Hinweis: Elektromotoren beim Fensterheber und Schiebedach besitzen in der Regel Sicherungsautomaten, die sich bei Überlastung ausschalten und nach einiger Zeit wieder zuschalten. Vor einer erneuten Betätigung sollte die Überlastungsursache beseitigt werden. Das können vereiste Scheiben oder verschmutzte Fenster-Führungsschienen sein.

- Brennt die Sicherung gleich wieder durch, liegt ein Kurzschluss vor.
- Um eindeutig zu klären, ob der Defekt im Motor liegt, 2 Hilfskabel (∅ ca. 2 mm) direkt von der Batterie an den Elektromotor anlegen. Pluskabel an den Plusanschluss, Massekabel an den Masseanschluss (–) des Motors. Die Anschluss-Belegung im Zweifel an Hand eines Stromlaufplans ermitteln. Dazu muss der Motor gegebenenfalls ausgebaut werden. Alle elektrischen Motoren im Fahrzeug werden mit Bordspannung (12 bis 14 Volt) versorgt. Funktioniert der Motor jetzt ordnungsgemäß, war die Stromversorgung defekt. **Hinweis:** Ein zu langsam laufender oder aussetzender Elektromotor kann auf abgenutzte Schleifkohlen hinweisen. In diesem Fall sind – wenn möglich – die Schleifkohlen (Bürsten) zu ersetzen.
- Läuft der Motor, feststellen welche Zuleitung am Elektromotor Spannung führt, wenn der Schalter betätigt wird.
- Spannungsführendes Kabel am Elektromotor mit Prüflampe prüfen. Da bei Elektromotoren ein großer Strom fließt, kann eine herkömmliche Prüflampe mit Glühlampe genommen werden. Die Prüflampe hat in der Regel spitze Prüfnadeln, mit denen das Anschlusskabel durchstochen werden kann. So lässt sich auf einfache Weise die Spannung prüfen.
- Liegt keine Spannung am Elektromotor an, ist die Stromversorgung defekt. Fehler in der Zuleitung suchen und beheben. Elektromotoren haben in der Regel aufgrund des hohen Strombedarfs zusätzliche Schaltrelais.
- Wurde kein Fehler gefunden, Schalter prüfen.
- Ist ein Kabel defekt, ist es oft sinnvoller, man legt ein neues Kabel, da es schwierig ist, einen Defekt im Kabel zu lokalisieren.

Elektrischen Schalter auf Durchgang prüfen

Die meisten elektrischen Verbraucher werden über einen von Hand betätigten Schalter ein- und ausgeschaltet. Darüber hinaus gibt es auch Schalter, die automatisch betätigt werden. Zu diesen Schaltern zählen zum Beispiel der Ölstandgeber und der Geber für Bremsflüssigkeitsstand.

Grundsätzlich hat ein Schalter die Aufgabe, den Stromkreis zu schließen und zu unterbrechen. Es gibt Schalter, die die Masseleitung (–) unterbrechen, und Schalter, die die Strom führende Leitung (+) unterbrechen.

Schalter für Lampen und Elektromotoren prüfen

- Betreffenden Schalter ausbauen.
- Einfache Schalter haben nur 2 Anschlüsse. In diesem Fall muss an einem Anschluss immer Spannung (+) anliegen und nach dem Einschalten an der anderen Klemme auch. Es gibt auch Schalter mit mehreren Klemmen. Bei diesen Schaltern anhand des Stromlaufplans feststellen, an welcher Klemme Spannung anliegen muss.
- Mit Prüflampe prüfen, ob am Schalter Spannung anliegt, gegebenenfalls vorher Zündung einschalten. Leuchtet die Prüflampe auf, Schalter betätigen und an der Ausgangsklemme prüfen, ob dort auch Spannung anliegt. Ist das der Fall, dann ist sichergestellt, dass der Schalter funktioniert.
- Wenn an der Eingangsklemme keine Spannung anliegt, liegt eine Unterbrechung in der Leitungs-Zuführung vor. Anhand des Stromlaufplans die Spannungszuführung kontrollieren und gegebenenfalls eine neue Leitung einbauen.

Geberschalter prüfen

Geberschalter sind beispielsweise: Geber für Bremsflüssigkeits-, Motoröl- und Kühlmittelstand.

- Durchgangsprüfer (Prüflampe oder Ohmmeter) an der Zu- und Ableitung des Schalters anschließen, dazu Kabel am Schalter abziehen. **Achtung:** Schalter, die im Motorblock eingeschraubt sind, haben in der Regel kein Massekabel, da das Schaltergehäuse über die Verbindung zum Motorblock als Massepol dient.
- Am besten eignet sich als Durchgangsprüfer ein Ohmmeter, das auf einen entsprechenden Messbereich eingestellt wird. Bei geschlossenem Schalter muss das Ohmmeter 0 Ω, bei geöffnetem Schalter ∞ Ω (unendlich) anzeigen.
- Zusätzlich sollte die Funktionsfähigkeit der Warnlampe im Kombiinstrument überprüft werden: Bei eingeschalteter Zündung die Zuleitung am Schalter abziehen und an eine Massestelle halten. Die Lampe muss nun aufleuchten.

Relais prüfen

In vielen Stromkreisen ist ein Relais integriert. Ein Schaltrelais arbeitet wie ein Schalter. Wenn der Verbraucher über den Handschalter eingeschaltet wird, bekommt das Relais den Befehl, den Strom zum Verbraucher durchzuschalten. Man könnte natürlich den Strom auch direkt über den Schalter von der Batterie zum Verbraucher legen. Bei allen Verbrauchern mit hoher Stromaufnahme schaltet man jedoch ein Relais dazwischen, um den Schalter nicht zu überlasten beziehungsweise um kurze Stromwege sicherzustellen.

Schaltrelais prüfen

Beim Einschalten des betreffenden Verbrauchers wird das Relais angesteuert, das heißt durch den Schaltstrom zieht eine Magnetspule im Relaisinnern einen Kontakt an und schließt so den Stromkreis für den »Arbeitsstrom«. Der Arbeitsstrom läuft über das Relais zum Stromverbraucher weiter.

Am einfachsten lässt sich die Funktionsfähigkeit eines Relais prüfen, wenn man es gegen ein intaktes auswechselt. So macht man es auch in der Werkstatt. Da dem Heimwerker jedoch in den seltensten Fällen ein neues Relais sofort zur Verfügung steht, empfiehlt sich folgende Vorgehensweise:

- Relais mit Relaiszange, zum Beispiel HAZET 4770-1, aus der Halterung herausziehen.
- Zündung und entsprechenden Schalter einschalten.
- Zuerst mit Spannungsprüfer feststellen, ob an der entsprechenden Plus-Klemme (+) im Relaishalter Spannung anliegt. Dazu Spannungsprüfer an Masse (–) anschließen und die andere Kontaktspitze vorsichtig in die Klemme einführen. Wenn die Leuchtdiode des Spannungsprüfers aufleuchtet, ist Spannung vorhanden. Zeigt der Spannungsprüfer keine Spannung an, Unterbrechung vom Batterie-Pluspol (+) zur Klemme anhand des Schaltplanes aufspüren.
- Leitungsbrücke aus einem Stück isoliertem Draht herstellen, die Enden müssen blank sein.
- Mit dieser Brücke im Relaishalter die Plus-Klemme (+), die immer Spannung führt, mit dem Ausgang des Relais-Schließers verbinden. Mit diesem Arbeitsschritt wird das getan, was ein intaktes Relais auch vornimmt.
- Wenn bei eingesetzter Brücke zum Beispiel das Fernlicht aufleuchtet, ist in der Regel das Relais defekt.
- Wenn das Fernlicht nicht aufleuchtet, klären, ob die Masseverbindung (–) zum Scheinwerfer intakt ist. Dann Unterbrechung in der Leitungsführung von der Relaisklemme zum Hauptscheinwerfer anhand des Schaltplanes aufspüren und beheben.
- Falls erforderlich, neues Relais einsetzen.

Achtung: Falls ein Relais nur zeitweise nicht funktioniert, dann liegt der Defekt in der Regel im Relais. Es bleibt dann ein Kontakt im Relais ab und zu kleben, während das Relais ansonsten einwandfrei funktioniert. Bei Auftreten des Fehlers leicht gegen das Relaisgehäuse klopfen. Wenn das Relais daraufhin durchschaltet, Relais ersetzen.

Heizbare Heckscheibe prüfen

Bei eingeschalteter Heckscheibenheizung muss das Feld mit den sichtbaren Leiterbahnen nach einiger Zeit frei von Beschlag oder Eis sein.

- Bei Störungen zuerst Sicherung im Sicherungskasten überprüfen.
- Ist die Sicherung in Ordnung, anschließend festen Sitz der Kabelstecker an der Heckscheibe überprüfen, gegebenenfalls von Korrosion reinigen.
- Funktioniert die Heckscheibenheizung immer noch nicht, Zuleitungen und Schalter prüfen.

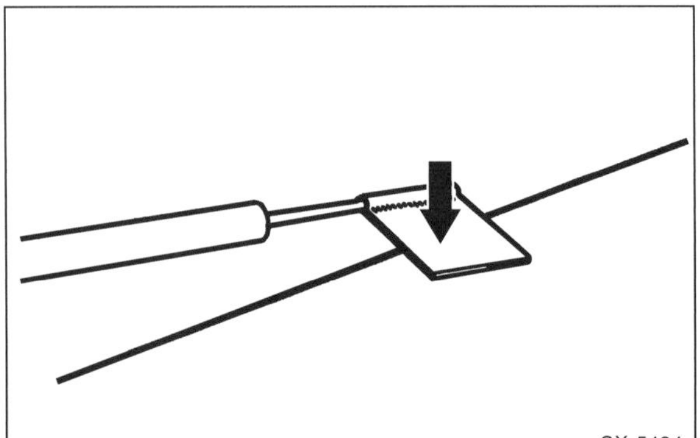
SX-5424

- Heizdraht überprüfen. Spannung zwischen Heizdraht und Anschlussstelle der elektrischen Zuleitung messen. Dazu Prüfspitze des Messgerätes mit einem breiten Stück Aluminiumfolie umwickeln und dieses während der Messung auf den Heizdraht drücken –Pfeil–.
- Motor starten und Scheibenheizung einschalten.
- Spannung in der Mitte jedes Heizdrahtes messen. Beträgt sie ca. 6 Volt ist der Draht in Ordnung. Beträgt sie ca. 10 Volt oder 0 Volt ist der Draht unterbrochen.
- Durch Schieben der Prüfspitze entlang des Heizdrahtes kann die Bruchstelle ermittelt werden: Dort tritt ein abrupter Spannungswechsel zwischen Null und mehreren Volt auf.

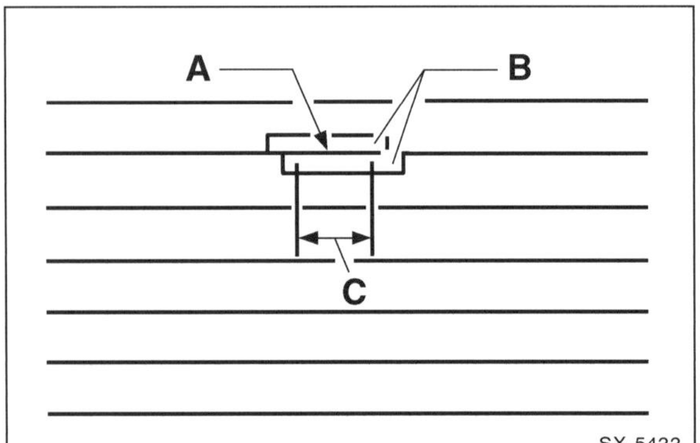

SX-5422

- Sind Heizfäden unterbrochen, hilft handelsüblicher Leitsilberlack zur Wiederherstellung der Verbindung. Dazu beschädigten Bereich –A– reinigen.
- Unterbrochene Stelle –A– von beiden Seiten mit Klebeband –B– abkleben und mit einem kleinen Pinsel Leitsilberlack –C– auftragen.
- Leitsilberlack bei ca. +25° C ca. 24 Stunden trocknen lassen. Es kann auch ein Heißluftfön verwendet werden. Bei +150° C trocknet der Lack in ca. 30 Minuten.

Achtung: Heckscheibenheizung nicht einschalten, bevor der Lack ganz trocken ist. Kein Benzin oder andere Lösungsmittel zum Reinigen des beschädigten Teils verwenden.

Steckverbinder trennen

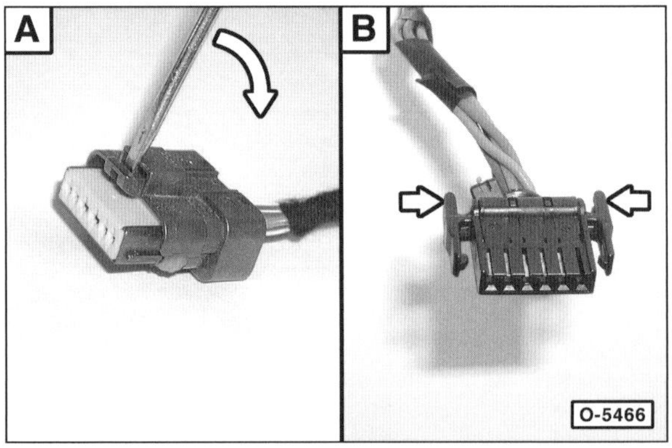

O-5466

- –A–: Lasche mit einem Schraubendreher herunterdrücken –Pfeil–, Stecker dabei ziehen und Verbindung trennen. Stecker beim Aufschieben hörbar einrasten lassen.
- –B–: 2 Laschen nach innen drücken –Pfeile– und Steckverbindung trennen.

Lichtwellenleiter

Es kommen vermehrt Lichtwellenleiter als Steuerleitungen zum Einsatz, die sich durch eine verlustarme Übertragung von Daten sowie eine hohe Bandbreite auszeichnen.

Dabei wird die Bandbreite einer Leitung durch ihren physikalischen Aufbau bestimmt. Die Leitung wird in mehrere Kanäle unterteilt, die sich untereinander nicht beeinträchtigen. Dadurch können durch eine Leitung gleichzeitig mehrere Ströme mit unterschiedliche Steueraufgaben durchgeleitet werden. Je höher die Bandbreite einer Leitung ist, desto mehr Kanäle können genutzt werden.

Sicherheitshinweise im Umgang mit Lichtwellenleitern beachten:

- Steckverbindungen für den Lichtwellenleiter vorsichtig trennen.
- Die Übergangsstellen des Lichtwellenleiters dürfen nicht verschmutzt oder verkratzt werden.
- **Kontaktstellen mit Abdeckkappen und Stopfen schützen.**
- Lichtwellenleiter nicht knicken, strecken oder quetschen.

Bremslicht prüfen

Glühlampen und Sicherung prüfen

- Brems-Glühlampen und entsprechende Sicherung überprüfen, gegebenenfalls erneuern.

Sind die Brems-Glühlampen und die Sicherung in Ordnung, anschließend Bremslichtschalter prüfen. Beim Niedertreten des Bremspedals wird der Schalterkontakt geschlossen und die Bremslichter leuchten auf.

Bremslichtschalter prüfen

Der Schalter befindet sich im Fußraum am Pedalbock des Bremspedals, siehe Seite 163.

- Zündung einschalten.
- Stecker vom Bremslichtschalter abziehen und Steckerkontakte mit kurzer Hilfsleitung überbrücken. Wenn die Bremslichter jetzt aufleuchten, ist der Bremslichtschalter defekt.

Hupe aus- und einbauen

Hinweis: Unter jedem Scheinwerfer befindet sich jeweils ein Signalhorn der Hupe.

Ausbau

- Batterie-Massekabel (–) abklemmen. **Achtung:** Hinweise im Kapitel »Batterie aus- und einbauen« beachten.
- Innenkotflügel ausbauen, siehe Seite 250.
- Dieselmotor: Untere Motorabdeckung außen abschrauben und nach unten klappen.
- Fahrzeuge mit Nebelscheinwerfer: Stoßfängerabdeckung ausbauen, siehe Seite 246/247.

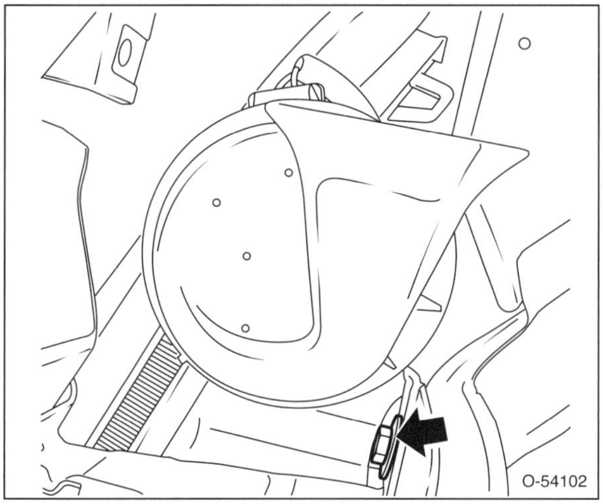

O-54102

- Schraube –Pfeil– herausdrehen und Hupe abnehmen.
- Stecker von der Hupe entriegeln und abziehen.

Einbau

- Der Einbau erfolgt in umgekehrter Ausbaureihenfolge.

Sicherungen auswechseln

Um Kurzschluss- und Überlastungsschäden an den Leitungen und Verbrauchern der elektrischen Anlage zu verhindern, sind die einzelnen Stromkreise durch Schmelzsicherungen geschützt.

- Vor dem Auswechseln einer Sicherung immer alle Stromverbraucher und die Zündung ausschalten.
- Es empfiehlt sich, stets einige Ersatzsicherungen im Wagen mitzuführen und diese nach Gebrauch zu ersetzen.
- Brennt eine neu eingesetzte Sicherung nach kurzer Zeit wieder durch, muss der entsprechende Stromkreis überprüft werden.

Achtung: Auf keinen Fall Sicherung durch Draht oder ähnliche Hilfsmittel ersetzen, weil dadurch ernste Schäden an der elektrischen Anlage auftreten können.

Hinweis: Die Sicherungen sind in 3 Sicherungskästen eingesetzt. Der erste Sicherungskasten sitzt seitlich in der Armaturentafel, der zweite Sicherungskasten hinter der seitlichen Verkleidung im Laderaum und der dritte im Motorraum.

- Eine Übersicht der aktuellen Sicherungsbelegung befindet sich in der Bedienungsanleitung. **Hinweis:** Die Sicherungsbelegung ist abhängig von der Ausstattung und vom Baujahr des Fahrzeuges.

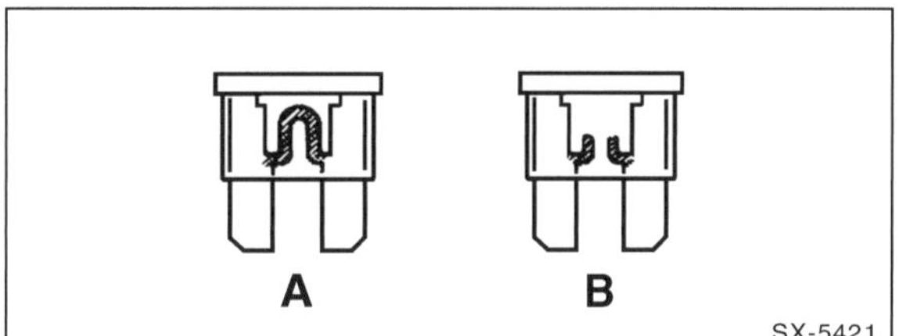

SX-5421

- Eine durchgebrannte Sicherung erkennt man am durchgeschmolzenen Metallstreifen. A – Sicherung in Ordnung, B – Sicherung durchgebrannt.

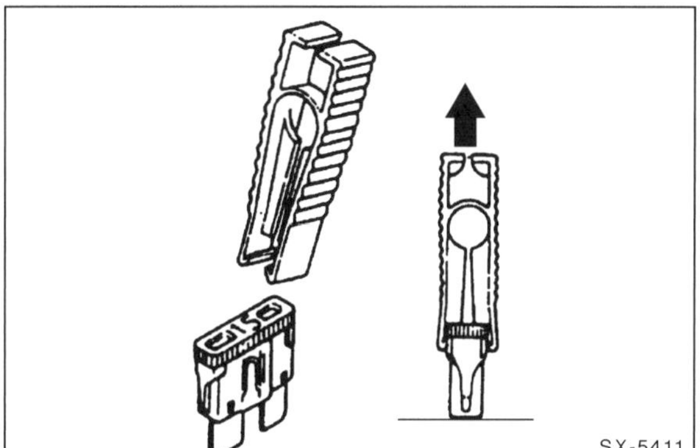

SX-5411

- Defekte Sicherung herausziehen. Eine Kunststoffklammer ist an der Innenseite der Klappe eingesetzt.

Kleine Sicherungen		Große Sicherungen	
Nennstromstärke in A *)	Kennfarbe	Nennstromstärke in A *)	Kennfarbe
3	violett	30	grün
5	beige	40	rot
7,5	braun	60	blau
10	rot	–	–
15	blau	–	–
20	gelb	–	–
25	transparent	–	–
30	grün	–	–

*) **A** = Ampere

- Neue Sicherung **gleicher Sicherungsstärke** einsetzen. Die Nennstromstärke der Sicherung ist auf der Rückseite aufgedruckt. Außerdem ist die Sicherung durch eine Farbe gekennzeichnet, an der ebenfalls die Nennstromstärke zu erkennen ist.

Achtung: Die Kennfarben werden sowohl bei den herkömmlichen kleinen Sicherungen als auch bei Sicherungen mit höherer Nennstromstärke benutzt. Diese Sicherungen sind wesentlich größer.

Sicherungskasten in der Armaturentafel

Hinweis: Im ersten Sicherungskasten sind auch die Steuergeräte für Karosserie- und Instrumentenelektronik eingesetzt.

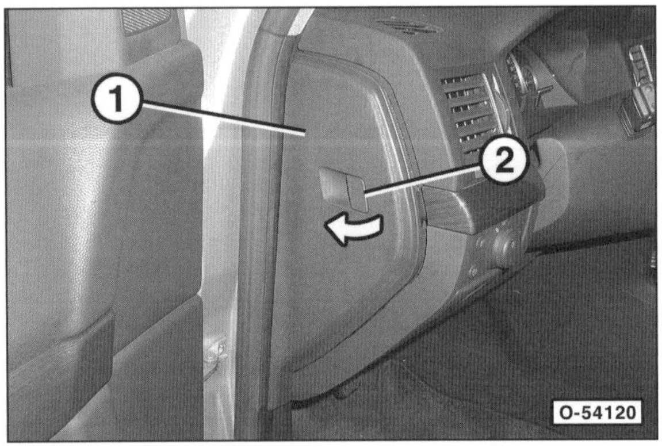

- Seitliche Klappe –1– links an der Armaturentafel öffnen –Pfeil–. Dazu mit einem Finger unter die Lasche –2– greifen und Klappe durch einen kräftigen Ruck herausziehen. Falls nötig, Klappe mit einem Kunststoffkeil aus der Armaturentafel heraushebeln.
- Klappe nach hinten aus der Armaturentafel herausziehen, dabei 2 Führungsnasen aus den Aufnahmen herausziehen.

Sicherungskasten im Laderaum

Hinweis: Der zweite Sicherungskasten befindet sich hinter der Serviceklappe in der linken seitlichen Laderaumverkleidung. Hier ist auch das Steuergerät für Karosserieelektronik für den hinteren Fahrzeugbereich eingebaut.

- Kofferraumdeckel beziehungsweise Heckklappe öffnen.

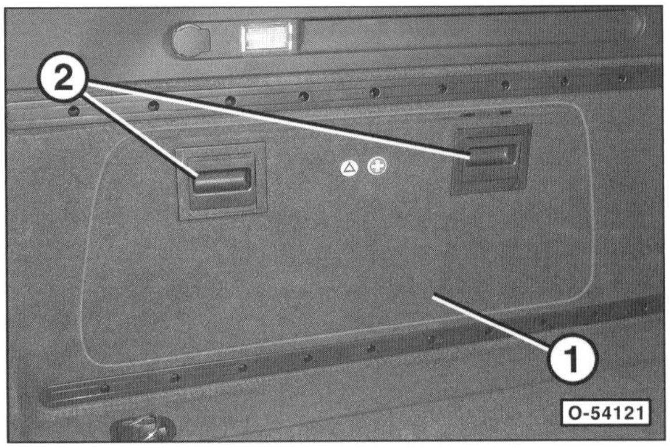

- Verriegelungstasten –2– herunterdrücken und Serviceklappe –1– in der linken seitlichen Laderaumverkleidung herunterklappen.

Hinweis: Beim CARAVAN und beim SIGNUM müssen 2 Verriegelungstasten betätigt werden, bei der Limousine und beim Fließheckmodell nur eine Taste.

- **CARAVAN/SIGNUM:** Innere Abdeckung im Staufach aufklappen.

Sicherungskasten im Motorraum

Hinweis: Der dritte Sicherungskasten befindet sich im Motorraum links neben der Batterie. Hier ist auch das Motor-Steuergerät eingebaut.

- Motorhaube öffnen und Deckel über der Batterie hochklappen, siehe Kapitel »Batterie aus- und einbauen«.

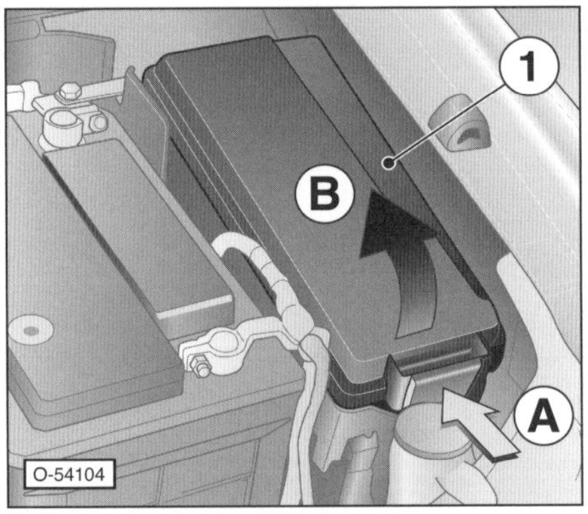

- Haltelasche vorne am Sicherungskasten eindrücken –Pfeil A– und ausrasten.
- Deckel –1– vom Sicherungskasten nach oben aufklappen –Pfeil B–.

Batterie aus- und einbauen

Achtung: Durch das Abklemmen der Batterie werden einige **elektronische Speicher gelöscht**:

- Je nach Ausführung des Radios oder Navigationsgerätes Diebstahlcode vor Abklemmen der Batterie oder Ausbau des Gerätes feststellen. Ansonsten kann das Radio nur durch den Hersteller wieder in Betrieb genommen werden. Die Code-Nummer ist in der Radio-Bedienungsanleitung angegeben. Sie sollte auf keinen Fall im Fahrzeug aufbewahrt werden.
- Nach dem Anklemmen der Batterie oder dem Ausbau des mittleren Anzeigeinstrumentes müssen Uhrzeit und Datum im Anzeigeinstrument eingestellt werden.
- Nach dem Anklemmen der Batterie muss die automatische Hochlauffunktion der elektrischen Fensterheber neu aktiviert werden:
  - Alle Türen schließen und Zündung einschalten.
  - Ein Fenster ganz hochfahren, danach Taste noch mindestens 2 Sekunden gedrückt halten.
  - Vorgang für jedes Fenster wiederholen.
- **Bei Fahrzeugen mit ESP muss nach dem Anklemmen der Batterie der Lenkwinkelsensor neu kalibriert werden:**
  - Zündung einschalten.
  - Lenkrad einmal vom rechten zum linken Endanschlag drehen.

Hinweis: Damit die gespeicherten Daten nicht verloren gehen, kann ein so genanntes Ruhestrom-Erhaltungsgerät verwendet werden. Das Gerät wird vor Abklemmen der Batterie nach Herstelleranweisung am Zigarettenanzünder angeschlossen.

Hinweis: Wird die Autobatterie ersetzt, unbedingt die Altbatterie zum Händler mitnehmen und zurückgeben. Sonst muss Pfand für die neue Batterie bezahlt werden.

Ausbau

- Alle elektrischen Verbraucher ausschalten. Zündung ausschalten. Dadurch werden Schäden an elektronischen Steuergeräten vermieden.

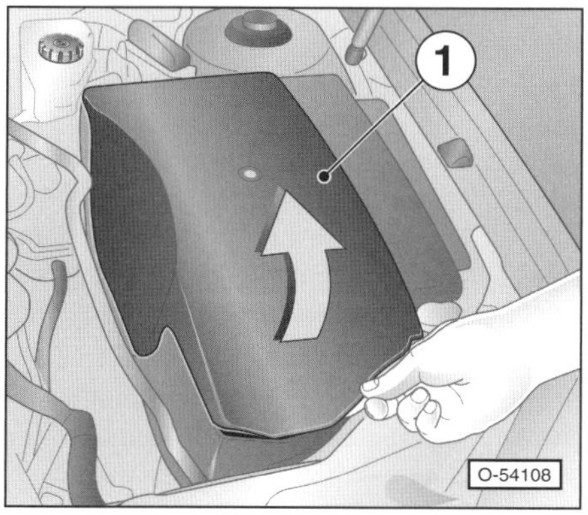

- Deckel –1– für Batterie vorne ausrasten und nach oben klappen –Pfeil–.
- Gegebenenfalls Wärmeschutzhülle um die Batterie oben aufclipsen.
- **Zuerst Massekabel** von der Batterie abklemmen. Dazu Mutter abschrauben, Klemme vom Minuspol (–) abziehen und Massekabel zur Seite legen.

Hinweis: Wird die Batterie lediglich vom Bordnetz abgeklemmt und nicht ausgebaut, muss in den meisten Fällen nur das Massekabel gelöst und vom Batteriepol abgezogen werden.

- Wenn vorhanden, Abdeckkappe über dem Pluspol (+) abziehen, Mutter abschrauben, Klemme vom Pluspol abziehen und Pluskabel zur Seite legen.

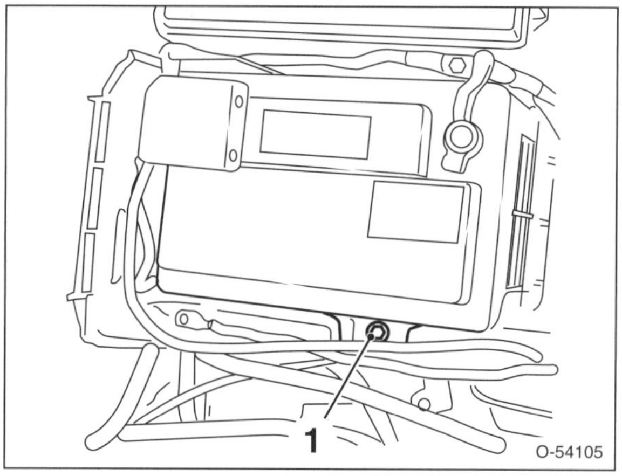

- Schraube –1– rechts unten am Batteriefuß herausdrehen und Halteplatte abnehmen.
- Batterie nach oben herausziehen.

Einbau

- Vor dem Einbau Batteriepole blank kratzen, geeignet ist dazu eine Messingdrahtbürste.
- Batterie einsetzen, Halteplatte über den Batteriefuß schieben und festschrauben.
- Batterie mit Schlauch für die Zentralentgasung: Darauf achten, dass der Schlauch nicht abgeklemmt wird.
- Vor dem Anklemmen der Batterie sicherstellen, dass die Zündung und alle Stromverbraucher ausgeschaltet sind.
- **Zuerst Pluskabel** am Pluspol (+) anklemmen, danach Massekabel am Minuspol (–). Muttern festziehen.

Hinweis: Durch eine falsch angeschlossene Batterie können erhebliche Schäden am Generator und an der elektrischen Anlage entstehen.

- Anschlussklemmen und Batteriepole mit Polfett oder etwas Vaseline dünn einfetten, um Korrosion zu vermeiden. **Achtung:** Pole **nicht vor** Anklemmen der Kabel fetten.
- Generatorspannung prüfen, siehe Seite 69.

Hinweis: Eine zu hohe Ladespannung des Generators kann die Ursache für den Ausfall der bisherigen Batterie gewesen sein und, falls der Fehler weiter besteht, die neue Batterie schädigen.

- Abdeckkappe über den Pluspol (+) setzen.

- Deckel auf die Batterie aufsetzen und einrasten.
- Wenn nötig, Radiocode eingeben.
- Radioprogramme, falls erforderlich, neu eingeben.
- Zeituhr einstellen.
- Falls vorhanden, automatische Hochlauffunktion der elektrischen Fensterheber aktivieren.
- Fahrzeuge mit ESP: Lenkwinkelsensor kalibrieren.

Batteriekasten ausbauen

Ausbau

- Batterie ausbauen.

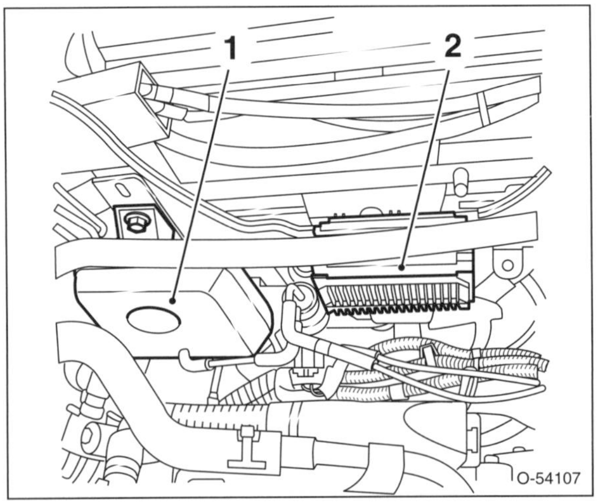

- **Dieselmotor:** Vakuumdose –1– abschrauben. Steuergerät –2– für Glühzeit nach oben aushängen.

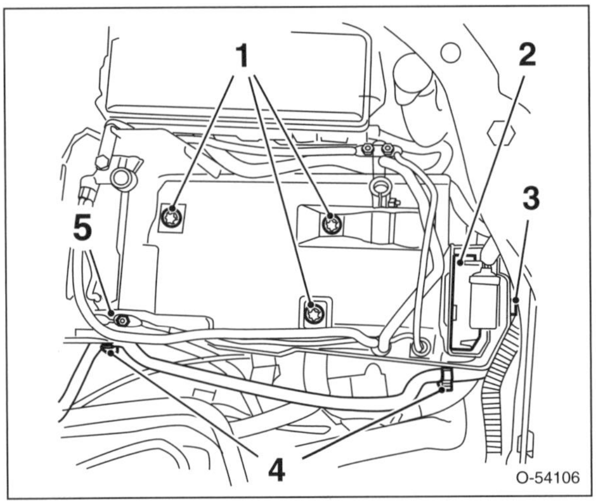

- Kühlmittelschlauch ausclipsen –4–.
- Halter –5– für Verteiler Plusleitung nach oben ausclipsen.
- Getriebe-Steuergerät mit Halter –2– ausclipsen.
- Vordere Abdeckung –3– ausclipsen.
- Batteriekabelführung vom Batteriekasten lösen.
- 3 Schrauben –1– herausdrehen und Batteriekasten nach oben herausziehen.

Einbau

- Der Einbau erfolgt in umgekehrter Ausbaureihenfolge, dabei Schrauben für Batteriekasten mit **15 Nm** festziehen.

Batterie prüfen

Vor Beginn des Winters sollte die Batterie unbedingt überprüft werden. Bei großer Kälte sinkt die Batteriespannung einer nur mäßig geladenen Batterie während des Anlassvorgangs stark ab.

Wartungsarme Batterie

Bei einer wartungsarmen Batterie fehlen die Verschlussstopfen auf der Batterieoberseite. Kontrollmessungen des Säurestands oder der Säuredichte entfallen, da keine Flüssigkeit entweicht oder entgast.

In Fahrzeugen, in denen eine wartungsarme Batterie eingebaut ist, ist an der Batterie oftmals ein »magisches Auge« angebracht. Durch diese optische Anzeige werden der Säurestand und der Ladezustand der Batterie angegeben, und zwar durch unterschiedliche Farbkennung. Dazu magisches Auge mit einer Taschenlampe von oben anleuchten.

- Anzeige **grün**: Batterie ist in gutem Zustand.
- Anzeige **schwarz**: Batterie muss geladen werden.
- Andere Farbanzeige: Kritischer Säurezustand. Die wartungsarme Batterie muss ausgetauscht werden.

Hinweis: Batterien neuester Generation sind mit einem Rückzündungsschutz, einer so genannten »Fritte«, ausgestattet. Das bei der Ladung entstehende Gas tritt durch eine Öffnung an der oberen Deckelseite aus, in die die Fritte eingesetzt ist. Die Fritte besteht aus einer kleinen runden Glasfasermatte und arbeitet ähnlich wie ein Ventil.

Herkömmliche Batterie

Eine herkömmliche Batterie ist an abnehmbaren Verschlussstopfen beziehungsweise einer Verschluss-Leiste auf der Batterieoberseite erkennbar. Eine regelmäßige Kontrolle des Säurestands ist erforderlich.

Säurestand prüfen

Der Säurestand muss in den Batteriezellen etwa 5 mm über den Zellen-Elementen liegen. Ist bei manchen Batterien der Säurestand von außen erkennbar, muss dieser zwischen der oberen (MAX) und der unteren (MIN) Marke liegen. Bei Batterien mit einem Kunststoffsteg in den Einfüllöffnungen muss der Flüssigkeitsstand in dessen Höhe liegen. Einfüllöffnungen mit einer Taschenlampe von oben anleuchten – auf keinen Fall mit offener Flamme.

- Verschluss-Stopfen mit breitem Schraubendreher oder HAZET 4650-3 herausdrehen beziehungsweise Verschluss-Leiste mit Schraubendreher vorsichtig aufhebeln.
- Wenn nötig, destilliertes Wasser mit einem Trichter in die Einfüllöffnungen bis zur Markierung nachfüllen.

- Verschluss-Stopfen wieder eindrehen beziehungsweise Verschluss-Leiste aufdrücken.
- Batterie anschließend laden und unter Belastung prüfen, siehe entsprechende Kapitel.

Säuredichte prüfen

Die Säuredichte ergibt in Verbindung mit einer Spannungsmessung genauen Aufschluss über den Ladezustand der Batterie. Zur Prüfung der Säuredichte dient ein Säureheber, zum Beispiel HAZET 4650-1. Die Temperatur der Batteriesäure muss für die Prüfung mindestens +10° C betragen.

- Zündung ausschalten.
- Verschluss-Stopfen mit breitem Schraubendreher oder HAZET 4650-3 herausdrehen beziehungsweise Verschluss-Leiste mit Schraubendreher vorsichtig aufhebeln.

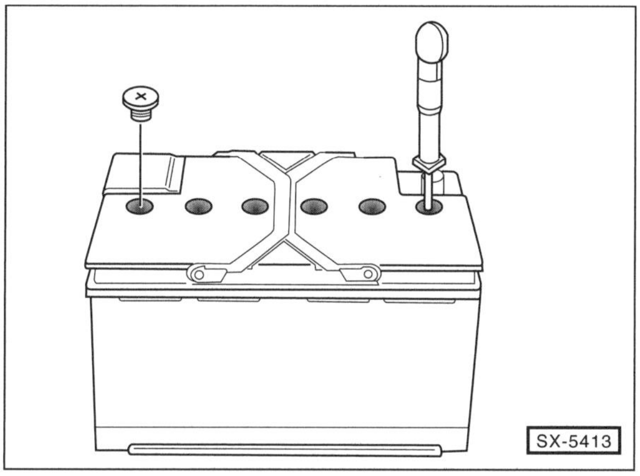

SX-5413

- Säureheber in eine der Batteriezellen eintauchen und soviel Säure ansaugen, bis der Schwimmer frei in der Säure schwimmt.
- Je größer das spezifische Gewicht (Säuredichte) der angesaugten Batteriesäure ist, desto mehr taucht der Schwimmer auf.
- An der Skala kann man die Säuredichte in spezifischem Gewicht (g/ml) oder Baumégrad (+°Bé) ablesen. Die Säuredichte muss mindestens 1,24 g/ml betragen. Ist die Säuredichte zu gering, Batterie laden.

Ladezustand	+°Bé	g/ml
entladen	16	1,12
halb entladen	24	1,20
gut geladen	30	1,28

- Nacheinander jede Batteriezelle prüfen, alle Zellen müssen die gleiche Säuredichte (maximale Differenz 0,04 g/ml) haben. Bei größeren Differenzen ist die Batterie wahrscheinlich defekt.
- Verschluss-Stopfen wieder eindrehen beziehungsweise Verschluss-Leiste aufdrücken.

Herkömmliche und wartungsarme Batterie

Batterie unter Belastung prüfen

- Voltmeter an die Batteriepole anschließen. Anschlusskabel nicht abklemmen.
- Motor starten und Spannung ablesen.
- Während des Startvorganges darf bei einer **vollen** Batterie die Spannung nicht unter 10 Volt (bei einer Säuretemperatur von ca. +20° C) abfallen.
- Bricht die Spannung sogar zusammen und wurde in den Zellen eine unterschiedliche Säuredichte festgestellt, ist die Batterie defekt.

Ruhespannung prüfen

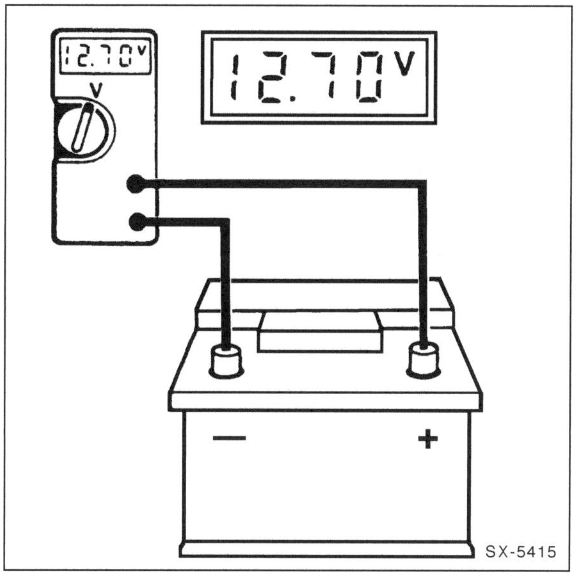

SX-5415

Der Batterie-Zustand wird durch Messen der Spannung mit einem Voltmeter zwischen den Batteriepolen überprüft.

- Batteriepole abklemmen, siehe Kapitel »Batterie aus- und einbauen«.
- Vor der Prüfung muss die Batterie mindestens zwei Stunden abgeklemmt sein.
- Voltmeter an die Batteriepole anschließen und Spannung messen.
- **Beurteilung des Spannungsmesswertes:**
  12,7 Volt oder darüber: Batterie in gutem Zustand.
  unter 12,7 Volt: Batterie in schlechtem Zustand, Batterie laden oder ersetzen.
- Batterie anklemmen.
- Zuerst Batterie-Pluskabel (+) und dann Batterie-Massekabel (–) bei ausgeschalteter Zündung anklemmen.

Batterie entlädt sich selbstständig

Je nach Fahrzeugausstattung addiert sich zur natürlichen Selbstentladung der Batterie auch die Stromaufnahme der verschiedenen Stromverbraucher im Ruhezustand. Daher sollte die Batterie in einem abgestellten Fahrzeug alle 6 Wochen nachgeladen werden. Wenn der Verdacht auf Kriechströme besteht, Bordnetz nach folgender Anleitung prüfen:

- Zur Prüfung eine geladene Batterie verwenden.

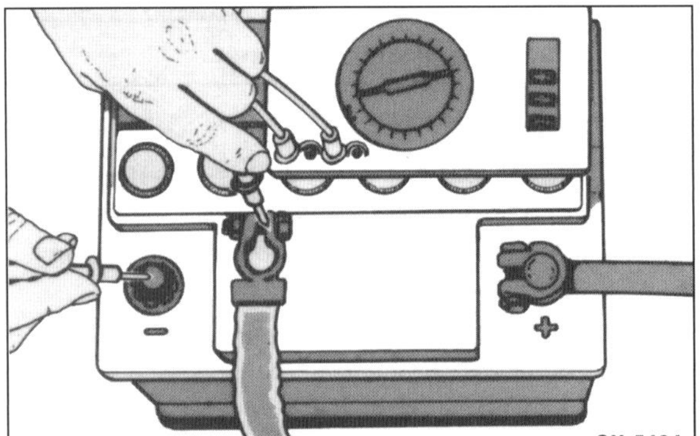

SX-5404

- Am Amperemeter den höchsten Messbereich einstellen.
- Batterie-Massekabel (–) abklemmen. **Achtung:** Hinweise im Kapitel »Batterie aus- und einbauen« beachten.
- Amperemeter zwischen Batterie-Minuspol (–) und Massekabel schalten: Amperemeter-Plus-Anschluss (+) an Massekabel und Minus-Anschluss (–) an Batterie-Minuspol (–).

Achtung: Die Prüfung kann auch mit einer Prüflampe durchgeführt werden. Leuchtet die Lampe zwischen Massekabel und Minuspol der Batterie jedoch nicht auf, ist auf jeden Fall ein Amperemeter zu verwenden.

- Alle Verbraucher ausschalten, vorhandene Zeituhr (und andere Dauerverbraucher) abklemmen, Türen schließen.
- Vom Amperebereich solange auf den Milliamperebereich zurückschalten bis eine ablesbare Anzeige erfolgt (1–3 mA sind zulässig).
- Durch Herausnehmen der Sicherungen nacheinander die verschiedenen Stromkreise unterbrechen. Geht bei einem unterbrochenen Stromkreis die Anzeige auf Null zurück, ist hier die Fehlerquelle zu suchen.
- Fehler können sein: korrodierte und verschmutzte Kontakte, durchgescheuerte Leitungen, interner Kurzschluss in Aggregaten.
- Wird in den abgesicherten Stromkreisen kein Fehler gefunden, so sind die Leitungen an den nicht abgesicherten Aggregaten, wie Generator und Anlasser, abzuziehen.
- Geht beim Abklemmen von einem der ungesicherten Aggregate die Anzeige auf Null zurück, betreffendes Bauteil überholen oder austauschen. Bei Stromverlust in der Anlasser- oder Zündanlage immer auch den Zünd-Anlassschalter nach Schaltplan prüfen.
- Batterie-Massekabel (–) anklemmen. **Achtung:** Hinweise im Kapitel »Batterie aus- und einbauen« beachten.

Batterie laden

Sicherheitshinweise

- Batterie **nicht** bei laufendem Motor abklemmen.
- Batterie **niemals kurzschließen,** das heißt Plus- (+) und Minuspol (–) dürfen nicht verbunden werden. Bei Kurzschluss erhitzt sich die Batterie und kann platzen.
- Nicht mit offener Flamme in die Batterie leuchten. Batteriesäure ist ätzend und darf nicht in die Augen, auf die Haut oder die Kleidung gelangen, gegebenenfalls mit viel Wasser abspülen.
- Die Verschluss-Stopfen bleiben bei einer Batterie mit Zentralentgasung beim Laden fest eingeschraubt. Sicherstellen, dass der Entgasungsschlauch nicht abgeklemmt ist.
- Gefrorene Batterie vor dem Laden auftauen. Eine geladene Batterie gefriert bei ca. –65° C, eine halbentladene bei ca. –30° C und eine entladene bei ca. –12° C. Aufgetaute Batterie vor dem Laden auf Gehäuserisse prüfen, gegebenenfalls ersetzen.
- Batterie nur in gut belüftetem Raum oder im Freien laden. Beim Laden der eingebauten Batterie Motorhaube geöffnet lassen.

Zum Laden der Batterie mit einem **Normal- oder Schnellladegerät** Batterie ausbauen. Zumindest aber Massekabel (–) sowie Pluskabel (+) abklemmen. **Achtung:** Erfolgt das Laden der Batterie bei angeklemmten Batteriekabeln können Teile der Fahrzeugelektronik beschädigt werden.

Beim Laden muss die Batterie eine Temperatur von mindestens +10° C aufweisen.

Laden

- Batterie ausbauen, siehe entsprechendes Kapitel.
- Herkömmliche Batterie: Säurestand prüfen, gegebenenfalls destilliertes Wasser nachfüllen, siehe entsprechendes Kapitel.
- Falls am Ladegerät der Ladestrom eingestellt werden kann, Ladestrom für Normalladung auf ca. 10 % der Batteriekapazität einstellen. Bei einer 50-Ah-Batterie also etwa 5,0 A. Als Richtwert für die Ladezeit können dann 10 Stunden genommen werden.
- **Bei ausgeschaltetem Ladegerät** Pluskabel (+) des Ladegerätes an den Pluspol (+) der Batterie anschließen. Minuskabel (–) des Ladegerätes mit dem Minuspol (–) der Batterie verbinden.
- Netzstecker des Ladegerätes in die Steckdose stecken. Falls erforderlich, Ladegerät einschalten.
- Wird die Batterie mit einem konstanten Ladestrom geladen, Temperatur der Batterie durch Auflegen der Hand prüfen. Die Säuretemperatur darf während des Ladens ca. +55° C nicht überschreiten, gegebenenfalls Ladung unterbrechen oder Ladestrom herabsetzen.

- Nach dem Laden der Batterie Ladegerät ausschalten (wenn möglich) und Netzstecker des Ladegerätes ziehen.
- Anschlusskabel des Ladegerätes von der Batterie abklemmen.
- Geladene Batterie prüfen, siehe entsprechendes Kapitel.
- Batterie einbauen, siehe entsprechendes Kapitel.

Hinweise für Batterien ohne Zentralentgasung

- Vor dem Laden Verschluss-Stopfen abnehmen und leicht auf die Öffnungen legen. Dadurch werden Säurespritzer aus den Einfüllöffnungen heraus vermieden, während die beim Laden entstehenden Gase entweichen können.
- So lange laden, bis alle Zellen lebhaft gasen und bei drei im Abstand von je einer Stunde aufeinander folgenden Messungen das spezifische Gewicht der Säure und die Spannung nicht mehr angestiegen sind.
- Nach dem Laden Batterie ca. 20 Minuten ausgasen lassen. Dann Verschlussstopfen einsetzen.

Tiefentladene und sulfatierte Batterie laden

Eine Batterie, die längere Zeit unbenutzt war (zum Beispiel Fahrzeug stillgelegt), entlädt sich allmählich selbst und sulfatiert.

Wenn die Ruhespannung der Batterie unter 11,6 Volt liegt, bezeichnet man sie als tiefentladen. Ruhespannung prüfen, siehe unter »Batterie prüfen«.

Bei einer tiefentladenen Batterie besteht die Batteriesäure (Schwefelsäure-Wassergemisch) fast nur noch aus Wasser. **Achtung:** Bei Minustemperaturen kann diese Batterie einfrieren und das Gehäuse kann dann platzen.

Eine tiefentladene Batterie sulfatiert, das heißt die gesamte Plattenoberfläche der Batterie verhärtet. Die Batteriesäure ist dann nicht klar, sie hat eine schwach weißliche Einfärbung.

Wenn die tiefentladene Batterie unmittelbar nach der Entladung wieder geladen wird, bildet sich die Sulfatierung wieder zurück. Andernfalls verhärten die Batterieplatten weiter und die Ladungsaufnahme bleibt dauerhaft eingeschränkt.

- Eine tiefentladene und sulfatierte Batterie muss mit einem geringen Ladestrom von ca. 5 % der Batteriekapazität geladen werden. Der Ladestrom beträgt dann beispielsweise bei einer 60 Ah-Batterie ca. 3 A.
- Die Ladespannung darf maximal 14,4 Volt betragen.

Achtung: Eine tiefentladene Batterie darf keinesfalls mit einem Schnellladegerät geladen werden.

Schnellladen/Starthilfe

- Mit einem Schnellladegerät darf die Batterie nur ausnahmsweise geladen beziehungsweise durch Starthilfe belastet werden. Beim Schnellladen beträgt die Stromstärke des Ladestroms 20 bis 50% der Batteriekapazität. Durch Schnellladen wird die Batterie geschädigt, da sie kurzfristig einer sehr hohen Stromstärke ausgesetzt wird. Länger gelagerte und tiefentladene Batterien sollten nicht mit einem Schnellladegerät aufgeladen werden, da es sonst zur so genannten Oberflächenladung kommt.

Batterie lagern

Wird das Fahrzeug länger als 2 Monate stillgelegt, Batterie ausbauen und im aufgeladenen Zustand lagern. Die günstigste Lagertemperatur liegt zwischen 0° C und +27° C. Bei diesen Temperaturen hat die Batterie die günstigste Selbstentladungsrate. Spätestens nach 2 Monaten Batterie erneut aufladen, da sie sonst unbrauchbar wird.

Wenn eine über längere Zeit gelagerte Batterie mit einem Schnellladegerät geladen wird, nimmt sie unter Umständen keinen Ladestrom auf oder wird durch so genannte Oberflächenladung zu früh als »voll« ausgewiesen. Sie ist anscheinend defekt.

Bevor solch eine Batterie als defekt angesehen wird, ist sie folgendermaßen zu prüfen:

- Säuredichte prüfen. Weicht die Säuredichte in allen Zellen nicht mehr als 0,04 g/ml voneinander ab, so ist die Batterie mit einem Normalladegerät zu laden.
- Batterie nach der Ladung durch eine Belastungsprüfung testen, siehe entsprechendes Kapitel. Bei einem Spannungswert unter ca. 9,6 Volt ist die Batterie defekt.
- Weicht die Säuredichte in einer oder in zwei benachbarten Zellen merklich nach unten ab, hat die Batterie einen Kurzschluss und ist defekt.
- Tiefentladene und sulfatierte Batterie laden, siehe entsprechendes Kapitel.

Batteriepole reinigen

Batteriepole auf Korrosion überprüfen. Korrosion an den Batteriepolen zeigt sich in Form von weißen oder gelblichen pulverartigen Ablagerungen an den Polen.

- Batterie ausbauen, siehe entsprechendes Kapitel.
- Zur Entfernung von Korrosion Batteriepole mit einer Lösung aus Wasser und Soda bestreichen. Es kommt zu einer chemischen Reaktion mit Blasenbildung und einer braunen Verfärbung an den Polen.
- Gegebenenfalls Batteriepole mit einem Polreiniger oder einer Drahtbürste von Korrosionsrückständen reinigen.
- Nach Abklingen dieser Reaktion Batteriepole und Batterie mit klarem Wasser abwaschen und Batterie abtrocknen.
- Batterie einbauen, siehe entsprechendes Kapitel.

Störungsdiagnose Batterie

Störung	Ursache	Abhilfe
Abgegebene Leistung ist zu gering, Spannung fällt stark ab.	Batterie entladen.	■ Batterie nachladen.
	Ladespannung zu niedrig.	■ Spannungsregler prüfen, gegebenenfalls austauschen.
	Anschlussklemmen lose oder oxydiert.	■ Anschlussklemmen reinigen, Klemmenmuttern anziehen.
	Masseverbindungen Batterie/Motor/ Karosserie sind schlecht.	■ Masseverbindung überprüfen, gegebenenfalls metallische Verbindungen herstellen oder Schraubverbindungen festziehen. Korrodierte Schrauben durch verzinnte ersetzen.
	Zu große Selbstentladung der Batterie.	■ Batterie austauschen.
	Batterie sulfatiert.	■ Batterie mit geringer Stromstärke laden. Falls die abgegebene Leistung immer noch zu gering ist, Batterie austauschen.
	Batterie verbraucht, aktive Masse der Platten ausgefallen.	■ Batterie austauschen.
Nicht ausreichende Ladung der Batterie.	Fehler an Generator, Spannungsregler oder Leitungsanschlüssen.	■ Generator und Spannungsregler überprüfen, gegebenenfalls Generator austauschen.
	Keilrippenriemen locker, Spannvorrichtung defekt.	■ Spannvorrichtung prüfen, gegebenenfalls Keilrippenriemen ersetzen.
	Zu viele Verbraucher angeschlossen.	■ Stärkere Batterie einbauen; eventuell auch leistungsstärkeren Generator verwenden.
Säurestand zu niedrig.*)	Überladung oder Verdunstung, besonders im Sommer.	■ Bei geladener Batterie destilliertes Wasser bis zur vorgeschriebenen Höhe nachfüllen.
Säuredichte zu niedrig.*)	Batterie entladen.	■ Batterie laden.
	Kurzschluss im Leitungsnetz.	■ Elektrische Anlage überprüfen.
Säuredichte in einer Zelle deutlich niedriger als in den übrigen Zellen.*)	Kurzschluss in einer Zelle.	■ Batterie austauschen.
Säuredichte in zwei benachbarten Zellen deutlich niedriger als in den übrigen Zellen.*)	Zellen-Trennwand undicht, so dass eine leitende Verbindung zwischen den Zellen entsteht und sich die Zellen entladen.	■ Batterie austauschen.

*) Diese Punkte gelten nur für die herkömmliche Batterie.

Generator aus- und einbauen/ Generator-Ladespannung prüfen

Das Fahrzeug ist mit einem Drehstromgenerator ausgerüstet. Je nach Modell und Ausstattung können Generatoren mit unterschiedlichen Leistungen eingebaut sein. **Achtung:** Wenn nachträglich elektrisches Zubehör mit hohem Stromverbrauch in das Fahrzeug eingebaut wird, sollte überprüft werden, ob die bisherige Generatorleistung noch ausreicht; gegebenenfalls stärkeren Generator einbauen.

Ladespannung prüfen

Wenn die Batterie nicht ausreichend geladen wird, Generatorspannung prüfen:

- Voltmeter zwischen Plus- und Minuspol der Batterie anschließen.
- Motor starten. Die Spannung darf beim Startvorgang bis etwa 8 Volt (bei + 20° C Außentemperatur) absinken.
- Motordrehzahl auf 3.000/min erhöhen. Die Spannung soll dann 13 bis 14,5 Volt betragen. Dies ist ein Beweis, dass Generator und Regler arbeiten. Die Generatorspannung (Bordspannung) muss höher als die Batteriespannung sein, damit die Batterie im Fahrbetrieb wieder aufgeladen wird.
- Regelstabilität prüfen. Dazu Fernlicht einschalten und Messung bei 3.000/min wiederholen. Die gemessene Spannung darf nicht mehr als 0,4 Volt über dem vorher gemessenen Wert liegen.
- Liegen die gemessenen Werte außerhalb der Sollwerte, Generator und Regler von Fachwerkstatt überprüfen lassen.

Sicherheitshinweise

Bei Arbeiten an der elektrischen Anlage im Motorraum grundsätzlich das Batterie-Massekabel (–) abklemmen. **Achtung:** Dadurch werden elektronische Speicher gelöscht, wie zum Beispiel die Daten im Motor-Fehlerspeicher. Vor dem Abklemmen der Batterie bitte Hinweise im Kapitel »Batterie aus- und einbauen« beachten.

- Batterie oder Spannungsregler **nicht** bei laufendem Motor abklemmen.
- Generator **nicht** bei angeschlossener Batterie ausbauen.
- Beim Elektroschweißen Batterie grundsätzlich vom Bordnetz abklemmen.

1,6-/1,8-l-Benzinmotor

Ausbau

- Batterie-Massekabel (–) abklemmen. **Achtung:** Hinweise im Kapitel »Batterie aus- und einbauen« beachten.
- Reifen-Laufrichtung mit Pfeil am Reifen markieren. Radschrauben lösen. Fahrzeug vorne aufbocken und rechtes Vorderrad abnehmen. **Achtung:** Unbedingt Hinweise im Kapitel »Rad aus- und einbauen« beachten.

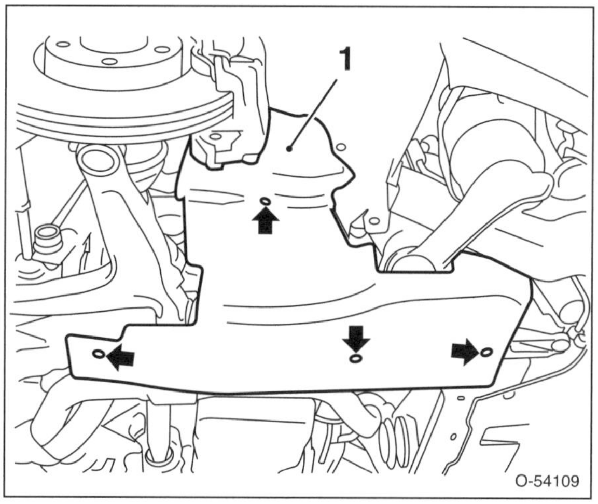

- 4 Schrauben –Pfeile– herausdrehen und Abdeckung –1– für Keilrippenriemen abnehmen.
- Laufrichtung des Keilrippenriemens markieren.

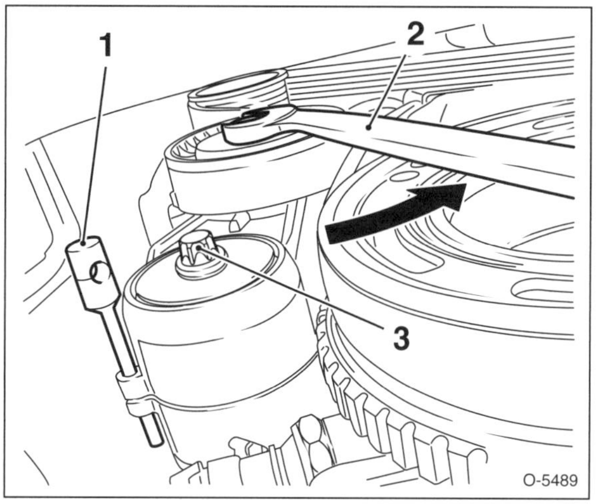

- Mit einem langen Maulschlüssel mit SW 15, Spannrolle in Pfeilrichtung spannen.
- Keilrippenriemen-Spanner mit OPEL-Absteckdorn KM-6130 –1– festsetzen.
- Spanner wieder entspannen und Keilrippenriemen abnehmen, siehe auch Seite 181.
- Keilrippenriemen-Spanner erneut spannen, Absteckdorn –1– herausziehen und Spanner wieder entspannen.
- Schraube –3– herausdrehen und Spanner abnehmen.

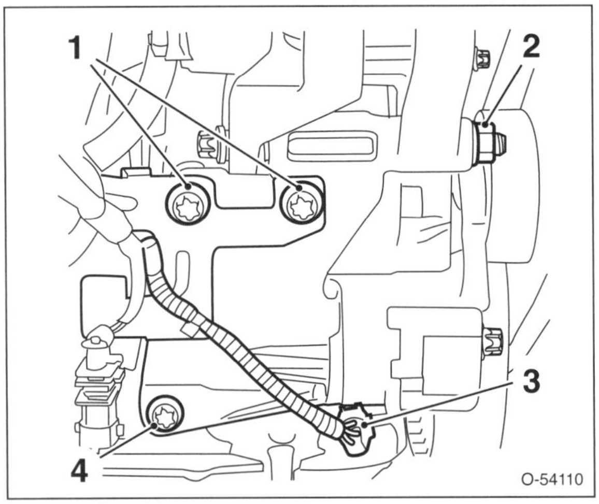

- Stecker für Öldruckschalter –3– abziehen.
- Mutter –2– lockern.
- 2 Schrauben –1– für Generator-Haltebock herausdrehen und Schraube –4– unten lockern.
- Fahrzeug absenken.
- Obere Motorabdeckung ausbauen. Dazu den Deckel vom Öleinfüllstutzen abschrauben, 2 Schrauben herausdrehen und Abdeckung abnehmen. Deckel wieder auf den Öleinfüllstutzen aufschrauben.
- Luftfiltergehäuse ausbauen, siehe Seite 216.
- Tankentlüftungsventil ausbauen, siehe Seite 215.

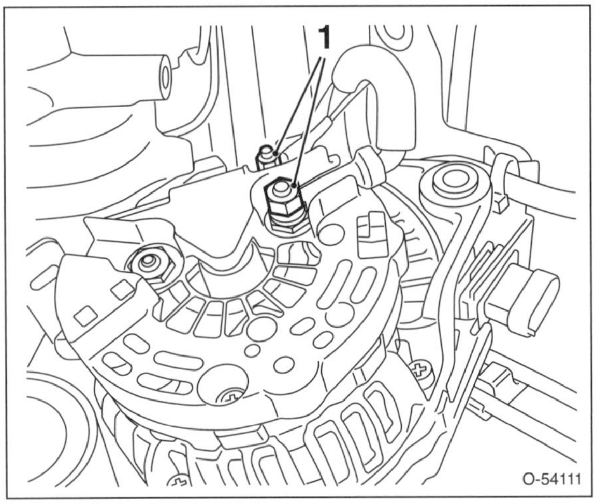

- 2 Muttern –1– abschrauben und (B+)- und (D+)-Leitung vom Generator abklemmen.
- **1,6-l-Motor:** 2 Schrauben oben herausdrehen.
- **1,8-l-Motor:** Schraube oben und Schraube unten herausdrehen.
- Generator mit Haltebock nach oben aus dem Motorraum herausziehen.
- Schraube herausdrehen und Haltebock vom Generator abnehmen.

Einbau

- Haltebock am Generator anschrauben, dabei aber die Schraube noch nicht festziehen.
- Generator mit Haltebock von oben einsetzen.
- **1,6-l-Motor:** 2 Schrauben oben eindrehen.
- **1,8-l-Motor:** Obere Schraube eindrehen.
- (B+)- und (D+)-Leitung am Generator anschrauben. Beide Muttern festziehen.
- Fahrzeug vorne anheben.
- 3 Schrauben sowie Mutter für Generator-Haltebock mit **35 Nm** festziehen.
- Stecker für Öldruckschalter aufschieben.
- Keilrippenriemen-Spanner einsetzen und Schraube für Spanner mit **35 Nm** festziehen.
- Fahrzeug absenken.
- Schrauben für Generator festziehen.
  Anzugsdrehmoment:
  1,6-l-Motor . . . . **35 Nm**
  1,8-l-Motor (obere Schraube) . . . . **20 Nm**
- Tankentlüftungsventil einbauen, siehe Seite 215.
- Luftfiltergehäuse einbauen, siehe Seite 216.
- Fahrzeug vorne anheben.
- Keilrippenriemen-Spanner spannen, Absteckdorn einsetzen, Keilrippenriemen einbauen, dabei die Laufrichtung beachten. Spanner entspannen und Absteckdorn herausziehen, siehe auch Seite 181.
- Abdeckung für Keilrippenriemen anschrauben.
- Reifen-Laufrichtung beachten, rechtes Vorderrad anschrauben, Fahrzeug ablassen, erst dann Radschrauben über Kreuz mit **110 Nm** festziehen. **Achtung:** Unbedingt Hinweise im Kapitel »Rad aus- und einbauen« beachten.
- Obere Motorabdeckung einsetzen und mit **8 Nm** festschrauben.
- Batterie-Massekabel (–) anklemmen. **Achtung:** Hinweise im Kapitel »Batterie aus- und einbauen« beachten.

2,2-l-Benzinmotor

Ausbau

- Batterie-Massekabel (–) abklemmen. **Achtung:** Hinweise im Kapitel »Batterie aus- und einbauen« beachten.
- Reifen-Laufrichtung mit Pfeil am Reifen markieren. Radschrauben lösen. Fahrzeug vorne aufbocken und rechtes Vorderrad abnehmen. **Achtung:** Unbedingt Hinweise im Kapitel »Rad aus- und einbauen« beachten.
- Keilrippenriemen ausbauen, siehe Seite 181.

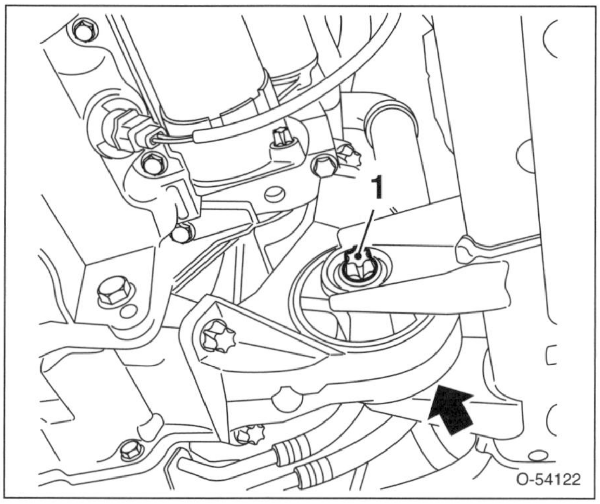

- Drehmomentstütze vorn lösen. Dazu Mutter –Pfeil– abschrauben und Schraube –1– herausziehen.
- Fahrzeug absenken.
- Kühlmittel ablassen, siehe Seite 188.
- 3 Schrauben herausdrehen und obere Motorabdeckung vorsichtig abnehmen.
- Luftfiltergehäuse ausbauen, siehe Seite 216.
- Kühlerschlauch oben vom Zylinderkopf abbauen.
- Tankentlüftungsventil ausbauen, siehe Seite 215.
- Motor an mehreren Transportösen an eine geeignete Haltevorrichtung hängen und abstützen. **Hinweis:** Die OPEL-Werkstatt benutzt hierzu die Adapterplatte MKM-883-1.

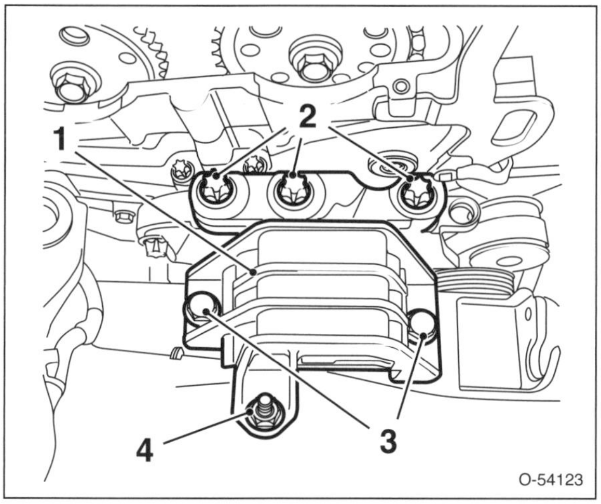

- Motordämpfungsblock –1– rechts lösen. Dazu 2 Schrauben –3– herausdrehen und Mutter –4– abschrauben. **Achtung:** Schrauben –2– für Adapter nicht lockern.
- Motor mit Haltevorrichtung so weit anheben, bis der Motordämpfungsblock um etwa 3,5 cm angehoben ist.

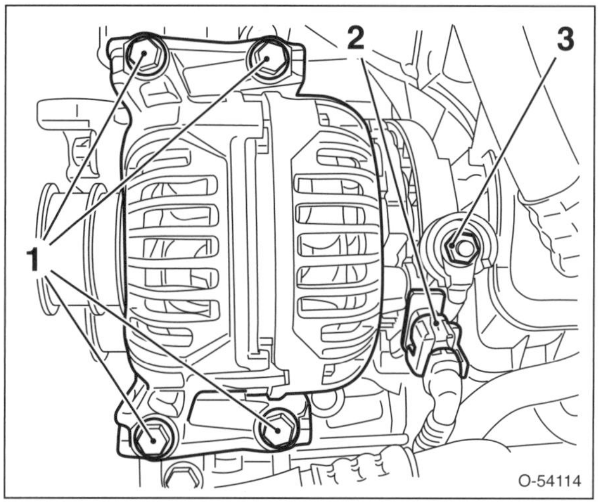

- Mutter –3– abschrauben und (B+)-Leitung vom Generator abklemmen.
- Stecker –2– für (D+)-Leitung am Generator abziehen.
- 4 Schrauben –1– herausdrehen und Generator nach oben aus dem Motorraum herausziehen.

Einbau

- Der Einbau erfolgt in umgekehrter Ausbaureihenfolge.
  Anzugsdrehmomente:
  Schrauben für Generator . . . . **20 Nm**
  Schrauben und Mutter für Motordämpfungsblock **55 Nm**
  Schraube für Drehmomentstütze vorn . . . . . . **80 Nm**

3,2-l-Benzinmotor

Ausbau

- Batterie-Massekabel (–) abklemmen. **Achtung:** Hinweise im Kapitel »Batterie aus- und einbauen« beachten.
- Reifen-Laufrichtung mit Pfeil am Reifen markieren. Radschrauben lösen. Fahrzeug vorne aufbocken und rechtes Vorderrad abnehmen. **Achtung:** Unbedingt Hinweise im Kapitel »Rad aus- und einbauen« beachten.
- Abdeckung für Keilrippenriemen abnehmen, siehe 1,6-/1,8-l-Motor.
- Gelenkwelle rechts ausbauen, siehe Seite 126.
- Zwischenwelle rechts mit Halter ausbauen, siehe Seite 128.
- Koppelstange rechts vom Federbein-Stützrohr abschrauben, siehe Kapitel «Federbein aus- und einbauen«.
- Anlasser-Abschirmblech abschrauben.
- 2 Muttern abschrauben und (B+)- und (D+)-Leitung vom Generator abklemmen.
- Keilrippenriemen ausbauen, siehe Seite 181.
- 2 Schrauben herausdrehen und Generator nach unten aus dem Motorraum herausziehen.

Einbau

- Der Einbau erfolgt in umgekehrter Ausbaureihenfolge, dabei Schrauben für Generator mit **35 Nm** festziehen.

1,9-l-Dieselmotor

Ausbau

- Batterie-Massekabel (–) abklemmen. **Achtung:** Hinweise im Kapitel »Batterie aus- und einbauen« beachten.
- **Motor Z19DT(L):** Obere Motorabdeckung ausbauen. Dazu den Deckel vom Öleinfüllstutzen abschrauben, 2 Schrauben herausdrehen und Abdeckung abnehmen. Deckel wieder auf den Öleinfüllstutzen aufschrauben.
- **Motor Z19DTH:** Obere Motorabdeckung aus 4 Cliphalterungen lösen und abnehmen.
- Stecker vom Kraftstofffiltergehäuse abziehen, siehe Kapitel »Kraftstofffilter entwässern/ersetzen«, Seite 25.
- Kraftstofffiltergehäuse vorsichtig nach oben aus der Crash-Box herausziehen und zur Seite legen.
- Kabel von der Crash-Box abclipsen.
- Serviceklappe im Wasserkasten öffnen, 3 Muttern abschrauben, Verstärkungsblech abnehmen und Crash-Box abnehmen.

Sicherheitshinweis
Beim Aufbocken des Fahrzeugs besteht Unfallgefahr! Hinweise im Kapitel »Fahrzeug aufbocken« beachten.

- Fahrzeug vorne aufbocken.
- Untere Motorabdeckung ausbauen, siehe Seite 249.
- Keilrippenriemen ausbauen, siehe Seite 181.

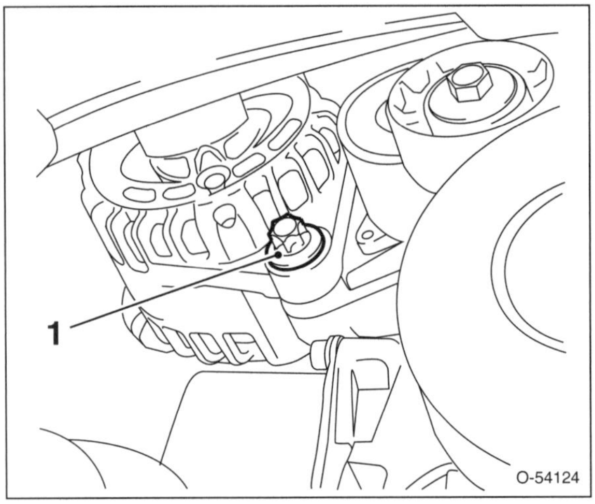

- Untere Schraube –1– für Generator herausdrehen.
- Fahrzeug absenken.
- **Motor Z19DT(L):** Kraftstofffilter ausbauen, siehe Seite 25.
- **Motor Z19DTH:** 2 Schrauben für Generatorkabelhalter oben herausdrehen und Generatorkabel ausclipsen.
- 2 Muttern abschrauben und (B+)- und (D+)-Leitung vom Generator abklemmen.

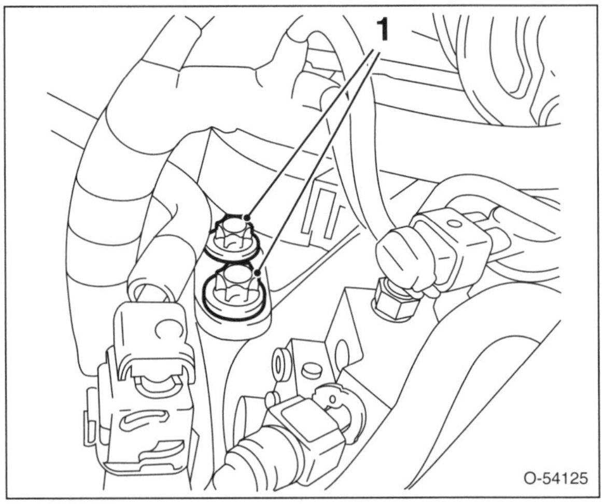

- 2 Schrauben –1– oben für Generator herausdrehen. **Hinweis:** Beim Motor Z19DT(L) ist der Generator oben nur mit einer Schraube befestigt.
- Generator nach oben aus dem Motorraum herausziehen.

Einbau

- Der Einbau erfolgt in umgekehrter Ausbaureihenfolge.
  Anzugsdrehmomente:

Schrauben für Generator	**60 Nm**
Mutter für Generatorklemme (M6)	**5 Nm**
Mutter für Generatorklemme (M8)	**10 Nm**
Muttern für Kraftstofffilter-Crash-Box	**25 Nm**

2,0-/2,2-l-Dieselmotor

Ausbau

- Batterie-Massekabel (–) abklemmen. **Achtung:** Hinweise im Kapitel »Batterie aus- und einbauen« beachten.

Sicherheitshinweis
Beim Aufbocken des Fahrzeugs besteht Unfallgefahr! Hinweise im Kapitel »Fahrzeug aufbocken« beachten.

- Fahrzeug vorne aufbocken.
- Untere Motorabdeckung ausbauen, siehe Seite 249.

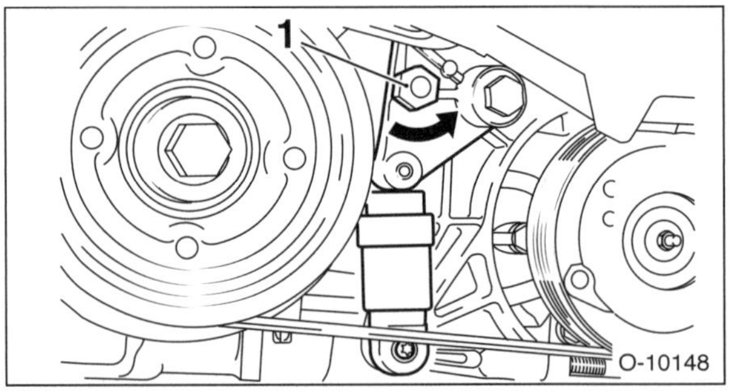

- Keilrippenriemen-Spannvorrichtung am Sechskantanguss –1– mit einem Maulschlüssel gegen den Uhrzeigersinn drehen –Pfeil–, Keilrippenriemen entspannen und abnehmen, siehe auch Seite 181.

- Abgasanlage ausbauen, siehe Seite 220.
- 2 Schrauben herausdrehen, 1 Mutter lockern und Anlasser-Abschirmblech abnehmen.

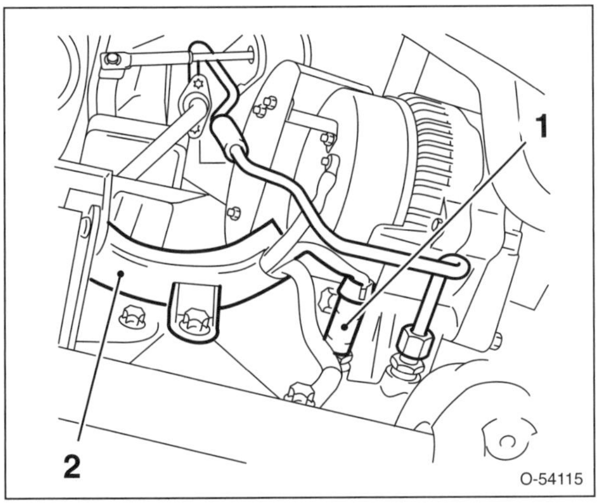

- Stecker für Öldruckschalter –1– abziehen.
- 2 Muttern abschrauben und (B+)- und (D+)-Leitung vom Generator abklemmen.
- Untere Schraube für Kabelkanal –2– herausdrehen.
- Fahrzeug absenken.
- Obere Motorabdeckung ausbauen. Dazu 3 Schrauben herausdrehen und Abdeckung vorsichtig nach oben ziehen.
- 2 obere Schrauben für Generator-Kabelkanal herausdrehen.
- Luftansaugschlauch ausbauen. Dazu Stecker für Luftmassenmesser abziehen, 2 Schellen lösen und Luftansaugschlauch zusammen mit Luftmassenmesser und Schlauch für Motorentlüftung abnehmen.

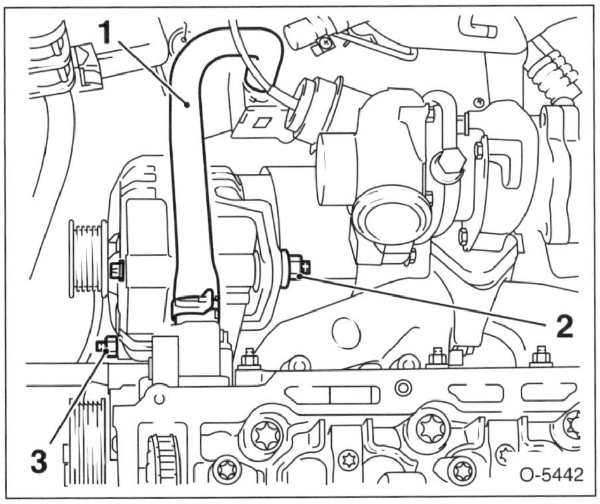

- Kühlerschlauch –1– oben aus dem Halter ausclipsen.
- Obere Mutter –2– für Generator abschrauben und Kühlerschlauch-Halter abnehmen.
- Fahrzeug anheben.
- 3 Schrauben herausdrehen und Hitzeschutzblech für Lenkung abnehmen.
- Untere Mutter –3– für Generator abschrauben, obere und untere Schraube herausziehen und Generator nach unten aus dem Motorraum herausziehen. Dabei Kabelkanal vorsichtig nach oben drücken.

Einbau

- Der Einbau erfolgt in umgekehrter Ausbaureihenfolge, dabei Schrauben für Generator mit **35 Nm** festziehen.

3,0-l-Dieselmotor

Ausbau

- Ölmessstab herausziehen und Führungsrohr verschließen.
- 4 Schrauben herausdrehen und obere Motorabdeckung abnehmen.
- Batterie-Massekabel (–) abklemmen. **Achtung:** Hinweise im Kapitel »Batterie aus- und einbauen« beachten.
- Batterie und Batterieträger ausbauen, siehe Seite 63.
- Schelle lösen und Verbindungsschlauch vom Turbolader zum unteren Ladeluftrohr zur Seite legen.
- Kühlmittelausgleichbehälter abbauen: Kühlmittelschläuche und Stecker abziehen, Kühlmittelausgleichbehälter ausclipsen und verschließen.
- Mutter abschrauben und Kühlmittelrohr zum Ausgleichbehälter vom Halter abnehmen. Halter abschrauben.
- Hitzeschutzblech für Turbolader abschrauben. Dazu vorher Kabel am Getriebe freilegen und zur Seite legen.
- Reifen-Laufrichtung mit Pfeil am Reifen markieren. Radschrauben lösen. Fahrzeug vorne aufbocken und rechtes Vorderrad abnehmen. **Achtung:** Unbedingt Hinweise im Kapitel »Rad aus- und einbauen« beachten.
- Untere Motorabdeckung ausbauen, siehe Seite 249.
- Abgasanlage ausbauen, siehe Seite 220.
- 2 Schrauben herausdrehen, 2 Muttern abschrauben und Stützblech für Katalysator abbauen.
- 2 Muttern abschrauben und Hitzeschutzblech für Katalysator abbauen.
- Keilrippenriemen ausbauen, siehe Seite 181.
- 2 Schrauben herausdrehen und Keilrippenriemen-Spanner abnehmen. **Achtung:** Spanner so ablegen, dass die Bezeichnung »TOP« nach oben zeigt. Ansonsten muss der Spanner entlüftet werden.
- Keilrippenriemen-Umlenkrolle ausbauen: Abdeckkappe abclipsen, Schraube herausdrehen und Umlenkrolle abziehen.
- Gelenkwelle rechts ausbauen, siehe Seite 126.
- 2 Muttern abschrauben und (B+)- und (D+)-Leitung vom Generator abklemmen.
- Generator-Leitungen vom Halter abclipsen, Schraube unten herausdrehen und Halter abnehmen.

- Kabelkanal für Generator- und Anlasser-Leitungen abschrauben und zur Seite legen.
- 2 Schrauben für Generator herausdrehen.
- Generator so weit drehen, bis die Riemenscheibe zum Steuergehäuse zeigt. Generator seitlich aus dem Motorraum herausziehen.

Einbau

- Der Einbau erfolgt in umgekehrter Ausbaureihenfolge.
  Anzugsdrehmomente:
  Schrauben für Generator . . . . **28 Nm**
  Schraube für Keilrippenriemen-Umlenkrolle . . . **50 Nm**
  Schrauben für Keilrippenriemen-Spanner . . . . **25 Nm**
  Schrauben für Hitzeschutzblech/Turbolader . . . **21 Nm**
- Reifen-Laufrichtung beachten, rechtes Vorderrad anschrauben, Fahrzeug ablassen, erst dann Radschrauben über Kreuz mit **110 Nm** festziehen. **Achtung:** Unbedingt Hinweise im Kapitel »Rad aus- und einbauen« beachten.
- Ölmessstab einschieben.
- Kühlmittelstand prüfen, gegebenenfalls auffüllen.

Spannungsregler aus- und einbauen/ Schleifkohlen ersetzen

Ausbau

- Generator ausbauen, siehe entsprechendes Kapitel.

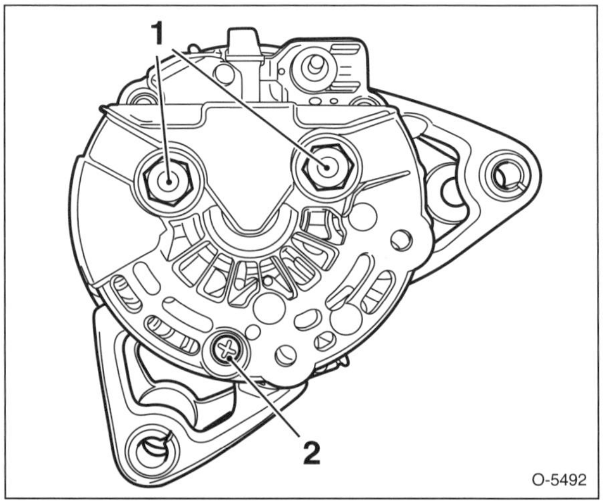

- Schraube –2– sowie 2 Muttern –1– an der Rückseite des Generators abschrauben und Schutzabdeckung abziehen.

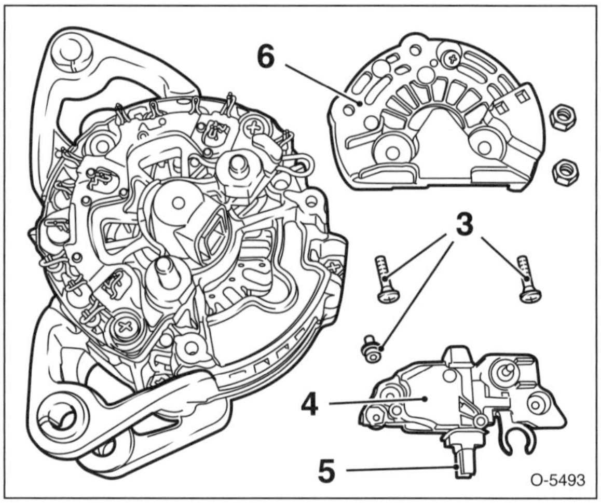

- 3 Schrauben –3– herausdrehen und Regler –4– vom Generator abnehmen. 5 – Schleifkohlen, 6 – Schutzabdeckung.

3,0-l-Dieselmotor

- Generator ausbauen, siehe entsprechendes Kapitel.
- Generator in einen Schraubstock einspannen.
- 3 Schrauben herausdrehen und Hitzeschutzblech am Generator abbauen.
- Vorderen Lüftungskanal vorsichtig vom Generator abclipsen.

- Schraube sowie 2 Muttern für hinteren Lüftungskanal/Schutzabdeckung an der Rückseite des Generators abschrauben.
- Lüftungskanal-Zwischenstück vorsichtig abclipsen.
- 3 Schrauben herausdrehen und Regler vom Generator abnehmen.

Schleifkohlen prüfen

- Schleifkohlen des Spannungsreglers ersetzen, wenn die Länge 5 mm oder weniger beträgt beziehungsweise wenn die Schleifkohlen um mehr als 1 mm unterschiedlich lang sind. Dazu Anschlusslitze auslöten.
- Schleifringe auf Verschleiß prüfen, gegebenenfalls feinstüberdrehen und polieren (Werkstattarbeit).
- Kontaktfläche reinigen und Vorspannung der Kontaktfeder prüfen, gegebenenfalls erneuern.

Einbau

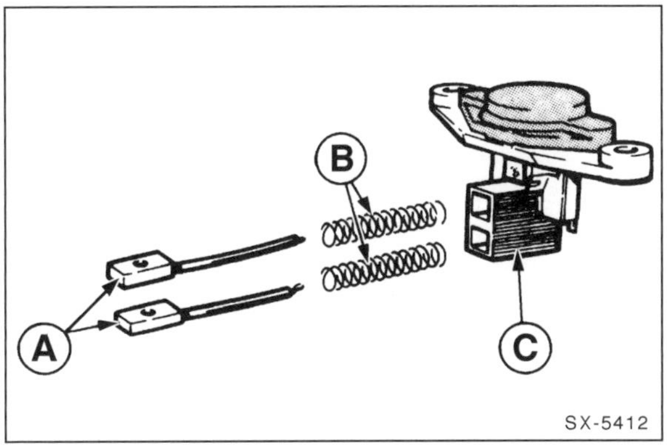

- Neue Kohlebürsten –A– und Federn –B– in den Bürstenhalter –C– einsetzen und Anschlüsse verlöten.
- Damit beim Anlöten der neuen Bürsten kein Lötzinn in der Litze hochsteigen kann, Anschlusslitze der Bürsten mit einer Flachzange fassen. **Achtung:** Durch hochsteigendes Lötzinn würden die Litzen steif und die Kohlebürsten unbrauchbar werden.
- Spannungsregler einsetzen und festschrauben.
- Nach dem Einbau neue Kohlebürsten auf leichten Lauf in den Bürstenhaltern prüfen.
- Schutzabdeckung am Generator anschrauben.
- Muttern aufschrauben.
- Generator einbauen, siehe entsprechendes Kapitel.

Störungsdiagnose Generator

Störung	Ursache	Abhilfe
Ladekontrolllampe brennt nicht bei eingeschalteter Zündung.	Batterie leer.	■ Laden.
	Anschlusskabel an der Batterie locker oder korrodiert.	■ Kabel auf festen Sitz prüfen, Anschlüsse reinigen.
	Kabel am Generator locker oder korrodiert.	■ Kabel auf einwandfreien Kontakt prüfen, Mutter festziehen.
	Kontrolllampe durchgebrannt.	■ Ersetzen.
	Regler defekt.	■ Regler prüfen, gegebenenfalls austauschen.
	Unterbrechung in der Leitungsführung zwischen Generator, Zündschloss und Kontrolllampe.	■ Mit Ohmmeter nach Schaltplan untersuchen. Leitung gegebenenfalls reparieren beziehungsweise ersetzen.
	Kohlebürsten liegen nicht auf dem Schleifring auf.	■ Freigängigkeit der Kohlebürsten und Mindestlänge prüfen. Anpresskraft der Bürstenfedern prüfen lassen.
Ladekontrolllampe erlischt nicht bei Drehzahlsteigerung.	Keilrippenriemen locker, Riemen rutscht durch.	■ Keilrippenriemen prüfen, Spannvorrichtung prüfen, gegebenenfalls ersetzen.
	Kohlebürsten im Spannungsregler abgenutzt.	■ Kohlebürsten prüfen, gegebenenfalls austauschen.
	Verkabelung schadhaft oder locker.	■ Verkabelung überprüfen, gegebenenfalls instand setzen.

Anlasser aus- und einbauen

Zum Starten des Verbrennungsmotors ist ein elektrischer Motor, der Anlasser, erforderlich. Damit der Motor überhaupt anspringen kann, muss der Anlasser den Verbrennungsmotor auf eine Drehzahl von mindestens 300 Umdrehungen in der Minute beschleunigen. Das funktioniert aber nur, wenn der Anlasser einwandfrei arbeitet und die Batterie hinreichend geladen ist.

Da zum Starten eine hohe Stromaufnahme erforderlich ist, ist im Rahmen der Wartung auf eine einwandfreie Kabelverbindung zu achten. Korrodierte Anschlüsse säubern und mit Polschutzfett einstreichen.

Hinweis: Je nach Fahrzeugmodell werden unterschiedliche Anlasser eingebaut.

1,6-/1,8-l-Benzinmotor

Ausbau

- Massekabel (–) und Pluskabel (+) von der Batterie abklemmen. **Achtung:** Hinweise im Kapitel »Batterie aus- und einbauen« beachten.

> **Sicherheitshinweis**
> Beim Aufbocken des Fahrzeugs besteht Unfallgefahr! Hinweise im Kapitel »Fahrzeug aufbocken« beachten.

- Fahrzeug vorne aufbocken.

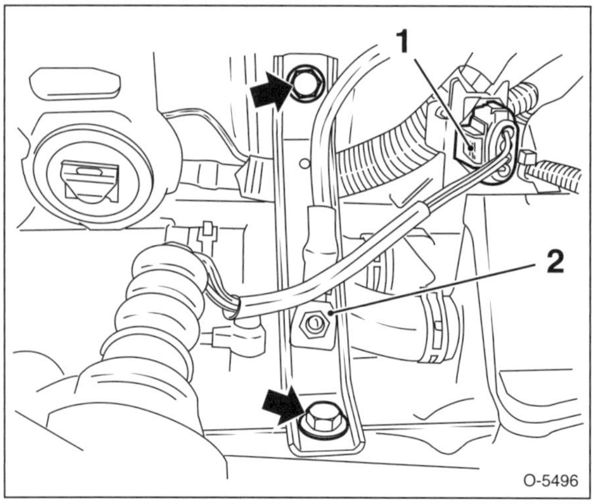

- Steckverbindung –1– für Lambdasonde trennen.
- 2 Schrauben –Pfeile– herausdrehen und Stütze für Einlasskrümmer abnehmen. 2 – Massekabel.

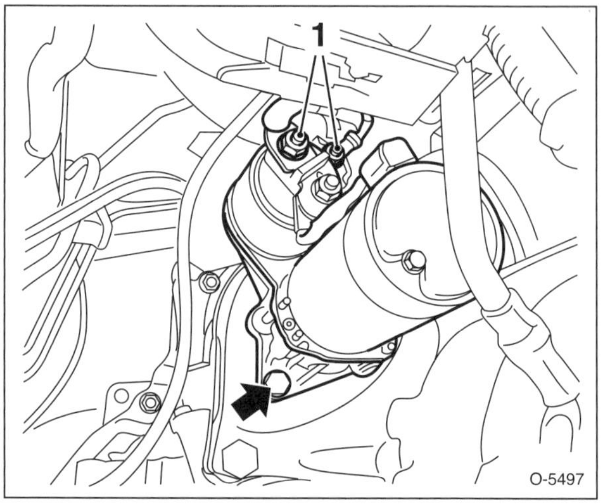

- 2 Muttern –1– abschrauben und Leitungen vom Anlasser abklemmen.
- 2 Schrauben –Pfeil– herausdrehen und Anlasser nach unten aus dem Motorraum herausziehen. **Hinweis:** Zweite Schraube verdeckt.

Einbau

- Anlasser einsetzen und mit **25 Nm** festschrauben.
- Leitungen an die entsprechenden Anlasserklemmen anschrauben.
- Stütze für Einlasskrümmer einsetzen und anschrauben.
  Anzugsdrehmomente:
  Schraube an Einlasskrümmer. . . . . **20 Nm**
  Schraube an Zylinderblock . . . . **35 Nm**
- Der weitere Einbau erfolgt in umgekehrter Ausbaureihenfolge.

3,2-l-Benzinmotor

Ausbau

- Generator ausbauen, siehe Seite 69.
- 2 Muttern abschrauben und Leitungen vom Anlasser abklemmen.
- 2 Schrauben herausdrehen und Anlasser nach unten aus dem Motorraum herausziehen.

Einbau

- Der Einbau erfolgt in umgekehrter Ausbaureihenfolge, dabei Anlasser mit **40 Nm** festschrauben.

1,9-l-Dieselmotor

Ausbau

- Batterie-Massekabel (–) abklemmen. **Achtung:** Hinweise im Kapitel »Batterie aus- und einbauen« beachten.
- **Motor Z19DT(L):** Obere Motorabdeckung ausbauen. Dazu den Deckel vom Öleinfüllstutzen abschrauben, 2 Schrauben herausdrehen und Abdeckung abnehmen. Deckel wieder auf den Öleinfüllstutzen aufschrauben.
- **Motor Z19DTH:** Obere Motorabdeckung aus 4 Cliphalterungen lösen und abnehmen.

> **Sicherheitshinweis**
> Beim Aufbocken des Fahrzeugs besteht Unfallgefahr! Hinweise im Kapitel »Fahrzeug aufbocken« beachten.

- Fahrzeug vorne aufbocken.
- Untere Motorabdeckung ausbauen, siehe Seite 249.

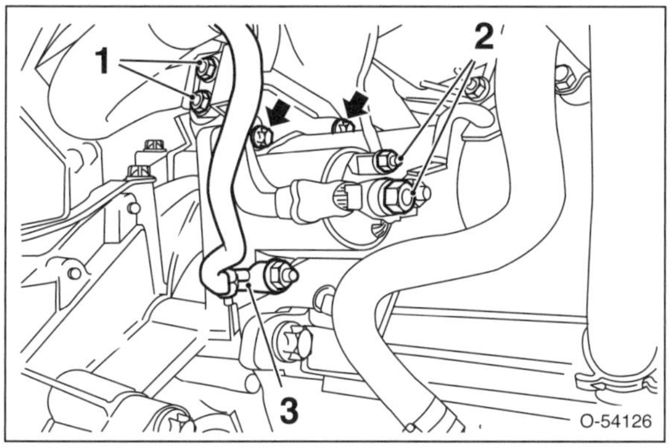

- 2 Muttern –2– abschrauben und Leitungen vom Anlasser abklemmen.
- Mutter abschrauben und Massekabel –3– abnehmen.
- 2 Muttern –1– lockern und Kabelhalterung lösen.
- **Motor Z19DTH:** Stehbolzen für Anlasser herausdrehen.
- Fahrzeug absenken.
- Kühlmittelausgleichbehälter ausclipsen und zur Seite legen.
- **Motor Z19DTH:** 2 Kühlmittelschläuche ausclipsen.
- **Motor Z19DTH:** Leitungsstrang für Anlasser und Generator ablösen.
- 2 Schrauben –Pfeile– herausdrehen, Kabelhalterung abnehmen und Anlasser nach oben aus dem Motorraum herausziehen.

Einbau

- Anlasser von oben einsetzen.
- **Motor Z19DTH:** Stehbolzen für Anlasser unten eindrehen.
- Kabelhalterung einsetzen, 2 Schrauben für Anlasser eindrehen und festziehen.
- Der weitere Einbau erfolgt in umgekehrter Ausbaureihenfolge.
- **Motor Z19DTH:** Stehbolzen für Anlasser nach Aufbocken des Fahrzeugs festziehen.

2,0-/2,2-l-Dieselmotor

Ausbau

- Batterie-Massekabel (–) abklemmen. **Achtung:** Hinweise im Kapitel »Batterie aus- und einbauen« beachten.
- Obere Schraube für Anlasser herausdrehen.

> **Sicherheitshinweis**
> Beim Aufbocken des Fahrzeugs besteht Unfallgefahr! Hinweise im Kapitel »Fahrzeug aufbocken« beachten.

- Fahrzeug vorne aufbocken.
- Untere Motorabdeckung ausbauen, siehe Seite 249.
- Abgasanlage ausbauen, siehe Seite 220.
- 2 Schrauben herausdrehen, 1 Mutter lockern und Anlasser-Abschirmblech abnehmen.

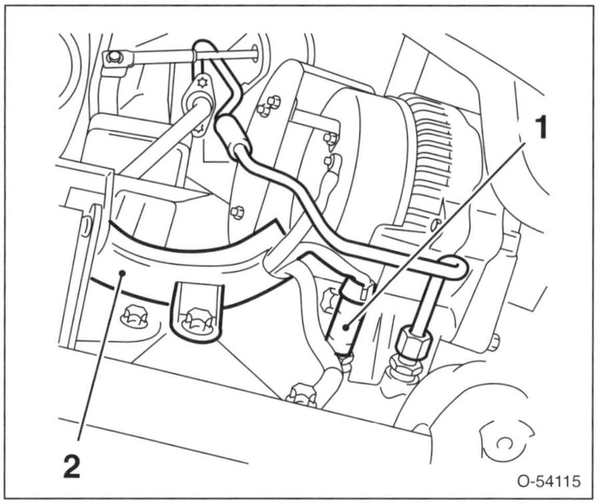

- Stecker für Öldruckschalter –1– abziehen.
- 3 Schrauben herausdrehen und Generator-Kabelkanal –2– abnehmen.
- Schraube oben lockern, Schraube unten herausdrehen und Stütze für Abgaskrümmer lösen.

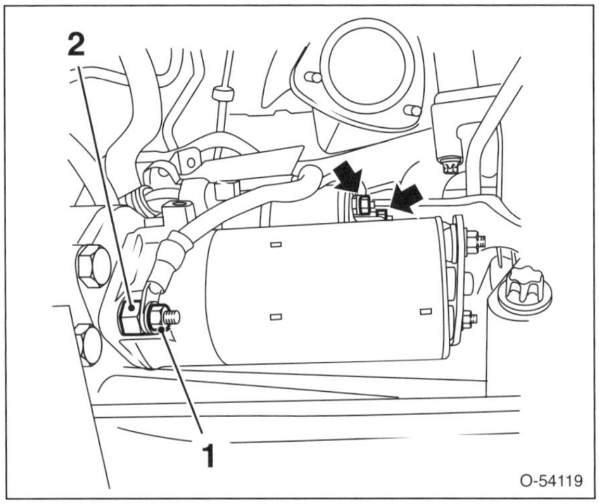

- 2 Muttern –Pfeile– abschrauben und Leitungen vom Anlasser abklemmen.
- Mutter –1– abschrauben und Massekabel abnehmen.
- Stehbolzen unten herausdrehen, Generator-Kabelkanal vorsichtig nach oben drücken und Anlasser nach unten aus dem Motorraum herausziehen.

Einbau

- Generator-Kabelkanal vorsichtig nach oben drücken und Anlasser von unten einsetzen.
- Stehbolzen unten eindrehen.
- Fahrzeug absenken.
- Obere Schraube für Anlasser eindrehen und mit **40 Nm** festziehen.
- Fahrzeug anheben und Stehbolzen unten mit **40 Nm** festziehen.
- Massekabel und Leitungen am Anlasser anschrauben.
- Stütze für Abgaskrümmer mit **25 Nm** festschrauben.
- Der weitere Einbau erfolgt in umgekehrter Ausbaureihenfolge.

3,0-l-Dieselmotor

Hinweis: Der Ausbau für den Anlasser folgt weitgehend den Anweisungen für den Generatorausbau. Der Keilrippenriemen wird dabei nicht ausgebaut, jedoch muss der Vorderachsträger ausgebaut werden. Beim Einbau wird der Anlasser mit **64 Nm** festgeschraubt.

Magnetschalter für Anlasser prüfen

Bei einem Defekt des Magnetschalters wird das Ritzel im Anlasser nicht gegen den Zahnkranz des Schwungrades gezogen. Dadurch kann der Anlasser den Motor nicht durchdrehen.

Prüfen in eingebautem Zustand

- Prüfvoraussetzung: Batterie voll geladen.
- Zündung ausschalten.
- Gang herausnehmen, Schalthebel in Leerlaufstellung; bei Automatikgetriebe Wählhebel auf Stellung P.
- Fahrzeug aufbocken.
- Dieselmotor: Untere Motorraumabdeckung ausbauen, siehe Seite 249.
- Zum Prüfen ein Hilfskabel, zum Beispiel Starthilfekabel, an Klemme 50 des Magnetschalters (= dünnes Kabel, führt zum Zündschloss) anschließen.
- Das andere Ende des Hilfskabels **kurz** an Klemme 30 (= dickes Pluskabel, führt zur Batterie) halten.
- Das Anlasserritzel muss jetzt nach vorne schnellen. Falls nicht, Magnetschalter austauschen.

Prüfen in ausgebautem Zustand

- Prüfvoraussetzung: Voll geladene Autobatterie.
- Anlasser ausbauen, siehe entsprechendes Kapitel.
- Anlasser-Gehäuse mit einem Starthilfekabel an Batterie-Minuspol (–) anschließen.
- Zweites Starthilfekabel an Batterie-Pluspol (+) anschließen.
- Das andere Ende des zweiten Starthilfekabels **kurz** an die kleine Klemme 50 des Magnetschalters halten.
- Das Anlasserritzel muss jetzt nach vorne schnellen. Falls nicht, Magnetschalter austauschen.

Störungsdiagnose Anlasser

Störung	Ursache	Abhilfe
Anlasser dreht sich nicht beim Betätigen des Zündanlassschalters.	Batterie entladen.	■ Batterie laden.
	Anlasser läuft an nach Überbrücken der Klemmen 30 und 50; dann ist die Leitung vom Zündanlassschalter unterbrochen, oder der Anlassschalter ist defekt.	■ Unterbrechung beseitigen, defekte Teile ersetzen.
	Kabel oder Masseanschluss ist unterbrochen,oder die Batterie ist entladen.	■ Batteriekabel und Anschlüsse prüfen. Batteriespannung messen, ggf. laden.
	Ungenügender Stromdurchgang infolge lockerer oder oxydierter Anschlüsse.	■ Batteriepole und -klemmen reinigen. Stromsichere Verbindungen zwischen Batterie, Anlasser und Masse herstellen.
	Keine Spannung an Klemme 50.	■ Leitung unterbrochen, Zündanlassschalter defekt.
Anlasserwelle dreht sich zu langsam und zieht den Motor nicht durch.	Batterie teilentladen.	■ Batterie laden.
	Ungenügender Stromdurchgang infolge lockerer oder oxydierter Anschlüsse.	■ Batteriepole und -klemmen und Anschlüsse am Anlasser reinigen, Anschlüsse festziehen.
	Kohlebürsten liegen nicht auf dem Kollektor auf, klemmen in ihren Führungen, sind abgenutzt, gebrochen, verölt oder verschmutzt.	■ Kohlebürsten überprüfen, reinigen beziehungsweise auswechseln. Führungen prüfen.
	Ungenügender Abstand zwischen Kohlebürsten und Kollektor.	■ Kohlebürsten ersetzen und Führungen für Kohlebürsten reinigen.
	Kollektor riefig oder verbrannt und verschmutzt.	■ Anlasser ersetzen.
	Spannung an Klemme 50 zu niedrig (weniger als 10 Volt).	■ Zündanlassschalter oder Magnetschalter überprüfen.
	Lager ausgeschlagen.	■ Lager prüfen, gegebenenfalls auswechseln.
	Magnetschalter defekt.	■ Magnetschalter auswechseln.
Anlasserritzel spurt ein und zieht an, Motor dreht nicht oder nur ruckweise.	Ritzelgetriebe defekt.	■ Anlasser ersetzen.
	Ritzel verschmutzt.	■ Ritzel reinigen.
	Zahnkranz am Schwungrad defekt.	■ Schwungrad erneuern.
Ritzelgetriebe spurt nicht aus.	Ritzelgetriebe oder Steilgewinde verschmutzt beziehungsweise beschädigt.	■ Anlasser ersetzen.
	Magnetschalter defekt.	■ Magnetschalter ersetzen.
	Rückzugfeder schwach oder gebrochen.	■ Magnetschalter ersetzen.
Anlasserwelle läuft weiter, nachdem der Zündschlüssel losgelassen wurde.	Magnetschalter hängt, schaltet nicht ab.	■ Zündung sofort ausschalten, Magnetschalter ersetzen.
	Zündanlassschalter schaltet nicht ab.	■ Sofort Batterie abklemmen, Zündanlassschalter ersetzen.

Scheibenwischanlage

Scheibenwischergummi ersetzen

Sicherheitshinweis
Bei Wartungs- und Reparaturarbeiten an der Scheibenwischanlage besteht Verletzungsgefahr der Hände. Im Extremfall können Gliedmaße bei Eingriffen in die Scheibenwischermechanik abscheren. Vor jeglichen Reparaturarbeiten ist stets der Zündschlüssel abzuziehen.

Achtung: Wenn die Scheibenwischerblätter rattern, genügt es in der Regel nicht, Wischerblätter oder Wischergummis zu ersetzen, zusätzlich muss der Anstellwinkel der Scheibenwischerblätter geprüft beziehungsweise eingestellt werden.

Ausbau

- Wischerarm hochklappen.

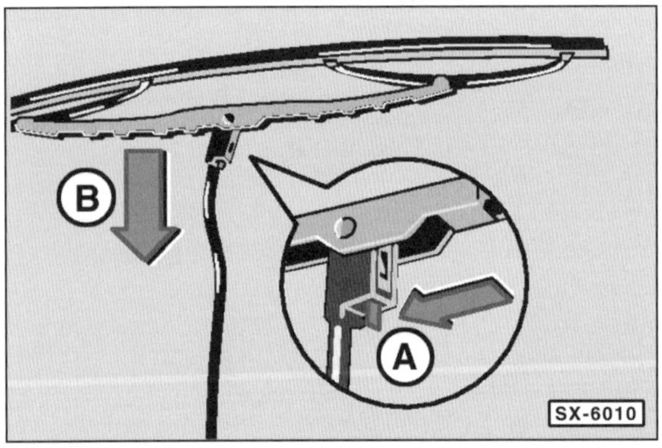

- **Frontscheibe:** Wischerblatt rechtwinklig zum Wischerarm stellen. Federklammer niederdrücken –Pfeil A– und Wischerblatt nach unten –Pfeil B– aus dem Haken am Wischerarm schieben. Wischerblatt vom Haken des Wischerarmes abnehmen.

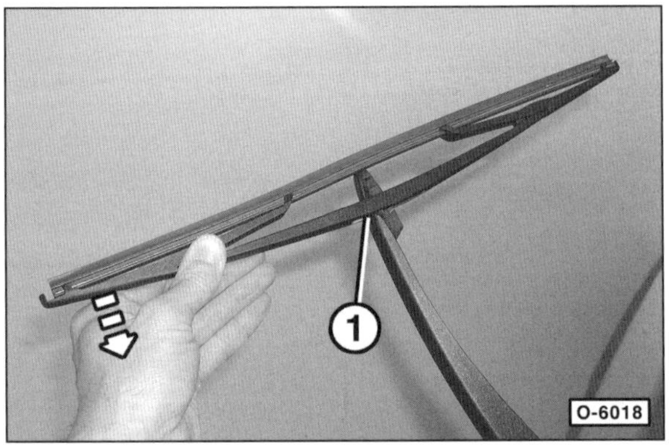

- **Heckscheibe:** Wischerarm hochklappen. Wischerblatt rechtwinklig zum Wischerarm stellen. Wischerblatt gegen den Anschlag –1– drücken –Pfeil– und aus der Halterung ausrasten.

Achtung: Im Handel werden sowohl komplette Scheibenwischerblätter (Wischergummi mit Träger) als auch einzelne Wischergummis angeboten. Wird nur das Wischergummi ersetzt, darauf achten, dass der Träger nicht verbogen wird.

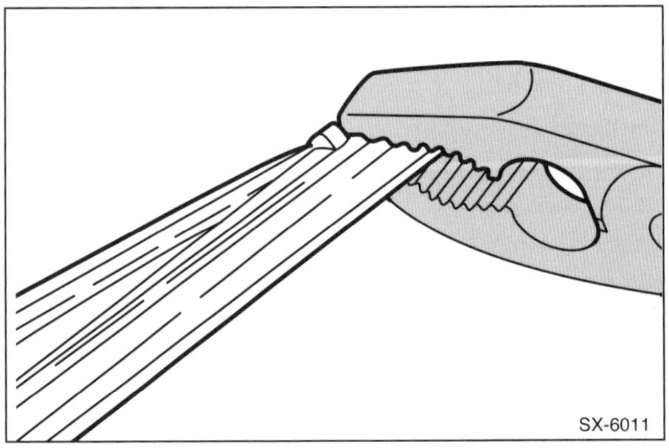

- An der geschlossenen Seite des Wischergummis beide Stahlschienen mit Kombizange zusammendrücken und diese seitlich aus der oberen Klammer herausnehmen. Anschließend Gummi komplett mit Schienen aus den restlichen Klammern des Wischerblattes herausziehen.

Einbau

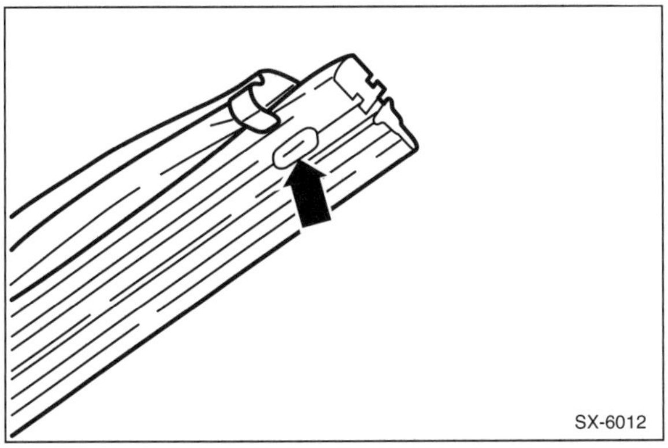

- Neues Wischergummi ohne Halteschienen in die unteren Klammern des Wischerblattes lose einlegen.
- Beide Schienen so in die erste Rille des Wischergummis einführen, dass die Aussparungen zum Gummi zeigen und in die Gumminasen der Rille einrasten. **Achtung:** Die Schienen sind leicht gebogen. Schienen so einsetzen, dass der Bauch des Bogens vom Wischerblatt weg gerichtet ist.
- Wischergummi an der geschlossenen Seite mit Seifenwasser bestreichen, damit es besser in die Haltebügel gleitet.
- Beide Stahlschienen und das Gummi mit Kombizange zusammendrücken und so in die obere Klammer einsetzen, dass die Klammernasen beidseitig in die Haltenuten –Pfeil– des Wischergummis einrasten.
- **Frontscheibe:** Wischerblatt über Wischerarm schieben und Federklammer in den Haken des Wischerarms einclipsen.
- **Heckscheibe:** Wischerblatt über Wischerarm schieben, Steg am Wischerblatt in die Halterung am Wischerarm einsetzen und einrasten.
- Wischerarm zurückklappen. Darauf achten, dass das Wischergummi überall an der Scheibe anliegt, gegebenenfalls Träger vorsichtig nachbiegen.

Anstellwinkel der Scheibenwischerblätter prüfen/einstellen

Der Anstellwinkel der Wischerblätter muss eingestellt werden, wenn die Wischerblätter im Wischbetrieb rubbeln oder rattern.

Hinweis: Der Heckwischer ist aus Kunststoff und kann nicht eingestellt werden.

Erforderliches Sonderwerkzeug:

- Scheibenwischer-Einstellwerkzeug HAZET 4851-1.

Prüfen

- Wischerarme in Ruhestellung bringen. Dazu Scheibe mit Wasser benetzen, Scheibenwischer kurze Zeit laufen lassen und mit dem Wischerschalter ausschalten.
- Wischerblatt ausbauen, siehe Kapitel »Scheibenwischergummi ersetzen«.

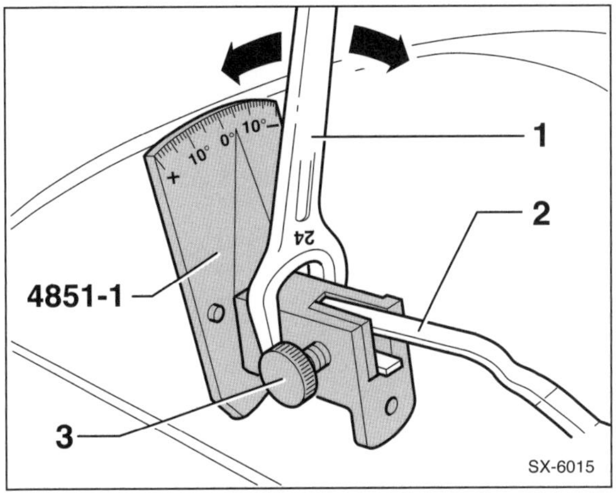

- Wischerarm –2– hochklappen, Spezialwerkzeug HAZET 4851-1 aufschieben und mit Schraube –3– arretieren.
- Wischerarm vorsichtig zurück klappen. Das Werkzeug HAZET 4851-1 muss mit 3 Punkten auf der Scheibe aufliegen. Gegebenenfalls Klemmschraube lockern, Werkzeug ausrichten und Klemmschraube wieder anziehen.
- Anstellwinkel auf der Skala des Spezialwerkzeugs ablesen und mit Sollwert vergleichen.
  Fahrerseite: . . . . . – 11°
  Beifahrerseite: . . . . – 10°

Einstellen

- Wischerarm von der Scheibe abheben und mit Gabelschlüssel SW 24 –1–, wie in der Abbildung dargestellt, etwas verdrehen. Dabei aber den Wischerarm am Scharnier mit einer Zange gegenhalten, so dass das Scheibenwischerscharnier beim Einstellen nicht beschädigt wird.
- Anstellwinkel erneut prüfen und gegebenenfalls korrigieren, bis an der Skala der Sollwert angezeigt wird.
- Anschließend Werkzeug abbauen, nochmals neu aufsetzen und arretieren. Anstellwinkel erneut prüfen, gegebenenfalls korrigieren.

Scheibenwaschdüsen aus- und einbauen

Frontscheibe

Ausbau

- Windlaufgrill ausbauen, siehe Seite 245.
- Stecker für Düsenheizung links und rechts entriegeln und abziehen. **Hinweis:** Die rechte Düse hat 2 Stecker.

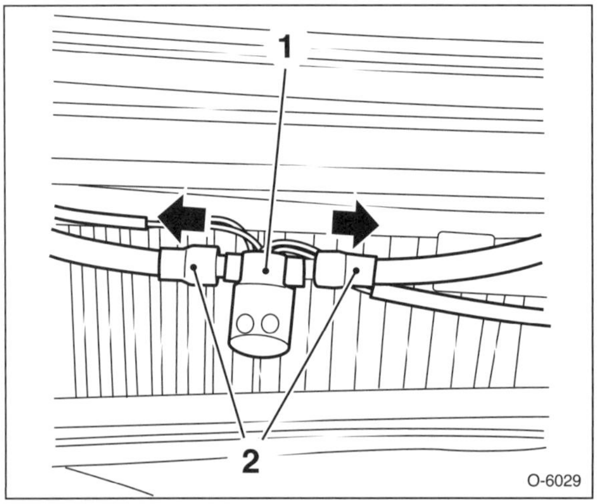

- Scheibenwaschdüse –1– an der Rückseite vom Windlaufgrill ausrasten und herausdrücken.
- Wasserschlauch –2– von der Düse abziehen –Pfeile–.

Einbau

- Der Einbau erfolgt in umgekehrter Ausbaureihenfolge. Scheibenwaschdüse auf Funktion prüfen.

Einstellen

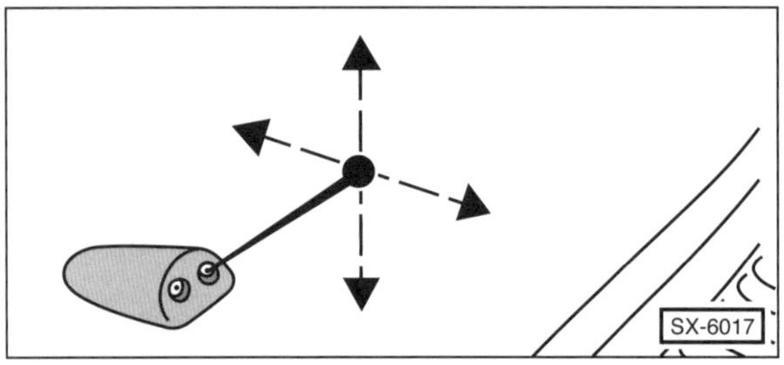

- Die Spritzrichtungen der vorderen Scheibenwaschdüsen können mit einem speziellen Einstelldorn, zum Beispiel HAZET 4850-1, eingestellt werden. Dorn in die Düse einsetzen und Zielpunkt auf der Scheibe anpeilen.

Heckscheibe/SIGNUM

Hinweis: Beim SIGNUM ist die Scheibenwaschdüse hinten in der Zusatzbremsleuchte eingesetzt, siehe Seite 94.

Heckscheibe/Fließheckmodell (GTS)

Ausbau

- Dachantenne aus dem Sockel herausschrauben.

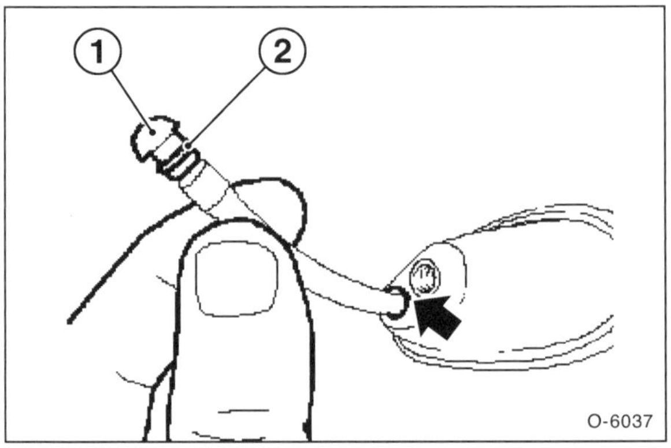

- Mit einem Kunststoffkeil, zum Beispiel HAZET 1965-20, Scheibenwaschdüse –1– aus dem Antennensockel heraushebeln.
- Scheibenwaschdüse herausziehen und Wasserschlauch abziehen.

Einbau

- Der Einbau erfolgt in umgekehrter Ausbaureihenfolge. Dabei darauf achten, dass der O-Ring –2– korrekt in der Nut –Pfeil– sitzt.
- Scheibenwaschdüse auf Funktion prüfen.

Heckscheibe/CARAVAN

Ausbau

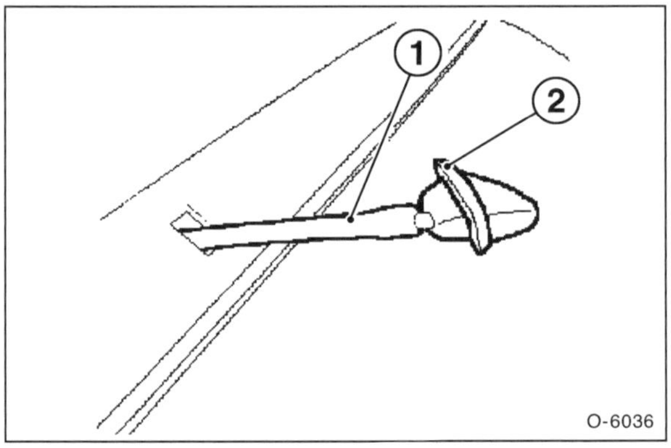

- Mit einem Kunststoffkeil, zum Beispiel HAZET 1965-20, Scheibenwaschdüse aus der Öffnung im Fahrzeugdach heraushebeln.
- Scheibenwaschdüse vorsichtig aus der Öffnung herausziehen, Wasserschlauch –1– abziehen und Dichtung –2– abnehmen.

Einbau

- Der Einbau erfolgt in umgekehrter Ausbaureihenfolge. Scheibenwaschdüse auf Funktion prüfen.

Wischerarm aus- und einbauen

Frontscheibe

Ausbau

- Frontscheibe mit Wasser benetzen.
- Scheibenwischeranlage kurze Zeit laufen lassen und über den Scheibenwischerschalter abschalten. Dadurch läuft der Wischer in die Endstellung.
- Stellung der Wischergummis auf der Frontscheibe markieren. Dazu Klebeband neben den Wischergummis auf die Scheibe kleben.
- Motorhaube öffnen.

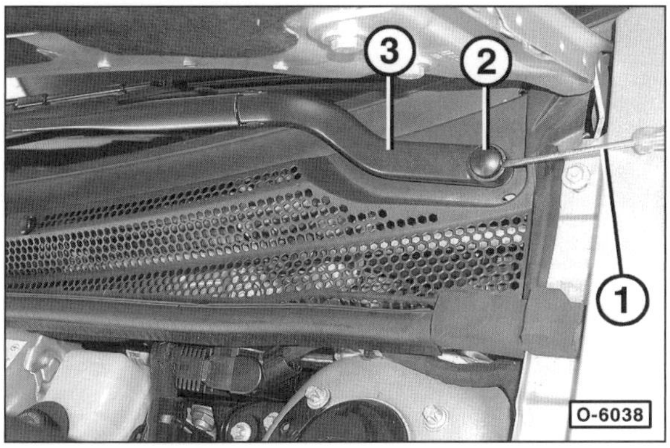

- Schraubendreher –1– in den Spalt am Wischerarm einführen und Abdeckkappe –2– nach oben heraushebeln.
- Mutter auf der Wischerwelle ca. 2 Umdrehungen lösen.
- Wischerarm –3– etwas hochklappen und durch leichtes Hin- und Herdrehen vom Konus der Befestigung lösen. **Hinweis:** Es kann auch ein geeignetes Abziehwerkzeug verwendet werden, zum Beispiel HAZET 1966-05.
- Muttern ganz abschrauben und Wischerarme abnehmen.

Einbau

- Wischerarm auf Befestigungskonus aufsetzen und an den angebrachten Klebebandmarkierungen ausrichten.
- Befestigungsmutter aufschrauben und gefühlvoll festziehen. Abdeckkappe aufdrücken.
- Scheibe mit Wasser benetzen.
- Scheibenwischer kurze Zeit laufen lassen und über den Scheibenwischerschalter abschalten. Stellung der Wischerarme kontrollieren, gegebenenfalls korrigieren.

Heckscheibe

Der Aus- und Einbau des Wischerarmes an der Heckscheibe erfolgt im Prinzip wie an der Frontscheibe. Abdeckkappe aufdrücken und einrasten.

Wischermotor an der Frontscheibe aus- und einbauen

Ausbau

- Wischermotor kurze Zeit laufen lassen und über den Scheibenwischerschalter abschalten. Dadurch läuft der Wischermotor in die Endstellung.
- Batterie-Massekabel (–) abklemmen. **Achtung:** Hinweise im Kapitel »Batterie aus- und einbauen« beachten.
- Wischerarme ausbauen, siehe entsprechendes Kapitel.
- Windlaufgrill ausbauen, siehe Seite 245.

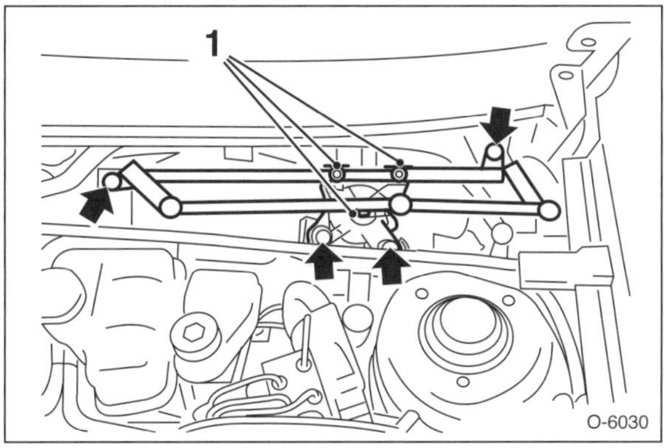

- Wischermotor mit Gestänge abschrauben –Pfeile–.
- Stecker vom Scheibenwischermotor entriegeln und abziehen.
- Wischermotor mit Gestänge aus dem Motorraum herausziehen.
- 2 Schrauben und 1 Mutter herausdrehen –1–, dabei die Stellung der Kurbel am Wischermotor merken
- Wischermotor vom Gestänge abnehmen.

Einbau

Achtung: Vor dem Einbau prüfen, ob sich der Wischermotor in Endstellung befindet. Dazu kurzzeitig Anschlussstecker aufschieben und Batterie-Massekabel anschließen. Motor kurz laufen lassen und anschließend mit Wischerschalter ausschalten, damit der Motor in Endstellung stehen bleibt.

- Der Einbau erfolgt in umgekehrter Ausbaureihenfolge.

Achtung: Auf die richtige Einbaustellung des Wischergestänges achten. In Endstellung stehen die langen Gestängeelemente und die Kurbel parallel zueinander.

- Einstellung der Wischerarme überprüfen.

Wischermotor an der Heckscheibe aus- und einbauen

CARAVAN/SIGNUM

Ausbau

- Wischermotor kurze Zeit laufen lassen und über den Scheibenwischerschalter abschalten. Dadurch läuft der Wischermotor in die Endstellung.
- Batterie-Massekabel (–) abklemmen. **Achtung:** Hinweise im Kapitel »Batterie aus- und einbauen« beachten.
- Wischerarm ausbauen, siehe entsprechendes Kapitel.
- Heckklappenverkleidung ausbauen, siehe Seite 256.

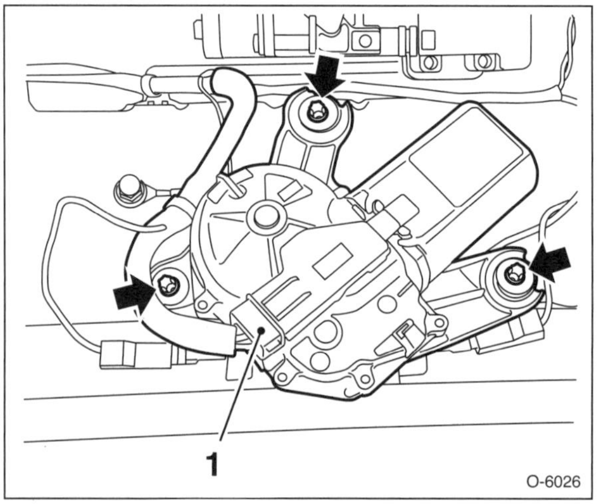

- Stecker –1– entriegeln und abziehen.
- 3 Schrauben –Pfeile– herausdrehen und Heckwischermotor vorsichtig aus der Führung an der Heckklappe herausziehen.

Einbau

- Wischermotor in Endstellung bringen.
- Der Einbau erfolgt in umgekehrter Ausbaureihenfolge.
- Einstellung des Wischerarmes überprüfen.

Scheibenwaschpumpe/-behälter aus- und einbauen

Ausbau

- Reifen-Laufrichtung mit Pfeil am Reifen markieren. Radschrauben lösen. Fahrzeug aufbocken und linkes Vorderrad abnehmen. **Achtung:** Unbedingt Hinweise im Kapitel »Rad aus- und einbauen« beachten.
- Innenkotflügel links ausbauen, siehe Seite 250.

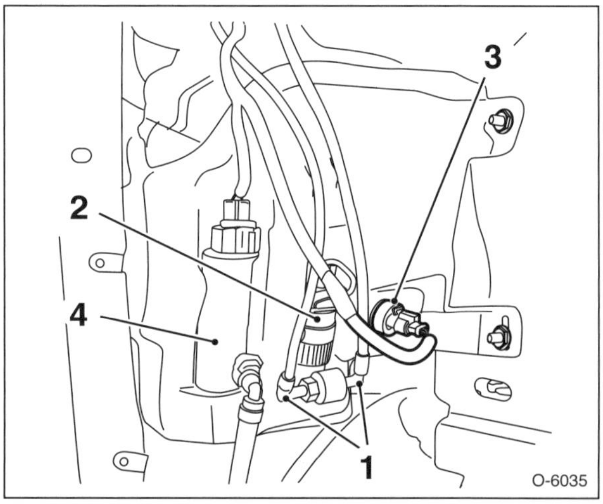

- Stecker und Schläuche –1– von der Scheibenwaschpumpe –2– abziehen. Dabei auslaufende Scheibenwaschflüssigkeit auffangen.
- Scheibenwaschpumpe nach oben aus der Halterung am Scheibenwaschbehälter herausziehen.
- Stecker –3– für Füllstandsensor entriegeln und abziehen. Sensor aus dem Scheibenwaschbehälter herausziehen.
- Je nach Ausstattung, Pumpe –4– für Scheinwerfer-Reinigungsanlage vom Scheibenwaschbehälter abbauen. Dazu Stecker entriegeln und abziehen. Schlauch von der Pumpe entriegeln und abziehen. Pumpe aus der Halterung herausziehen.

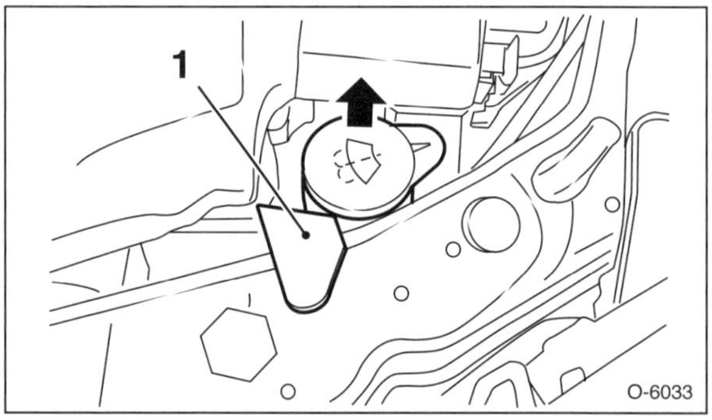

- Halteklammer –1– ausrasten und Einfüllstutzen vom Scheibenwaschbehälter nach oben –Pfeil– abziehen.
- Stoßfängerabdeckung ausbauen, siehe Seite 246/247.

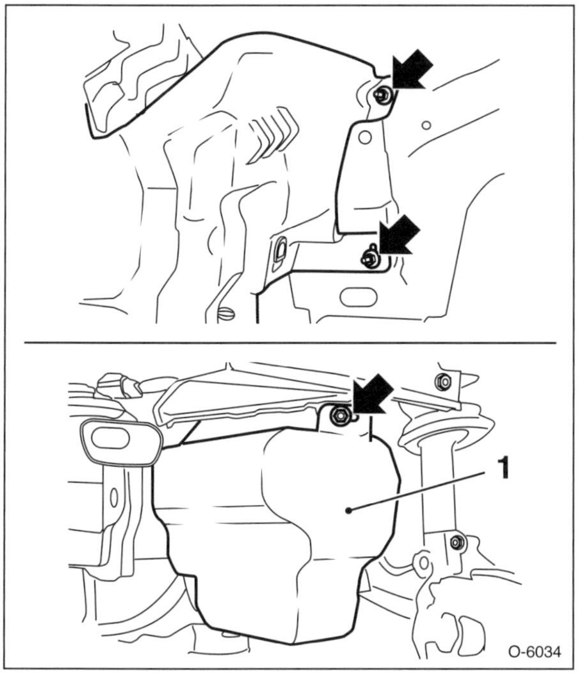

● 3 Muttern –Pfeile– abschrauben, Scheibenwaschbehälter –1– aushängen und herausziehen.

Einbau

● Der Einbau erfolgt in umgekehrter Ausbaureihenfolge.

● Reifen-Laufrichtung beachten, Räder anschrauben, Fahrzeug ablassen, erst dann Radschrauben über Kreuz mit **110 Nm** festziehen. **Achtung:** Unbedingt Hinweise im Kapitel »Rad aus- und einbauen« beachten.

Störungsdiagnose Scheibenwischergummi

Wischbild	Ursache	Abhilfe
Schlieren.	Wischergummi verschmutzt.	■ Wischergummi mit harter Nylonbürste und einer Waschmittellösung oder Spiritus reinigen.
	Ausgefranste Wischlippe, Gummi ausgerissen oder abgenutzt.	■ Wischergummi erneuern.
	Wischergummi gealtert, rissige Oberfläche.	■ Wischergummi erneuern.
Im Wischfeld verbleibende Wasserreste ziehen sich sofort zu Perlen zusammen.	Frontscheibe durch Lackpolitur oder Öl verschmutzt.	■ Frontscheibe mit sauberem Putzlappen und einem Fett-Öl-Silikonentferner reinigen.
Wischerblatt wischt einseitig gut, einseitig schlecht, rattert.	Wischergummi einseitig verformt, »kippt nicht mehr«.	■ Neues Wischergummi einbauen.
	Wischerarm verdreht, Blatt steht schief auf der Scheibe.	■ Wischerarm vorsichtig verdrehen, bis richtige Stellung erreicht ist, siehe »Anstellwinkel der Scheibenwischerblätter einstellen«.
Nicht gewischte Flächen.	Wischergummi aus den Klammern herausgerissen.	■ Wischergummi korrekt in die Klammern einsetzen.
	Wischerblatt liegt nicht mehr gleichmäßig an der Scheibe an, da Federschienen oder Bleche verbogen.	■ Wischerblatt ersetzen. Dieser Fehler tritt vor allem bei unsachgemäßem Montieren eines Ersatzblattes auf.
	Anpressdruck durch Wischerarm zu gering.	■ Wischerarmgelenke und Feder leicht einölen oder neuen Wischerarm einbauen.

Beleuchtungsanlage bis 8/05

Lampentabelle

12-V-Glühlampe für	Typ	Leistung
Abblendlicht	H7	55 W
Abblendlicht, Xenon	D2S	35 W
Fernlicht	H7	55 W
Nebelleuchten	H3	55 W
Standlicht	W	5 W
Vordere Blinkleuchten	PY	21 W
Seitliche Blinkleuchten	WY [1]	5 W
Hintere Blinkleuchten	PY	21 W
Brems-/Schlussleuchten [2]	P	21 W
Schlussleuchten [3]	P	21 W
Rückfahrleuchten	P	21 W
Nebelschlussleuchten [4]	P	21 W
Kennzeichenleuchten	W	5 W
Leseleuchten	W	5 W
Deckenleuchte	W	5 W
Kofferraumleuchte	C	10 W

H3/H7: Halogenlampe; P: Kugel-Glaskolben/Bajonett-Sockel; W: Glassockel; C: Soffitte; Y: Leuchtenfarbe orange.

[1]) Limousine: W.

[2]) Die Glühlampe hat die beiden Funktionen »Bremslicht« (hell) und »Schlusslicht« (weniger hell), obwohl nur eine Glühwendel vorhanden ist. Erreicht wird das durch Pulsweitenmodulation der anliegenden Spannung. Dabei wird das helle »Bremslicht« für die »Schlussleuchten«-Funktion praktisch gedimmt.

[3]) Die Leuchtkraft der separaten 21-W-Schlussleuchte wird durch Pulsweitenmodulation dauerhaft gedimmt.

[4]) Nur linke Seite.

Hinweis: Glühlampen grundsätzlich nur durch solche gleicher Ausführung ersetzen. Vor einem Lampenwechsel sicherstellen, dass der betreffende Schalter ausgeschaltet ist.

Achtung: Den Glaskolben einer leistungsstarken Glühlampe nicht mit bloßen Fingern berühren. Am besten ein sauberes Stofftuch dazwischen legen oder Baumwollhandschuhe anziehen. Der durch die Berührung verursachte Fingerabdruck verdampft aufgrund der Hitzeentwicklung. Rückstände setzen sich auf dem Reflektor ab und lassen den Scheinwerfer matt werden. Dies gilt insbesondere für die Haupt- und Nebelscheinwerfer. Versehentlich entstandene Berührungsflecken auf dem Glaskolben mit einem sauberen, nicht fasernden Tuch und etwas Spiritus abwischen.

Achtung: Die mit einem Schutzlack beschichteten Kunststoffscheiben der Hauptscheinwerfer dürfen auf keinen Fall mit einem trockenen oder gar scheuernden Lappen gesäubert werden. Es dürfen auch keine Reinigungs- oder Lösungsmittel benutzt werden. Die Scheiben nur mit einem weichen, feuchten Tuch reinigen.

Glühlampen am Scheinwerfer auswechseln

Je nach Modell und Ausstattung kommen unterschiedliche Scheinwerfer- und Glühlampentypen zum Einsatz: Herkömmliche Halogenlampen und Xenonlampen.

Achtung: Halogenlampen stehen unter Druck und können platzen. Deshalb beim Lampenwechsel Schutzbrille und Handschuhe tragen.

Hinweis: Je nach Fahrzeugmodell sind die Versorgungsöffnungen am Scheinwerfer nur schwer oder gar nicht zugänglich. In diesem Fall muss der Scheinwerfer ausgebaut werden, siehe entsprechendes Kapitel.

- Zündung und Schalter des Scheinwerfers ausschalten.
- Motorhaube öffnen.

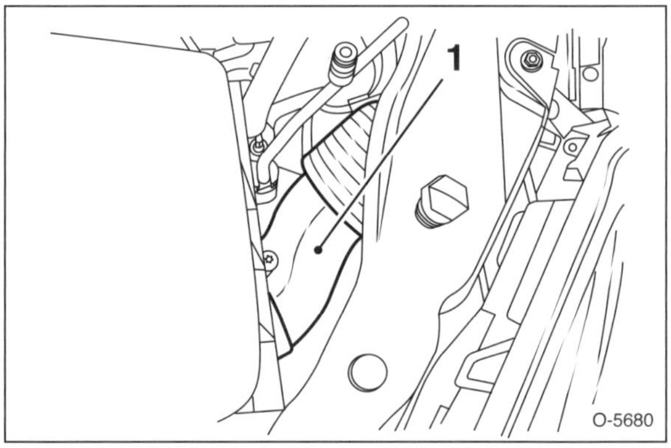

- **Scheinwerfer rechts:** Je nach Motor, Ansaugrohr –1– vom Luftfiltergehäuse abziehen oder Luftfiltergehäuse ausbauen, siehe Seite 216.
- **Scheinwerfer links:** Deckel für Batterie vorne entriegeln und nach oben klappen. Halteklammer ausrasten und Einfüllstutzen vom Scheibenwaschbehälter nach oben abziehen, siehe Kapitel »Scheibenwaschpumpe/-behälter aus- und einbauen« auf Seite 84.
- Batterie-Massekabel (–) abklemmen. **Achtung:** Hinweise im Kapitel »Batterie aus- und einbauen« beachten.
- Nach dem Einbau Glühlampe auf Funktion überprüfen. Gegebenenfalls Scheinwerfer-Einstellung von einer Werkstatt kontrollieren und, wenn nötig, einstellen lassen.

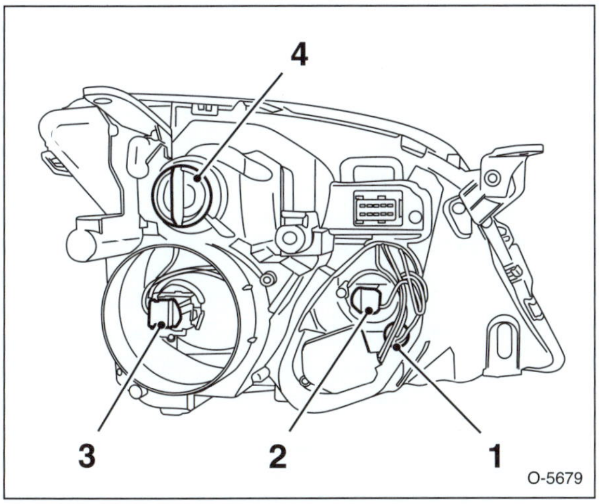

1 – Standlicht
2 – Fernlicht
3 – Abblendlicht
4 – Blinklicht

Abblendlicht/Halogen

Ausbau

- An der Rückseite des Scheinwerfers Abdeckkappe über der äußeren Lampe abnehmen.

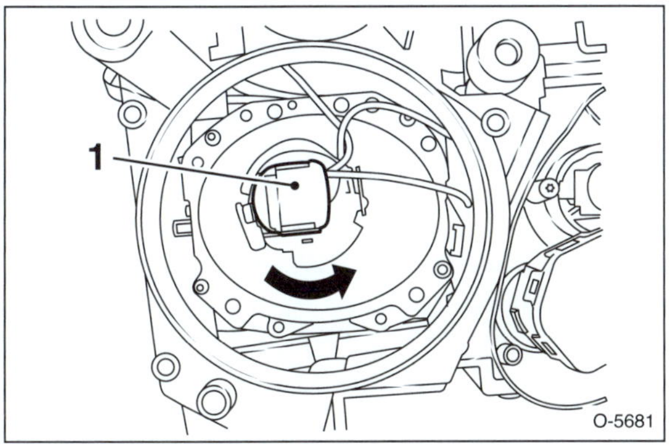

- Lampenfassung –1– gegen den Uhrzeigersinn drehen –Pfeil–, entriegeln und mit Lampe aus dem Reflektor herausziehen.

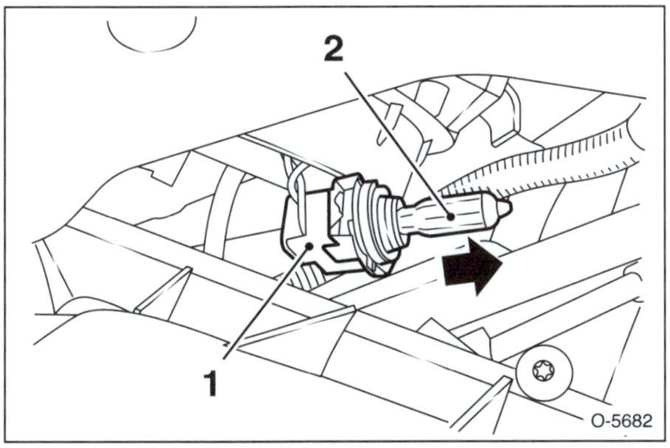

- Glühlampe –2– aus der Fassung –1– herausziehen –Pfeil–.

Einbau

- Neue Glühlampe in die Fassung einsetzen.
- Lampenfassung mit Lampe so in den Reflektor einsetzen, dass die Fixiernasen in die Aussparungen am Reflektor greifen.
- Lampenfassung im Uhrzeigersinn drehen und verriegeln.
- Abdeckkappe aufdrücken.

Fernlicht

Ausbau

- An der Rückseite des Scheinwerfers Lasche drücken und Abdeckkappe über der inneren Lampe abnehmen.

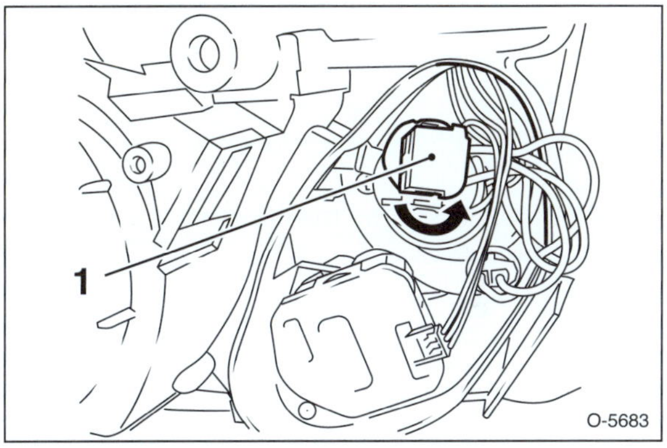

- Lampenfassung –1– gegen den Uhrzeigersinn drehen –Pfeil–, entriegeln und mit Lampe aus dem Reflektor herausziehen.

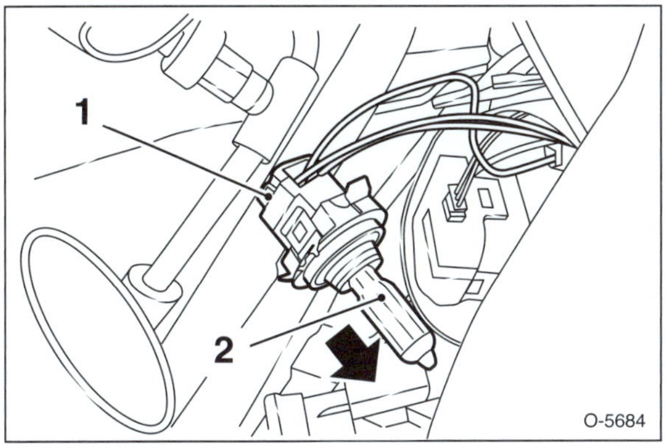

- Glühlampe –2– aus der Fassung –1– herausziehen –Pfeil–.

Einbau

- Neue Glühlampe in die Fassung einsetzen.
- Lampenfassung mit Lampe so in den Reflektor einsetzen, dass die Fixiernasen in die Aussparungen am Reflektor greifen.
- Lampenfassung im Uhrzeigersinn drehen und verriegeln.
- Abdeckkappe ansetzen und einrasten.

Standlicht

Ausbau

- An der Rückseite des Scheinwerfers Lasche drücken und Abdeckkappe über der inneren Lampe abnehmen.

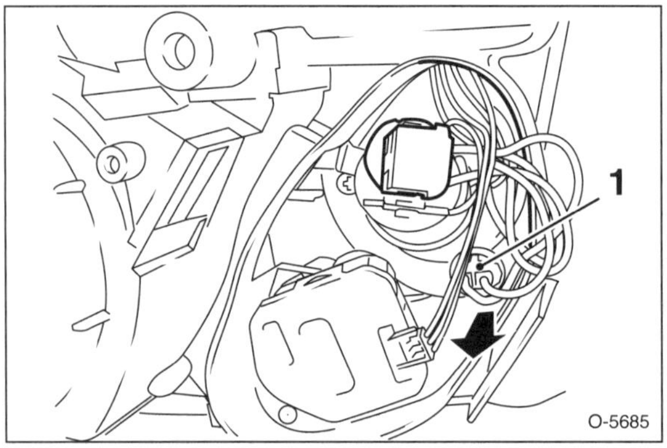

- Lampenfassung –1– mit Glühlampe für Standlicht aus dem Reflektor herausziehen –Pfeil–.
- Glühlampe aus der Fassung herausziehen.

Einbau

- Neue Glühlampe in die Fassung einsetzen.
- Lampenfassung mit Glühlampe in den Reflektor einsetzen.
- Abdeckkappe ansetzen und einrasten.

Blinklicht

Ausbau

Hinweis: Am rechten Scheinwerfer muss das Ansaugrohr nicht ausgebaut werden.

- Lampenfassung –4– an der Rückseite des Scheinwerfers gegen den Uhrzeigersinn drehen und entriegeln, siehe Abbildung O-5679.

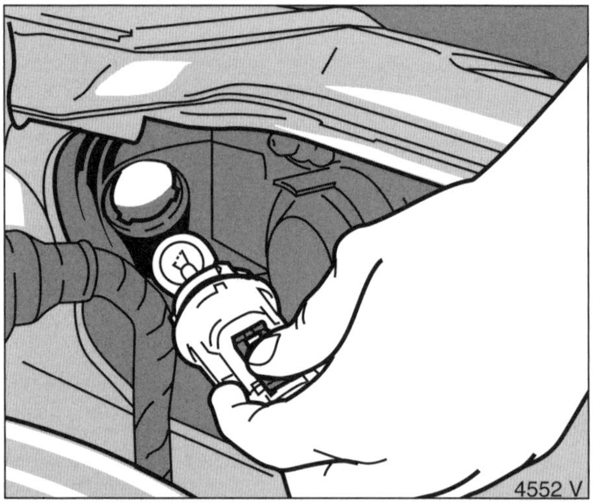

- Lampenfassung mit Lampe aus dem Reflektor herausziehen.
- Glühlampe eindrücken, gegen den Uhrzeigersinn drehen und aus der Fassung herausziehen.

Einbau

- Neue Glühlampe in die Fassung einsetzen und einrasten.
- Fassung mit Glühlampe in den Reflektor einsetzen und im Uhrzeigersinn drehen, bis die Fassung einrastet.

Abblendlicht/Xenonlampe

Ausbau

Sicherheitshinweis/Xenon-Scheinwerfer
Vorsicht beim Lampenwechsel an Xenon-Scheinwerfern. Verletzungsgefahr durch Hochspannung! **Auf jeden Fall Scheinwerfer ausschalten und Batterie abklemmen.** Anschließend Scheinwerferschalter kurz ein- und wieder ausschalten, um Restspannungen abzubauen. Sicherheitshalber Schuhe mit Gummisohlen tragen.

- Scheinwerfer ausbauen, siehe entsprechendes Kapitel.
- An der Rückseite des Scheinwerfers 3 Schrauben herausdrehen und Abdeckkappe über der äußeren Lampe abnehmen.

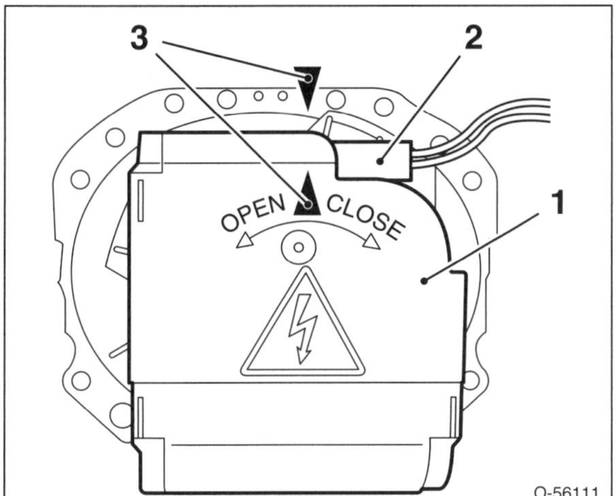

O-56111

- Zündgerät –1– gegen den Uhrzeigersinn drehen –Pfeil–, dabei springt der elektrische Stecker –2– heraus. Zündgerät von der Lampe abziehen. 3 – Markierungen für den Einbau.

Achtung: Die Scheinwerfer dürfen bei abgezogenem Zündgerät nicht eingeschaltet werden.

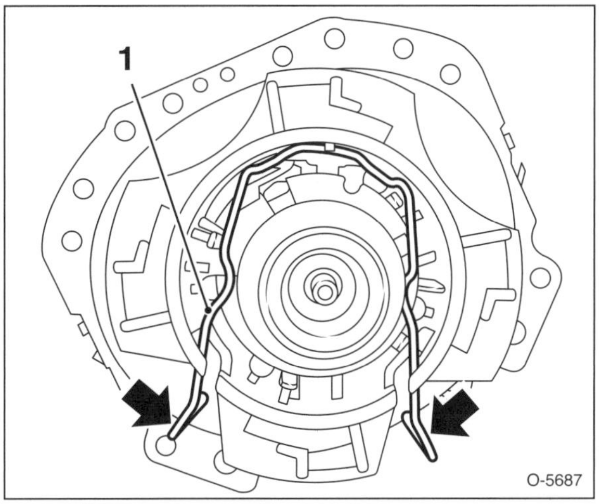

O-5687

- Drahtbügel –1– zum Entriegeln an den Enden zusammendrücken –Pfeile–.

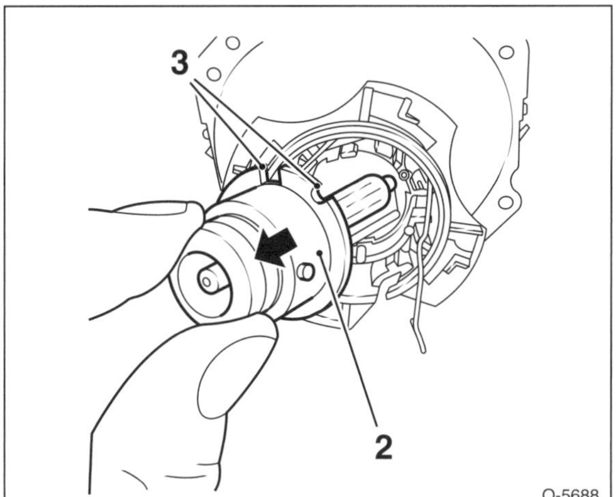

O-5688

- Xenon-Glühlampe –2– aus dem Reflektor herausziehen.

Einbau

- Neue Glühlampe in den Reflektor einsetzen, dabei darauf achten, dass die Führungsnasen in die entsprechenden Aussparungen –3– greifen.
- Drahtbügel einhängen.
- Zündgerät auf die Lampe stecken, im Uhrzeigersinn drehen und verriegeln. Dabei müssen die Markierungen –3– am Zündgerät und Gehäuse gegenüberstehen, siehe Abbildung O-5686.
- **Achtung:** Erst nach Einbau des Zündgerätes Stecker –2– am Zündgerät aufschieben, siehe Abbildung O-5686.
- Abdeckung an der Rückseite des Scheinwerfers aufsetzen und anschrauben.
- Scheinwerfer einbauen, siehe entsprechendes Kapitel.

Scheinwerfer aus- und einbauen

Ausbau

- Motorhaube öffnen.
- Batterie-Massekabel (–) abklemmen. **Achtung:** Hinweise im Kapitel »Batterie aus- und einbauen« beachten.

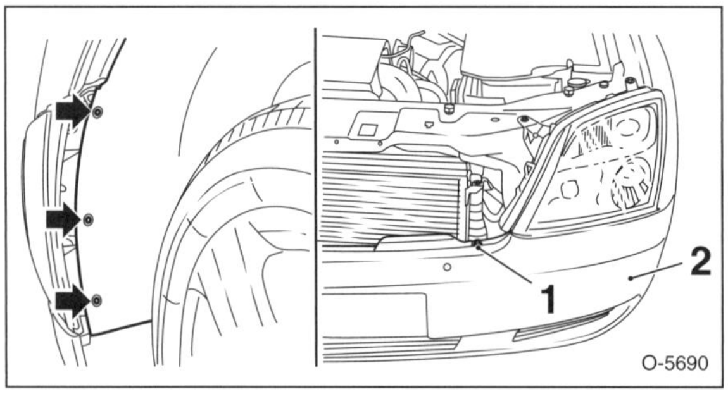

- Seitlich am Innenkotflügel 3 Schrauben –Pfeile– herausdrehen.
- Clip –1– aus der Stoßfängerabdeckung –2– herausziehen.

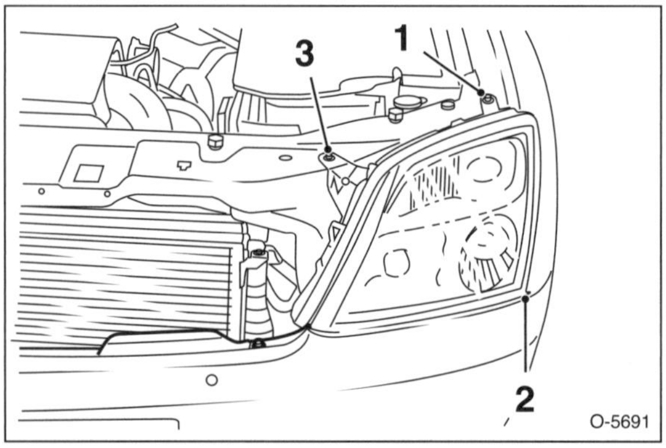

- 2 Schrauben –1/3– oben herausdrehen.
- Stoßfängerabdeckung an der Seite ablösen und untere Schraube –2– herausdrehen.
- Scheinwerfer etwas nach vorne ziehen.
- Durch Herausziehen des Schiebers Stecker an der Rückseite des Scheinwerfers entriegeln und Stecker abziehen.
- Scheinwerfer herausziehen.

Einbau

- Der Einbau erfolgt in umgekehrter Ausbaureihenfolge. Dabei Schrauben in der Reihenfolge 1, 2, 3 festziehen.
- Auf gleichmäßige Fugenmaße zu den anschließenden Karosserieteilen achten.
- Scheinwerfer-Einstellung so bald wie möglich von einer Werkstatt kontrollieren und gegebenenfalls einstellen lassen. **Achtung:** Für die Verkehrssicherheit ist die exakte Einstellung der Scheinwerfer von großer Bedeutung.

Einstellen

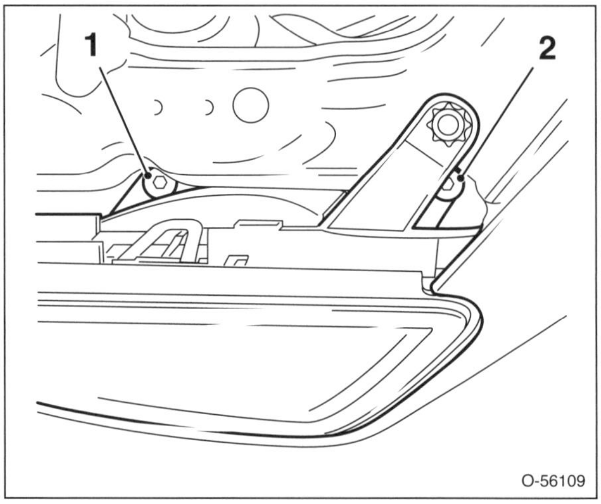

Höheneinstellung mit Schraube –1–. Seiteneinstellung mit Schraube –2–. **Hinweis:** Die richtige Einstellung der Scheinwerfer wird mit einem Spezialgerät in einer Werkstatt durchgeführt.

Nebelscheinwerfer aus- und einbauen

Ausbau

- Zündung und Schalter der Leuchte ausschalten.
- Batterie-Massekabel (–) abklemmen. **Achtung:** Hinweise im Kapitel »Batterie aus- und einbauen« beachten.
- Stoßfängerabdeckung ausbauen, siehe Seite 246.

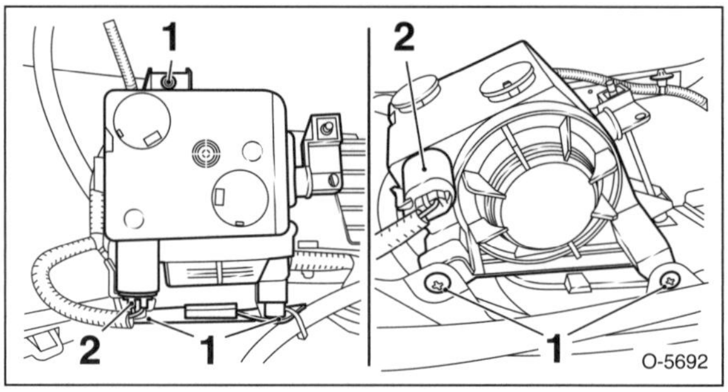

- Stecker –2– am Nebelscheinwerfer entriegeln und abziehen.
- 3 Schrauben –1– an der Rückseite der Stoßfängerabdeckung herausdrehen und Nebelscheinwerfer abnehmen.

Einbau

- Der Einbau erfolgt in umgekehrter Ausbaureihenfolge.

Glühlampe wechseln

- Gegebenenfalls Fahrzeug vorn aufbocken.

Sicherheitshinweis
Beim Aufbocken des Fahrzeugs besteht Unfallgefahr! Hinweise im Kapitel »Fahrzeug aufbocken« beachten.

- Abdeckkappe –1– an der Rückseite des Nebelscheinwerfers gegen den Uhrzeigersinn drehen –Pfeil– und nach unten abnehmen.

- Drahtbügel –2– an den Rastnasen aushängen und nach unten klappen.
- Glühlampe herausnehmen und Stecker –3– abziehen.
- Neue Glühlampe so in die Fassung einsetzen, dass die Nasen in die entsprechenden Aussparungen am Lampensockel eingreifen.
- Lampensockel mit dem Finger in Einbaulage halten und gleichzeitig mit der anderen Hand die Ösen des Drahtbügels einhaken.
- Stecker aufdrücken.
- Abdeckkappe einsetzen und im Uhrzeigersinn festdrehen, dabei kräftig gegen den ersten Widerstand drehen.
- Glühlampe auf Funktion prüfen.

Seitliche Blinkleuchte aus- und einbauen

Ausbau

- Zündung und Schalter der Leuchte ausschalten.
- Batterie-Massekabel (–) abklemmen. **Achtung:** Hinweise im Kapitel »Batterie aus- und einbauen« beachten.

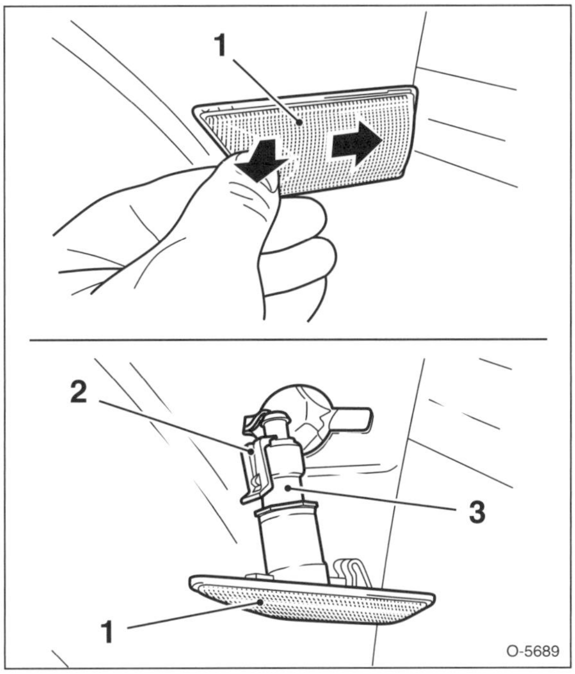

- Blinkleuchte –1– mit den Fingern oder mit einem Kunststoffkeil, zum Beispiel HAZET 1965-20, nach hinten drücken – in Fahrtrichtung gesehen – und vorne herausnehmen.
- Leuchte –1– aus dem Kotflügel herausziehen.
- Stecker –2– entriegeln und abziehen.
- Lampenfassung –3– gegen den Uhrzeigersinn drehen und aus der Leuchte herausziehen.
- Glühlampe aus der Fassung herausziehen.

Einbau

- Neue Glühlampe in die Fassung einstecken.
- Fassung in die Leuchte einsetzen und durch Drehen im Uhrzeigersinn arretieren.
- Blinkleuchte zuerst vorn in die Öffnung am Kotflügel einsetzen, dann hinten andrücken, bis die Kunststofffeder einrastet.
- Batterie-Massekabel (–) anklemmen. **Achtung:** Hinweise im Kapitel »Batterie aus- und einbauen« beachten.
- Glühlampe auf Funktion prüfen.

Heckleuchte aus- und einbauen

Limousine/Fließheckmodell (GTS)

Ausbau

- Zündung und Schalter der Leuchte ausschalten.
- Batterie-Massekabel (–) abklemmen. **Achtung:** Hinweise im Kapitel »Batterie aus- und einbauen« beachten.
- Kofferraumdeckel beziehungsweise Heckklappe öffnen, Verriegelungstaste herunterdrücken und Serviceklappe in der seitlichen Laderaumverkleidung herunterklappen.

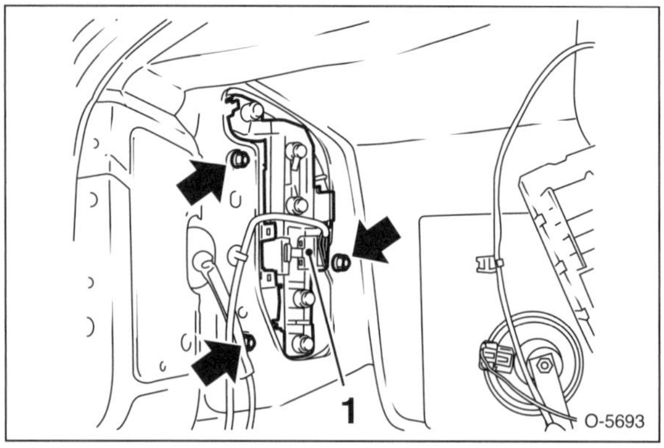

- Stecker –1– an der Rückseite der Heckleuchte entriegeln und abziehen.
- 3 Muttern –Pfeile– abschrauben und Heckleuchte nach hinten abnehmen.

Einbau

- Der Einbau erfolgt in umgekehrter Ausbaureihenfolge.

Glühlampe wechseln

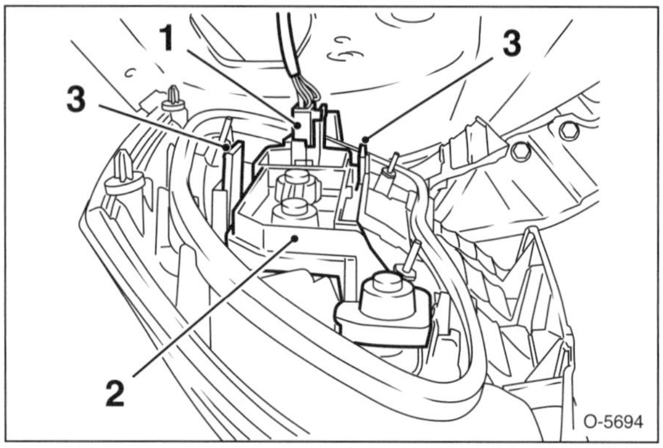

- Stecker –1– an der Rückseite der Heckleuchte entriegeln und abziehen.
- Sperrzungen –3– zusammendrücken und Lampenträger –2– aus der Heckleuchte herausnehmen.
- Glühlampe eindrücken, gegen den Uhrzeigersinn drehen und aus der Fassung herausziehen.
- Neue Glühlampe einsetzen und einrasten.
- Lampenträger in die Heckleuchte einsetzen und einrasten.
- Stecker aufschieben.
- Glühlampe auf Funktion prüfen.

Hinweis: In beiden Heckleuchten ist eine Glühlampe für das Nebelschlusslicht eingesetzt. Es wird jedoch nur die linke angesteuert, die rechte Glühlampe kann als Ersatzlampe verwendet werden.

Heckleuchte/CARAVAN

Hinweis: Die Heckleuchte ist geteilt. Ein Leuchtensegment ist im hinteren Seitenteil des Fahrzeugs eingesetzt, das andere ist in der Heckklappe integriert.

Ausbau/Leuchte im hinteren Seitenteil

- Zündung und Schalter der Leuchte ausschalten.
- Batterie-Massekabel (–) abklemmen. **Achtung:** Hinweise im Kapitel »Batterie aus- und einbauen« beachten.
- Heckklappe öffnen.
- Verriegelungstasten herunterdrücken und Serviceklappe in der seitlichen Laderaumverkleidung herunterklappen.

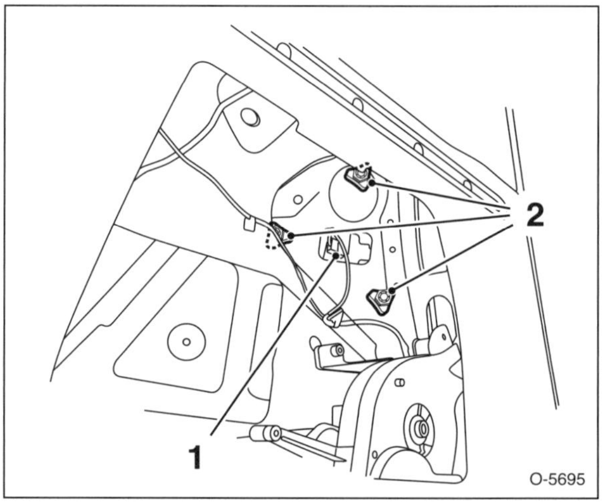

- Stecker –1– an der Rückseite der Heckleuchte entriegeln und abziehen.
- 3 Muttern –2– abschrauben und Heckleuchte nach hinten abnehmen.

Einbau

- Der Einbau erfolgt in umgekehrter Ausbaureihenfolge, dabei müssen die Führungsnasen an der Heckleuchte in die entsprechenden Bohrungen in der Karosserie greifen.

Glühlampe wechseln

- Heckleuchte ausbauen.

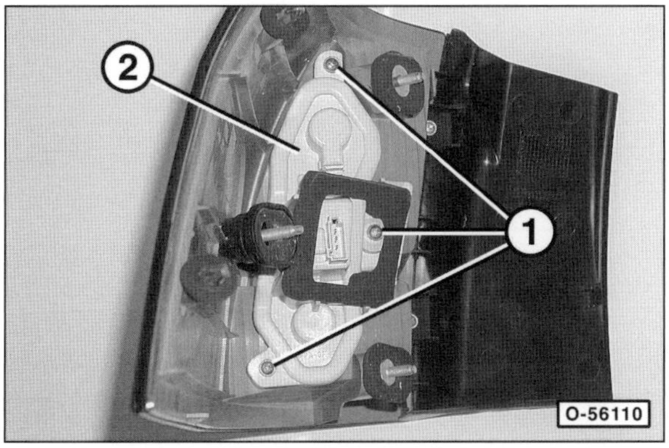

- 3 Schrauben –1– an der Rückseite der Heckleuchte herausdrehen und Lampenträger –2– aus der Heckleuchte herausnehmen.
- Glühlampe eindrücken, gegen den Uhrzeigersinn drehen und aus der Fassung herausziehen.
- Neue Glühlampe einsetzen und einrasten.
- Lampenträger in die Heckleuchte einsetzen und festschrauben.
- Heckleuchte einbauen.
- Glühlampe auf Funktion prüfen.

Ausbau/Leuchte in der Heckklappe

- Zündung und Schalter der Leuchte ausschalten.
- Batterie-Massekabel (–) abklemmen. **Achtung:** Hinweise im Kapitel »Batterie aus- und einbauen« beachten.
- Heckklappenverkleidung ausbauen, siehe Seite 256.

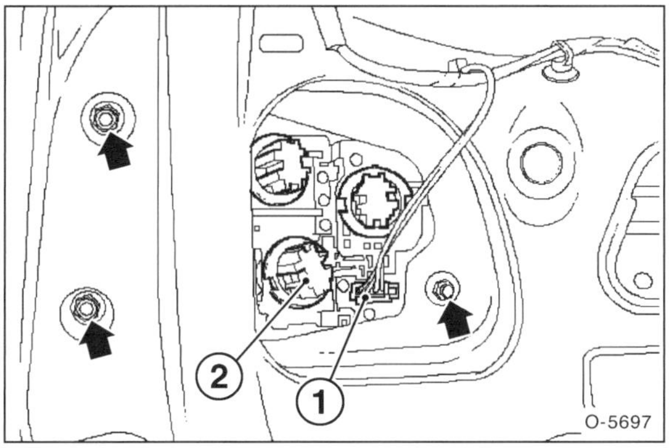

- Stecker –1– abziehen.
- 2 Stopfen aus der Heckklappe herausziehen.
- 3 Muttern –Pfeile– abschrauben und Heckleuchte nach hinten abnehmen.

Einbau

- Der Einbau erfolgt in umgekehrter Ausbaureihenfolge.

Glühlampe wechseln

- Heckklappenverkleidung ausbauen, siehe Seite 256.
- Fassung –2– mit Glühlampe an der Rückseite der Heckleuchte herausdrehen.
- Glühlampe eindrücken, gegen den Uhrzeigersinn drehen und aus der Fassung herausziehen.
- Neue Glühlampe einsetzen und einrasten.
- Fassung mit Glühlampe einschrauben.
- Glühlampe auf Funktion prüfen.
- Heckklappenverkleidung einbauen, siehe Seite 256.

Heckleuchte/SIGNUM

Ausbau

- Zündung und Schalter der Leuchte ausschalten.
- Batterie-Massekabel (–) abklemmen. **Achtung:** Hinweise im Kapitel »Batterie aus- und einbauen« beachten.
- 2 Verriegelungstasten herunterdrücken und Serviceklappe in der seitlichen Laderaumverkleidung herunterklappen.
- Klappe hinter dem Ablagefach in der Seitenwand öffnen, dazu 2 Laschen zur Seite drücken und Klappe abnehmen.

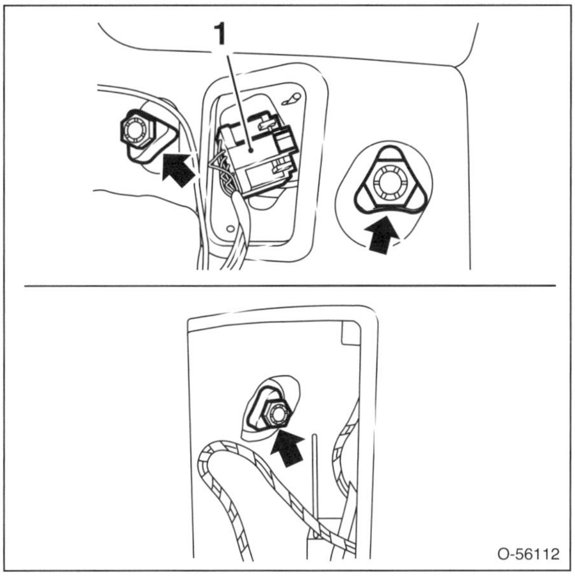

- 3 Muttern –Pfeile– abschrauben und Heckleuchte nach hinten ziehen.
- Stecker –1– an der Rückseite der Heckleuchte entriegeln und abziehen.
- Heckleuchte abnehmen.

Einbau

- Der Einbau erfolgt in umgekehrter Ausbaureihenfolge.

Glühlampe wechseln

- Heckleuchte ausbauen.

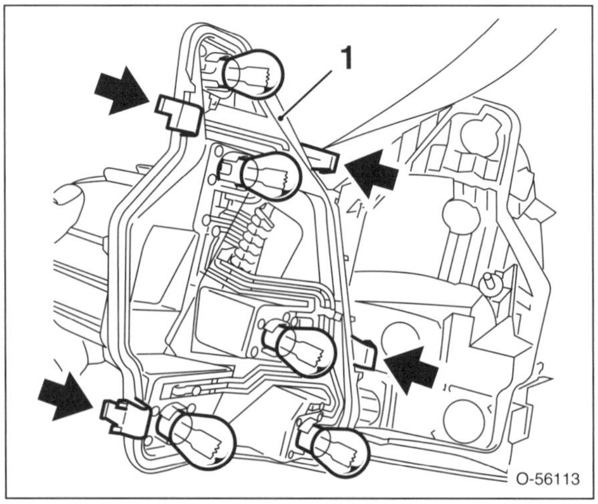

- 4 Sperrzungen –Pfeile– zusammendrücken und Lampenträger –1– aus der Heckleuchte herausnehmen.
- Glühlampe eindrücken, gegen den Uhrzeigersinn drehen und aus der Fassung herausziehen.
- Neue Glühlampe einsetzen und einrasten.
- Lampenträger in die Heckleuchte einsetzen und einrasten.
- Heckleuchte einbauen.
- Glühlampe auf Funktion prüfen.

Zusatzbremsleuchte aus- und einbauen

Limousine

In der Zusatzbremsleuchte sind Leuchtdioden eingesetzt, die nicht einzeln ausgetauscht werden können.

Ausbau

Hinweis: Zum Ausbau der Zusatzbremsleuchte ist das OPEL-Spezialwerkzeug KM-6343 erforderlich.

- Zündung ausschalten.
- Batterie-Massekabel (–) abklemmen. **Achtung:** Hinweise im Kapitel »Batterie aus- und einbauen« beachten.
- Verkleidung Kofferraumdeckel ausbauen, siehe Seite 254.

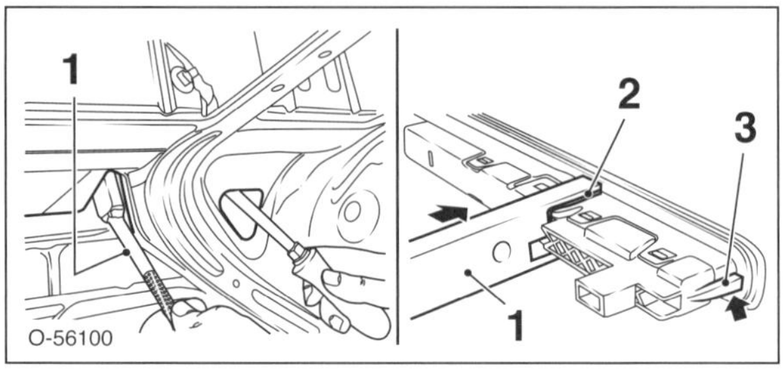

- Spezialwerkzeug –1– am Kofferraumdeckel einführen und Halteclips –2– an einer Seite der Zusatzbremsleuchte zusammendrücken. Gleichzeitig mit einem langen Schraubendreher seitliche Rastlasche –3– ausrasten. **Hinweis:** In der Abbildung ist die Zusatzbremsleuchte im ausgebauten Zustand dargestellt.
- Zusatzbremsleuchte an einer Seite etwas herausdrücken –Pfeil–.
- An der anderen Seite Zusatzbremsleuchte in gleicher Weise ausclipsen.
- Zusatzbremsleuchte herausziehen, Stecker entriegeln und abziehen. Zusatzbremsleuchte vom Kofferraumdeckel abnehmen.

Einbau

- Stecker an der Zusatzbremsleuchte aufschieben.
- Zusatzbremsleuchte von außen in den Kofferraumdeckel einsetzen und einrasten.
- Der weitere Einbau erfolgt in umgekehrter Ausbaureihenfolge.

Zusatzbremsleuchte/Fließheckmodell (GTS)

Ausbau

Hinweis: Zum Ausbau der Zusatzbremsleuchte müssen 3 Löcher in die Heckklappe gebohrt werden.

- Zündung ausschalten.
- Batterie-Massekabel (–) abklemmen. **Achtung:** Hinweise im Kapitel »Batterie aus- und einbauen« beachten.
- Heckklappenverkleidung ausbauen, siehe Seite 256.
- An 3 markierten Stellen an der Innenseite der Heckklappe, in Höhe der Zusatzbremsleuchte Löcher bohren: 2 Löcher außen mit ∅ 6 mm, mittleres Loch mit ∅ 8 mm.
- Durch die Löcher 3 Innensechskantschrauben herausdrehen.
- Zusatzbremsleuchte herausziehen, Stecker entriegeln und abziehen. Zusatzbremsleuchte von der Heckklappe abnehmen.
- Löcher mit Korrosionsschutz bestreichen.

Einbau

- Stecker an der Zusatzbremsleuchte aufschieben.
- Zusatzbremsleuchte von außen in die Heckklappe einsetzen und festschrauben.
- Der weitere Einbau erfolgt in umgekehrter Ausbaureihenfolge.

Zusatzbremsleuchte/CARAVAN

Ausbau

- Zündung ausschalten.
- Batterie-Massekabel (–) abklemmen. **Achtung:** Hinweise im Kapitel »Batterie aus- und einbauen« beachten.
- Heckklappenverkleidung ausbauen, siehe Seite 256.

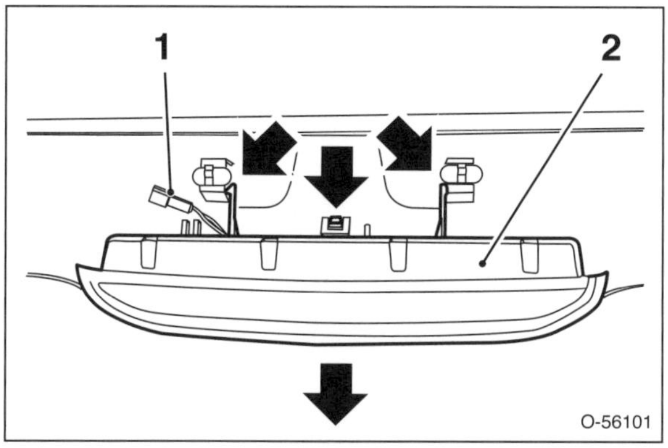

- Stecker –1– an der Rückseite der Zusatzbremsleuchte –2– entriegeln und abziehen.
- Zusatzbremsleuchte ausclipsen –Pfeile– und aus der Heckklappenverkleidung herausziehen.

Einbau

- Der Einbau erfolgt in umgekehrter Ausbaureihenfolge, dabei auf die richtige Position der Führungen und Halterungen der Zusatzbremsleuchte achten.

Zusatzbremsleuchte/SIGNUM

Ausbau

- Zündung ausschalten.
- Batterie-Massekabel (–) abklemmen. **Achtung:** Hinweise im Kapitel »Batterie aus- und einbauen« beachten.
- Heckklappenverkleidung ausbauen, siehe Seite 256.
- Schlauch für Scheibenwaschdüse abziehen.
- Stecker abziehen.
- 4 Schrauben herausdrehen und Zusatzbremsleuchte aus der Heckklappe herausziehen.

Einbau

- Der Einbau erfolgt in umgekehrter Ausbaureihenfolge.

Kennzeichenleuchte aus- und einbauen

Ausbau

- Zündung und Schalter der Leuchte ausschalten.
- Batterie-Massekabel (–) abklemmen. **Achtung:** Hinweise im Kapitel »Batterie aus- und einbauen« beachten.

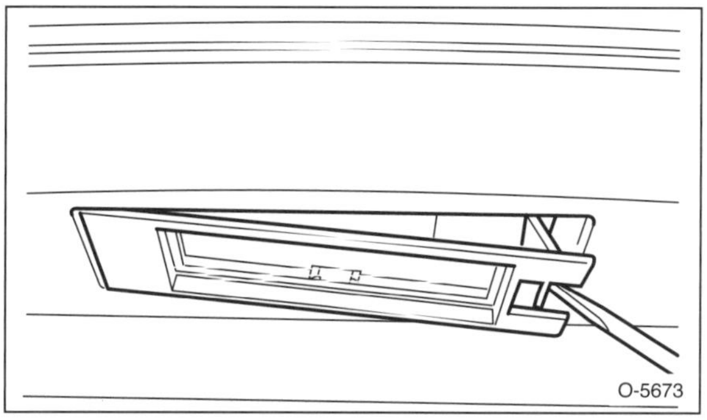

- Schraubendreher an der rechten Seite der Kennzeichenleuchte einführen, Feder entriegeln und Leuchte aus dem Stoßfänger heraushebeln.
- Stecker von der Kennzeichenleuchte abziehen.

Einbau

- Der Einbau erfolgt in umgekehrter Ausbaureihenfolge.

Glühlampe wechseln

- Kennzeichenleuchte aus dem Stoßfänger herausziehen.
- Lampenfassung durch Drehen gegen den Uhrzeigersinn entriegeln und mit Glühlampe aus der Kennzeichenleuchte herausziehen.
- Glühlampe aus der Fassung herausziehen und ersetzen.

Speziell SIGNUM

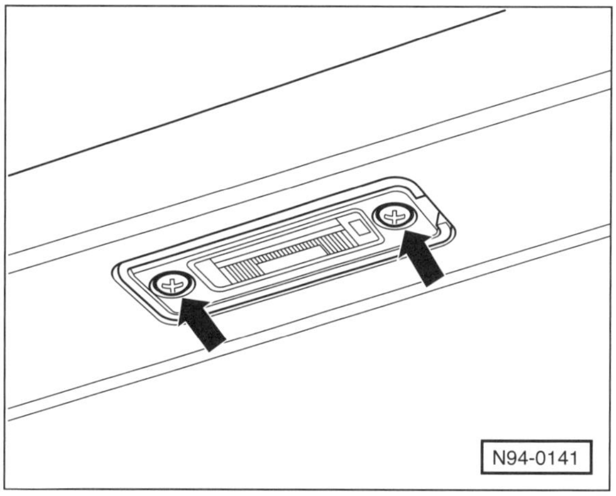

- Leuchtenglas mit 2 Schrauben –Pfeile– abschrauben.
- Soffittenlampe gegen die federnde Klemme drücken, herausnehmen und ersetzen.

Deckenleuchte vorn aus- und einbauen

Fahrzeuge ohne Schiebedach

Ausbau

- Zündung und Schalter der Leuchte ausschalten.
- Batterie-Massekabel (–) abklemmen. **Achtung:** Hinweise im Kapitel »Batterie aus- und einbauen« beachten.
- Ablagefach im Dachhimmel öffnen.
- Ablagefach-Abdeckung an den Seiten nach innen drücken und über den Anschlag hinaus nach unten schwenken.
- 2 Schrauben im Ablagefach herausdrehen und Ablagefach aus dem Dachhimmel herausziehen.

Hinweis: Beim SIGNUM Ablagefächer öffnen, entriegeln und 6 Schrauben herausdrehen.

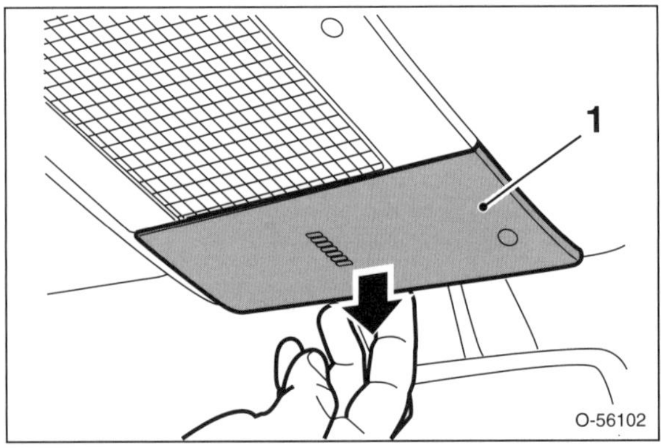

- Abdeckung –1– vor der Deckenleuchte etwas nach vorne ziehen, nach unten schwenken und abnehmen.
- Falls eingebaut, Mikrofon für Freisprechanlage ausclipsen.

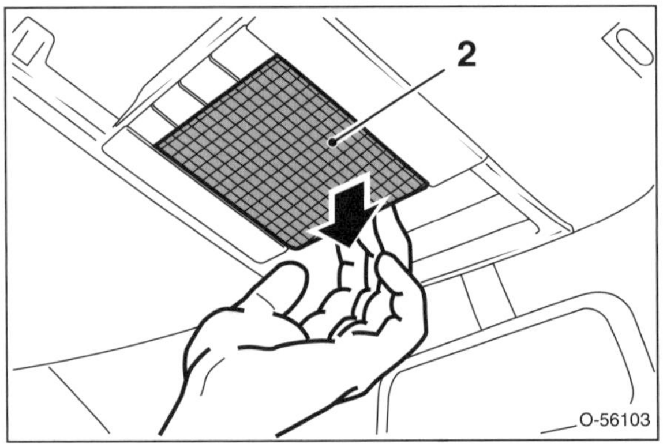

- Durch die Öffnung vor der Leuchte greifen und 2 Rastlaschen von oben aus den Einraststellen herausdrücken. Leuchtenglas –2– nach unten schwenken und abnehmen.

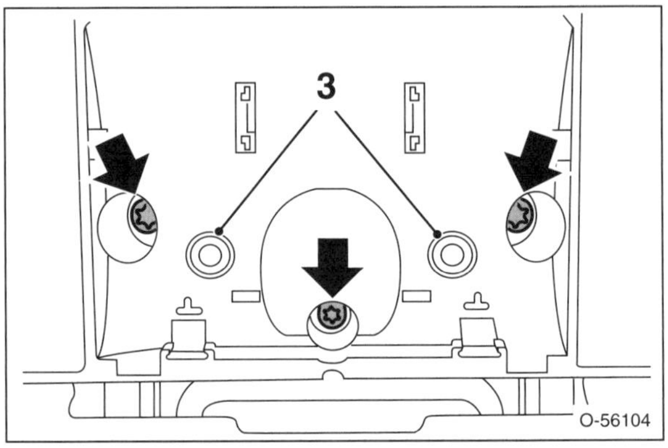

- 3 Schrauben –Pfeile– herausdrehen. 3 – Glühlampen.
- Mit einem kleinem Schraubendreher 2 vordere Clips rechts und links an der Deckenleuchte ausrasten.
- 2 hintere Clips rechts und links an der Leuchte ausrasten, Deckenleuchte nach unten schwenken, nach vorne ziehen und aus dem Dachhimmel herausziehen.
- Stecker an der Rückseite der Deckenleuchte entriegeln und abziehen.
- **Fahrzeuge mit Diebstahlwarnanlage:** Mit einem kleinen Schraubendreher Stecker an den Seiten entriegeln und aus der Halterung herausnehmen. Sensoreinheit an den Seiten entriegeln und herausnehmen.

Einbau

- Der Einbau erfolgt in umgekehrter Ausbaureihenfolge.

Glühlampe wechseln

- Mit einem Schraubendreher Leuchtenglas an den Aussparungen vorne vorsichtig von der Deckenleuchte abheben, etwas nach vorne ziehen, nach unten schwenken und abnehmen.
- Glühlampe –3– aus der Fassung herausziehen und ersetzen, siehe Abbildung O-56104.

Hinweis: Nach dem Einbau neue Glühlampe auf Funktion überprüfen.

- Leuchtenglas in die Deckenleuchte einsetzen und einrasten.

Speziell Fahrzeuge mit Schiebedach

Hinweis: Der Aus- und Einbau erfolgt im Prinzip wie bei Fahrzeuge ohne Schiebedach. Hier wird nur auf die Unterschiede hingewiesen.

- Blende an der hinteren Seite der Deckenleuchte mit einem Kunststoffkeil, zum Beispiel HAZET 1965-20, abhebeln.

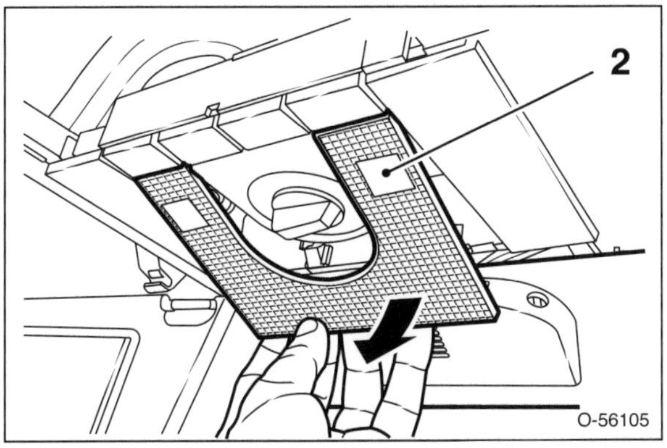

- Durch die Öffnung vor der Leuchte greifen und 2 Rastlaschen von oben aus den Einraststellen herausdrücken. Leuchtenglas –2– nach unten schwenken und abnehmen.
- Stecker für Schiebedachschalter an der Rückseite der Deckenleuchte entriegeln und abziehen.

Glühlampen für Innenleuchten auswechseln

- Zündung und Schalter der Leuchte ausschalten.
- Batterie-Massekabel (–) abklemmen. **Achtung:** Hinweise im Kapitel »Batterie aus- und einbauen« beachten.

Hinweis: Nach dem Einbau neue Glühlampe auf Funktion überprüfen.

Deckenleuchte hinten

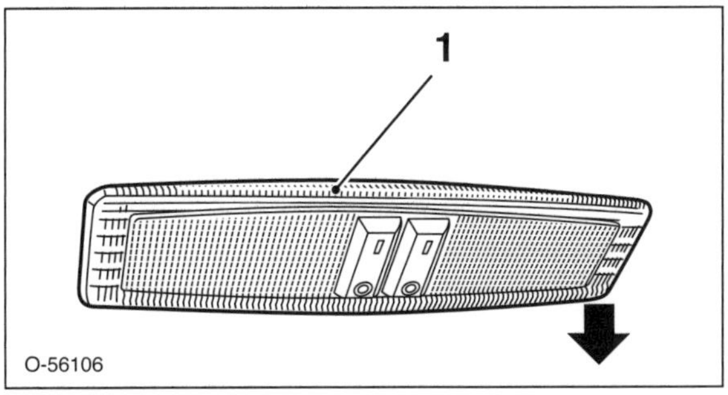

- Schraubendreher an der in Fahrtrichtung gesehenen linken Seite ansetzen und Deckenleuchte –1– aus dem Dachhimmel heraushebeln –Pfeil–.

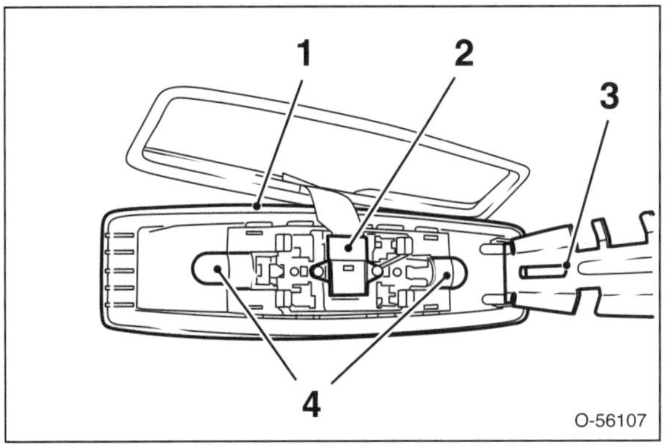

- Abdeckblech –3– auf der Rückseite der Deckenleuchte –1– aufklappen. Abdeckblech dabei an der Seite der Einrastfeder der Leuchte aufklappen.
- Stecker –2– entriegeln und abziehen.
- Glühlampe –4– aus der Fassung herausziehen und ersetzen.

Kofferraum-/Laderaumleuchte/ Handschuhfachleuchte

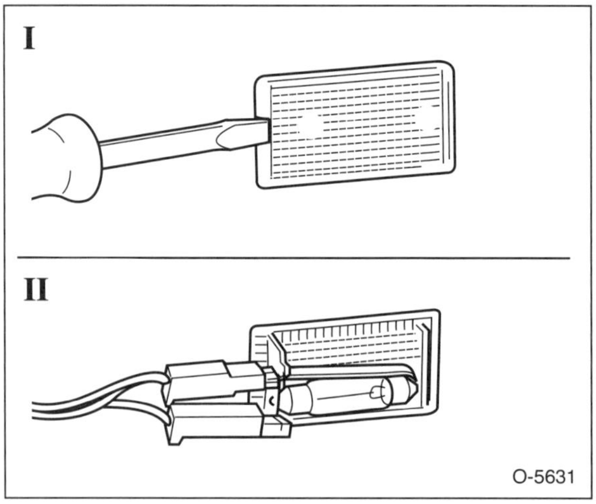

- Leuchtenglas mit einem Schraubendreher vorsichtig aus der Verkleidung heraushebeln.
- Soffittenlampe an der Rückseite des Leuchtenglases gegen die federnde Klemme drücken, herausnehmen und ersetzen.

Türeinstiegsleuchte

- Tür öffnen.

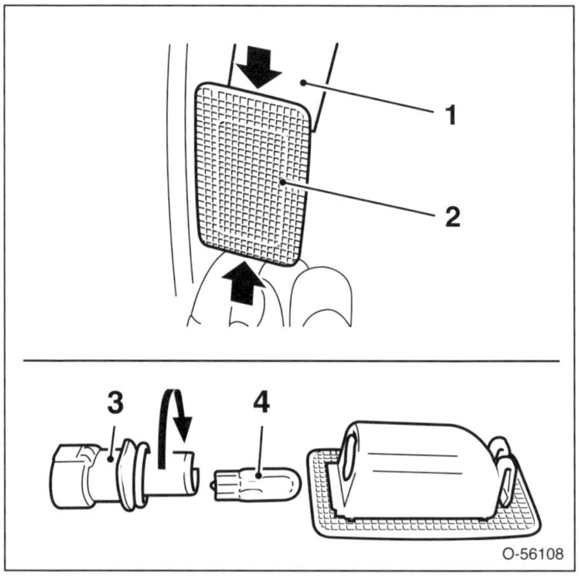

- Türeinstiegsleuchte –2– nach oben drücken, Kunststoffkeil –1–, zum Beispiel HAZET 1965-20, oben ansetzen und Leuchte aus der Tür heraushebeln.
- Türeinstiegsleuchte aus der Öffnung herausziehen, Stecker entriegeln und abziehen.
- Lampenfassung –3– gegen den Uhrzeigersinn drehen und aus der Leuchte herausziehen.
- Glühlampe –4– aus der Fassung herausziehen und ersetzen.

Beleuchtungsanlage ab 9/05

In diesem Abschnitt werden nur die Unterschiede zur »Beleuchtungsanlage bis 8/05« beschrieben.

Glühlampen am Scheinwerfer aus- und einbauen

Hinweis: In den Abbildungen sind die Lampen der linken Fahrzeugseite dargestellt.

Abblendlicht/Halogen

Ausbau

- **Linke Seite:** Scheinwerfer ausbauen, siehe entsprechendes Kapitel.
- **Rechte Seite:** Luftfiltergehäuse ausbauen, siehe Seite 216.

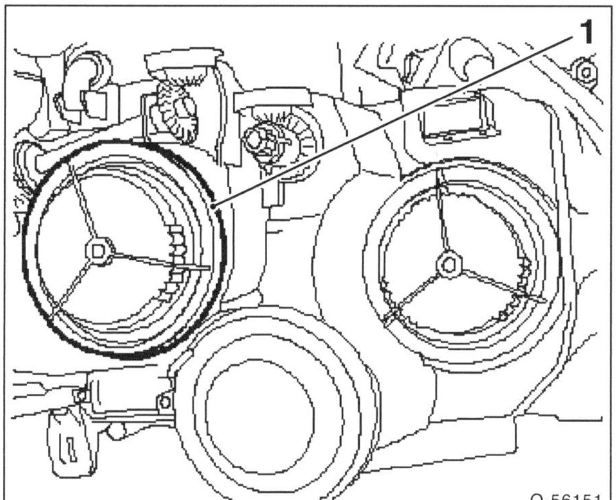

O-56151

- Deckel –1– abschrauben.

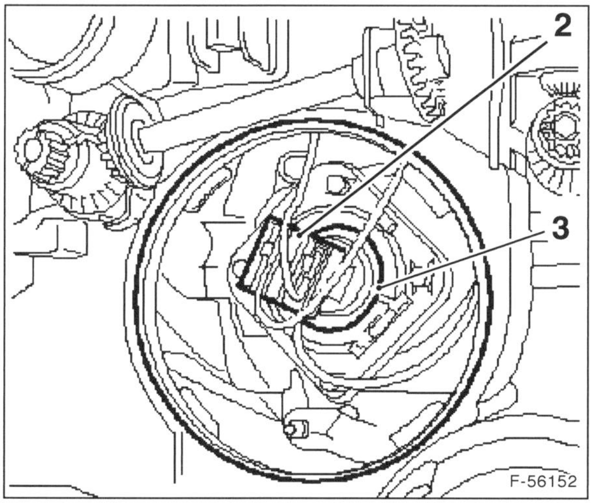

F-56152

- Kabelsatzstecker –2– abziehen.
- Glühlampe –3– entriegeln und herausnehmen.

Einbau

- Glühlampe für Abblendlicht einsetzen und verriegeln.
- Kabelsatzstecker verbinden.
- Deckel aufschrauben.
- **Linke Seite:** Scheinwerfer einbauen, siehe entsprechendes Kapitel.
- **Rechte Seite:** Luftfiltergehäuse einbauen, siehe Seite 216.

Fernlicht/Halogen

Ausbau

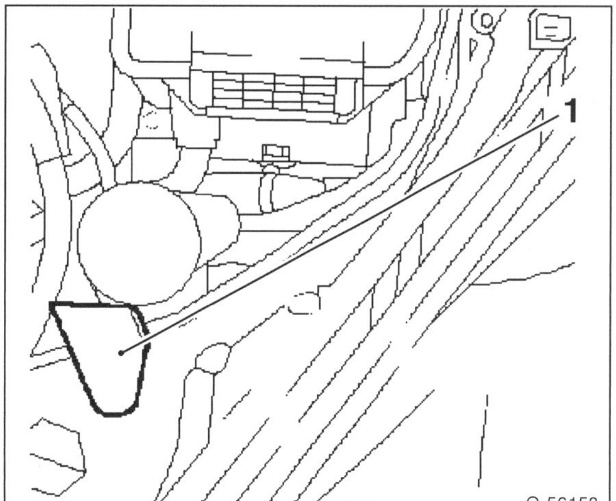

O-56153

- **Linke Seite:** Einfüllstutzen des Wisch-/Waschbehälters ausbauen. Dazu Haltenase –1– entriegeln und Einfüllstutzen nach oben herausnehmen.
- **Rechte Seite:** Luftfiltergehäuse ausbauen, siehe Seite 216.

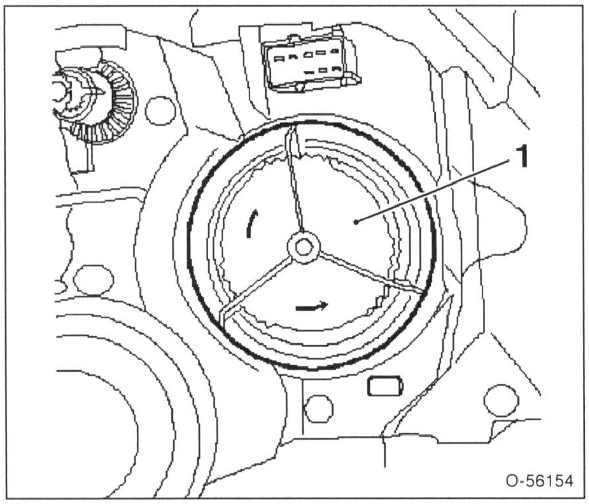

- Deckel für Fernlicht –1– abschrauben.

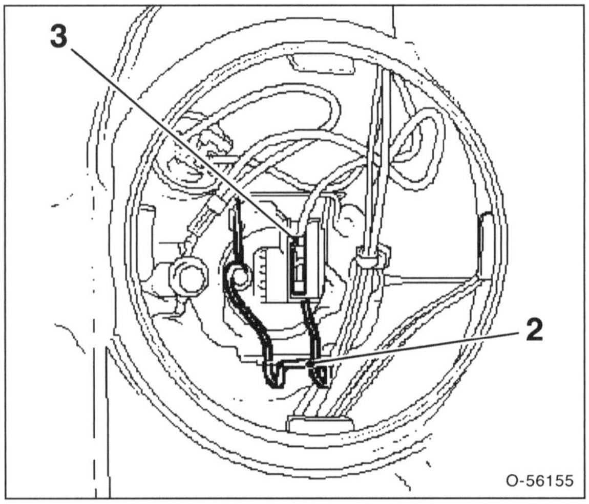

- Kabelsatzstecker –3– trennen.
- Sicherungsklammer –2– entriegeln und Fernlicht-Glühlampe herausnehmen.

Einbau

- Fernlicht-Glühlampe einsetzen und mit Sicherungsklammer verriegeln.
- Kabelsatzstecker verbinden
- Deckel für Fernlicht bis zum Anschlag anschrauben.
- **Linke Seite:** Einfüllstutzen für Wisch- und Waschanlage einsetzen und Haltenase verriegeln
- **Rechte Seite:** Luftfiltergehäuse einbauen, siehe Seite 216.

Standlicht (Halogen-Scheinwerfer)

Ausbau

- **Linke Seite:** Einfüllstutzen des Wisch-/Waschbehälters ausbauen. Dazu Haltenase –1– entriegeln und Einfüllstutzen nach oben herausnehmen, siehe Abbildung O-56153 auf Seite 99.
- **Rechte Seite:** Luftfiltergehäuse ausbauen, siehe Seite 216.
- Deckel für Fernlicht –1– abschrauben, siehe Abbildung O-56154.

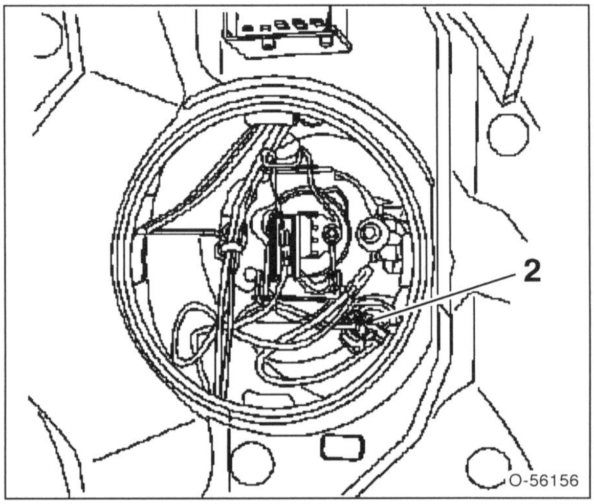

- Glühlampe für Standlicht –2– herausnehmen.

Einbau

- Der Einbau erfolgt in umgekehrter Ausbaureihenfolge.
- **Linke Seite:** Einfüllstutzen für Wisch- und Waschanlage einsetzen und Haltenase verriegeln
- **Rechte Seite:** Luftfiltergehäuse einbauen, siehe Seite 216.

Blinklicht

Ausbau

- Scheinwerfer ausbauen.

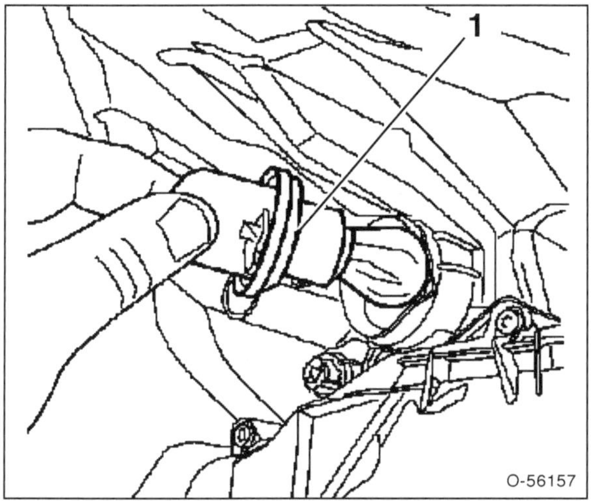

- Glühlampe mit Fassung –1– entriegeln. Dazu Fassung entgegen dem Uhrzeigersinn drehen.
- Glühlampe etwas in die Fassung drücken, im Uhrzeigersinn drehen und herausnehmen.

Einbau

- Glühlampe in die Fassung einsetzen und verriegeln. Dazu Glühlampe entgegen dem Uhrzeigersinn drehen.
- Glühlampe mit Fassung einsetzen, im Uhrzeigersinn drehen und dadurch verriegeln.
- Scheinwerfer einbauen, siehe entsprechendes Kapitel.

Xenonlicht

Ausbau

Achtung Hochspannung: Teile des Xenon-Abblendlichtes bei eingeschaltetem Licht nicht berühren. Verletzungsgefahr! **Grundsätzlich Zündung und Lichtschalter ausschalten.**

- Deckel vom Relaiskasten öffnen und Sicherung für Xenon-Scheinwerfer herausziehen.

Fahrzeuge ohne Kurvenlicht

- **Linke Seite:** Einfüllstutzen des Wisch-/Waschbehälters ausbauen. Dazu Haltenase entriegeln und Einfüllstutzen nach oben herausnehmen.
- **Rechte Seite:** Luftfiltergehäuse ausbauen, siehe Seite 216.
- Gummi-Abdeckung für Xenonlampe abziehen.

Fahrzeuge mit Kurvenlicht

- Scheinwerfer ausbauen.
- 2 Schrauben herausdrehen und Abdeckung für Xenonlampe abnehmen.

Alle Fahrzeuge

- Haltebügel über dem Zündgerät der Xenonlampe aushängen und zurückklappen.
- Zündgerät mit Xenonlampe herausnehmen und Stecker abziehen. **Achtung:** Zündgerät und Xennonlampe sind eine Einheit und können nur zusammen ersetzt werden.

Einbau

- Der Einbau erfolgt in umgekehrter Ausbaureihenfolge.
- Scheinwerfer einstellen lassen (Werkstattarbeit).

Scheinwerfer aus- und einbauen

Ausbau

- Stoßfängerverkleidung ausbauen, siehe Seite 247.

Achtung Hochspannung: Teile des Xenon-Abblendlichtes bei eingeschaltetem Licht nicht berühren. Verletzungsgefahr! **Grundsätzlich Zündung und Lichtschalter ausschalten.**

- **Fahrzeuge mit Kurvenlicht oder Xenon-Scheinwerfern:** Deckel vom Relaiskasten öffnen und Sicherung für Xenon-Scheinwerfer herausziehen.

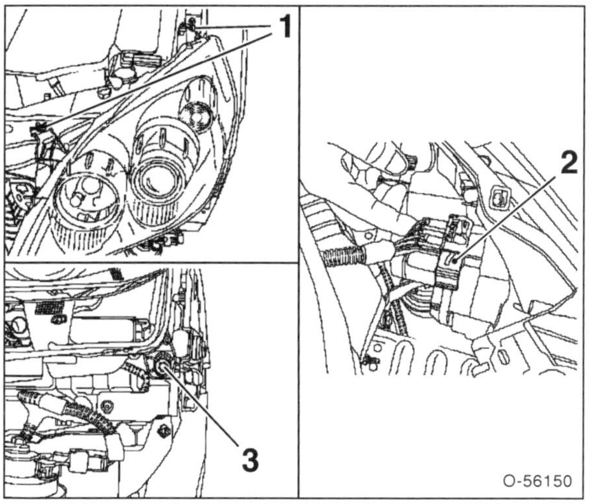

- 3 Schrauben –1– und –3– herausdrehen.
- Kabelsatzstecker –2– entriegeln und trennen.
- Scheinwerfer herausnehmen.

Einbau

- Linken Scheinwerfer einsetzen.
- Kabelsatzstecker verbinden und verriegeln.
- 3 Schrauben eindrehen und festziehen.
- Fahrzeuge mit Kurvenlicht oder Xenon-Scheinwerfern: Sicherung für Xenon-Scheinwerfer einstecken und Deckel vom Relaiskasten schließen.
- Stoßfängerverkleidung einbauen, siehe Seite 247.
- Scheinwerfer einstellen lassen (Werkstattarbeit).

Nebelscheinwerfer aus- und einbauen/ Glühlampe wechseln

Ausbau

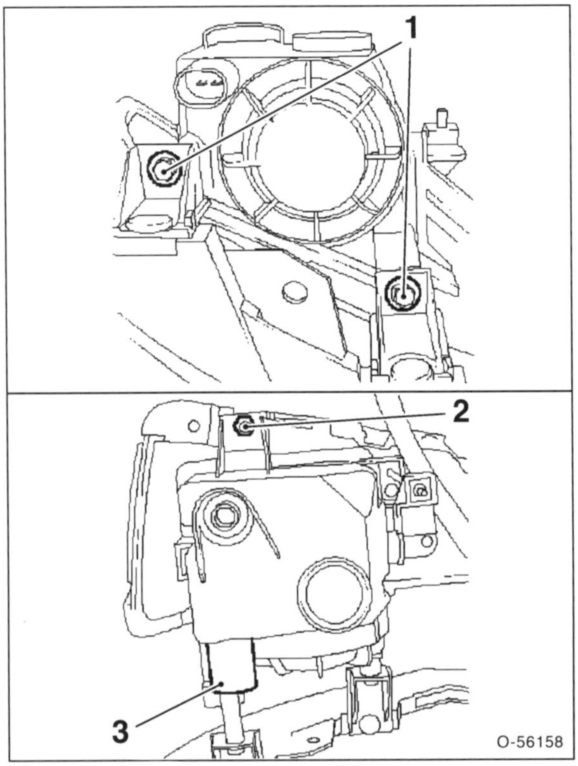

- 3 Schrauben –1– und –2– herausausdrehen.
- Kabelsatzstecker –3– trennen.
- Nebelscheinwerfer herausnehmen.
- Falls erforderlich, Glühlampe ausbauen. Dazu Abdeckkappe abschrauben, Drahtbügel aushängen und Glühlampe herausnehmen.

Einbau

- Der Einbau erfolgt in umgekehrter Ausbaureihenfolge.

Armaturen/Schalter/Radioanlage

In diesem Kapitel wird der Ausbau des Kombiinstruments sowie diverser Schalter und die Demontage einzelner Komponenten der Audioanlage beschrieben.

Kombiinstrument aus- und einbauen

Ausbau

- Batterie-Massekabel (–) abklemmen. **Achtung:** Hinweise im Kapitel »Batterie aus- und einbauen« beachten.
- Verkleidung Lenkstockschalter ausbauen, siehe Seite 231.

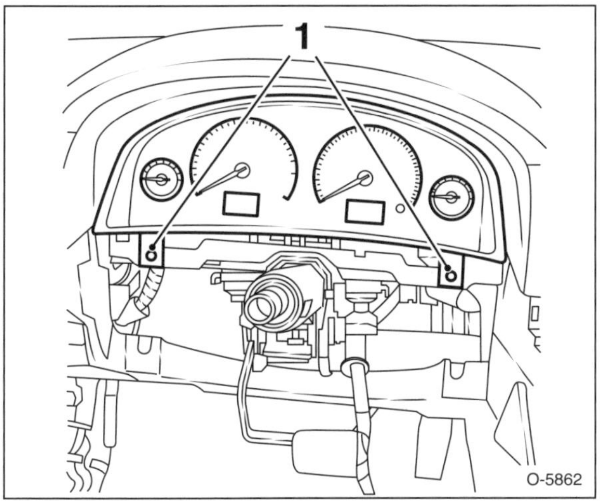

- 2 Schrauben –1– herausdrehen. **Hinweis:** Das Lenkrad muss nicht ausgebaut werden.

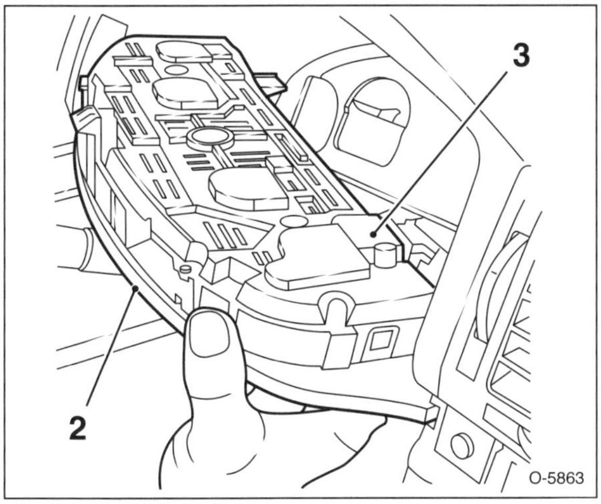

- Kombiinstrument –2– aus der Armaturentafel herausziehen.
- Stecker –3– an der Rückseite des Kombiinstruments entriegeln und abziehen.

Einbau

- Der Einbau erfolgt in umgekehrter Ausbaureihenfolge.
- Wurde das Kombiinstrument erneuert, Service-Intervallanzeige und Wegstreckenzähler anpassen lassen (Werkstattarbeit).
- Zündung einschalten und Kontrollleuchten sowie Anzeigeinstrumente im Kombiinstrument auf Funktion prüfen.

Lenkstockschalter aus- und einbauen

Im Lenkstockschalter sind an der Lenksäule die Schalter für Blinker/Fernlicht und Scheibenwischer integriert.

Ausbau

- Batterie-Massekabel (–) abklemmen. **Achtung:** Hinweise im Kapitel »Batterie aus- und einbauen« beachten.

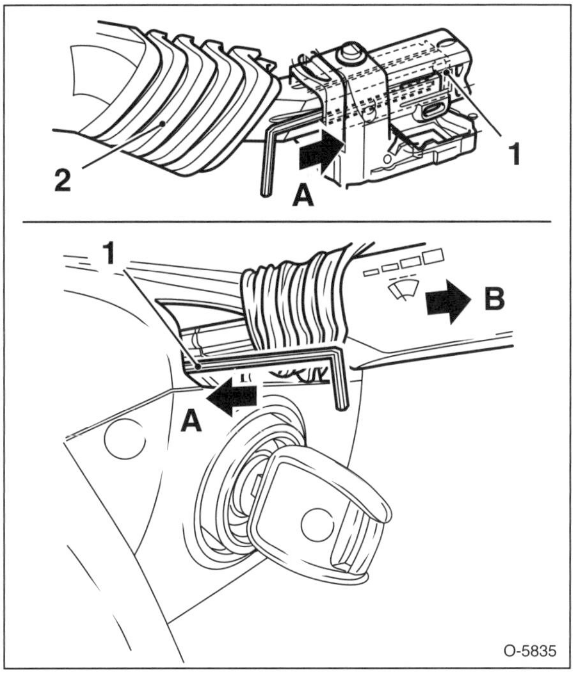

- Manschette –2– am Schalterhebel zurückschieben.
- Inbusschlüssel ∅ 1,5 mm am Schalter einschieben –Pfeil A– und Rastnase entriegeln –1–.
- Lenkstockschalter herausziehen –Pfeil B–. **Hinweis:** Die Steckverbindung für den Lenkstockschalter wird beim Herausziehen getrennt.

Einbau

- Schalter am Lenkstock aufschieben und einrasten.
- Manschette vorschieben.
- Batterie-Massekabel (–) anklemmen. **Achtung:** Hinweise im Kapitel »Batterie aus- und einbauen« beachten.

Anzeigeinstrument in der Mitte der Armaturentafel aus- und einbauen

Ausbau

- Batterie-Massekabel (–) abklemmen. **Achtung:** Hinweise im Kapitel »Batterie aus- und einbauen« beachten.
- Mittlere Luftaustrittsdüse ausbauen, siehe Seite 112.
- Stecker an der Rückseite des Anzeigeinstrumentes entriegeln und abziehen.
- 4 Schrauben an der Rückseite herausdrehen und Anzeigeinstrument von der mittleren Luftaustrittsdüse abnehmen.

Einbau

- Der Einbau erfolgt in umgekehrter Ausbaureihenfolge.
- Datum und Uhrzeit einstellen.
- Neues Anzeigeinstrument in der Werkstatt programmieren lassen.

Lichtschaltereinheit aus- und einbauen

Ausbau

- Batterie-Massekabel (–) abklemmen. **Achtung:** Hinweise im Kapitel »Batterie aus- und einbauen« beachten.

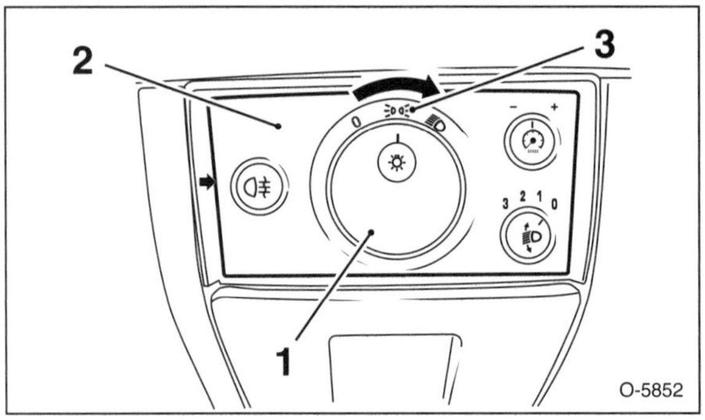

- Stellrad –1– der Lichtschaltereinheit –2– in Stellung »0« drehen.
- Stellrad fest hineindrücken und gleichzeitig nach rechts auf Mittelstellung (Standlicht) –3– drehen.
- Lichtschaltereinheit –2– nach innen drücken und entriegeln.
- Lichtschaltereinheit aus der Armaturentafel herausziehen.
- Stecker an der Rückseite entriegeln und abziehen.

Einbau

- Stecker an der Rückseite aufschieben und verriegeln.

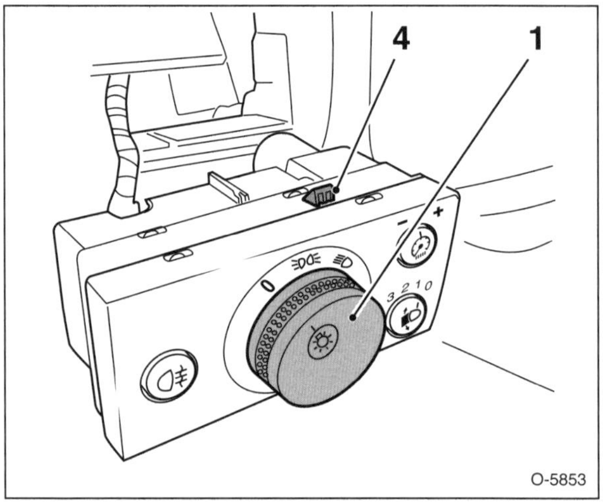

- Schaltereinheit festhalten, Stellrad –1– des Lichtschalters fest hineindrücken und gleichzeitig nach rechts drehen.

Hinweis: Dadurch werden die Verriegelungshaken –4– des Schalters oben und unten versenkt.

- Stellrad in dieser Stellung halten und Lichtschaltereinheit in die Öffnung in der Armaturentafel eindrücken.
- Stellrad in Stellung »0« drehen und Lichtschaltereinheit einrasten.
- Sämtliche Positionen des Schalters durchschalten und festen Sitz des Schalters prüfen.
- Batterie-Massekabel (–) anklemmen. **Achtung:** Hinweise im Kapitel »Batterie aus- und einbauen« beachten.

Schalter in der vorderen Mittelkonsole aus- und einbauen

Ausbau

- Batterie-Massekabel (–) abklemmen. **Achtung:** Hinweise im Kapitel »Batterie aus- und einbauen« beachten.

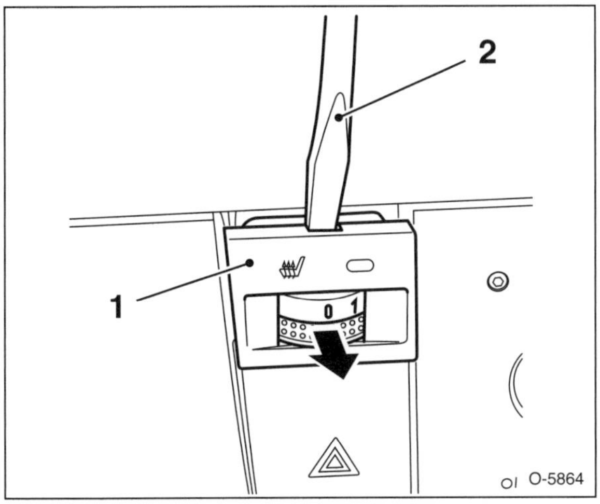

- Mit einem Schraubendreher –2– Schalter –1– vorsichtig aus dem Schalterfeld heraushebeln. Schraubendreher dabei oben am Schalter ansetzen.
- Schalter aus dem Schalterfeld in der Mittelkonsole herausziehen.

Einbau

- Schalter in das Schalterfeld einschieben und einrasten.
- Batterie-Massekabel (–) anklemmen. **Achtung:** Hinweise im Kapitel »Batterie aus- und einbauen« beachten.

Schalter in der hinteren Mittelkonsole aus- und einbauen

Ausbau

- Batterie-Massekabel (–) abklemmen. **Achtung:** Hinweise im Kapitel »Batterie aus- und einbauen« beachten.

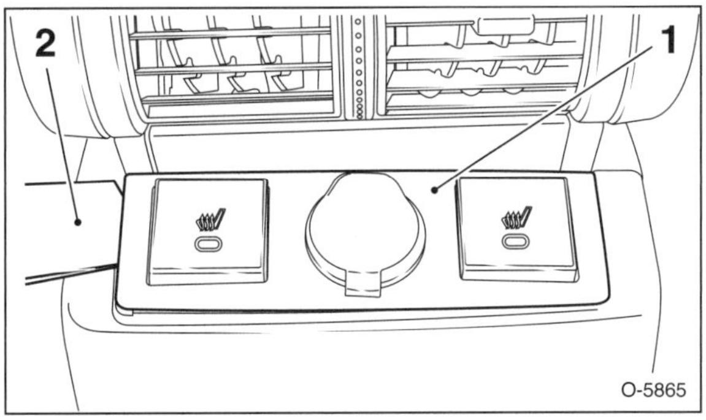

- Mit einem Kunststoffkeil –2–, zum Beispiel HAZET 1965-20, Schalterfeld –1– aus der hinteren Mittelkonsole heraushebeln.

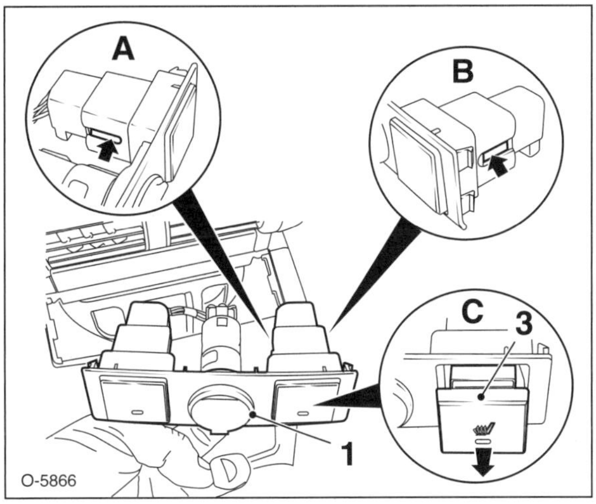

- Schalterfeld –1– aus der hinteren Mittelkonsole herausziehen.
- Schalter –3– für Sitzheizung entriegeln –Pfeile A/B– und aus der Schalterblende herausziehen –Pfeil C–.

Einbau

- Schalter in das Schalterfeld einschieben und einrasten.
- Schalterfeld in die Mittelkonsole einsetzen und einrasten.
- Batterie-Massekabel (–) anklemmen. **Achtung:** Hinweise im Kapitel »Batterie aus- und einbauen« beachten.

Schalter in der Tür aus- und einbauen

Tür vorn

Hinweis: Der Ausbau des Schalterfeldes an der Beifahrertür erfolgt in ähnlicher Weise wie an der Fahrertür. Hier muss jedoch die Türverkleidung ausgebaut werden, um das Schalterfeld herauszulösen.

Ausbau

- Batterie-Massekabel (–) abklemmen. **Achtung:** Hinweise im Kapitel »Batterie aus- und einbauen« beachten.

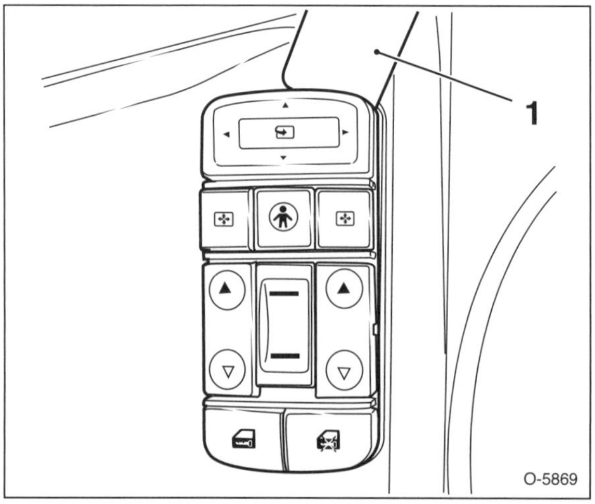

- **Fahrertür:** Schalterfeld mit einem Kunststoffkeil –1– vorsichtig aus der Türverkleidung heraushebeln. Schalterfeld aus der Tür herausziehen.
- **Beifahrertür:** Türverkleidung vorne ausbauen, siehe Seite 262.

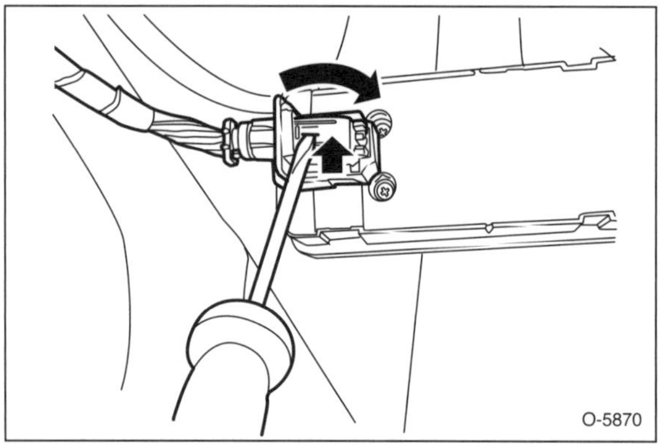

- Stecker an der Rückseite mit einem Schraubendreher entriegeln –Pfeile– und abziehen.
- **Beifahrertür:** Clips an der Rückseite lösen und Schalterfeld von der Türverkleidung abnehmen.

Einbau

- Der Einbau erfolgt in umgekehrter Ausbaureihenfolge.

Tür hinten

Ausbau

- Batterie-Massekabel (–) abklemmen. **Achtung:** Hinweise im Kapitel »Batterie aus- und einbauen« beachten.
- **Limousine/Fließheckmodell (GTS):** Türverkleidung hinten ausbauen, siehe Seite 262.
- **Limousine/Fließheckmodell (GTS):** Clips an der Rückseite lösen und Blende für Hochtonlautsprecher und Fensterheberschalter von der Türverkleidung abnehmen.

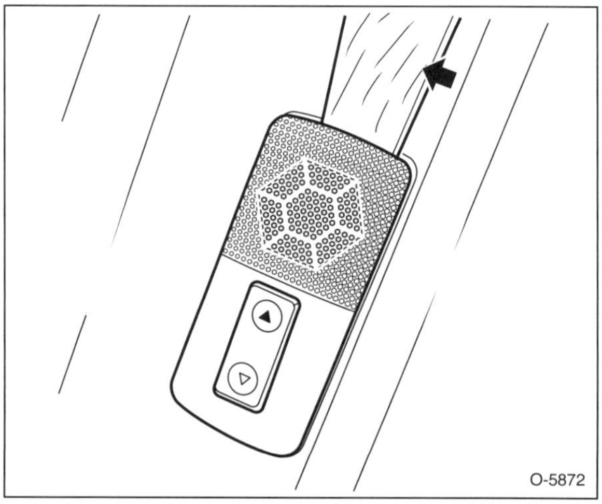

- **CARAVAN/SIGNUM:** Blende für Hochtonlautsprecher und Fensterheberschalter vorsichtig mit einem Kunststoffkeil –Pfeil– aus der Türverkleidung heraushebeln. **Hinweis:** Die Türverkleidung muss nicht ausgebaut werden.

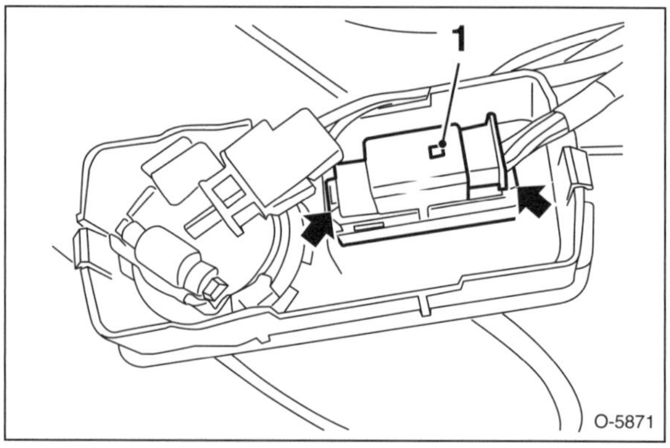

- Stecker –1– an der Rückseite entriegeln und abziehen.
- Schalter aus der Halterung ausclipsen –Pfeile– und von der Blende abnehmen.

Einbau

- Der Einbau erfolgt in umgekehrter Ausbaureihenfolge.

Zigarettenanzünder aus- und einbauen

Ausbau

- Batterie-Massekabel (–) abklemmen. **Achtung:** Hinweise im Kapitel »Batterie aus- und einbauen« beachten.
- Aschenbecher mit Gehäuse ausbauen, siehe Seite 229.
- Zigarettenanzünder aus dem Gehäuse herausziehen.

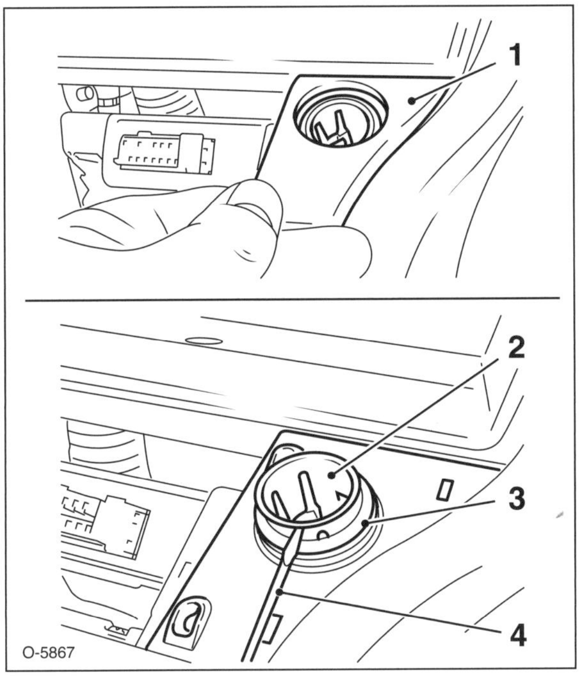

- Blende –1– am Zigarettenanzünder mit den Fingern abhebeln und abnehmen.
- 2 Stecker von der Stromdose abziehen.
- Mit einem Schraubendreher –4– Zigarettenanzünder-Gehäuse –2– aus dem Leuchtring –3– heraushebeln.
- Leuchtring –3– herausziehen.

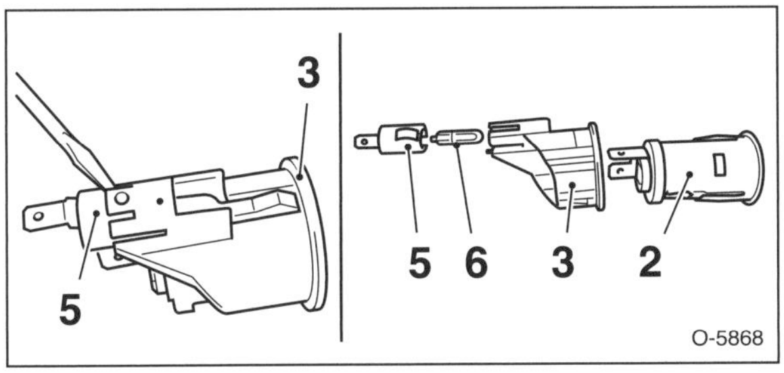

- Mit einem Schraubendreher Fassung –5– mit Glühlampe aus dem Leuchtring –3– entriegeln und herausziehen.
- Glühlampe –6– aus der Fassung –5– herausziehen. 2 – Zigarettenanzünder-Gehäuse.

Einbau

- Glühlampe in die Fassung einsetzen, Stecker an der Fassung aufschieben.
- Leuchtring einsetzen.
- Stecker am Zigarettenanzünder-Gehäuse aufschieben und Gehäuse in den Leuchtring einschieben. Dabei auf die Führungen am Gehäuse und am Leuchtring achten.
- Glühlampenfassung am Leuchtring einschieben, dabei darauf achten, dass die Metallzunge an der Fassung mit dem Zigarettenanzünder-Gehäuse Kontakt hat.
- Blende am Zigarettenanzünder einsetzen und Zigarettenanzünder einschieben.
- Aschenbecher einbauen, siehe Seite 229.
- Batterie-Massekabel (–) anklemmen. **Achtung:** Hinweise im Kapitel »Batterie aus- und einbauen« beachten.

Radio aus- und einbauen

Serienmäßig ist ein Radio mit **Anti-Diebstahl-Codierung** eingebaut, die die unbefugte Inbetriebnahme des Gerätes verhindert, wenn die Stromversorgung unterbrochen wurde. Die Stromversorgung wird beispielsweise unterbrochen beim Abklemmen der Batterie, beim Ausbau des Radios oder wenn die Radiosicherung durchgebrannt ist.

Bei Trennen und Wiederanschließen der Stromversorgung, beziehungsweise bei Aus- und Einbau desselben Radios, werden die OPEL-Radioanlagen von der Fahrzeugelektronik erkannt. Daher ist eine Radiocode-Eingabe nicht erforderlich.

Achtung: Falls ein nachträglich eingebautes Radio codiert ist, Radiocode vor Abklemmen der Batterie oder Ausbau des Radios feststellen. Ansonsten kann das Radio nur durch den Hersteller wieder in Betrieb genommen werden. Der Radiocode ist in der Radio-Bedienungsanleitung angegeben und sollte nicht im Fahrzeug aufbewahrt werden.

Ausbau

Hinweis: Das ab Werk eingebaute Radiogerät ist mit einer Einschubhalterung ausgestattet, die den schnellen Aus- und Einbau des Radios ermöglicht. Allerdings werden dazu 2 Ausziehbügel KM-6067 von OPEL benötigt.

- Batterie-Massekabel (–) abklemmen. **Achtung:** Hinweise im Kapitel »Batterie aus- und einbauen« beachten.

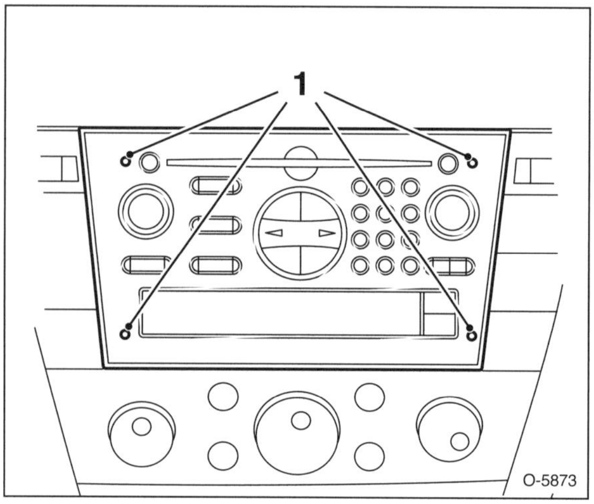

- 4 Madenschrauben –1– herausdrehen.

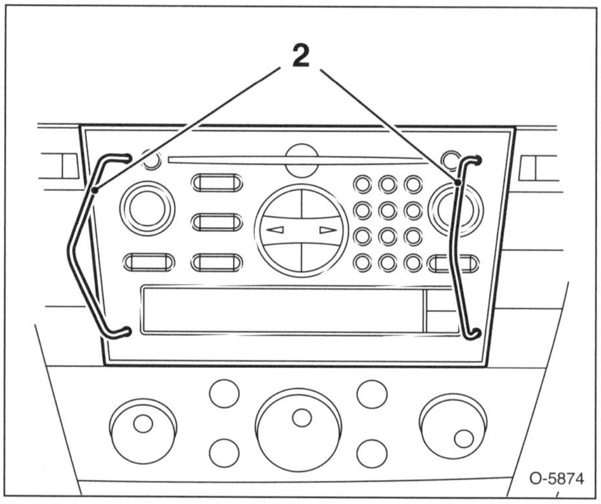

- Ausziehbügel –2– von OPEL bis zum Einrasten in die Öffnungen einführen.
- Ausziehbügel nach außen drücken und Radio aus dem Radioeinschubgehäuse herausziehen.

Hinweis: Das Radio wird dabei aus den Steckersockeln herausgezogen, die sich im Radioeinschubgehäuse befinden.

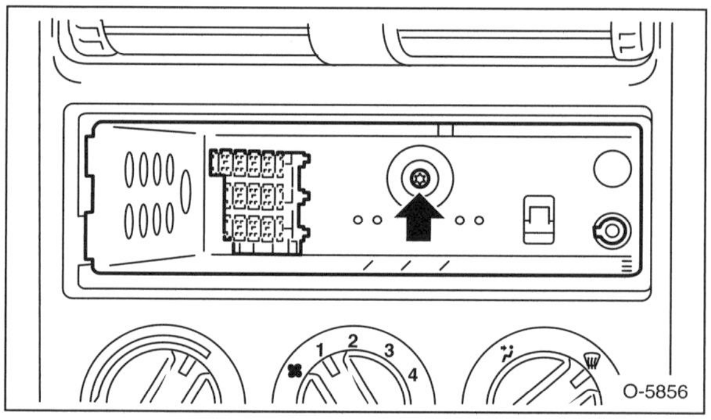

- Gegebenenfalls Radioeinschubgehäuse abschrauben und aus der Armaturentafel herausziehen. Dazu Schraube –Pfeil– innen im Einschubfach herausdrehen.
- Stecker an der Rückseite des Radioeinschubgehäuses abziehen.
- 2 Metalllaschen aufbiegen und Antennenkabel an der Rückseite des Radioeinschubgehäuses abziehen.

Einbau

- Stecker sowie Antennenkabel an der Rückseite des Radioeinschubgehäuses anschließen.
- Radioeinschubgehäuse in den Einbauschacht schieben und festschrauben.
- Radio in das Radioeinschubgehäuse schieben, bis es einrastet.
- 4 Madenschrauben in die Öffnungen eindrehen.
- Batterie-Massekabel (–) anklemmen. **Achtung:** Hinweise im Kapitel »Batterie aus- und einbauen« beachten.
- Wenn nötig, Radiocode eingeben, Radio einschalten und auf Funktion überprüfen.
- Neues Radio in der Werkstatt auf Diebstahlcode abstimmen lassen.

Lautsprecher aus- und einbauen

Breitbandlautsprecher vorn/hinten

Ausbau

- Türverkleidung ausbauen, siehe Seite 262.

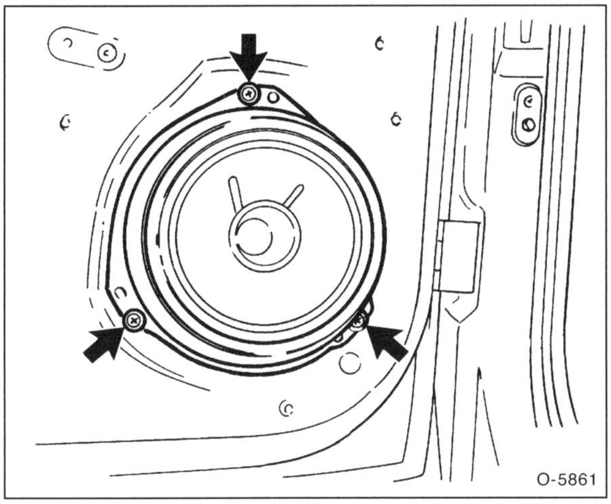

- 3 Schrauben –Pfeile– herausdrehen und Lautsprecher vom Türrahmen abnehmen.
- Steckverbindung für Lautsprecher abziehen.

Einbau

- Der Einbau erfolgt in umgekehrter Ausbaureihenfolge.

Hochtonlautsprecher vorn

Ausbau

- Türverkleidung ausbauen, siehe Seite 262.
- Dreieckblende mit einem Kunststoffkeil, zum Beispiel HAZET 1965-20, von der Tür vorn abhebeln, siehe Seite 264.

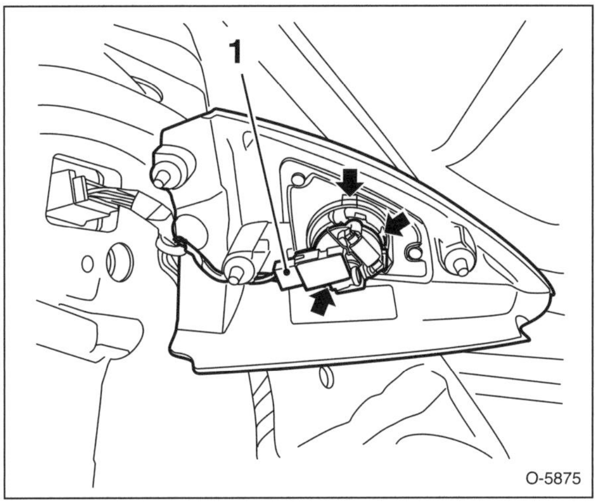

- An der Rückseite der Dreieckblende Lautsprecher aus der Halterung ausclipsen –Pfeile– und herausnehmen.
- Stecker –1– vom Lautsprecher abziehen.

Einbau

- Der Einbau erfolgt in umgekehrter Ausbaureihenfolge, dabei auf die korrekte Einbaulage des Lautsprechers achten.

Hochtonlautsprecher hinten

Ausbau

- Blende für Hochtonlautsprecher und Fensterheberschalter ausbauen, siehe Kapitel »Schalter in der Tür aus- und einbauen«, Seite 106.

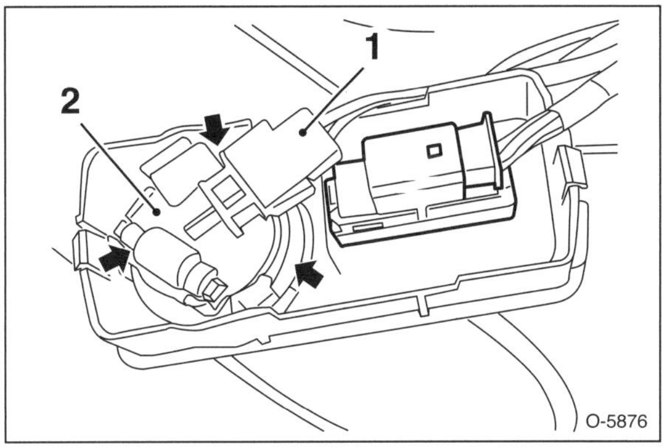

- Stecker –1– an der Rückseite der Blende entriegeln und abziehen.
- Lautsprecher aus der Halterung ausclipsen –Pfeile– und herausnehmen.

Einbau

- Der Einbau erfolgt in umgekehrter Ausbaureihenfolge.

Lautsprecher in der Armaturentafel

Ausbau

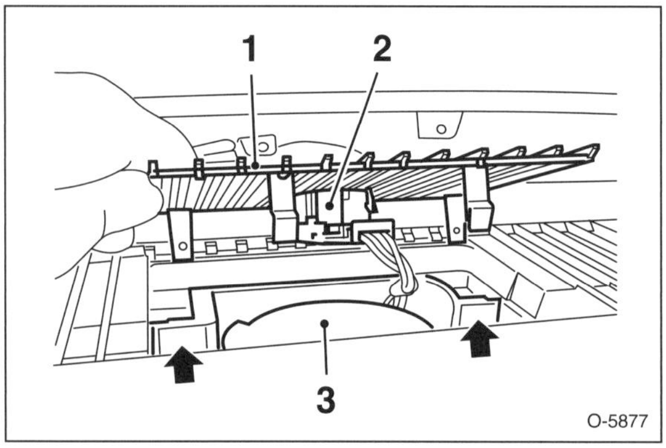

- Mit einem Kunststoffkeil Lautsprecherabdeckung –1– aus dem Lüftungsgitter in der Armaturentafel ausclipsen. 2 – Sonnensensor (Fahrzeuge mit elektronisch gesteuerter Klimaanlage).
- 2 Schrauben –Pfeile– herausdrehen und Lautsprecher –3– aus der Armaturentafel herausziehen.

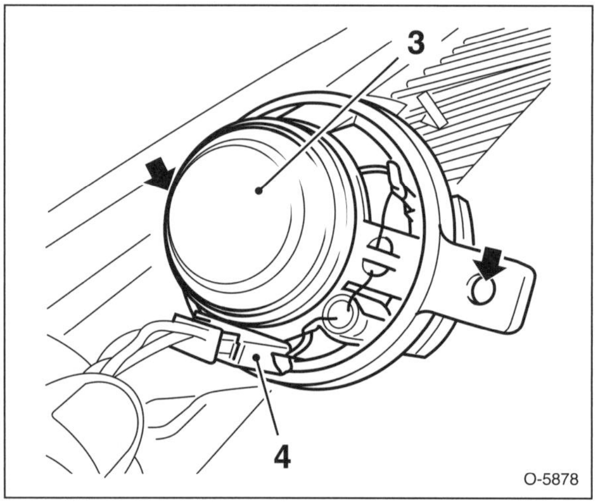

- Stecker –4– am Lautsprecher entriegeln und abziehen.

Einbau

- Stecker –4– aufschieben und Lautsprecher –3– in der Armaturentafel festschrauben –Pfeile–.
- Gitter einsetzen und festdrücken.

Heizung/Klimatisierung

Beim VECTRA/SIGNUM wird die Frischluft für die Heizungs- und Belüftungsanlage von einem elektrischen Gebläse angesaugt. Bevor die Luft in den Innenraum gelangt, wird sie von einem Staub- und Pollenfilter gereinigt. Danach durchströmt die Luft das Heizungsgehäuse und wird durch verschiedene Klappen auf die einzelnen Luftaustrittsdüsen verteilt.

Erwärmt wird die Luft für den Fahrzeuginnenraum über den Wärmetauscher oder sie wird im Verdampfer der Klimaanlage abgekühlt und dann auf die Luftaustrittsdüsen im Fahrzeuginnenraum verteilt. Die verbrauchte Luft entweicht durch Entlüftungsöffnungen im Laderaum.

Der Wärmetauscher wird ständig von der heißen Motorkühlflüssigkeit durchströmt, so dass er die Wärme für den Fahrzeuginnenraum schnell an die vorbeiströmende Frischluft abgibt. Um den Luftdurchsatz im Fahrzeuginnenraum zu erhöhen, kann das integrierte Frischluftgebläse in mehreren Leistungsstufen betrieben werden.

Die Heizung wird luftseitig beeinflusst, das heißt, die Temperatur wird durch das Mischungsverhältnis von kalter und warmer Luft mit Hilfe der Temperaturmischklappe gesteuert.

Soll keine Frischluft von außen angesaugt werden, zum Beispiel bei schlechter Außenluft, kann bei Fahrzeugen mit Klimaanlage auf Umluftbetrieb umgeschaltet werden. In dieser Betriebsart wird nur die im Fahrzeug befindliche Luft umgewälzt. Geschieht das über einen längeren Zeitraum, können die Scheiben innen beschlagen.

Tritt ein Fehler in der Heizungs- oder Klimaanlage auf, wird er in einem elektronischen Speicher abgelegt. Über ein Fehlerauslesegerät kann der entsprechende Speicher ausgelesen werden. Eine exakte Fehlerdiagnose ohne Auslesegerät ist nicht möglich.

Achtung: Wenn im Rahmen von Arbeiten an der Heizung auch Arbeiten an der elektrischen Anlage durchgeführt werden, **grundsätzlich** das Batterie-Massekabel (–) abklemmen. Dazu unbedingt Hinweise im Kapitel »Batterie aus- und einbauen« beachten.

Der **Dieselmotor** hat aufgrund seines hohen Wirkungsgrades nur eine geringe Heizleistung. Deshalb befindet sich auf der Beifahrerseite vor der Stirnwand eine **dieselbetriebene Zusatzheizung**. Bei tiefen Außentemperaturen und/oder wenn der Dieselmotor zu wenig Wärme für die Innenraumheizung liefert, wird automatisch die Zusatzheizung gestartet. Gleichzeitig wird die Kühlflüssigkeit des Motors über den Wärmetauscher der Zusatzheizung geleitet und dabei erwärmt. Dadurch verringert sich die Aufwärmphase des kalten Motors und die Leistung der Innenraumheizung wird verstärkt.

Klimaanlage

Serienmäßig ist der VECTRA/SIGNUM mit einer Klimaanlage ausgestattet. Die Klimaanlage ist eine kombinierte Kühl- und Heizanlage. Im Kühlbetrieb arbeitet die Klimaanlage im Prinzip wie ein Kühlschrank. Der Kompressor verdichtet das dampfförmige FCKW-freie Kältemittel R 134 A. Dieses erhitzt sich dabei und wird in den Kondensator geleitet. Dort wird das Kältemittel abgekühlt und verflüssigt sich. Über das Expansionsventil wird das Kältemittel entspannt und in den Verdampfer eingespritzt, wo es auf Grund seines niedrigen Druckes verdampft. Es kühlt dabei stark ab.

Durch diesen Verdampfungs- und Abkühlungsprozess wird der von außen vorbeistreichenden Luft Wärme entzogen. Die Luft kühlt sich ab und mitgeführte Luftfeuchtigkeit wird zu Kondenswasser, das ins Freie geleitet wird. Die Intensität der Kühlung ist abhängig von der eingestellten Temperatur und von der Gebläseschalterstellung.

Sicherheitshinweis
Der **Kältemittelkreislauf der Klimaanlage darf nicht geöffnet** werden, da das Kältemittel bei Hautberührung Erfrierungen hervorrufen kann.
Bei versehentlichem Hautkontakt betroffene Stelle sofort mindestens 15 Minuten lang mit kaltem Wasser spülen. Kältemittel ist farb- und geruchlos sowie schwerer als Luft. Bei austretendem Kältemittel besteht am Boden beziehungsweise in unteren Räumen Erstickungsgefahr. Das Kältemittelgas ist nicht wahrnehmbar.

Hinweis: Die Klimaanlage sollte, vor allem in der kalten Jahreszeit, einmal im Monat für einige Zeit bei höchster Gebläsestufe eingeschaltet werden, und zwar bei normaler und gleichmäßiger Fahrzeuggeschwindigkeit und bei betriebswarmem Motor. Dadurch wird sichergestellt, dass das im Kältemittel enthaltene Schmieröl in Umlauf gebracht wird, die beweglichen Teile der Klimaanlage regelmäßig geschmiert werden und die Dichtungen nicht porös werden.

Achtung: Arbeiten an der Klimaanlage dürfen nur von einer Fachwerkstatt durchgeführt werden. Deshalb werden Reparaturen an der Klimaanlage nicht beschrieben.

Optional gibt es für den VECTRA/SIGNUM auch eine **elektronisch gesteuerte Klimaanlage**. Der Automatikmodus sorgt für konstante Temperaturen im Innenraum und entfeuchtet die Luft im Fahrzeuginnern, so dass die Scheiben nicht beschlagen. Außerdem werden Lufttemperatur, Luftmenge und Luftverteilung automatisch geregelt und Schwankungen der Außentemperatur ausgeglichen. Im Econ-Betrieb wird die Kühlanlage ausgeschaltet; dennoch wird die Heizungs- und Belüftungsanlage automatisch geregelt. Durch das Abschalten der Kühlanlage läuft der Klimakompressor nicht mit, so dass Kraftstoff eingespart wird.

Luftaustrittsdüsen aus- und einbauen

Seitliche Luftaustrittsdüse

Ausbau

- Zierleiste von der Armaturentafel ausbauen, siehe Seite 230.

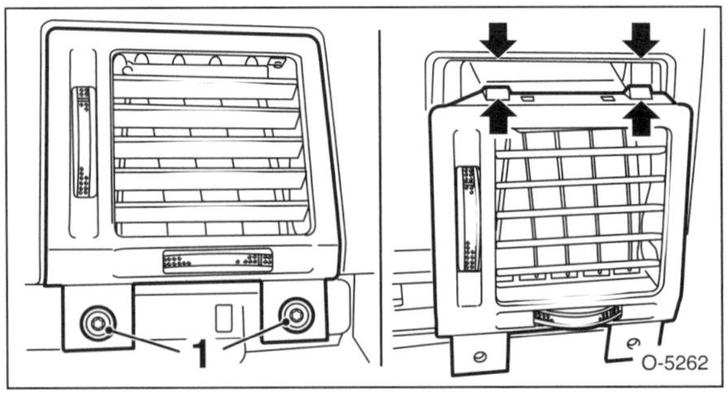

- 2 Schrauben –1– unten herausdrehen.
- Luftaustrittsdüse oben aus der Einrastung –Pfeile– lösen und aus der Armaturentafel herausziehen.

Einbau

- Luftaustrittsdüse oben in die Einrastung setzen und in die Armaturentafel eindrücken.
- Luftaustrittsdüse unten festschrauben.
- Zierleiste einbauen, siehe Seite 230.

Mittlere Luftaustrittsdüse

Ausbau

- Zierleiste von der Armaturentafel ausbauen, siehe Seite 230.

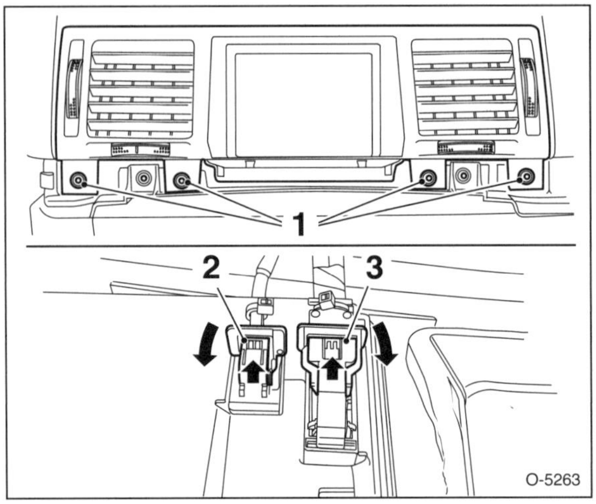

- 4 Schrauben –1– unten herausdrehen.

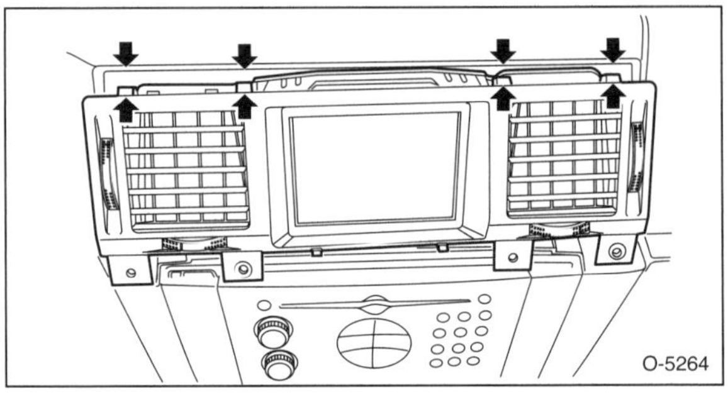

- Luftaustrittsdüse oben aus der Einrastung –Pfeile– lösen und zusammen mit dem Anzeigeinstrument aus der Armaturentafel herausziehen.
- Stecker –2/3– an der Rückseite des Anzeigeinstrumentes entriegeln und abziehen, siehe Abbildung O-52263.
- Luftaustrittsdüse abnehmen.
- 4 Schrauben an der Rückseite herausdrehen und Anzeigeinstrument von der Luftaustrittsdüse abnehmen.

Einbau

- Der Einbau erfolgt in umgekehrter Ausbaureihenfolge. Dabei Luftaustrittsdüse oben in die Einrastung setzen und in die Armaturentafel eindrücken.

Luftaustrittsdüse hinten

Ausbau

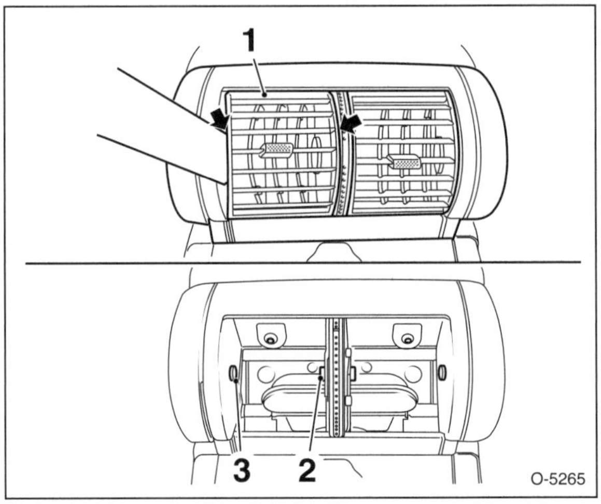

- Luftaustrittsdüse –1– nach unten kippen.
- Kunststoffkeil, zum Beispiel HAZET 1965-20, an der Seite oben einführen und Düse aus der äußeren Halterung –Pfeil– heraushebeln. 2/3 – Halterung der Luftaustrittsdüse.
- Düse gerade stellen, aus der inneren Halterung –Pfeil– herausziehen und aus dem Gehäuse nehmen.
- Abdeckung der hinteren Mittelkonsole ausbauen, siehe Kapitel »Mittelkonsole aus- und einbauen«, Seite 227.

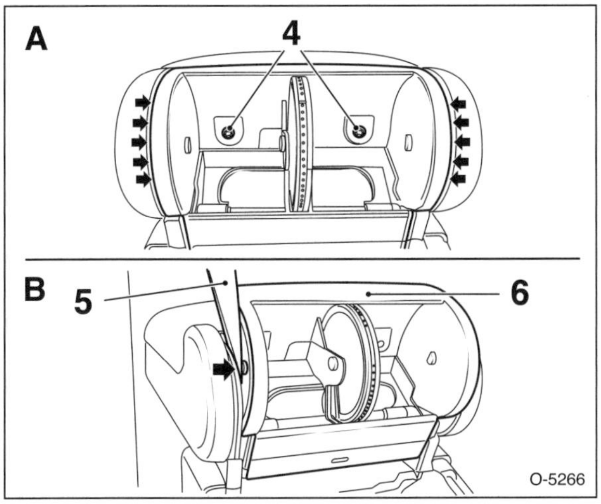

- 2 Schrauben –4– herausdrehen.
- Gehäuse für Luftaustrittsdüse an den Seiten lösen –Pfeile A–. Gehäuse –6– dabei mit einem Kunststoffkeil –5– aus der Halterung –Pfeil B– rechts und links heraushebeln.
- Gehäuse aus der hinteren Mittelkonsole herausziehen.

Einbau

- Gehäuse für Luftaustrittsdüse in der hinteren Mittelkonsole einsetzen und in die seitlichen Halterungen einrasten. Gehäuse mit 2 Schrauben festschrauben.
- Abdeckung der hinteren Mittelkonsole einbauen, siehe Seite 227.
- Düse in die innere Halterung –2– im Gehäuse einsetzen und an der äußeren Halterung –3– einrasten, siehe Abbildung O-5265.

Heizungs-/Klimabedieneinheit aus- und einbauen

Ausbau

- Batterie-Massekabel (–) abklemmen. **Achtung:** Hinweise im Kapitel »Batterie aus- und einbauen« beachten.

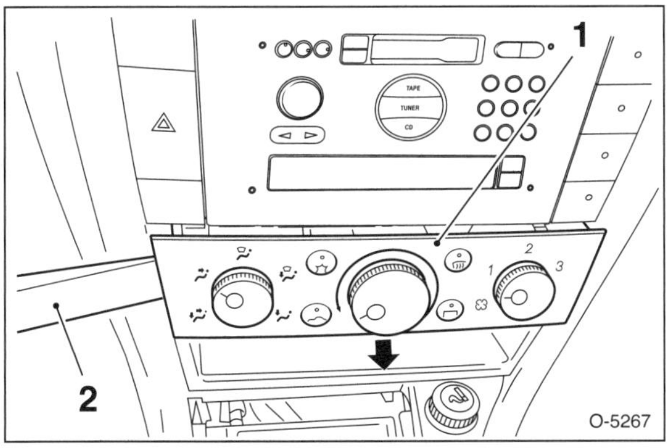

- Kunststoffkeil –2–, zum Beispiel HAZET 1965-20, an der Heizungsbedieneinheit –1– einführen und seitliche Rasthaken ausrasten.
- Heizungsbedieneinheit nach hinten –Pfeil– aus der Armaturentafel herausziehen.

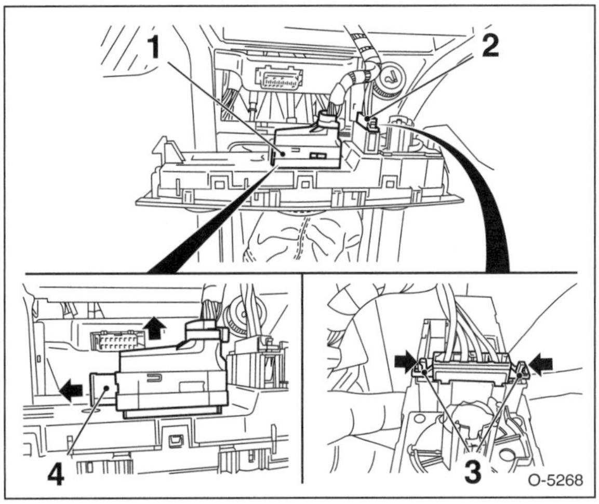

- An der Rückseite der Heizungsbedieneinheit Stecker entriegeln und abziehen. Dazu Riegel –4– herausziehen und Stecker –1– von der Heizungsbedieneinheit abziehen. Laschen –3– nach innen drücken und Stecker –2– von der Heizungsbedieneinheit abziehen.

Einbau

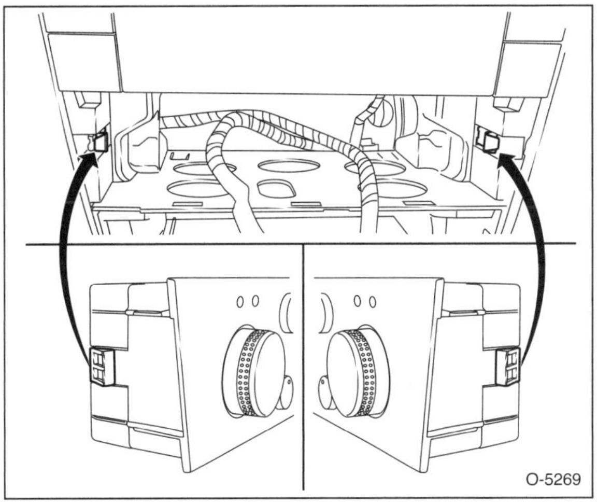

- Der Einbau erfolgt in umgekehrter Ausbaureihenfolge. Dabei Heizungsbedieneinheit an den Seiten einrasten.

Stellmotor für Mischluftklappe aus- und einbauen

Ausbau

- Batterie-Massekabel (–) abklemmen. **Achtung:** Hinweise im Kapitel »Batterie aus- und einbauen« beachten.
- Verkleidung untere Armaturentafel, Fahrerseite ausbauen, siehe Seite 231.
- Seitliche Verkleidung rechts im Fußraum auf der Fahrerseite ausbauen, siehe Seite 230.

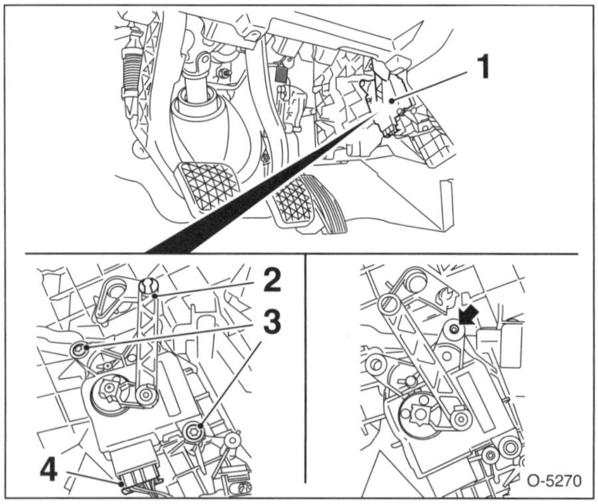

- Stecker –4– am Stellmotor –1– entriegeln und abziehen.
- 2 Schrauben –3– herausdrehen.
- Betätigungshebel –2– vom Luftklappenhebel ausclipsen und Stellmotor –1– herausziehen.

Einbau

- Stellmotor in die Führung einsetzen –Pfeil– und Betätigungshebel einclipsen.
- Stellmotor festschrauben.
- Der weitere Einbau erfolgt in umgekehrter Ausbaureihenfolge.

Stellmotor für Umluftklappe aus- und einbauen

Ausbau

- Batterie-Massekabel (–) abklemmen. **Achtung:** Hinweise im Kapitel »Batterie aus- und einbauen« beachten.
- Handschuhfach ausbauen, siehe Seite 226.
- Klimaanlage auf Umluftbetrieb schalten.

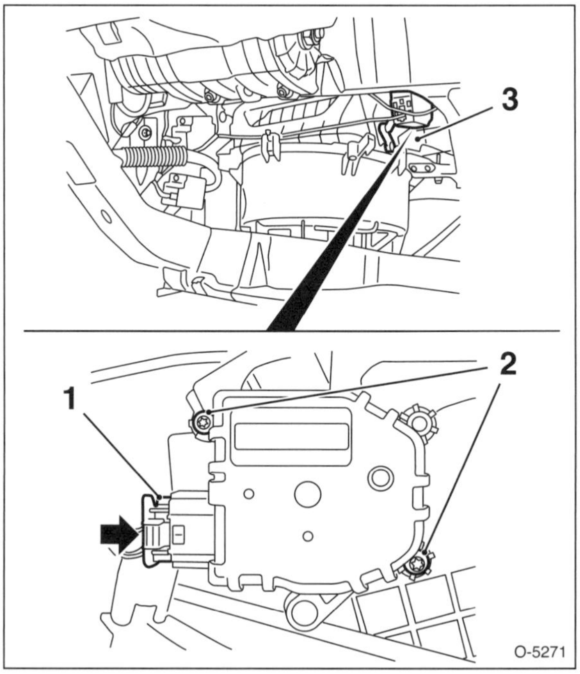

- Stecker –1– am Stellmotor –3– entriegeln –Pfeil– und abziehen.
- 2 Schrauben –2– herausdrehen und Stellmotor herausziehen.

Einbau

- Der Einbau erfolgt in umgekehrter Ausbaureihenfolge. Dabei Stellmotor in die Führungen einsetzen.

Stellmotor für Luftverteilerantrieb aus- und einbauen

Ausbau

- Batterie-Massekabel (–) abklemmen. **Achtung:** Hinweise im Kapitel »Batterie aus- und einbauen« beachten.
- Handschuhfach ausbauen, siehe Seite 226.
- Seitliche Verkleidung links im Fußraum auf der Beifahrerseite ausbauen, siehe Seite 230.
- Luftführungskanal für den Beifahrer-Fußraum vom Luftverteilergehäuse ausbauen, siehe entsprechendes Kapitel.

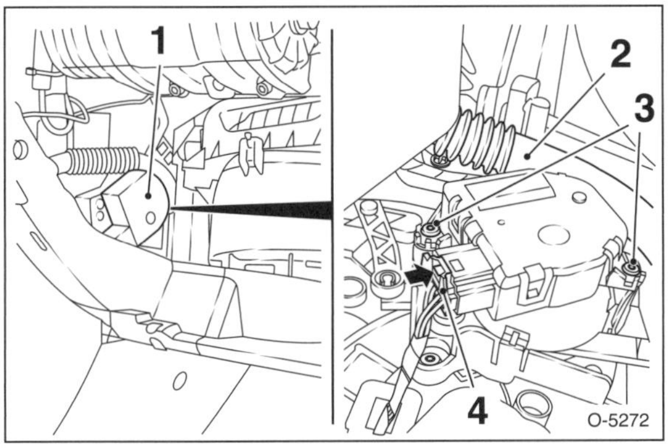

- Lüftungsrohr –2– für Handschuhfachkühlung abziehen.
- Stecker –4– am Stellmotor –1– entriegeln –Pfeil– und abziehen.
- 2 Schrauben –3– herausdrehen und Stellmotor herausziehen.

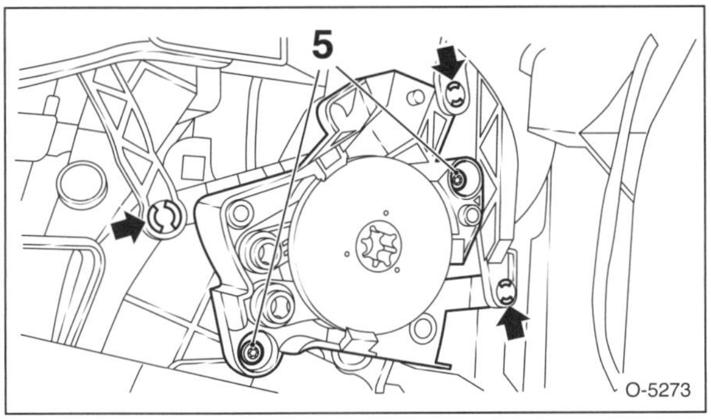

- 3 Betätigungshebel –Pfeile– für Verteilerluftklappen ausclipsen.
- 2 Schrauben –5– herausdrehen und Luftverteilerantrieb herausziehen.

Einbau

- Der Einbau erfolgt in umgekehrter Ausbaureihenfolge. Dabei Luftverteilerantrieb in die Führungen einsetzen und Antriebsritzel des Stellmotors in die entsprechende Führung am Luftverteilerantrieb einsetzen.

Luftführungskanal für Beifahrer-Fußraum aus- und einbauen

Ausbau

- Handschuhfach ausbauen, siehe Seite 226.
- Seitliche Verkleidung links im Fußraum auf der Beifahrerseite ausbauen, siehe Seite 226.

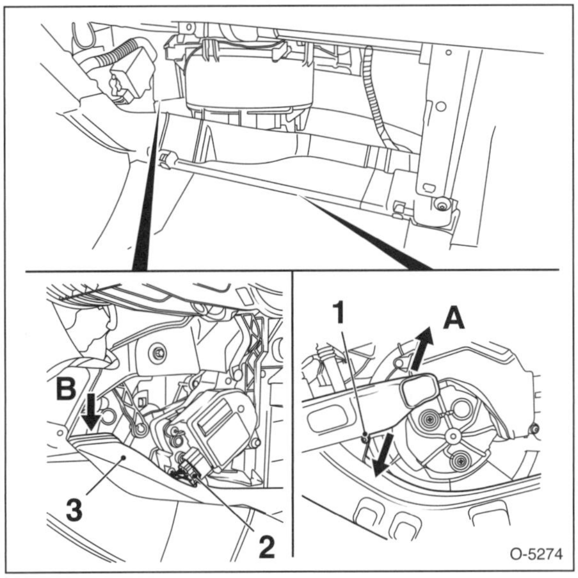

- Schraube –1– herausdrehen, Luftführungskanal nach unten drücken und abziehen –Pfeile A–.
- Stecker –2– am Stellmotor für Luftverteilerantrieb entriegeln und abziehen. **Hinweis:** Nicht bei elektronisch gesteuerter Klimaanlage.
- Luftführungskanal –3– herausziehen.

Einbau

- Der Einbau erfolgt in umgekehrter Ausbaureihenfolge. Dabei Luftführungskanal –3– am Luftverteilergehäuse aufstecken –Pfeil B– und durch Drücken nach oben einrasten.

Gebläsemotor für Heizung und Klimaanlage aus- und einbauen

Ausbau

- Batterie-Massekabel (–) abklemmen. **Achtung:** Hinweise im Kapitel »Batterie aus- und einbauen« beachten.
- Handschuhfach ausbauen, siehe Seite 226.
- Seitliche Verkleidung links im Fußraum auf der Beifahrerseite ausbauen, siehe Seite 230.
- Luftführungskanal für den Beifahrer-Fußraum vom Luftverteilergehäuse ausbauen, siehe entsprechendes Kapitel.

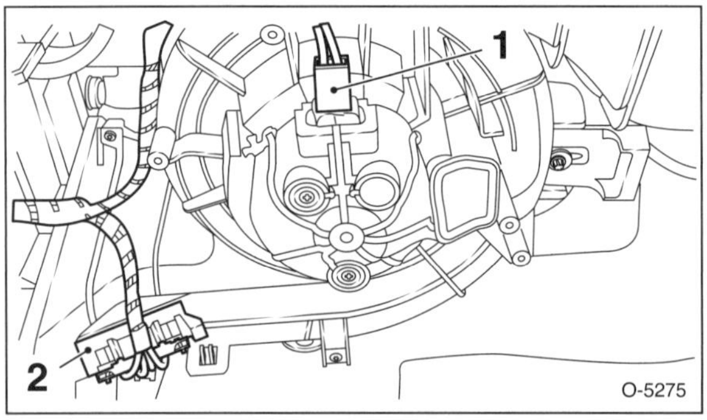

- Vorwiderstand –2– ausbauen, siehe entsprechendes Kapitel.
- Stecker –1– vom Gebläsemotor abziehen.

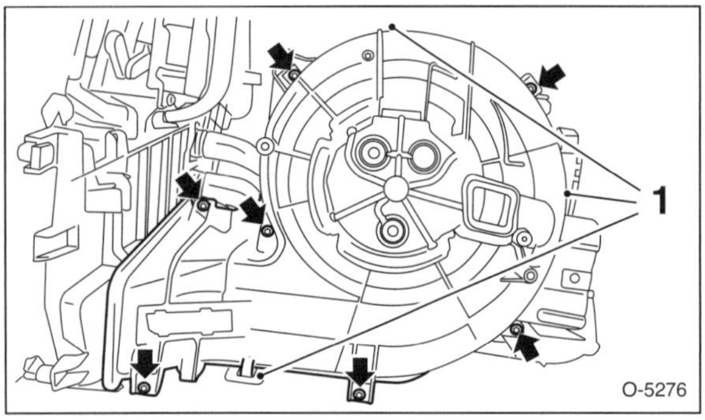

- 7 Schrauben –Pfeile– herausdrehen.
- Haltelaschen –1– ausrasten und Gebläsemotor nach unten aus dem Gehäuse herausziehen.

Hinweis: Bei der elektronisch gesteuerten Klimaanlage ist ein Regler eingebaut, der die Gebläsegeschwindigkeit steuert. Zum Ausbau des Gebläsemotors muss nur der Stecker vom Regler abgezogen werden.

Einbau

- Der Einbau erfolgt in umgekehrter Ausbaureihenfolge, dabei auf korrekten Sitz im Gehäuse achten.

Vorwiderstand aus- und einbauen

Läuft das Gebläse bei einer Geschwindigkeitsstufe nicht, ist meistens ein Vorwiderstand defekt. In diesem Fall den Vorwiderstand ersetzen.

Hinweis: Bei der elektronisch gesteuerten Klimaanlage ist ein Regler eingesetzt. Der Ausbau erfolgt in ähnlicher Weise wie für den Vorwiderstand beschrieben, siehe Abschnitt am Ende des Kapitels.

Ausbau

- Batterie-Massekabel (–) abklemmen. **Achtung:** Hinweise im Kapitel »Batterie aus- und einbauen« beachten.
- Handschuhfach ausbauen, siehe Seite 226.
- Luftführungskanal für den Beifahrer-Fußraum vom Luftverteilergehäuse ausbauen, siehe entsprechendes Kapitel.

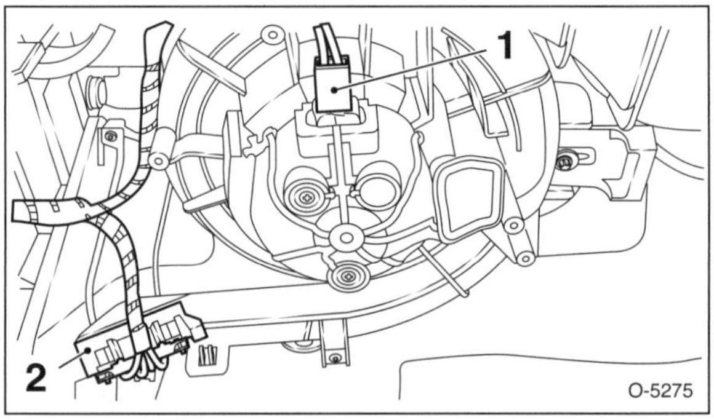

- Laschen nach innen drücken und Stecker vom Vorwiderstand –2– abziehen. 1 – Stecker für Gebläsemotor.

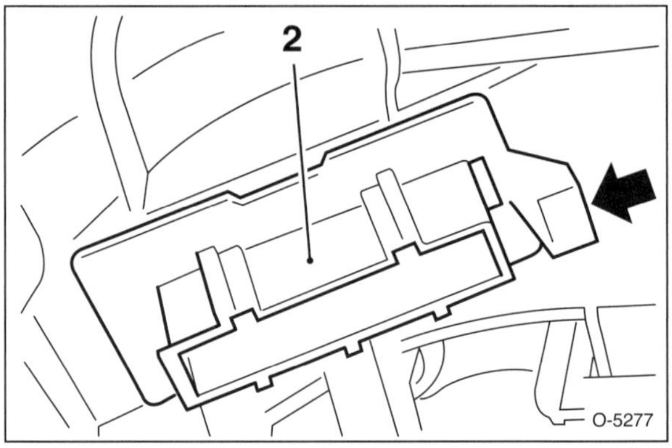

- Mit Verriegelungshebel –Pfeil– Vorwiderstand –2– entriegeln.

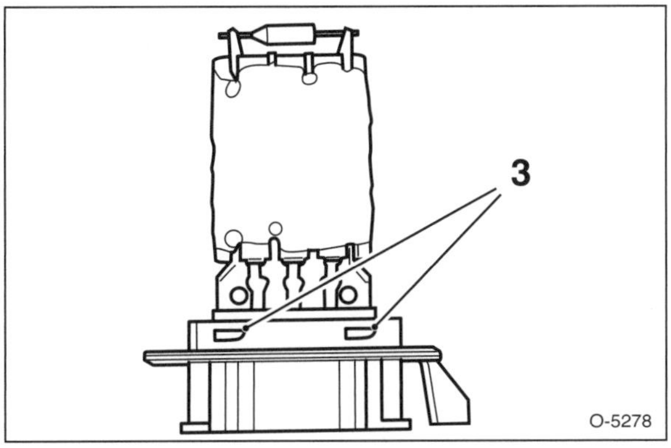

- Vorwiderstand verschieben, bis die Führungsnasen –3– mit den Ausparungen im Gehäuse fluchten.
- Vorwiderstand herausziehen.

Einbau

- Der Einbau erfolgt in umgekehrter Ausbaureihenfolge, dabei Vorwiderstand hörbar einrasten.

Regler/elektronisch gesteuerte Klimaanlage

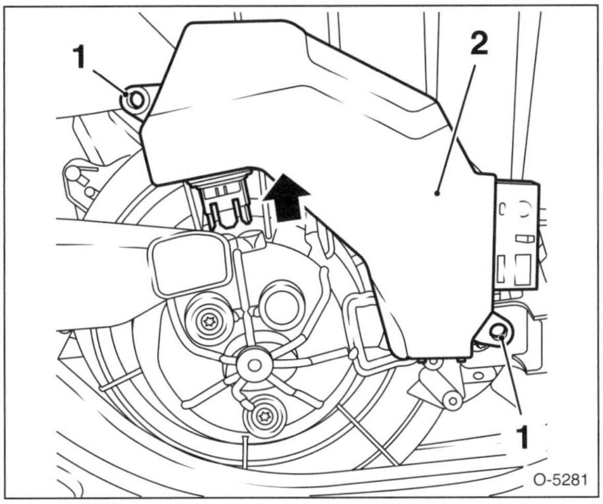

- Stecker am Regler –2– entriegeln und abziehen.
- 2 Schrauben –1– herausdrehen und Regler –2– aus dem Gebläsemotor herausziehen –Pfeil–.

Zusatzheizung aus- und einbauen

Dieselmotor

Die Zusatzheizung für Diesel-Fahrzeuge befindet sich auf der Beifahrerseite vor der Stirnwand.

Ausbau

- Untere Motorabdeckung ausbauen, siehe Seite 249.
- Kühlmittel ablassen, siehe Seite 188.
- Luftansaugschlauch ausbauen, siehe Seite 216.
- Kraftstofffiltergehäuse ausbauen und zur Seite legen. Dabei bleiben die Kraftstoffleitungen angeschlossen, siehe Seite 25.
- Stecker für Zuheizer entriegeln und abziehen.
- Schellen für Kühlmittelschläuche lösen und Kühlmittelschläuche abziehen. Dabei auslaufendes Kühlmittel mit Gefäß auffangen.
- Kraftstoffleitung von der Zusatzheizung abbauen und sofort verschließen. **Hinweis:** Auslaufenden Kraftstoff mit einem Lappen auffangen.

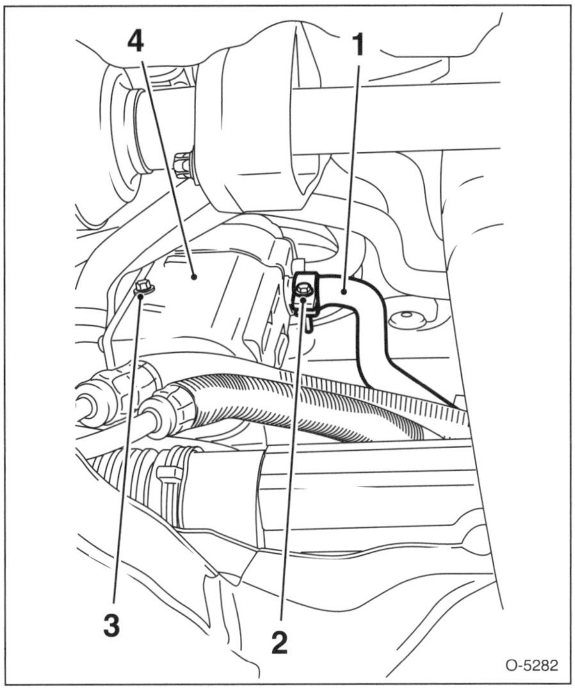

- Schraube –2– lockern und Schelle lösen.
- Halter für Abgasrohr abschrauben und Abgasrohr –1– von der Zusatzheizung –4– abnehmen.
- Schraube –3– herausdrehen, Zusatzheizung –4– von der Halterung abnehmen und nach unten aus dem Motorraum herausziehen.

Einbau

- Der Einbau erfolgt in umgekehrter Ausbaureihenfolge, dabei Kühlflüssigkeit nachfüllen und Kühlmittelschläuche auf Dichtheit überprüfen.

Störungsdiagnose Heizung

Störung	Ursache	Abhilfe
Heizgebläse läuft nicht.	Sicherung für Gebläsemotor defekt.	■ Sicherung für Gebläse prüfen, gegebenenfalls ersetzen.
	Gebläseschalter defekt.	■ Schaltereinheit ausbauen und prüfen, gegebenenfalls ersetzen.
	Gebläsewiderstand defekt.	■ Gebläsewiderstand ausbauen und Spannung am Kontakt des Gebläsemotors bei eingeschalteter Zündung und betätigtem Gebläseschalter messen. Falls keine oder zu geringe Spannung anliegt, Gebläsewiderstand ersetzen.
	Gebläsemotor defekt.	■ Prüfen, ob bei eingeschalteter Zündung und betätigtem Gebläseschalter am Kontakt des Gebläsemotors Spannung anliegt. Dazu müssen der Motor sowie der Gebläsewiderstand ausgebaut werden. Wenn ja, Gebläsemotor auswechseln.
Heizleistung zu gering.	Kühlmittelstand zu niedrig.	■ Kühlmittelstand prüfen, gegebenenfalls Kühlmittel auffüllen.
	Staubfilter verstopft.	■ Staubfilter ersetzen.
	Wärmetauscher undicht oder verstopft.	■ Wärmetauscher ersetzen (Werkstattarbeit).
	Diesel-Fahrzeuge: Zusatzheizung defekt.	■ Zusatzheizung prüfen, gegebenenfalls ersetzen.
Heizgebläse läuft nur mit einer Geschwindigkeit.	Gebläsewiderstand defekt.	■ Gebläsewiderstand ersetzen.
Geräusche im Bereich des Heizgebläses.	Eingedrungener Schmutz, Laub.	■ Gebläse ausbauen, reinigen, Luftkanal säubern.
	Lüfterrad hat Unwucht, Lager defekt.	■ Gebläsemotor ausbauen und auf leichten Lauf prüfen.
Heizluft riecht süßlich, Scheiben beschlagen, wenn Heizung eingeschaltet wird.	Wärmetauscher undicht.	■ Kühlsystem abdrücken (Werkstattarbeit). Wenn Kühlflüssigkeit aus dem Heizungskasten austritt, Wärmetauscher erneuern lassen.

Fahrwerk

Aus dem Inhalt:

- **Vorderachse**
- **Stoßdämpfer**
- **Lenkung/Airbag**
- **Hinterachse**
- **Schraubenfeder**
- **Räder und Reifen**
- **Federbein**
- **Gelenkwelle**

Die Federung und Führung der Vorderräder beim VECTRA/SIGNUM übernehmen zwei Federbeine, die mit der Karosserie und den Achsschenkeln verschraubt sind. Am Vorderachsträger sind die beiden Querlenker für die Führung der Federbeine befestigt. Die Federbeine sind über Koppelstangen mit den Stabilisatoren verbunden. Diese wirken beim Durchfahren in Kurven der Karosserieneigung entgegen.

An der Hinterachse sind die Schraubenfedern und Stoßdämpfer getrennt voneinander eingebaut. Die Hinterräder werden an jeder Seite über 3 Quer- und einen Längslenker geführt.

CARAVAN und SIGNUM verfügen gegenüber der Limousine und dem Fließheckmodell (GTS) über einen 13 Zentimeter verlängerten Radstand.

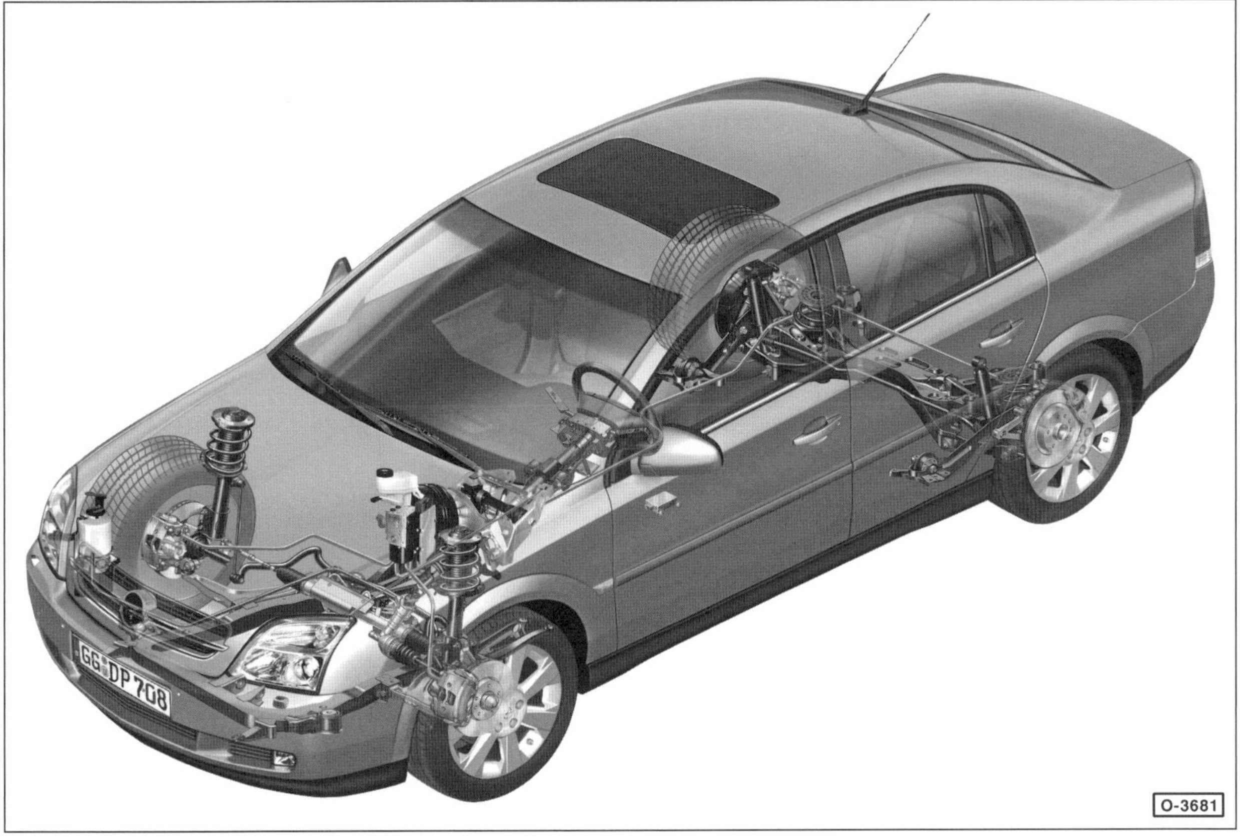

O-3681

Vorderachse

Tragendes Element der Vorderachse ist ein geschlossener Fahrschemel, der an 4 Punkten über Dämpfungsbuchsen mit der Karosserie verschraubt ist. Zusätzlich sind 2 seitliche Stützen mit dem Fahrzeugunterboden verbunden. Diese Konstruktion der Vorderachse sorgt für eine hohe Quersteifigkeit des Fahrzeugs.

Am Fahrschemel befinden sich die Befestigungspunkte für die Querlenker, das Lenkgetriebe, den Kühler sowie die Drehmomentstützen der Motorlagerung.

Um Fahrgeräusche und Vibrationen zu verringern, sind die Querlenker hinten über hydraulische Lagerbuchsen mit dem Fahrschemel verbunden.

Die Räder sind einzeln aufgehängt und werden über McPherson-Federbeine abgefedert. Die Schraubenfedern übernehmen aufgrund der leichten Krümmung der Federachse die Kompensation von Querkräften.

Sicherheitshinweis
Schweiß- und Richtarbeiten an tragenden und radführenden Bauteilen der Vorderradaufhängung **sind nicht zulässig. Selbstsichernde Muttern** sowie korrodierte Schrauben/Muttern im Reparaturfall **immer ersetzen.**

Optimale Fahreigenschaften und geringster Reifenverschleiß sind nur dann zu erzielen, wenn die Stellung der Räder einwandfrei ist. Bei unnormaler Reifenabnutzung sowie mangelhafter Straßenlage sollte die Werkstatt aufgesucht werden, um den Wagen optisch vermessen zu lassen. Die Fahrwerkvermessung kann ohne eine entsprechende Messanlage nicht durchgeführt werden.

Die Vorderachse einschließlich der Radlager ist wartungsfrei.

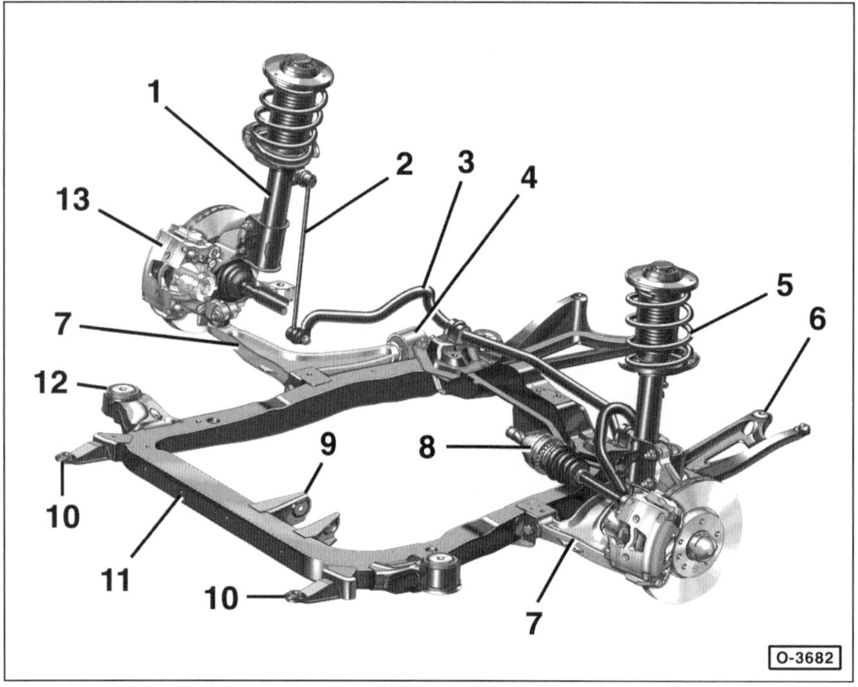

1 – Federbein
2 – Koppelstange
3 – Stabilisator
4 – Hydrolagerbuchse
5 – Schraubenfeder
6 – Stütze links
7 – Querlenker
8 – Gelenkwelle
9 – Drehmomentstütze
10 – 2 Halter für Kühler
11 – Vorderachsträger/Fahrschemel
12 – 4 Dämpfungsbuchsen für Karosserieverbindung
13 – Bremssattel

Federbein aus- und einbauen

Ausbau

- Reifen-Laufrichtung mit Pfeil am Reifen markieren. Radschrauben lösen. Fahrzeug vorne aufbocken und Rad abnehmen. **Achtung:** Unbedingt Hinweise im Kapitel »Rad aus- und einbauen« beachten.

Sicherheitshinweis
Beim Aufbocken des Fahrzeugs besteht Unfallgefahr! Hinweise im Kapitel »Fahrzeug aufbocken« beachten.

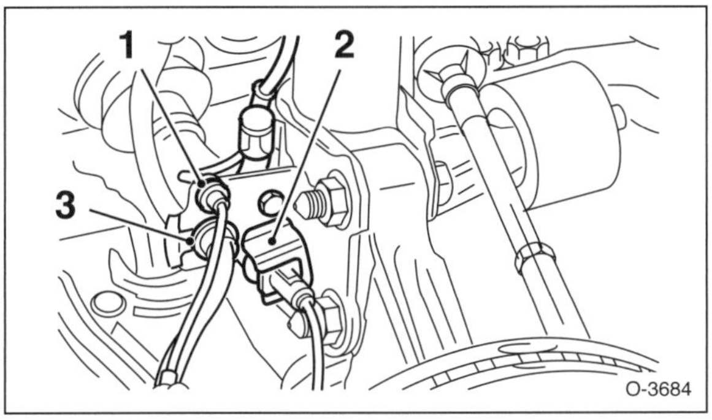

O-3684

- Kabel für Bremsverschleißanzeige –1– aus der Halterung unten am Federbein-Stützrohr herausziehen.
- Schraube herausdrehen und Halterung für Leitung ABS-Radsensor –2– am Federbein-Stützrohr abnehmen.
- Federblech vom Bremsschlauch –3– abziehen und Bremsschlauch aus der Halterung herausziehen.

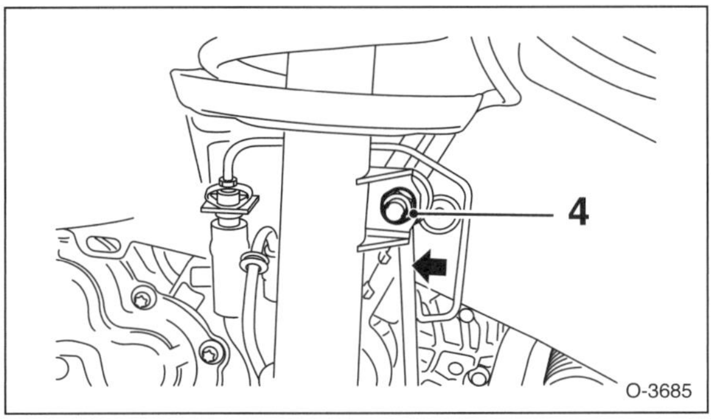

O-3685

- Mutter –4– für Koppelstange am Federbein-Stützrohr abschrauben. Dabei Gelenk-Kugelbolzen an den abgeflachten Stellen mit Gabelschlüssel gegenhalten.
- Gelenkbolzen aus dem Federbein-Stützrohr herausziehen und Koppelstange –Pfeil– abnehmen.
- Querlenker der Vorderachse mit einem Hydraulikheber etwas abstützen.

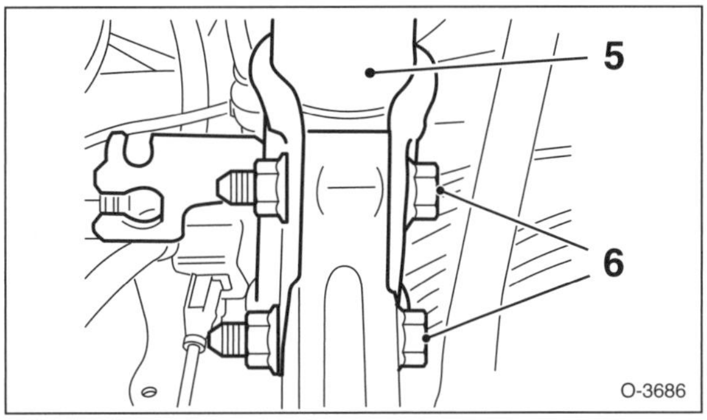

O-3686

- Einbaulage der Schrauben –6– für das Federbein am Achsschenkel kennzeichnen. Damit der Achsschenkel in gleicher Lage wieder angeschraubt wird, Schraubenköpfe mit Reißnadel umkreisen.
- Muttern für untere Federbeinbefestigung abschrauben, Schrauben –6– herausziehen.
- Hydraulikheber absenken und Federbein-Stützrohr –5– aus dem Achsschenkel herausziehen.
- Motorhaube öffnen.

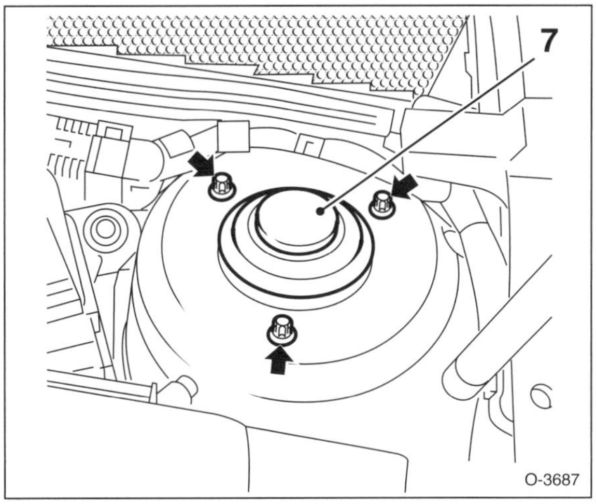

O-3687

- 3 Außen-Torxschrauben –Pfeile– oben am Federbeindom herausdrehen und Federbein –7– nach unten aus dem Radkasten herausziehen.

Einbau

- Federbein in den Radkasten einführen und am Federbeindom einsetzen. Federbein mit **neuen selbstsichernden Schrauben** befestigen. Schrauben in 3 Stufen festziehen:

  1. Stufe: . . mit Drehmomentschlüssel **20 Nm** anziehen.

  2. Stufe: . . . . mit starrem Schlüssel **45°** weiterdrehen.

  3. Stufe: . . . . mit starrem Schlüssel **15°** weiterdrehen.

Hinweis: Um die Winkelgrade beim Anziehen einzuhalten, ist es sinnvoll, aus Pappe eine Winkelscheibe auszuschneiden oder die Winkelscheibe HAZET 6690 zu verwenden.

- Hydraulikheber anheben und Federbein mit **neuen selbstsichernden Schrauben und neuen Muttern** unten am Achsschenkel anschrauben, dabei Schraubenköpfe nach den Markierungen ausrichten.

Hinweis: Im Gegensatz zu den Abbildungen O-3684 und O-3686 werden die Schrauben von vorne in den Achsschenkel eingeschoben.

- Untere Schraubverbindung für Federbein in 3 Stufen festziehen:

  1. Stufe: . . mit Drehmomentschlüssel **85 Nm** anziehen.

  2. Stufe: . . . . mit starrem Schlüssel **75°** weiterdrehen.

  3. Stufe: . . . . mit starrem Schlüssel **15°** weiterdrehen.

- Hydraulikheber entfernen.
- Koppelstange mit **neuer Mutter** und **65 Nm** am Federbein-Stützrohr festschrauben. Dabei Gelenkbolzen mit Gabelschlüssel gegenhalten.
- Bremsschlauch in die Halterung unten am Federbein-Stützrohr einhängen und mit Federblech sichern.
- Halterung für Leitung ABS-Radsensor unten am Federbein-Stützrohr anschrauben.
- Kabel für Bremsverschleißanzeige in die Halterung unten am Federbein-Stützrohr eindrücken.
- Reifen-Laufrichtung beachten, Rad anschrauben, Fahrzeug ablassen, erst dann Radschrauben über Kreuz mit **110 Nm** festziehen. **Achtung:** Unbedingt Hinweise im Kapitel »Rad aus- und einbauen« beachten.
- Radsturz baldmöglichst in einer Fachwerkstatt kontrollieren und gegebenenfalls einstellen lassen.

Federbein

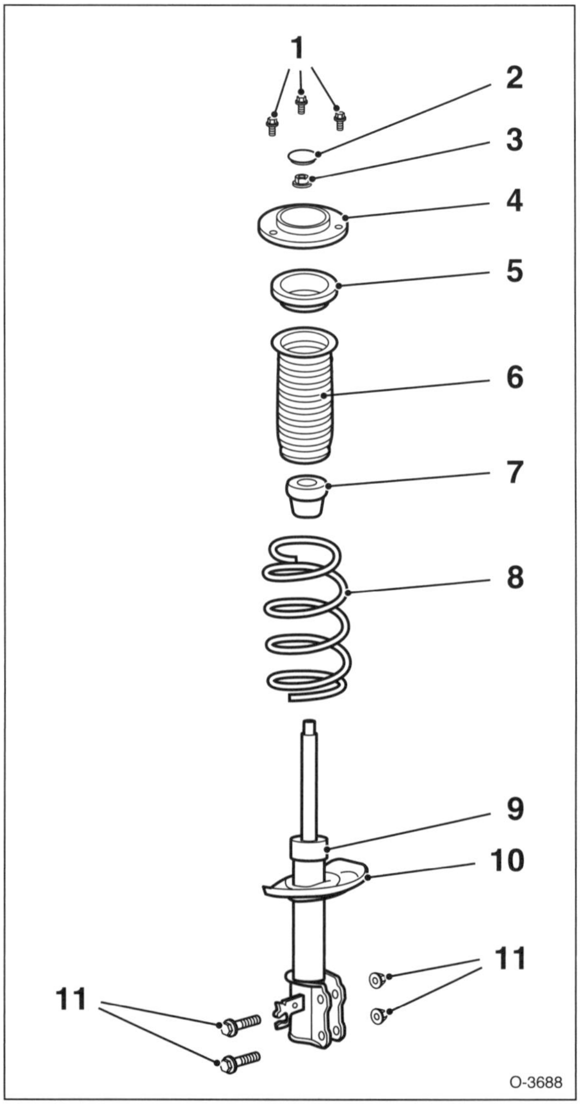

1 – Befestigungsschrauben oben, **20 Nm + 45° + 15°** [1)]
2 – Abdeckkappe
3 – Befestigungsmutter für Stützlager, **100 Nm** [2)]
4 – Anschlagscheibe oben
5 – Stützlager mit Federsitz oben
6 – Staubmanschette
7 – Anschlagpuffer
8 – Schraubenfeder
9 – Stützrohr mit Stoßdämpfer
10 – Anschlagscheibe unten
11 – Befestigungsschrauben und -muttern unten, **85 Nm + 75° + 15°** [1) 2)]

[1)] Schraube selbstsichernd, immer ersetzen.
[2)] Mutter immer ersetzen.

Federbein zerlegen/Stoßdämpfer/ Schraubenfeder aus- und einbauen

Ausbau

- Federbein ausbauen, siehe entsprechendes Kapitel.

Achtung: Die Schraubenfeder steht unter hoher Spannung. Um den Stoßdämpfer ausbauen zu können, **muss die Schraubenfeder mit einem geeigneten Federspanner zusammengedrückt werden**.

Sicherheitshinweis
Auf keinen Fall Stoßdämpfermutter lösen, wenn die Feder nicht einwandfrei und sicher gespannt ist. Darauf achten, dass die Federwindungen sicher von den Spannplatten umfasst werden und der Federspanner nicht abrutschen kann. Nur stabiles Werkzeug verwenden. Keinesfalls Feder mit Draht zusammenbinden. Unfallgefahr!

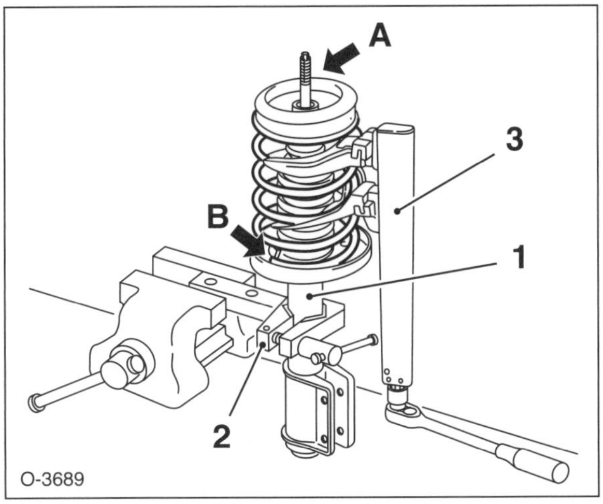

- Federbein –1– in die OPEL-Haltevorrichtung KM-6066 –2– einspannen. Haltevorrichtung in einen Schraubstock einspannen.

Hinweis: Um die Befestigungsmutter oben am Stützlager –Pfeil A– abschrauben zu können, muss das Federbein eingespannt werden. Damit das Stützrohr nicht gequetscht wird, wird das Federbein in die Haltevorrichtung eingespannt.

- Mit einem Schraubendreher Abdeckkappe oben vom Federbein-Stützlager –Pfeil A– abhebeln.
- Geeigneten Federspanner –3–, zum Beispiel HAZET 4900-2A, mit Spannplattenpaar HAZET 4900-12, in die Windungen der Schraubenfeder einsetzen. Dabei darauf achten, dass mindestens 3 Windungen der Feder gespannt werden.

Hinweis: Die OPEL-Werkstatt benutzt den Federspanner KM-6068, mit Spannplattenpaar KM-6068-10.

- Einbaulage der Federbein-Bauteile notieren und gegebenenfalls kennzeichnen.
- Feder zusammendrücken, bis das Stützlager entlastet ist.
- Mutter oben am Stützlager –Pfeil A– abschrauben. Die Kolbenstange dabei mit einem Innen-Torxschlüssel gegenhalten.
- Anschlagscheibe und Stützlager abziehen. Anschlagpuffer von der Kolbenstange des Stoßdämpfers abziehen.
- Schraubenfeder mit Federspanner vom Stoßdämpfer abziehen.
- Stoßdämpfer aus dem Schraubstock herausnehmen.
- Stoßdämpfer prüfen, siehe entsprechendes Kapitel.
- Alle Einzelteile des Federbeins auf Risse, Verschleiß, Korrosion und Alterungserscheinungen sichtprüfen. Beschädigte beziehungsweise verschlissene Teile erneuern.
- Falls die Schraubenfeder ausgewechselt werden soll, **Federspanner langsam entspannen** und Schraubenfeder herausnehmen.

Einbau

Schraubenfedern immer paarweise austauschen, also an beiden Fahrzeugseiten. Beim Einbau neuer Federn darauf achten, dass je nach Motorisierung/Fahrzeugausstattung unterschiedliche Federn eingebaut sein können. Nur gleiche Federn an einer Achse verwenden. Die Kennzeichnung der Federn erfolgt durch Farbmarkierung an einer Windung.

- Wenn die Schraubenfeder ausgebaut war, Schraubenfeder in den Federspanner einsetzen und zusammendrücken.
- Stoßdämpfer in den Schraubstock einspannen.
- Schraubenfeder am Stoßdämpfer einsetzen, dabei auf die richtige Einbaulage der Feder an der unteren Anschlagscheibe (Federteller) –Pfeil B– achten.
- Anschlagpuffer auf die Kolbenstange aufschieben. Stützlager mit Federsitz sowie Anschlagscheibe aufschieben, dabei auf richtige Einbaulage achten.
- **Neue Mutter** auf die Stoßdämpfer-Kolbenstange aufschrauben und mit **100 Nm** festziehen. Die Kolbenstange dabei mit einem Innen-Torxschlüssel gegenhalten.
- Schraubenfeder langsam entspannen, dabei auf richtigen Sitz der Feder am oberen Federsitz und an der unteren Anschlagscheibe achten.
- Federspanner aus dem Federbein herausnehmen.
- Abdeckkappe oben am Federbein-Stützlager aufdrücken.
- Federbein aus dem Schraubstock herausnehmen.
- Federbein einbauen, siehe entsprechendes Kapitel.

Stoßdämpfer prüfen

Folgende Fahreigenschaften weisen auf defekte Stoßdämpfer hin:

- Langes Nachschwingen der Karosserie bei Bodenunebenheiten.
- Aufschaukeln der Karosserie bei aufeinander folgenden Bodenunebenheiten.
- Springen der Räder auch auf normaler Fahrbahn.
- Ausbrechen des Fahrzeuges beim Bremsen (kann auch andere Ursachen haben).
- Kurvenunsicherheit durch mangelnde Spurhaltung, Schleudern des Fahrzeuges.
- Abnorme Reifenabnutzung mit Abflachungen (Auswaschungen) am Reifenprofil.
- Polter- und Knackgeräusche während der Fahrt. Allerdings haben diese Geräusche häufig auch andere Ursachen, zum Beispiel lockere Fahrwerksschrauben und Muttern, defektes Radlager oder Gleichlaufgelenk (Achsgelenk). Daher Dämpfer vor dem Ersetzen immer prüfen, gegebenenfalls auf Stoßdämpferprüfstand prüfen lassen.

Der Stoßdämpfer kann von Hand geprüft werden. Eine genaue Überprüfung der Stoßdämpferleistung ist jedoch nur mit einem Shock-Tester (Stoßdämpfer eingebaut) oder einer Stoßdämpfer-Prüfmaschine möglich.

Prüfung von Hand

- Stoßdämpfer ausbauen.

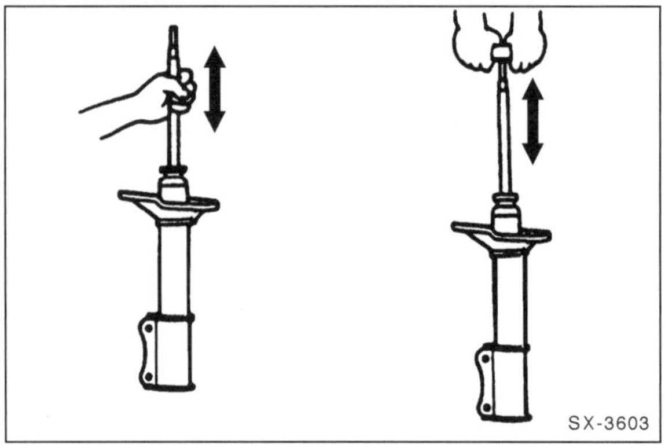

- Stoßdämpfer in Einbaulage halten, Stoßdämpfer auseinander ziehen und zusammendrücken. Der Stoßdämpfer muss sich über den gesamten Hub gleichmäßig schwer und ruckfrei bewegen lassen.
- Kolbenstange auf Oberflächen-Beschädigung, Verbiegung und auf klemmfreien Lauf in der Führungsbuchse prüfen.
- Gummilager im Gehäuseauge sichtprüfen. Die Gummilager müssen fest im Gehäuse sitzen und dürfen nicht gerissen oder beschädigt sein. Defekte Gummilager können im Fahrbetrieb Poltergeräusche verursachen.
- Bei Gasdruck-Stoßdämpfern geht die Kolbenstange bei ausreichendem Gasfülldruck von selbst wieder in die Ausgangslage zurück. Ist dies nicht der Fall, braucht der Dämpfer nicht unbedingt ersetzt werden. Die Wirkungsweise entspricht, solange kein größerer Ölverlust eingetreten ist, der Wirkungsweise eines konventionellen Dämpfers. Die dämpfende Funktion ist auch ohne Gasdruck vollständig vorhanden. Allerdings kann sich das Geräuschverhalten verschlechtern.
- Bei einwandfreier Funktion sind geringe Spuren von Stoßdämpferöl kein Grund zum Austausch. Als Faustregel gilt: Wenn ein Ölfleck sichtbar ist und sich nicht weiter ausbreitet als vom oberen Stoßdämpferverschluss (Kolbenstangendichtring) bis zum unteren Federteller, gilt der Dämpfer als in Ordnung. Voraussetzung ist, dass der Ölfleck stumpf, matt beziehungsweise durch Staub getrocknet ist. Ein geringfügiger Ölaustritt ist sogar von Vorteil, weil dadurch der Dichtring geschmiert wird und sich somit die Lebensdauer erhöht.
- Bei starkem Ölverlust Stoßdämpfer austauschen.

Stoßdämpfer verschrotten

Damit ein defekter Stoßdämpfer entsorgt werden kann, muss das Hydrauliköl aus dem Stoßdämpfer abgelassen werden. Der entleerte Stoßdämpfer kann dann wie normaler Eisenschrott behandelt werden.

Achtung: Hydrauliköl ist ein Problemstoff und darf auf keinen Fall einfach weggeschüttet oder dem Hausmüll mitgegeben werden. Gemeinde- und Stadtverwaltungen informieren darüber, wo sich die nächste Problemstoff-Sammelstelle befindet.

Sicherheitshinweis
Der Gasdruck eines neuen Stoßdämpfer beträgt bis zu 25 bar. Deshalb beim Öffnen des Dämpfers Arbeitsstelle abdecken und **unbedingt Schutzbrille tragen.**

Stoßdämpfer können auf 2 Arten entleert werden, entweder durch Anbohren oder durch Aufsägen der Außenwand.

Stoßdämpfer anbohren

- Ausgebauten Stoßdämpfer senkrecht, mit der Kolbenstange nach unten, in den Schraubstock einspannen.

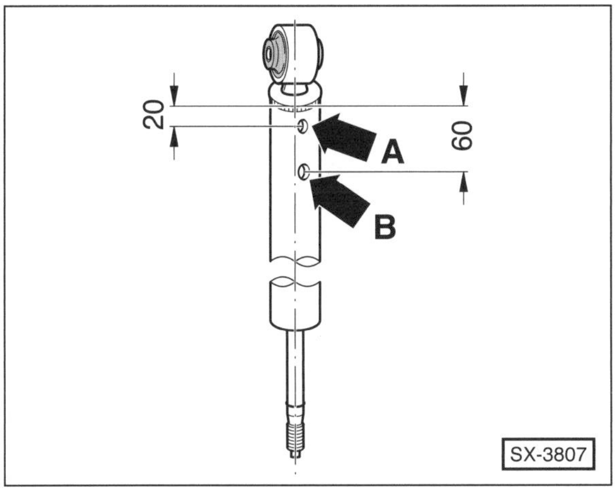

- An der Stelle –A– ein Loch mit 3 mm ∅ in das Außenrohr bohren.

Achtung: Bei Gasdruckstoßdämpfern entweicht nach dem Durchbohren der ersten Rohrwandung Gas. Öffnung während des Entgasens mit Lappen abdecken. Anschließend weiterbohren, bis das innenliegende Rohr (ca. 25 mm) durchbohrt ist.

- An der Stelle –B– eine zweite Bohrung mit 6 mm-Bohrer bis durch das innenliegende Rohr bohren.
- Dämpfer über eine Ölauffangwanne halten und Hydrauliköl durch hin- und herbewegen der Kolbenstange über den gesamten Hub herausdrücken.
- Dämpfer abtropfen lassen, bis kein Hydrauliköl mehr austritt.
- Hydrauliköl bei einer Problemstoff-Sammelstelle entsorgen.
- Entleerten Stoßdämpfer als Eisenschrott entsorgen.

Stoßdämpfer aufsägen

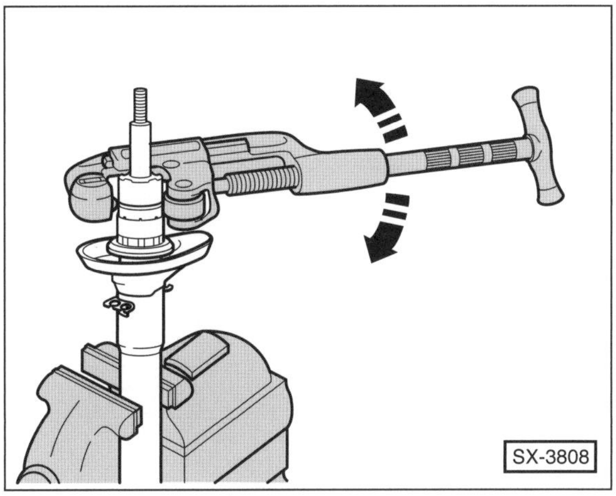

- Federbein in Schraubstock spannen.
- Rohrschneider, zum Beispiel Stahlwille Express 150/3, ansetzen und Außenrohr durchtrennen. **Achtung:** Bei Gasdruck-Stoßdämpfern entweicht dabei das Gas; Schutzbrille tragen.
- Kolbenstange hochziehen, dabei das Innenrohr mit einer Wasserrohrzange festhalten und nach unten drücken, so dass dieses beim langsamen Hochziehen der Kolbenstange im Außenrohr verbleibt.
- Kolbenstange vom Innenrohr abziehen.
- Dämpfer über eine Ölauffangwanne halten und Hydrauliköl ablaufen lassen, bis kein Hydrauliköl mehr austritt.
- Hydrauliköl bei einer Problemstoff-Sammelstelle entsorgen.
- Entleerten Stoßdämpfer als Eisenschrott entsorgen.

Radnabenmutter aus- und einbauen

Ausbau

- Gang in Leerlaufstellung bringen; Automatikgetriebe auf Stellung »N«.
- Reifen-Laufrichtung mit Pfeil am Reifen markieren. Radschrauben lösen. Fahrzeug vorne aufbocken und Rad abnehmen. **Achtung:** Unbedingt Hinweise im Kapitel »Rad aus- und einbauen« beachten.
- Staubkappe mit einem Schraubendreher von der Radnabe abhebeln. **Hinweis:** Die Kappe wird dabei beschädigt und muss ersetzt werden.

Achtung: Hohes Löse- und Anzugsmoment der Nabenmutter! Wir empfehlen, vor Lösen und Anziehen der Nabenmutter den Reifen zu montieren und das Fahrzeug auf die Räder zu stellen. Fußbremse beim Losdrehen der Mutter durch Helfer treten lassen.

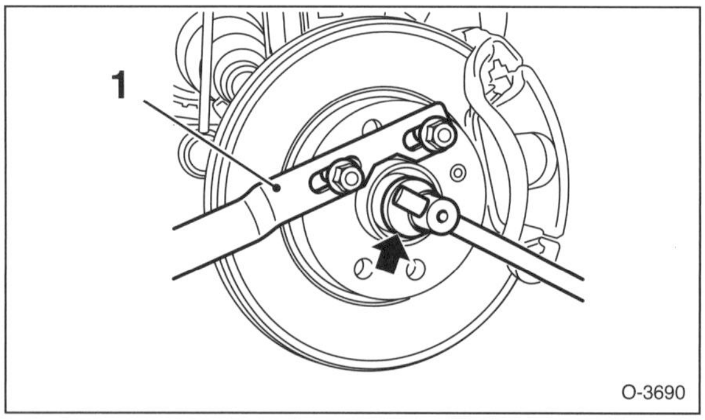

- Bleibt das Fahrzeug zum Abschrauben der Radnabenmutter aufgebockt, muss die Radnabe beim Losdrehen der Mutter mit einem langen Hebelwerkzeug –1– gegengehalten werden. **Achtung:** Fahrzeug sicher aufbocken!
- Hebelwerkzeug anfertigen: Flacheisen mit Langlöchern versehen und mit Radschrauben an der Radnabe anschrauben.
- Radnabenmutter –Pfeil– abschrauben und von der Gelenkwelle abnehmen.
- Hebelwerkzeug von der Radnabe abschrauben.

Einbau

- **Neue selbstsichernde Radnabenmutter** auf die Gelenkwelle aufschrauben und genügend fest anziehen.

Achtung: Hohes Anzugsmoment der Nabenmutter! Wir empfehlen, vor Anziehen der Nabenmutter den Reifen zu montieren und das Fahrzeug auf die Räder zu stellen. Beim Anziehen der Nabenmutter von Helfer Bremspedal treten lassen.

- Bleibt das Fahrzeug zum Anziehen der Radnabenmutter aufgebockt, Hebelwerkzeug an der Radnabe anschrauben.
- Radnabenmutter in 3 Stufen festziehen:

  1. Stufe: . mit Drehmomentschlüssel **150 Nm** anziehen.
  2. Stufe: . . . . Mutter um **45° losdrehen**.
  3. Stufe: . mit Drehmomentschlüssel **250 Nm** anziehen.

- Hebelwerkzeug von der Radnabe abschrauben.
- **Neue Staubkappe** auf die Radnabe aufdrücken.
- Reifen-Laufrichtung beachten, Rad anschrauben, Fahrzeug ablassen, erst dann Radschrauben über Kreuz mit **110 Nm** festziehen. **Achtung:** Unbedingt Hinweise im Kapitel »Rad aus- und einbauen« beachten.

Gelenkwelle aus- und einbauen

Ausbau

Bei allen Arbeiten, bei denen die Gelenkwelle aus dem Getriebegehäuse ausgebaut wird, darauf achten, dass **stets nur am Gelenk** und **nicht an der Welle** gezogen wird.

- Gang in Leerlaufstellung bringen; Automatikgetriebe auf Stellung »N«.

Achtung: Hohes Lösemoment der Radnabenmutter!

- Radnabenmutter ausbauen, siehe entsprechendes Kapitel.
- Reifen-Laufrichtung mit Pfeil am Reifen markieren. Radschrauben lösen. Fahrzeug vorne aufbocken und Rad abnehmen. **Achtung:** Unbedingt Hinweise im Kapitel »Rad aus- und einbauen« beachten.
- **Dieselmotor:** Untere Motorraumabdeckung ausbauen, siehe Seite 249.
- Hydrolagerbuchse des Querlenkers prüfen, siehe Kapitel »Querlenker aus- und einbauen«.

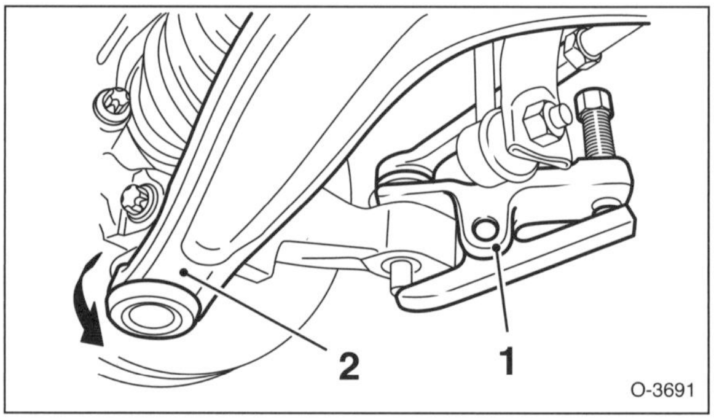

- Mutter für Spurstangenkopf einige Umdrehungen losschrauben. Spurstangenkopf mit handelsüblichem Ausdrücker –1–, zum Beispiel HAZET 779, aus dem Achsschenkel herausdrücken. Mutter abschrauben.
- Mutter für Achsgelenk –2– am Achsschenkel abschrauben und Außen-Torxschraube herausziehen.
- Querlenker nach unten drücken –Pfeil– und Achsgelenk –2– aus dem Achsschenkel herausziehen. **Hinweis:** Dabei kein Spreizwerkzeug verwenden.
- Gelenkwelle mit Draht abstützen, damit die Gelenke beim Ausbau nicht bis zum Anschlag gebeugt werden.

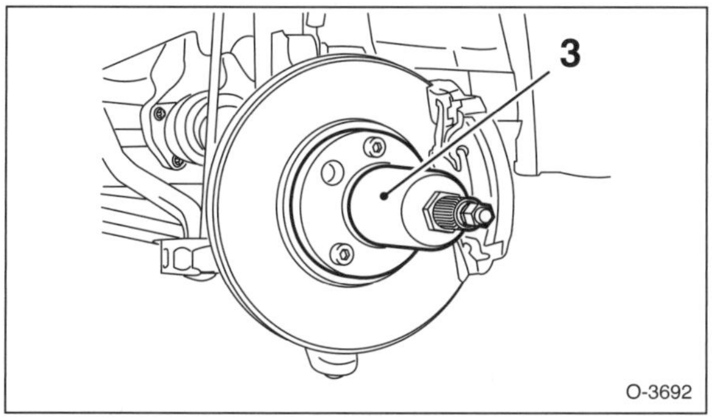

- Handelsüblichen Radnabenabzieher –3–, zum Beispiel HAZET 781-5, mit Radschrauben an der Radnabe festschrauben und Gelenkwelle aus der Radnabe herausdrücken.

Achtung: Nach Ausbau der Gelenkwelle aus der Radnabe darf das Rad nicht mehr belastet werden, beziehungsweise das Fahrzeug nicht mehr bewegt werden, da sonst die Wälzkörper des Radlagers beschädigt werden. Muss das Fahrzeug dennoch bewegt werden, in jedem Fall einen Gelenkwellenstummel für den Gegendruck in die Nabe einsetzen und mit der Nabenmutter festziehen.

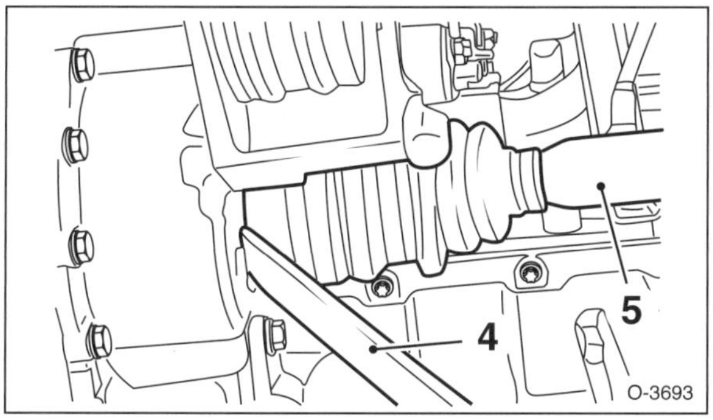

- **Linke Gelenkwelle:** Gelenkwelle –5– mit einem Montiereisen –4– aus dem Getriebegehäuse herausdrücken und herausziehen. **Hinweis:** Bei Fahrzeugen ohne Zwischenwelle wird die rechte Gelenkwelle in gleicher Weise ausgebaut.

Achtung: Beim Herausziehen der Gelenkwelle tritt aus dem Getriebegehäuse Öl aus. Auffanggefäß unterstellen und Öffnung schnell mit geeignetem Stopfen verschließen.

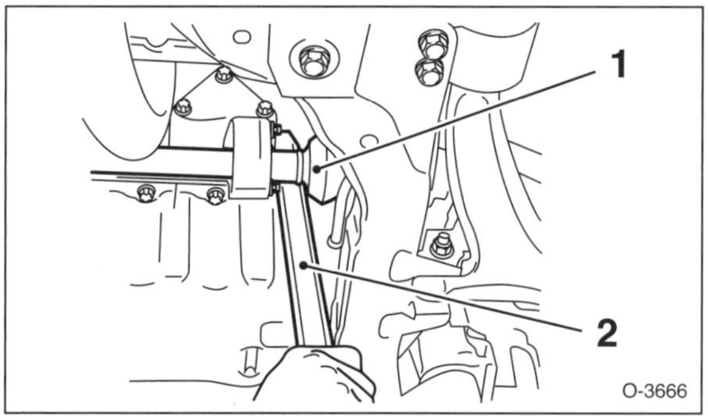

- **Fahrzeuge mit Zwischenwelle:** Rechte Gelenkwelle –1– mit Montiereisen –2– von der Zwischenwelle abtreiben.

Einbau

Achtung: Die Gelenkwelle vorsichtig behandeln, sie darf nicht längere Zeit auf den Faltenbälgen lagern.

- Lagerstellen und Verzahnungen im Getriebe beziehungsweise an der Zwischenwelle sowie an der Radnabe säubern und mit Getriebeöl schmieren.

Linke Gelenkwelle,
Rechte Gelenkwelle bei Fahrzeugen ohne Zwischenwelle

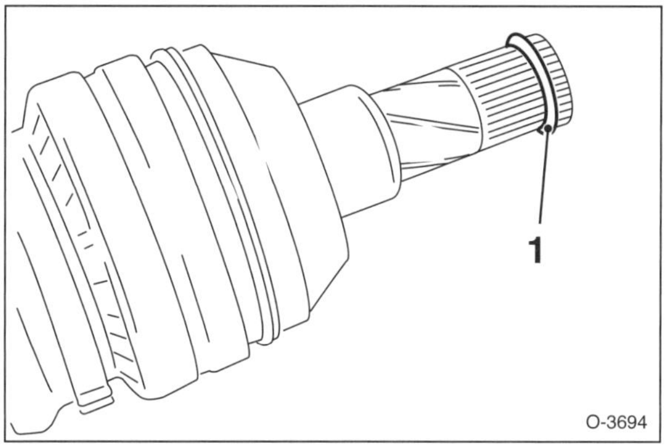

- Mit einem Schraubendreher Sicherungsring –1– aus der getriebeseitigen Gelenknut heraushebeln. **Neuen Sicherungsring** einsetzen, dabei nicht überdehnen.
- Verschlussstopfen am Getriebe abnehmen.
- Gelenkwelle in das Getriebegehäuse einführen, dabei Dichtring am Getriebe nicht beschädigen, gegebenenfalls Schutzhülse OPEL KM-6332 verwenden. Schutzhülse nach dem Einführen der Wellenverzahnung herausziehen.
- Gelenkwelle bis zum Einrasten des Sicherungsringes in das Getriebegehäuse eindrücken. Wenn nötig, mit einem Kunststoffhammer Gelenkwelle durch Schläge auf das Gelenkgehäuse eintreiben.

Rechte Gelenkwelle bei Fahrzeugen mit Zwischenwelle

- Mit einem Schraubendreher Sicherungsring von der Zwischenwelle abhebeln. Neuen Sicherungsring an der Zwischenwelle einsetzen.

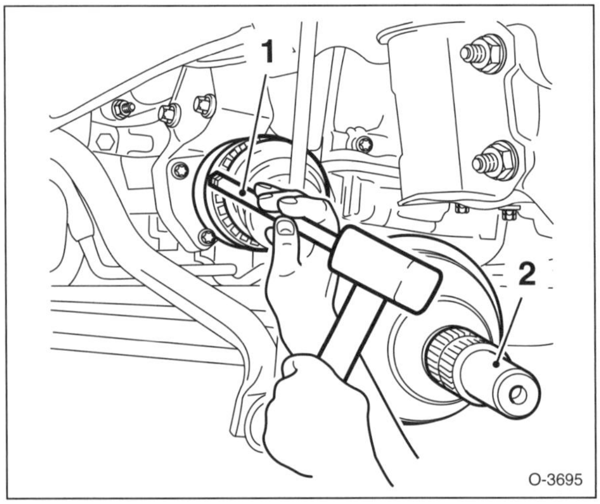

- Rechte Gelenkwelle –2– auf Zwischenwelle aufschieben.
- Gelenkwelle mit einem Messingdorn –1– auf die Zwischenwelle aufschlagen, bis zum Einrasten des Sicherungsringes. Dabei die Verzahnung nicht beschädigen.

- Nach dem Einrasten des Sicherungsringes festen Sitz des Gelenkes durch Ziehen am **Gelenk** prüfen. Nicht an der Welle ziehen.
- Gelenkwelle in die Verzahnung der Radnabe einsetzen.
- **Neue Nabenmutter** auf die Gelenkwelle aufschrauben und genügend fest anziehen.
- Achsgelenk in den Achsschenkel einsetzen. **Neue selbstsichernde Schraube** von vorne in den Achsschenkel einschieben. Schraube und **neue Mutter** in 3 Stufen festziehen:

  1. Stufe: . . mit Drehmomentschlüssel **30 Nm** anziehen.

  2. Stufe: . . . . mit starrem Schlüssel **60°** weiterdrehen.

  3. Stufe: . . . . mit starrem Schlüssel **15°** weiterdrehen.

Hinweis: Um den Winkelgrad beim Anziehen einzuhalten, ist es sinnvoll, aus Pappe eine Winkelscheibe auszuschneiden oder die Winkelscheibe HAZET 6690 zu verwenden.

- Radnabenmutter festziehen, siehe entsprechendes Kapitel.

Achtung: Hohes Anzugsmoment der Radnabenmutter!

- **Neue Staubkappe** auf die Radnabe aufdrücken.
- Sicherungsdraht für die Gelenkwelle entfernen.
- Spurstangenkopf in den Achsschenkel einsetzen, **neue selbstsichernde** Mutter aufschrauben und mit **35 Nm** festziehen.
- Getriebeöl auffüllen, siehe Seite 34.
- **Dieselmotor:** Untere Motorraumabdeckung einbauen, siehe Seite 249.
- Reifen-Laufrichtung beachten, Rad anschrauben, Fahrzeug ablassen, erst dann Radschrauben über Kreuz mit **110 Nm** festziehen. **Achtung:** Unbedingt Hinweise im Kapitel »Rad aus- und einbauen« beachten.

Zwischenwelle aus- und einbauen

Benzinmotor über 100 kW/Dieselmotor

Vom Getriebe führt eine Zwischenwelle zur rechten Gelenkwelle, dadurch werden Drehschwingungen vermieden.

Ausbau

- Reifen-Laufrichtung mit Pfeil am Reifen markieren. Radschrauben lösen. Fahrzeug vorne aufbocken und **rechtes** Vorderrad abnehmen. **Achtung:** Unbedingt Hinweise im Kapitel »Rad aus- und einbauen« beachten.
- **Dieselmotor:** Untere Motorraumabdeckung ausbauen, siehe Seite 249.
- Hydrolagerbuchse des Querlenkers prüfen, siehe Kapitel »Querlenker aus- und einbauen«.
- Achsgelenk und Spurstangenkopf aus dem Achsschenkel ausbauen, siehe Kapitel »Gelenkwelle aus- und einbauen«.
- Mutter für Koppelstange unten am Stabilisator abschrauben. Dabei Gelenk-Kugelbolzen an den abgeflachten Stellen mit Gabelschlüssel gegenhalten.
- Rechte Gelenkwelle mit Draht abstützen.

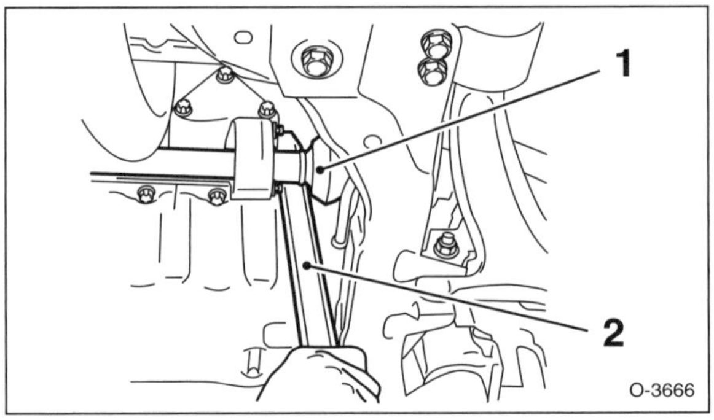

- Rechte Gelenkwelle –1– mit Montiereisen –2– von der Zwischenwelle abtreiben.

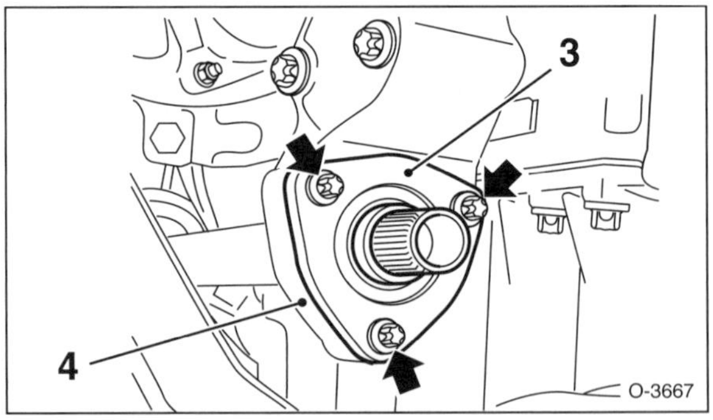

- 3 Schrauben –Pfeile– am Flansch –3– der Zwischenwelle herausdrehen.

- Zwischenwelle mit Lagerflansch vom Haltebock –4– ziehen und aus dem Getriebe herausziehen.

Achtung: Aus dem Getriebegehäuse tritt beim Herausziehen der Zwischenwelle Öl aus. Auffanggefäß unterstellen und Öffnung schnell mit geeignetem Stopfen verschließen.

- Kabelkanal vom Haltebock –4– der Zwischenwelle abschrauben. 3 Schrauben herausdrehen und Haltebock vom Motorblock abnehmen.

Einbau

- Haltebock der Zwischenwelle mit **55 Nm** am Motorblock festschrauben. Kabelkanal am Haltebock anschrauben.

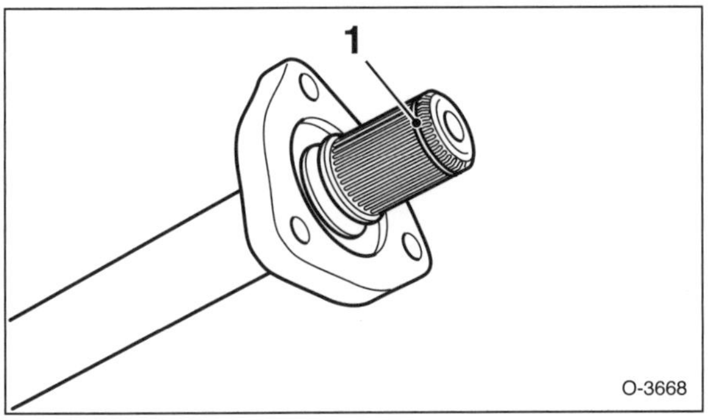

- **Neuen Sicherungsring** –1– an der Zwischenwelle einsetzen, Sicherungsring dabei bis in die Nut aufschieben. **Hinweis:** Zwischenwelle in einen Schraubstock einspannen. Dabei die Welle mit zwischengelegten Aluminiumblechen schützen.
- Zwischenwelle im Haltebock einsetzen.
- Zwischenwelle vorsichtig ins Getriebe einführen. Dabei Dichtring am Getriebe nicht beschädigen, gegebenenfalls Schutzhülse OPEL KM-6332 verwenden. Schutzhülse nach dem Einführen der Wellenverzahnung herausziehen.
- Lagerflansch mit **18 Nm** am Haltebock festschrauben.
- Rechte Gelenkwelle vorsichtig abhängen, über die Zwischenwelle aufschieben und einrasten.
- Sicherungsdraht für die Gelenkwelle entfernen.
- Koppelstange mit **neuer Mutter** und **65 Nm** am Stabilisator festschrauben.
- Achsgelenk und Spurstangenkopf am Achsschenkel einbauen, siehe Kapitel »Gelenkwelle aus- und einbauen«.
- Getriebeöl auffüllen, siehe Seite 34.
- **Dieselmotor:** Untere Motorraumabdeckung einbauen, siehe Seite 249.
- Reifen-Laufrichtung beachten, Rad anschrauben, Fahrzeug ablassen, erst dann Radschrauben über Kreuz mit **110 Nm** festziehen. **Achtung:** Unbedingt Hinweise im Kapitel »Rad aus- und einbauen« beachten.

Achsschenkel aus- und einbauen

Ausbau

- Fahrzeuge mit elektronischer Stoßdämpferkontrolle: Leitung ABS-Radsensor vom Steckersatz am Federbein-Stützrohr abnehmen.

Achtung: Hohes Lösemoment der Radnabenmutter!

- Radnabenmutter ausbauen, siehe entsprechendes Kapitel.
- Reifen-Laufrichtung mit Pfeil am Reifen markieren. Radschrauben lösen. Fahrzeug vorne aufbocken und Rad abnehmen. **Achtung:** Unbedingt Hinweise im Kapitel »Rad aus- und einbauen« beachten.

Sicherheitshinweis
Beim Aufbocken des Fahrzeugs besteht Unfallgefahr! Hinweise im Kapitel »Fahrzeug aufbocken« beachten.

Achtung: Hohes Lösemoment des Bremssattelträgers!

- Bremssattelträger vorn ausbauen, siehe Seite 152.
- Bremsscheibe vorn ausbauen, siehe Seite 156.
- Hydrolagerbuchse des Querlenkers prüfen, siehe Kapitel »Querlenker aus- und einbauen«.
- Achsgelenk und Spurstangenkopf aus dem Achsschenkel ausbauen, siehe Kapitel »Gelenkwelle aus- und einbauen«.
- Gelenkwelle mit Draht abstützen, damit die Gelenke beim Ausbau nicht bis zum Anschlag gebeugt werden.
- Gelenkwelle aus der Radnabe herausdrücken, siehe Kapitel »Gelenkwelle aus- und einbauen«.
- Steckverbindung für ABS-Radsensor unten am Federbein-Stützrohr aus der Halterung abnehmen und trennen.

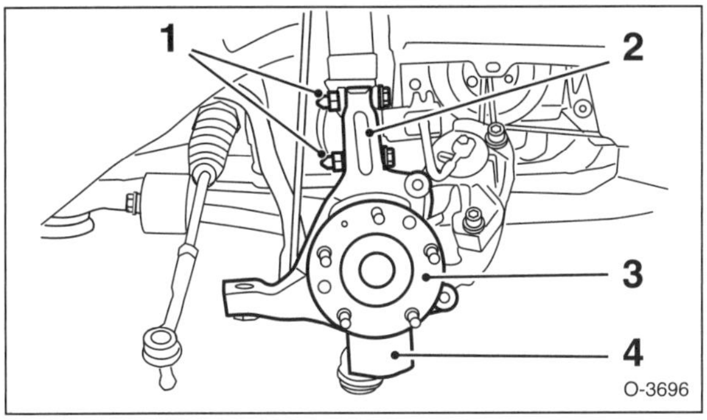

- 2 Muttern –1– für untere Federbeinbefestigung abschrauben und Schrauben aus dem Achsschenkel herausziehen.

Hinweis: Damit der Achsschenkel in gleicher Lage wieder angeschraubt wird, Schraubenköpfe mit Reißnadel umkreisen.

- Achsschenkel –2– zusammen mit Radlagereinheit –3– und Bremsenabdeckblech –4– vom Federbein-Stützrohr abziehen.

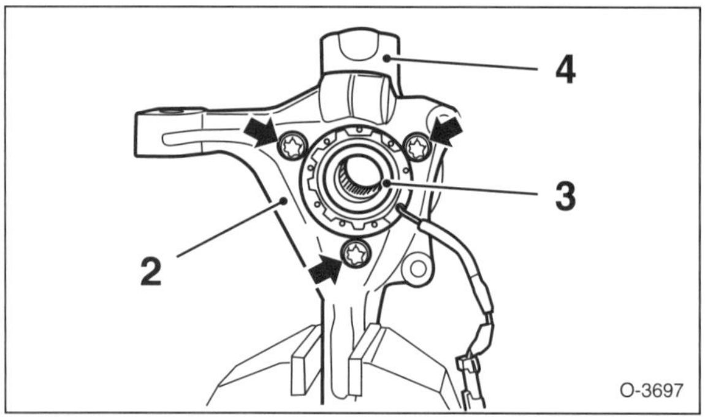

- Achsschenkel –2– in einen Schraubstock einspannen.
- 3 Schrauben –Pfeile– herausdrehen und Radlagereinheit –3– mit Bremsenabdeckblech –4– aus dem Achsschenkel herausziehen.

Hinweis: Die Radlagereinheit kann auch ohne Ausbau des Achsschenkels ausgebaut werden.

Einbau

- Radlagereinheit mit Bremsenabdeckblech im Achsschenkel einsetzen. **3 neue selbstsichernde Schrauben** –Pfeile– eindrehen und in 3 Stufen festziehen:
  1. Stufe: . mit Drehmomentschlüssel **100 Nm** anziehen.
  2. Stufe: . . . . mit starrem Schlüssel **60°** weiterdrehen.
  3. Stufe: . . . . mit starrem Schlüssel **15°** weiterdrehen.
- Achsschenkel unten am Federbein-Stützrohr mit **neuen selbstsichernden Schrauben und Muttern** anschrauben, dabei Gelenkwelle in die Radnabe einführen.

Hinweis: Schrauben nach den Markierungen ausrichten und von vorne in den Achsschenkel einschieben.

- Sicherungsdraht für die Gelenkwelle entfernen.
- Schrauben für Achsschenkel in 3 Stufen festziehen:
  1. Stufe: . . mit Drehmomentschlüssel **85 Nm** anziehen.
  2. Stufe: . . . . mit starrem Schlüssel **75°** weiterdrehen.
  3. Stufe: . . . . mit starrem Schlüssel **15°** weiterdrehen.
- Achsgelenk und Spurstangenkopf am Achsschenkel einbauen, siehe Kapitel »Gelenkwelle aus- und einbauen«.
- Radnabenmutter festziehen, siehe entsprechendes Kapitel.

Achtung: Hohes Anzugsmoment der Radnabenmutter!

- **Neue Staubkappe** auf die Radnabe aufdrücken.
- Bremsscheibe auf Radnabe setzen und Sicherungsschraube eindrehen.
- Bremssattelträger vorn einbauen, siehe Seite 152.

Achtung: Hohes Anzugsmoment des Bremssattelträgers!

- Fahrzeuge mit elektronischer Stoßdämpferkontrolle: Leitung ABS-Radsensor am Steckersatz am Federbein-Stützrohr anbringen.
- Reifen-Laufrichtung beachten, Rad anschrauben, Fahrzeug ablassen, erst dann Radschrauben über Kreuz mit **110 Nm** festziehen. **Achtung:** Unbedingt Hinweise im Kapitel »Rad aus- und einbauen« beachten.

Achsgelenk prüfen

- Fahrzeug vorn aufbocken.

Sicherheitshinweis
Beim Aufbocken des Fahrzeugs besteht Unfallgefahr! Hinweise im Kapitel »Fahrzeug aufbocken« beachten.

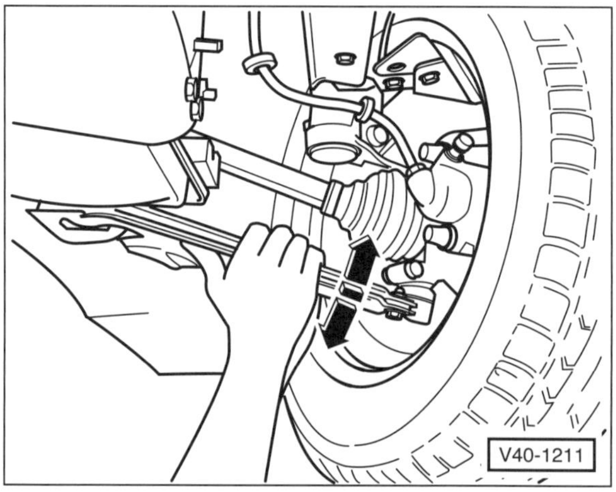

- Querlenker kräftig nach oben drücken und nach unten ziehen, dabei das Achsgelenk beobachten.
- Rad unten kräftig nach außen und innen drücken, dabei das Achsgelenk beobachten.
- Bei beiden Prüfungen darf kein fühlbares und sichtbares Spiel im Achsgelenk vorhanden sein.

Hinweis: Eventuell vorhandenes Radlagerspiel oder Spiel im Federbeinlager oben berücksichtigen.

- Gummibalg auf Beschädigung prüfen, bei Beschädigung Achsgelenk erneuern.

Querlenker aus- und einbauen/ Hydrolagerbuchse prüfen/einstellen

Ausbau

- Fahrzeug vorn aufbocken.

Sicherheitshinweis
Beim Aufbocken des Fahrzeugs besteht Unfallgefahr! Hinweise im Kapitel »Fahrzeug aufbocken« beachten.

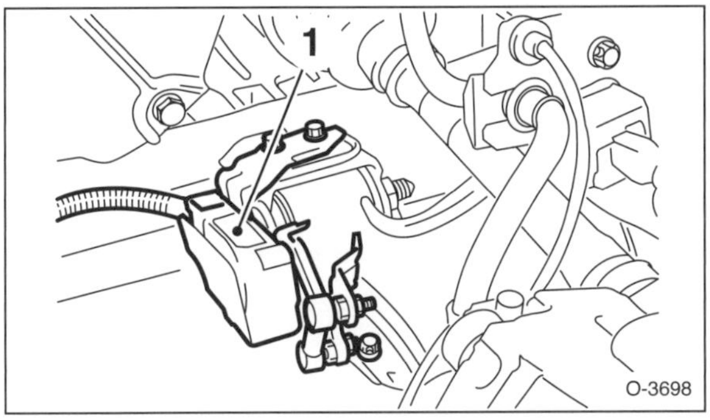

- Fahrzeuge mit Xenonlicht/Querlenker links: 1 Schraube aus dem Querlenker herausdrehen und 2 Schrauben aus dem Vorderachsträger herausdrehen. Sensor –1– für Leuchtweitenregulierung abnehmen.
- Hydrolagerbuchse des Querlenkers prüfen, siehe entsprechenden Abschnitt.

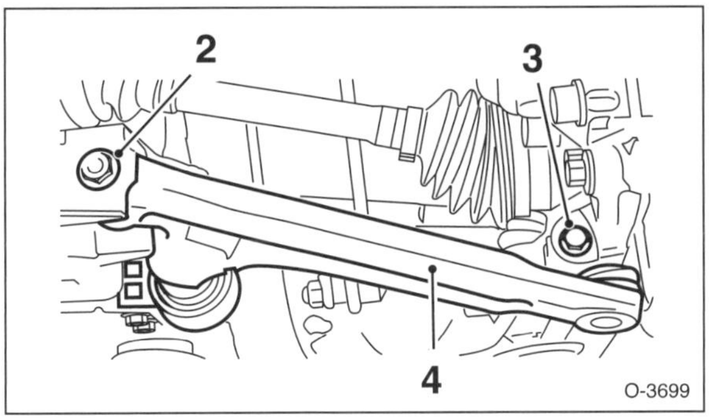

- Außen-Torxschraube –3– für Achsgelenk am Achsschenkel herausdrehen.
- Schraube –2– vorne am Querlenker –4– aus dem Vorderachsträger herausdrehen.

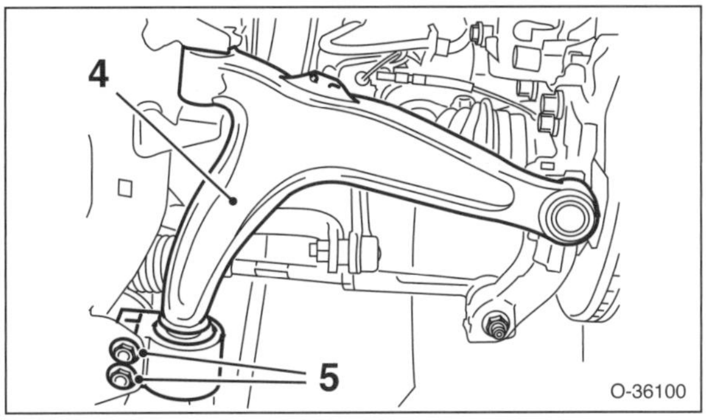

- 2 Schrauben –5– hinten am Querlenker –4– aus dem Vorderachsträger herausdrehen.
- Querlenker –4– nach unten drücken und Achsgelenk aus dem Achsschenkel herausziehen. **Hinweis:** Dabei kein Spreizwerkzeug verwenden.
- Querlenker abnehmen.

Einbau

- Querlenker und Vorderachsträger an den Verschraubungsstellen säubern.
- Querlenker mit 3 **neuen selbstsichernden Schrauben** vorne und hinten am Vorderachsträger anschrauben. Dabei Schrauben nur handfest eindrehen.
- Achsgelenk in den Achsschenkel einsetzen. **Neue selbstsichernde Schraube** von vorne in den Achsschenkel einschieben. Schraube und **neue Mutter** in 3 Stufen festziehen:

  1. Stufe: . . mit Drehmomentschlüssel **30 Nm** anziehen.
  2. Stufe: . . . . mit starrem Schlüssel **60°** weiterdrehen.
  3. Stufe: . . . . mit starrem Schlüssel **15°** weiterdrehen.
- Fahrzeug absenken.
- 3 Schrauben vorne und hinten am Querlenker in jeweils 3 Stufen festziehen:

  1. Stufe: . . mit Drehmomentschlüssel **90 Nm** anziehen.
  2. Stufe: . . . . mit starrem Schlüssel **75°** weiterdrehen.
  3. Stufe: . . . . mit starrem Schlüssel **15°** weiterdrehen.
- Fahrzeuge mit Xenonlicht/Querlenker links: Sensor für Leuchtweitenregulierung anschrauben.

Hydrolagerbuchse prüfen

Jedes Mal, wenn das Achsgelenk aus dem Achsschenkel ausgebaut wird, muss vorher der Sitz der Hydrolagerbuchse des Querlenkers geprüft werden. Die Befestigungsschraube der Hydrolagerbuchse muss dabei mit **30 Nm** festgezogen sein.

- Fahrzeug vorn aufbocken.

Sicherheitshinweis
Beim Aufbocken des Fahrzeugs besteht Unfallgefahr! Hinweise im Kapitel »Fahrzeug aufbocken« beachten.

- Drehmomentschlüssel auf 30 Nm einstellen.

- Anzugsdrehmoment an der Befestigungsschraube der Hydrolagerbuchse aufbringen. Dabei Drehmomentschlüssel im Uhrzeigersinn drehen.
- Die Hydrolagerbuchse ist korrekt eingestellt, wenn sich die Befestigungsschraube bei der Überprüfung nicht bewegt. Falls nicht, Hydrolagerbuchse einstellen.

Hydrolagerbuchse einstellen

- Fahrzeuge mit Xenonlicht/Querlenker links: Sensor für Leuchtweitenregulierung abschrauben, siehe in Abschnitt »Querlenker aus- und einbauen«.
- Spurstangenkopf aus dem Achsschenkel ausbauen, siehe Kapitel »Gelenkwelle aus- und einbauen«.

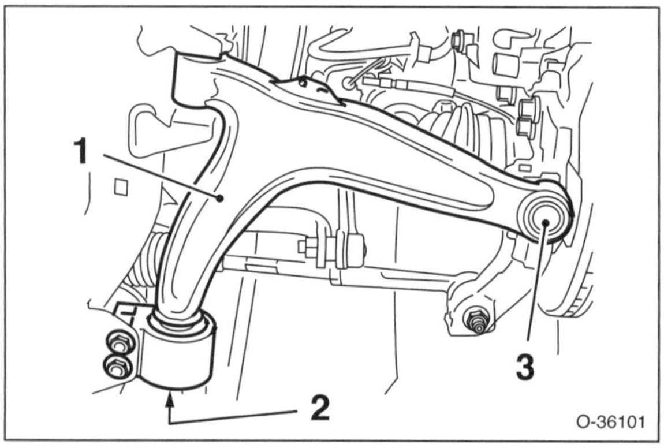

- Befestigungsschraube –2– aus der Hydrolagerbuchse herausdrehen.
- Gewinde im Querlenker –1– säubern.
- Schraube für Achsgelenk –3– herausdrehen, Querlenker –1– nach unten drücken und Achsgelenk aus dem Achsschenkel herausziehen. **Hinweis:** Dabei kein Spreizwerkzeug verwenden.
- Federbein zur Seite drücken.
- Querlenker so weit anheben, dass er in waagerechter Position und parallel zum Vorderachsträger steht. Dabei darauf achten, dass die Manschette des Achsgelenkes nicht beschädigt wird.
- In dieser Position **neue selbstsichernde Befestigungsschraube** für die Hydrolagerbuchse eindrehen. Schraubengewinde vorher mit Schraubensicherungsmittel, zum Beispiel LOCTITE 243, bestreichen. Schraube in 2 Stufen festziehen:

  1. Stufe: . . mit Drehmomentschlüssel **40 Nm** anziehen.

  2. Stufe: . . . . mit starrem Schlüssel **40°** weiterdrehen.
- Achsgelenk in den Achsschenkel einsetzen und festschrauben, siehe in Abschnitt »Querlenker aus- und einbauen«.
- Spurstangenkopf am Achsschenkel einbauen, siehe Kapitel »Gelenkwelle aus- und einbauen«.
- Fahrzeug absenken.

Gelenkwelle zerlegen/ Manschette ersetzen

Defekte Gelenkmanschette (Faltenbalg) sofort erneuern, dazu muss die Gelenkwelle zerlegt werden. Falls Schmutz in das Fett eingedrungen ist, Gelenk auswaschen und mit neuem Spezialfett schmieren. **Achtung:** Auf peinlichste Sauberkeit achten. Jede noch so geringe Verschmutzung führt zur Zerstörung des Gelenkes.

Defekte Kugeln im Lager machen sich durch Lastwechselschlagen und Knackgeräusche bemerkbar. In diesem Fall Gelenk komplett erneuern.

Achtung: Bei Fahrzeugen mit höherer Laufleistung empfiehlt es sich, beide Manschetten auszuwechseln. Auch wenn beide Manschetten erneuert werden sollen, immer nur ein Gelenk ausbauen.

Ausbau

- Gelenkwelle ausbauen, siehe entsprechendes Kapitel.
- Gelenkwelle in Schraubstock spannen. Dabei die Welle mit Aluminiumblechen schützen.
- Manschettenbänder an der Gelenkmanschette mit Seitenschneider oder Säge auftrennen und abnehmen. **Achtung:** Gelenk und Welle dabei nicht beschädigen.

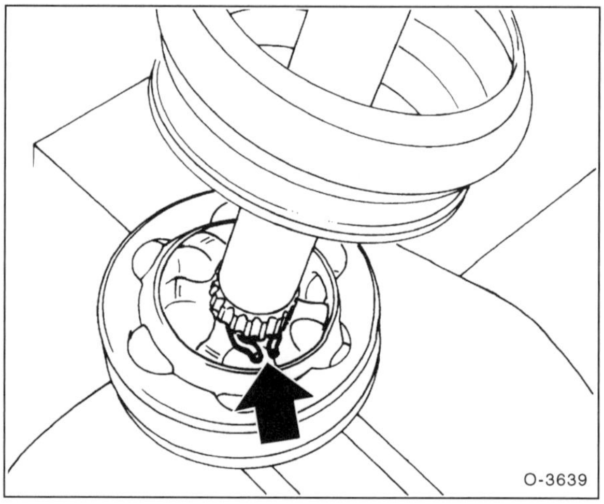

- Gelenkmanschette zurückschieben und Fettfüllung aus dem Gelenk herausnehmen, bis der Sicherungsring –Pfeil– sichtbar ist.
- Sicherungsring im Gelenk mit einer Zange spreizen.

Hinweis: Bei einigen Motoren fehlt der Sicherungsring im Außengelenk.

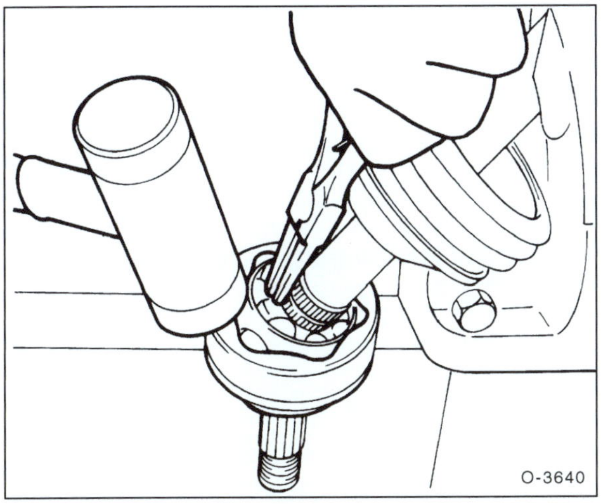

- Gelenk von der Wellenverzahnung abziehen, gleichzeitig Sicherungsring mit Zange gespreizt halten. Wenn nötig, Gelenk mit Kunststoffhammer abtreiben.
- Modell ohne Sicherungsring im Außengelenk: Sicherungsring von der Gelenkwelle abnehmen.
- Manschette von der Gelenkwelle abziehen.

Einbau

Achtung: Spröde oder gerissene Manschetten ersetzen. Defekte Gelenke grundsätzlich komplett erneuern.

- Altes Fett aus dem Gelenk gründlich mit Benzin auswaschen. Mit einem Holzspachtel Gelenk-Hohlräume mit neuem OPEL-Spezialfett 1941522 füllen.
- **Neuen** Sicherungsring ins Gelenk einsetzen.
- Modell ohne Sicherungsring im Außengelenk: **Neuen** Sicherungsring in die Nut der Gelenkwelle einsetzen.
- Darauf achten, dass der Sicherungsring einwandfrei in seiner Nut sitzt.
- **Neues** Halteband und Manschette auf die Gelenkwelle aufschieben.
- Restliches Fett in die Manschette einfüllen.
- Neues Gelenk auf die Wellenverzahnung aufschieben bis der Sicherungsring einrastet. Wenn nötig, Gelenk mit Kunststoffhammer aufschlagen.
- Mit Schraubendreher Manschettenhülle an der Welle etwas anheben und entlüften.

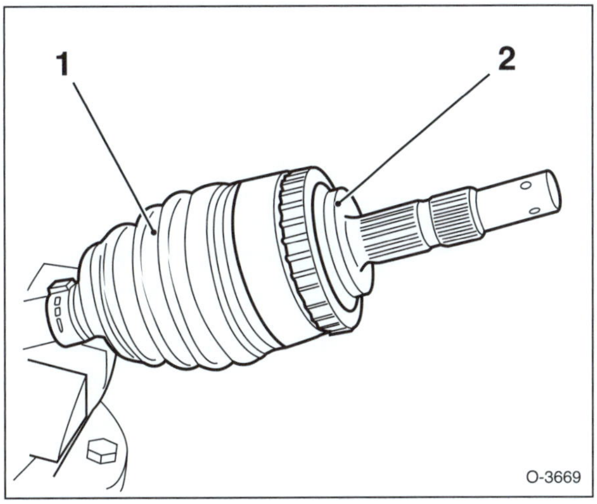

- Manschette –1– über das Gelenk –2– schieben. **Hinweis:** Die Manschette muss dabei in der Nut des Gelenks und in der Nut der Welle sitzen. In der Abbildung ist das radseitige Gelenk dargestellt.

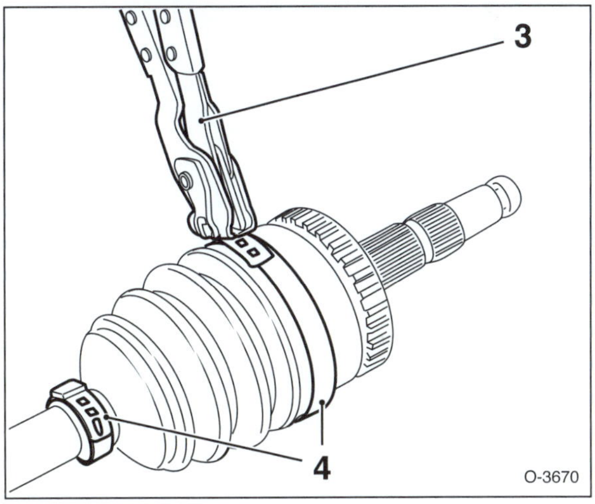

- Manschettenbänder –4– über die Manschette legen und mit Klemmzange –3–, zum Beispiel HAZET 1847-1, spannen. **Achtung:** Die Manschette darf gegenüber der Gelenkwelle nicht verdreht sitzen.
- Gelenkwelle einbauen, siehe entsprechendes Kapitel.

Hinterachse

Die Hinterachse des VECTRA/SIGNUM besteht aus dem Hinterachsträger, den beidseitig befestigten Längslenkern sowie den Achsschenkeln. Die Längslenker sind über Dämpfungsbuchsen mit dem Aufbau verschraubt. Die Querlenker sind zum Teil aus Aluminium gefertigt. Der Stabilisator vermindert die Neigung der Karosserie beim Durchfahren in Kurven und sorgt für gute Bodenhaftung der Hinterräder.

Abgefedert wird das Fahrzeug an der Hinterachse durch 2 Schraubenfedern und 2 Stoßdämpfer. Schraubenfedern und Stoßdämpfer sind getrennt angeordnet, so dass auf Federbeindome im Laderaum verzichtet werden kann. Dadurch vergrößert sich die Laderaumbreite.

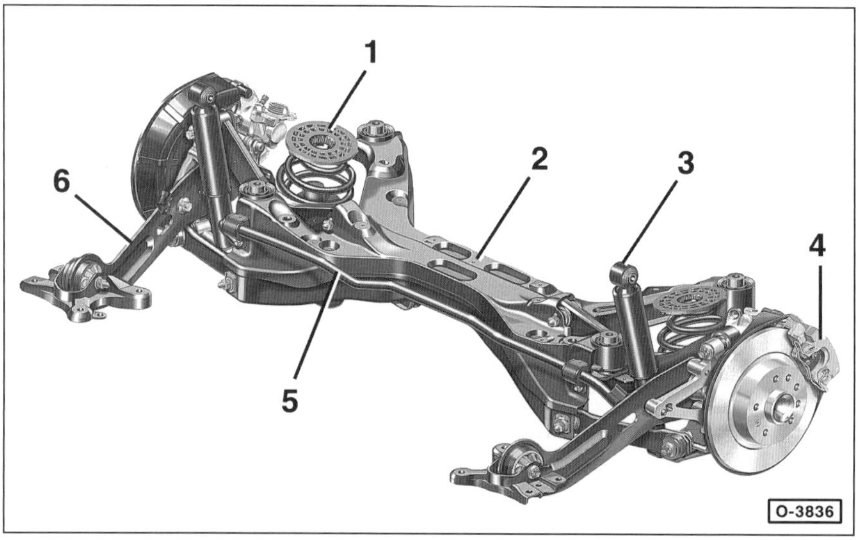

1 – **Schraubenfeder** mit Dämpfungsring oben
2 – **Hinterachsträger**
3 – **Stoßdämpfer**
4 – **Bremssattel**
5 – **Stabilisator**
6 – **Längslenker** mit Dämpfungsbuchse

Stoßdämpfer an der Hinterachse aus- und einbauen

Achtung: Stoßdämpfer immer paarweise austauschen, also an beiden Fahrzeugseiten. Es gibt unterschiedliche Ausführungen; deshalb nur die für die jeweilige Fahrzeugausführung vorgesehenen Ersatzteile verwenden.

Ausbau

- Reifen-Laufrichtung mit Pfeil am Reifen markieren. Radschrauben lösen. Fahrzeug hinten aufbocken und Rad abnehmen. **Achtung:** Unbedingt Hinweise im Kapitel »Rad aus- und einbauen« beachten.
- Fahrzeuge mit elektronischer Stoßdämpferkontrolle: Stecker am Stoßdämpfer abziehen.

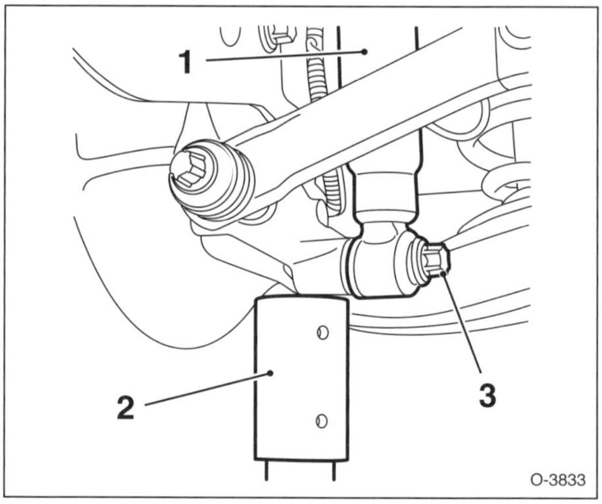

- Mit einem Hydraulikheber –2– Achsschenkel der Hinterachse etwas anheben.
- Außen-Torxschraube –3– herausdrehen und Stoßdämpfer –1– unten vom Achsschenkel lösen.

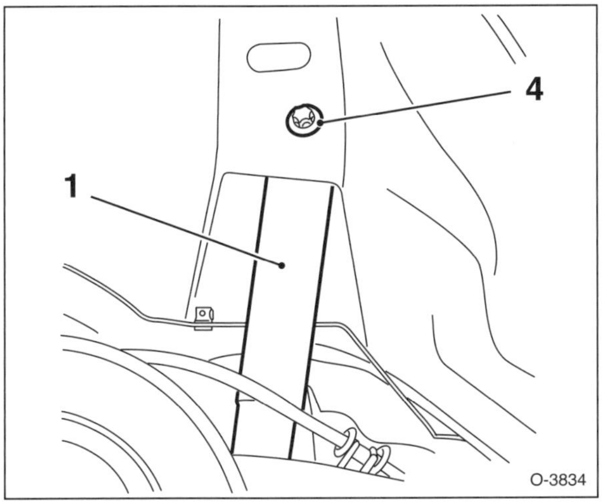

- Außen-Torxschraube –4– oben herausdrehen und Stoßdämpfer –1– vom Fahrzeugunterboden lösen.
- Stoßdämpfer aus dem Radkasten herausnehmen.

Einbau

- Stoßdämpfer in den Radkasten einführen und am Fahrzeugunterboden anschrauben. Dabei die Schraube oben noch nicht festziehen.
- Stoßdämpfer unten am Achsschenkel anschrauben. Schraube mit **150 Nm** festziehen.
- Schraube oben am Fahrzeugunterboden mit **90 Nm** festziehen.
- Wagenheber absenken und entfernen.
- Fahrzeuge mit elektronischer Stoßdämpferkontrolle: Stecker am Stoßdämpfer aufstecken.
- Reifen-Laufrichtung beachten, Rad anschrauben, Fahrzeug ablassen, erst dann Radschrauben über Kreuz mit **110 Nm** festziehen. **Achtung:** Unbedingt Hinweise im Kapitel »Rad aus- und einbauen« beachten.

Schraubenfeder an der Hinterachse aus- und einbauen

Achtung: Schraubenfedern immer paarweise austauschen, also an beiden Fahrzeugseiten. Es gibt unterschiedliche Ausführungen und Federhärten; deshalb nur die für die jeweilige Fahrzeugausführung vorgesehenen Ersatzteile verwenden.

Ausbau

- Reifen-Laufrichtung mit Pfeil am Reifen markieren. Radschrauben lösen. Fahrzeug hinten aufbocken und Rad abnehmen. **Achtung:** Unbedingt Hinweise im Kapitel »Rad aus- und einbauen« beachten.

Achtung: Hohes Lösemoment des Bremssattelträgers!

- Bremssattelträger hinten ausbauen, siehe Seite 154.

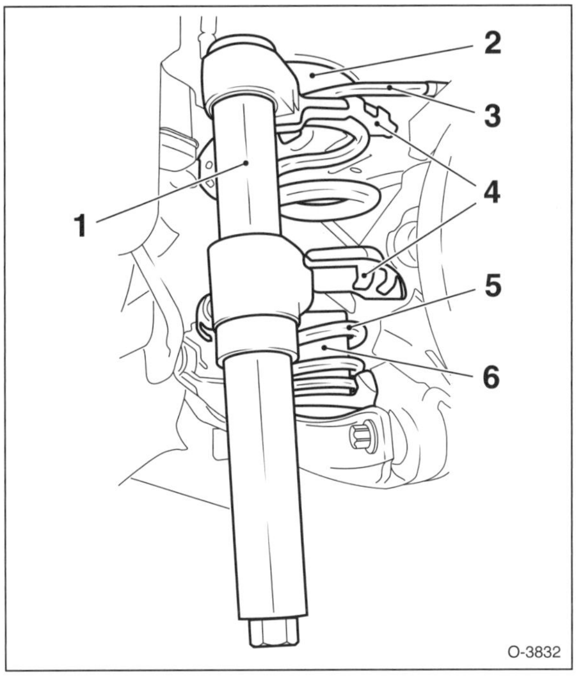

- Geeigneten Federspanner –1– von hinten an der Schraubenfeder –5– ansetzen und möglichst nah an den Federwindungen anlegen, dabei mindestens 3 Windungen umgreifen. **Hinweis:** Die Fachwerkstatt benutzt den Federspanner MKM-6068 mit dem Spannplattenpaar MKM-6068-10 von OPEL.

Achtung: Während des Spannvorgangs auf korrekten Sitz der Spannplatten –4– in den Federwindungen achten.

Hinweis: Dabei darauf achten, dass der Bremsschlauch –3– nicht beschädigt wird.

- Schraubenfeder so weit spannen, bis diese herausnehmbar ist. Schraubenfeder mit oberem Dämpfungsring –2– und unterem Federanschlag –6– herausnehmen.
- **Federspanner langsam entspannen** und Schraubenfeder herausnehmen.

Einbau

- Dämpfungsringe aus der Feder herausnehmen und auf Verschleiß prüfen, gegebenenfalls erneuern. Dämpfungsringe in die Schraubenfeder einsetzen.
- Schraubenfeder in den Federspanner einsetzen und zusammendrücken.
- Schraubenfeder mit oberem Dämpfungsring und unterem Federanschlag einsetzen, dabei darauf achten, dass der Bremsschlauch –3– nicht beschädigt wird.
- Federspanner entspannen und aus der Schraubenfeder herausziehen. Dabei auf richtigen Sitz der Feder am oberen und unteren Federsitz achten, und dass beim Entspannen der Oberflächenschutz der Schraubenfeder nicht beschädigt wird.
- Bremssattelträger hinten einbauen, siehe Seite 154.

Achtung: Hohes Anzugsdrehmoment des Bremssattelträgers!

- Reifen-Laufrichtung beachten, Rad anschrauben, Fahrzeug ablassen, erst dann Radschrauben über Kreuz mit **110 Nm** festziehen. **Achtung:** Unbedingt Hinweise im Kapitel »Rad aus- und einbauen« beachten.

Radlagereinheit hinten aus- und einbauen

In der Radlagereinheit sind Radlager und Radnabe integriert. Die Radlagereinheit ist wartungsfrei, sie muss weder eingestellt noch geschmiert werden.

Ausbau

- Reifen-Laufrichtung mit Pfeil am Reifen markieren. Radschrauben lösen. Fahrzeug hinten aufbocken und Rad abnehmen. **Achtung:** Unbedingt Hinweise im Kapitel »Rad aus- und einbauen« beachten.

Achtung: Hohes Lösemoment des Bremssattelträgers!

- Bremssattelträger hinten ausbauen, siehe Seite 154.
- Bremsscheibe hinten ausbauen, siehe Seite 156.

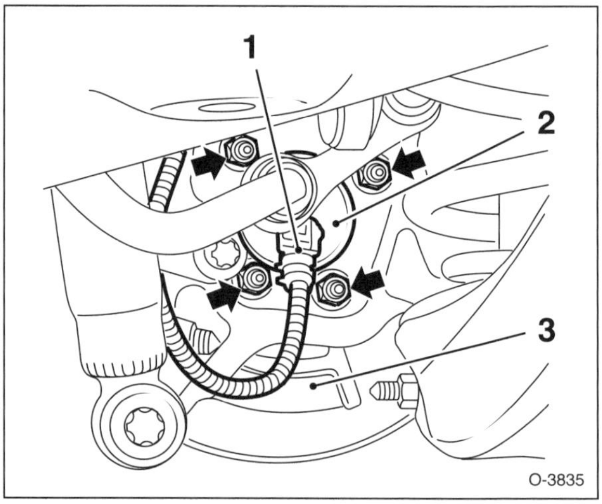

- Stecker –1– für ABS-Radsensor entriegeln und abziehen.
- 4 Muttern –Pfeile– herausdrehen und Radlagereinheit –2– zusammen mit Bremsenabdeckblech –3– vom Achsschenkel abnehmen.

Einbau

- Anlageflächen von Radlagereinheit, Bremsabdeckblech und Achsschenkel reinigen.
- Radlagereinheit mit Bremsabdeckblech mit **neuen selbstsichernden Muttern** am Achsschenkel befestigen. Muttern in 3 Stufen festziehen:

  1. Stufe: . . mit Drehmomentschlüssel **60 Nm** anziehen.

  2. Stufe: . . . . mit starrem Schlüssel **60°** weiterdrehen.

  3. Stufe: . . . . mit starrem Schlüssel **15°** weiterdrehen.
- Stecker für ABS-Radsensor aufschieben.
- Bremsscheibe auf Radnabe setzen und Sicherungsschraube eindrehen.
- Bremssattelträger hinten einbauen, siehe Seite 154.

Achtung: Hohes Anzugsdrehmoment des Bremssattelträgers!

- Reifen-Laufrichtung beachten, Rad anschrauben, Fahrzeug ablassen, erst dann Radschrauben über Kreuz mit **110 Nm** festziehen. **Achtung:** Unbedingt Hinweise im Kapitel »Rad aus- und einbauen« beachten.

Lenkung/Airbag

Die Lenkung besteht im Wesentlichen aus dem Lenkrad mit der Lenksäule, dem Zahnstangen-Lenkgetriebe und den Spurstangen. Die Lenksäule überträgt die Lenkbewegungen auf das Lenkgetriebe. Über eine Verzahnung im Lenkgetriebe wird die Zahnstange entsprechend dem Lenkradeinschlag nach links oder rechts bewegt. Die Spurstangen übertragen die Lenkkräfte über Spurstangengelenke und Achsschenkel auf die Räder.

Die Zahnstangenlenkung ist spiel- und wartungsfrei, nur die Lenkmanschetten und Staubkappen der Spurstangenköpfe müssen im Rahmen der Wartung auf einwandfreien Zustand geprüft werden.

Der Kraftaufwand beim Einschlagen der Räder, insbesondere bei stehendem Fahrzeug, wird durch eine **elektrohydraulische Lenkhilfe** (Servolenkung) verringert. Die Lenkhilfe besteht aus der elektrischen Ölpumpe, dem darüber liegenden Vorratsbehälter und den Öldruckleitungen. Die Pumpe saugt das Hydrauliköl aus dem Vorratsbehälter an und fördert es mit hohem Druck zum Lenkgetriebe. Dort wird das Öl je nach Lenkeinschlag in die entsprechende Seite des Arbeitszylinders geleitet. Das Öl drückt gegen den Zahnstangenkolben und unterstützt dadurch die Lenkbewegungen.

Im Lenkrad ist der Fahrer-Airbag untergebracht. Der **Airbag** ist ein zusammengefalteter Luftsack, der im Fall einer Frontalkollision aufgeblasen wird und dadurch Oberkörper und Kopf des Fahrers vor einem Aufprall auf das Lenkrad schützt. Bei einer entsprechend starken Frontalkollision wird über ein Steuergerät eine kleine Sprengladung im Gasgenerator der Airbag-einheit gezündet. Es entstehen Explosionsgase, die den Luftsack innerhalb weniger Millisekunden aufblasen. Diese Zeit reicht aus, um den Aufprall des nach vorn schnellenden Fahrer-Oberkörpers zu dämpfen. Der Airbag fällt anschließend wieder in sich zusammen, da die Gase durch Austrittsöffnungen entweichen.

Achtung: Die angegebenen Anzugsdrehmomente sind unbedingt einzuhalten. Bei mangelnder Erfahrung sollten Arbeiten an der Lenkung von einer Fachwerkstatt durchgeführt werden.

Sicherheitshinweis
Schweiß- und Richtarbeiten an Bauteilen der Lenkung **sind nicht zulässig. Selbstsichernde Schrauben/Muttern** sowie korrodierte Schrauben/Muttern im Reparaturfall **immer ersetzen.**

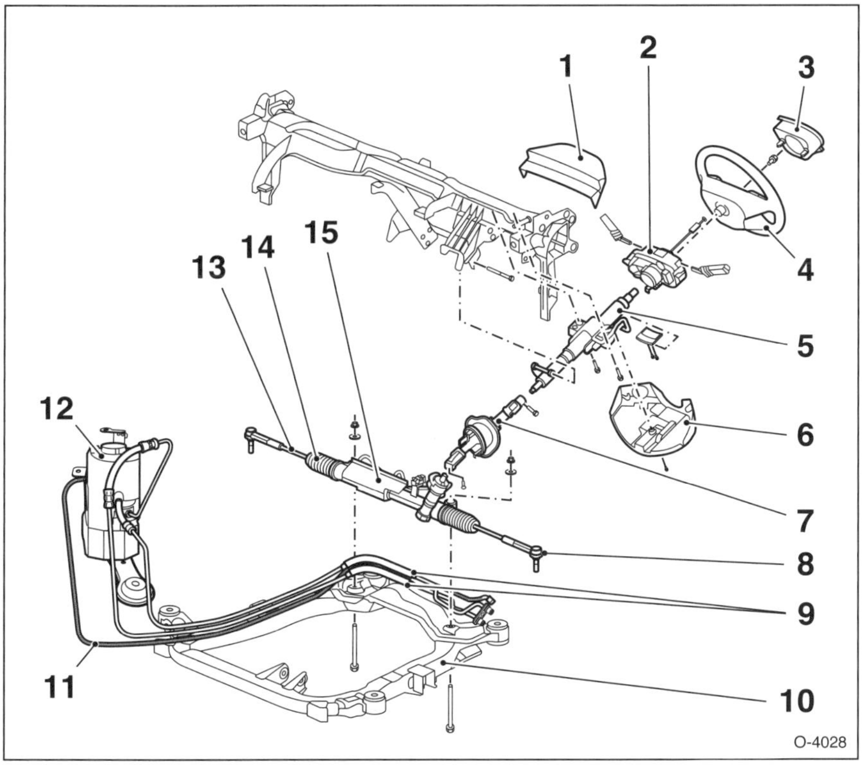

1 – Lenksäulenverkleidung oben
2 – Kontakteinheit mit Steuergerät und Lenkstockschalter
3 – Airbag-Einheit
4 – Lenkrad
5 – Lenksäule
Verstellbar in Länge und Höhe.
6 – Lenksäulenverkleidung unten
7 – Lenkzwischenspindel
8 – Spurstangenkopf
9 – Hydraulikleitungen
10 – Vorderachsträger
11 – Leitung für Lenkwinkelsensor
Fahrzeug ohne ESP.
12 – Servo-Ölbehälter mit Pumpe und Elektromotor
13 – Spurstange
14 – Gummimanschette
15 – Lenkgetriebe

Airbag-Sicherheitshinweise

Das Airbag-System besteht aus dem Aufprallsensor, dem Gasgenerator und dem Airbag. Das Aufblasen des Airbags wird elektrisch ausgelöst.

Serienmäßig ist das Fahrzeug mit Front- sowie Seitenairbags einschließlich Gurtstraffern und Gurtkraftbegrenzern ausgestattet.

Bei Fahrzeugen mit Seitenairbag darf auf dem Beifahrersitz kein Kindersitz montiert werden; ausgenommen ein spezieller Kindersitz von OPEL mit automatischer Kindersitzerkennung in Zusammenhang mit der Sitzbelegungserkennung.

Hinweis: Bei Fahrzeugen mit Sitzbelegungserkennung leuchtet eine Kontrolllampe in der vorderen Innenleuchte nach Einschalten der Zündung kurz auf.

Bei Fahrzeugen ohne Sitzbelegungserkennung darf auf dem Beifahrersitz kein gegen die Fahrtrichtung angeordneter Babysitz montiert werden.

Achtung: Aus Sicherheitsgründen keine Arbeiten an Teilen des Airbag- oder Gurtstraffer-Systems durchführen.

Vor Aus- und Einbau der Fahrer-Airbag-Einheit folgende Hinweise unbedingt befolgen:

- Zuerst Batterie-Massekabel (–) und anschließend Batterie-Pluskabel (+) abklemmen. Danach **1 Minute warten**. **Achtung:** Hinweise im Kapitel »Batterie aus- und einbauen« durchlesen.
- Batteriepole isolieren, um einen versehentlichen Kontakt zu vermeiden.
- Räder in Geradeausstellung, Lenkrad in Mittelstellung bringen.
- Vor dem Abnehmen (Berühren) der Airbag-Einheit elektrostatische Aufladung abbauen. Dazu kurz den Schließkeil der Tür oder die Karosserie anfassen.

Achtung: Beim Anklemmen der Batterie darf sich keine Person im Innenraum des Fahrzeuges aufhalten.

Allgemeine Hinweise:

- Niemals Airbag-Komponenten eines anderen Fahrzeugs oder ein anderes Lenkrad einbauen. Beim Austausch stets neue Teile verwenden.
- Selbst nach einem leichten Unfall, der nicht zum Auslösen des Airbags führte, Airbag- und Gurtstraffer-System von einer Fachwerkstatt überprüfen lassen.
- Einmal ausgelösten Airbag oder Gurtstraffer umgehend ersetzen.
- **Das Airbag-System darf nur in der Fachwerkstatt geprüft werden. Keinesfalls mit Prüflampe, Voltmeter oder Ohmmeter prüfen.**
- Airbag-Komponenten, die aus einer Höhe von mehr als 0,8 m fallengelassen wurden, müssen grundsätzlich ersetzt werden.
- Airbag-Komponenten vor großer Hitze und direkter Flammeneinwirkung schützen und keinen Temperaturen über +80° C aussetzen, auch nicht kurzfristig.
- Airbag-Komponenten vor Kontakt mit Wasser, Fett oder Öl schützen. Sofort mit einem trockenem Lappen abwischen.
- Die Airbag-Einheit ist im ausgebauten Zustand immer so abzulegen, dass das Lenkradpolster nach oben zeigt. Bei umgekehrter Lagerung besteht die Gefahr, dass bei eventueller Zündung der Gasgenerator nach oben geschleudert wird. Dadurch erhöht sich die Verletzungsgefahr.
- Bei Arbeitsunterbrechung die Airbag-Einheit nicht unbeaufsichtigt liegen lassen.
- Die Airbag-Einheit darf nicht zerlegt werden, bei einem Defekt ist sie immer komplett zu ersetzen. Da die Airbag-Einheit Explosivstoffe enthält, ist sie unter Verschluss oder geeigneter Aufsicht aufzubewahren.
- Vor Verschrotten des Fahrzeugs müssen die Airbag-Einheiten entsorgt werden. Die Entsorgung erfolgt nur durch eine Fachwerkstatt.
- Zwischen Airbag und Insassen dürfen sich keine Gegenstände befinden.
- Lenkrad, Armaturentafel und Vordersitzlehnen im Bereich der Airbag-Einheit nicht bekleben und von Gegenständen freihalten.
- An den Haken der Handgriffe nur leichte Kleidungsstücke ohne Kleiderbügel aufhängen. Keine Gegenstände in den Taschen der Kleidungsstücke belassen.
- Im Bereich der Mittelkonsole sind das Steuergerät des Airbag-Systems und der Gurtstraffer untergebracht. Zur Vermeidung von Funktionsstörungen dürfen dort keine magnetischen Gegenstände abgelegt werden.
- Die Airbag-Kontrolllampe im Kombiinstrument muss beim Einschalten der Zündung aufleuchten und nach etwa 4 Sekunden erlöschen. Andernfalls liegt eine Störung vor.

Speziell bei Seitenairbags folgendes beachten:

- Fahrzeuge mit Seitenairbag sind erkennbar am Schriftzug AIRBAG an den Seiten der Lehnen.
- Es dürfen an den Vordersitzen nur Schonbezüge verbaut werden, die für Seitenairbags freigegeben sind.
- Sitzplatzauflagen, -matten oder ähnliches, die die Funktion der Sitzbelegungserkennung und der Airbags beeinträchtigen, sind nicht zulässig.
- Bei Beschädigung des Bezuges (zum Beispiel durch Risse oder Brandlöcher) im Bereich des Seitenairbags ist aus Sicherheitsgründen immer der Bezug zu wechseln, da sich sonst der Seitenairbag nicht richtig entfaltet.
- Nicht mit der Polsternadel oder ähnlich spitzen Gegenständen im Bereich des Airbags und der Sensormatte in den Bezug stechen.

Airbag-Einheit aus- und einbauen

Ausbau

- Airbag-Sicherheitshinweise durchlesen und befolgen.
- Zuerst Batterie-Massekabel (–) und anschließend Batterie-Pluskabel (+) abklemmen. Danach **1 Minute warten**. **Achtung:** Hinweise im Kapitel »Batterie aus- und einbauen« durchlesen.
- Um ein Auslösen des Airbags zu verhindern, **Batteriepole mit Isolierband abkleben**.
- Zündschlüssel auf Position »**I**« drehen.

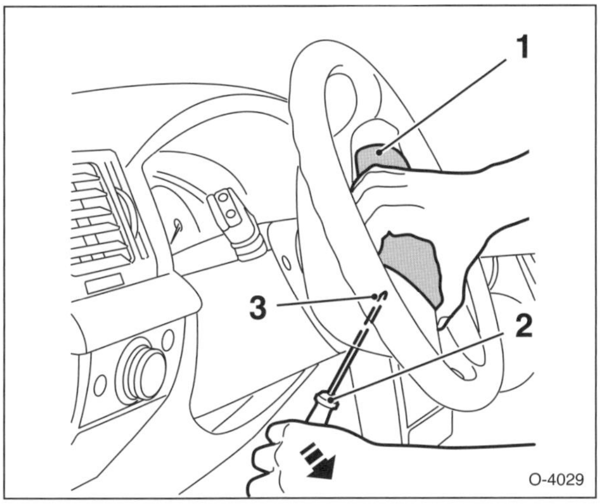

O-4029

- Lenkrad um etwa 45° nach links drehen. Kreuzschlitz-Schraubendreher –2– bis zum Anschlag in die Öffnung –3– an der Rückseite des Lenkrades einführen.
- Schraubendreher in Pfeilrichtung ziehen und Verriegelungsfeder im Lenkrad ausrasten, dabei Airbag-Einheit –1– anheben.
- Lenkrad in die entsprechende Position nach rechts drehen.
- Airbag-Einheit in gleicher Weise an der rechten Verriegelungsfeder ausrasten.

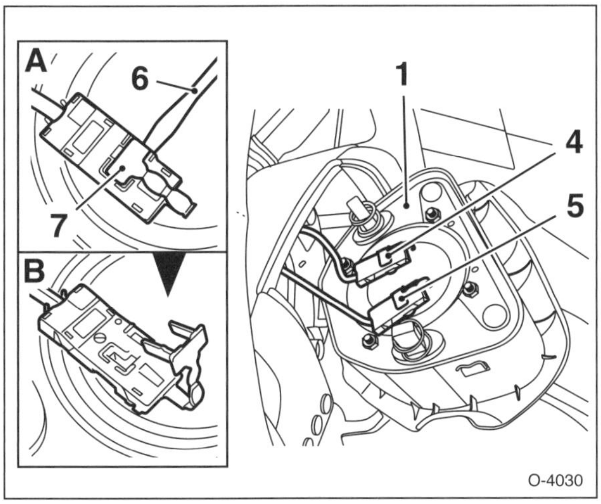

O-4030

- Airbag-Einheit –1– vom Lenkrad abheben
- Stecker –4/5– an der Rückseite abziehen. Dazu mit einem Schraubendreher –6– Sicherungsnippel –7– am Stecker herausziehen und Stecker von der Airbag-Einheit abziehen.

Hinweis: Bis April 2003 ist nur ein Stecker vorhanden.

- Airbag-Einheit abnehmen und so ablegen, dass das Prallpolster nach oben zeigt.

Einbau

- Stecker an der Airbag-Einheit aufschieben und Sicherungsnippel einsetzen.
- Airbag-Einheit vorsichtig auf das Lenkrad setzen, dabei auf korrekten Sitz und gleichmäßige Spaltmaße achten.
- Airbag-Einheit an den Verriegelungsfedern rechts und links einrasten.
- Zündschlüssel auf Position »**0**« (AUS) drehen und abziehen.

Achtung: Beim Anklemmen der Batterie darf sich keine Person im Innenraum des Fahrzeuges aufhalten.

- Isolierband an den Polen der Batterie entfernen, zuerst Pluskabel (+) und danach Massekabel (–) an der Batterie anklemmen. **Achtung:** Hinweise im Kapitel »Batterie aus- und einbauen« beachten.
- Zündung einschalten; die Airbag-Kontrolllampe im Kombiinstrument muss für etwa 4 Sekunden aufleuchten.

Lenkrad aus- und einbauen

Ausbau

- Airbag-Einheit ausbauen, dabei Airbag-Sicherheitshinweise befolgen, siehe Seite 138.
- Räder in Geradeausstellung bringen, Zündschlüssel abziehen und Lenkradschloss einrasten lassen.

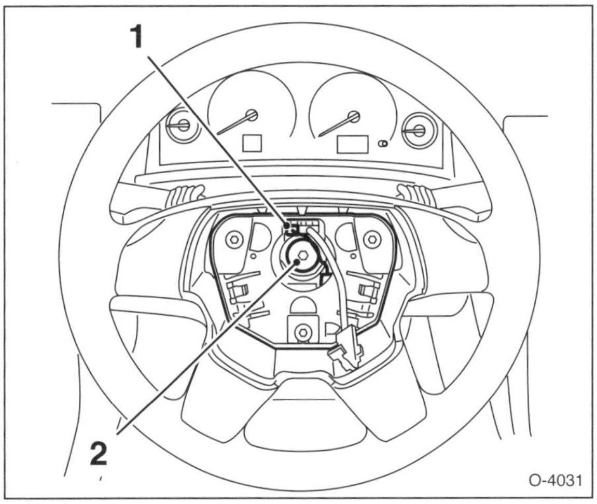

O-4031

- Stecker –1– entriegeln und trennen.
- Schraube –2– herausdrehen.

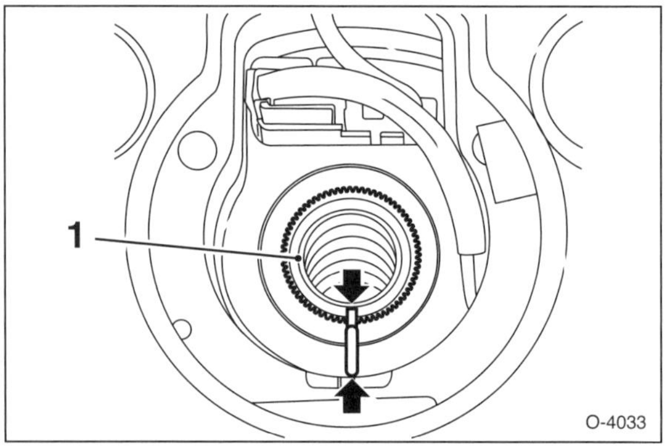

Hinweis: Die Strichmarkierungen –Pfeile– auf der Nabe des Lenkrades und an der Lenkspindel –1– beachten; sie müssen sich gegenüberstehen.

- Lenkrad von Hand von der Lenkspindel abziehen.

Einbau

- Gewinde in der Lenkspindel und an der Schraube säubern.

Achtung: Beim Aufsetzen des Lenkrades müssen sich die Räder in Geradeausstellung befinden. Ansonsten kann die Kontakteinheit beschädigt werden.

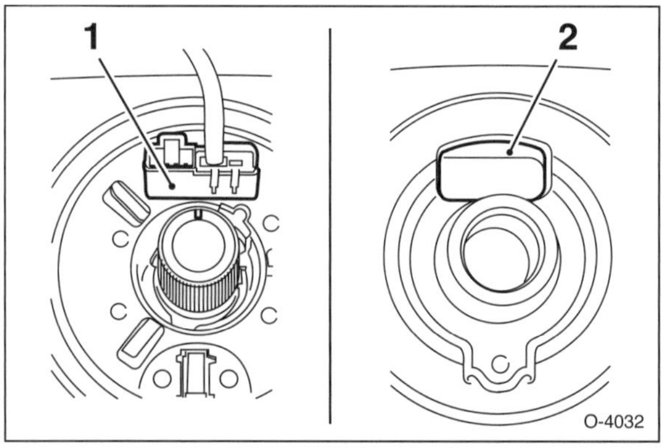

- Lenkrad so auf die Lenkspindel aufsetzen, dass der Mitnehmer –1– in die Aussparung –2– am Lenkrad greift. Die Strichmarkierungen am Lenkrad und an der Lenkspindel müssen fluchten, siehe Abbildung O-4033.
- Schraube in die Lenkspindel reindrehen. Schraubengewinde vorher mit Schraubensicherungsmittel, zum Beispiel LOCTITE 243, bestreichen. Schraube mit **30 Nm** festziehen.
- Stecker für Airbag-Einheit hörbar einrasten und sichern.
- Auf ebener Straße kontrollieren, ob das Lenkrad in Mittelstellung steht, gegebenenfalls Lenkrad umsetzen.
- Airbag-Einheit einbauen, siehe entsprechendes Kapitel.
- Hupe und, falls vorhanden, Radiofernbedienung auf Funktion prüfen.
- Fahrzeuge mit ESP: Lenkwinkelsensor kalibrieren, siehe Kapitel »Batterie aus- und einbauen«, Seite 63.

Kontakteinheit aus- und einbauen

Ausbau

Hinweise: Bei Austausch der Kontakteinheit Daten des Steuergerätes in der Werkstatt abgleichen. Bei Fahrzeugen mit ESP ist der Lenkwinkelsensor in der Kontakteinheit integriert.

- Räder in Geradeausstellung bringen, Zündschlüssel auf Position »**I**« drehen.
- Airbag-Einheit ausbauen, dabei Airbag-Sicherheitshinweise befolgen, siehe Seite 138.
- Lenkrad ausbauen, dabei Lenkradschloss **nicht** einrasten lassen, siehe entsprechendes Kapitel.
- Lenksäulenverkleidung ausbauen, siehe Seite 231.
- Einbaulage der Kontakteinheit auf der Lenkspindel mit einem Filzstift markieren.

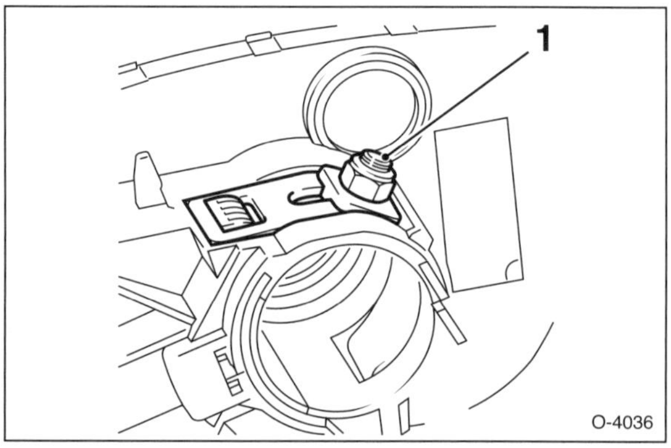

- Mutter –1– für die Verdrehsicherung lockern.

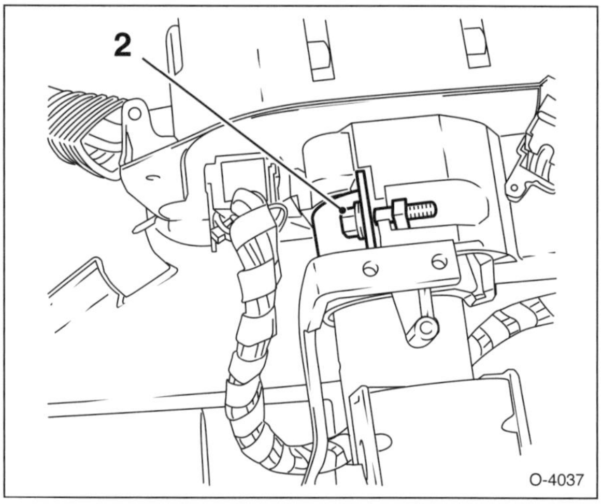

- Schraube –2– lockern.

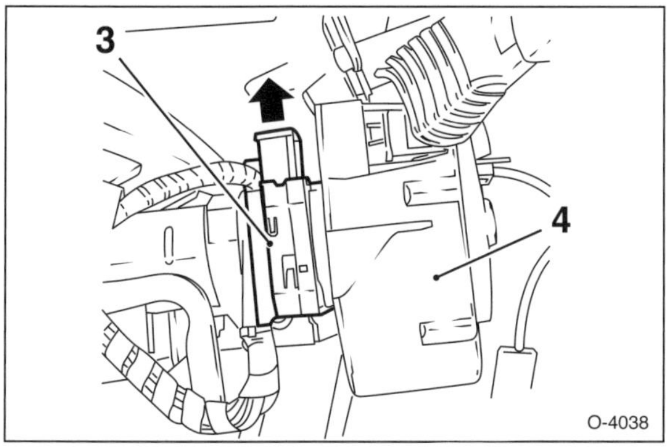

- Riegel hochziehen –Pfeil– und Stecker –3– von der Kontakteinheit abziehen.
- Haltelasche entriegeln und Kontakteinheit –4– von der Lenkspindel abziehen.

Achtung: Nach dem Ausbau darf die Achse der Kontakteinheit nicht mehr verdreht werden.

Einbau

Achtung: Die Wickelfeder der Kontakteinheit muss in Mittelstellung stehen, die Pfeilmarkierungen müssen fluchten. Hinweise auf der Kontakteinheit beachten.

- Kontakteinheit auf die Lenkspindel schieben und entsprechend der angebrachten Markierungen positionieren.
- In dieser Lage Mutter –1– für die Verdrehsicherung mit **15 Nm** festziehen, siehe Abbildung O-4036.
- Schraube –2– mit **15 Nm** festziehen, siehe Abbildung O-4037.
- Stecker aufschieben und verriegeln.
- Der weitere Einbau erfolgt in umgekehrter Ausbaureihenfolge.
- Wurde die Kontakteinheit erneuert, Kontakteinheit mit Einstellgerät in der Werkstatt anpassen lassen.
- Fahrzeuge mit ESP: Lenkwinkelsensor kalibrieren, siehe Kapitel »Batterie aus- und einbauen«, Seite 63.

Spurstangenkopf aus- und einbauen

Ausbau

- **Spurstangenspiel prüfen:** Fahrzeug vorn aufbocken, die Räder müssen frei hängen. Räder und Spurstangen bewegen. Dabei darf kein Spiel auftreten.
- Reifen-Laufrichtung mit Pfeil am Reifen markieren. Radschrauben lösen. Fahrzeug vorn aufbocken und Rad abnehmen. **Achtung:** Unbedingt Hinweise im Kapitel »Rad aus- und einbauen« beachten.

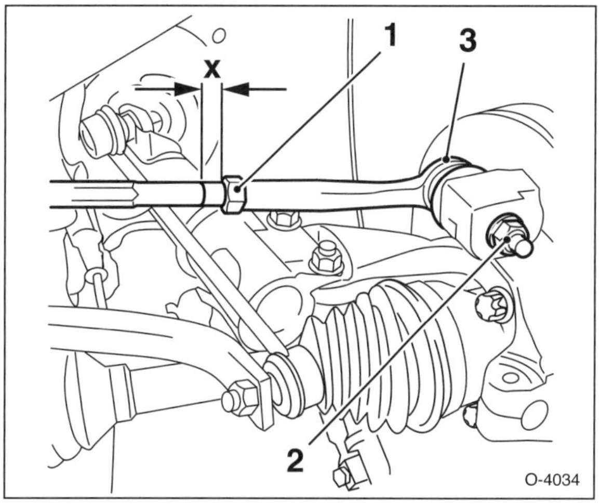

- Aufschraubtiefe –x– des Spurstangenkopfes auf der Spurstange messen und notieren.
- Kontermutter –1– lösen, dabei den Spurstangenkopf mit einem Gabelschlüssel gegenhalten.
- Mutter –2– für Spurstangenkopf –3– einige Umdrehungen losschrauben.

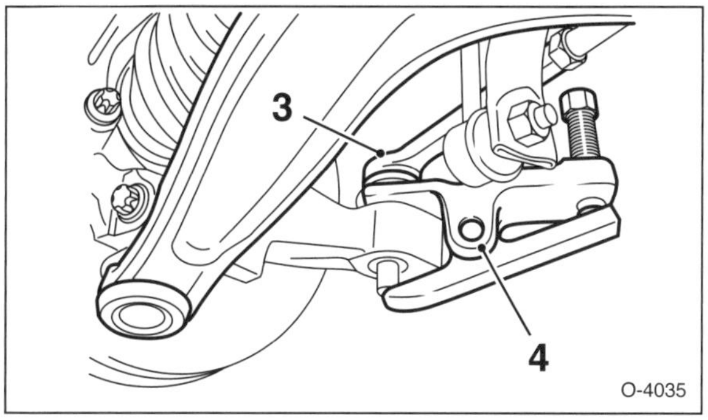

- Spurstangenkopf –3– mit handelsüblichem Ausdrücker –4–, zum Beispiel HAZET 779, aus dem Achsschenkel herausdrücken, der Ausdrücker stützt sich dabei auf der Mutter ab.
- Mutter für Spurstangenkopf abschrauben.
- Spurstangenkopf von der Spurstange abschrauben. Dabei die Anzahl der Umdrehungen für den späteren Einbau merken.

Einbau

- Spurstangenkopf mit der gleichen Anzahl an Umdrehungen wie beim Ausbau auf die Spurstange aufschrauben. Dabei das ermittelte Maß für die Aufschraubtiefe, welches beim Ausbau notiert wurde, überprüfen. Kontermutter handfest anschrauben.
- Spurstangenkopf am Achsschenkel einsetzen und mit **neuer selbstsichernder** Mutter und **35 Nm** festziehen.
- Kontermutter für Spurstangenkopf mit **60 Nm** festziehen.
- Reifen-Laufrichtung beachten, Rad anschrauben, Fahrzeug ablassen, erst dann Radschrauben über Kreuz mit **110 Nm** festziehen. **Achtung:** Unbedingt Hinweise im Kapitel »Rad aus- und einbauen« beachten.
- Spur in der Fachwerkstatt überprüfen und gegebenenfalls einstellen lassen.

Gummimanschette für Lenkung aus- und einbauen

Ausbau

- Reifen-Laufrichtung mit Pfeil am Reifen markieren. Radschrauben lösen. Fahrzeug vorn aufbocken und Rad abnehmen. **Achtung:** Unbedingt Hinweise im Kapitel »Rad aus- und einbauen« beachten.
- Falls vorhanden, untere Motorraumabdeckung ausbauen, siehe Seite 249.
- Spurstangenkopf ausbauen, siehe entsprechendes Kapitel.
- Kontermutter für Spurstangenkopf von der Spurstange abschrauben.
- Spurstange vor Ausbau der Gummimanschette von Verschmutzungen säubern.

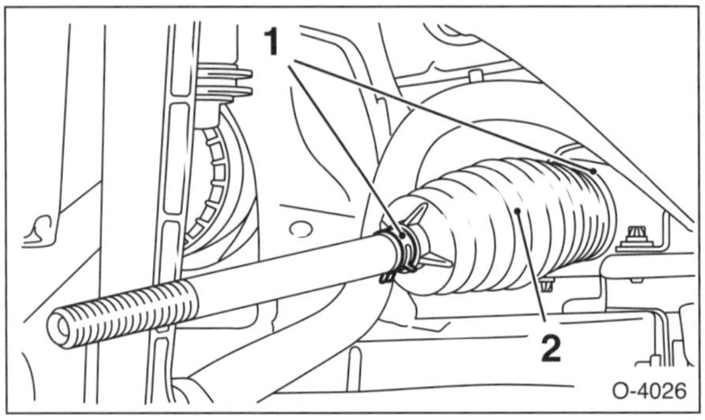

- Beide Manschettenbänder –1– lösen, dabei die Einbaulage der Manschettenbänder merken.

Hinweis: Das innere Manschettenband muss zerschnitten werden.

- Gummimanschette –2– von der Spurstange abziehen.

Einbau

- Spurstange reinigen und leicht einfetten.

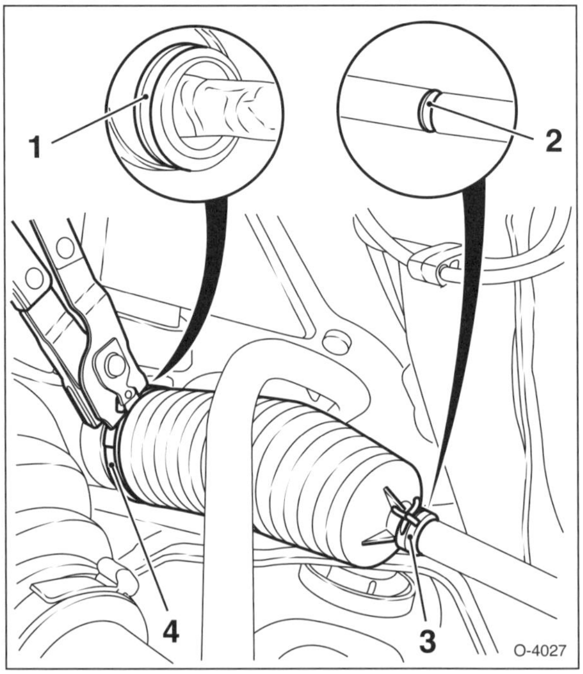

- Gummidichtung in der Nut am Lenkgetriebe –1– ersetzen. Korrekten Sitz der **neuen Dichtung** beachten.
- **Neue** Gummimanschette über die Spurstange aufziehen, dabei darauf achten, dass die Manschette in den Nuten des Lenkgetriebes –1– und der Spurstange –2– richtig sitzt.
- Gummimanschette am Lenkgetriebe mit **neuem** Halteband –4– und an der Spurstange mit **neuer** Klemmschelle –3– befestigen. Klemmschelle dabei wie vor dem Ausbau ausrichten.
- Kontermutter auf die Spurstange aufschrauben und Spurstangenkopf einbauen, siehe entsprechendes Kapitel.
- Gegebenenfalls untere Motorraumabdeckung einbauen, siehe Seite 249.
- Prüfen ob die Gummimanschette nicht verdreht ist.
- Reifen-Laufrichtung beachten, Rad anschrauben, Fahrzeug ablassen, erst dann Radschrauben über Kreuz mit **110 Nm** festziehen. **Achtung:** Unbedingt Hinweise im Kapitel »Rad aus- und einbauen« beachten.

Räder und Reifen

Der VECTRA/SIGNUM ist je nach Modell und Ausstattung mit Rädern unterschiedlicher Größe ausgerüstet. Sofern Reifen montiert werden, die nicht in den Fahrzeugpapieren vermerkt sind, müssen sie in der EG-Übereinstimmungsbescheinigung (CoC = Certificate of Conformity) zum Fahrzeug stehen. Die Bescheinigung oder eine Kopie davon ist dann grundsätzlich im Fahrzeug mitzuführen.

Neben der Felgenbreite und dem Felgendurchmesser sind bei einem Wechsel der Felge auch die Einpresstiefe und der Lochkreisdurchmesser zu beachten. Die Einpresstiefe ist das Maß von der Felgenmitte (= Mitte der Reifenspur) bis zur Anlagefläche der Radschüssel an die Radnabe/Bremstrommel. Der Lochkreisdurchmesser gibt den Durchmesser des Kreises an, an dem die Radschrauben angeordnet sind.

Alle Scheibenräder sind als Hump-Felgen ausgelegt. Der Hump ist ein in die Felgenschulter eingepresster Wulst, der auch bei extrem scharfer Kurvenfahrt nicht zulässt, dass der schlauchlose Reifen von der Felge gedrückt wird. **Achtung:** In schlauchlose Reifen darf kein Schlauch eingezogen werden.

Reifenfülldruck

Der Reifenfülldruck wird vom Automobilhersteller in Abhängigkeit verschiedener Parameter festgelegt. Dazu zählen unter anderem die Fahrzeugbeladung und die Fahrzeug-Höchstgeschwindigkeit. Vom Werk sind für den VECTRA/SIGNUM unterschiedliche Reifendimensionen und Felgengrößen zugelassen. Die vorliegende Reifentabelle listet nur einen Querschnitt möglicher Reifen-/Felgenkombinationen auf. Eine komplette Liste aller zugelassenen Reifen und Felgen hat jede OPEL-Fachwerkstatt.

Für die Lebensdauer der Reifen und die Fahrzeugsicherheit ist das Einhalten des Reifenfülldrucks von großer Wichtigkeit. Reifenfülldruck deshalb alle 4 Wochen und vor jeder längeren Fahrt prüfen (auch am Reserverad).

Hinweis: Die Reifenfülldruckwerte stehen auf einem Aufkleber an der Innenseite der **Tankklappe**.

- Reifenfülldruckangaben beziehen sich auf **kalte** Reifen. Der sich bei längerer Fahrt einstellende und um ca. 0,2 bis 0,4 bar höhere Überdruck darf nicht reduziert werden. **Winterreifen** (Bezeichnung M+S) können mit einem um **0,1 bar höheren Überdruck** als Sommerreifen gefahren werden. Auf jeden Fall müssen die Reifenfülldrücke bei Winterreifen entsprechend den Vorgaben des Reifenherstellers eingehalten werden. Unterliegen die Winterreifen einer Geschwindigkeitsbeschränkung, muss ein Hinweis im Blickfeld des Fahrers angebracht werden (§ 36, Absatz 1 StVZO).
- Bei **Anhängerbetrieb** Reifenfülldruck auf den unter »volle Zuladung« angegebenen Wert erhöhen. Reifenfülldruck der Anhängerbereifung ebenfalls kontrollieren.
- Der Reifenfülldruck für das **Reserverad** entspricht dem höchsten für das Fahrzeug vorgesehenen Fülldruck.

Eine Auswahl von Reifen-/Felgenkombinationen

Motor	**Reifengröße**	**Scheibenrad** (Felgengröße)	**Einpresstiefe** in mm	**Reifenfülldruck (Überdruck) in bar**			
				halbe Zuladung		volle Zuladung	
				vorn	hinten	vorn	hinten
Z16XE/Z18XE	195/65 R 15 [1]	6½J x 15	35	2,0	2,2	2,2	2,7
	215/55 R 16	6½J x 16	41	2,0	2,2	2,2	2,7
	215/50 R 17	7J x 17	41	2,0	2,2	2,2	2,7
	225/45 R 17	7J x 17	41	2,0	2,2	2,2	2,7
Z20NET	215/55 R 16	6½J x 16	41	2,3	2,3	2,4	2,9
Z22YH	215/55 R 16	6½J x 16	41	2,2	2,2	2,3	2,8
	225/45 R 18	7½J x 18	41	2,2	2,2	2,3	2,8
Z32SE, Limousine autom./CARAVAN	215/55 R 16	6½J x 16	41	2,5	2,4	2,6	3,1
Z32SE, SIGNUM	225/45 R 18	7½J x 18	41	2,6	2,3	2,7	3,2
Z19DTH	195/65 R 15 [1,2]	6½J x 15	35	2,4	2,4	2,5	3,0
	215/55 R 16	6½J x 16	41	2,3	2,3	2,4	2,9
Z19DT(L)/Y20DTH/Y22DTR	195/65 R 15 [1]	6½J x 15	35	2,3	2,3	2,5	3,0
	215/55 R 16	6½J x 16	41	2,2	2,2	2,3	2,8
	225/45 R 17	7J x 17	41	2,2	2,2	2,3	2,8
Y30DT, Limousine/CARAVAN	215/55 R 16	6½J x 16	41	2,6	2,4	2,7	3,2
Y30DT, SIGNUM	225/45 R 17	7J x 17	41	2,8	2,5	2,9	3,4

[1]) SIGNUM: Nur als Winterreifen, [2]) SIGNUM: Schaltgetriebe.

Reifen- und Scheibenrad-Bezeichnungen/Herstellungsdatum

Reifen-Bezeichnungen

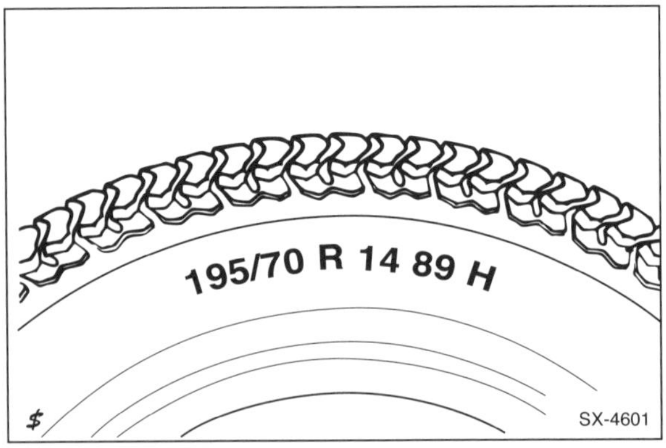

195 = Reifenbreite in mm.

/70 = Verhältnis Höhe zu Breite (die Höhe des Reifenquerschnitts beträgt 70 % von der Breite).

Fehlt eine Angabe des Querschnittverhältnisses (zum Beispiel 155 R 13), so handelt es sich um das »normale« Höhen-Breiten-Verhältnis. Es beträgt bei Gürtelreifen 82 %.

R = Radial-Bauart (= Gürtelreifen).

14 = Felgendurchmesser in Zoll.

89 = Tragfähigkeits-Kennzahl.

Achtung: Steht zwischen den Angaben 14 und 89 die Bezeichnung **M+S**, dann handelt es sich um einen Reifen mit Winterprofil.

H = Kennbuchstabe für zulässige Höchstgeschwindigkeit, H: bis 210 km/h.

Der Geschwindigkeitsbuchstabe steht hinter der Reifengröße. Die Geschwindigkeitsbuchstaben gelten sowohl für Sommer- als auch für Winterreifen.

Geschwindigkeits-Kennbuchstabe

Kennbuchstabe	Zulässige Höchstgeschwindigkeit
Q	160 km/h
S	180 km/h
T	190 km/h
H	210 km/h
V	240 km/h
ZR	über 240 km/h

Achtung: Steht hinter der Reifenbezeichnung das Wort »reinforced«, handelt es sich um einen Reifen in verstärkter Ausführung, beispielsweise für Vans und Transporter.

Reifen-Herstellungsdatum

Das Herstellungsdatum steht auf dem Reifen im Hersteller-Code.

Beispiel: DOT CUL2 UM8 3707 TUBELESS.

DOT = Department of Transportation (US-Verkehrsministerium).

CU = Kürzel für Reifenhersteller.

L2 = Reifengröße.

UM8 = Reifenausführung.

3707 = Herstellungsdatum = 37. Produktionswoche 2007
Hinweis: Falls anstelle der 4-stelligen Ziffer eine 3-stellige Ziffer gefolgt von einem ◁-Symbol aufgeführt ist, dann wurde der Reifen im vergangenen Jahrzehnt produziert. Die Bezeichnung 509◁ bedeutet beispielsweise: 50. Produktionswoche 1999.

TUBELESS = schlauchlos (TUBETYPE = Schlauchreifen).

Achtung: Neureifen müssen seit 10/98 zusätzlich mit einer ECE-Prüfnummer an der Reifenflanke versehen sein. Diese Prüfnummer weist nach, dass der Reifen dem ECE-Standard entspricht. Werden Reifen seit 10/98 **ohne** ECE-Prüfnummer montiert, erlischt die Allgemeine Betriebserlaubnis (ABE) des Fahrzeuges.

Scheibenrad-Bezeichnungen

Beispiel : 5½J x 15 H2, ET 38, LK 4/100.

5½ = Maulweite (Innenbreite) der Felge in Zoll.

J = Kennbuchstabe für Höhe und Kontur des Felgenhorns (B = niedrigere Hornform).

x = Kennzeichen für einteilige Tiefbettfelge.

15 = Felgen-Durchmesser in Zoll.

H2 = Felgenprofil an Außen- und Innenseite mit Hump-Schulter (Hump = Sicherheitswulst, damit der Reifen nicht von der Felge rutscht).

ET 38 = Einpresstiefe: 38 mm. Das Maß gibt in mm an, wie weit die Felgenanschraubfläche von der Felgenmitte entfernt ist.

LK 4 = Die Felge ist in diesem Beispiel mit 4 Schrauben befestigt.

/100 = Der Lochkreisdurchmesser, auf dem die Schrauben angeordnet sind, beträgt 100 mm.

Profiltiefe messen

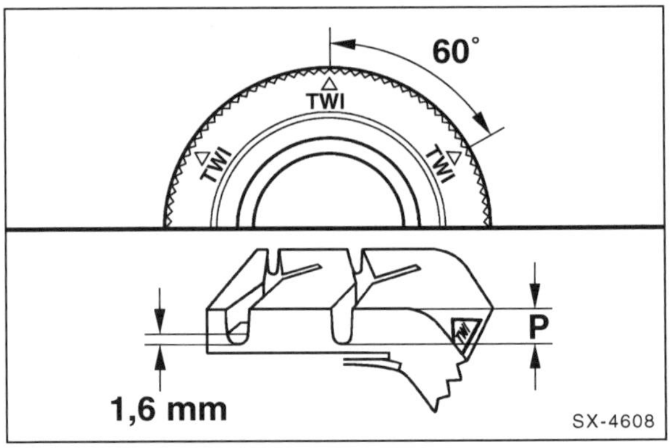

Reifen dürfen aufgrund gesetzlicher Vorschriften bis zu einer Profiltiefe von 1,6 mm abgefahren werden, und zwar an der gesamten Reifenlauffläche gemessen. Aus Sicherheitsgründen empfiehlt es sich, die Sommerreifen bereits bei einer Profiltiefe von 2 mm und die Winterreifen bei einer Profiltiefe von 4 mm auszutauschen.

Die Tiefe des Reifenprofils an den Hauptprofilrillen mit dem stärksten Verschleiß messen. Im Profilgrund der Originalbereifung sind Abnutzungsindikatoren vorhanden. An den Reifenflanken kennzeichnen Buchstaben (TWI = **T**read **W**ear **I**ndicator) oder Dreiecksymbole die Lage der Verschleißanzeiger. Die Flächen der Abnutzungsindikatoren haben eine Höhe von 1,6 mm. Sie dürfen nicht in die Messung mit einbezogen werden. Für die Messwerte entscheidend ist das Maß an der Stelle mit der geringsten Profiltiefe –P–.

Auswuchten von Rädern

Die serienmäßigen Räder werden im Werk ausgewuchtet. Das Auswuchten ist notwendig, um unterschiedliche Gewichtsverteilung und Materialungenauigkeiten auszugleichen. Im Fahrbetrieb macht sich die Unwucht durch Trampel- und Flattererscheinungen bemerkbar. Das Lenkrad beginnt dann bei höherem Tempo zu zittern.

In der Regel tritt dieses Zittern nur in einem bestimmten Geschwindigkeitsbereich auf und verschwindet wieder bei niedrigerer oder höherer Geschwindigkeit.

Solche Unwuchterscheinungen können mit der Zeit zu Schäden an Achsgelenken, Lenkgetriebe und Stoßdämpfern sowie am Reifenprofil führen.

Räder nach jeder Reifenreparatur und nach jeder Montage eines neuen Reifens auswuchten lassen, da sich durch Abnutzung und Reparatur die Gewichts- und Materialverteilung am Reifen ändert.

Schneeketten

Schneeketten sind nur an den **Vorderrädern** zulässig. Um Beschädigungen an den Radvollblenden zu vermeiden, sollten diese bei Schneekettenbetrieb abgenommen werden. Nach Entfernen der Schneeketten, Radvollblenden wieder montieren.

Aus technischen Gründen ist die Verwendung von Schneeketten nur mit bestimmten Reifen-/Felgenkombinationen zulässig, siehe Bedienungsanleitung. Auf dem Notrad keine Schneeketten auflegen.

Achtung: Nur feingliedrige Schneeketten aufziehen, die an der Lauffläche und an den Reifeninnenseiten inklusive Schloss maximal 15 mm auftragen.

Mit Schneeketten darf in Deutschland nicht schneller als **50 km/h** gefahren werden. Auf schnee- und eisfreien Straßen Schneeketten abnehmen. Nur feingliedrige Schneeketten verwenden.

Rad aus- und einbauen

Ausbau

Hinweis: Leichtmetallfelgen sind durch einen Klarlacküberzug gegen Korrosion geschützt. Beim Radwechsel darauf achten, dass die Schutzschicht nicht beschädigt wird, andernfalls mit Klarlack ausbessern.

- Reifen-Laufrichtung mit Kreide durch einen Pfeil am Reifen markieren.
- Fahrzeug gegen Wegrollen sichern. Dazu Handbremse anziehen, Rückwärtsgang oder 1. Gang einlegen. Bei Fahrzeugen mit Automatikgetriebe Wählhebel in Stellung »P« legen. Außerdem einen Keil hinter das diagonal gegenüberliegende Rad legen. Dabei Keil immer an der von der Aufbockstelle weg zeigenden Seite unterlegen.

O-4609

- **Räder mit Radvollblende:** Für das Abziehen der Radblende gibt es ein spezielles Werkzeug, welches dem Bordwerkzeug beigelegt ist. Fehlt das Werkzeug zum Lösen der Radblende, Schraubendreher in den Spalt der Radblende einführen und Radkappe abhebeln.

Hinweis: Bei Rädern mit Diebstahlsicherung wird die Radblende zusammen mit den Radschrauben abgenommen.

- **Leichtmetallräder:** Abdeckkappen mit einem Schraubendreher vorsichtig von den Radschrauben abhebeln und abziehen.

O-4610

- **Radschrauben ½ Umdrehung** lockern, nicht abschrauben.

Achtung: Radschrauben lösen, wenn das Fahrzeug auf dem Boden steht. Dabei muss ein Gang eingelegt und die Handbremse angezogen sein. Zum Lösen keinen Drehmomentschlüssel verwenden.

Sicherheitshinweis
Beim Aufbocken des Fahrzeugs besteht Unfallgefahr! Hinweise im Kapitel »Fahrzeug aufbocken« beachten.

- Fahrzeug mit dem Wagenheber so weit anheben, bis das Rad vom Boden abgehoben hat, siehe Seite 56.
- Radschrauben herausdrehen und Rad abnehmen. Dabei Schrauben so ablegen, dass sie nicht verschmutzen.

Einbau

- Zum Schutz gegen das Festrosten des Rades Zentriersitz der Felge an der Radnabe vorn und hinten vor jeder Montage des jeweiligen Rades dünn mit Wälzlagerfett einfetten.
- Verschmutzte Schrauben und Gewinde reinigen. Gewinde der Radschrauben **nicht** fetten oder ölen.

Achtung: Korrodierte oder schwergängige Schrauben umgehend erneuern. Bis dahin vorsichtshalber nur mit mäßiger Geschwindigkeit fahren.

- Kegelflächen der Schrauben mit Wälzlagerfett bestreichen.
- Rad entsprechend der beim Ausbau angebrachten Laufrichtungs-Markierung ansetzen.
- Radschrauben anschrauben und leicht mit etwa **50 Nm** über Kreuz anziehen.

Hinweis: Bei Rädern mit Diebstahlsicherung Radblende zuerst am Rad einrasten.

- Fahrzeug absenken und Wagenheber entfernen.
- Radschrauben über Kreuz in mehreren Durchgängen anziehen. Zum Festziehen der Radschrauben sollte stets ein Drehmomentschlüssel verwendet werden. Dadurch wird sichergestellt, dass die Radschrauben gleichmäßig und fest angezogen sind. **Das Anzugsdrehmoment für die Radschrauben beträgt für Stahl- und Leichtmetallfelgen 110 Nm.**

Achtung: Wurden die Radschrauben nicht mit einem Drehmomentschlüssel festgezogen, unbedingt das Anzugsdrehmoment in einer Werkstatt kontrollieren lassen. Durch einseitiges oder unterschiedlich starkes Anziehen der Radschrauben können das Rad oder die Radnabe verspannt werden.

- **Fahrzeuge mit Radvollblende:** Felge im Bereich der Halteklammern säubern. Radblende im Bereich des Ventilausschnittes zuerst aufdrücken. Dabei auf das Ventilsymbol an der Rückseite der Blende achten. Radblende ansetzen und einrasten lassen. Radblende gegebenenfalls mit dem Handballen aufschlagen.
- **Leichtmetallräder:** Abdeckkappen auf die Radschrauben stecken und eindrücken.
- Nach dem Reifenwechsel unbedingt Reifenfülldruck prüfen und gegebenenfalls korrigieren.

Achtung: Nach ca. **100 km Fahrt** Radschrauben in der angegebenen Reihenfolge mit **110 Nm nachziehen**.

Austauschen der Räder/ Laufrichtung beachten

Es ist nicht zweckmäßig, bei einem Austausch der Räder die Drehrichtung der Reifen zu ändern, da sich die Reifen nur unter vorübergehend stärkerem Verschleiß der veränderten Drehrichtung anpassen. Bei einigen Reifen ist die Laufrichtung durch einen Pfeil auf der Reifenflanke vorgegeben, die Laufrichtung ist dann unbedingt einzuhalten.

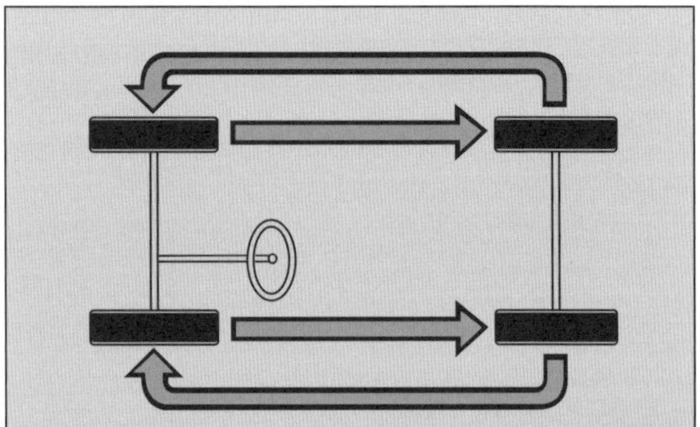

SX-4606

Bei größerem Verschleiß der vorderen Reifen empfiehlt es sich, die Vorderräder gegen die Hinterräder zu tauschen. Dadurch haben alle 4 Reifen etwa die gleiche Lebensdauer.

Sicherheitshinweise
Reifen nicht einzeln, sondern mindestens achsweise ersetzen. Reifen mit der größeren Profiltiefe **vorn** montieren. Am Fahrzeug dürfen nur Reifen gleicher Bauart verwendet werden. An einer Achse dürfen nur Reifen desselben Herstellers und mit der selben Profilausführung eingebaut werden. Reifen, die älter als 6 Jahre sind, nur im Notfall und bei vorsichtiger Fahrweise verwenden. Keine gebrauchten Reifen verwenden, deren Ursprung nicht bekannt ist. Beim Erneuern von Felge oder Reifen grundsätzlich das Gummiventil ersetzen.

SX-4609

- Bei Reifen **mit laufrichtungsgebundenem Profil,** erkennbar an Pfeilen auf der Reifenflanke in Laufrichtung, **muss** die Laufrichtung des Reifens **unbedingt** eingehalten werden. Dadurch werden optimale Laufeigenschaften bezüglich Aquaplaning, Haftvermögen, Geräusch und Abrieb sichergestellt.

- Falls ein laufrichtungsgebundenes Reserverad bei einer Reifenpanne einmal entgegen der Laufrichtung montiert werden muss, sollte dieser Einsatz nur vorübergehend sein. Insbesondere bei Nässe empfiehlt es sich, die Geschwindigkeit den Fahrbahnverhältnissen anzupassen.

Reifenpflegetipps

Reifen haben ein »Gedächtnis«. Unsachgemäße Behandlung – und dazu zählt beispielsweise auch schon schnelles oder häufiges Überfahren von Bordstein- oder Schienenkanten – führt deshalb zu Reifenpannen, mitunter sogar erst nach längerer Laufleistung.

Reifen reinigen

- Reifen generell **nicht** mit einem Dampfstrahlgerät reinigen. Wird die Düse des Dampfstrahlers zu nahe an den Reifen gehalten, dann wird die Gummischicht innerhalb weniger Sekunden irreparabel zerstört, selbst bei Verwendung von kaltem Wasser. Ein auf diese Weise gereinigter Reifen sollte sicherheitshalber ersetzt werden.
- Ersetzt werden sollte auch ein Reifen, der über längere Zeit mit Öl, Fett oder Kraftstoff in Berührung kam. Der Reifen quillt an den betreffenden Stellen zunächst auf, nimmt jedoch später wieder seine normale Form an und sieht äußerlich unbeschädigt aus. Die Belastungsfähigkeit des Reifens nimmt aber ab.

Reifen lagern

- Reifen sollten kühl, dunkel und trocken aufbewahrt werden. Sie dürfen nicht mit Fett, Öl oder Kraftstoff in Berührung kommen.
- Räder liegend oder an den Felgen aufgehängt in der Garage oder im Keller lagern. Reifen, die nicht auf einer Felge montiert sind, sollten stehend aufbewahrt werden.
- Bevor die Räder abmontiert werden, Reifenfülldruck etwas erhöhen (ca. 0,3 – 0,5 bar).
- Für Winterreifen eigene Felgen verwenden, denn das Ummontieren der Reifen lohnt sich aus Kostengründen nicht.

Reifen einfahren

Neue Reifen haben vom Produktionsprozess her eine besonders glatte Oberfläche. Deshalb müssen neue Reifen – das gilt auch für das neue Ersatzrad – etwa 300 Kilometer mit mäßiger Geschwindigkeit und vorsichtiger Fahrweise eingefahren werden. Bei diesem Einfahren raut sich durch die beginnende Abnutzung die glatte Oberfläche auf, das Haftvermögen des Reifens verbessert sich.

Während der ersten 300 km sollte man mit neuen Reifen speziell auf Nässe besonders vorsichtig fahren.

Fehlerhafte Reifenabnutzung

- In erster Linie ist auf vorschriftsmäßigen Reifenfülldruck zu achten, wobei alle 4 Wochen und vor jeder längeren Fahrt sowie bei hoher Zuladung eine Prüfung vorgenommen werden sollte.
- Reifenfülldruck nur bei kühlen Reifen prüfen. Der Reifenfülldruck steigt nämlich mit zunehmender Erhitzung bei schneller Fahrt an. Dennoch ist es völlig falsch, aus erhitzten Reifen Luft abzulassen.

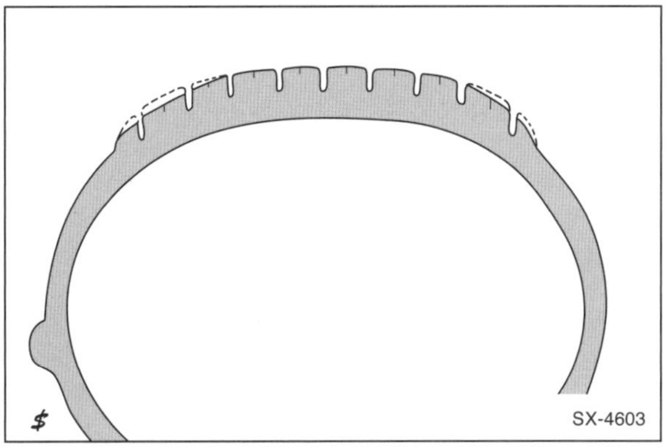

- An den Vorderrädern ist eine etwas größere Abnutzung der Reifenschultern gegenüber der Laufflächenmitte normal, wobei aufgrund der Straßenneigung die Abnutzung der zur Straßenmitte zeigenden Reifenschulter (linkes Rad: außen, rechtes Rad: innen) deutlicher ausgeprägt sein kann.
- Ungleichmäßiger Reifenverschleiß ist zumeist die Folge zu geringen oder zu hohen Reifenfülldrucks. Er kann auch auf Fehler in der Radeinstellung oder der Radauswuchtung sowie auf mangelhafte Stoßdämpfer oder Felgen zurückzuführen sein.
- Bei zu hohem Reifenfülldruck wird die Laufflächenmitte mehr abgenutzt, da der Reifen an der Lauffläche durch den hohen Innendruck mehr gewölbt ist.
- Bei zu niedrigem Reifenfülldruck liegt die Lauffläche an den Reifenschultern stärker auf, und die Laufflächenmitte wölbt sich nach innen durch. Dadurch ergibt sich ein stärkerer Reifenverschleiß der Reifenschultern.

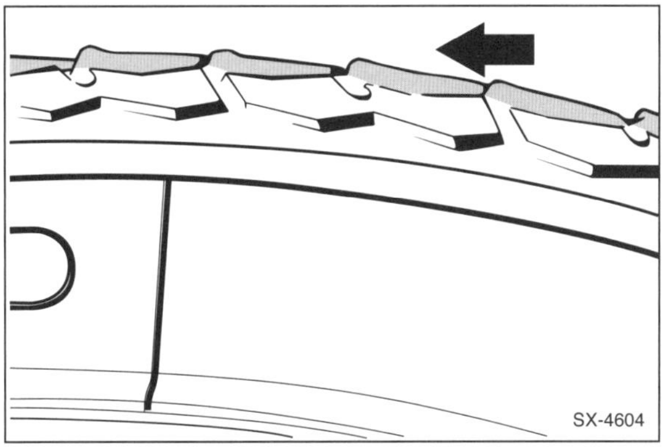

- Sägezahnförmige Abnutzung des Profils ist in der Regel auf eine Überbelastung des Fahrzeugs zurückzuführen.

Bremsanlage

Aus dem Inhalt:

- **Bremsbeläge wechseln**
- **Bremsscheibe prüfen**
- **Bremsscheibe wechseln**
- **Bremse entlüften**
- **Handbremse einstellen**
- **ABS/EBV/TC/ESP**
- **Handbremsseil**
- **Bremskraftverstärker**
- **Bremslichtschalter**

Das Arbeiten an der Bremsanlage erfordert peinliche Sauberkeit und exakte Arbeitsweise. Falls die nötige Arbeitserfahrung fehlt, sollten die Reparaturarbeiten an der Bremsanlage von einer Fachwerkstatt durchgeführt werden.

Das Bremssystem besteht aus dem Hauptbremszylinder, dem Bremskraftverstärker und den Scheibenbremsen für die Vorder- und Hinterräder. Die vorderen Bremsscheiben sind generell innenbelüftet, die hinteren in Abhängigkeit von der Motorstärke. Das hydraulische Bremssystem ist in zwei Kreise aufgeteilt, die diagonal wirken. Ein Bremskreis ist mit den Bremssätteln vorn rechts/hinten links verbunden, der zweite mit den Bremssätteln vorn links/hinten rechts. Dadurch kann bei Ausfall eines Bremskreises, zum Beispiel durch ein Leck, das Fahrzeug über den anderen Bremskreis zum Stehen gebracht werden. Der Druck für beide Bremskreise wird im Tandem-Hauptbremszylinder über das Bremspedal aufgebaut.

Der Bremsflüssigkeitsbehälter befindet sich im Motorraum über dem Hauptbremszylinder. Er versorgt das Bremssystem wie auch das hydraulische Kupplungssystem mit Bremsflüssigkeit.

Der Bremskraftverstärker speichert beim Benzinmotor einen Teil des vom Motor erzeugten Ansaugunterdruckes. Beim Betätigen des Bremspedals wird dann die Pedalkraft durch den Unterdruck verstärkt. Da beim Dieselmotor der Ansaugunterdruck nicht vorhanden ist, erzeugt eine Vakuumpumpe den Unterdruck für den Bremskraftverstärker. Die Vakuumpumpe ist links am Zylinderkopf angeschraubt und wird über die Nockenwelle angetrieben.

Die Bremsbeläge sind Bestandteil der Allgemeinen Betriebserlaubnis (ABE), außerdem sind sie vom Werk auf das jeweilige Fahrzeugmodell abgestimmt. Es dürfen deshalb nur die vom Automobilhersteller beziehungsweise vom Kraftfahrtbundesamt freigegebenen Bremsbeläge verwendet werden. Diese Bremsbeläge haben eine KBA-Freigabenummer.

Hinweis: Während des Fahrens auf stark regennassen Fahrbahnen von Zeit zu Zeit die Fußbremse betätigen, um die Bremsscheiben von Rückständen zu befreien. Während der Fahrt wird zwar durch die Zentrifugalkraft das Wasser von den Bremsscheiben geschleudert, es bleibt jedoch teilweise ein dünner Film von Fett und Verschmutzungen zurück, der das Ansprechen der Bremse vermindert.

Eingebrannter Schmutz auf den Bremsbelägen und zugesetzte Regennuten in den Bremsbelägen führen zur Riefenbildung auf den Bremsscheiben. Dadurch kann eine verminderte Bremswirkung eintreten.

Sicherheitshinweis
Beim Reinigen der Bremsanlage fällt Bremsstaub an, der zu gesundheitlichen Schäden führen kann. Beim Reinigen der Bremsanlage Bremsstaub nicht einatmen.

ABS/EBV/TC/ESP

Grundsätzlich dürfen Arbeiten an den elektronisch gesteuerten Brems- und Fahrwerkskomponenten nur von dafür ausgebildeten Fachkräften ausgeführt werden.

ABS: Das **A**nti-**B**lockier-**S**ystem verhindert bei scharfem Abbremsen das Blockieren der Räder, dadurch bleibt das Fahrzeug lenkbar. Serienmäßig ist der OPEL VECTRA/SIGNUM mit ABS, Bremsassistent und elektronischer Bremskraftverteilung ausgestattet.

EBV: Die **E**lektronische **B**remskraft**v**erteilung reguliert mittels ABS-Hydraulik die Bremskraft, mit der die Hinterräder abgebremst werden. Die elektronische EBV-Steuerung arbeitet wesentlich sensibler als ein mechanisch wirkender Bremskraftregler, so dass ein deutlich größerer Regelbereich ausgenutzt werden kann.

Bei Geradeausfahrt wird die Hinterradbremse voll an der Bremsleistung beteiligt. Um auch bei Kurvenbremsungen die Fahrstabilität zu gewährleisten, muss dann der Bremskraftanteil der Hinterachse reduziert werden. Über die ABS-Drehzahlsensoren erkennt die EBV, ob das Fahrzeug geradeaus oder durch eine Kurve fährt. Bei Kurvenfahrt wird der Bremsdruck für die Hinterräder reduziert. Dadurch können die Hinterräder die maximale Seitenführungskraft aufbringen.

TC: Je nach Modell ist das Fahrzeug mit einer Traktionskontrolle (**T**raction **C**ontrol) ausgerüstet. Sie verhindert, dass die Antriebsräder beim Gasgeben durchdrehen, zum Beispiel bei Nässe. Die TC kontrolliert den Schlupf der Räder, reduziert sofort die Motorleistung und bremst gegebenenfalls das betroffene Rad ab. Die TC/ESP-Warnleuchte im Kombiinstrument blinkt, wenn ein Rad die Schlupfgrenze erreicht hat.

ESP: Je nach Modell ist der VECTRA/SIGNUM mit dem **E**lektronischen **Stabilitäts-Programm** ausgerüstet. Über die ABS-Funktionen hinaus verringert ESP das Schleuderrisiko, auch wenn gerade nicht Gas gegeben oder gebremst wird. Im ESP sind die Funktionen der Traktionskontrolle (TC) integriert.

In schnell durchfahrenen Kurven oder bei abrupten Ausweichmanövern erkennt ESP, ob das Fahrzeug auszubrechen droht. Über Sensoren erfasst ESP den Lenkwinkel und die Drehgeschwindigkeit des Fahrzeugs um die Hochachse. Unstabile Fahrzustände werden sofort erkannt. Durch das Abbremsen von bis zu 3 Rädern und die Regulierung der Motorleistung wird das Fahrzeug bestmöglichst auf dem gewünschten Kurs gehalten.

Ist die ESP-Regelung aktiv, wird dies durch Blinken der TC/ESP-Warnleuchte im Kombiinstrument signalisiert. Die Fahrweise sollte dann den Straßenverhältnissen angepasst werden, sonst besteht Unfallgefahr.

Hinweise zur ABS/EBV/TC/ESP-Anlage

Eine Sicherheitsschaltung im elektronischen Steuergerät sorgt dafür, dass sich die Anlage bei einem Defekt (zum Beispiel Kabelbruch) oder bei zu niedriger Betriebsspannung (Batteriespannung unter 10 Volt) selbst abschaltet. Angezeigt wird dies durch das Aufleuchten der Kontrolllampen im Kombiinstrument. Die herkömmliche Bremsanlage bleibt dabei in Betrieb. Das Fahrzeug verhält sich dann beispielsweise beim Bremsen so, als ob keine ABS-Anlage eingebaut wäre.

Sicherheitshinweis
Wenn während der Fahrt die Kontrollleuchten für das ABS und für die Bremsanlage leuchten, können bei starkem Abbremsen die Hinterräder blockieren, da die Bremskraftverteilung ausgefallen ist.

Leuchten eine oder mehrere Kontrolllampen im Kombiinstrument während der Fahrt auf, folgende Punkte beachten:

- Fahrzeug kurz anhalten, Motor abstellen und wieder starten.
- Batteriespannung prüfen. Wenn die Spannung unter 10,5 Volt liegt, Batterie laden.

Achtung: Wenn die Kontrolllampen am Anfang einer Fahrt aufleuchten und nach einiger Zeit wieder erlöschen, deutet das darauf hin, dass die Batteriespannung zunächst zu gering war, bis sie sich während der Fahrt durch Ladung über den Generator wieder erhöht hat.

- Prüfen, ob die Batterieklemmen richtig festgezogen sind und einwandfreien Kontakt haben.
- Fahrzeug aufbocken, Räder abnehmen, elektrische Leitungen zu den Drehzahlfühlern auf äußere Beschädigungen (Scheuerstellen) prüfen. Weitere Prüfungen der ABS/EBV/TC/ESP-Anlage sollten von einer Fachwerkstatt durchgeführt werden.

Achtung: Vor Schweißarbeiten mit einem elektrischen Schweißgerät muss der Stecker von der ABS-Steuereinheit im Motorraum abgezogen werden. Stecker nur bei ausgeschalteter Zündung abziehen. Bei Lackierarbeiten darf das Steuergerät auch kurzzeitig keiner Temperatur von mehr als +80° C belastet werden.

Technische Daten Bremsanlage

Scheibenbremse		**vorn** [1]			**hinten** [2]	
Bremsbelagdicke neu (mit Rückenplatte)	mm	20			17	
Bremsbelag-Verschleißgrenze (mit Rückenplatte)	mm	9			8	
Bremsscheibendurchmesser	mm	285	302	314	278	292
Bremsscheibendicke neu	mm	25	28	28	12 [3]	20
Bremsscheiben-Verschleißgrenze	mm	22	25	25	10	18
Zulässiger Seitenschlag der Bremsscheibe	mm	0,12			0,03	
Zulässige Riefentiefe der Bremsscheibe	mm	0,4			0,4	
Maximale Abweichung der Bremsscheibendicke	mm	0,01			0,01	

[1]) Schwimmsattel
[2]) Kombisattel
[3]) Massive Bremsscheibe.

Scheibenbremsbeläge vorn aus- und einbauen

Ausbau

Achtung: Bremsbeläge sind Bestandteil der Allgemeinen Betriebserlaubnis (ABE) und vom Werk auf das jeweilige Modell abgestimmt. Es dürfen deshalb nur die vom Automobilhersteller freigegebenen Bremsbeläge verwendet werden.

Achtung: Sollen die Bremsbeläge wieder verwendet werden, müssen sie beim Ausbau gekennzeichnet werden. Ein Wechsel der Beläge von der Außen- zur Innenseite oder vom rechten zum linken Rad ist nicht zulässig.

Achtung: Grundsätzlich alle Scheibenbremsbeläge einer Achse gleichzeitig ersetzen, auch wenn nur ein Belag die Verschleißgrenze erreicht hat.

- Reifen-Laufrichtung mit Pfeil am Reifen markieren. Radschrauben lösen. Fahrzeug vorn aufbocken und Räder abnehmen. **Achtung:** Unbedingt Hinweise im Kapitel »Rad aus- und einbauen« beachten.

Sicherheitshinweis
Beim Aufbocken des Fahrzeugs besteht Unfallgefahr! Hinweise im Kapitel »Fahrzeug aufbocken« beachten.

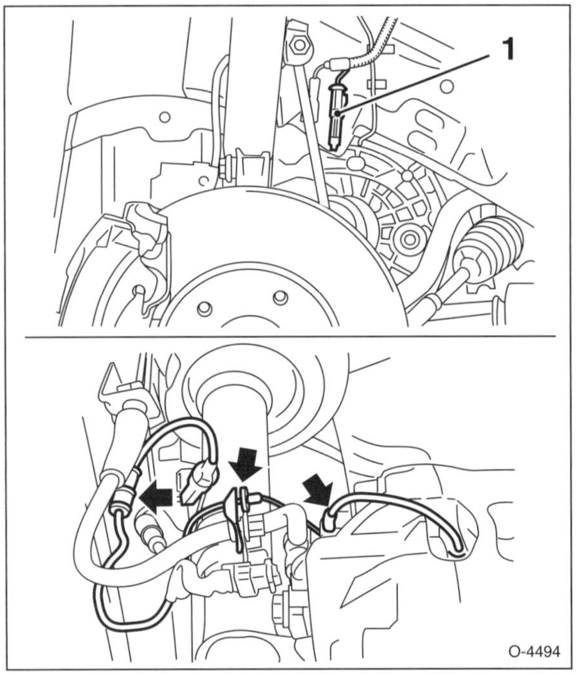

- Bremssattel links: Stecker –1– für Bremsverschleißanzeige entriegeln und abziehen. Kabel aus den Halterungen am Fahrzeug-Unterboden, Federbein-Stützrohr und am Entlüftungsventil aushängen –Pfeile–.

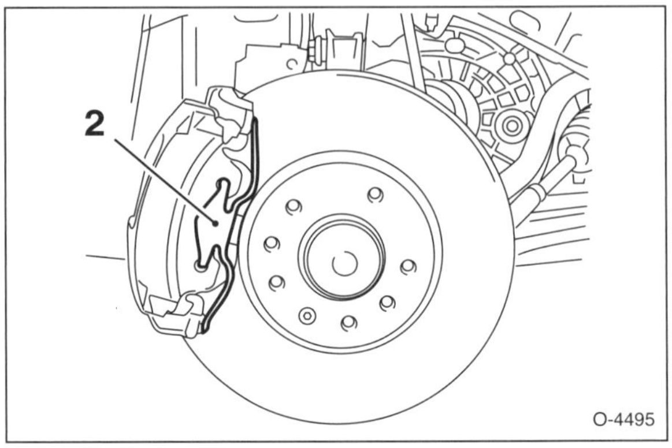

- Haltefeder –2– für Bremsbeläge mit einem Schraubendreher aus dem Bremssattel heraushebeln und abnehmen.

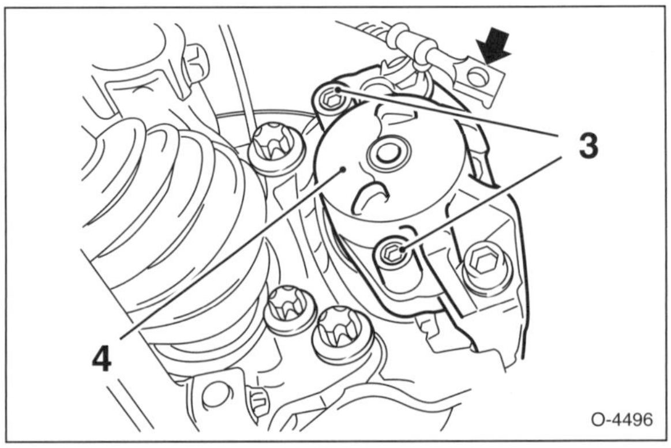

- Abdeckkappen von den Schutzhülsen abhebeln und 2 Schrauben –3– für Führungsbolzen herausdrehen. **Achtung:** Leitung für ABS-Radsensor dabei nicht beschädigen.

Hinweis: Der Bremsschlauch –Pfeil– muss nicht, wie hier gezeigt, ausgebaut werden.

- Bremssattel –4– mit innerem Bremsbelag vom Bremssattelträger abnehmen.

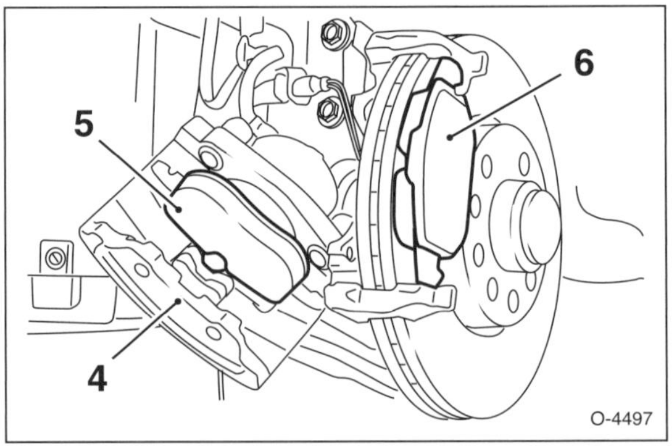

- Inneren Bremsbelag –5– mit Verschleißanzeiger aus dem Bremssattel –4– herausnehmen, dabei Einbaulage der Bremsbeläge merken.

- Bremssattel –4– mit Draht am Aufbau aufhängen. **Achtung:** Bremssattel nicht einfach nach unten hängen lassen; der Bremsschlauch darf nicht auf Zug beansprucht oder verdreht werden.
- Äußeren Bremsbelag –6– aus dem Bremssattelträger herausnehmen.

Einbau

Achtung: Bei ausgebauten Bremsbelägen nicht auf das Bremspedal treten, sonst wird der Kolben aus dem Gehäuse herausgedrückt. In diesem Fall Bremssattel komplett ausbauen und Kolben in der Werkstatt einsetzen lassen.

- Vor Einbau der Beläge ist die Bremsscheibe durch Abtasten mit den Fingern auf Riefen zu untersuchen. Riefige Bremsscheiben können abgedreht werden (Werkstattarbeit), sofern sie noch eine ausreichende Dicke aufweisen. Grundsätzlich beide Bremsscheiben einer Achse auf gleiches Maß abdrehen lassen.
- Bremsscheibendicke messen, siehe entsprechendes Kapitel.

Achtung: Zum Reinigen der Bremse **ausschließlich** Spiritus verwenden. Führungsfläche beziehungsweise Sitz der Beläge im Gehäuseschacht mit einem Lappen reinigen. Keine scharfkantigen Werkzeuge verwenden. Besonders auf das Entfernen eventueller Klebefolienreste an den Anlageflächen der äußeren Bremsbeläge achten.

- Staubkappe für Bremskolben auf Anrisse prüfen. Eine beschädigte Staubkappe umgehend ersetzen lassen, da eingedrungener Schmutz schnell zu Undichtigkeiten des Bremssattels führt. Der Bremssattel muss hierzu zerlegt werden (Werkstattarbeit).
- Bei hohem Bremsbelagverschleiß Leichtgängigkeit des Kolbens prüfen. Dazu einen Holzklotz in den Bremssattel einsetzen und durch Helfer langsam auf das Bremspedal treten lassen. Der Bremskolben muss sich leicht heraus- und hineindrücken lassen. Zur Prüfung muss der andere Bremssattel eingebaut sein. Darauf achten, dass der Bremskolben nicht ganz herausgedrückt wird. Angerosteten Bremskolben nur mit Bremsflüssigkeit oder Spiritus reinigen. Bei schwergängigem Kolben Bremssattel in der Werkstatt reparieren lassen oder ersetzen.

Achtung: Beim Zurückdrücken des Kolbens wird Bremsflüssigkeit aus dem Bremszylinder in den Vorratsbehälter gedrückt. Flüssigkeit im Behälter beobachten, eventuell Bremsflüssigkeit mit einem Saugheber absaugen.

Sicherheitshinweis
Zum Absaugen eine Entlüfter- oder Plastikflasche verwenden, die nur mit Bremsflüssigkeit in Berührung kommt. Keine Trinkflaschen verwenden! **Bremsflüssigkeit ist giftig und darf auf gar keinen Fall mit dem Mund über einen Schlauch abgesaugt werden. Saugheber verwenden.** Auch nach dem Belagwechsel darf die MAX-Marke am Bremsflüssigkeitsbehälter nicht überschritten werden, da sich die Flüssigkeit bei Erwärmung ausdehnt. Ausgelaufene Bremsflüssigkeit läuft am Hauptbremszylinder herunter, zerstört den Lack und führt zur Rostbildung.

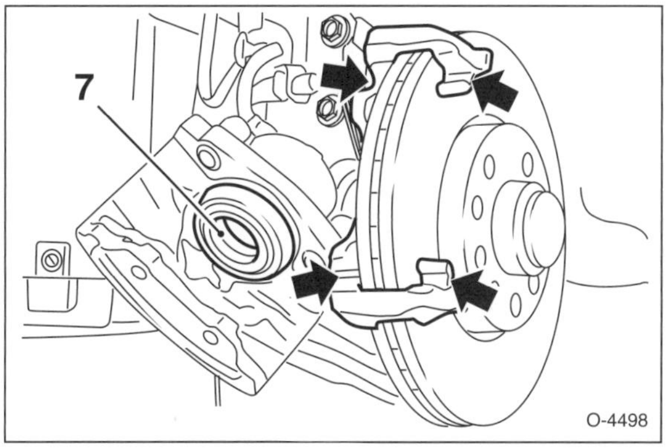

- Bremskolben –7– mit Rücksetzwerkzeug, zum Beispiel HAZET 4971-1 oder einem Hartholzstab, zurückdrücken, dabei darauf achten, dass der Kolben nicht verkantet wird und Kolbenfläche sowie Staubkappe nicht beschädigt werden.
- Vor dem Einsetzen neuer Bremsbeläge Bremse gründlich reinigen und hitzebeständiges Schmierfett dünn auf die Belagführungsflächen –Pfeile– auftragen.
- Äußeren Bremsbelag in Bremssattelträger einsetzen.
- Inneren Bremsbelag –5– mit Verschleißanzeiger in den Bremssattel einsetzen, siehe Abbildung O-4497.
- Bremssattel am Träger ansetzen, Schrauben für Führungsbolzen eindrehen und mit **30 Nm** festziehen.
- Abdeckkappen aufstecken.
- Haltefeder am Bremssattel in die Bohrungen einsetzen und unter den Bremssattelträger drücken.
- Reifen-Laufrichtung beachten, Räder anschrauben, Fahrzeug ablassen, erst dann Radschrauben über Kreuz mit **110 Nm** festziehen. **Achtung:** Unbedingt Hinweise im Kapitel »Rad aus- und einbauen« beachten.

Achtung: Bremspedal im Stand mehrmals kräftig niedertreten, bis fester Widerstand spürbar ist. Dadurch legen sich die Bremsbeläge an die Bremsscheiben an und nehmen einen dem Betriebszustand entsprechenden Sitz ein.

- Bremsflüssigkeit im Vorratsbehälter prüfen, gegebenenfalls bis zur MAX-Marke auffüllen.

- Neue Bremsbeläge vorsichtig einbremsen, dazu Fahrzeug mehrmals von ca. 80 km/h auf 40 km/h mit geringem Pedaldruck abbremsen. Dazwischen Bremse etwas abkühlen lassen.

Achtung: Nach dem Einbau neuer Bremsbeläge müssen diese eingebremst werden. Während einer Fahrtstrecke von rund 200 km sollten unnötige Vollbremsungen unterbleiben.

Hinweis: Bremsbeläge müssen in einigen Kommunen als Sondermüll entsorgt werden. Die örtlichen Behörden geben darüber Auskunft, ob auch eine Entsorgung über den hausmüllähnlichen Gewerbemüll zulässig ist.

Achtung, Sicherheitskontrolle durchführen:
- Sind die Bremsschläuche festgezogen?
- Befindet sich der Bremsschlauch in der Halterung?
- Sind die Entlüftungsschrauben angezogen?
- Ist genügend Bremsflüssigkeit eingefüllt?
- Bei laufendem Motor Dichtheitskontrolle durchführen. Hierzu Bremspedal mit 200 bis 300 N (entspricht 20 bis 30 kg) etwa 10 Sekunden betätigen. Das Bremspedal darf nicht nachgeben. Sämtliche Anschlüsse auf Dichtheit kontrollieren.
- Anschließend einige Sicherheitsbremsungen auf einer Straße mit geringem Verkehr durchführen.

Bremssattel/Bremsattelträger vorn aus- und einbauen

Ausbau

- Reifen-Laufrichtung mit Pfeil am Reifen markieren. Radschrauben lösen. Fahrzeug vorn aufbocken und Räder abnehmen. **Achtung:** Unbedingt Hinweise im Kapitel »Rad aus- und einbauen« beachten.

Sicherheitshinweis
Beim Aufbocken des Fahrzeugs besteht Unfallgefahr! Hinweise im Kapitel »Fahrzeug aufbocken« beachten.

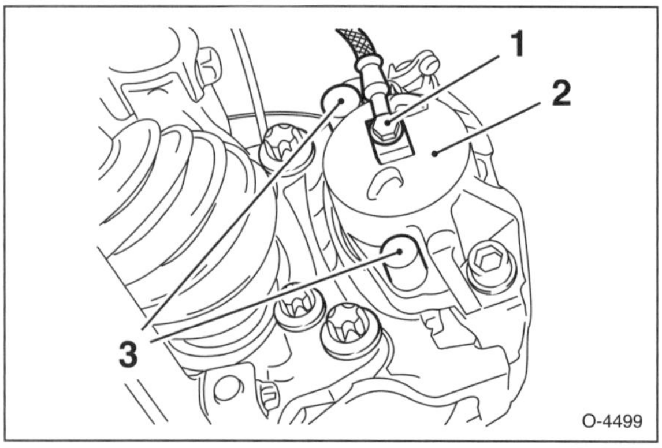

- Hohlschraube –1– für Bremsschlauch am Bremssattel –2– abschrauben und sofort mit **neuen Dichtringen** am neuen Bremssattel anschrauben. 3 – Abdeckkappen an den Schutzhülsen der Führungsbolzen.

Sicherheitshinweis
Beim Öffnen vom Bremskreis läuft Bremsflüssigkeit aus. Bremsflüssigkeit in einer untergelegten Schale auffangen. Man kann auch zuvor die Bremsflüssigkeit mit einem Saugheber aus dem Vorratsbehälter absaugen.

Hinweis: Wird der Bremssattel nur zum Ausbau der Bremsbeläge oder der Bremsscheibe ausgebaut, muss der Bremsschlauch nicht vom Bremssattel abgeschraubt werden. In diesem Fall den Bremssattel mit Draht so am Aufbau aufhängen, dass der Bremsschlauch nicht verdreht oder auf Zug beansprucht wird.

- Scheibenbremsbeläge vorn ausbauen, siehe entsprechendes Kapitel.
- Bremssattel vom Bremssattelträger abnehmen. **Achtung:** Leitung für ABS-Radsensor dabei nicht beschädigen.

Achtung: Hohes Löse- und Anzugsmoment der Schrauben für den Bremssattelträger!

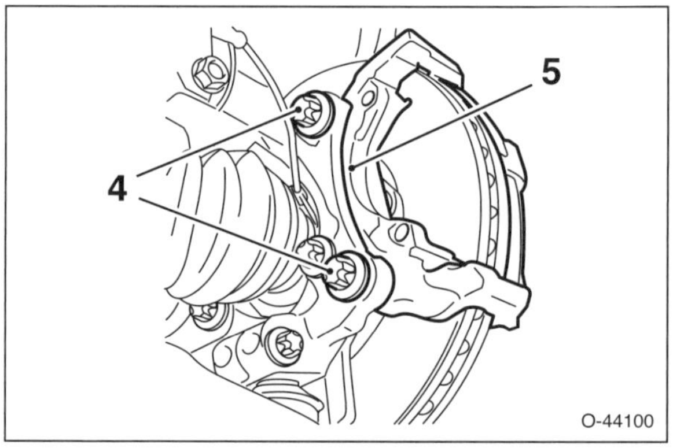

- 2 Außen-Torxschrauben –4– herausdrehen.

Achtung: Unbedingt sicherstellen, dass das Fahrzeug sicher aufgebockt ist und der Schraubenschlüssel waagerecht angesetzt wird.

- Bremssattelträger –5– vom Achsschenkel abnehmen.

Einbau

Achtung: Bei ausgebauten Bremsbelägen nicht auf das Bremspedal treten, sonst wird der Kolben aus dem Gehäuse herausgedrückt.

Achtung: Bei allen Schraubverbindungen, die mit Sicherungsmittel eingesetzt sind, Gewinde reinigen oder nachschneiden.

- **Neue Schrauben** –4– für Bremssattelträger mit Schraubensicherungsmittel, zum Beispiel LOCTITE 243, bestreichen.

Achtung: Hohes Anzugsmoment der Schrauben! Wir empfehlen, vor Anziehen der Schrauben den Reifen zu montieren und das Fahrzeug auf die Räder zu stellen.

- Bremssattelträger am Achsschenkel ansetzen und mit **230 Nm** festschrauben.

- Scheibenbremsbeläge vorn einbauen, siehe entsprechendes Kapitel.
- Bremssattel am Träger ansetzen, Schrauben für Führungsbolzen eindrehen und mit **30 Nm** festziehen.
- War der Bremsschlauch demontiert, Hohlschraube für Bremsschlauch mit **neuen Dichtringen** im Bremssattel eindrehen. Dabei darauf achten, dass der Bremsschlauch nicht verdreht wird. Hohlschraube mit **40 Nm** festziehen.

Achtung: Sicherstellen, dass der Bremsschlauch bei maximalem Lenkereinschlag das Rad nicht berührt.

Achtung: Bremspedal im Stand mehrmals kräftig niedertreten, bis fester Widerstand spürbar ist. Dadurch legen sich die Bremsbeläge an die Bremsscheiben an und nehmen einen dem Betriebszustand entsprechenden Sitz ein.

- Bremsflüssigkeitsstand im Vorratsbehälter prüfen, gegebenenfalls auffüllen.
- **Bremsanlage entlüften, siehe entsprechendes Kapitel.**
- Reifen-Laufrichtung beachten, Räder anschrauben, Fahrzeug ablassen, erst dann Radschrauben über Kreuz mit **110 Nm** festziehen. **Achtung:** Unbedingt Hinweise im Kapitel »Rad aus- und einbauen« beachten.

Achtung, Sicherheitskontrolle durchführen:

- Sind die Bremsschläuche festgezogen?
- Befindet sich der Bremsschlauch in der Halterung?
- Sind die Entlüftungsschrauben angezogen?
- Ist genügend Bremsflüssigkeit eingefüllt?
- Bei laufendem Motor Dichtheitskontrolle durchführen. Hierzu Bremspedal mit 200 bis 300 N (entspricht 20 bis 30 kg) etwa 10 Sekunden betätigen. Das Bremspedal darf nicht nachgeben. Sämtliche Anschlüsse auf Dichtheit kontrollieren.
- Anschließend einige Sicherheitsbremsungen auf einer Straße mit geringem Verkehr durchführen.

Scheibenbremsbeläge hinten aus- und einbauen

Hinweis: Der Aus- und Einbau der Scheibenbremsbeläge für die Hinterräder erfolgt prinzipiell auf die gleiche Weise wie für die Vorderräder. Deshalb auch das Kapitel »Scheibenbremsbeläge vorn aus- und einbauen« durchlesen. **Alle allgemeinen Hinweise und Sicherheitshinweise aus diesem Kapitel sind zu befolgen.**

Ausbau

Achtung: Sollen die Bremsbeläge wieder verwendet werden, müssen sie beim Ausbau gekennzeichnet werden. Ein Wechsel der Beläge von der Außen- zur Innenseite oder vom rechten zum linken Rad ist nicht zulässig.

Achtung: Grundsätzlich alle Scheibenbremsbeläge einer Achse gleichzeitig ersetzen, auch wenn nur ein Belag die Verschleißgrenze erreicht hat.

- Reifen-Laufrichtung mit Pfeil am Reifen markieren. Radschrauben lösen. Fahrzeug hinten aufbocken und Räder abnehmen. **Achtung:** Unbedingt Hinweise im Kapitel »Rad aus- und einbauen« beachten.

Sicherheitshinweis
Beim Aufbocken des Fahrzeugs besteht Unfallgefahr! Hinweise im Kapitel »Fahrzeug aufbocken« beachten.

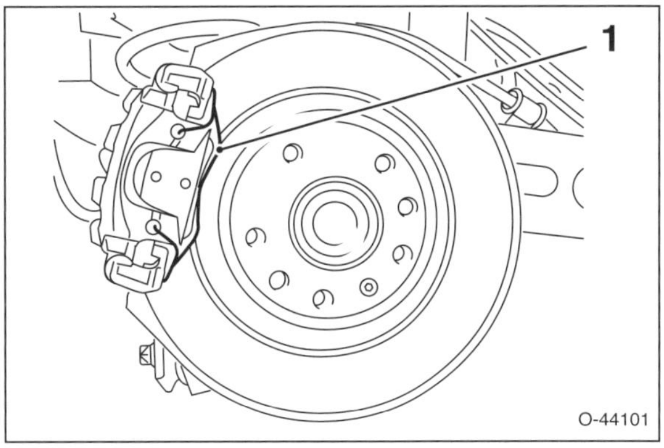

- Haltefeder –1– für Bremsbeläge mit einem Schraubendreher aus dem Bremssattel heraushebeln und abnehmen.

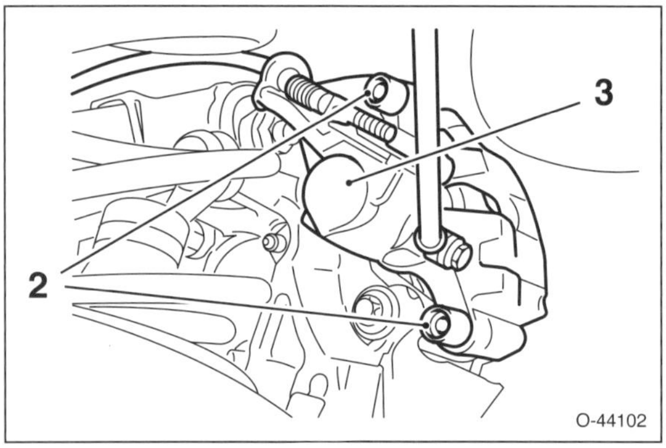

- Abdeckkappen von den Schutzhülsen abhebeln und 2 Schrauben –2– für Führungsbolzen herausdrehen.
- Bremssattel –3– mit innerem Bremsbelag vom Bremssattelträger abnehmen.
- Inneren Bremsbelag aus dem Bremssattel herausnehmen.
- Bremssattel –3– mit Draht am Aufbau aufhängen. **Achtung:** Bremssattel nicht einfach nach unten hängen lassen; der Bremsschlauch darf nicht auf Zug beansprucht oder verdreht werden.
- Äußeren Bremsbelag aus dem Bremssattelträger herausnehmen.

Einbau

Achtung: Beim Zurückdrücken des Kolbens wird Bremsflüssigkeit aus dem Bremszylinder in den Vorratsbehälter gedrückt. Flüssigkeit im Behälter beobachten.

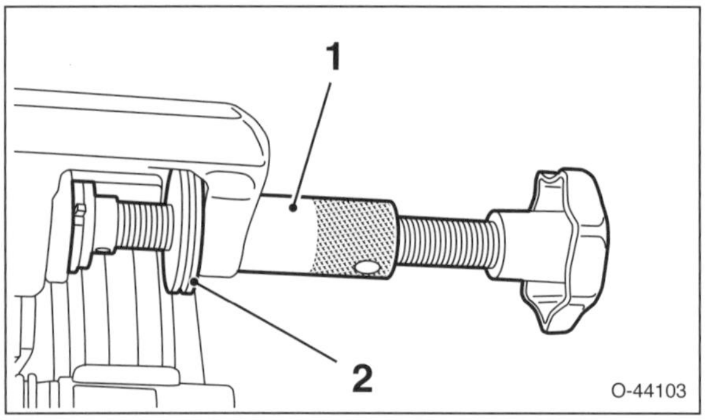

- Bremskolben mit OPEL-Werkzeug KM-6007 –1–, Adaptern KM-6007-10 und KM-6007-20 oder HAZET 4970/6 zurückdrücken.

Achtung: Der Bremskolben darf nicht mit einer herkömmlichen Rücksetzvorrichtung zurückgedrückt werden. Die Nachstellung für die Handbremse würde dabei zerstört werden.

- Kolben durch Rechtsdrehen (im Uhrzeigersinn) mit dem Spezialwerkzeug unter kräftigem Druck langsam einschrauben. Der Bund –2– des Werkzeugs muss am Bremssattel anliegen.
- Vor dem Einsetzen neuer Bremsbeläge Bremssattel gründlich mit Spiritus reinigen. Hitzebeständiges Schmierfett dünn auf die Belagführungsflächen des Bremssattelträgers auftragen.

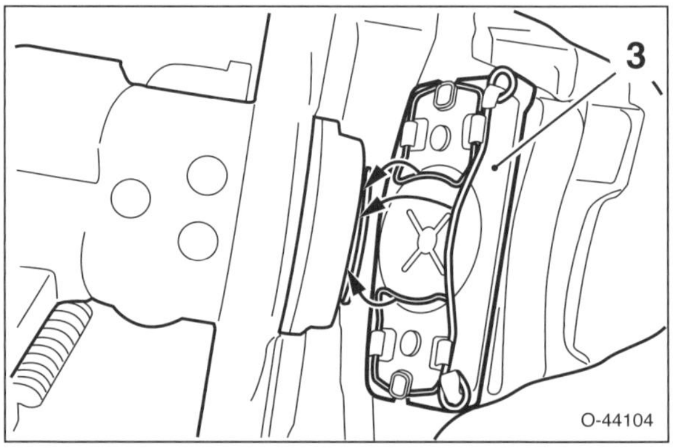

- Inneren Bremsbelag –3– mit Belaghaltefedern in die Nut des Bremskolbens aufschieben. Darauf achten, dass die Belaghaltefedern korrekt in der Nut sitzen –Pfeile–.
- Äußeren Bremsbelag in den Bremssattelträger einsetzen.
- Bremssattel am Träger ansetzen, Schrauben für Führungsbolzen eindrehen und mit **30 Nm** festziehen.
- Abdeckkappen aufstecken.
- Haltefeder am Bremssattel in die Bohrungen einsetzen und unter den Bremssattelträger drücken.
- Reifen-Laufrichtung beachten, Räder anschrauben, Fahrzeug ablassen, erst dann Radschrauben über Kreuz mit **110 Nm** festziehen. **Achtung:** Unbedingt Hinweise im Kapitel »Rad aus- und einbauen« beachten.

Bremssattel/Bremsattelträger hinten aus- und einbauen

Hinweis: Der Aus- und Einbau des hinteren Bremssattels erfolgt in ähnlicher Weise wie vorne. **Alle allgemeinen Hinweise und Sicherheitshinweise aus dem entsprechenden Kapitel sind zu befolgen.**

Ausbau

- Reifen-Laufrichtung mit Pfeil am Reifen markieren. Radschrauben lösen. Fahrzeug hinten aufbocken und Räder abnehmen. **Achtung:** Unbedingt Hinweise im Kapitel »Rad aus- und einbauen« beachten.

Sicherheitshinweis
Beim Aufbocken des Fahrzeugs besteht Unfallgefahr! Hinweise im Kapitel »Fahrzeug aufbocken« beachten.

- Handbremshebel lösen.

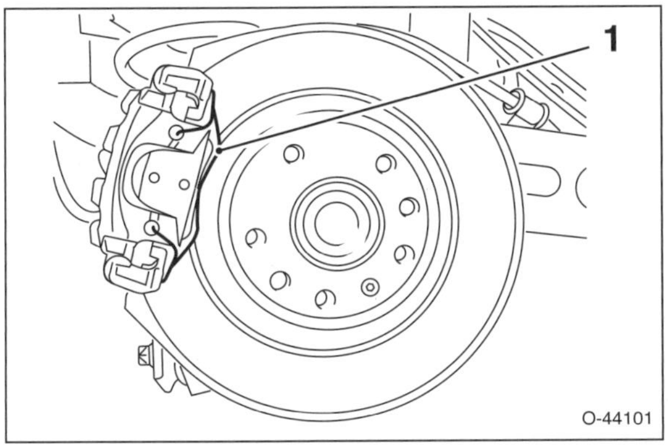

- Haltefeder –1– für Bremsbeläge mit einem Schraubendreher aus dem Bremssattel heraushebeln und abnehmen.

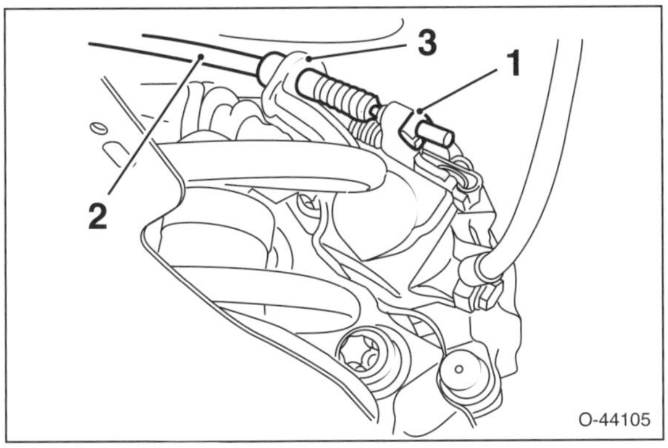

- Bremshebel am Bremssattel zusammendrücken und Handbremsseil aushängen –1–.
- Handbremsseilzug –2– aus dem Gegenhalter –3– des Bremssattels herausziehen.

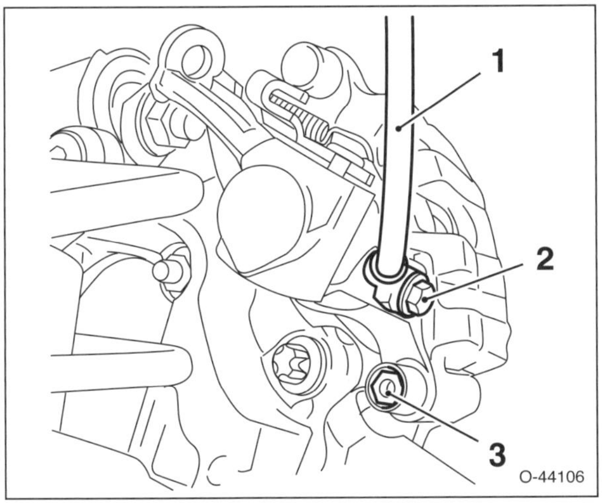

- Hohlschraube –2– für Bremsschlauch –1– am Bremssattel abschrauben und sofort mit **neuen Dichtringen** am neuen Bremssattel anschrauben. 3 – Schraube für unteren Führungsbolzen.

Sicherheitshinweis
Beim Öffnen vom Bremskreis läuft Bremsflüssigkeit aus. Bremsflüssigkeit in einer untergelegten Schale auffangen. Man kann auch zuvor die Bremsflüssigkeit mit einem Saugheber aus dem Vorratsbehälter absaugen.

Hinweis: Wird der Bremssattel nur zum Ausbau der Bremsbeläge oder der Bremsscheibe ausgebaut, muss der Bremsschlauch nicht vom Bremssattel abgeschraubt werden. In diesem Fall den Bremssattel mit Draht so am Aufbau aufhängen, dass der Bremsschlauch nicht verdreht oder auf Zug beansprucht wird.

- Abdeckkappe von der Schutzhülse abhebeln und Schraube für unteren Führungsbolzen –3– herausdrehen.

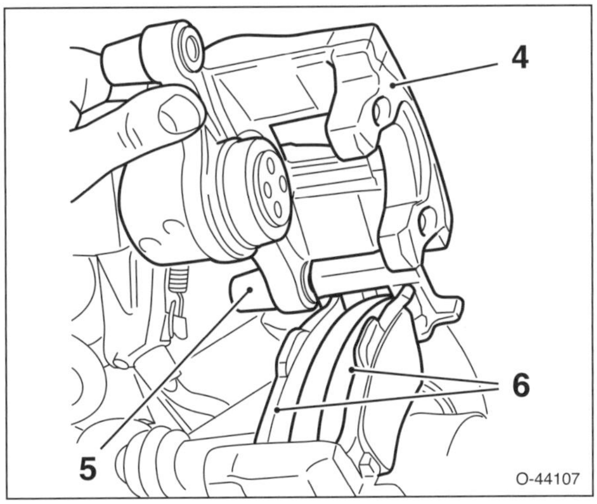

- Bremssattel –4– hochklappen, aus dem oberen Führungsbolzen –5– herausziehen und vom Bremssattelträger abnehmen.
- Bremsbeläge –6– aus dem Bremssattelträger herausnehmen.

Achtung: Hohes Löse- und Anzugsmoment der Schrauben für den Bremssattelträger!

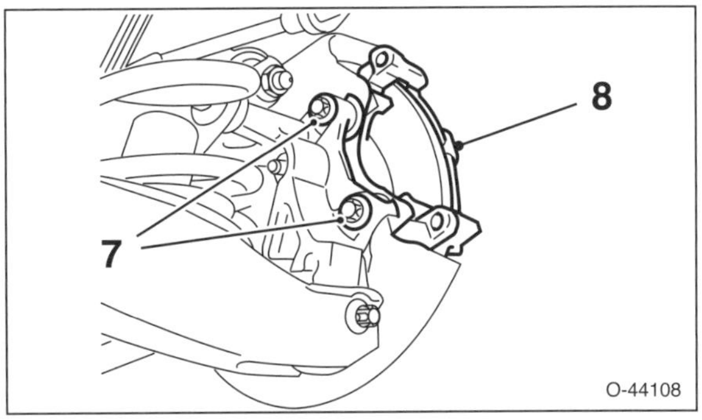

- 2 Außen-Torxschrauben –7– herausdrehen. 8 – Äußerer Bremsbelag.

Achtung: Unbedingt sicherstellen, dass das Fahrzeug sicher aufgebockt ist.

- Bremssattelträger vom Achsschenkel abnehmen.

Einbau

Achtung: Bei ausgebauten Bremsbelägen nicht auf das Bremspedal treten, sonst wird der Kolben aus dem Gehäuse herausgedrückt.

- **Neue Schrauben** –7– für Bremssattelträger mit Schraubensicherungsmittel, zum Beispiel LOCTITE 243, bestreichen.

Achtung: Hohes Anzugsmoment der Schrauben!

- Bremssattelträger am Achsschenkel ansetzen und mit **130 Nm** festschrauben.
- Bremssattel über oberen Führungsbolzen am Bremssattelträger einsetzen.
- Bremskolben nur mit Rücksetzvorrichtung zurückdrücken und Bremsbeläge in den Bremssattel einsetzen, siehe Kapitel »Bremsbeläge aus- und einbauen«.
- Bremssattel über die Beläge nach unten klappen.
- Schraube für unteren Führungsbolzen eindrehen und mit **30 Nm** festziehen. Abdeckkappe aufstecken.
- Haltefeder am Bremssattel in die Bohrungen einsetzen und unter den Bremssattelträger drücken.
- War der Bremsschlauch demontiert, Hohlschraube für Bremsschlauch mit **neuen Dichtringen** im Bremssattel eindrehen und mit **40 Nm** festziehen.
- Handbremsseilzug in den Gegenhalter am Bremssattel einführen.
- Bremshebel am Bremssattel zusammendrücken und Handbremsseil einhängen.
- Handbremse anziehen, dadurch stellt sie sich automatisch nach.
- **Bremsanlage entlüften, siehe entsprechendes Kapitel.**
- Reifen-Laufrichtung beachten, Räder anschrauben, Fahrzeug ablassen, erst dann Radschrauben über Kreuz mit **110 Nm** festziehen. **Achtung:** Unbedingt Hinweise im Kapitel »Rad aus- und einbauen« beachten.

Bremsscheibe aus- und einbauen

Um beidseitig eine gleichmäßige Verzögerung sicherzustellen, müssen alle Bremsscheiben die gleiche Oberfläche bezüglich Schliffbild und Rautiefe aufweisen. Deshalb **grundsätzlich beide** Bremsscheiben einer Achse ersetzen, beziehungsweise abdrehen lassen.

Achtung: Wenn die Bremsscheiben ersetzt oder abgedreht werden, müssen gleichzeitig auch neue Bremsbeläge eingebaut werden.

Korrodierte Bremsscheiben erzeugen beim Abbremsen einen Rubbeleffekt, der sich auch durch längeres Bremsen nicht beseitigen lässt. In diesem Fall müssen die Bremsscheiben erneuert werden.

Ausbau

- Reifen-Laufrichtung mit Pfeil am Reifen markieren. Radschrauben lösen. Fahrzeug aufbocken und Rad abnehmen. **Achtung:** Unbedingt Hinweise im Kapitel »Rad aus- und einbauen« beachten.

Sicherheitshinweis
Beim Aufbocken des Fahrzeugs besteht Unfallgefahr! Hinweise im Kapitel »Fahrzeug aufbocken« beachten.

- Bremssattelträger abschrauben, siehe entsprechendes Kapitel.

Hinweis: Die Bremsbeläge sowie der Bremsschlauch brauchen dabei nicht ausgebaut werden.

- Bremssattelträger so am Aufbau aufhängen, dass der Bremsschlauch nicht verdreht und auf Zug beansprucht wird.
- Um ein Herausgleiten des Bremskolbens zu verhindern, Holzstück zwischen Bremskolben und Bremssattel klemmen.

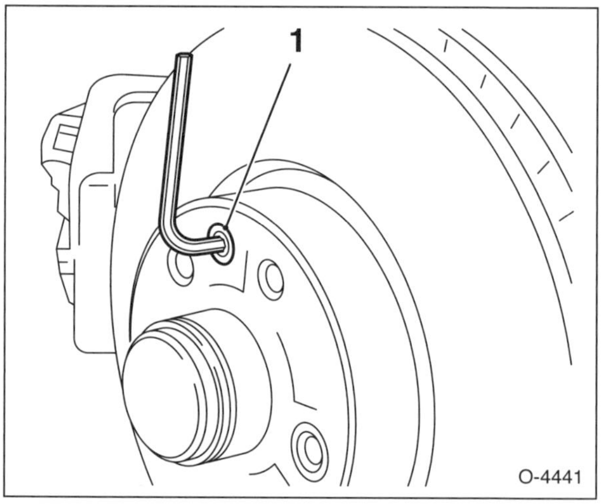

- Sicherungsschraube –1– aus der Bremsscheibe herausdrehen.

- Bremsscheibe von der Radnabe abnehmen. **Hinweis:** Fest sitzende Bremsscheibe durch leichte Schläge mit einem Kunststoffhammer von der Nabe lösen.

Achtung: Die Bremsscheibe darf nicht durch Gewaltanwendung (Hammerschläge) von der Radnabe getrennt werden. Stattdessen handelsüblichen Rostlöser anwenden, um Schäden an der Bremsscheibe zu vermeiden. Falls der Ausbau nur durch kräftige Hammerschläge möglich ist, aus Sicherheitsgründen Bremsscheibe und Radlager erneuern. Auch wenn ein Abzieher verwendet wird, Bremsscheibe erneuern.

Einbau

Die Werkstatt kann die Bremsscheibe auf Schlag prüfen. Maximal zulässiger Seitenschlag, siehe »Technische Daten Bremsanlage«.

- Falls vorhanden, Rost am Flansch der Bremsscheibe und der Radnabe entfernen.
- Neue Bremsscheibe mit Verdünnung vom Schutzlack reinigen.
- Bremsscheibe auf Radnabe aufsetzen, Sicherungsschraube eindrehen und mit **7 Nm** festziehen.
- Bremssattelträger und Scheibenbremsbeläge einbauen, siehe entsprechende Kapitel.
- Reifen-Laufrichtung beachten, Rad anschrauben, Fahrzeug ablassen, erst dann Radschrauben über Kreuz mit **110 Nm** festziehen. **Achtung:** Unbedingt Hinweise im Kapitel »Rad aus- und einbauen« beachten.

Achtung: Bremspedal im Stand mehrmals kräftig niedertreten, bis fester Widerstand spürbar ist. Dadurch legen sich die Bremsbeläge an die Bremsscheiben an und nehmen einen dem Betriebszustand entsprechenden Sitz ein.

- Bremsflüssigkeit im Vorratsbehälter prüfen, gegebenenfalls bis zur MAX-Marke auffüllen.

Achtung, Sicherheitskontrolle durchführen:

- ◆ Sind die Bremsschläuche festgezogen?
- ◆ Befindet sich der Bremsschlauch in der Halterung?
- ◆ Sind die Entlüftungsschrauben angezogen?
- ◆ Ist genügend Bremsflüssigkeit eingefüllt?
- ◆ Bei laufendem Motor Dichtheitskontrolle durchführen. Hierzu Bremspedal mit 200 bis 300 N (entspricht 20 bis 30 kg) etwa 10 Sekunden betätigen. Das Bremspedal darf nicht nachgeben. Sämtliche Anschlüsse auf Dichtheit kontrollieren.
- ◆ Anschließend einige Sicherheitsbremsungen auf einer Straße mit geringem Verkehr durchführen.

- Neue Bremsscheiben vorsichtig einbremsen, dazu Fahrzeug mehrmals von ca. 80 km/h auf 40 km/h mit geringem Pedaldruck abbremsen. Dazwischen Bremse etwas abkühlen lassen.

Bremsscheibendicke prüfen

Prüfen

- Reifen-Laufrichtung mit Pfeil am Reifen markieren. Radschrauben lösen. Fahrzeug aufbocken und Rad abnehmen. **Achtung:** Unbedingt Hinweise im Kapitel »Rad aus- und einbauen« beachten.

Sicherheitshinweis
Beim Aufbocken des Fahrzeugs besteht Unfallgefahr! Hinweise im Kapitel »Fahrzeug aufbocken« beachten.

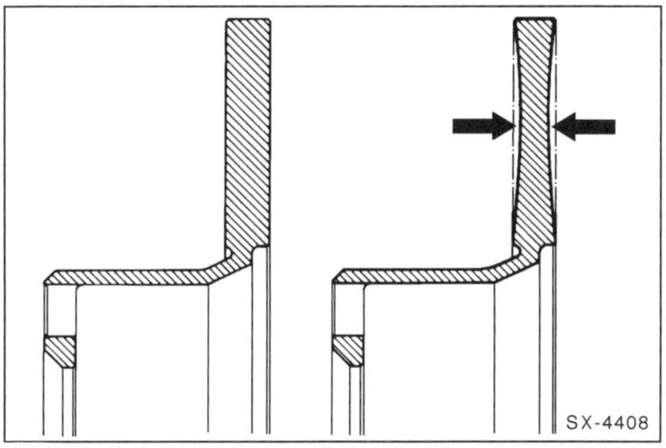

- Bremsscheibendicke immer an der dünnsten Stelle –Pfeile– messen. Die Werkstatt benutzt dazu einen speziellen Messschieber oder eine Mikrometer-Bügelmessschraube, da sich durch die Abnutzung der Bremsscheibe ein Rand bildet. Man kann die Bremsscheibendicke auch mit einer normalen Schieblehre messen, allerdings muss dann auf jeder Seite der Bremsscheibe eine entsprechend starke Unterlage zwischengelegt werden (beispielsweise 2 Münzen). Um das exakte Maß der Bremsscheibendicke zu ermitteln, muss von dem gemessenen Wert die Dicke der Münzen beziehungsweise der Unterlage abgezogen werden.

Achtung: Messung an mehreren Punkten der Bremsscheibe vornehmen. Zulässige Toleranz an verschiedenen Messpunkten: **0,01 mm**.

- Soll- und Verschleißwerte für Bremsscheibe, siehe »Technische Daten Bremsanlage«.
- Wird die Verschleißgrenze erreicht, Bremsscheibe erneuern.
- Bei größeren Rissen oder bei Riefen, die tiefer als **0,4 mm** sind, Bremsscheibe erneuern, siehe entsprechendes Kapitel.
- Reifen-Laufrichtung beachten, Rad anschrauben, Fahrzeug ablassen, erst dann Radschrauben über Kreuz mit **110 Nm** festziehen. **Achtung:** Unbedingt Hinweise im Kapitel »Rad aus- und einbauen« beachten.

Handbremsseilzug/Handbremshebel aus- und einbauen

Ausbau

- Mittelkonsole ausbauen, siehe Seite 227.
- Handbremshebel lösen.

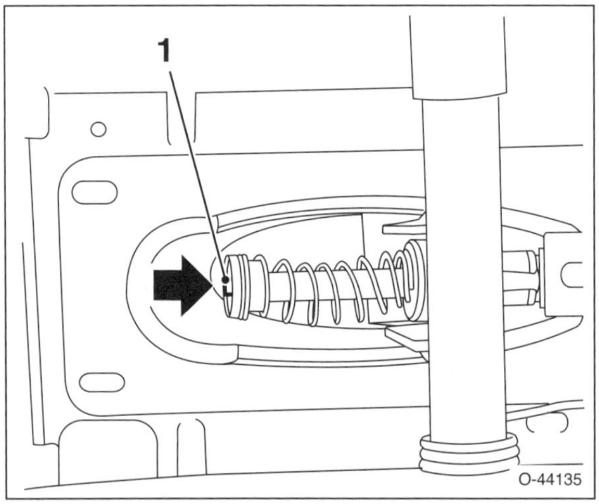

- Führungsbuchse –1– der Nachstellvorrichtung zurückschieben –Pfeil– und festhalten.

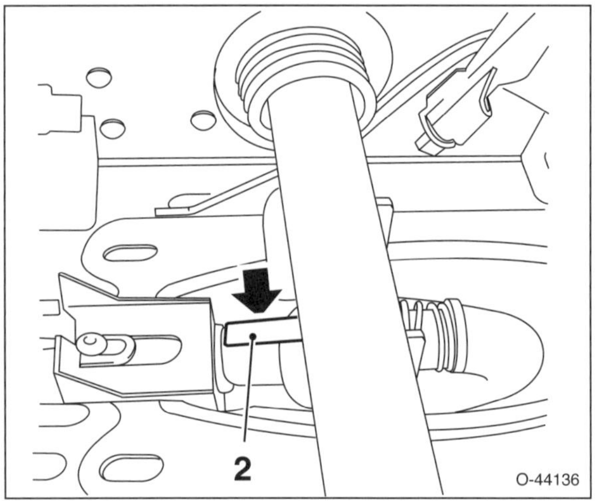

- Transportsicherung –2– drücken –Pfeil– und einrasten, dabei Führungsbuchse in seiner Position festhalten.
- Abgasanlage ausbauen, siehe Seite 220.

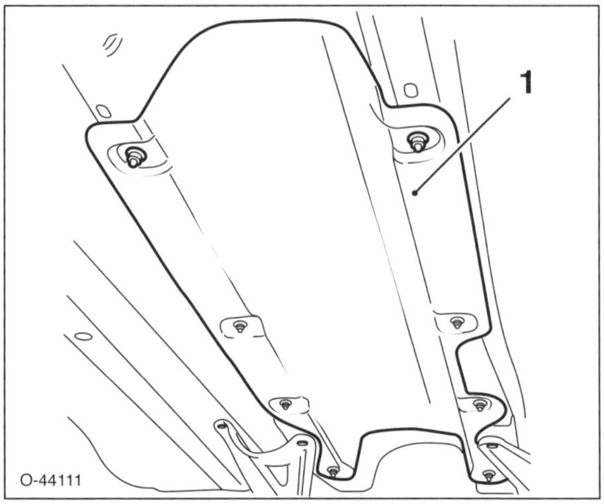

- Hitzeschutzblech –1– vom Fahrzeug-Unterboden abschrauben.

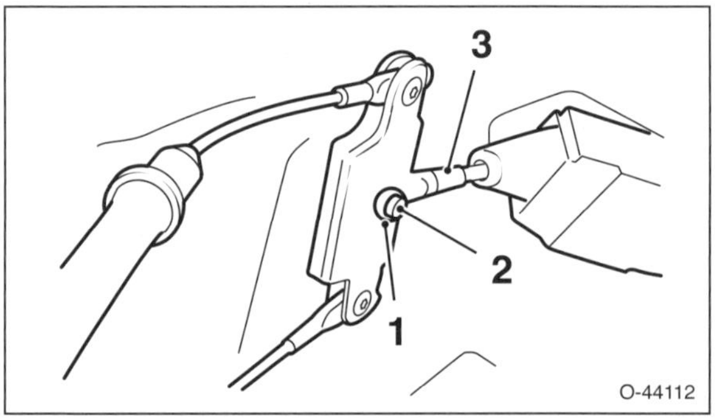

- Sicherungsring –1– abziehen, Bolzen –2– herausziehen und Ausgleichstück –3– am Fahrzeug-Unterboden vom vorderen Handbremsseil trennen.

Hinweis: Auf die Einbaulage von Bolzen und Handbremszügen achten. Der grau gefärbte Bremszug liegt auf der rechten Seite.

Handbremshebel ausbauen

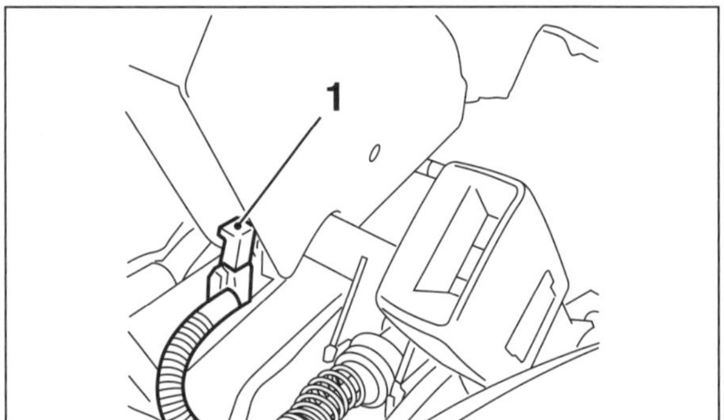

- Stecker –1– für Handbremsschalter entriegeln und abziehen.

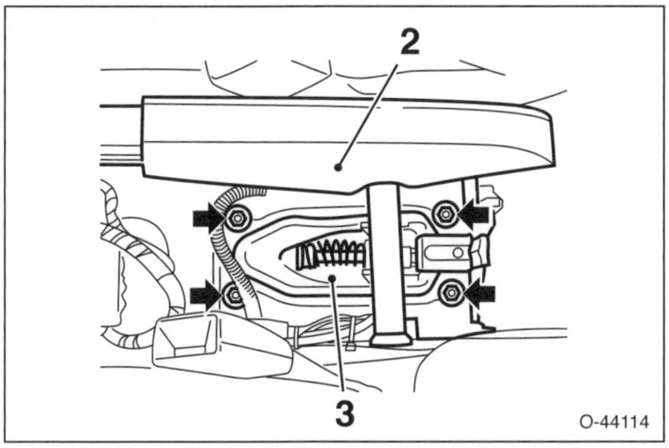

- 4 Muttern –Pfeile– am Fahrzeug-Unterboden abschrauben und Handbremshebel –2– mit Abdichtung –3– abnehmen.

- Handbremsseilzug an beiden Bremssätteln hinten aushängen, siehe Kapitel »Bremssattel/Bremssattelträger hinten aus- und einbauen«.

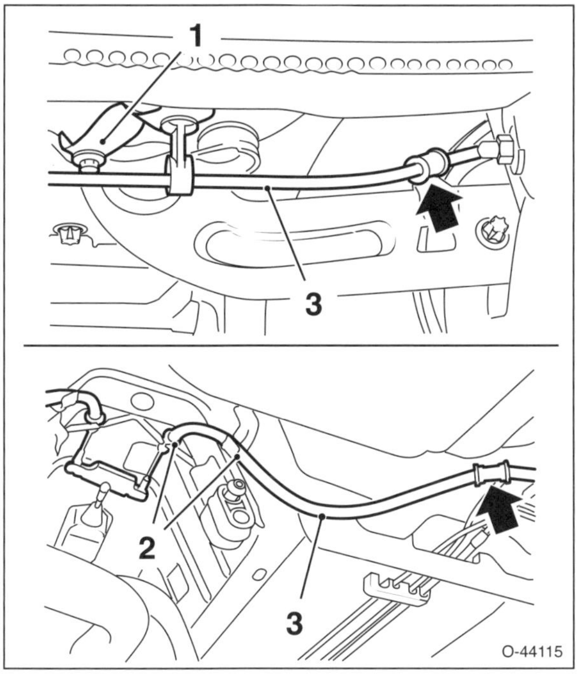

- Schraube für Bremszug-Halter –1– herausdrehen.
- Handbremsseilzug –3– links und rechts vom Fahrzeug-Unterboden abclipsen –Pfeile– und aushängen –2–.

Einbau

- Handbremszug rechts und links am Fahrzeug-Unterboden einhängen und einclipsen.
- Handbremszug rechts und links an beiden Bremssätteln einhängen.

Handbremshebel einbauen

- Handbremshebel einsetzen.
- Abdichtung am Fahrzeug-Unterboden einclipsen, dabei auf richtigen Sitz der Abdichtung achten.
- 4 Muttern für Handbremshebel aufschrauben und mit **10 Nm** festziehen.
- Stecker –1– für Handbremsschalter aufschieben.

- Handbremszug vorne am Ausgleichstück einhängen, dabei Bolzen von oben einsetzen und **neuen** Sicherungsring einsetzen. **Hinweis:** Der grau gefärbte Bremszug wird auf der rechten Seite verlegt.
- Der weitere Einbau erfolgt in umgekehrter Ausbaureihenfolge.
- Handbremshebel anziehen, dadurch wird die Transportsicherung entriegelt und die Handbremszüge werden automatisch eingestellt. Ein Nachstellen der Handbremse ist nicht nötig.

Bremsschlauch aus- und einbauen

Das Bremsleitungssystem stellt die Verbindung vom Hauptbremszylinder zu den vier Radbremsen her.

Achtung: Die starren Bremsleitungen aus Metall sollen von einer Fachwerkstatt verlegt werden, da zur fachgerechten Montage einige Erfahrung nötig ist.

Als flexible Verbindungen zwischen den starren und beweglichen Fahrzeugteilen, beispielsweise den Bremssätteln, werden druckfeste Bremsschläuche verwendet. Diese müssen bei erkennbaren Schäden sofort ausgewechselt werden. Ältere Bremsschläuche können aufquellen. In einem solchen Fall kann die Bremsflüssigkeit nicht aus dem Radbremszylinder in den Ausgleichzylinder zurückfließen; die Radbremse erhitzt sich. Wird dann das betreffende Entlüfterventil am Radbremszylinder geöffnet und das Rad blockiert nicht mehr, ist das ein Zeichen für einen defekten Bremsschlauch.

Sicherheitshinweis, Fahrzeuge mit ABS
Ist ein Bremsschlauch montiert worden oder eine Kammer des Bremsflüssigkeit-Behälters leergelaufen (zum Beispiel bei Undichtigkeiten im Bremssystem oder wenn beim Entlüften vergessen wurde, Bremsflüssigkeit nachzufüllen), wird Luft angesaugt, die in die ABS-Hydraulikpumpe gelangt. **Die Bremsanlage muss dann in der Werkstatt mit dem Entlüftergerät entlüftet werden.**

Achtung: Bremsschläuche nicht mit Öl oder Petroleum in Berührung bringen, nicht lackieren oder mit Unterbodenschutz besprühen.

Achtung: Regeln im Umgang mit Bremsflüssigkeit beachten, siehe Kapitel »Bremsanlage entlüften«.

Hinweis: Hier wird der Aus- und Einbau des Bremsschlauchs an der Vorderradbremse beschrieben. Der hintere Bremsschlauch wird in gleicher Weise ausgebaut. Hinweise zum Bremsschlauch an der Hinterradbremse stehen am Ende des Kapitels.

Ausbau

- Reifen-Laufrichtung mit Pfeil am Reifen markieren. Radschrauben lösen. Fahrzeug aufbocken und Rad abnehmen. **Achtung:** Unbedingt Hinweise im Kapitel »Rad aus- und einbauen« beachten.

Sicherheitshinweis
Beim Aufbocken des Fahrzeugs besteht Unfallgefahr! Hinweise im Kapitel »Fahrzeug aufbocken« beachten.

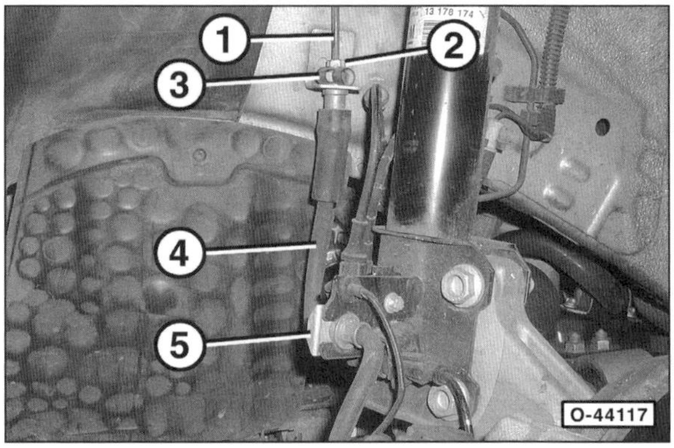

- Überwurfmutter –2– abschrauben und Bremsleitung –1– vom Bremsschlauch –4– trennen, dabei bleibt die Sicherungsklammer –3– am Halter. 5 – Federblech.

Sicherheitshinweis
Beim Öffnen vom Bremskreis läuft Bremsflüssigkeit aus. Bremsflüssigkeit in einer Flasche sammeln, die ausschließlich für Bremsflüssigkeit vorgesehen ist. Man kann auch zuvor die Bremsflüssigkeit mit einem Saugheber aus dem Vorratsbehälter absaugen.

- Bremsleitung und Bremsschlauch sofort mit einem Stopfen verschließen. **Achtung:** Austretende Bremsflüssigkeit mit Lappen auffangen.

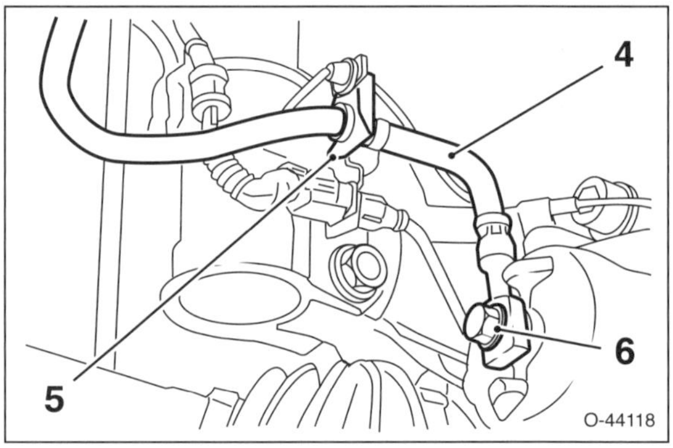

- Hohlschraube –6– herausdrehen und Bremsschlauch –4– aus dem Bremssattel herausziehen, dabei Bremsschlauch nicht verdrillen. Auslaufende Bremsflüssigkeit auffangen.
- Federblech –5– abziehen und Bremsschlauch aus der Halterung am Federbein-Stützrohr herausziehen.

Einbau

Achtung: Nur vom Werk freigegebene Bremsschläuche einbauen. Neuen Bremsschlauch vorne so einbauen, dass er ohne Drall durchhängt.

- Hohlschraube für Bremsschlauch mit **neuen Dichtringen** im Bremssattel eindrehen und mit **40 Nm** festziehen.

- Bremsschlauch in den Halter einsetzen, dabei auf die Führungsnasen achten. Bremsleitung mit Sicherungsklammer am Bremsschlauch anschrauben und Überwurfmutter mit **16 Nm** festziehen.
- Bremsschlauch in die Halterung am Federbein-Stützrohr einsetzen und mit Federblech sichern.
- Bei entlasteten Rädern (Wagen angehoben) Lenkung nach links und rechts einschlagen und sicherstellen, dass der Schlauch allen Radbewegungen folgt ohne irgendwo zu scheuern.
- **Achtung: Bremsanlage nur mit einem Bremsentlüftungsgerät entlüften, siehe entsprechendes Kapitel.**
- Reifen-Laufrichtung beachten, Räder anschrauben, Fahrzeug ablassen, erst dann Radschrauben über Kreuz mit **110 Nm** festziehen. **Achtung:** Unbedingt Hinweise im Kapitel »Rad aus- und einbauen« beachten.
- Erneut prüfen, ob der vordere Bremsschlauch allen Radbewegungen folgt ohne irgendwo zu scheuern.

Achtung, Sicherheitskontrolle durchführen:

- Sind die Bremsschläuche festgezogen?
- Befindet sich der Bremsschlauch in der Halterung?
- Sind die Entlüftungsschrauben angezogen?
- Ist genügend Bremsflüssigkeit eingefüllt?
- Bei laufendem Motor Dichtheitskontrolle durchführen. Hierzu Bremspedal mit 200 bis 300 N (entspricht 20 bis 30 kg) etwa 10 Sekunden betätigen. Das Bremspedal darf nicht nachgeben. Sämtliche Anschlüsse auf Dichtheit kontrollieren.
- Anschließend einige Sicherheitsbremsungen auf einer Straße mit geringem Verkehr durchführen.

Bremsschlauch für Hinterradbremse

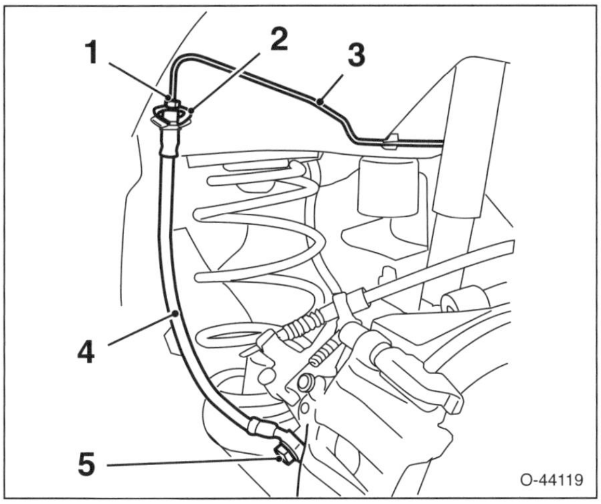

1 – Überwurfmutter
2 – Sicherungsklammer
3 – Bremsleitung
4 – Bremsschlauch
5 – Hohlschraube

Bremsanlage entlüften

Beim Umgang mit Bremsflüssigkeit sind folgende Hinweise zu beachten:

Sicherheitshinweis
Bremsflüssigkeit ist giftig. Keinesfalls Bremsflüssigkeit mit dem Mund über einen Schlauch absaugen. Bremsflüssigkeit nur in Behälter füllen, bei denen ein versehentlicher Genuss ausgeschlossen ist.

- Bremsflüssigkeit ist ätzend und darf deshalb nicht mit dem Autolack in Berührung kommen, gegebenenfalls Bremsflüssigkeit sofort abwischen und mit viel Wasser abwaschen.
- Bremsflüssigkeit ist hygroskopisch, das heißt, sie nimmt aus der Luft Feuchtigkeit auf. Bremsflüssigkeit deshalb nur in geschlossenen Behältern aufbewahren.
- **Bremsflüssigkeit, die schon einmal im Bremssystem verwendet wurde, darf nicht wieder verwendet werden. Auch beim Entlüften der Bremsanlage nur neue Bremsflüssigkeit verwenden.**
- Bremsflüssigkeits-Spezifikationen: **DOT 4** und **SAE J 1703**.
- **Bremsflüssigkeit darf nicht mit Mineralöl in Berührung kommen.** Schon geringe Spuren von Mineralöl machen die Bremsflüssigkeit unbrauchbar, beziehungsweise führen zum Ausfall des Bremssystems. Stopfen und Manschetten der Bremsanlage werden beschädigt, wenn sie mit mineralölhaltigen Mitteln zusammenkommen. Zum Reinigen keine mineralölhaltigen Putzlappen verwenden.
- Bremsflüssigkeit **alle 2 Jahre wechseln**, möglichst nach der kalten Jahreszeit.

Achtung: Bremsflüssigkeit ist ein Problemstoff und darf auf keinen Fall einfach weggeschüttet oder dem Hausmüll mitgegeben werden. Gemeinde- und Stadtverwaltungen informieren darüber, wo sich die nächste Problemstoff-Sammelstelle befindet.

Entlüften

Nach jeder Reparatur an der Bremse, bei der die Bremsanlage geöffnet wurde, kann Luft in die Druckleitungen eingedrungen sein. Dann muss das Bremssystem entlüftet werden. Luft ist auch dann in den Leitungen, wenn sich beim Treten des Bremspedals der Bremsdruck schwammig anfühlt. In diesem Fall muss die Undichtigkeit beseitigt und die Bremsanlage entlüftet werden.

In der Werkstatt wird die Bremse in der Regel mit einem Bremsentlüftungsgerät entlüftet. **Zwingend vorgeschrieben ist die Verwendung eines Bremsentlüftungsgerätes, wenn ein Bremsschlauch demontiert wurde, wenn nur eine Kammer des Bremsflüssigkeitsbehälters leer war oder wenn die hydraulische Kupplungsbetätigung ebenfalls entlüftet werden muss.** Im Normalfall geht es auch ohne das Bremsentlüftungsgerät. Die Bremsanlage wird dann durch Pumpen mit dem Bremspedal entlüftet, dazu ist eine zweite Person notwendig.

Muss die ganze Anlage entlüftet werden, jede Radbremse einzeln und den Kupplungsnehmerzylinder entlüften. Das ist immer dann der Fall, wenn Luft in jeden einzelnen Bremszylinder gedrungen ist. Dafür immer ein **Bremsentlüftungsgerät** verwenden. Falls nur ein Bremssattel erneuert bzw. überholt wurde, genügt in der Regel das Entlüften des betreffenden Bremszylinders.

Sicherheitshinweis
Ist eine Kammer des Bremsflüssigkeit-Ausgleichbehälters komplett leergelaufen (zum Beispiel bei Undichtigkeiten im Bremssystem oder wenn beim Entlüften vergessen wurde, Bremsflüssigkeit nachzufüllen), wird Luft angesaugt, die in die ABS-Hydraulikpumpe gelangt. Die Bremsanlage muss dann in der Werkstatt mit dem Entlüftergerät entlüftet werden. Bei Einbau eines neuen Bremsschlauchs muss die Anlage ebenfalls mit einem Entlüftergerät entlüftet werden.

Die Reihenfolge der Entlüftung: 1. Bremssattel vorn links, 2. Bremssattel vorn rechts, 3. Bremssattel hinten links, 4. Bremssattel hinten rechts.

- Fahrzeug aufbocken.
- Vorratsbehälter bis MAX-Markierung auffüllen.

Achtung: Entlüfterventile reinigen und vorsichtig öffnen, damit sie nicht abgedreht werden. Es empfiehlt sich, die Ventile ca. 1 Stunde vor dem Entlüften mit Rostlöser einzusprühen. Bei festsitzenden Ventilen das Entlüften von einer Werkstatt durchführen lassen.

Achtung: Während des Entlüftens die Entlüfterflasche 30 Zentimeter höher als das Entlüfterventil halten und ab und zu den Ausgleichbehälter beobachten. Der Flüssigkeitsspiegel darf nicht zu weit sinken, sonst wird über den Ausgleichbehälter Luft angesaugt. **Immer nur neue Bremsflüssigkeit nachgießen!**

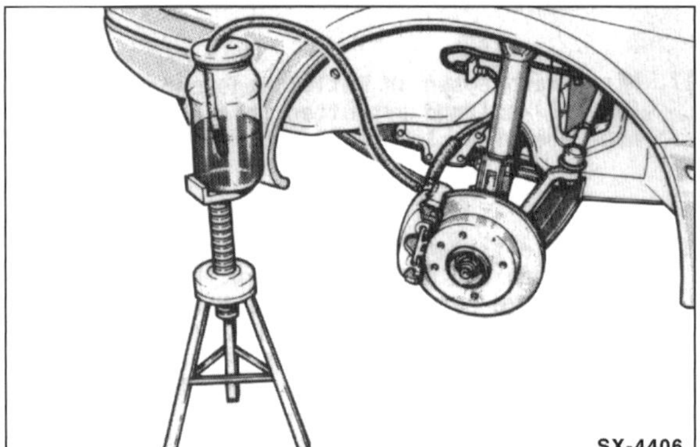
SX-4406

- Staubkappe vom Entlüfterventil des Bremszylinders abnehmen. Entlüfterventil reinigen, sauberen Schlauch aufstecken, anderes Schlauchende in eine mit Bremsflüssigkeit halbvoll gefüllte Flasche stecken (geeigneten Schlauch und passendes Gefäß gibt es auch im Autozubehör-Handel).
- Von einem Helfer Bremspedal so oft niedertreten lassen, »pumpen«, bis sich im Bremssystem Druck aufgebaut hat – zu spüren am wachsenden Widerstand beim Betätigen des Pedals.
- Ist genügend Druck vorhanden, Bremspedal ganz durchtreten und Fuß auf dem Bremspedal halten.

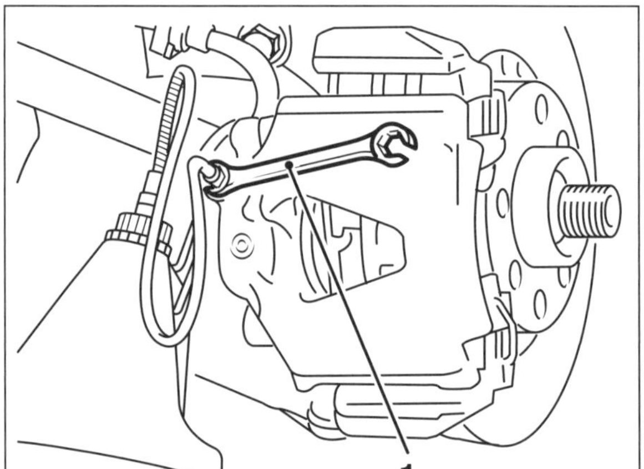

SX-6232

- Entlüfterventil am Bremssattel etwa ½ Umdrehung mit Ringschlüssel –1– öffnen. Zum Öffnen der Ventile gibt es spezielle Entlüftungsschlüssel, zum Beispiel HAZET 4968-9. Ausfließende Bremsflüssigkeit in der Flasche sammeln. **Hinweis:** Die Abbildung zeigt nicht den Bremssattel des VECTRA.
- Ausfließende Bremsflüssigkeit in der Flasche sammeln. Darauf achten, dass sich das Schlauchende in der Flasche ständig unterhalb des Flüssigkeitsspiegels befindet und dass die Flasche über dem Bremssattel steht.
- Sobald der Flüssigkeitsdruck nachlässt, Entlüfterventil schließen.
- Pumpvorgang wiederholen, bis sich Druck aufgebaut hat. Bremspedal niedertreten, Fuß auf dem Bremspedal lassen, Entlüfterventil öffnen, bis der Druck nachlässt. Entlüfterventil schließen.
- Entlüftungsvorgang an einem Bremszylinder so lange wiederholen, bis sich in der Bremsflüssigkeit, die in die Entlüfterflasche strömt, keine Luftblasen mehr zeigen.
- Nach dem Entlüften Schlauch vom Entlüfterventil abziehen, Entlüfterventil mit **9 Nm** festziehen und Staubkappe auf Ventil stecken.
- Die Bremszylinder an den anderen Rädern auf die gleiche Weise entlüften, dabei Reihenfolge einhalten.
- Nach dem Entlüften den Ausgleichbehälter bis zur MAX-Markierung auffüllen.

Entlüften mit Bremsentlüftungsgerät

- Verschlussdeckel vom Bremsflüssigkeitsbehälter abschrauben und Entlüftungsgerät über einen Adapter am Bremsflüssigkeitsbehälter anschließen.
- Im Bremssystem einen Arbeitsdruck von 1 bar einstellen.

- Nacheinander jeden Bremszylinder entlüften: Dazu Schlauch am Entlüfterventil aufstecken, Ventil öffnen und Flüssigkeit ausströmen lassen, bis sich keine Luftblasen mehr zeigen. Anschließend Ventil schließen.
- Nach dem Entlüften Adapter und Entlüftungsgerät abbauen, dabei darauf achten, dass der Bremsflüssigkeitsbehälter unter Druck steht.

Achtung, Sicherheitskontrolle durchführen:
- Sind die Entlüftungsschrauben angezogen?
- Ist genügend Bremsflüssigkeit eingefüllt?
- Bei laufendem Motor Dichtheitskontrolle durchführen. Hierzu Bremspedal mit 200 bis 300 N (entspricht 20 bis 30 kg) etwa 10 Sekunden betätigen. Das Bremspedal darf nicht nachgeben. Sämtliche Anschlüsse auf Dichtheit kontrollieren.
- Anschließend einige Sicherheitsbremsungen auf einer Straße mit geringem Verkehr durchführen.

- Nach dem Entlüften darf sich beim Treten auf das Bremspedal der Druck nicht schwammig anfühlen. Falls doch, Anlage nochmals entlüften. Dabei an jedem Bremssattel den Entlüftungsvorgang 5-mal durchführen.
- Anschließend einige Bremsungen auf einer Straße ohne Verkehr durchführen. Dabei sollte mindestens einmal die Bremsregelung des ABS-Systems geprüft werden, beispielsweise auf losem Untergrund. Dazu Bremse stark betätigen, bis am spürbaren Pulsieren des Bremspedals der Beginn der Bremsregelung erkennbar ist.

Achtung: Falls der Bremspedalweg nach der Probefahrt zu groß ist, obwohl er direkt nach dem Entlüften in Ordnung war, dann ist möglicherweise Luft in der ABS-Hydraulikeinheit. In diesem Fall Bremsanlage umgehend in der Fachwerkstatt entlüften lassen.

Achtung: Alte Bremsflüssigkeit ist ein Problemstoff und darf auf keinen Fall einfach weggeschüttet oder dem Hausmüll mitgegeben werden. Gemeinde- und Stadtverwaltungen informieren darüber, wo sich die nächste Problemstoff-Sammelstelle befindet.

Bremskraftverstärker prüfen

Der Bremskraftverstärker sitzt an der Stirnwand unter dem Bremsflüssigkeitsbehälter. Er ist auf Funktion zu überprüfen, wenn zur Erzielung ausreichender Bremswirkung die Pedalkraft außergewöhnlich hoch ist.

- Bremspedal bei ausgeschaltetem Motor mindestens 5-mal kräftig durchtreten, dann bei belastetem Bremspedal Motor starten. Das Bremspedal muss jetzt unter dem Fuß spürbar nachgeben.
- Andernfalls Unterdruckschlauch mit Anschlussstück aus dem Bremskraftverstärker herausziehen. Motor starten. Durch Fingerauflegen am Ende des Unterdruckschlauches prüfen, ob Unterdruck vorhanden ist.
- Ist kein Unterdruck vorhanden: Unterdruckschlauch auf Undichtigkeiten und Beschädigungen prüfen, gegebenenfalls ersetzen. Sämtliche Schellen fest anziehen.
- **Dieselmotor:** Unterdruckschlauch entriegeln und von der Vakuumpumpe am Zylinderkopf abziehen. Mit dem Finger prüfen, ob Unterdruck am Schlauchanschluss anliegt.
- Ist Unterdruck vorhanden: Unterdruck messen, gegebenenfalls Bremskraftverstärker ersetzen (Werkstattarbeit).

Hinweis: Wird bei Fahrzeugen mit **Dieselmotor** die Bremse längere Zeit betätigt, kommt es zum Aufbrauch des Unterdrucks. Dadurch lässt sich das Bremspedal weiter durchtreten und wirkt schwammig. Dies ist aber kein Grund zur Beanstandung.

Bremslichtschalter aus- und einbauen

Der Bremslichtschalter sitzt am Pedalbock. Beim Betätigen des Bremspedals wird über den Schalter das Bremslicht eingeschaltet. Das Bremslicht muss nach einem Bremspedalweg von 15 ± 5 mm aufleuchten.

Außerdem dient der Bremslichtschalter dem ABS/ESP-Steuergerät als Signalgeber für den Beginn eines Bremsvorganges. Daher ist eine korrekte Funktion und Einstellung äußerst wichtig.

Ausbau

- Untere Verkleidung der Armaturentafel auf der Fahrerseite ausbauen, siehe Seite 231.

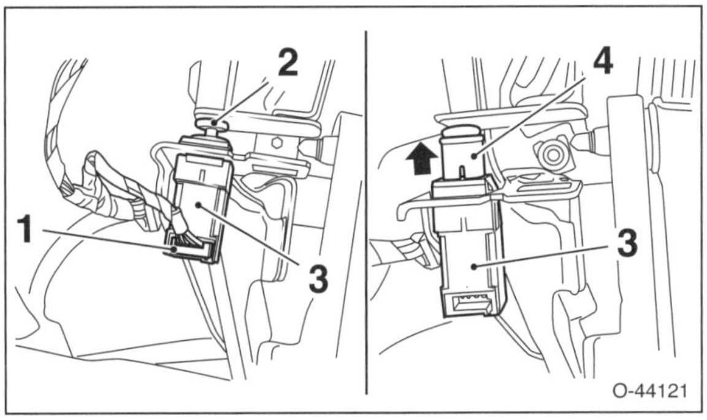

- Stecker –1– für Bremslichtschalter –3– entriegeln und abziehen.
- Bremspedal durch einen Helfer durchtreten lassen und in dieser Stellung festhalten lassen.
- Stift –2– bis zum Anschlag aus dem Bremslichtschalter herausziehen.
- Verriegelungshülse –4– bis zum Anschlag aus dem Bremslichtschalter –3– herausziehen –Pfeil–.
- Bremslichtschalter –3– entriegeln und aus dem Pedalbock herausziehen.

Einbau

- Der Einbau erfolgt in umgekehrter Ausbaureihenfolge.

Störungsdiagnose Bremse

Störung	Ursache	Abhilfe
Leerweg des Bremspedals zu groß.	Ein Bremskreis ausgefallen.	■ Bremskreise auf Flüssigkeitsverlust prüfen.
Bremspedal lässt sich weit und federnd durchtreten.	Luft im Bremssystem.	■ Bremse entlüften.
	Zu wenig Bremsflüssigkeit im Ausgleichbehälter.	■ Neue Bremsflüssigkeit nachfüllen. Bremse entlüften.
	Dampfblasenbildung. Tritt meist nach starker Beanspruchung auf, z. B. Passabfahrt.	■ Bremsflüssigkeit wechseln. Bremse entlüften.
Bremswirkung lässt nach, und Bremspedal lässt sich durchtreten.	Undichte Leitung.	■ Leitungsanschlüsse nachziehen oder Leitung erneuern.
	Beschädigte Manschette im Haupt- oder Radbremszylinder.	■ Manschette erneuern. Beim Hauptbremszylinder Innenteile ersetzen (Werkstatt), gegebenenfalls Hauptbremszylinder ersetzen oder Radbremszylinder überholen lassen.
Schlechte Bremswirkung trotz hohen Fußdrucks.	Bremsbeläge verölt.	■ Bremsbeläge erneuern.
	Ungeeigneter oder verhärteter Bremsbelag.	■ Beläge erneuern. Nur vom Automobilhersteller freigegebene Bremsbeläge verwenden.
	Bremsbeläge abgenutzt.	■ Bremsbeläge erneuern.
	Bremskraftverstärker defekt, Unterdruckleitung porös, defekt.	■ Bremskraftverstärker und Unterdruckleitung prüfen.
Bremse zieht einseitig.	Unvorschriftsmäßiger Reifendruck.	■ Reifendruck prüfen und berichtigen.
	Bereifung ungleichmäßig abgefahren.	■ Abgefahrene Reifen ersetzen.
	Bremsbeläge verölt.	■ Bremsbeläge erneuern.
	Verschiedene Bremsbelagsorten auf einer Achse.	■ Beläge erneuern. Nur vom Automobilhersteller freigegebene Bremsbeläge verwenden.
	Schlechtes Tragbild der Bremsbeläge.	■ Bremsbeläge austauschen.
	Verschmutzte Bremssattelschächte.	■ Sitz- und Führungsflächen der Bremsbeläge im Bremssattel reinigen.
	Korrosion in den Bremssattelzylindern.	■ Bremssattel erneuern.
	Bremsbelag ungleichmäßig verschlissen.	■ Bremsbeläge erneuern (an beiden Rädern), Bremssättel auf Leichtgängigkeit prüfen.
Bremse zieht von selbst an.	Hauptbremszylinder defekt.	■ Hauptbremszylinder ersetzen.
Bremsen erhitzen sich während der Fahrt.	Bremse schwergängig.	■ Bewegliche Teile der Bremse schmieren. Bremssattel überholen lassen (Werkstattarbeit).
	Handbremsseil schwergängig.	■ Seil schmieren oder erneuern.
	Bremsschlauch innen aufgequollen, dicht.	■ Bremsschlauch erneuern.
	Korrosion in den Bremsattelzylindern.	■ Bremssattel erneuern.
Bremsen rattern.	Ungeeigneter Bremsbelag.	■ Beläge erneuern. Nur vom Automobilhersteller freigegebene Bremsbeläge verwenden.
	Bremsscheibe stellenweise korrodiert.	■ Scheibe mit Schleifklötzen sorgfältig glätten.
	Bremsscheibe hat Seitenschlag.	■ Scheibe nacharbeiten oder ersetzen.

Störung	Ursache	Abhilfe
Ungleichmäßiger Belag-Verschleiß.	Ungeeigneter Bremsbelag.	■ Beläge erneuern.
	Bremssattel verschmutzt.	■ Bremssattelschächte reinigen.
	Bremssattel klemmt.	■ Führungsbuchsen und -stifte gangbar machen.
	Kolben nicht leichtgängig.	■ Kolben gangbar machen (Werkstattarbeit).
	Bremssystem undicht.	■ Bremssystem auf Dichtigkeit prüfen.
Keilförmiger Bremsbelag-Verschleiß.	Bremsscheibe läuft nicht parallel zum Bremssattel.	■ Anlagefläche des Bremssattels prüfen.
	Korrosion in den Bremssätteln.	■ Verschmutzung beseitigen oder Bremssattel erneuern.
Bremsbeläge lösen sich nicht von der Bremsscheibe, Räder lassen sich schwer von Hand drehen.	Korrosion in den Bremssattelzylindern.	■ Bremssattel überholen, eventuell austauschen.
	Bremsschlauch innen aufgequollen, dicht.	■ Bremsschlauch erneuern.
Bremse quietscht.	Oft auf atmosphärische Einflüsse (Luftfeuchtigkeit) zurückzuführen.	■ Keine Abhilfe erforderlich, wenn Quietschen nach längerem Stillstand des Wagens bei hoher Luftfeuchtigkeit auftritt, sich dann aber nach den ersten Bremsungen nicht wiederholt.
	Ungeeigneter Bremsbelag.	■ Beläge erneuern. Rückenplatte mit Anti-Quietsch-Paste bestreichen.
	Bremsscheibe läuft nicht parallel zum Bremssattel.	■ Anlagefläche des Bremssattels prüfen.
	Verschmutzte Schächte im Bremssattel.	■ Bremssattelschächte reinigen.
Bremse pulsiert.	ABS bei Vollbremsung in Funktion.	■ Normal, keine Abhilfe.
	Seitenschlag oder Dickentoleranz der Bremsscheibe zu groß.	■ Schlag und Toleranz prüfen. Scheibe nacharbeiten oder ersetzen.
	Bremsscheibe läuft nicht parallel zum Bremssattel.	■ Anlagefläche des Bremssattels prüfen.
ABS-Kontrollleuchte leuchtet während der Fahrt.	Betriebsspannung zu niedrig (unter ca. 10 Volt).	■ Batteriespannung prüfen. Prüfen, ob Kontrolllampe für Generator nach dem Motorstart erlischt, andernfalls Keilrippenriemen und Generator prüfen.
		■ Hinweise zu ABS/EBV/TC/ESP beachten.
	ABS-Anlage defekt.	■ ABS-Anlage in der Fachwerkstatt prüfen lassen.
Wirkung der Handbremse nicht ausreichend.	Bowdenzüge korrodiert.	■ Neuteile einbauen.

Motor-Mechanik

Aus dem Inhalt:

- **Zylinderkopfanzug**
- **Zahnriemen spannen**
- **Keilrippenriemenausbau**
- **Motor-Schmierung**
- **Das richtige Motoröl**
- **Motor-Kühlung**
- **Kühlmittel wechseln**
- **Frostschutz prüfen**
- **Kühlerausbau**

Für den Antrieb im OPEL VECTRA/SIGNUM stehen in Hubraum und Leistung unterschiedliche Benzin- und Dieselmotoren zur Verfügung. Alle Triebwerke sind flüssigkeitsgekühlt und im Motorraum quer zur Fahrtrichtung eingebaut. Das Antriebsaggregat ist in Gummi-Metalllagern aufgehängt und kann wie ein Pendel schwingen. Auftretende Drehmomentkräfte werden von einer Stütze abgefangen. Durch diese Lagerung werden nur geringe Motorvibrationen auf die Karosserie übertragen. Dadurch ist eine niedrige Leerlaufdrehzahl möglich und somit der Kraftstoffverbrauch geringer.

In den Motorblock sind die Zylinderbohrungen eingelassen. Im unteren Teil des Motorblocks befindet sich die Kurbelwelle, die von den Kurbelwellenlagern abgestützt wird. Über Gleitlager sind die Pleuel, die die Verbindung zu den Kolben herstellen, mit der Kurbelwelle verbunden. Den unteren Abschluss des Motors bildet die Ölwanne, in der sich das für die Schmierung und Kühlung erforderliche Motoröl sammelt.

Der Leichtmetall-Zylinderkopf ist auf den Motorblock aufgeschraubt. Er besteht aus Aluminiumguss mit eingepressten Ventilsitzringen und Ventilführungen aus Stahl. Aluminium wird verwendet, weil dieses Metall eine bessere Wärmeleitfähigkeit und ein geringeres spezifisches Gewicht gegenüber Grauguss aufweist. Durch hydraulische Ventilspielausgleicher wird bei den meisten Motoren (außer beim Z19DT(L) und Y30DT) automatisch das Ventilspiel konstant gehalten, so dass das Einstellen des Ventilspiels im Rahmen der Wartung entfällt.

1,6-/1,8-l-Benzinmotor Z16XE/Z18XE: Im Zylinderkopf befinden sich 2 obenliegende Nockenwellen, die durch einen gemeinsamen Zahnriemen angetrieben werden. Die Nockenwellen betätigen die schräg hängenden Ventile direkt über hydraulische Tassenstößel.

2,0-/2,2-l-Benzinmotor Z20NET/Z22SE/Z22YH: Die beiden obenliegenden Nockenwellen werden von der Kurbelwelle durch eine wartungsfreie Steuerkette angetrieben. Eine zweite Kette treibt die beiden Ausgleichswellen und die Kühlmittelpumpe an. Sowohl der Zylinderkopf als auch der Motorblock bestehen aus einer Aluminiumlegierung.

Der **1,9-l-Dieselmotor Z19DT(L)** ist mit 8 Ventilen ausgestattet, die durch 1 Nockenwelle über Tassenstößel betätigt werden. Zum Einstellen des Ventilspiels müssen im Rahmen der Wartung die Einstellscheiben in den Tassenstößeln ausgetauscht werden. Angetrieben wird die Nockenwelle von der Kurbelwelle über einen Zahnriemen.

Im Zylinderkopf des **1,9-l-Dieselmotors Z19DTH** sind 16 Ventile untergebracht, die durch 2 Nockenwellen über Rollenschlepphebel betätigt werden. Hydraulische Ventilspielausgleicher halten dabei das Ventilspiel auf einem konstanten Wert. Ein Zahnriemen treibt die Auslass-Nockenwelle an, die ihrerseits über Zahnräder die Drehbewegung auf die Einlass-Nockenwelle überträgt.

Der **2,0-/2,2-l-Dieselmotor Y20DTH/Y22DTR** hat 16 Ventile, aber nur eine Nockenwelle. Normalerweise befinden sich bei 16V-Motoren die Einlassventile auf der Einlassseite und die Auslassventile auf der Auslassseite des Zylinderkopfes. Im Gegensatz dazu sitzen beim 2,0-/2,2-l-Dieselmotor die beiden Ein- beziehungsweise Auslassventile eines Zylinders senkrecht zur Motorlängsachse. Die Anordnung der Ventile pro Zylinder ist also um 90° gedreht. Das ist erforderlich, damit die zentral gelagerte Nockenwelle über so genannte Ventilbrücken mit einem Nocken gleichzeitig 2 Ventile pro Zylinder betätigen kann.

Der Antrieb der Nockenwelle erfolgt über einen 2-stufigen Kettentrieb. Das bedeutet, die Kurbelwelle treibt über eine Doppelrollen-Steuerkette die Kettenräder auf der Einspritzpumpenwelle an. Von dort führt eine Einfachrollen-Steuerkette zur Nockenwelle.

Alle 4-Zylinder-Motoren sind als Reihenmotoren ausgelegt.

Motor Y30DT/Z32SE: Der 6-Zylinder-Motor ist als V-Motor ausgelegt. Das bedeutet, dass je 3 Zylinder V-förmig zueinander in 2 Zylinderbänken angeordnet sind. Jede Zylinderbank besitzt einen eigenen Zylinderkopf, der jeweils 2 Nockenwellen besitzt. Es handelt sich also ebenfalls um einen DOHC-Motor mit insgesamt 4 Nockenwellen (DOHC = **D**ouble **O**ver **H**ead **C**amshaft = 2 obenliegende Nockenwellen). Beim Benzinmotor werden sämtliche Nockenwellen durch einen gemeinsamen Zahnriemen von der Kurbelwelle angetrieben. Beim Dieselmotor erfolgt die Kraftübertragung vom Zahnriemen nur auf die Einlass-Nockenwellen, die ihrerseits über schräg verzahnte Stirnräder mit den jeweiligen Auslass-Nockenwellen verbunden sind.

Obere Motorabdeckung aus- und einbauen

Motor Z19DTH

Ausbau

- Obere Motorabdeckung –1– nach oben abziehen und dabei Gummiaufnahmen –2– von den Kugelköpfen –3– abclipsen.

Einbau

- Obere Motorabdeckung mit den Gummiaufnahmen über den Kugelköpfen ansetzen, nach unten drücken und in die Kugelköpfe einrasten.

Motor Z16XE/Z18XE/Z19DT(L)

Ausbau

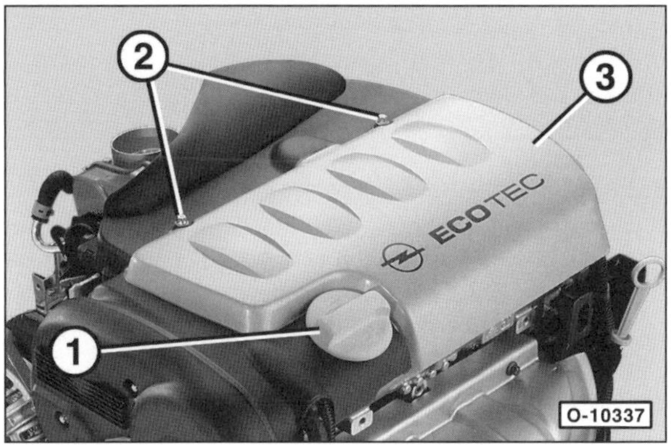

- Deckel –1– vom Öleinfüllstutzen abschrauben.
- 2 Schrauben –2– aus der Motorabdeckung –3– herausdrehen.
- Abdeckung hinten etwas anheben, waagerecht nach vorn schieben (zum Kühler) und aus den vorderen Gummihaltern aushängen.
- Anschließend Deckel am Öleinfüllstutzen aufschrauben.

Einbau

- Deckel vom Öleinfüllstutzen abschrauben.
- Obere Motorabdeckung ansetzen, vorn in die Gummihalter einschieben und hinten mit **8 Nm** anschrauben.
- Anschließend Deckel am Öleinfüllstutzen aufschrauben.

Motor Y20DTH/Y22DTR

Ausbau

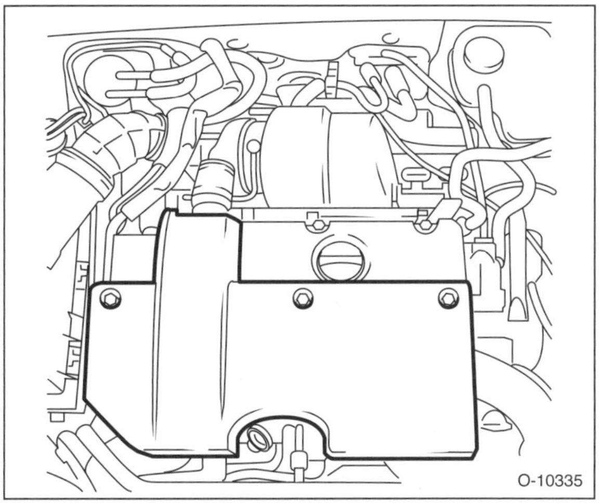

- 3 Schrauben aus der Motorabdeckung herausdrehen.
- Abdeckung vorsichtig nach oben ziehen und abnehmen.

Einbau

- Obere Motorabdeckung einsetzen und anschrauben.

Motor auf OT für Zylinder 1 stellen/ Steuerzeiten prüfen

OT steht für Oberer Totpunkt, das heißt, der Kolben des 1. Zylinders befindet sich am oberen Umkehrpunkt. Diese Stellung erreicht der Kolben beim Kompressions- und beim Auspufftakt. Die OT-Stellung beim Kompressionstakt nennt man auch Zünd-OT, weil bei normalem Motorlauf kurz vorher die Zündung erfolgt. Gezählt werden die Zylinder in der Reihenfolge von 1 bis 4. Der 1. Zylinder liegt hinter dem Keilrippenriemenantrieb.

Hinweis: Beim Motor **Z22SE/Z22YH** wird der **4.** Zylinder auf Zünd-OT gestellt.

Um den Kolben des 1. Zylinders auf OT zu stellen, muss die Motor-Kurbelwelle gedreht werden, bis die verschiedenen OT-Markierungen übereinstimmen. Dabei Kurbelwelle im Uhrzeigersinn langsam und gleichmäßig durchdrehen.

- Das Durchdrehen der Kurbelwelle beziehungsweise des Motors kann auf mehrere Arten erfolgen:

  1. Fahrzeug seitlich vorn aufbocken. Fünften Gang einlegen, Handbremse anziehen. Angehobenes Vorderrad durchdrehen. Dadurch dreht sich auch die Motor-Kurbelwelle. Zum Drehen des Rades wird ein Helfer benötigt.

  2. Fahrzeug auf ebene Fläche stellen. Fünften Gang einlegen. Fahrzeug vorschieben oder vorschieben lassen.

  3. Getriebe in Leerlaufstellung schalten und Handbremse anziehen. Kurbelwelle an der Zentralschraube der Kurbelwellen-Riemenscheibe mit Knarre und Steckschlüsseleinsatz im Uhrzeigersinn durchdrehen.

Achtung: Motor nicht an der Befestigungsschraube vom Nockenwellenrad durchdrehen. Dadurch wird der Zahnriemen beziehungsweise die Steuerkette überbeansprucht.

Vorarbeit für alle Motoren

- Batterie-Massekabel (–) abklemmen. **Achtung:** Hinweise im Kapitel »Batterie aus- und einbauen« beachten.

1,6-/1,8-l-Benzinmotor Z16XE/Z18XE

- Obere Motorabdeckung ausbauen, siehe entsprechendes Kapitel.

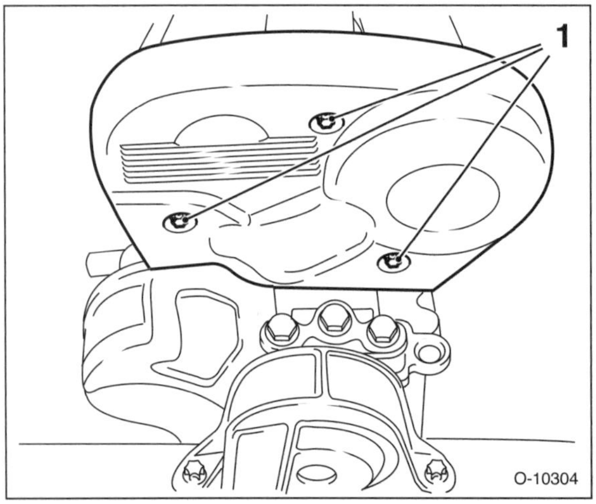

- Obere Zahnriemenabdeckung ausbauen. Dazu 3 Schrauben –1– herausdrehen. Obere Zahnriemenabdeckung von der hinteren Zahnriemenabdeckung abclipsen.

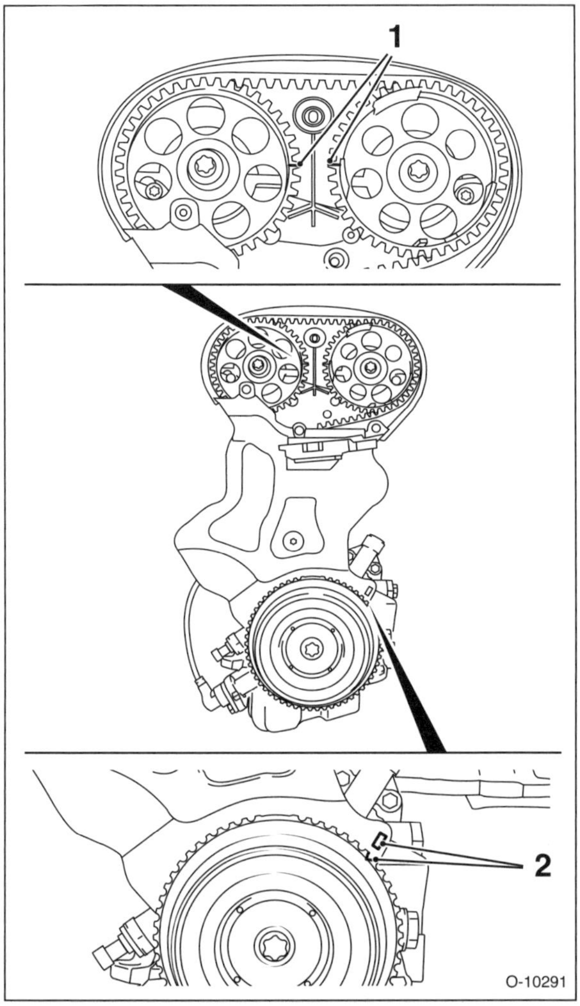

- Kurbelwelle auf Markierung –2– stellen.
- Gleichzeitig müssen sich die Markierungen –1– auf den Nockenwellenrädern innen gegenüberstehen und mit der Oberkante des Zylinderkopfes fluchten. Falls die Kerben auf den Nockenwellenrädern nach außen zeigen, Kurbelwelle um eine ganze Umdrehung weiterdrehen.
- Falls die Markierungen an den Nockenwellenrädern geringfügig versetzt sind, müssen die Steuerzeiten neu eingestellt werden. Dazu Zahnriemen ausbauen und Nockenwellenräder in OT-Stellung drehen. **Achtung:** Dabei immer den kürzesten Weg zur OT-Stellung wählen, sonst werden die Ventile der Zylinder 1 und 4 gegen die im OT stehenden Kolben gedrückt.
- Gegebenenfalls Zahnriemen einbauen, siehe entsprechendes Kapitel.
- Obere Zahnriemenabdeckung hinten anclipsen und mit **4 Nm** anschrauben.
- Obere Motorabdeckung einbauen, siehe entsprechendes Kapitel.

2,2-l-Benzinmotor Z22SE/Z22YH

Hinweis: Die Steuerzeiten können nur mit dem OPEL-Spezialwerkzeug KM-6148 geprüft werden.

- Obere Motorabdeckung ausbauen.
- Luftfilter ausbauen, siehe Seite 216.
- Kraftstoffdruck abbauen, siehe Seite 210.
- Kraftstoffleitung abschrauben, ausclipsen und abnehmen. Anschlüsse mit geeigneten Stopfen verschließen um Verunreinigungen zu verhindern.
- Schlauch für Kraftstoffverdampfung abbauen. Anschlüsse mit geeigneten Stopfen verschließen.
- Zündmodul ausbauen, siehe Seite 205.

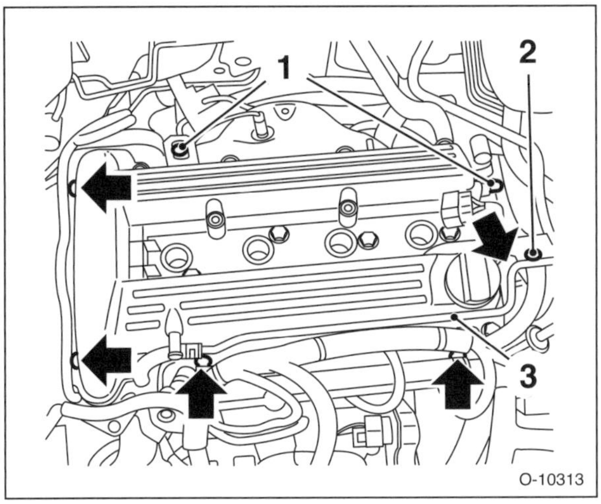

- Halter für Kabelstrang ausbauen.
  - ◆ Kühlmittelrohr –3– abbauen. Dazu Kühlmittelschlauch abziehen und Mutter –2– herausdrehen.
  - ◆ 2 Mehrfachstecker für Lambdasonde abziehen.
  - ◆ Stecker für Abgasrückführungsventil abziehen.
  - ◆ 5 Schrauben –Pfeile– herausdrehen.
  - ◆ 2 Muttern –1– abschrauben.
  - ◆ Masseband abbauen, dazu Stehbolzen herausdrehen.
- Zylinderkopfdeckel abschrauben. Dazu 14 Schrauben herausdrehen.

Sicherheitshinweis
Beim Aufbocken des Fahrzeugs besteht Unfallgefahr! Hinweise im Kapitel »Fahrzeug aufbocken« beachten.

- Fahrzeug aufbocken.
- Abdeckung für Keilrippenriemen ausbauen, siehe Seite 181.

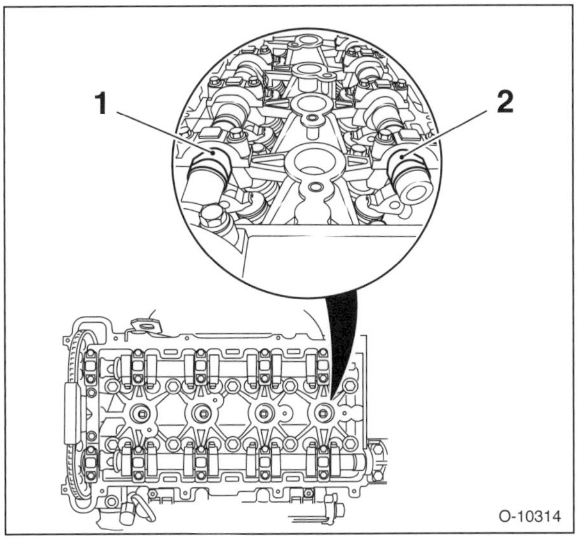

- Motor auf Zünd-OT für Zylinder 4 stellen. Dazu Kurbelwelle langsam und gleichmäßig in Motordrehrichtung drehen, bis die Markierung auf der Riemenscheibe mit der Markierung am Steuergehäuse übereinstimmt. Gleichzeitig müssen die Nocken von Zylinder 4 –1/2– nach oben zeigen. **Hinweis:** Falls die Nocken nach unten zeigen, Kurbelwelle um 1 Umdrehung weiterdrehen.
- Fahrzeug ablassen.

- OPEL-Einstellwerkzeug KM-6148 –1– mit den Fixierbolzen –2– in die vorgesehenen Bohrungen der Nockenwellenräder schieben und mit den Befestigungsschrauben –3– anschrauben. **Hinweis:** Wenn sich die Fixierbolzen nicht einschieben lassen, dann müssen die Steuerzeiten eingestellt werden (Werkstattarbeit).
- Fahrzeug aufbocken.
- Abdeckung für Keilrippenriemen ausbauen, siehe Seite 181.
- Dichtflächen reinigen und Zylinderkopfdeckel mit 5 neuen Dichtungen auflegen. 14 Schrauben eindrehen und wechselweise mit **9 Nm** festziehen.
- Der weitere Einbau erfolgt in umgekehrter Ausbaureihenfolge.

Anzugsdrehmomente.

Zündmodul	**9 Nm**
Mutter für Kraftstoffleitung	**10 Nm**
Schrauben für Luftfilter	**3,5 Nm**

1,9-l-Dieselmotor Z19DT(L)

Hinweis: Die Steuerzeiten können nur mit dem OPEL-Spezialwerkzeug EN-46788 geprüft werden.

Für den Motor Z19DTH wird zusätzlich das OPEL-Spezialwerkzeug EN-46789 benötigt. Allerdings sind die Vorarbeiten bei diesem Motor so umfangreich, dass der Vorgang hier nicht beschrieben werden kann.

Ausbau

Hinweis: Der Lenkwinkelsensor verliert nach jedem Abklemmen der Batterie seine Grundeinstellung und muss nach Abschluss der Arbeiten neu kalibriert werden.

- Batterie-Massekabel (–) abklemmen. **Achtung:** Hinweise im Kapitel »Batterie aus- und einbauen« beachten.

> **Sicherheitshinweis**
> Beim Aufbocken des Fahrzeugs besteht Unfallgefahr! Hinweise im Kapitel »Fahrzeug aufbocken« beachten.

- Rechtes Vorderrad ausbauen. Dabei Reifen-Laufrichtung mit Pfeil am Reifen markieren. Radschrauben lösen. Fahrzeug aufbocken und Rad abnehmen. **Achtung:** Hinweise im Kapitel »Rad aus- und einbauen« beachten.
- Untere Motorraumabdeckung ausbauen, siehe Seite 249.
- Schrauben für Kurbelwellen-Riemenscheibe lösen.
- Laufrichtung des Keilrippenriemens markieren und Keilrippenriemen ausbauen, siehe Seite 181.
- Schrauben für Kurbelwellen-Riemenscheibe herausdrehen und Riemenscheibe abnehmen.
- Luftfilter ausbauen, siehe Seite 216.
- Rechtes Motorlager ausbauen, siehe Seite 176.
- Obere Zahnriemen-Abdeckung abschrauben, dabei 6 Schrauben herausdrehen. Kabel für Nockenwellensensor ausclipsen.

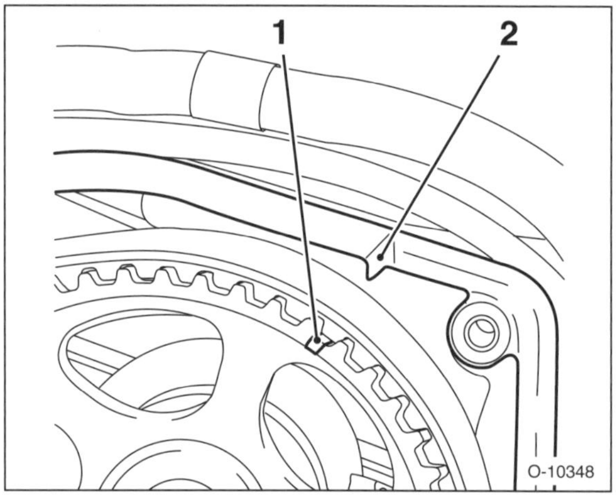

- Kurbelwelle drehen, bis die Markierung auf dem Nockenwellenrad –1– mit der Markierung auf dem Nockenwellengehäusedeckel –2– übereinstimmt. **Achtung:** Nicht am Nockenwellenrad drehen, sonst wird der Zahnriemen überbeansprucht.

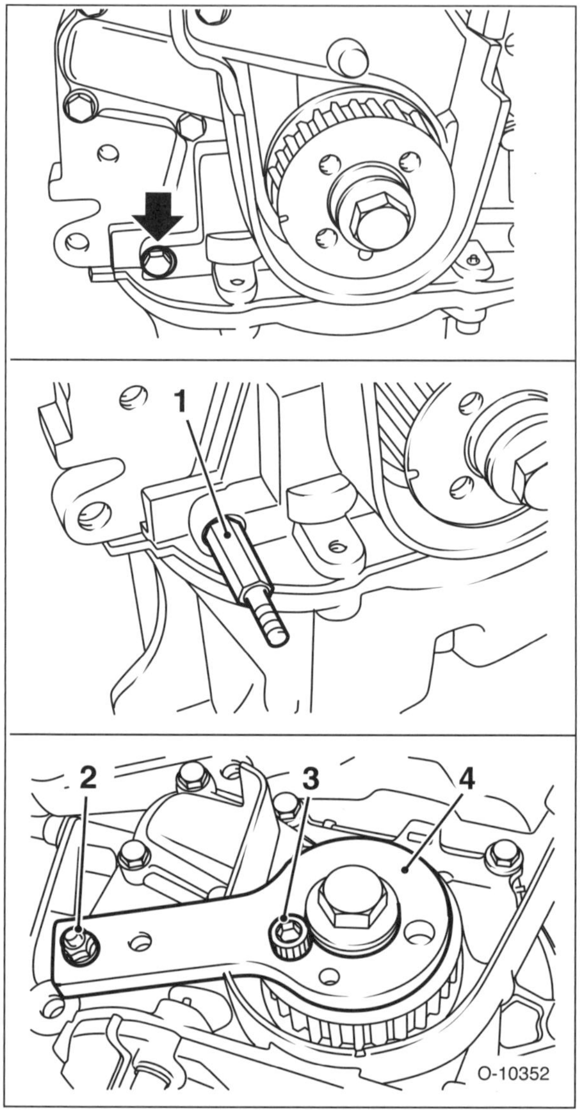

- Kurbelwellen-Arretierwerkzeug EN-46788 anbauen. Dazu Schraube –Pfeil– an der Ölpumpe herausdrehen. Stehbolzen –1– einschrauben. Spezialwerkzeug –4– am Kurbelwellen-Zahnrad ansetzen und mit Schraube –3– sowie Mutter –2– anschrauben.
- Wenn bei angebautem Spezialwerkzeug die OT-Markierungen an Nockenwellenrad und Nockenwellengehäusedeckel übereinstimmen, dann sind die Steuerzeiten korrekt eingestellt. Andernfalls Zahnriemen ausbauen und Steuerzeiten einstellen lassen (Werkstattarbeit).

Einbau

- Der Einbau erfolgt in umgekehrter Ausbaureihenfolge.
  Anzugsdrehmomente:

Kurbelwellen-Riemenscheibe	**25 Nm**
Schraube für Ölpumpe	**9 Nm**
Zahnriemen-Abdeckung: 4 obere Schrauben	**9 Nm**
2 untere Schrauben	**25 Nm**
Rechtes Motorlager	**55 Nm**
Schraube für Verdichter-Haltebock	**50 Nm**

Zahnriemen aus- und einbauen

1,6-/1,8-l-Benzinmotor Z16XE/Z18XE

Der Zahnriemen muss im Rahmen der Wartung regelmäßig gewechselt werden. Dabei muss das Wechselintervall genau beachtet werden. Ein Zahnriemenausfall hat schwere Motorschäden zur Folge. Aus diesem Grund empfiehlt es sich, den Zahnriemen auch zu ersetzen, wenn er im Rahmen einer Reparatur ausgebaut werden muss.

Da die Zahnriemenspannung von einer automatischen Spannrolle konstant gehalten wird, ist ein Nachspannen nicht nötig. Es muss nur eine Grundeinstellung der Spannrolle beim Einbau des Zahnriemens vorgenommen werden. **Hinweis:** Heulende oder pfeifende Geräusche vom Zahnriementrieb weisen auf eine zu hohe Spannung des Zahnriemens hin. Bei zu geringer Spannung schlägt der Zahnriemen bei laufendem Motor gegen die Zahnriemen-Abdeckung.

Achtung: Wird bei einer Reparatur der bisherige Zahnriemen wieder eingebaut, Laufrichtung beibehalten. Vor Ausbau des Zahnriemens Laufrichtung mit Kreidepfeil markieren.

Ausbau

- Batterie-Massekabel (–) abklemmen. **Achtung:** Hinweise im Kapitel »Batterie aus- und einbauen« beachten.
- Obere Motorabdeckung ausbauen, siehe Seite 167.
- Luftfilter ausbauen, siehe Seite 216.
- Rechtes Vorderrad ausbauen, siehe Seite 145.
- Keilrippenriemen ausbauen, siehe Seite 181.

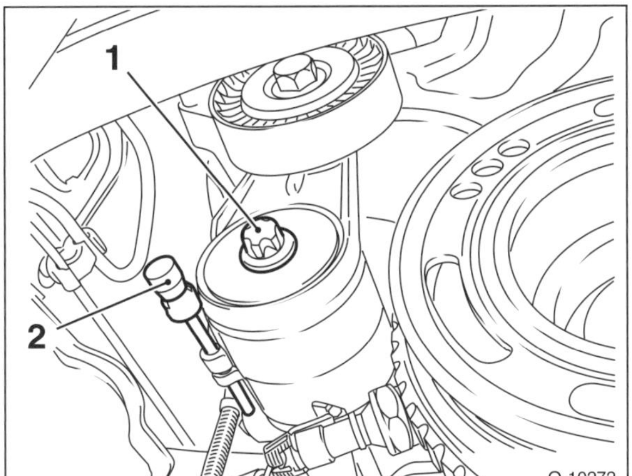

O-10272

- Keilrippenriemen-Spannvorrichtung ausbauen. Dazu Spannvorrichtung entgegen der Federkraft etwas spannen, damit der Arretierstift –2– herausgezogen werden kann. Anschließend Spannvorrichtung entspannen und Schraube –1– herausdrehen.
- Motor auf Zünd-OT stellen, siehe Seite 168.
- Kurbelwellen-Riemenscheibe abschrauben. Dabei Riemenscheibe mit handelsüblichem Gegenhalter festhalten. Anschließend Zahnriemen-Antriebsrad mit der Befestigungsschraube wieder anschrauben.

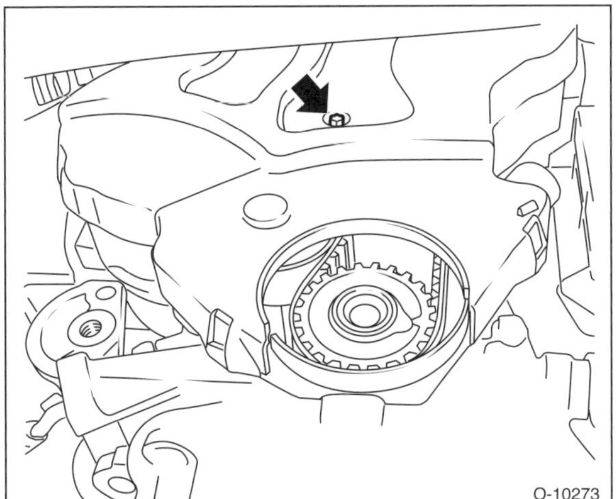

O-10273

- Schraube –Pfeil– herausdrehen. Untere Zahnriemenabdeckung von der hinteren Zahnriemenabdeckung abclipsen und abnehmen.
- Motor abfangen und rechtes Motorlager abschrauben, siehe Seite 176.
- Obere Zahnriemenabdeckung ausbauen, dazu 3 Schrauben herausdrehen und Abdeckung hinten abclipsen, siehe Seite 168.

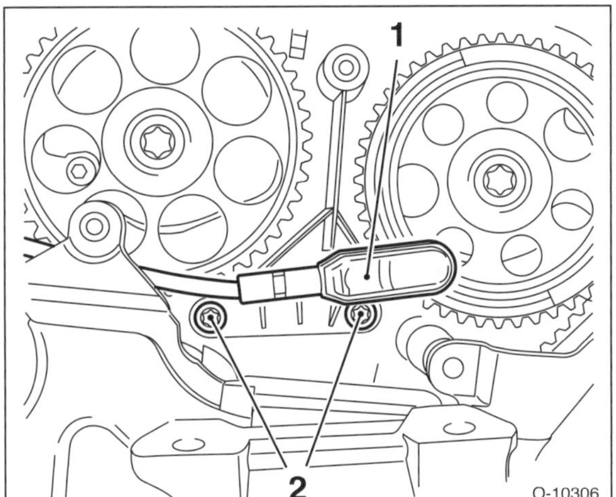

O-10306

- Stecker für Nockenwellensensor abziehen, Kabel am Halter ausclipsen.
- Nockenwellensensor –1– ausbauen. Dazu 2 Schrauben –2– herausdrehen.

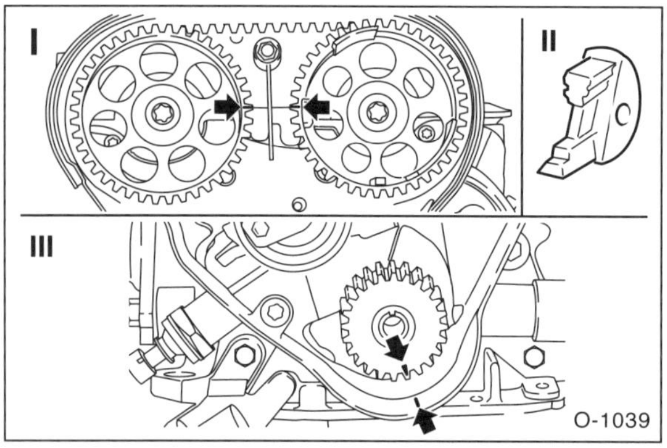

- OT-Stellung von Nockenwelle und Kurbelwelle überprüfen. Die Markierungen –Pfeile– müssen fluchten. Die Werkstatt verwendet das Werkzeug KM-852 –II– zum Einstellen und Arretieren der Nockenwellenräder.

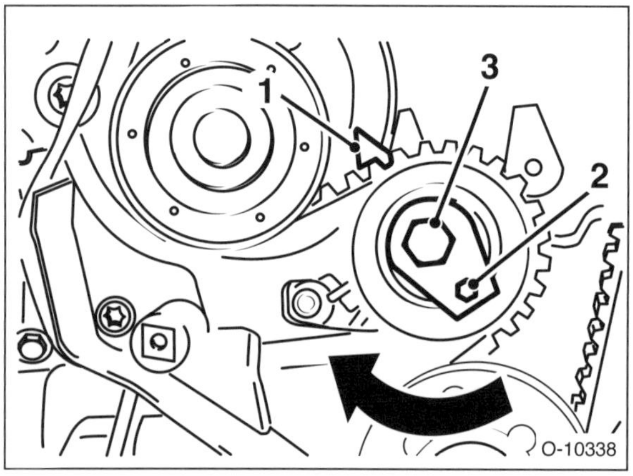

- Innensechskantschlüssel am Einstellexzenter –2– einsetzen, Schraube –3– für Zahnriemen-Spannrolle lösen und Einstellexzenter im Uhrzeigersinn –Pfeilrichtung– drehen, bis der Zeiger –1– kurz vor dem linken Anschlag steht.
- Laufrichtung auf dem Zahnriemen markieren und Zahnriemen abnehmen.

Achtung: Motorstellung bei abgenommenem Zahnriemen nicht mehr verändern.

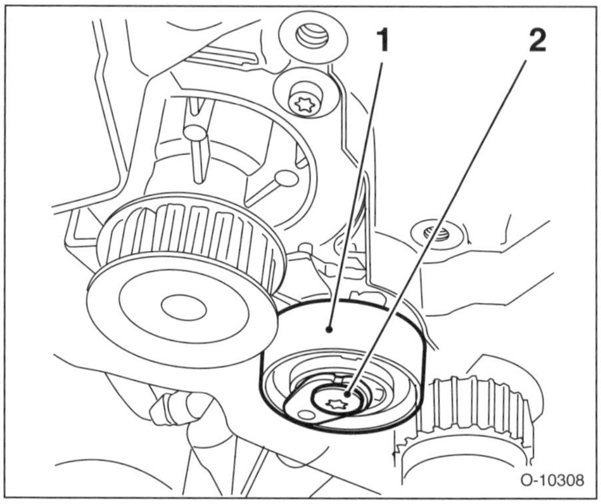

- Zahnriemenspannrolle –1– ausbauen. Dazu Schraube –2– herausdrehen.
- Falls erforderlich, Zahnriemen-Umlenkrolle abschrauben und herausnehmen.

Einbau

- Falls ausgebaut, Zahnriemen-Umlenkrolle mit **25 Nm** anschrauben.

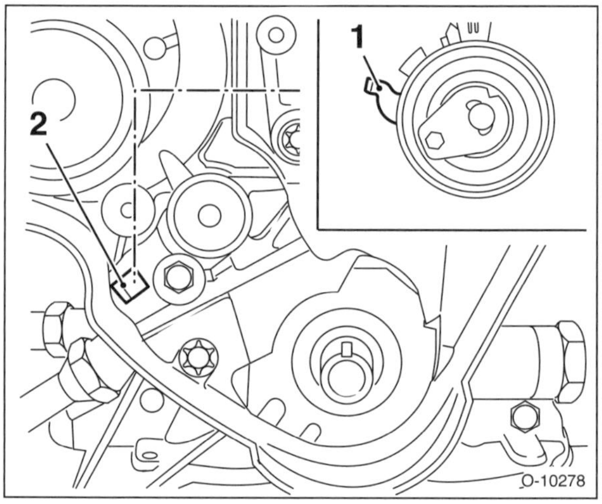

- Zahnriemenspannrolle so einsetzen, dass der Arretierhebel –1– in die Führungswange –2– der Ölpumpe eingreift. Befestigungsschraube eindrehen, **nicht** festziehen. Die Schraube wird erst nach Einstellen der Zahnriemenspannung angezogen.
- Prüfen, ob die OT-Markierungen auf Nockenwellen- und Kurbelwellenrad mit den Bezugsmarkierungen fluchten.

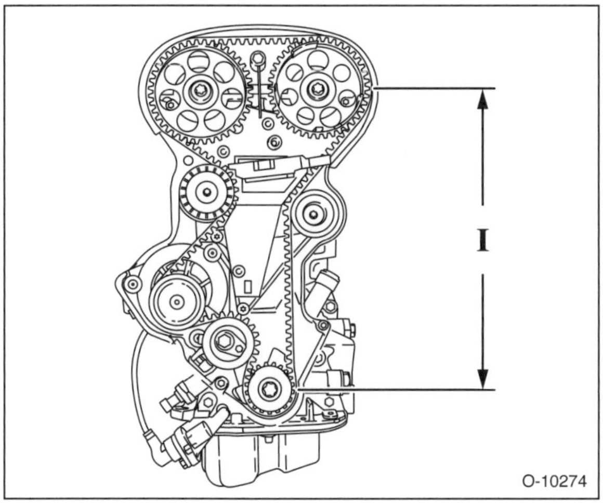

- Zahnriemen auflegen, die Zugseite –I– muss gestrafft sein. Laufrichtung bei gebrauchtem Riemen beachten.
- Falls die Zahnriemenspannrolle nicht ersetzt wurde, Befestigungsschraube der Zahnriemenspannrolle lösen.

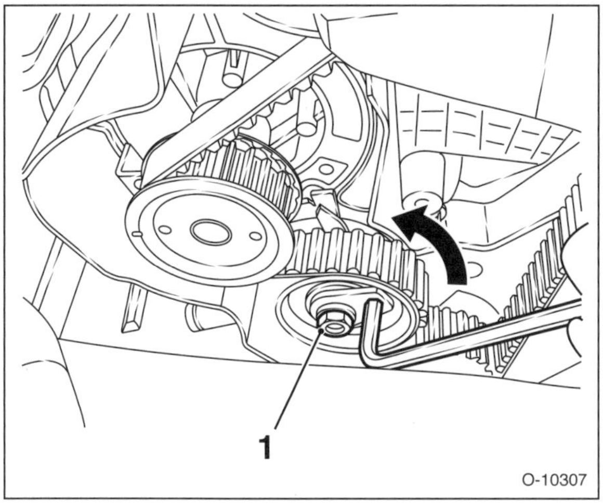

- Spannrolle am Einstellexzenter entgegen dem Uhrzeigersinn drehen –Pfeilrichtung–, bis der Zeiger der Spannrolle kurz vor dem rechten Anschlag steht. In dieser Stellung Befestigungsschraube der Spannrolle beidrehen.
- Gegebenenfalls Fixierwerkzeug KM-852 abnehmen.
- Kurbelwelle langsam 2 ganze Umdrehungen in Motordrehrichtung weiterdrehen und auf OT-Stellung stellen. Falls das Fixierwerkzeug KM-852 vorhanden ist, zur Kontrolle Werkzeug einsetzen und wieder abnehmen.

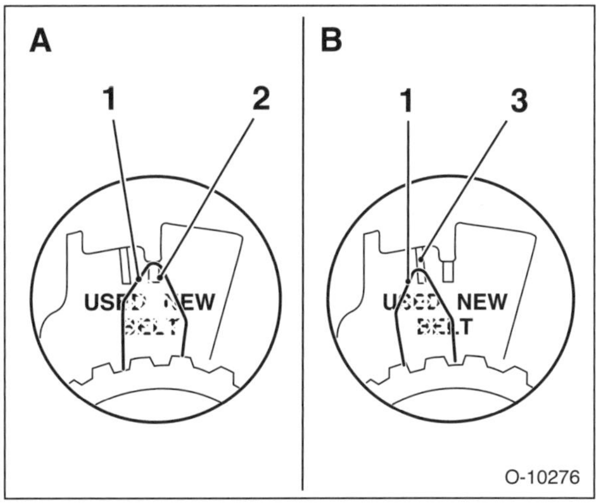

- Befestigungsschraube der Zahnriemenspannrolle etwas lösen und Einstellexzenter im Uhrzeigersinn drehen, bis die Zeigerstellung der Abbildung entspricht.
- Bei einem neuen Zahnriemen muss der Zeiger –1– der Zahnriemenspannrolle mit der Kerbmarkierung »NEW« –2– fluchten –A–.
- Bei einem gebrauchten Zahnriemen muss der Zeiger –1– der Zahnriemenspannrolle mit der Kerbmarkierung »USED« –3– fluchten –B–.
- Befestigungsschraube der Zahnriemen-Spannrolle mit **20 Nm** festziehen.
- Kurbelwelle langsam 2 ganze Umdrehungen in Motordrehrichtung weiterdrehen und auf OT-Stellung stellen.
- Sämtliche OT-Markierungen müssen gleichzeitig übereinstimmen, sonst Zahnriemen nochmals abnehmen und Einbau- sowie Spannvorgang wiederholen. Falls das Fixierwerkzeug KM-852 vorhanden ist, zur OT-Kontrolle das Werkzeug einsetzen und wieder abnehmen.
- Stellung des Zeigers der Zahnriemen-Spannrolle prüfen. Wenn der Zeiger nicht mit der entsprechenden Kerbmarkierung übereinstimmt, Spannvorgang wiederholen.
- **Motor Z16XE:** Schrauben für Nockenwellensensor mit Sicherungsmittel bestreichen. Sensor einsetzen und mit **8 Nm** anschrauben.
- Stecker für Nockenwellensensor aufstecken, Kabel in den Halter einclipsen.
- Untere Zahnriemenabdeckung anclipsen und mit **4 Nm** anschrauben.
- Obere Zahnriemenabdeckung anclipsen und mit **4 Nm** anschrauben.
- Rechtes Motorlager einbauen, siehe Seite 176.
- Keilrippenriemen-Spannvorrichtung mit **35 Nm** anschrauben.
- Kurbelwellen-Riemenscheibe anschrauben. Dabei Riemenscheibe mit handelsüblichem Gegenhalter festhalten. Befestigungsschraube in 3 Stufen festziehen.
  1. Stufe: mit Drehmomentschlüssel und **95 Nm**.
  2. Stufe: mit starrem Schlüssel um **30°** weiterdrehen.
  3. Stufe: mit starrem Schlüssel um **15°** weiterdrehen.

- Keilrippenriemen einbauen, siehe Seite 181.
- Reifen-Laufrichtung beachten, rechtes Vorderrad anschrauben, Fahrzeug ablassen, erst dann Radschrauben über Kreuz mit **110 Nm** festziehen. **Achtung:** Unbedingt Hinweise im Kapitel »Rad aus- und einbauen« beachten.
- Luftfilter einbauen, siehe Seite 216.
- Obere Motorabdeckung einbauen, siehe Seite 167.
- Batterie-Massekabel (–) anklemmen. **Achtung:** Hinweise im Kapitel »Batterie aus- und einbauen« beachten.

Hinweis: Falls der Zahnriemen gewechselt wurde, empfiehlt es sich, einen geeigneten Aufkleber mit aktuellem Kilometerstand und Datum an der Zahnriemenabdeckung anzubringen.

Zahnriemen aus- und einbauen/ spannen

1,9-l-Dieselmotor Z19DT(L)

Ausbau

- Motor auf Zünd-OT stellen, siehe Kapitel »Steuerzeiten prüfen« auf Seite 168.
- Obere Motorabdeckung ausbauen, siehe Seite 167.
- Keilrippenriemen-Spannvorrichtung entspannen und abschrauben.
- Obere Keilrippenriemen-Umlenkrolle abschrauben.
- Rechtes Motorlager ausbauen, siehe Seite 176
- Rechten Motorhalter abschrauben, vorher Schrauben und Einbaupositionen markieren, damit die Schrauben an der gleichen Stelle wieder eingebaut werden können.
- Klemmschraube der Zahnriemen-Spannrolle lösen und Zahnriemen abnehmen.

Einbau

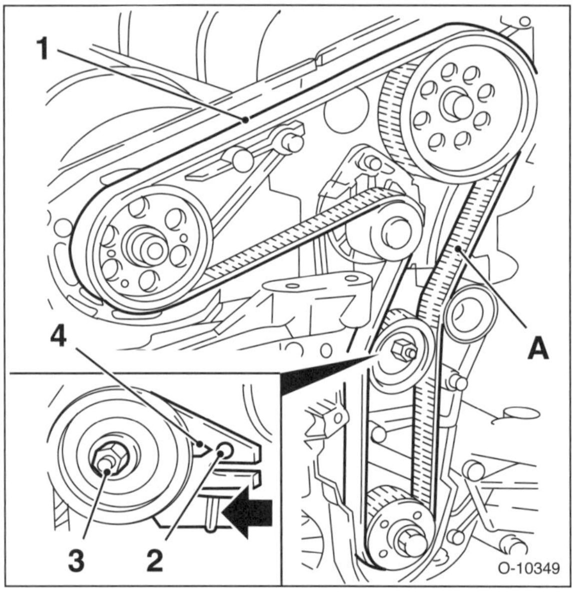

- Zahnriemen –1– so auflegen, dass er an der Zugseite –A– gestrafft ist. Dabei auch die vorgegebene Laufrichtung des Zahnriemens beachten.

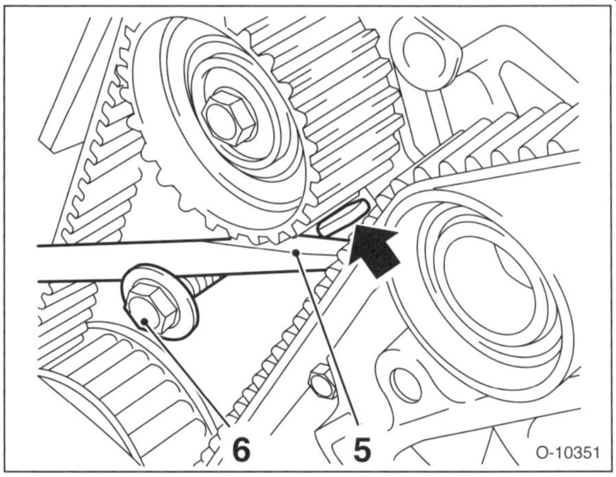

- Zahnriemen mit einem Helfer folgendermaßen spannen:
  - ◆ Schraube –6– eindrehen.
  - ◆ Zahnriemen-Spannrolle spannen. Dazu Einstellhebel mit einem Schraubendreher –5– in Pfeilrichtung drücken, bis der Zeiger –4– (Abbildung O-10332) der Zahnriemen-Spannrolle gegenüber der Bohrung –2– steht. In dieser Stellung die Klemmschraube –3– anziehen.
  - ◆ Kurbelwelle um 2 Umdrehungen in Motordrehrichtung weiterdrehen und auf OT für Zylinder 1 stellen.
  - ◆ Klemmschraube für Zahnriemen-Spannrolle lösen und Zahnriemenspannung erneut einstellen. Anschließend Klemmschraube mit **30 Nm** festziehen.
- Motorhalter ansetzen und anschrauben. Dabei Schrauben entsprechend der angebrachten Markierungen einsetzen. Die beiden unteren Schrauben mit **25 Nm** anziehen.
- Der weitere Einbau erfolgt in umgekehrter Ausbaureihenfolge. **Anzugsdrehmomente:**
  Obere Keilrippenriemen-Umlenkrolle . . . . . . **50 Nm**
  Keilrippenriemen-Spannrolle . . . . **50 Nm**
  3 obere Schrauben für Motorhalter. . . . . **50 Nm**

Motorsteuerung 6-Zylinder-Benzinmotor

Z32SE

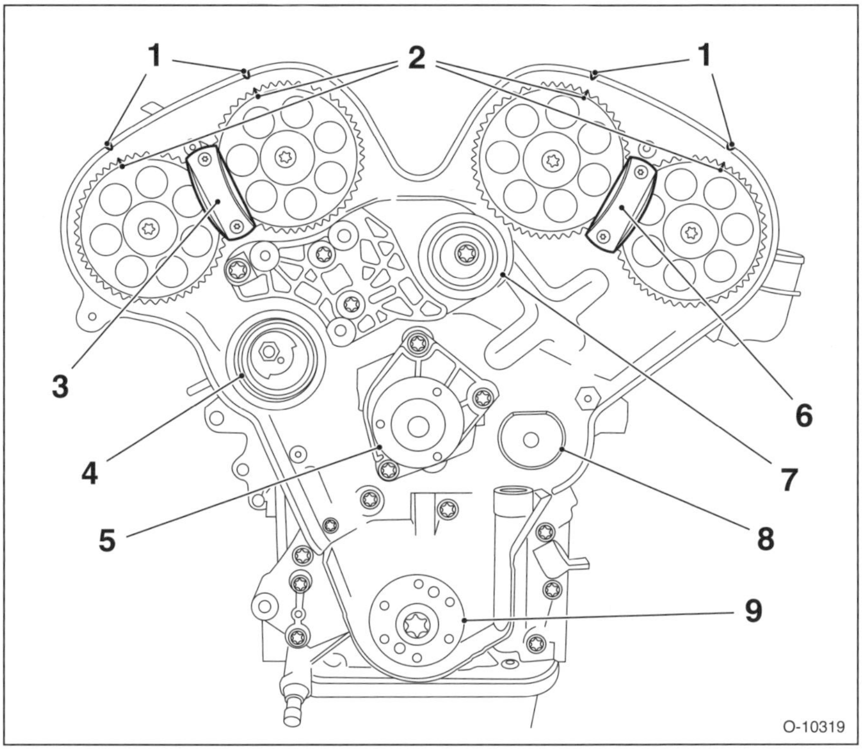

1 – **OT-Markierungen**
Auf der hinteren Zahnriemenabdeckung.

2 – **OT-Markierungen**
Auf den Nockenwellenrädern.

3 – **OT-Einstellwerkzeug KM-800-1**
Zwischen Nockenwellenrädern 1 und 2 einsetzen, dabei Markierung »TOP« beachten.

4 – **Zahnriemen-Spannrolle**

5 – **Kühlmittelpumpe**

6 – **OT-Einstellwerkzeug KM-800-2**
Zwischen Nockenwellenrädern 3 und 4 einsetzen, dabei Markierung »TOP« beachten.

7 – **Zahnriemen-Umlenkrolle oben**

8 – **Zahnriemen-Umlenkrolle unten**

9 – **Kurbelwellen-Zahnriemenrad**

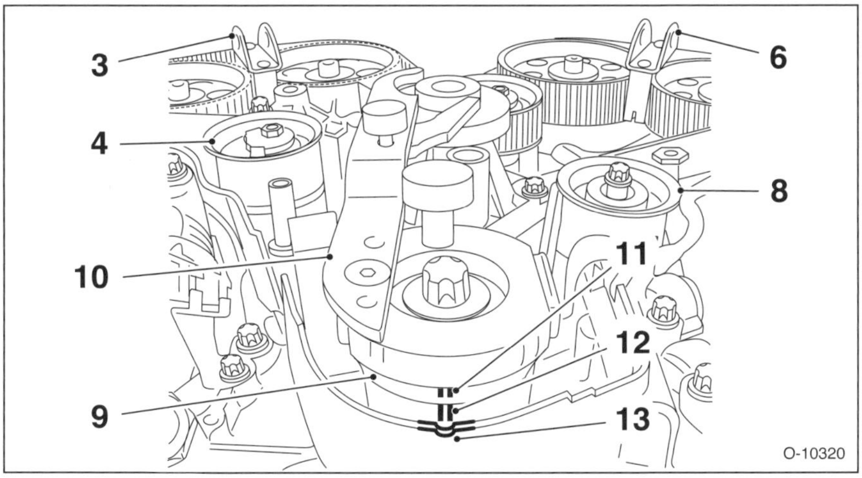

3 – **OT-Einstellwerkzeug KM-800-1**

4 – **Zahnriemen-Spannrolle**

6 – **OT-Einstellwerkzeug KM-800-2**

8 – **Zahnriemen-Umlenkrolle unten**

9 – **Kurbelwellen-Zahnriemenrad**

10 – **Kurbelwellen-Einstellwerkzeug KM-800-10**

11 – **Markierung**
Auf dem Zahnriemen-Antriebsrad.

12 – **Doppelmarkierung**
Auf dem Zahnriemen.

13 – **Nut**
Auf der Ölpumpe.

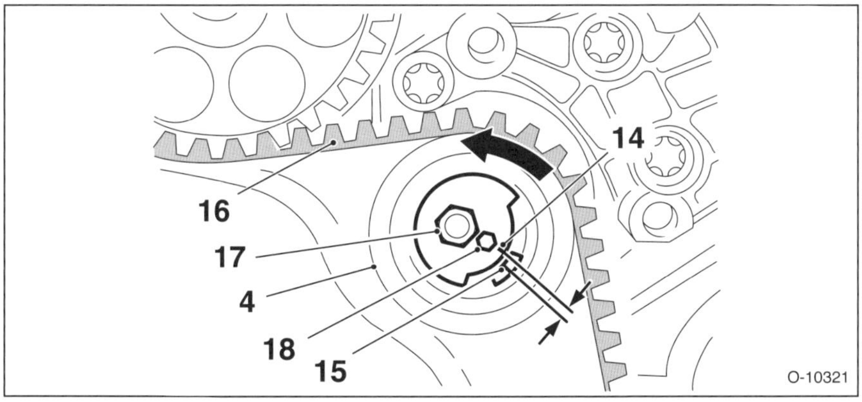

Zahnriemenspannung prüfen:

Die Markierung –14– der Spannrolle –4– muss oberhalb der Markierung –15– stehen. Bei einem gelaufenen Zahnriemen dürfen die Markierungen deckungsgleich sein. Auf keinen Fall darf die Markierung –14– unter der Markierung –15– liegen. Gegebenenfalls Zahnriemenspannung einstellen.

Zahnriemenspannung einstellen:

Klemmmutter –17– für Zahnriemenspannrolle lösen. Spannrolle am Exzenter –18– in Pfeilrichtung leicht gegen den Anschlag drehen und zurückgleiten lassen, bis die Markierung –14– ca. 3 – 4 mm oberhalb der Markierung –15– steht. In dieser Stellung Klemmmutter mit **20 Nm** festziehen.

Rechtes Motorlager mit Halter aus- und einbauen

Motor Z16XE/Z18XE/Z19DT(L)

Achtung: In der Fachwerkstatt wird zum Ausbau des rechten Motorlagers das Spezialwerkzeug KM-6313 eingesetzt, damit sich nach Ausbau des rechten Motorlagers die Position der Motor-Getriebeeinheit zum Vorderachsträger nicht verändern kann. Steht das Spezialwerkzeug nicht zur Verfügung, Einbaulage des rechten Motorlagers markieren. Motor mit Werkstattkran leicht anheben, bis das Lager entlastet ist. In diesem Kapitel wird der Ausbau mithilfe des OPEL-Spezialwerkzeugs beschrieben.

Achtung: Falls das Motorlager ohne Halter ausgebaut werden soll, Hinweise am Ende des Kapitels beachten.

Ausbau

- Batterie-Massekabel (–) abklemmen. **Achtung:** Hinweise im Kapitel »Batterie aus- und einbauen« beachten.
- Obere Motorabdeckung ausbauen, siehe Seite 167.
- Luftfilter ausbauen, siehe Seite 216.

Sicherheitshinweis
Beim Aufbocken des Fahrzeugs besteht Unfallgefahr! Hinweise im Kapitel »Fahrzeug aufbocken« beachten.

- Fahrzeug aufbocken.
- Abdeckung für Keilrippenriemen ausbauen, siehe Seite 181.
- 2 Hydraulikleitungen für Servolenkung ausclipsen.

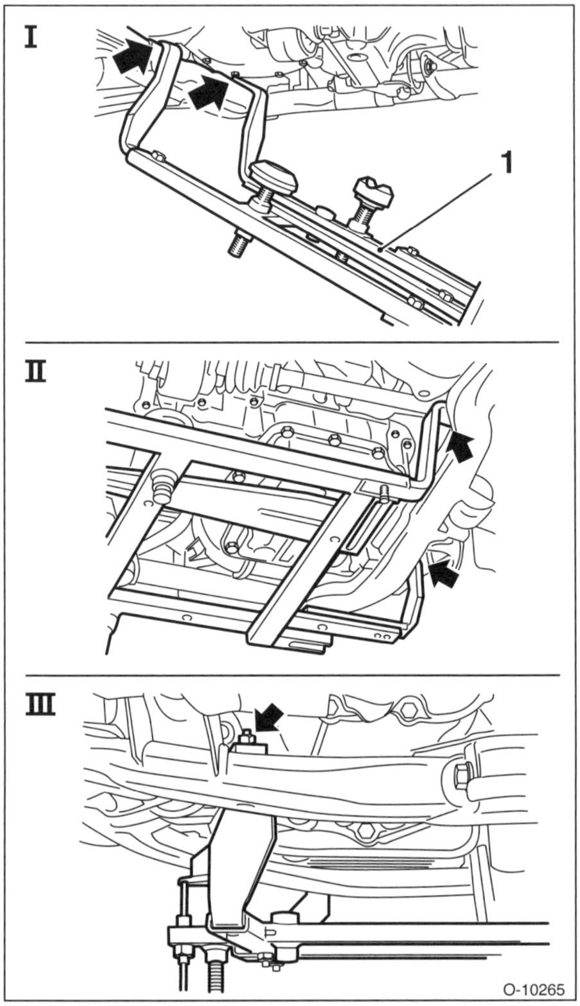

- OPEL-Spezialwerkzeug KM-6313 –1– links am Vorderachskörper ansetzen –Pfeile in Abbildung I–. **Achtung:** Dabei müssen die Führungsbolzen in die Bohrungen am Vorderachskörper eingreifen.
- Beide Halter rechts am Vorderachskörper aufsetzen –Pfeile in Abbildung II–. **Achtung:** Dabei müssen die Führungsbolzen in die Bohrungen am Vorderachskörper eingreifen –Pfeile in Abbildung III–.
- Schrauben für Spezialwerkzeug festziehen.

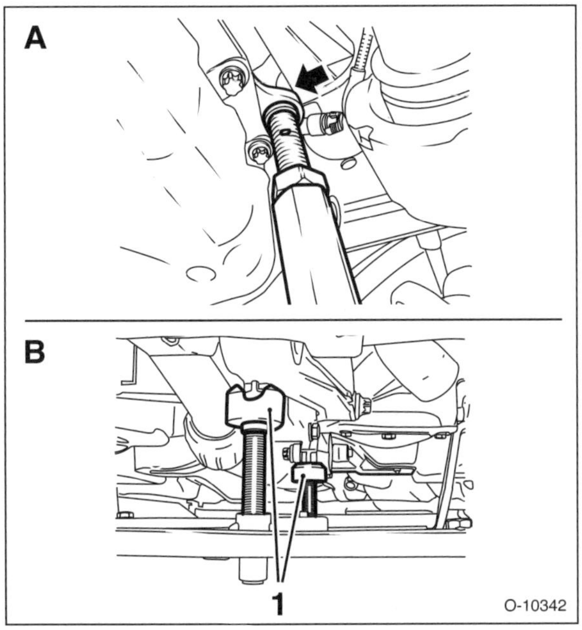

- Stützen an KM-6313 einbauen und einstellen. Dazu Stützen in die Aufnahme am Werkzeug einsetzen und Muttern eindrehen. 3 Stützen folgendermaßen einstellen:
Getriebeseite –A–: Spindeln so weit drehen, dass die Aufnahmen –1– an den Führungszapfen spielfrei anliegen.
Motorsteuerseite –B–: Zapfen der Stütze in Bohrung am Motorblock spielfrei einsetzen –Pfeil–. Schrauben, Mutter und Stütze festziehen.
Z19DT(L): Adapter KM-6313-100 (nicht abgebildet) zusätzlich am Haltebock des Verdichters anschrauben.
- Fahrzeug etwas absenken.

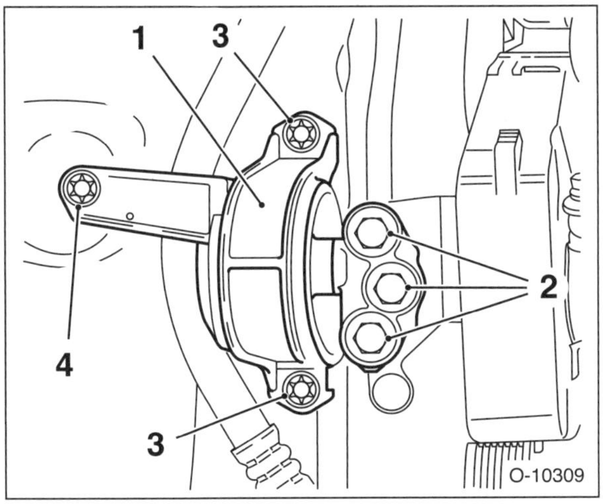

- Motorlager –1– mit Halter abschrauben und herausnehmen. Dazu 3 Schrauben –2– am Adapter-Motorhalter sowie 2 Schrauben –3– und die Mutter –4– am Motordämpfungsblock herausdrehen. **Hinweis:** Die Abbildung zeigt nicht das Motorlager im VECTRA C, Anzahl und Einbaulage von Schrauben und Muttern ist jedoch gleich.

Einbau

- Rechtes Motorlager einsetzen. Adapter-Motorhalter mit **55 Nm** anschrauben.
- 2 Schrauben und eine Mutter für Motordämpfungsblock mit **55 Nm** anschrauben.
- Stützen an Motorsteuerseite und Getriebeseite abbauen.
- 2 Hydraulikleitungen für Servolenkung einclipsen.
- Keilrippenriemen-Abdeckung einbauen.
- Reifen-Laufrichtung beachten, rechtes Vorderrad anschrauben, Fahrzeug ablassen, erst dann Radschrauben über Kreuz mit **110 Nm** festziehen. **Achtung:** Unbedingt Hinweise im Kapitel »Rad aus- und einbauen« beachten.
- Luftfilter einbauen, siehe Seite 216.
- Batterie-Massekabel (–) anklemmen. **Achtung:** Hinweise im Kapitel »Batterie aus- und einbauen« beachten.

Zylinderkopf-Anzugsmethoden

- **Neue** Zylinderkopfschrauben einsetzen und bis zur Anlage am Zylinderkopf beiziehen.

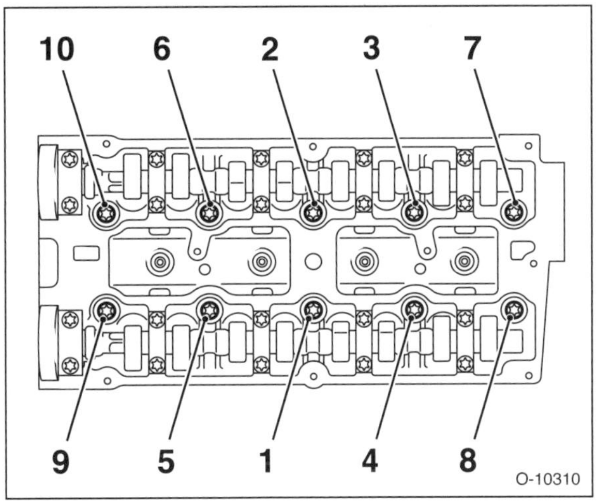

- **Motor Z16XE/Z18XE:** Zylinderkopfschrauben in der Reihenfolge von 1 bis 10 in 5 Stufen anziehen.
  1. Stufe: Mit Drehmomentschlüssel und **25 Nm**.
  2. Stufe: Mit starrem Schlüssel um **90°** weiterdrehen.
  3. Stufe: Mit starrem Schlüssel um **90°** weiterdrehen.
  4. Stufe: Mit starrem Schlüssel um **90°** weiterdrehen.
  5. Stufe: Mit starrem Schlüssel um **45°** weiterdrehen.
- **Motor Z22SE/Z22YH:** Zylinderkopfschrauben in der Reihenfolge von 1 bis 10 in 4 Stufen anziehen.
  1. Stufe: Mit Drehmomentschlüssel und **30 Nm**.
  2. Stufe: Mit starrem Schlüssel um **90°** weiterdrehen.
  3. Stufe: Mit starrem Schlüssel um **60°** weiterdrehen.
  4. Stufe: Mit starrem Schlüssel um **15°** weiterdrehen.
- **Motor Z22SE/Z22YH:** 4 Schrauben im Steuergehäuse mit Schraubensicherungsmittel einsetzen und mit **35 Nm** festziehen. **Achtung:** Vor Einsetzen der Schrauben Gewinde vorsichtig nachschneiden.

- **Motor Z32SE:** Zylinderkopfschrauben spiralförmig von innen nach außen in 5 Stufen anziehen.

  1. Stufe: Mit Drehmomentschlüssel und **25 Nm**.
  2. Stufe: Mit starrem Schlüssel um **90°** weiterdrehen.
  3. Stufe: Mit starrem Schlüssel um **90°** weiterdrehen.
  4. Stufe: Mit starrem Schlüssel um **90°** weiterdrehen.
  5. Stufe: Mit starrem Schlüssel um **15°** weiterdrehen.
  Weitere Anzugsdrehmomente:
  Nockenwellen-Lagerdeckel .... **8 Nm**
  Nockenwellenrad .... **50 Nm + 60° + 15°**
  Zahnriemen-Umlenkrolle .... **40 Nm**

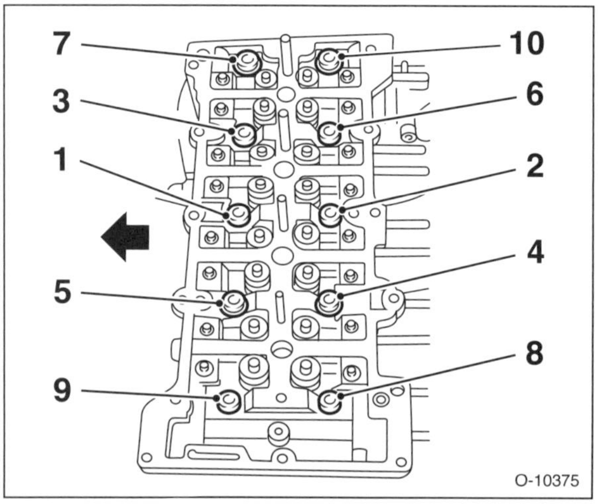

- **Motor Z19DT(L/H):** Zylinderkopfschrauben in der Reihenfolge von 1 bis 10 in 5 Stufen anziehen. **Hinweis:** Die Abbildung zeigt den Motor Z19DTH.

  1. Stufe: Mit Drehmomentschlüssel und **25 Nm**.
  2. Stufe: Mit Drehmomentschlüssel und **65 Nm**.
  3. Stufe: Mit starrem Schlüssel um **90°** weiterdrehen.
  4. Stufe: Mit starrem Schlüssel um **90°** weiterdrehen.
  5. Stufe: Mit starrem Schlüssel um **90°** weiterdrehen.

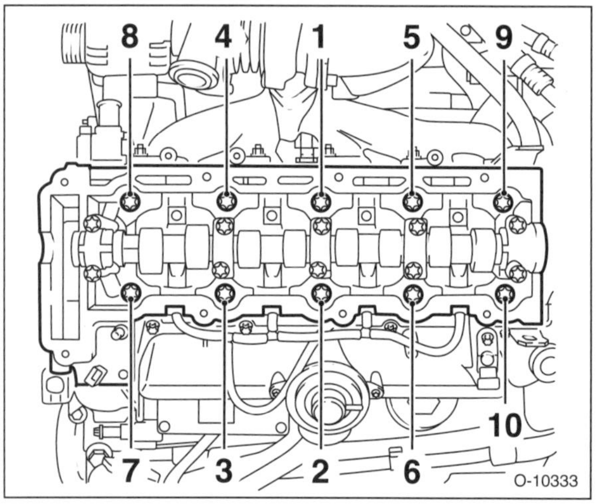

- **Motor Y20DTH/Y22DTR:** Zylinderkopfschrauben in der Reihenfolge von 1 bis 10 in 6 Stufen anziehen.

  1. Stufe: Mit Drehmomentschlüssel und **25 Nm**.
  2. Stufe: Mit starrem Schlüssel um **65°** weiterdrehen.
  3. Stufe: Mit starrem Schlüssel um **65°** weiterdrehen.
  4. Stufe: Mit starrem Schlüssel um **65°** weiterdrehen.
  5. Stufe: Mit starrem Schlüssel um **65°** weiterdrehen.
  6. Stufe: Mit starrem Schlüssel um **15°** weiterdrehen.

- **Motor Y20DTH/Y22DTR:** 4 **neue** Schrauben an Steuergehäuse beziehungsweise Motorblock vorn in 3 Stufen anziehen.

  1. Stufe: Mit Drehmomentschlüssel und **20 Nm**.
  2. Stufe: Mit starrem Schlüssel um **30°** weiterdrehen.
  3. Stufe: Mit starrem Schlüssel um **5°** weiterdrehen.
  Weitere Anzugsdrehmomente:
  Führungsschiene oben .... **8 Nm**
  Nockenwellenrad an Nockenwelle
  (neue Schrauben)............... **90 Nm + 60° + 30°**
  Verschlussschraube für Kettenspanner......... **60 Nm**
  Impulsgeber Kurbelwelle/Zylinderkopfdeckel/
  Vakuumpumpe............................ **8 Nm**
  Deckel für Steuergehäuse (mit Silicondichtmasse, ∅ = 2 mm, aufsetzen) .... **6 Nm**

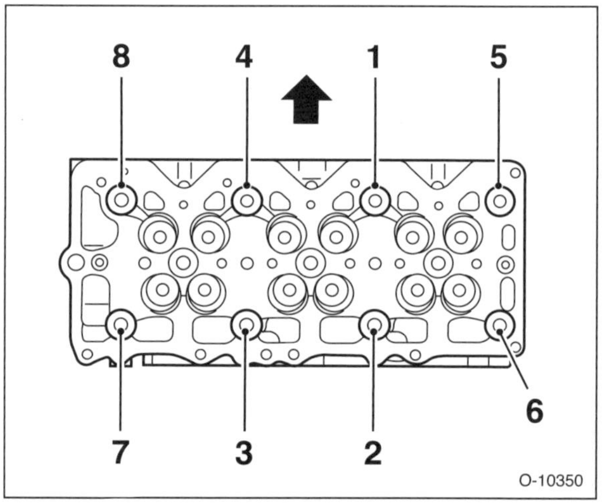

- **Motor Y30DT:** 8 **neue** Schrauben einsetzen und von Hand bis zur Anlage am Zylinderkopf anschrauben. Dabei darauf achten, dass an den Positionen **1 bis 4** die **langen** Schrauben und an Position **5 bis 8** die **kurzen** Schrauben eingesetzt werden. **Achtung:** Unterschiedliche Anzugsmethode für kurze und lange Schrauben beachten. Die Abbildung gilt sowohl für den vorderen als auch für den hinteren Zylinderkopf. Der Pfeil in der Abbildung zeigt dabei jeweils zur Einlassseite.

  1. Stufe: Schrauben **1** bis **8**.................. **39 Nm**
  2. Stufe: Schrauben **1** bis **4** .... **130°**
  3. Stufe: Schrauben **5** bis **8** .... **110°**
  4. Stufe: Schrauben **1** bis **4** .... **130°**
  5. Stufe: Schrauben **5** bis **8** .... **110°**

Ventilspiel prüfen/einstellen

Motor Z19DT(L)

Hinweis Motor Y30DT: Das eigentliche Einstellen des Ventilspiels erfolgt auf die gleiche Weise wie beim Motor Z19DT(L), es wird lediglich ein anderes Spezialwerkzeug als Niederdrücker benötigt. Die Vorarbeiten sind allerdings erheblich aufwändiger als beim Motor Z19DT(L) und werden daher hier nicht beschrieben. Der Prüf- und Einstellwert für das Ventilspiel von Auslass- und Einlassventilen beträgt 0,4 mm.

Allgemeine Hinweise

Um unterschiedliche Wärmeausdehnungen im Ventiltrieb zu kompensieren, muss ein gewisses Ventilspiel vorhanden sein.

Bei zu geringem Spiel verändern sich die Steuerzeiten, die Verdichtung ist schlecht, die Motorleistung nimmt ab, der Motorlauf ist unregelmäßig. In extremen Fällen können sich die Ventile verziehen oder die Ventile beziehungsweise Ventilsitze verbrennen.

Bei zu großem Spiel stellen sich starke mechanische Geräusche ein, die Steuerzeiten verändern sich, der Motor gibt, in Folge zu kurzer Öffnungszeiten der Ventile und somit schlechter Zylinderfüllung, weniger Leistung ab, der Motorlauf ist unregelmäßig.

Das Einstellen der Ventile hat nur dann den gewünschten Erfolg, wenn die Ventile einwandfrei abdichten, diese kein unzulässiges Spiel in den Ventilführungen haben und am Schaftende nicht eingeschlagen sind.

Das Ventilspiel ist jeweils im Rahmen der Wartung und nach Reparaturen, oder wenn Geräusche am Ventiltrieb auftreten, zu prüfen beziehungsweise einzustellen.

Das Ventilspiel wird bei »kaltem« Motor geprüft beziehungsweise eingestellt. Der Motor ist dann kalt, wenn er auf Umgebungstemperatur abgekühlt ist.

Prüfen

Hinweis: Der Lenkwinkelsensor verliert nach jedem Abklemmen der Batterie seine Grundeinstellung und muss nach Abschluss der Arbeiten neu kalibriert werden.

- Batterie-Massekabel (–) abklemmen. **Achtung:** Hinweise im Kapitel »Batterie aus- und einbauen« beachten.

Sicherheitshinweis
Beim Aufbocken des Fahrzeugs besteht Unfallgefahr! Hinweise im Kapitel »Fahrzeug aufbocken« beachten.

- Rechtes Vorderrad ausbauen. Dabei Reifen-Laufrichtung mit Pfeil am Reifen markieren. Radschrauben lösen. Fahrzeug aufbocken und Rad abnehmen. **Achtung:** Unbedingt Hinweise im Kapitel »Rad aus- und einbauen« beachten.
- Untere Motorraumabdeckung ausbauen, siehe Seite 249.
- Obere Motorabdeckung ausbauen, siehe Seite 167.

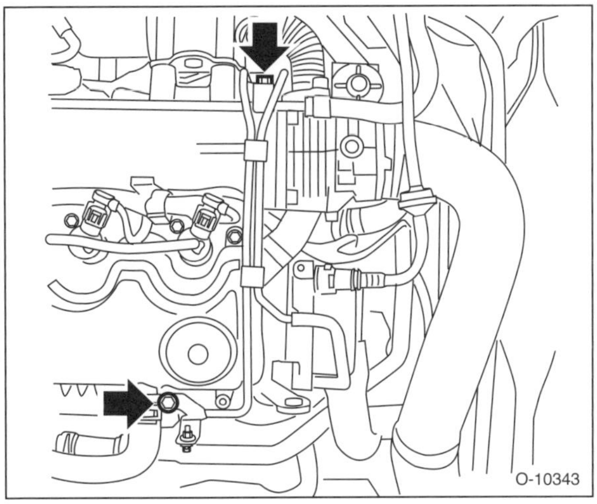

- 2 Unterdruckleitungen lösen, dazu 2 Schrauben –Pfeile– herausdrehen.

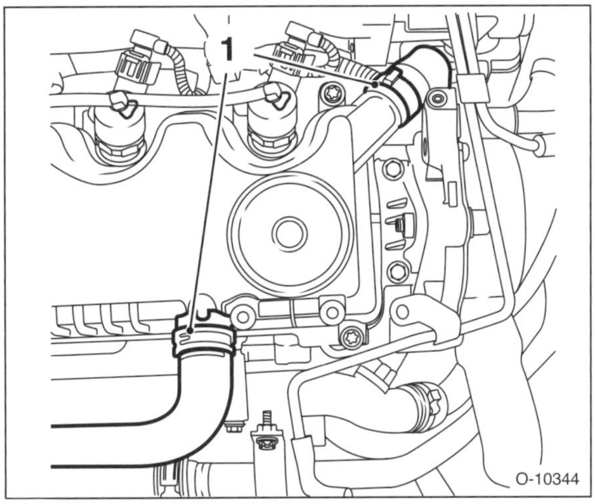

- 2 Schläuche abziehen, vorher die Schellen –1– öffnen und ganz zurückschieben.

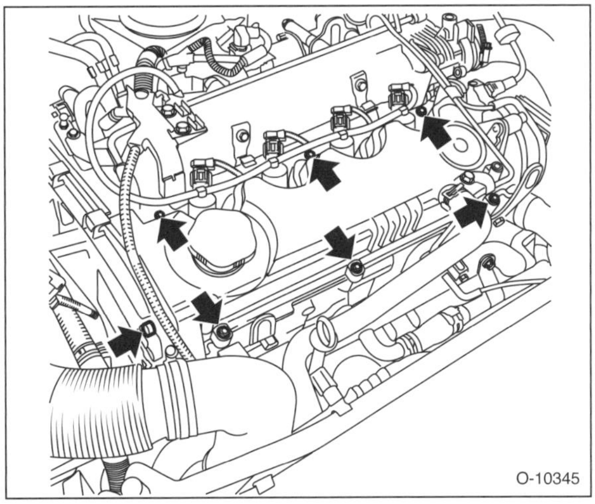

- Nockenwellengehäusedeckel abschrauben –Pfeile– und abnehmen.

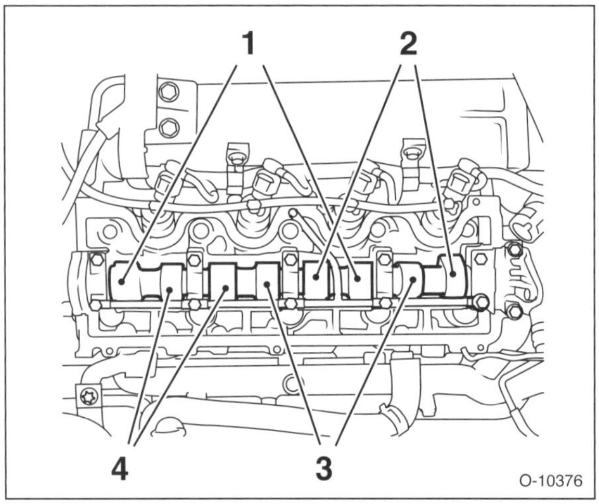

- Kurbelwelle drehen, bis das Nockenpaar –1– nach oben zeigt. Kurbelwelle drehen, siehe Seite 168.
- Ventilspiel mit Fühlerblattlehre prüfen. Dazu Fühlerblattlehre zwischen die Nocken –1– und die jeweils darunter liegenden Ventilstößel schieben. Die Lehre muss sich saugend durchschieben lassen, andernfalls ist das Ventilspiel einzustellen. **Prüfwert** für Einlass-Ventilspiel: **0,25 – 0,35 mm**; Auslass-Ventilspiel: **0,30 – 0,40 mm.**
- Liegt das gemessene Ventilspiel außerhalb des Prüfwertes, dann muss das Ventilspiel eingestellt werden.
- Falls das Ventilspiel eingestellt werden muss, Stärke der Fühlerblattlehre so lange wechseln, bis der Istwert des Ventilspiels ermittelt ist. Messwert notieren.

Ventilspiel einstellen

- Tassenstößel drehen, bis die Stößelnut nach außen zeigt.
- Das Ventilspiel wird durch Auswechseln der Einstellscheiben eingestellt. Dazu müssen die Tassenstößel mit einem Niederhalter heruntergedrückt werden. **Achtung:** Da der Niederhalter genau in die Abstände der Tassenstößel passen muss, sind hierfür die OPEL-Spezialwerkzeuge EN-46797 und EN-46799 erforderlich.

Achtung: Grundsätzlich darauf achten, dass die Ventile beim Herunterdrücken nicht auf dem Kolbenboden aufschlagen können. Der jeweilige Kolben darf beim Einstellen nicht auf OT stehen.

- Tassenstößel niederdrücken und Einstellscheibe mit einem Schraubendreher oder einer Reißnadel aus dem Stößel heraushebeln und mit einem Stabmagneten herausziehen.
- Dicke der bisherigen Einstellscheibe ermitteln: Mit einer Bügelmessschraube die Stärke der bisher eingebauten Einstellscheibe messen, Ergebnis notieren. Die Stärke der Einstellscheibe ist auch an der Unterseite eingraviert.

Zur Berechnung der neuen Einstellscheibendicke folgende Formel anwenden:

N = T + A – S

N = Dicke der neu einzusetzenden Scheibe
T = Dicke der ausgebauten Scheibe
A = Gemessenes Ventilspiel
S = Ventilspiel-Einstellwert

Beispiel:

Dicke der ausgebauten Einstellscheibe »T«	3,15 mm
Messwert zwischen Nocken und Tassenstößel »A«	+ 0,45 mm
	= 3,60 mm
Einstellwert Ventilspiel »S«	– 0,35 mm
Dicke der neuen Einstellscheibe »N«	= 3,25 mm

- **Neue** Einstellscheibe mit Motoröl benetzen und einlegen. **Achtung:** Beim Einlegen der Einstellscheibe darauf achten, dass sie mit der Kennzeichnung nach unten eingelegt wird.

Hinweis: Einstellscheiben können in der Regel mehrmals verwendet werden, solange sie keine deutlich sichtbaren Verschleißspuren aufweisen. Ist beispielsweise die Dicke nicht mehr abzulesen, Einstellscheibe nicht wieder verwenden.

- Kurbelwelle ½ Umdrehung in Motordrehrichtung weiterdrehen, bis das Nockenpaar –2– oben steht, siehe Abbildung O-10326. Ventilspiel in der beschriebenen Weise kontrollieren beziehungsweise einstellen. Dann Kurbelwelle jeweils ½ Umdrehung weiterdrehen und Ventilspiel an den Stellen 3 und 4 prüfen und gegebenenfalls einstellen.
- Auf diese Weise sämtliche Ventile einstellen.
- Anschließend Ventilspiel insbesondere bei den eingestellten Ventilen nochmals prüfen und gegebenenfalls korrigieren.
- Dichtflächen reinigen und Nockenwellengehäusedeckel mit **neuer** Dichtung aufsetzen. 7 Befestigungsschrauben mit **10 Nm** wechselweise festziehen.
- 2 Schläuche aufschieben und mit Schellen sichern.
- Halter für Unterdruckleitungen mit **9 Nm** anschrauben.
- Obere Motorabdeckung einbauen, siehe Seite 167.
- Untere Motorabdeckung einbauen, siehe Seite 249.
- Reifen-Laufrichtung beachten, Vorderrad anschrauben, Fahrzeug ablassen, erst dann Radschrauben über Kreuz mit **110 Nm** festziehen. **Achtung:** Unbedingt Hinweise im Kapitel »Rad aus- und einbauen« beachten.
- Batterie-Massekabel (–) anklemmen. **Achtung:** Hinweise im Kapitel »Batterie aus- und einbauen« beachten.

Keilrippenriemen aus- und einbauen

Achtung: Hinweise zum Aus- und Einbau der Keilrippenriemen-Spannvorrichtung stehen im Kapitel »Zahnriemen aus- und einbauen«.

Ausbau

Sicherheitshinweis
Beim Aufbocken des Fahrzeugs besteht Unfallgefahr! Hinweise im Kapitel »Fahrzeug aufbocken« beachten.

- Fahrzeug aufbocken.

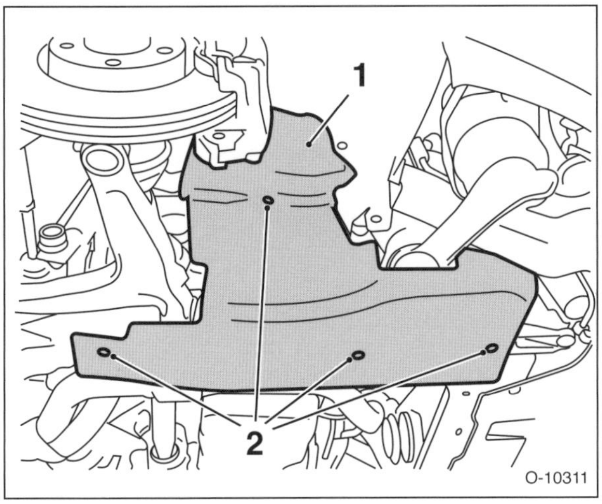

- Abdeckung für Keilrippenriemen –1– ausbauen, dazu 4 Schrauben –2– herausdrehen.

Motor Z16XE/Z18XE

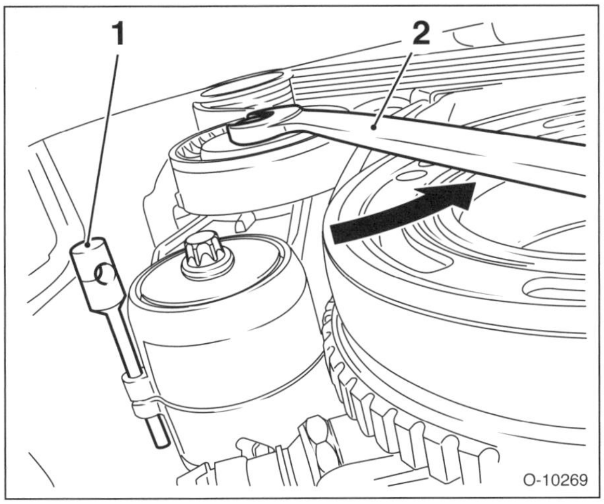

- Keilrippenriemen entspannen. Dazu Keilrippenriemen-Spannvorrichtung mit langem Maulschlüssel SW-15 –2– in Pfeilrichtung spannen und mit Absteckdorn –1– arretieren. Die Fachwerkstatt verwendet dazu den Schlüssel KM-913-A –2– und den Dorn KM-6130 –1–.
- Keilrippenriemen abnehmen.

Einbau

- Neuen Keilrippenriemen auflegen.
- Keilrippenriemen-Spannvorrichtung etwas spannen und Absteckdorn herausziehen.
- Spannvorrichtung langsam im Uhrzeigersinn drehen und dadurch entspannen. Dadurch wird der Keilrippenriemen gespannt.
- Keilrippenriemen-Abdeckung einsetzen und anschrauben.
- Fahrzeug ablassen.

Z20NET/Z22SE/Z22YH

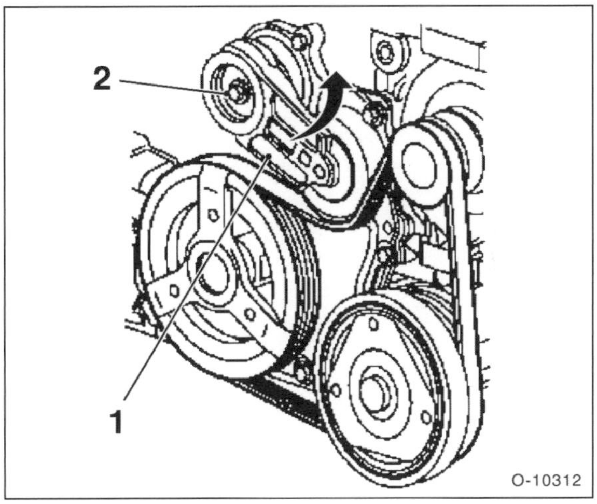

- Keilrippenriemen-Spannvorrichtung –1– an der Schraube –2– in Pfeilrichtung drehen und Keilrippenriemen entspannen.

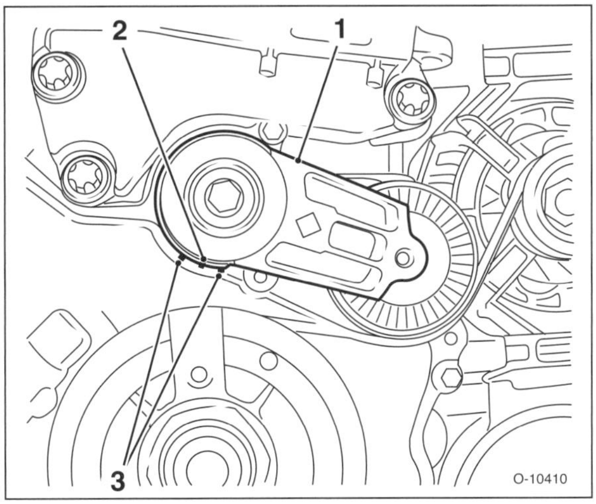

- Position des Spannarms –1– bei gespanntem Keilrippenriemen prüfen: Die Markierung –2– muss zwischen den beiden Markierungen –3– liegen.

Motor Z32SE

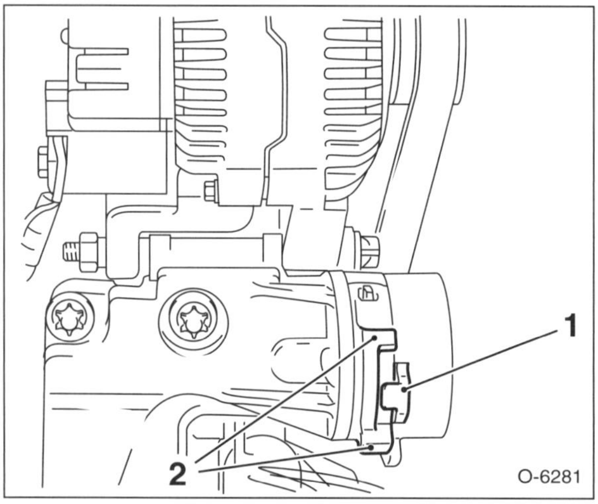

- **Keilrippenriemen-Spannvorrichtung prüfen:** Der seitliche Anguss –1– muss zwischen den beiden Anschlägen –2– liegen. Wenn der Anguss an einem der Anschläge anliegt, müssen Keilrippenriemen und Spannvorrichtung ersetzt werden.

Ausbau

- Batterie-Massekabel (–) abklemmen. **Achtung:** Hinweise im Kapitel »Batterie aus- und einbauen« beachten.
- 2 Hydraulikleitungen für Servolenkung am Vorderachsträger ausclipsen.
- Luftfilter ausbauen, siehe Seite 216.
- Motor abfangen und Motorlager rechts sowie Motorhalter abschrauben, vergleiche dazu Seite 176.
- Spannvorrichtung für Keilrippenriemen mit Ringschlüssel im Uhrzeigersinn drehen und Keilrippenriemen abnehmen.

Einbau

- Der Einbau erfolgt in umgekehrter Ausbaureihenfolge. Anzugsdrehmoment für rechtes Motorlager/Motorhalter: **55 Nm**.

Motor Y20DTH/Y22DTR/Y30DT

- Untere Motorraumabdeckung ausbauen, siehe Seite 249.

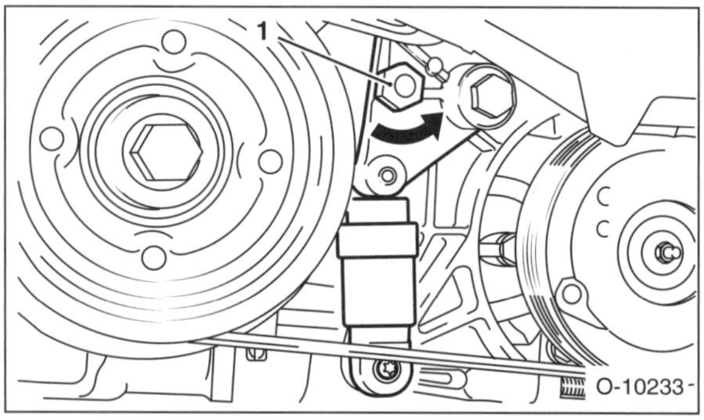

- Um den Keilrippenriemen zu entspannen, Spannvorrichtung am Sechskantanguss –1– entgegen dem Uhrzeigersinn drehen –Pfeilrichtung–. Keilrippenriemen von den Riemenscheiben abnehmen. **Hinweis:** Die Abbildung zeigt den 2,0-l-Motor.

Motor Z19DT(L/H)

- Untere Motorraumabdeckung ausbauen, siehe Seite 249.

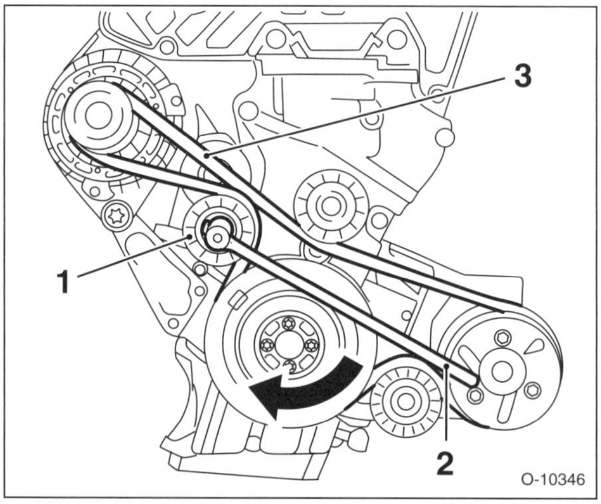

- Spannvorrichtung –1– mit geeignetem Schlüssel –2– in Pfeilrichtung spannen, bis die Arretierbohrungen übereinstimmen. 3 – Keilrippenriemen.

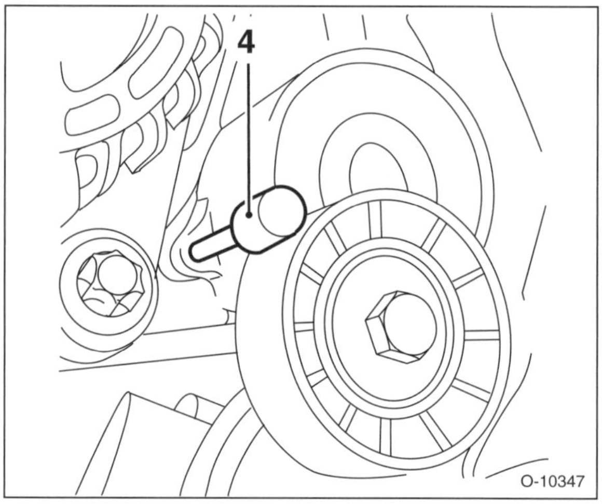

- Absteckdorn –4– in die Arretierbohrungen stecken und Spannvorrichtung arretieren.
- Keilrippenriemen abnehmen.
- Untere Motorraumabdeckung einbauen und Fahrzeug ablassen.

Motor starten

Alle Motoren

- **Schaltgetriebe:** Handbremse anziehen, Kupplung ganz durchtreten und halten, Schaltgetriebe in Leerlauf schalten. Besonders bei niedrigen Außentemperaturen erleichtert eine betätigte Kupplung das Starten, da die Reibung vom Getriebe entfällt.
- **Automatikgetriebe:** Wählhebel in »P« oder »N« stellen. Fußbremse treten und halten.

Achtung: Anlasser nicht länger als 30 Sekunden ununterbrochen betätigen, sonst können Anlasser und Verkabelung überhitzen.

Benzinmotor

- Zündschlüssel drehen und Anlasser betätigen, dabei **kein Gas geben**. Sobald der Motor läuft, Schlüssel loslassen. Springt der Motor nach 10 Sekunden nicht an oder bleibt sofort wieder stehen, 30 Sekunden warten und Startvorgang wiederholen. Bei heißem Motor Gaspedal während des Startens langsam niedertreten.
- Grundsätzlich sofort losfahren, nur bei strengem Frost Motor ca. 30 Sekunden warm laufen lassen.

Achtung: Vergebliche Startversuche hintereinander können den Katalysator schädigen, da unverbranntes Benzin in den Katalysator gelangt und bei Erwärmung explosionsartig verbrennt.

Dieselmotor

- **Bei kaltem Motor:** Zündung einschalten, bis die Vorglüh-Kontrolllampe erlischt. Sofort nach Verlöschen der Kontrolllampe Motor anlassen, dabei **kein Gas geben**. Setzen beim Starten nur unregelmäßige Zündungen ein, Anlasser so lange weiter betätigen (maximal 20 Sekunden), bis der Motor aus eigener Kraft durchläuft. Springt der Motor nicht an, Zündschlüssel in Stellung 0 zurückdrehen und ca. 30 Sekunden warten. Anschließend nochmals vorglühen und Startvorgang wie beschrieben wiederholen.

Hinweis: Aufgrund der guten Kaltstarteigenschaften des **Diesel-Direkteinspritzers**, braucht in der Regel erst bei Außentemperaturen unter 0° C vorgeglüht zu werden.

Wurde der Tank völlig leergefahren, dauert der Anlassvorgang nach dem Tanken deutlich länger (bis zu 1 Minute), da hierbei die Kraftstoffanlage entlüftet wird.

- **Bei warmem Motor** braucht nicht vorgeglüht zu werden. Motor sofort anlassen, kein Gas geben.

Störungsdiagnose Motor

Benzinmotor: Wenn der Benzinmotor nicht anspringt, Fehler systematisch einkreisen. Damit der Motor überhaupt anspringen kann, müssen immer zwei Grundvoraussetzungen erfüllt sein: Das Kraftstoff-Luftgemisch muss bis in die Zylinder gelangen und der Zündfunke muss an den Zündkerzenelektroden überschlagen. Als Erstes ist deshalb immer zu prüfen, ob überhaupt Kraftstoff gefördert wird. Wie man dabei vorgeht, steht in den Kapiteln »Kraftstoffanlage« und »Motormanagement«. Störungen in der Steuerelektronik lassen sich nur noch mit speziellen Messgeräten herausfinden.

Beim Dieselmotor Vorglüh- und Kraftstoffanlage prüfen.

Störung: Der Motor springt schlecht oder gar nicht an.

Ursache	Abhilfe
Sicherung defekt für Elektrische Kraftstoffpumpe, Benzin-Einspritzanlage, Diesel-Vorglühanlage.	■ Sicherung prüfen, siehe »Elektrische Anlage«.
Benzinmotor: Zündanlage defekt.	■ Systemprüfung des Motormanagements (Werkstattarbeit).
Fehler im Motormanagement.	■ Motormanagement prüfen lassen (Werkstattarbeit).
Kraftstoffanlage defekt, verschmutzt.	■ Kraftstoffpumpe und -leitungen überprüfen.
Anlasser dreht zu langsam.	■ Batterie laden. Anlasserstromkreis überprüfen. Korrodierte Anschlüsse reinigen.
Falsche Steuerzeiten.	■ Steuerzeiten überprüfen/einstellen, ggf. Zahnriemen erneuern.
Wegfahrsperre sperrt den Motor. Der Motor springt normal an und geht kurz danach wieder aus. Dabei leuchtet das Symbol für Wegfahrsperre im Kombiinstrument kurz auf.	■ Zündung ausschalten. Zündschlüssel herausziehen, etwas warten und Zündschlüssel um 180° gedreht ins Zündschloss stecken. Wieder etwas warten, dann Zündung einschalten. Wenn die Kontrollleuchte für Wegfahrsperre jetzt leuchtet (nicht blinkt) kann der Motor gestartet werden. Gegebenenfalls Ersatzschlüssel verwenden. Fehlerspeicher der Wegfahrsperre auslesen lassen.
Zylinderkopfdichtung defekt.	■ Dichtung ersetzen (Werkstattarbeit).

Motor-Schmierung

Für die Motor-Schmierung sind **Mehrbereichsöle** vorgeschrieben, so dass ein jahreszeitbedingter Ölwechsel (Sommer/Winter) nicht erforderlich ist. Mehrbereichsöle bauen auf einem dünnflüssigen Einbereichsöl auf (zum Beispiel: 10 W) und werden durch so genannte »Viskositätsindexverbesserer« im heißen Zustand stabilisiert. Dadurch ist sowohl für den kalten wie auch für den heißen Motor die richtige Schmierfähigkeit gegeben.

Die SAE-Bezeichnung gibt die Viskosität des Motoröls an. **SAE** = **S**ociety of **A**utomotive **E**ngineers.

Beispiel: SAE 10 W 40:

10 – Viskosität des Öls in kaltem Zustand. Je kleiner die Zahl, desto dünnflüssiger ist das kalte Motoröl.

W – Das Motoröl ist wintertauglich.

40 – Viskosität des Öls in heißem Zustand. Je größer die Zahl, desto dickflüssiger ist das heiße Motoröl.

Es können auch **Leichtlauföle** (Hochleistungsöle) verwendet werden. Dabei handelt es sich um Mehrbereichsöle, denen unter anderem Reibwertverminderer zugesetzt wurden, wodurch sich die Reibung innerhalb des Motors vermindert. Für das Leichtlauföl wird als Grundöl ein Synthetiköl verwendet.

Anwendungsbereich/Viskositätsklassen

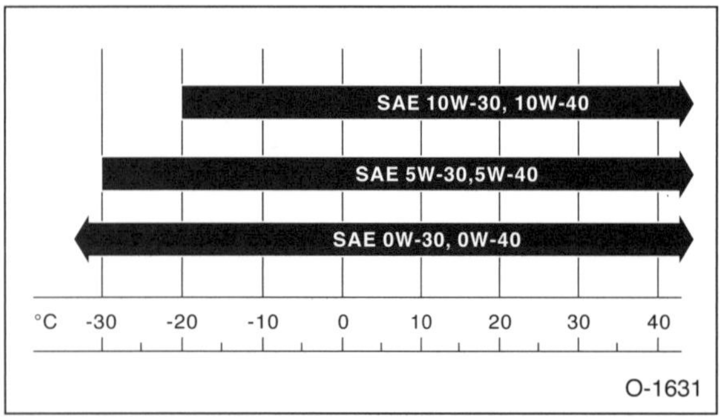

In der Abbildung wird die Motoröl-Viskosität in Abhängigkeit von der Außentemperatur für Benzin- und Dieselmotoren dargestellt. Da die Einsatzbereiche benachbarter SAE-Klassen sich überschneiden, können kurzfristige Temperaturschwankungen unberücksichtigt bleiben. Es ist zulässig, Öle verschiedener Viskositätsklassen miteinander zu mischen, wenn einmal Öl nachgefüllt werden muss und die Außentemperaturen nicht mehr der Viskositätsklasse des im Motor befindlichen Öles entsprechen.

Zusatzschmiermittel – gleich welcher Art – sollen weder dem Kraftstoff noch den Schmierölen beigemischt werden.

Spezifikation des Motoröls

Die Qualität eines Motoröls wird durch Normen der Automobil- sowie der Ölhersteller gekennzeichnet.

Europäische Ölhersteller klassifizieren ihre Öle nach der **»ACEA«-Spezifikation** (**A**ssociation des **C**onstructeurs **Européens** d'**A**utomobiles), die vor allem die europäische Motorentechnologie berücksichtigt. Öle für PKW-Benzinmotoren haben die ACEA-Qualitätsklassen A1-98 bis A3-98; Dieselmotoröle von B1-98 bis B4-98. Von höchster Qualität sind Öle **»A3«** für Ottomotoren und **»B3«** für Dieselmotoren. **»B4«** ist auf Diesel-Direkteinspritzer abgestimmt, sollte aber nur verwendet werden, wenn ebenfalls die Spezifikation »B3« angegeben ist. **»98«** gibt den Beginn der Gültigkeit der ACEA-Klassifikation im Jahr 1998 an. Motoröle mit höheren Jahreszahlangaben können ebenfalls verwendet werden.

Achtung: Motoröle, die vom Hersteller ausdrücklich als Öle für Diesel-Motoren bezeichnet werden, sind für Ottomotoren nicht geeignet. Es gibt Öle, die sowohl für den Otto- als auch für den Diesel-Motor geeignet sind. In diesem Fall sind beide Spezifikationen (Beispiel: ACEA A3-98/B3-98) auf der Öldose vermerkt.

Das richtige Motoröl für den OPEL VECTRA C/SIGNUM

Für den **VECTRA/SIGNUM** schreibt OPEL folgendes Motoröl vor:

Benzinmotoren: Longlife-Öl der OPEL-Spezifikationen **GM-LL-A-025** (0W-30).

Dieselmotoren: Longlife-Öl der OPEL-Spezifikationen **GM-LL-B-025** (5W-40).

GM	= **G**eneral **M**otors
LL	= **L**ong-**L**ife
A oder B	= Motoröl-Qualität-Spezifikation
025	= Modelljahr der Motoröl-Qualität-Spezifikation, hier MJ20**02,5** = Frühjahr 2002

Hinweis: Ein höherer Gültigkeitsindex als **»025«** ist auch zulässig. Zwischen den Ölwechseln darf bis zu 1 Liter Motoröl der Qualität ACEA-A3/B3 nachgefüllt werden, ohne dass sich das Wechselintervall verkürzt. Bei mehr als 1 Liter verkürzt sich das Wechselintervall auf 30.000 km oder 1 Jahr.

Ölkreislauf

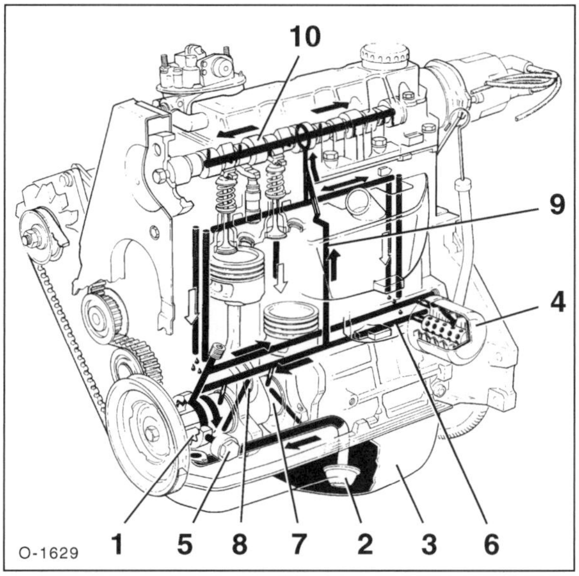

Die Ölpumpe –1– saugt das Motoröl über den Ölsaugkorb –2– aus der Ölwanne –3– an und drückt es in den Hauptstromölfilter –4–. An der Druckseite der Ölpumpe befindet sich ein Überdruckventil (Öldruckregelventil) –5–. Bei zu hohem Öldruck öffnet das Ventil, und ein Teil des Öls kann in die Ölwanne zurückfließen.

Durch die Mittelachse der Filterpatrone gelangt das gefilterte Öl in den Hauptölkanal –6–. Bei verstopftem Ölfilter leitet ein Kurzschlussventil das Öl direkt und ungefiltert in den Hauptölkanal.

Vom Hauptölkanal zweigen Kanäle ab zur Schmierung der Kurbelwellenlager –7–. Durch schräge Bohrungen in der Kurbelwelle wird das Öl an die Pleuellager –8– geleitet und von dort gegen Kolbenbolzen und Zylinder gespritzt.

Gleichzeitig gelangt Motoröl über Steigleitungen –9– in den Zylinderkopf und versorgt dort die Nockenwellenlager –10–.

Die Abbildung zeigt nicht den VECTRA-Motor.

Ölverbrauch

Bei einem Verbrennungsmotor versteht man unter dem Ölverbrauch diejenige Ölmenge, die als Folge des Verbrennungsvorganges verbraucht wird. Auf keinen Fall ist Ölverbrauch mit Ölverlust gleichzusetzen, wie er durch Undichtigkeiten an Ölwanne, Zylinderkopfdeckel usw. auftritt.

Normaler Ölverbrauch entsteht durch Verbrennung jeweils kleiner Mengen im Zylinder; durch Abführen von Verbrennungsrückständen und Abrieb-Partikeln. Zudem verschleißt das Öl durch hohe Temperaturen und hohe Drücke, denen es im Motor fortwährend ausgesetzt ist.

Ferner haben auch äußere Betriebsverhältnisse, Fahrweise sowie Fertigungstoleranzen einen Einfluss auf den Ölverbrauch. Der Ölverbrauch darf höchstens 0,6 l/1000 km betragen.

Unbedingt muss Öl nachgefüllt werden, wenn die »Nachfüll«-Markierung erreicht ist. **Achtung:** Nicht zu viel Öl auf einmal nachfüllen. Die Nachfüllmenge zwischen MIN- und MAX-Markierung am Ölpeilstab beträgt 1,0 l.

Motor-Öltemperatur messen

Alle Motoren

Für verschiedene Einstellarbeiten ist die genaue Motor-Öltemperatur von Wichtigkeit.

- Die Motor-Öltemperatur sollte im Ölsumpf 1 cm über dem Boden gemessen werden. Dazu geeignete Messsonde in das Messstabführungsrohr bis zur Bodenberührung einführen, dann 1 cm zurückziehen.
- Damit keine Falschluft (Kurbelgehäuse-Entlüftung) über das Führungsrohr angesaugt wird, ist die Öffnung mit einem Gummistopfen abzudichten.

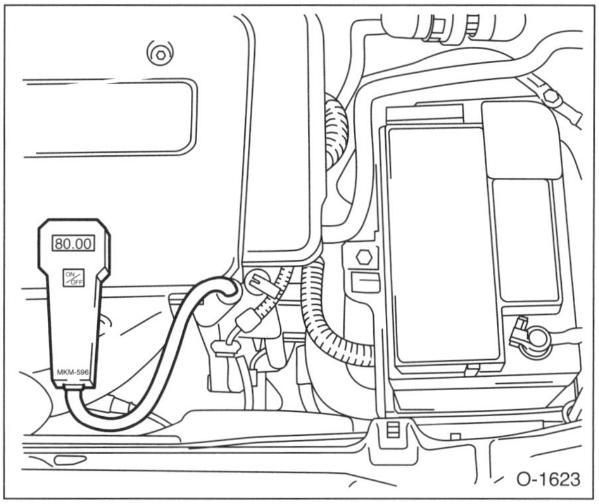

- Eine Öltemperatur von um die 80° C entspricht der Betriebstemperatur des Motors. **Hinweis:** Die Abbildung zeigt nicht den VECTRA.

Achtung: Die Öltemperatur ist von der jeweiligen Motorbelastung abhängig. Bei extremen Belastungen sind Öltemperaturen bis zu +150° C möglich.

Öldruck prüfen

Motor Z16XE/Z18XE

Prüfen

- Motor warm fahren. Nach Erreichen der Kühlmittel-Betriebstemperatur noch etwa 5 km weiterfahren, damit auch eine ausreichende Motoröltemperatur von ca. 80° C sichergestellt ist.
- Motor abstellen, Handbremse anziehen.
- Batterie-Massekabel (–) abklemmen. **Achtung:** Hinweise im Kapitel »Batterie aus- und einbauen« beachten.

Sicherheitshinweis
Beim Aufbocken des Fahrzeugs besteht Unfallgefahr! Hinweise im Kapitel »Fahrzeug aufbocken« beachten.

- Fahrzeug aufbocken.
- Keilrippenriemen ausbauen, siehe Seite 181.

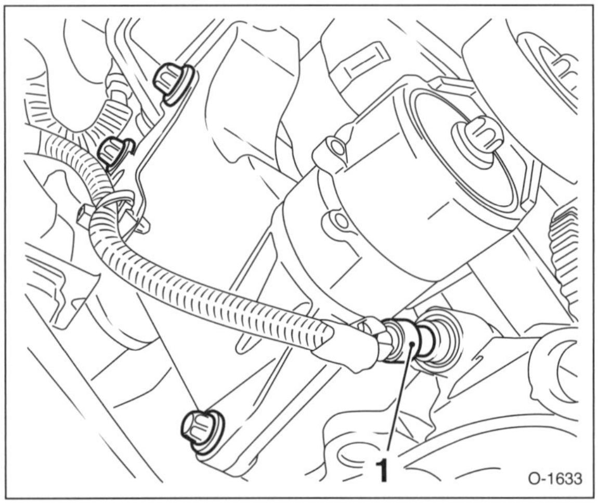

- Stecker vom Öldruckschalter –1– abziehen.
- Haltebock für Generator lösen. Dazu 3 Schrauben herausdrehen und 1 Mutter lösen. Anschließend Haltebock für Generator nach hinten schwenken.
- Ölauffangwanne unter den Öldruckschalter stellen.
- Öldruckschalter herausschrauben und stattdessen Adapter für Öldruckmanometer einschrauben. Auslaufendes Motoröl auffangen.
- Haltebock für Generator mit **35 Nm** anschrauben.
- Keilrippenriemen einbauen, siehe Seite 181.
- Fahrzeug ablassen.
- Batterie-Massekabel (–) anklemmen.
- Motor starten und im Leerlauf drehen lassen.
- Öldruck bei betriebswarmem Motor prüfen. Wenn der Sollwert unterschritten wird, ist der Ölkreislauf (Pumpe, Lager usw.) zu überprüfen. Sollwert, siehe Abschnitt am Ende des Kapitels
- Batterie-Massekabel (–) abklemmen.
- Fahrzeug aufbocken.
- Keilrippenriemen ausbauen, siehe Seite 181.
- Haltebock für Generator lösen und nach hinten schwenken.
- Adapter für Öldruckmanometer herausschrauben.
- Öldruckschalter mit **neuem** Dichtring einschrauben und mit **30 Nm** festziehen.
- Haltebock für Generator mit **35 Nm** anschrauben.
- Stecker vom Öldruckschalter aufstecken.
- Keilrippenriemen einbauen, siehe Seite 181.
- Fahrzeug ablassen.
- Motorölstand prüfen und korrigieren, siehe Seite 20.
- Batterie-Massekabel (–) anklemmen. **Achtung:** Hinweise im Kapitel »Batterie aus- und einbauen« beachten.

Speziell Motor Z20NET

Der Arbeitsvorgang ist gleich wie beim Motor Z16XE/Z18XE, allerdings fallen folgende Arbeitsschritte weg: »Batterie-Massekabel abklemmen«, »Keilrippenriemen ausbauen«, »Haltebock für Generator nach hinten schwenken«.

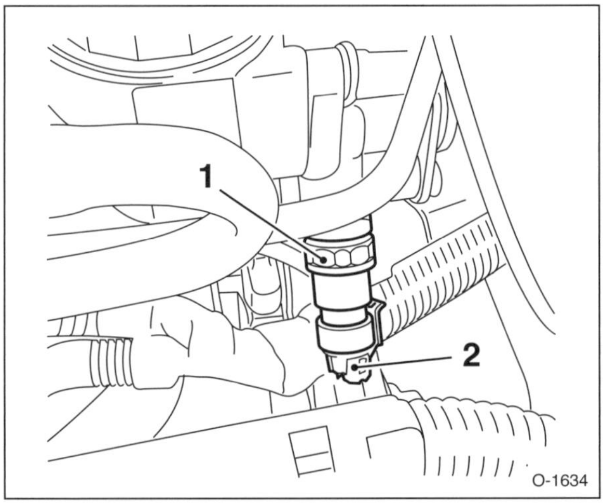

- Stecker –2– vom Öldruckschalter –1– abziehen.
- Öldruck prüfen. Sollwert und Anzugsdrehmoment, siehe Abschnitt am Ende des Kapitels.

Speziell Motor Z22SE/Z22YH

Der Arbeitsvorgang ist gleich wie beim Motor Z16XE/Z18XE, allerdings muss statt der Arbeiten »Keilrippenriemen ausbauen«, »Haltebock für Generator nach hinten schwenken« der Stecker für dynamische Öldruckkontrolle abgezogen und der Anlasser ausgebaut werden, siehe Seite 76.

Sollwert und Anzugsdrehmoment, siehe Abschnitt am Ende des Kapitels.

Speziell Motor Z28NEL(T)

Damit der Öldruckschalter zugänglich wird, müssen folgende Bauteile zusätzlich ausgebaut werden:

- Vorderer Stoßfänger
- Ladeluftschlauch
- Klimakompressor (Kältemittelschläuche bleiben angeschlossen)

Sollwert und Anzugsdrehmoment, siehe Abschnitt am Ende des Kapitels.

Speziell Motor Z32SE

Damit der Öldruckschalter zugänglich wird, muss die Keilrippenriemen-Abdeckung ausgebaut werden, siehe Seite 181.

Sollwert und Anzugsdrehmoment, siehe Abschnitt am Ende des Kapitels.

Speziell Motor Y20DTH/Y22DTR

Damit der Öldruckschalter zugänglich wird, muss die untere Motorraum-Abdeckung ausgebaut werden, siehe Seite 249.

Sollwert und Anzugsdrehmoment, siehe Abschnitt am Ende des Kapitels.

Speziell Motor Y30DT

Damit der Öldruckschalter zugänglich wird, müssen Keilrippenriemen und Klimakompressor ausgebaut werden. Anzugsdrehmoment Klimakompressor: **22 Nm. Achtung:** Auf keine Fall Kältemittelleitungen öffnen.

Sollwert und Anzugsdrehmoment, siehe Abschnitt am Ende des Kapitels.

Speziell Motor Z19DT(L)

Damit der Öldruckschalter zugänglich wird, muss die untere Motorraum-Abdeckung ausgebaut werden, siehe Seite 249.

Sollwert und Anzugsdrehmoment, siehe Abschnitt am Ende des Kapitels.

Sollwerte Motoröldruck bei Leerlaufdrehzahl:

Motor	Öldruck
Z16XE/Z18XE	1,4 bar
Z20NET/Z22SE/Z22YH/Z32SE/ Y20DTH/Y22DTR	1,5 bar
Z19DT(L/H)	>1,0 bar
Z28NEL/NET	0,69 bar

Motor Z19DTL Öldruck bei 4000/min: 4,5 bar
Motor Z19DT Öldruck bei 4000/min: 4,7 bar
Motor Z19DTH Öldruck bei 4000/min: > 4,0 bar

Motor Y30DT Öldruck bei 4400/min: 4,2 bar

Anzugsdrehmomente für Öldruckschalter:

Motor	Anzugsdrehmoment
Z16XE/Z18XE/Z22SE/Z22YH/ Y20DTH/Y22DTR	**30 Nm**
Z20NET	**18 Nm**
Z28NEL(T)	**20 Nm**
Z32SE	**40 Nm**
Z19DT(L/H)/Y30DT	**22 Nm**

Motor-Kühlung

Kühlmittelkreislauf

Solange der Motor kalt ist, zirkuliert das Kühlmittel nur im Zylinderkopf sowie im Motorblock und im Wärmetauscher der Innenraumheizung. Mit zunehmender Erwärmung öffnet der Kühlmittelregler den großen Kühlmittelkreislauf. Das Kühlmittel wird von der ständig im Einsatz befindlichen Kühlmittelpumpe über den Kühler geleitet. Die Kühlflüssigkeit durchströmt den Kühler von oben nach unten und wird dabei durch die an den Kühlrippen vorbeistreichende Luft gekühlt.

Zur Verstärkung der Kühlluft ist ein elektrisch angetriebener, temperaturgesteuerter Lüfter eingebaut. Der Zeitpunkt für das Einschalten und die Drehzahl des Lüfters werden vom Motor-Steuergerät anhand der Werte des Kühlmittel-Temperaturfühlers bestimmt und über ein oder mehrere Kühlerlüfter-Relais geschaltet. Je nach Motor und Fahrzeugausstattung (Klimaanlage) sind 1 oder 2 Kühlerlüfter eingebaut.

Sicherheitshinweis
Der Elektrolüfter kann sich auch bei ausgeschalteter Zündung einschalten. Durch Stauwärme im Motorraum ist auch **mehrmaliges Einschalten möglich.** Abhilfe: **Sicherung für Kühlerlüfter abziehen.**

Kühler-Frostschutzmittel

Die Motor-Kühlanlage wird ganzjährig mit einer Mischung aus Wasser und Kühlerfrost- und Korrosions-Schutzmittel befüllt. Diese Mischung verhindert Frost- und Korrosionsschäden, Kalkansatz und hebt außerdem die Siedetemperatur des Kühlmittels an. Durch den Verschlussdeckel am Ausgleichbehälter wird bei warmem Motor innerhalb des Kühlkreislaufes ein Überdruck von ca. 1,2 bis 1,5 bar aufgebaut, der ebenfalls zur Siedepunkterhöhung der Kühlflüssigkeit beiträgt. Erforderlich ist der höhere Siedepunkt der Kühlflüssigkeit für ein einwandfreies Funktionieren der Motor-Kühlung. Bei zu niedrigem Siedepunkt der Flüssigkeit kann es zu einem Hitzestau kommen, wodurch der Kühlkreislauf behindert und die Kühlung des Motors vermindert wird. Deshalb muss das Kühlsystem unbedingt ganzjährig mit einer Kühlkonzentrat-Mischung gefüllt sein.

Grundsätzlich nur rotes, silikatfreies Frostschutzmittel verwenden. Das Frostschutzmittel muss von OPEL freigegeben sein beziehungsweise die OPEL-Nummer 19 40 650/09 194 431 aufweisen.

Achtung: Auf keinen Fall, das für ältere Fahrzeuge vorgesehene silikathaltige, blaugrüne Kühlmittel einfüllen.

Kühlmittel-Mischungsverhältnis:

Die Kühlflüssigkeit wird aus einer Mischung von Kühlkonzentrat (Frostschutzmittel) und kalkarmem Trinkwasser hergestellt.

Frostschutz bis	Kühlkonzentrat	Wasser
– 30° C	40 %	60 %
– 40° C	50 %	50%

Es empfiehlt sich grundsätzlich ein Mischungsverhältnis von 1:1, also 50% Wasser und 50% Frostschutzmittel zu verwenden.

Die Kühlmittel-Füllmenge kann je nach Ausstattung des Fahrzeuges variieren. Anhaltswerte stehen in der Tabelle auf Seite 13.

Kühlmittel ablassen und auffüllen

Falls bei Reparaturen der Zylinderkopf, die Zylinderkopfdichtung, der Kühler, der Heizungs-Wärmetauscher oder der Motor ersetzt wurden, muss die Kühlflüssigkeit auf jeden Fall ersetzt werden. Das ist erforderlich, weil sich die Korrosionsschutzanteile in der Einlaufphase an den neuen Leichtmetallteilen absetzen und somit eine dauerhafte Korrosionsschutzschicht bilden. Bei gebrauchter Kühlflüssigkeit ist der Korrosionsschutzanteil in der Regel nicht mehr groß genug, um eine ausreichende Schutzschicht an den neuen Teilen zu bilden.

Ein Wechsel des Kühlmittels im Rahmen der Wartung ist nicht erforderlich.

Achtung: Bei Arbeiten am Kühlsystem unbedingt darauf achten, dass **kein Kühlmittel auf den Zahnriemen** gelangt. Der Glykolanteil des Kühlmittels kann das Gewebe des Zahnriemens so schädigen, dass der Riemen nach einiger Betriebszeit reißt, wodurch schwer wiegende Motorschäden auftreten können.

Hinweis: Kühlmittel ist leicht giftig. Gemeinde- und Stadtverwaltungen informieren darüber, wie das alte Kühlmittel entsorgt werden soll.

Ablassen

- Falls vorhanden, Klimaanlage ausschalten beziehungsweise auf ECO-Mode stellen.
- Falls erforderlich, untere Motorraumabdeckung ausbauen, siehe Seite 249.

Sicherheitshinweis
Bei heißem Motor vor dem Öffnen des Ausgleichbehälters einen dicken Lappen auflegen, um Verbrühungen durch heiße Kühlflüssigkeit oder Dampf zu vermeiden. Deckel nur bei Kühlmitteltemperaturen unter +90° C abnehmen.

- Verschlussdeckel am Ausgleichbehälter öffnen.
- Sauberes Auffanggefäß unter den Kühler stellen.

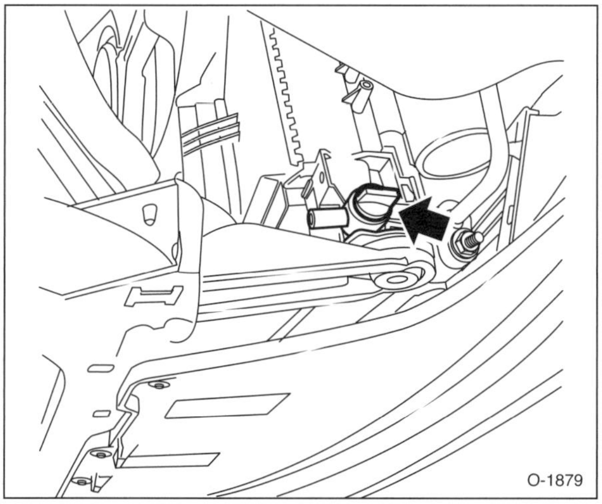

- Kühlmittel-Ablassschraube –Pfeil– unten am Kühler öffnen und Kühlflüssigkeit in Auffangbehälter abfließen lassen.

Hinweis: Um die Kühlflüssigkeit gezielt ablassen zu können, empfiehlt es sich, einen geeigneten Schlauch auf den Ablassstutzen aufzuschieben.

- Anschließend Ablassschraube wieder verschließen.

Auffüllen

- »Quick Connector« im Heizungsvorlauf, in Fahrtrichtung gesehen links, öffnen.
- Kühlflüssigkeit in den Ausgleichbehälter einfüllen, bis es am »Quick Connector« austritt. »Quick Connector« verschließen.

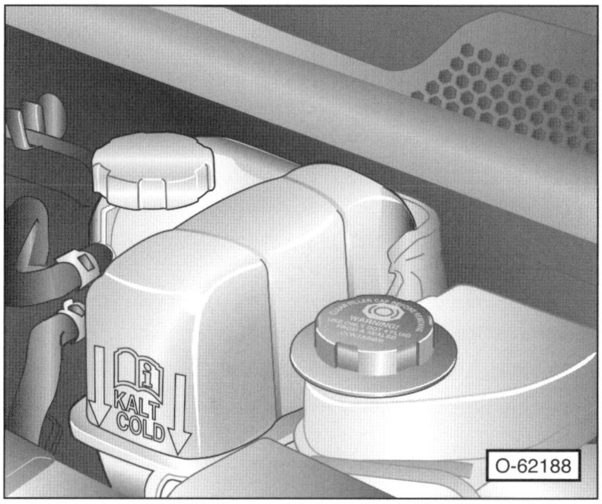

- Kühlflüssigkeit weiter auffüllen bis zur Markierung »KALT/COLD« im Ausgleichbehälter.
- Schraubverschluss für Ausgleichbehälter bis zum Anschlag festdrehen.
- Zum Entlüften den Motor starten und im Zyklus 1 laufen lassen:
  - ◆ 30 Sekunden bei 2000 bis 2500/min
  - ◆ 5 Sekunden im Leerlauf
  - ◆ 30 Sekunden bei 2000 bis 2500/min
- Motor warm laufen lassen, bis die erste Kühlerlüfterstufe zugeschaltet wird.
- Nachdem der Lüfter ausgeschaltet hat, Motor erneut im Zyklus 1 laufen lassen.

Achtung: Das Kühlsystem entlüftet sich während des Warmlaufens von selbst.

- Kühlsystem auf Dichtheit sichtprüfen.
- Motor abstellen und abkühlen lassen.
- Anschließend Kühlmittelstand nochmals prüfen, gegebenenfalls Kühlmittel bis zur »KALT/COLD«-Markierung nachfüllen.

Speziell Motor Y30DT

- Vor dem Ablassen Entlüftungsschraube rechts am Wasserkasten des Kühlers aufschrauben. **Hinweis:** Im Heizungsvorlauf ist keine Entlüftungsschraube vorhanden.
- Zum Entlüften Motor starten und laufen lassen:
  - ◆ 7 bis 8 Minuten bei 2000 bis 2500/min
  - ◆ Im Leerlauf bis 1. Kühlerlüfterstufe einschaltet
  - ◆ 5 Minuten bei 2000 bis 2500/min

Speziell Motor Z20NET

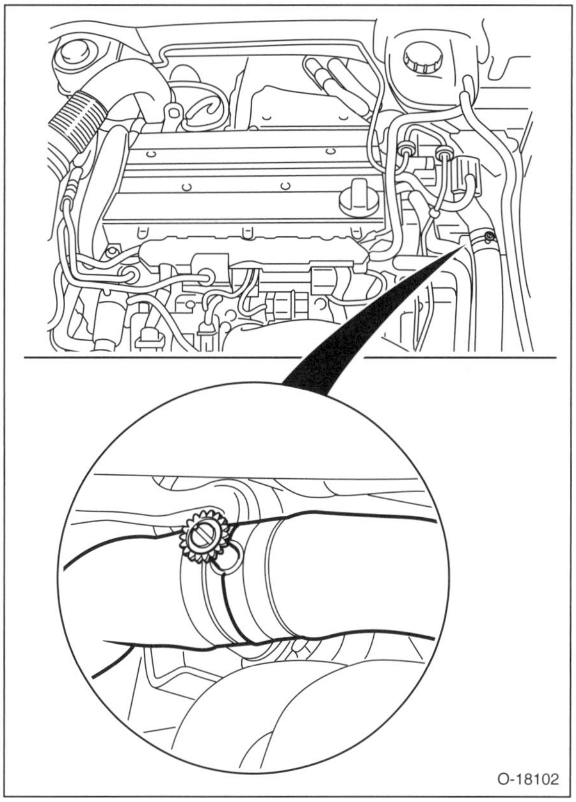

Hinweis: Im Kühlmittelrücklaufschlauch ist eine zusätzliche Entlüftungsschraube vorhanden. Dadurch wird verhindert, dass sich an der nach oben abgewinkelten Stelle des Schlauches ein Luftpolster bilden kann. Entlüftungsschraube beim Entlüften des Kühlsystems öffnen, bis dort Kühlflüssigkeit austritt.

Bei entleertem Motorölkühler Kühlflüssigkeit bis 1 cm über die Markierung KALT/COLD auffüllen.

Kühlmittelregler (Thermostat) aus- und einbauen

Der Kühlmittelregler (Thermostat) öffnet mit zunehmender Erwärmung des Motors den großen Kühlmittelkreislauf. Bleibt der Thermostat durch einen Defekt geschlossen, wird der Motor zu heiß. Erkennbar ist das an der Warnleuchte rechts neben der Kühlmittel-Temperaturanzeige, während gleichzeitig der Kühler kalt bleibt. Ein defekter Thermostat kann aber auch nach dem Abkühlen der Kühlflüssigkeit weiterhin geöffnet bleiben. Dies erkennt man daran, dass der Motor nicht mehr seine Betriebstemperatur erreicht beziehungsweise dass der Zeiger der Kühlmittel-Temperaturanzeige langsamer ansteigt als bisher oder im Winter die Heizleistung nachlässt.

Ausbau

Achtung: Die Beschreibung bezieht sich auf den Motor **Z16XE/Z18XE**. Hinweise für die anderen Motoren stehen am Ende des Kapitels.

Achtung: Die Kühlflüssigkeit braucht nicht vollständig abgelassen zu werden. Es reicht, wenn der Kühlflüssigkeitsspiegel unterhalb vom Thermostatgehäuse liegt.

- Kühlmittel ablassen und auffangen, siehe entsprechendes Kapitel.
- Obere Motorabdeckung ausbauen, siehe Seite 167.
- Oberen Kühlerschlauch vom Thermostatgehäuse abziehen, vorher Schelle öffnen und zurückschieben.

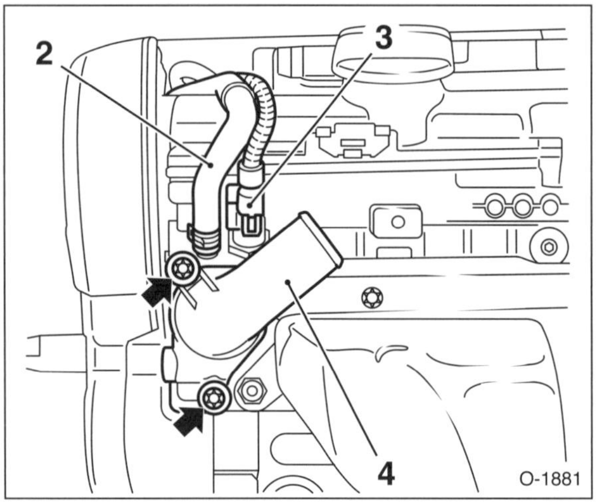

- Kühlmittelschlauch –2– abziehen.
- Stecker –3– vom Kühlmittel-Temperaturfühler abziehen.
- Thermostatgehäuse –4– abschrauben –Pfeile– und mit Thermostat herausnehmen. **Hinweis:** Beim Motor Z16XE 3 Schrauben herausdrehen.
- Thermostat prüfen, gegebenenfalls Gehäuse mit Thermostat ersetzen. In diesem Fall Kühlmittel-Temperaturfühler umbauen und mit **14 Nm** anschrauben.

Einbau

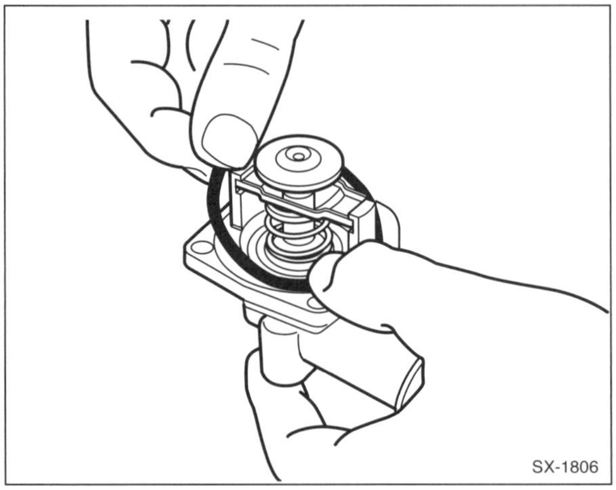

- **Neuen** Dichtring einsetzen und Thermostatgehäuse mit **20 Nm** am Zylinderkopf anschrauben.
- Stecker am Kühlmittel-Temperaturfühler aufschieben.
- Kühlmittelschlauch zum Drosselklappenmodul am Thermostatgehäuse aufschieben und mit Schelle sichern.
- Oberen Kühlerschlauch am Thermostatgehäuse aufschieben und mit Schelle sichern.
- Obere Motorabdeckung einbauen, siehe Seite 167.
- Kühlmittel auffüllen, siehe entsprechendes Kapitel.

Speziell Motor Z19DT(L)

- Kühler für Abgasrückführung ausbauen (wird nicht beschrieben). Anzugsdrehmomente:
  Schraube für Kühler – Abgasrückführung . . . . **25 Nm**
  Mutter für Kühler – Abgasrückführung . . . . . . **25 Nm**
  Metallrohr für Abgasrückführung . . . . **25 Nm**
- 3 Kühlmittelschläuche vom Thermostatgehäuse abziehen, vorher Schellen öffnen und zurückschieben.
- Thermostatgehäuse mit 2 Schrauben und **25 Nm** anschrauben.
- Falls umgebaut, Kühlmitteltemperatur-Sensor mit **20 Nm** festziehen.

Speziell Motor Z19DTH

- Batterie ausbauen, siehe Seite 63.
- Steuergerät für Vorglühanlage ausclipsen und vorsichtig zur Seite legen.
- Kühlmittelrohr abschrauben. Anzugsdrehmoment: **9 Nm.**
- 4 Kühlmittelschläuche vom Thermostatgehäuse abziehen, vorher Schellen öffnen und zurückschieben.
- Thermostatgehäuse mit 2 Schrauben und **25 Nm** anschrauben.
- Falls umgebaut, Kühlmitteltemperatur-Sensor mit **20 Nm** festziehen.

Speziell Motor Y20DTH/Y22DTR

- Verbindungsschlauch vom Turbolader zum Ladeluftrohr abbauen, siehe Abbildung O-1893 auf Seite 194.
- Vorwärmschlauch vom Turbolader zum AGR-Ventil abbauen und zur Seite legen (AGR = Abgasrückführung).

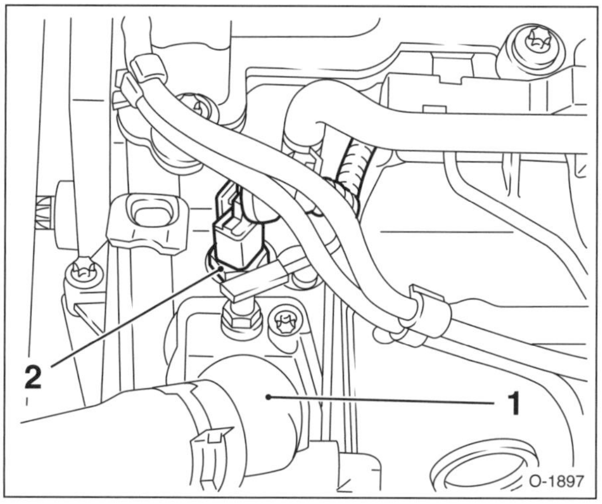

O-1897

- Thermostatgehäuse –1– mit 4 Schrauben und **8 Nm** anschrauben. Anzugsdrehmoment Kühlmitteltemperatur-Sensor –2–: **10 Nm**.

Speziell Motor Z20NET

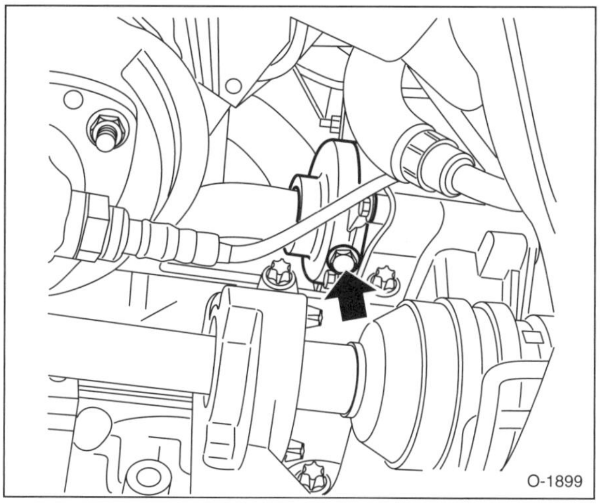
O-1899

- Ablassschraube –Pfeil– an der Kühlmittelpumpe von unten herausdrehen.
- Luftfilter ausbauen, siehe Seite 216.
- Vakuumpumpe ausbauen. Dabei 2 Mehrfachstecker abziehen, Unterdruckanschluss entriegeln und abziehen sowie 2 Schrauben herausdrehen.

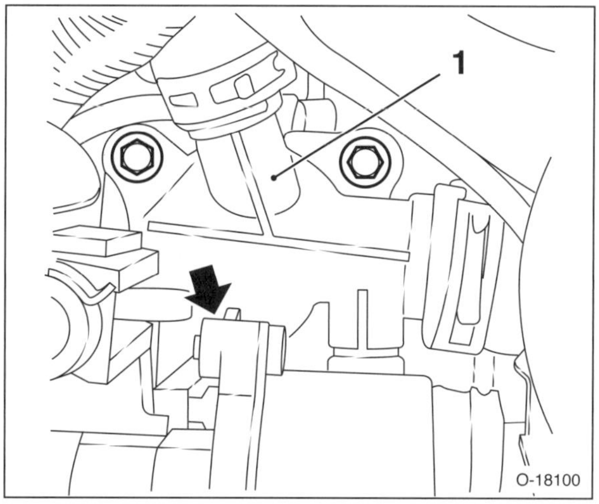

O-18100

- Thermostat –1– mit 3 Schrauben und **10 Nm** anschrauben. **Hinweis:** In der Abbildung ist die untere Schraube –Pfeil– verdeckt.
- Vakuumpumpe mit **neuem** Dichtring und **22 Nm** anschrauben.
- Ablassschraube an der Kühlmittelpumpe zur Abdichtung mit handelsüblichem Teflonband oder Dichtmasse einsetzen und mit **20 Nm** anschrauben.

Speziell Motor Z22SE/Z22YH

- Ablassschraube –Pfeil– an der Kühlmittelpumpe von unten herausdrehen, siehe Abbildung O-1899.

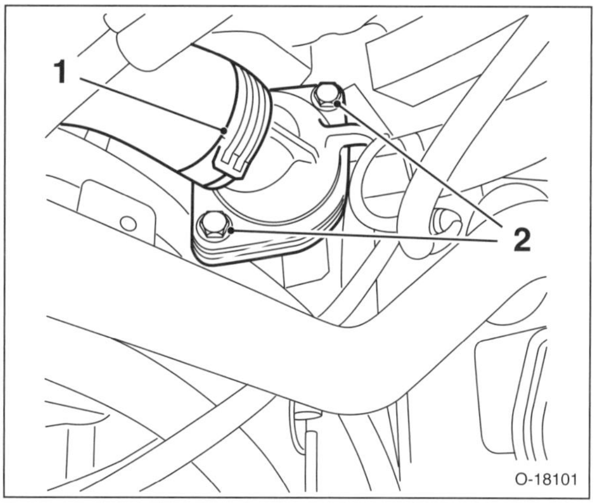

O-18101

- Kühlerschlauch vom Thermostat abziehen, dazu Schelle –1– öffnen und zurückschieben.
- Thermostat abschrauben –2–.
- **Neuen** Dichtring am Thermostat einsetzen, Dichtring leicht mit Silikonfett (weiß) bestreichen. Thermostat ansetzen und mit **8 Nm** anschrauben.
- Ablassschraube an der Kühlmittelpumpe zur Abdichtung mit handelsüblichem Teflonband oder Dichtmasse einsetzen und mit **20 Nm** anschrauben.

Kühlmittelregler (Thermostat) prüfen

Achtung: Es kann nur der Öffnungsbeginn überprüft werden, da das Öffnungsende bei einer Temperatur über dem Siedepunkt des Wassers liegt.

Prüfen

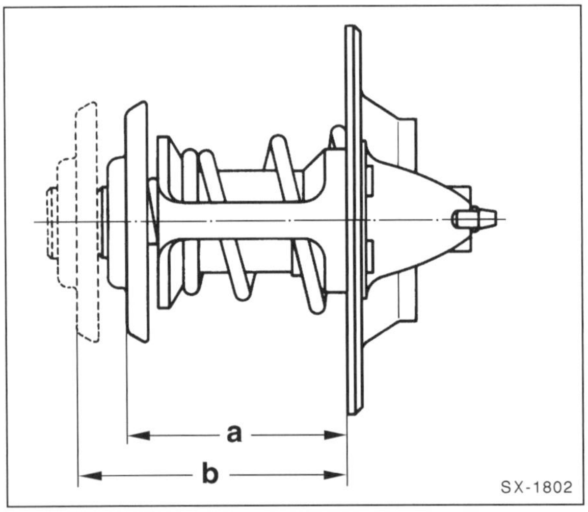

- Höhe des Thermostats messen, Maß »a« notieren.

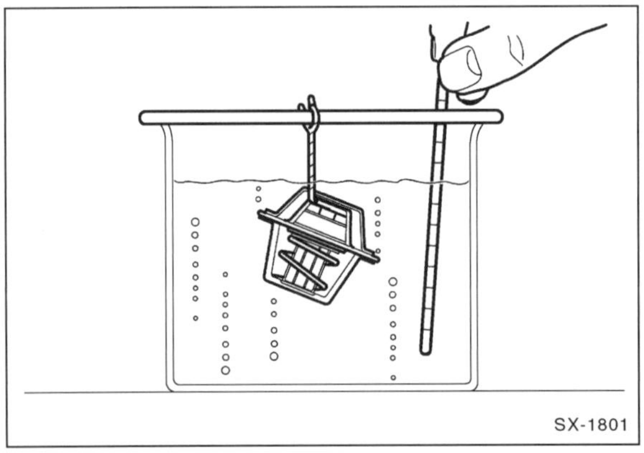

- Kühlmittelregler im Wasserbad langsam erwärmen. Dabei darf der Thermostat nicht die Wände des Behälters berühren. Der Thermostat muss vollständig eingetaucht sein. Temperatur mit einem geeigneten Thermometer kontrollieren.
- Sobald das Wasser die Öffnungstemperatur erreicht, muss der Thermostat mit dem Öffnen der Regelklappe beginnen.

Motor	Öffnungstemperatur
Z22SE/Z22YH/Y30DT	+82° C
Z20NET	+85° C
Z28NEL/NET	+80° bis +84° C
Restliche Motoren	+92° C

- Wasser weiter erwärmen, bis der Siedepunkt erreicht ist. Thermostat herausnehmen, die Höhe messen (Maß »b«) und mit dem ersten Messwert (Maß »a«) vergleichen.
- Der Öffnungshub beträgt bei Öffnungsende ca. 8 mm. Da diese Temperatur nicht erreicht wird, prüfen, ob sich der Regler um ein vergleichbares Maß geöffnet hat, sonst Kühlmittelregler ersetzen.
- Anschließend prüfen, ob sich der Regler beim Abkühlen wieder ganz schließt, andernfalls Regler ersetzen.

Kühler aus- und einbauen

Achtung: Die Beschreibung bezieht sich auf die Motoren **Z16XE/Z18XE ohne Klimaanlage.** Zusätzliche Hinweise für die verschiedenen Motoren und Ausführungen am Ende des Kapitels beachten.

Ausbau

- Batterie-Massekabel (–) abklemmen. **Achtung:** Hinweise im Kapitel »Batterie aus- und einbauen« beachten.
- Obere Motorabdeckung ausbauen, siehe Seite 167.
- Stoßfänger vorn ausbauen, siehe Seite 246/247.
- Kühlmittel ablassen und auffangen, siehe entsprechendes Kapitel.
- Schrauben für unteren Kühlerhalter lockern. **Hinweis:** Unteren Kühlerhalter nicht ausbauen.

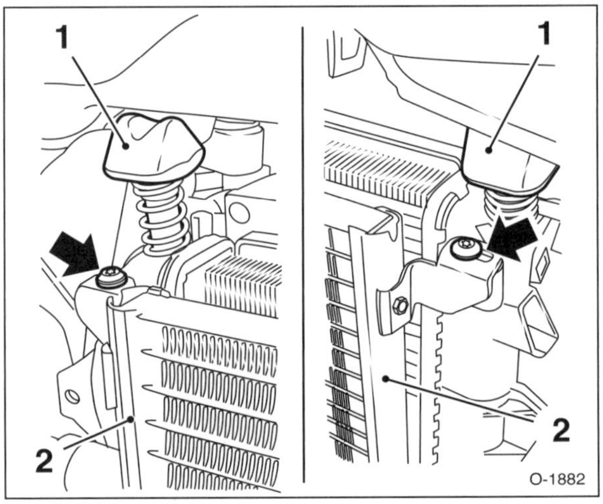

- 2 Federführungen –1– rechts und links aus ihrem Sitz lösen und Kühler vorsichtig nach vorn schwenken.
- 2 Schrauben –Pfeile– herausdrehen.
- Verflüssiger –2– mit Draht anhängen.
- Überlaufschlauch am Ausgleichbehälter und oberen Kühlerschlauch am Thermostatgehäuse abziehen, vorher Schlauchschellen öffnen und zurückschieben.
- Unteren Kühlmittelschlauch vom Kühler abziehen, vorher Schlauchschelle öffnen und zurückschieben. **Achtung:** Beim Abziehen des unteren Kühlerschlauches kann noch etwas Kühlmittel ablaufen, daher Auffangwanne unterstellen.

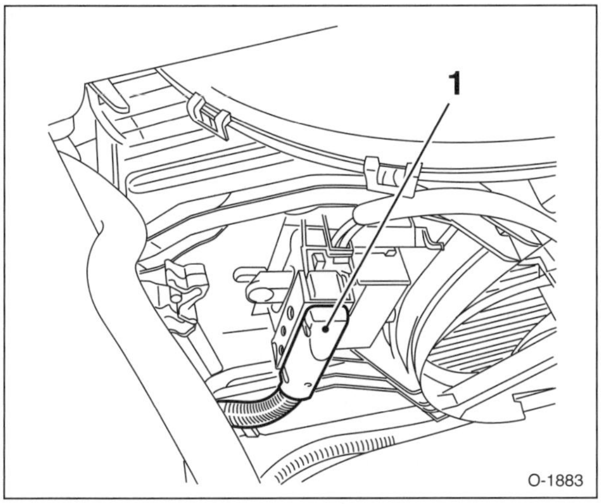

- Mehrfachstecker –1– vom Kühlmodul abziehen.

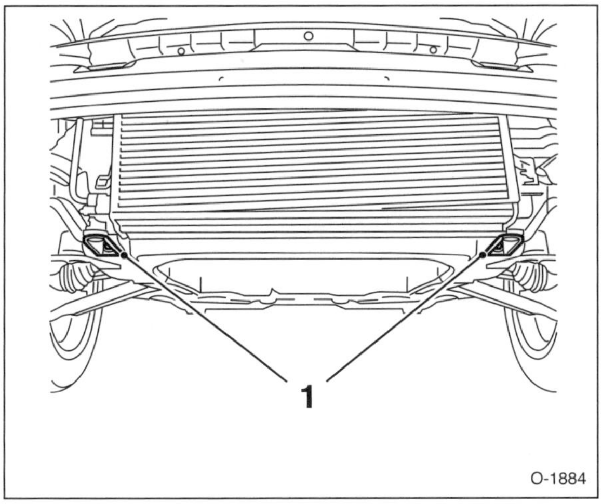

- Kühler nach hinten schwenken und Kühlerhalter unten abschrauben –1–.
- Kühler vorsichtig nach unten herausnehmen.
- Überlaufschlauch und oberen Kühlerschlauch vom Kühler abziehen, vorher Schellen öffnen und zurückschieben.

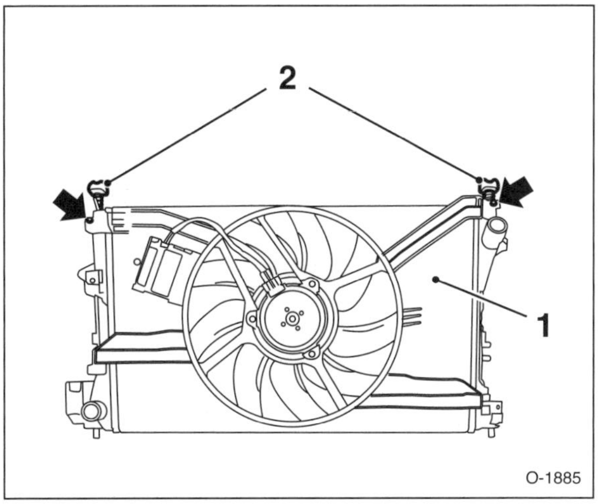

- 2 Schrauben –Pfeile– herausdrehen und Lüftergehäuse –1– abnehmen.
- 2 Federführungen –2– abbauen.

Einbau

- 2 Federführungen anbauen.
- Lüftergehäuse mit **4 Nm** am Kühler anschrauben.
- Überlaufschlauch und oberen Kühlerschlauch am Kühler aufschieben und mit Schellen sichern.
- Kühler mit einem Helfer vorsichtig von unten einsetzen.
- 2 Kühlerhalter unten anschrauben, Schrauben nicht festziehen.
- Unteren Kühlmittelschlauch aufschieben und mit Schelle sichern.
- Verflüssiger abhängen und anschrauben.
- Kühler oben ausrichten und Federführungen in ihren Sitz einclipsen. **Hinweis:** Dabei Kühler vorsichtig nach hinten schwenken.
- Untere Kühlerhalter mit **35 Nm** festziehen.
- Falls noch geöffnet, Kühlmittelablassschraube schließen.
- Mehrfachstecker am Kühlmodul aufstecken.
- Überlaufschlauch am Ausgleichbehälter und oberen Kühlerschlauch am Thermostatgehäuse aufschieben und mit Schellen sichern.
- Stoßfänger vorn einbauen, siehe Seite 246/247.
- Obere Motorabdeckung einbauen, siehe Seite 167.
- Kühlmittel auffüllen, siehe entsprechendes Kapitel.
- Batterie-Massekabel (–) anklemmen. **Achtung:** Hinweise im Kapitel »Batterie aus- und einbauen« beachten.

Speziell Motor Z19DT(L/H)

- 2 Schellen für Ladeluftrohr oben öffnen.
- Unterdruckleitung vom Lüftergehäuse abclipsen.
- Schraube für unteres Ladeluftrohr herausdrehen.
- Untere Motorraumabdeckung ausbauen, siehe Seite 249.

- Scheinwerfer ausbauen.
- 1 Schraube oben und 2 Schrauben unten für Ladeluftrohr herausdrehen.
- Trocknerbehälter abschrauben und mit Draht aufhängen. Anzugsdrehmoment: **4 Nm.**
- Ladeluftkühler abschrauben, dazu 2 Schrauben herausdrehen. Anzugsdrehmoment: **4 Nm.**
- Anzugsdrehmoment für Kühlerhalter: **15 Nm.**

Speziell Motor Y20DTH/Y22DTR

- Verkleidung für Batterieträger abbauen.

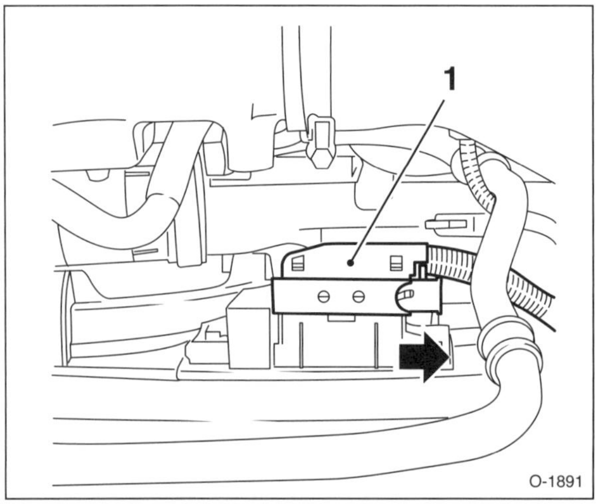

- Mehrfachstecker –1– am Kühlmodul entriegeln und abziehen. **Hinweis:** Zum Entriegeln Schieber am Stecker in Pfeilrichtung ziehen.

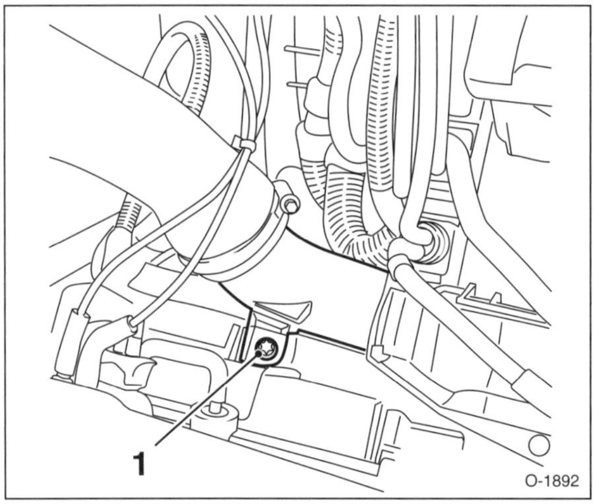

- Ladeluftrohr vom Ladeluftkühler abschrauben, dazu Schraube –1– herausdrehen.

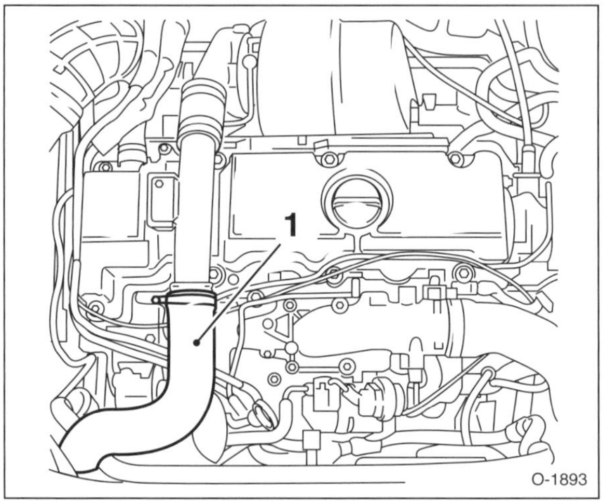

- Verbindungsschlauch –1– vom Turbolader zum Ladeluftrohr abziehen, dazu 2 Schellen öffnen.
- Kühlerschlauch oben ausbauen. Trockner-Behälter abschrauben. Kühlmittelablassschraube schließen.

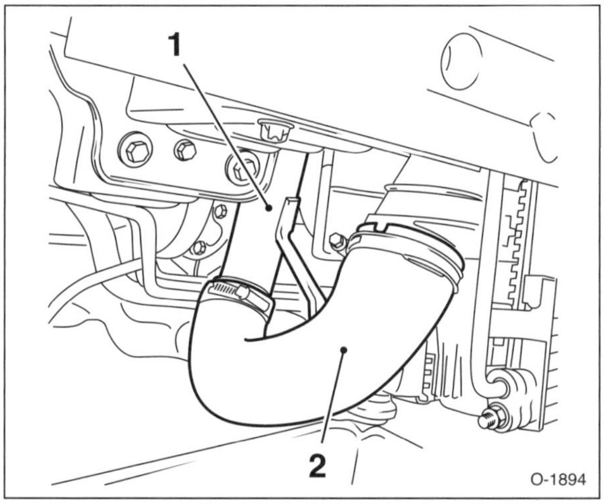

- Verbindungsschlauch –2– vom Ladeluftrohr zum Ladeluftkühler abziehen, dazu 2 Schellen öffnen und zurückschieben.
- Ladeluftrohr –1– vom Turbolader zum Ladeluftkühler abschrauben, dazu 2 Schrauben herausdrehen.

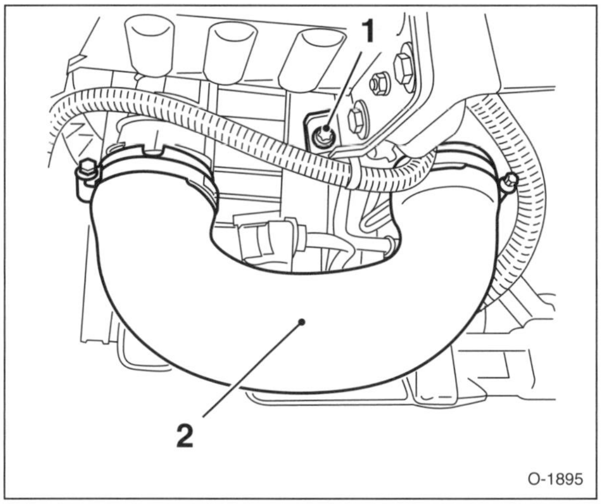

- Verbindungsschlauch –2– vom Ladeluftkühler zum Ladeluftrohr abziehen, dazu 2 Schellen öffnen und zurückschieben.
- Ladeluftrohr vom Ladeluftkühler abschrauben, dazu untere Schraube –1– herausdrehen. Ladeluftrohr zur Seite legen.
- Kühlerschlauch unten abbauen.
- 2 Kühlerhalter unten abschrauben und Kühlmodul mit Helfer vorsichtig nach unten herausnehmen.
- Gegebenenfalls Ladeluftkühler abschrauben, dazu 2 Schrauben herausdrehen.
- Beim **Einbau** Haltenasen des Ladeluftkühlers vorsichtig einsetzen, Schrauben mit **4 Nm** anziehen.
- **Der weitere Einbau** erfolgt in umgekehrter Ausbaureihenfolge. **Anzugsdrehmoment** für untere Kühlerhalter: **35 Nm.**

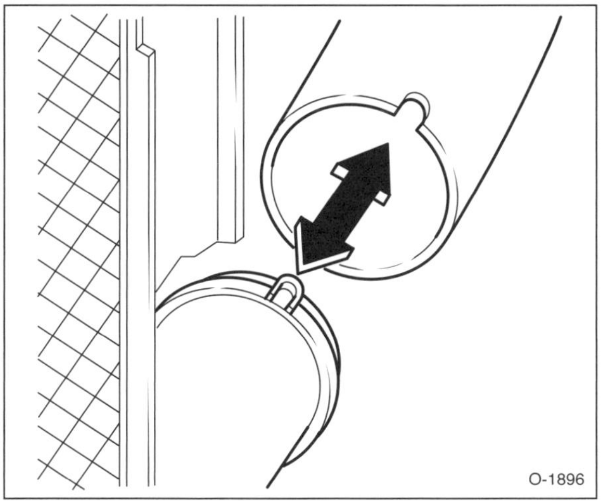

Achtung: Beim Einbau der Verbindungsschläuche des Ladeluftsystems darauf achten, dass beim Zusammensetzen die Nase am Anschlussstutzen in die Nut am Schlauch eingreift.

Speziell Motor Z20NET

- Ladeluftschlauch und Ladeluftrohr ausbauen.

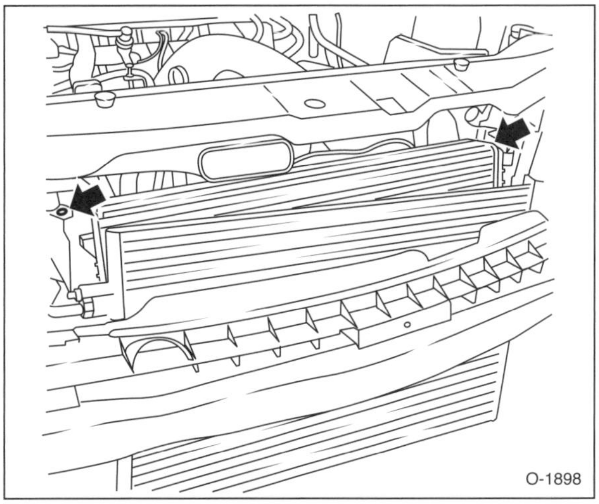

- Ladeluftkühler abschrauben –Pfeile–.
- Verkleidung für Batterieträger abbauen, vorher Kühlmittelschlauch ausclipsen.
- **Anzugsdrehmoment** für untere Kühlerhalter: **15 Nm.**

Speziell Motor Z22SE/Z22YH

- **Anzugsdrehmoment** für untere Kühlerhalter: **15 Nm.**

Lüfter aus- und einbauen

Achtung: Die Beschreibung bezieht sich auf die Motoren **Z16XE/Z18XE ohne Klimaanlage.** Zusätzliche Hinweise für die verschiedenen Motoren und Ausführungen am Ende des Kapitels beachten.

Ausbau

- Batterie-Massekabel (–) abklemmen. **Achtung:** Hinweise im Kapitel »Batterie aus- und einbauen« beachten.
- Obere Motorabdeckung ausbauen, siehe Seite 167.
- Vordere Batterieabdeckung ausbauen, Kühlerschlauch ausclipsen.
- Stecker vom Kühlmodul abziehen, siehe Abbildung O-1883.

Sicherheitshinweis
Beim Aufbocken des Fahrzeugs besteht Unfallgefahr! Hinweise im Kapitel »Fahrzeug aufbocken« beachten.

- Fahrzeug aufbocken.
- Frontverkleidung unten lösen, dazu 4 Clips ausbauen, siehe Kapitel »Stoßfänger aus und einbauen« auf Seite 246/247.

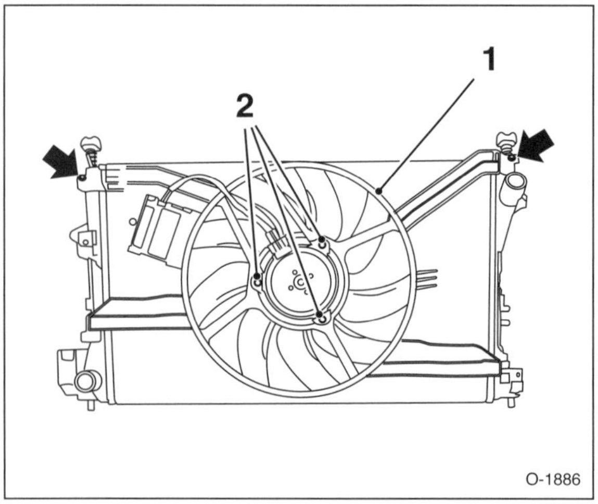

- 2 Schrauben –Pfeile– herausdrehen und Lüftergehäuse –1– vorsichtig nach oben herausziehen.
- Schrauben –2– herausdrehen und Lüfter aus dem Gehäuse herausnehmen.

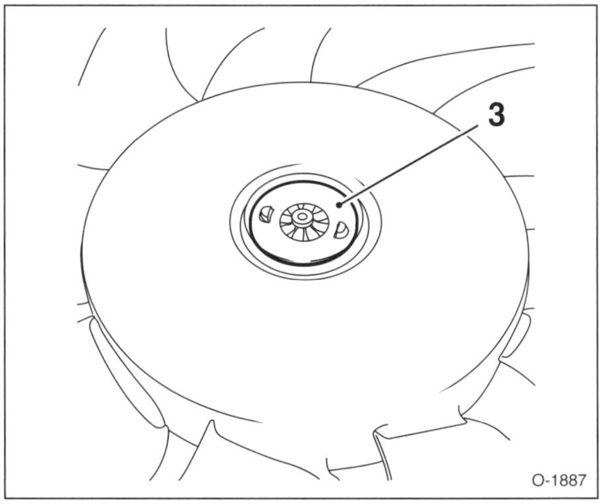

- Sicherungsklammer –3– lösen und Lüftermotor abnehmen.

Einbau

- Lüftermotor einsetzen und mit Klammer sichern.
- Lüfter in das Gehäuse einsetzen und mit 3 Schrauben und **5 Nm** anschrauben.
- Lüftergehäuse vorsichtig von oben einsetzen und mit 2 Schrauben anschrauben.
- Untere Frontverkleidung einsetzen und mit 4 Clips befestigen.
- Fahrzeug ablassen.
- Mehrfachstecker am Kühlmodul aufstecken.
- Vordere Batterieabdeckung einbauen, Kühlerschlauch einclipsen.
- Obere Motorabdeckung einbauen, siehe Seite 167.
- Batterie-Massekabel (–) anklemmen. **Achtung:** Hinweise im Kapitel »Batterie aus- und einbauen« beachten.

Speziell Motor Z19DT(L/H)

Beim 1,9-l-Dieselmotor sind im Lüftergehäuse 2 Kühlerlüfter untergebracht.

- Kühler ausbauen, siehe entsprechendes Kapitel.
- 2 Kabelsatzstecker abziehen.
- Steuergerät für Kühlerlüfter vom Lüftergehäuse abschrauben (1 Schraube) und ausclipsen.

Speziell Motor Y20DTH/Y22DTR

- Kühler mit Lüfter ausbauen, siehe entsprechendes Kapitel.

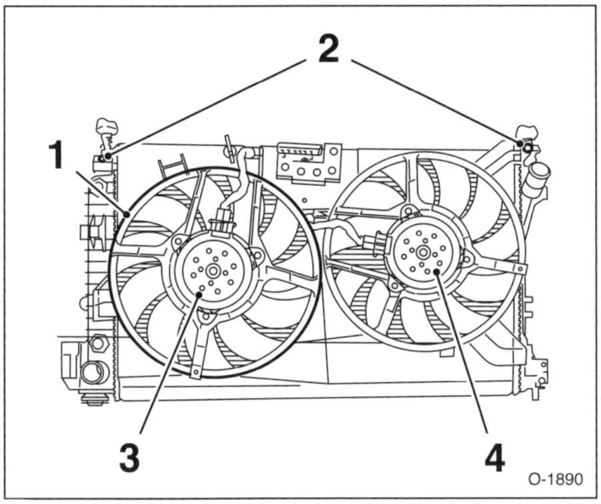

- Lüftergehäuse –1– vom Kühler abschrauben –2–.
- Lüftermotor –3– und/oder –4– vom Lüftergehäuse abschrauben, dazu je 3 Schrauben herausdrehen.

Speziell Motor Z20NET

- Ladeluftschlauch und Ladeluftrohr ausbauen.
- Batterie und Batterieträger ausbauen, siehe Seite 63.

Speziell Motor Z22SE/Z22YH

- Batterie und Batterieträger ausbauen, siehe Seite 63.
- Resonator ausbauen. Dazu 1 Schraube herausdrehen und Resonator vorsichtig an der Verbindungsstelle trennen (ausclipsen). **Hinweis:** Der Resonator befindet sich in der Ansaugluftführung des Motors, oberhalb des Kühlers.

Kühlmittelpumpe aus- und einbauen

Achtung: Die Beschreibung bezieht sich auf die Motoren **Z16XE/Z18XE.** Zusätzliche Hinweise für die verschiedenen Motoren und Ausführungen am Ende des Kapitels beachten.

Ausbau

- Kühlflüssigkeit ablassen, siehe entsprechendes Kapitel.
- Zahnriemen und Zahnriemen-Spannrolle ausbauen, siehe Seite 171.

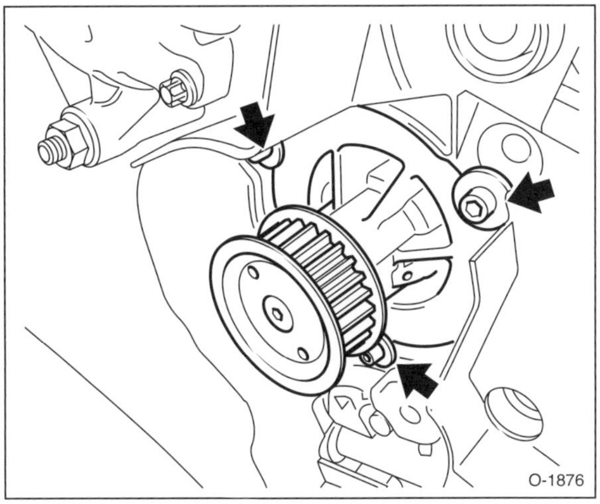

- 3 Schrauben –Pfeile– herausdrehen und Kühlmittelpumpe herausnehmen.

Einbau

- Dichtflächen an Pumpe und Motorblock reinigen.
- Um ein Festrosten der Kühlmittelpumpe zu vermeiden, sowohl Dichtfläche am Motorblock als auch Dichtring im Kühlmittelpumpengehäuse leicht mit Silikonfett bestreichen, zum Beispiel OPEL 19 70 206 (weiß).

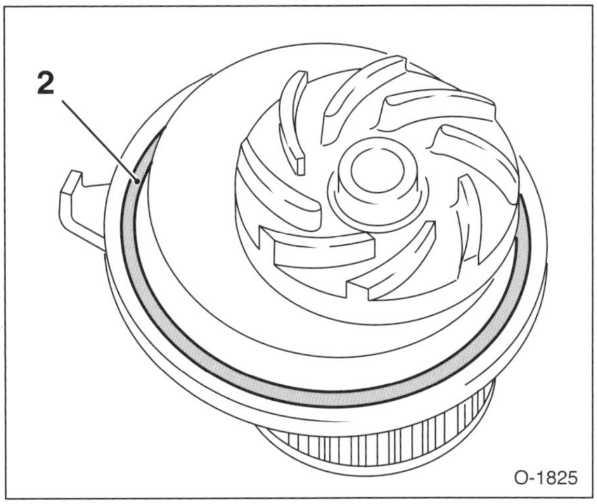

- Kühlmittelpumpe mit **neuem** Dichtring –2– einsetzen.

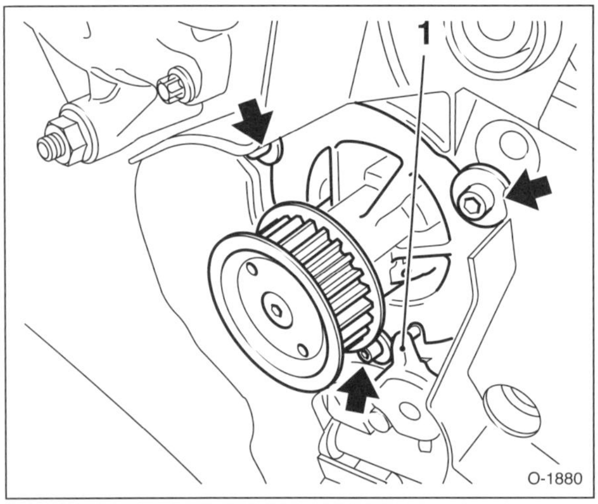

- Kühlmittelpumpe so einsetzen, dass der Anguss –1– der Ölpumpe in die Nut der Kühlmittelpumpe eingreift.
- Kühlmittelpumpe mit **8 Nm** festziehen.
- Der weitere Einbau erfolgt in umgekehrter Ausbaureihenfolge.

Speziell Motor Z19DT(L)

- Nockenwellen-Zahnriemenrad abbauen. Dabei darauf achten, dass beim Gegenhalten des Zahnriemenrades der Nockenwellensensor nicht beschädigt wird.
- Nockenwellensensor abschrauben. Beim Anschrauben Schraubensicherungsmittel verwenden. Anzugsdrehmoment: **7 Nm**.
- Kühlmittelpumpe mit 2 Schrauben und **25 Nm** anschrauben.
- Nockenwellen-Zahnriemenrad mit **120 Nm** anschrauben.

Speziell Motor Z19DTH

- Zahnriemen ausbauen.
- Kühlmittelpumpe mit 3 Schrauben und **25 Nm** anschrauben.

Speziell Motor Y20DTH/Y22DTR

- Kühlmittel ablassen, siehe entsprechendes Kapitel.
- Vorderes Abgasrohr abbauen, dabei restliche Abgasanlage mit Draht aufhängen, siehe Seite 220.
- Schrauben für Kühlmittelpumpen-Riemenscheibe lockern und anschließend Keilrippenriemen ausbauen, siehe Seite 181.
- Kühlmittelrohr von der vorderen Drehmomentstütze abschrauben.
- Obere Motorabdeckung ausbauen, siehe Seite 167.
- Ladeluftrohr oben abbauen, siehe Abbildung O-2437 auf Seite 206.
- Luftfilter ausbauen, siehe Seite 216.
- Oberen Kühlerschlauch ausbauen.
- 2 Kraftstoffleitungen am Zylinderkopfdeckel ausclipsen und zur Seite legen.
- Motor mit Werkstattwagenheber abfangen und rechtes Motorlager sowie Motorhalter ausbauen, siehe dazu Seite 176.
- Kühlmittelpumpen-Riemenscheibe abschrauben.
- 3 Schrauben herausdrehen und Kühlmittelpumpe herausnehmen.
- Der Einbau erfolgt in umgekehrter Ausbaureihenfolge. Dichtring für Kühlmittelpumpe erneuern. Anzugsdrehmoment für Kühlmittelpumpe und Kühlmittelpumpen-Riemenscheibe: **20 Nm.**

Speziell Motor Z32SE

- Luftfilter ausbauen.
- 3 Schrauben für Antriebsrad der Kühlmittelpumpe lösen.
- Keilrippenriemen ausbauen, siehe Seite 181.
- Antriebsrad der Kühlmittelpumpe abschrauben.
- Spannrolle und Umlenkrolle für Keilrippenriemen abschrauben.
- Vordere Zahnriemenabdeckung abschrauben, dazu 5 Schrauben herausdrehen.

Achtung: Beim Herausnehmen der Kühlmittelpumpe kann Kühlflüssigkeit austreten. Unbedingt darauf achten, dass **kein Kühlmittel auf den Zahnriemen** gelangt. Der Glykolanteil des Kühlmittels kann das Gewebe des Zahnriemens so schädigen, dass der Riemen nach einiger Betriebszeit reißt, wodurch schwer wiegende Motorschäden auftreten können.

- Kühlmittelpumpe abschrauben, dazu 3 Schrauben herausdrehen.

Anzugsdrehmomente:
Kühlmittelpumpe . . . . **25 Nm**
Zahnriemenabdeckung . . . . **8 Nm**
Keilrippenriemen-Spannvorrichtung . . . . **35 Nm**
Umlenkrolle für Keilrippenriemen . . . . **40 Nm**
Antriebsrad für Kühlmittelpumpe, (3 Schrauben mit
Sicherungsmittel (rot) einsetzen) . . . **8 Nm + 30° + 30°**

Störungsdiagnose Motor-Kühlung

Störung: Die Kühlmitteltemperatur ist zu hoch, Anzeige steht im Warnfeld.

Ursache	Abhilfe
Zu wenig Kühlflüssigkeit im Kreislauf.	■ Ausgleichbehälter muss bis zur Markierung »KALT« voll sein. Gegebenenfalls Kühlmittel nachfüllen. Kühlsystem auf Dichtheit prüfen.
Kühlmittelregler (Thermostat) öffnet nicht, Kühlflüssigkeit zirkuliert nur im kleinen Kreislauf.	■ Prüfen, ob der obere Kühlmittelschlauch am Kühler warm wird. Wenn nicht, Regler ausbauen und prüfen, gegebenenfalls Regler ersetzen.
Kühlerlamellen verschmutzt.	■ Kühler von der Motorseite her mit Pressluft durchblasen.
Kühler innen durch Kalkablagerungen oder Rost zugesetzt. Kühler wird nur im oberen Teil warm, unterer Kühlmittelschlauch vom Kühler wird nicht warm.	■ Kühler erneuern.
Elektrolüfter läuft nicht.	■ Stecker am Lüftermotor auf festen Sitz und guten Kontakt prüfen. **Achtung:** Verletzungsgefahr durch drehenden Lüfter!
Kühlmitteltemperaturanzeige defekt.	■ Geber überprüfen. Kombiinstrument prüfen lassen.
Kühlmittelpumpe defekt.	■ Kühlmittelpumpe ausbauen und überprüfen.
Spannung für Keilrippenriemen zu gering oder Keilrippenriemen gerissen (nur Y20DTH/Y22DTR/ Z32SE).	■ Spannung für Keilrippenriemen beziehungsweise Spannrolle prüfen, gegebenenfalls Keilrippenriemen ersetzen.

Motor-Management

Aus dem Inhalt:

- Benzineinspritzanlage
- Zündanlage
- Dieseleinspritzanlage
- Diesel-Vorglühanlage
- Kraftstoffanlage
- Luftfilter ersetzen

Im Kapitel »Motor-Management« sind die Themen »Benzin-Einspritzanlage«, »Zündanlage« und »Diesel-Einspritzanlage« zusammengefasst.

Benzin-Einspritz- und Zündanlage

Das elektronische Motor-Management regelt die Kraftstoffzuteilung und das Zündsystem. Die Vorteile des elektronischen Motormanagements:

- Genau dosierte Kraftstoffmenge in jedem Betriebszustand des Motors, dadurch geringer Verbrauch bei guten Fahrleistungen.
- Reduzierung der Abgas-Schadstoffe durch exakte Kraftstoffzumessung und den Einsatz eines geregelten Katalysators.
- Die Eigendiagnose des Motor-Managements ermöglicht ein schnelleres Auffinden von Defekten. Das System ist mit einem Fehlerspeicher ausgestattet. Treten während des Betriebs Defekte auf, werden diese im Speicher abgelegt. Sollte der Motor nicht einwandfrei arbeiten, kann die Fachwerkstatt gegen Kostenerstattung eine Fehlerliste ausdrucken, damit gegebenenfalls der Defekt dann selbst behoben werden kann.

Das Steuergerät entspricht einem kleinen, sehr schnell arbeitenden Computer. Es bestimmt den optimalen Zündzeitpunkt, den Einspritzzeitpunkt und die Kraftstoff-Einspritzmenge. Dabei erfolgt eine Abstimmung des Steuergeräts mit anderen Fahrzeugsystemen, beispielsweise der Getriebesteuerung oder der Wegfahrsperre.

Die Bauteile des Zünd- und Einspritzsystems sind langzeitstabil und praktisch wartungsfrei. Nur der Luftfiltereinsatz sowie die Zündkerzen müssen im Rahmen der Wartung gewechselt werden. Wesentliche Einstell- und Reparaturarbeiten können nur mit Hilfe von teuren Prüfgeräten durchgeführt werden, so dass diese Arbeiten nur noch von entsprechend ausgerüsteten Fachwerkstätten ausgeführt werden können.

Sicherheitsmaßnahmen bei Arbeiten am Benzin-Einspritzsystem

- **Kein offenes Feuer, nicht rauchen, keine glühenden oder sehr heißen Teile in die Nähe des Arbeitsplatzes bringen. Unfallgefahr! Feuerlöscher bereitstellen.**
- **Unbedingt für gute Belüftung des Arbeitsplatzes sorgen. Kraftstoffdämpfe sind giftig.**
- **Das Kraftstoffsystem steht unter Druck!** Bevor Schlauchverbindungen gelöst werden, Kraftstoffdruck abbauen. **Achtung:** Beim **Direkteinspritz-Motor Z22YH wird dabei nur der Druck im Niederdruckteil (bis ca. 4,2 bar) abgebaut. Zum Druckabbau im Hochdruckteil (bis ca. 110 bar) werden spezielle Werkstattgeräte benötigt.** Der Hochdruckteil reicht von der hinten am Zylinderkopf angeflanschten Hochdruckpumpe bis zu den Einspritzventilen.
- Beim Trennen der Schlauchverbindungen sicherheitshalber einen dicken Putzlappen um die Verbindungsstelle legen.

Achtung: Bei Arbeiten am Einspritzteil des Systems sind auch die allgemeinen Sicherheits- und Sauberkeitsregeln zu beachten, siehe Kapitel »Kraftstoffanlage«.

Diesel-Einspritzanlage

Die Dieseleinspritzung wird vollelektronisch durch das Motor-Management geregelt. Die Vorteile sind:

- Die Eigendiagnose des Motor-Managements ermöglicht ein schnelleres Auffinden von Defekten.
- Genau dosierte Kraftstoffmenge. Dadurch Reduzierung der Abgas-Schadstoffe und geringer Verbrauch.
- Das Einstellen von Leerlaufdrehzahl und Abregeldrehzahl ist nicht erforderlich.

Die Bauteile des Motor-Managements sind langzeitstabil und praktisch wartungsfrei. Nur der Motor-Luftfiltereinsatz und der Kraftstofffilter müssen im Rahmen der Wartung gewechselt werden.

Benzin-Einspritzanlage

Funktion des Motormanagements beim Benzinmotor

Der Kraftstoff wird aus dem Kraftstoffvorratsbehälter (Tank) von der elektrischen Kraftstoffpumpe angesaugt und über den vor dem Tank angebrachten Kraftstofffilter zum Kraftstoffverteiler gefördert. Ein Druckregler im Deckel der Kraftstoff-Fördereinheit sorgt dafür, dass der Druck im Kraftstoffsystem konstant bei etwa 3,8 bar (Motor Z20NET/Z22YH: 4,2 bar) gehalten wird.

Über elektrisch angesteuerte Einspritzventile wird der Kraftstoff stoßweise in das Ansaugrohr direkt vor die Einlassventile des Motors gespritzt. Das Motor-Steuergerät steuert die Einspritzventile sequentiell an, also in Zündreihenfolge, und regelt die Einspritzzeit und dadurch die Einspritzmenge.

Die Verbrennungsluft wird vom Motor über den Luftfilter angesaugt und gelangt durch das Drosselklappenteil sowie das Ansaugrohr bis zu den Einlassventilen. Geregelt wird die Luftmenge durch die Drosselklappe, die über einen Schrittmotor vom Motor-Steuergerät betätigt wird.

Die angesaugte Luftmenge wird von einem Luftmassenmesser gemessen. Anhand der Signale des Luftmassenmessers erkennt das Motor-Steuergerät den Lastzustand des Motors und regelt dementsprechend die Einspritzmenge.

Das Motor-Steuergerät ist ein kleiner, sehr schnell arbeitender Computer. Es bestimmt den optimalen Zündzeitpunkt, den Einspritzzeitpunkt und die Einspritzmenge.

Informationen von weiteren Sensoren (Fühlern) und Befehle an Aktoren (Stellglieder) sorgen in jeder Fahrsituation für einen optimalen Motorbetrieb. Fallen wichtige Sensoren aus, schaltet das Steuergerät auf ein Notlaufprogramm um, damit Motorschäden vermieden werden und weitergefahren werden kann. In diesem Fall ruckelt der Motor und neigt beim Gas geben zum Absterben.

Sensoren und Aktoren der Einspritzanlage

- Der **Pedalwertgeber** sitzt im Fahrerfußraum und ist am Lagerbock des Gaspedals angeschraubt. Durch den Pedalwertgeber wird eine elektrisches Spannungssignal entsprechend der Gaspedalstellung an das Motor-Steuergerät übertragen.
- Der **Kühlmittel-Temperaturfühler** sitzt im Thermostatgehäuse. Es handelt es sich dabei um einen NTC-Widerstand. Das heißt, der Widerstand wird geringer, wenn die Kühlmitteltemperatur ansteigt. NTC = **N**egativer **T**emperatur **K**oeffizient.
- Die Tankentlüftung besteht aus dem **Aktivkohlebehälter** und einem **Magnetventil** (Regenerierventil). Im Aktivkohlebehälter werden Kraftstoffdämpfe gespeichert, die sich durch Erwärmung des Kraftstoffs im Tank bilden. Bei laufendem Motor werden die Kraftstoffdämpfe aus dem Aktivkohlebehälter abgesaugt und dem Motor zur Verbrennung zugeführt. Der Aktivkohlebehälter befindet sich hinter dem rechten Kotflügel.
- Der **Klopfsensor** ist unterhalb vom Ansaugkrümmer im Motorblock eingeschraubt. Er verhindert, dass schädliche, klopfende Verbrennungen auftreten können. Dadurch kann der Zündzeitpunkt an der Klopfgrenze gehalten werden, wodurch die Energie des Kraftstoffes besser ausgenutzt und somit der Kraftstoffverbrauch reduziert wird.

Leerlaufdrehzahl/Zündzeitpunkt/ CO-Gehalt prüfen/einstellen

Im Rahmen der Wartung ist es nicht mehr erforderlich Leerlaufdrehzahl, Zündzeitpunkt und CO-Gehalt einzustellen, da die Werte permanent elektronisch nachgeregelt werden.

Falls die tatsächlichen Betriebswerte von den Sollwerten abweichen, liegt die Ursache in defekten Bauteilen, die ersetzt werden müssen. Eine fachgerechte Prüfung des Motormanagements ist nur mit speziellen Diagnosegeräten möglich.

Allgemeine Prüfung der Benzin-Einspritzanlage

Für eine systematische Fehlersuche beziehungsweise Fehlerbehebung sind markenspezifische Messgeräte erforderlich. Diese Messgeräte sind sehr teuer und in der Regel nur in der Fachwerkstatt vorhanden. Deshalb wird hier nur eine Grundprüfung beschrieben:

- Batterie prüfen, siehe Seite 64.
- Alle Sicherungen prüfen, siehe Seite 61.
- Sämtliche Stecker und Steckverbindungen des betroffenen elektronischen Systems abziehen und aufstecken. Festen Sitz der Steckverbindungen und Fixierung der Kabel im Motorraum prüfen.
- Alle Masseverbindungen auf festen Sitz und einwandfreien Kontakt prüfen.
- Schläuche und Leitungen auf Undichtigkeiten prüfen. Dabei auf Porosität und Risse achten. Lockere Anschlüsse befestigen.

Motorraum-Übersicht

1,8-l-Motor Z18XE

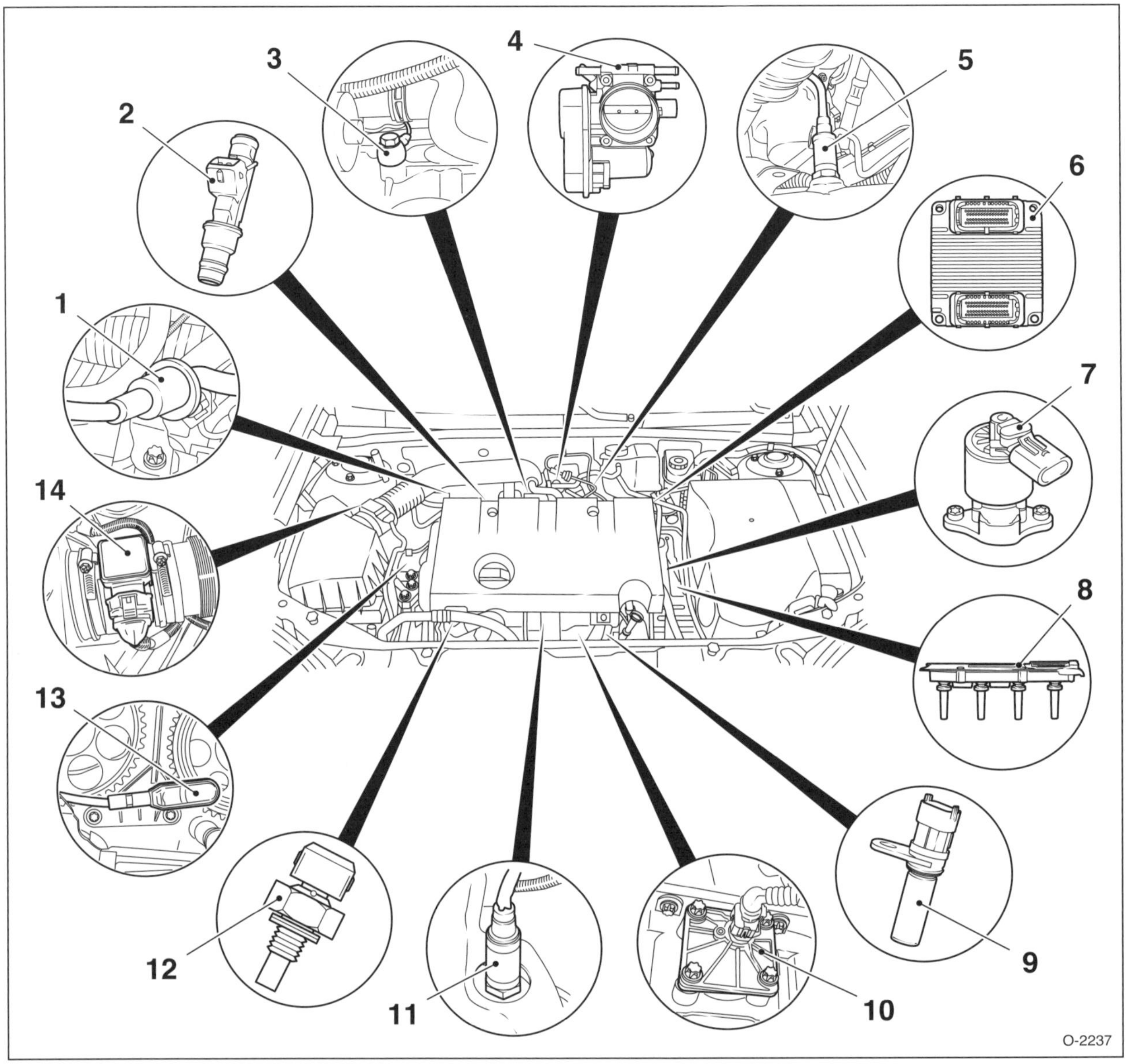

1 – Tankentlüftungsventil

2 – Einspritzventil

3 – Klopfsensor

4 – Drosselklappenmodul
Im Drosselklappenmodul befinden sich das Drosselklappen-Stellglied und das Drosselklappen-Potentiometer.
Als Stellglied fungiert ein elektrischer Schrittmotor, der die Stellung der Drosselklappe reguliert. Dadurch wird eine gleich bleibende Leerlaufdrehzahl erreicht, unabhängig davon, ob gerade Zusatzverbraucher eingeschaltet sind.
Das Drosselklappenpotentiometer übermittelt an das Steuergerät die momentane Winkelstellung der Drosselklappe.

5 – Lambdasonde 2
Sitzt im vorderen Abgasrohr und dient zur Katalysatorkontrolle.

6 – Motor-Steuergerät

7 – Abgasrückführventil

8 – DIS-Zündmodul
Das Zündmodul mit den integrierten Zündkerzensteckern sitzt direkt über den Zündkerzen. Es beinhaltet für jeden Zylinder eine Zündspule und eine Zündungsendstufe, Zündkabel sind nicht vorhanden. DIS = Direct Ignition System = Direktzündung.

9 – Kurbelwellensensor

10 – Sensor für dynamische Ölstandskontrolle

11 – Lambdasonde 1
Sitzt vor dem Katalysator und dient zur Gemischregelung für den Katalysator.

12 – Kühlmitteltemperatur-Sensor

13 – Nockenwellensensor
Der Nockenwellensensor übermittelt dem Steuergerät die Zünd-OT-Stellung für Zylinder 1. Dies dient zur Synchronisation von Zündzeitpunkt und Einspritzreihenfolge.

14 – Heißfilm-Luftmassenmesser
Der Luftmassenmesser misst die angesaugte Luftmasse.
Im Gehäuse des Luftmassenmessers befindet sich eine dünne, elektrisch beheizte Sensorplatte, die durch die vorbeistreichende Ansaugluft abgekühlt wird. Eine Steuerelektronik regelt den Heizstrom so, dass die Temperatur der Platte konstant bleibt. Anhand der Schwankungen des Heizstromes erkennt das Motor-Steuergerät den Lastzustand des Motors und regelt dementsprechend die Kraftstoff-Einspritzmenge.

Einspritzventil aus- und einbauen

Z16XE/Z18XE

Ausbau

Hinweis: Der Ausbau für die anderen Benzinmotoren ist im Prinzip gleich, lediglich die Zusatzarbeiten sind unterschiedlich. Dies gilt nicht für den Benzin-Direkteinspritzer Z22YH.

- Batterie-Massekabel (–) abklemmen. **Achtung:** Hinweise im Kapitel »Batterie aus- und einbauen« beachten.
- Obere Motorabdeckung ausbauen, siehe Seite 167.
- Verbindungsschlauch vom Luftfilter zum Drosselklappenteil ausbauen. Dazu Stecker vom Luftmassenmesser abziehen. Schelle am Luftfilter öffnen und Schlauch am Luftfilter abziehen. Motorentlüftungsschlauch am Zylinderkopfdeckel abziehen. Schelle am Drosselklappenmodul öffnen und Verbindungsschlauch abziehen.

Sicherheitshinweis
Beim Aufbocken des Fahrzeugs besteht Unfallgefahr! Hinweise im Kapitel »Fahrzeug aufbocken« beachten.

- Fahrzeug aufbocken.
- Von unten die Stecker von folgenden Bauteilen abziehen:
  - ◆ Lambdasonde 2 zur Katalysatorkontrolle
  - ◆ Öldruckschalter
  - ◆ Kurbelwellensensor
  - ◆ Sensor für dynamische Ölstandskontrolle
- Fahrzeug ablassen.
- Stecker für Nockenwellensensor abziehen.
- Massekabel von der Generator-Lasche abschrauben.
- Kraftstoffdruck abbauen, siehe Seite 210.

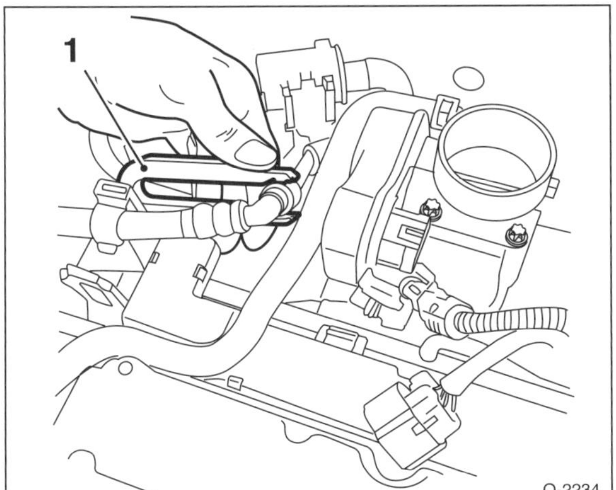

O-2234

- Kraftstoffleitung am Kraftstoffverteilerrohr mit Spezialzange –1–, zum Beispiel HAZET 4501-1, entriegeln und abziehen. Lappen um die Anschlüsse legen, um herauslaufenden Kraftstoff aufzufangen. Kraftstoffleitung mit Stopfen verschließen und zur Seite legen.

- Von oben die Stecker von folgenden Bauteilen abziehen:
  - ◆ Verdichter
  - ◆ Kühlmitteltemperatur-Sensor
  - ◆ Drucksensor für Klimaanlage
  - ◆ Drosselklappenansteller
  - ◆ Motor-Steuergerät, 2 Stecker
  - ◆ Klopfsensor
  - ◆ Kombistecker
  - ◆ Abgasrückführventil
  - ◆ Zündmodul
  - ◆ Lambdasonde 1
  - ◆ Gemischregelung

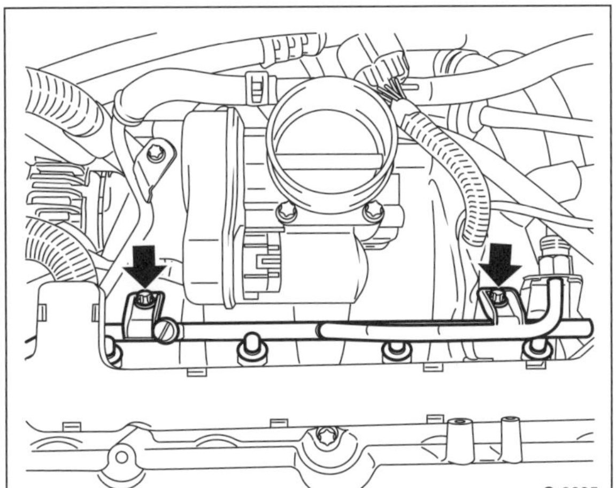
O-2235

- Kraftstoffverteilerrohr abschrauben, dazu 2 Schrauben –Pfeile– herausdrehen, Überwurfmutter lösen. Kraftstoffverteilerrohr mit Einspritzventilen herausziehen.

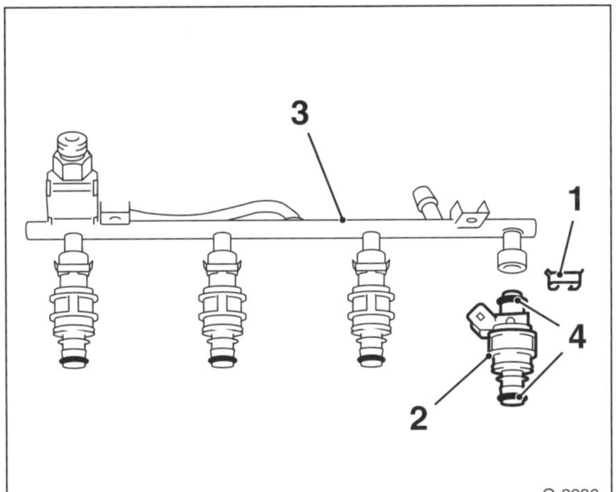

O-2236

- Sicherungsklammer –1– abziehen und Einspritzventil –2– aus dem Kraftstoffverteilerrohr –3– herausziehen.
- Dichtringe –4– erneuern.

Einbau

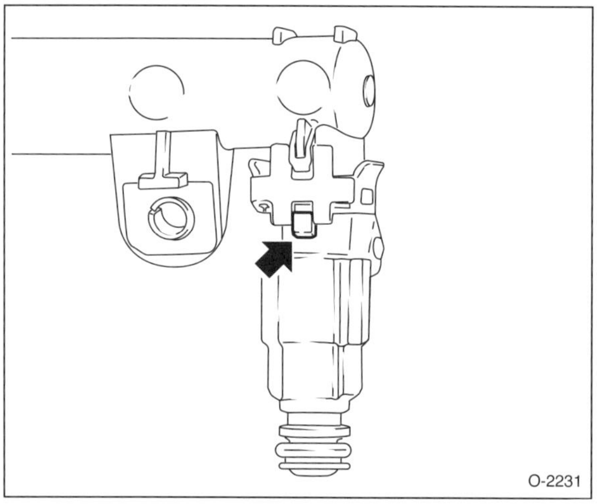

- Einspritzventil mit **neuen** Dichtringen am Kraftstoffverteilerrohr einsetzen.
- Sicherungsklammer so einsetzen, dass die Nut in der Sicherungsklammer und die Nase am Einspritzventil ineinander greifen –Pfeil–.
- Kraftstoffverteilerrohr mit **8 Nm** anschrauben, Überwurfmutter mit **15 Nm** festziehen.
- Der weitere Einbau erfolgt in umgekehrter Ausbaureihenfolge. Masseleitung an Generator-Lasche mit **15 Nm** anschrauben.

Störungsdiagnose Benzin-Einspritzanlage

Störungen in der Steuerelektronik lassen sich praktisch nur noch mit speziellen Messgeräten herausfinden. Bevor anhand der Störungsdiagnose ein Fehler aufgespürt wird, müssen folgende Prüfvoraussetzungen erfüllt sein: Bedienungsfehler beim Starten ausgeschlossen. Korrekter Startvorgang, siehe Seite 183.

Kraftstoff im Tank, Motor mechanisch in Ordnung, Batterie geladen, Anlasser dreht mit ausreichender Drehzahl, Zündanlage ist in Ordnung, keine Undichtigkeiten an der Kraftstoffanlage, Verschmutzungen im Kraftstoffsystem ausgeschlossen, Kurbelgehäuse-Entlüftung in Ordnung, elektrische Masseverbindungen »Motor-Getriebe-Aufbau« vorhanden. Fehlerspeicher abfragen (Werkstattarbeit). **Achtung:** Wenn Kraftstoffleitungen gelöst werden, vorher unbedingt Kraftstoffdruck abbauen.

Störung	Ursache	Abhilfe
Motor springt nicht an.	Elektro-Kraftstoffpumpe läuft beim Betätigen des Anlassers nicht an. Es sind keine Laufgeräusche hörbar.	■ Prüfen, ob Spannung an der Pumpe anliegt. Elektrische Kontakte auf gute Leitfähigkeit überprüfen.
	Sicherung für Kraftstoffpumpe defekt.	■ Sicherung überprüfen.
	Kraftstoffpumpen-Relais defekt.	■ Relais überprüfen.
	Einspritzventile erhalten keine Spannung.	■ Stecker von den Einspritzventilen abziehen, Diodenprüflampe an Zuleitung anschließen und Anlasser betätigen. Prüflampe muss flackern.
Der kalte Motor springt schlecht an, läuft unrund.	Geber für Kühlmitteltemperatur defekt.	■ Temperaturfühler und Stecker prüfen. Ggf. Geber und Stecker mit Goldkontakten einbauen.
Der Motor hat Übergangsstörungen.	Luftansaugsystem undicht.	■ Ansaugsystem prüfen. Dazu Motor im Leerlauf drehen lassen und Dichtstellen sowie Anschlüsse im Ansaugtrakt mit Benzin bestreichen. Wenn sich die Drehzahl kurzfristig erhöht, undichte Stelle beseitigen. **Achtung:** Benzindämpfe sind giftig, nicht einatmen!
	Kraftstoffsystem undicht.	■ Sichtprüfung an allen Verbindungsstellen im Bereich des Motors und der elektrischen Kraftstoffpumpe.

Zündanlage

Zündsystem

Das Zündsystem erzeugt einen Zündfunken, der das angesaugte Kraftstoff-/Luftgemisch zündet. Dazu wird in den Zündspulen die Batteriespannung von 12 Volt auf über 30.000 Volt umgeformt.

Bei den Ottomotoren mit elektronischer Zündung stützt sich das Steuergerät zur Ermittlung des richtigen Zündzeitpunktes auf ein elektronisch gespeichertes Zündkennfeld. Synchronisiert wird die Zündanlage durch Signale, die Nockenwellen- und Kurbelwellensensor an das Motor-Steuergerät abgeben. Eine Anti-Klopfregelung ermöglicht den wirtschaftlichen Betrieb mit hoher Verdichtung und gleicht unterschiedliche Kraftstoffqualitäten aus. Ein Klopfsensor am Motorblock registriert klopfende Verbrennungen im Motor und veranlasst durch entsprechende Impulse das Motor-Steuergerät, die Zündung in Richtung »spät« zu verstellen. Dadurch wird das Klopfen des Motors verhindert und Motorschäden werden vermieden.

Das Zündsystem arbeitet verschleiß- und wartungsfrei. Nur die Zündkerzen müssen nach den Wartungsvorschriften erneuert werden.

Direktzündung

Motor Z16XE/Z18XE: Die Zündverteilung erfolgt durch elektronische Bauteile. Das Zündmodul mit integrierten Zündkerzensteckern sitzt direkt über den Zündkerzen. Es beinhaltet für jeden Zylinder eine Zündspule und eine Zündungsendstufe, Zündkabel sind nicht vorhanden.

Motor Z20NET: Die 4 Zündspulen mit den integrierten Zündkerzensteckern sitzen direkt über den Zündkerzen.

Zündmodul aus- und einbauen

Z16XE/Z18XE/Z22SE

Ausbau

- Obere Motorabdeckung ausbauen, siehe Seite 167.

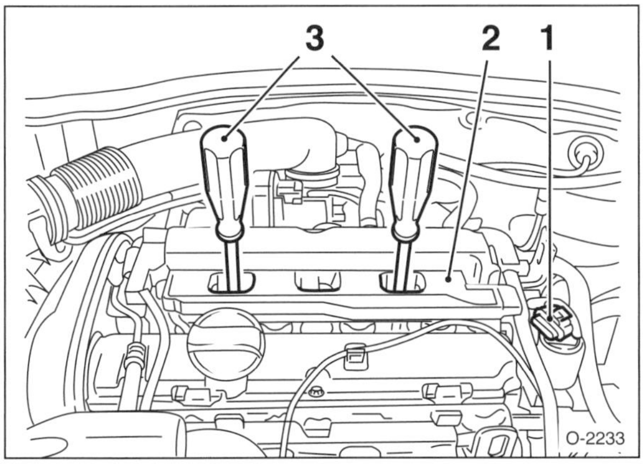

- Mehrfachstecker für Zündmodul –1– abziehen.
- 4 Schrauben (Z16XE/Z22SE/Z22YH) beziehungsweise 5 Schrauben (Z18XE) für Zündmodul herausdrehen.
- Zündmodul –2– nach oben herausziehen. Dazu verwendet die Werkstatt beim 1,6-/1,8-l-Motor die Griffe KM-6009 –3–. Gegebenenfalls passende Schrauben eindrehen und Zündmodul mit den Schrauben herausziehen.

Achtung: Zündmodul beim Abziehen nicht verkanten, sonst können die Zündkerzenstecker beschädigt werden.

Einbau

- Zündmodul auf die Zündkerzen aufstecken und mit **8 Nm** (2,2-l-Motor: **9 Nm**) anschrauben.
- Mehrfachstecker am Zündmodul aufstecken.
- Abdeckung für Zündmodul aufschieben.
- Obere Motorabdeckung einbauen, siehe Seite 167.

Speziell Motor Z20NET

- Abdeckung für Zündspulen vom Zylinderkopfdeckel abschrauben, dazu 4 Schrauben herausdrehen.
- 4 Stecker von den Zündspulen abziehen.
- Die 4 Zündspulen mit je 1 Schraube abschrauben und herausziehen.
- Zündspulen mit den integrierten Zündkerzensteckern auf die Zündkerzen aufschieben und mit **9 Nm** anschrauben.
- Abdeckung für Zündspulen am Zylinderkopfdeckel anschrauben.

Speziell Motor Z32SE

Hinweis: Der Ausbau der Zündmodule (jeweils 1 pro Zylinderbank) erfolgt auf die gleiche Weise wie beim 4-Zylinder-Motor. Allerdings sind einige Zusatzarbeiten notwendig, damit die Zündmodule zugänglich werden.

- Obere Motorabdeckung ausbauen.
- Falt-Luftschlauch ausbauen.
- Stecker vom Tankentlüftungsventil und vom Drosselklappenmodul abziehen.
- Kraftstoffdruck ablassen, siehe Seite 210.
- Kraftstoffleitung trennen und verschließen, siehe Seite 29.
- Motorentlüftungsschlauch am Drosselklappenmodul und Kühlmittelschlauch am Ausgleichbehälter abbauen.
- Unterdruckleitung vom Bremskraftverstärker abziehen.
- Stecker vom Magnetventil für die Saugrohr-Umschaltklappen und von den Einspritzventilen abziehen.
- Motorentlüftungsschlauch und Kühlmittelschlauch am Sammelsaugrohr abbauen.
- Sammelsaugrohr mit 6 Schrauben abschrauben.
- Der **Einbau** erfolgt in umgekehrter Ausbaureihenfolge. Saugrohr mit **7,5 Nm** anschrauben.

Diesel-Einspritzanlage

Diesel-Einspritzverfahren

Beim Dieselmotor wird reine Luft in die Zylinder angesaugt und dort sehr hoch verdichtet. Dadurch steigt die Temperatur in den Zylindern über die Zündtemperatur des Dieselöls an. Wenn der Kolben kurz vor dem Oberen Totpunkt steht, wird in die hoch verdichtete und etwa +600° C heiße Luft Dieselöl eingespritzt. Das Dieselöl zündet von selbst, Zündkerzen sind also nicht erforderlich.

Bei sehr kaltem Motor kann es vorkommen, dass allein durch die Verdichtung die Zündtemperatur nicht erreicht wird. In diesem Fall muss vorgeglüht werden. Dazu befindet sich in jedem Brennraum eine Glühkerze, die den Brennraum aufheizt. Die Dauer des Vorglühens ist abhängig von der Umgebungstemperatur und wird durch das Motor-Steuergerät über ein Vorglührelais gesteuert.

Für die Einspritzung beim Dieselmotor gibt es 3 unterschiedliche Verfahren: Die Wirbel- und Vorkammereinspritzung sowie die Direkteinspritzung.

Bei der **Wirbel- und Vorkammereinspritzung** wird der Kraftstoff in die Vorkammer des betreffenden Zylinders eingespritzt. Das Gemisch entzündet sich sofort. Die Sauerstoffmenge, die in der Vorkammer vorhanden ist, reicht aber nur zur Verbrennung eines Teils des eingespritzten Kraftstoffs. Der übrige, unverbrannte Teil wird durch den bei der Verbrennung entstandenen Überdruck in den Verbrennungsraum geblasen. Dort verbrennt der Kraftstoff vollständig.

Die **Direkteinspritzung** spritzt den Kraftstoff direkt in den Brennraum ein, und zwar in die Brennmulde im Kolben.

Direkteinspritzung beim 2,0-/2,2-l-Motor Y20DTH/Y22DTR

Der Kraftstoff wird von der Verteiler-Einspritzpumpe aus dem Kraftstoffvorratsbehälter angesaugt. In der Einspritzpumpe wird der für die Diesel-Einspritzung erforderliche hohe Druck aufgebaut und der Kraftstoff entsprechend der Zündfolge auf die einzelnen Zylinder verteilt.

Dabei baut die Einspritzpumpe einen Druck von ca. 900 bar auf und spritzt den Kraftstoff mit Mehrstrahl-Einspritzdüsen in 2 Stufen ein. Zunächst erfolgt eine Voreinspritzung von einer geringen Menge Kraftstoff, wodurch die Zündbedingungen für die Hauptkraftstoffmenge verbessert werden. Daraus resultiert eine weichere und damit auch leisere Verbrennung, ähnlich wie bei der Wirbelkammereinspritzung.

Direkteinspritzung beim 1,9-l-Motor Z19DT(L/H)

Die Diesel-Direkteinspritzung erfolgt durch ein **Common-Rail-System**. Dabei liegt der maximale Einspritzdruck bei etwa 1600 bar. Der Kraftstoff wird dadurch besonders fein zerstäubt und seine Energie kann besser genutzt werden. Der Kraftstoff wird durch eine elektrische Kraftstoffpumpe aus dem Tank zur Hochdruckpumpe gefördert. Diese baut bereits bei niedrigen Motordrehzahlen einen sehr hohen Druck auf. Von der Hochdruckpumpe führt eine gemeinsame Kraftstoffleitung (Common Rail) zu den Einspritzventilen der einzelnen Zylinder. Die gemeinsame Kraftstoffleitung dient als Druckspeicher und verteilt den Kraftstoff mit konstantem Druck an die Einspritzventile. Die erforderliche Kraftstoff-Einspritzmenge wird vom Motor-Steuergerät über die elektromagnetischen Einspritzventile den einzelnen Zylindern exakt zugeteilt.

Diesel-Partikelfilter beim 1,9-l-Dieselmotor

Der Partikelfilter hält die Rußanteile im Abgas zurück. Dabei setzt sich der Filter im Laufe der Zeit mit Rußpartikeln zu. Zur Kontrolle misst ein Differenzdrucksensor den Abgasdruck vor und nach dem Filter. Anhand des Differenzdruckes erkennt das Motor-Steuergerät den Verschmutzungsgrad des Filters und leitet bei Bedarf automatisch eine Regenerierung (Reinigung) des Filters ein. Dabei wird während der Fahrt durch Veränderung der Einspritzmenge die Temperatur im Parikelfilter auf ca. 600° C erhöht und dadurch die angelagerten Rußpartikel abgebrannt. Dieser Vorgang kann bis zu 15 Minuten dauern und wird vom Fahrer normalerweise nicht wahrgenommen.

Direkteinspritzung beim 3,0-l-Motor Y30DT

Beim 6-Zylinder-Dieselmotor erfolgt die Diesel-Direkteinspritzung ebenfalls durch ein **Common-Rail-System**. Die Hochdruckpumpe wird von der Kurbelwelle über mehrere, verzahnte Stirnräder angetrieben.

Alle Dieselmotoren

Bevor der Kraftstoff in die Einspritz-/Hochdruckpumpe gelangt, wird er im Kraftstofffilter von Verunreinigungen und Wasser befreit. Daher ist es äußerst wichtig, den Kraftstofffilter im Rahmen der Wartung regelmäßig zu entwässern und auszuwechseln.

Die Einspritz-/Hochdruckpumpe ist wartungsfrei. Alle beweglichen Teile werden mit Dieselöl geschmiert. Angetrieben wird die Hochdruckpumpe durch die Kurbelwelle über den Zahnriemen der Motorsteuerung.

Achtung: Bei Arbeiten an der Kraftstoffanlage Sicherheits- und Sauberkeitsregeln befolgen, siehe Seite 210.

Diesel-Vorglühanlage

Die Glühkerze besteht im Wesentlichen aus einem Gehäuse mit eingepresstem Heizstab.

Hinweis: Aufgrund der guten Kaltstarteigenschaften des Diesel-Direkteinspritzmotors ist ein Vorglühen überwiegend erst bei Temperaturen unter ca. 0° C erforderlich.

Glühkerzen aus- und einbauen

1,9-l-Motor Z19DT(L/H)

Ausbau

- Batterie-Massekabel (–) abklemmen. **Achtung:** Hinweise im Kapitel »Batterie aus- und einbauen« beachten.
- Obere Motorabdeckung ausbauen, siehe Seite 167.
- **Z19DT(L):** Unterdruckleitungen abschrauben, siehe Abbildung O-10323 im Kapitel »Ventilspiel einstellen«.

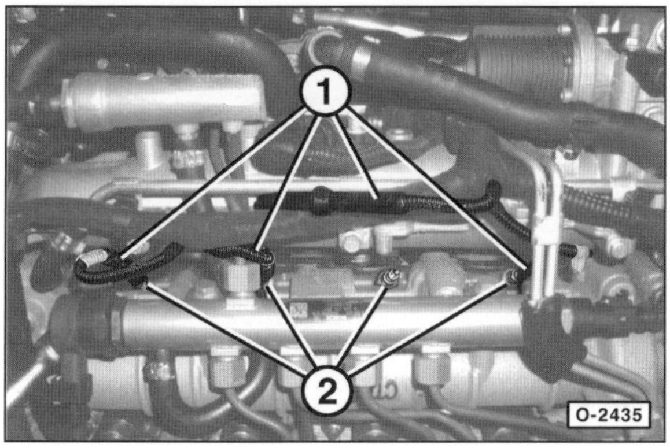

- Glühkerzenstecker –1– von den Glühkerzen –2– abziehen, zum Beispiel mit HAZET 4760-5. **Hinweis:** Die Abbildung zeigt den Motor Z19DTH.
- Glühkerzen herausschrauben.

Einbau

- Glühkerzen einschrauben und mit folgendem Anzugsdrehmoment festziehen:
  Z19DTH/Y20DTH/Y22DTR . . . . **10 Nm**
  Z19DT(L). . . . . **25 Nm**
- Glühkerzenstecker an den Glühkerzen aufstecken.
- **Z19DT(L):** Unterdruckleitungen mit **9 Nm** anschrauben.
- Obere Motorabdeckung einbauen, siehe Seite 167.
- Batterie-Massekabel (–) anklemmen. **Achtung:** Hinweise im Kapitel »Batterie aus- und einbauen« beachten.

Speziell Y20DTH/Y22DTR

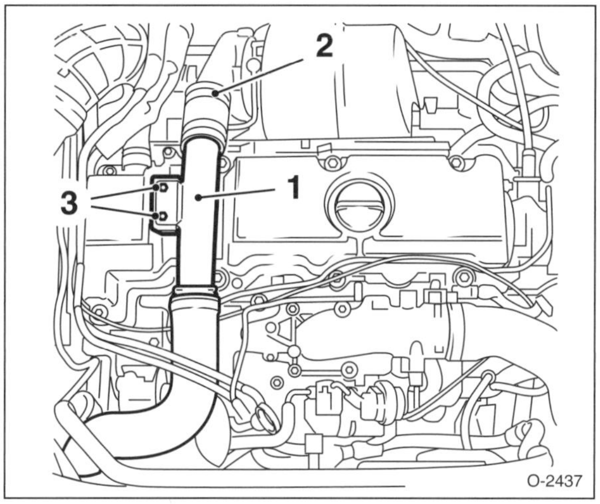

- Ladeluftrohr –1– abbauen und zur Seite legen. Dazu hintere Schelle –2– öffnen und 2 Schrauben –3– am Halter herausdrehen.

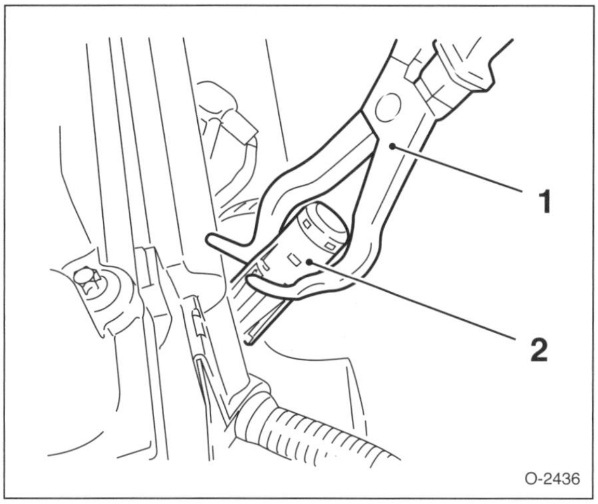

- Glühkerzenstecker –2– mit geeigneter Zange –1– von den Glühkerzen abziehen.
- Ladeluftrohr mit **3 Nm** anschrauben.

Common-Rail-Einspritzsystem

Motor Z19DT(L/H)

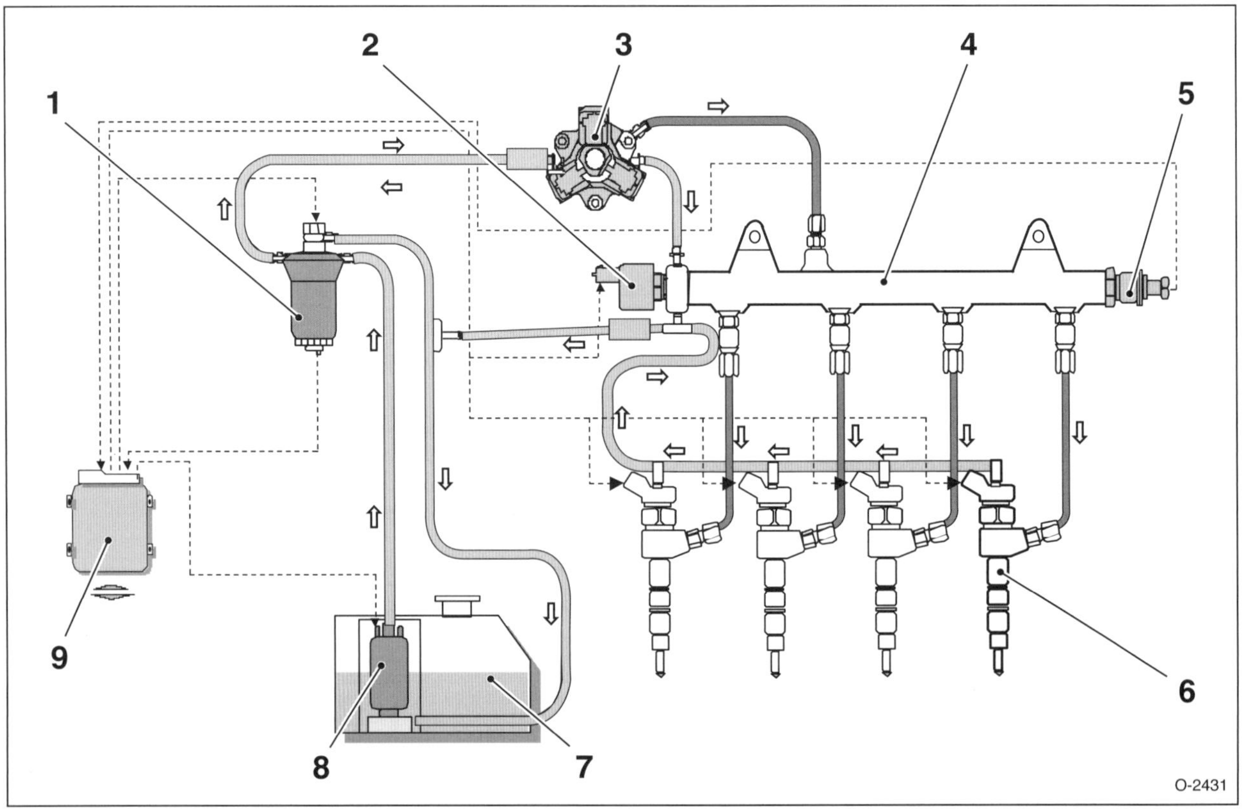

1 – Kraftstofffilter
2 – Druckregler
3 – Hochdruckpumpe
4 – Kraftstoffverteilerrohr (Common-Rail)
5 – Drucksensor
6 – Injektor (Einspritzventil)
7 – Kraftstoffvorratsbehälter (Tank)
8 – Elektrische Kraftstoffpumpe
9 – Motor-Steuergerät

Motorraum-Übersicht

Motor Y20DTH/Y22DTR

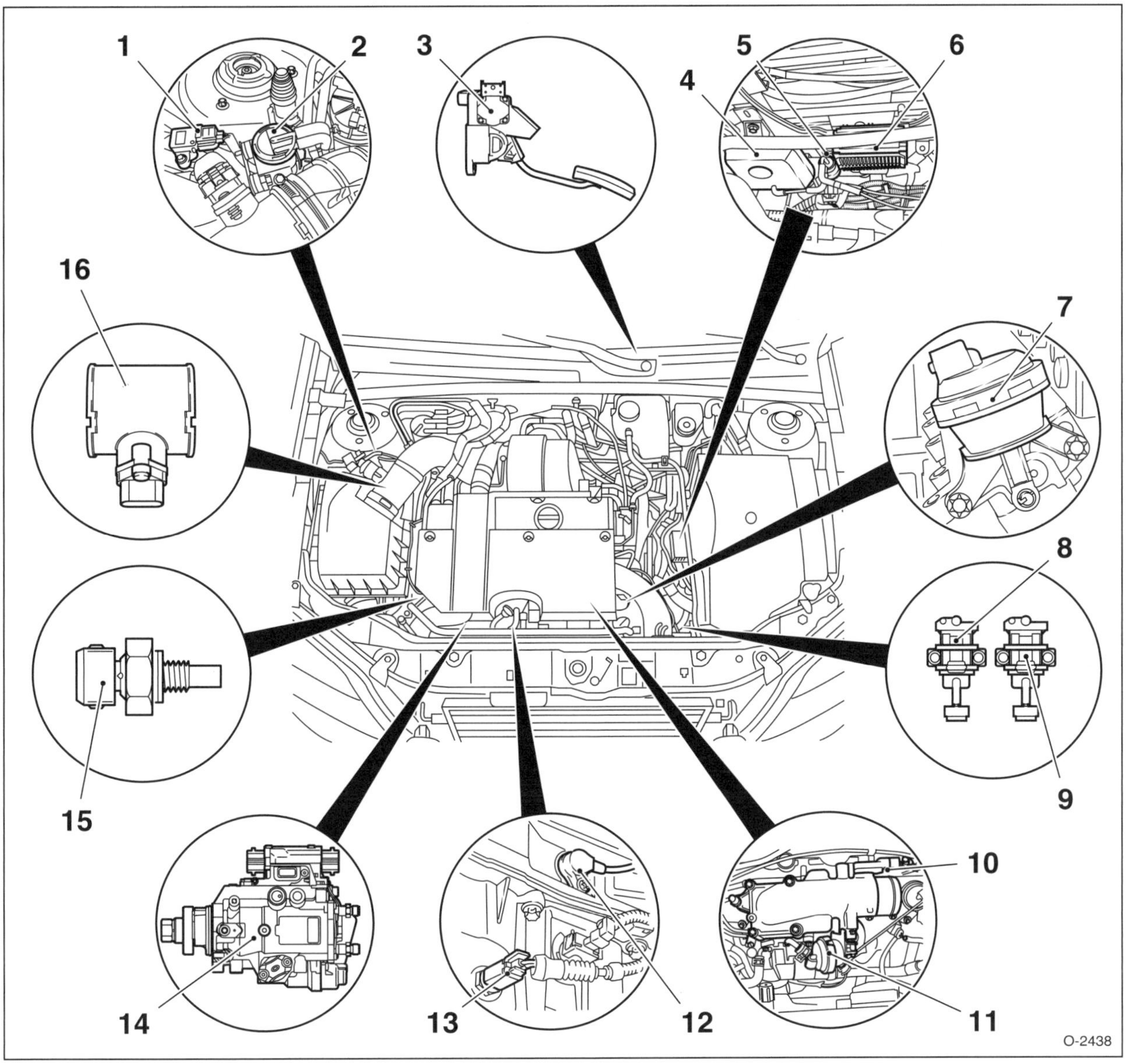

1 – **Sensor Atmosphärendruck**

2 – **Magnetventil Ladedruckregelung**

3 – **Pedalwertgeber**
Übermittelt dem Motor-Steuergerät die aktuelle Stellung des Gaspedales.

4 – **Unterdruckbehälter**

5 – **Unterdruck-Regelventil**

6 – **Steuergerät Vorglühanlage**

7 – **Unterdruckdose Umschaltklappen**

8 – **Magnetventil Umschaltklappen**

9 – **Magnetventil Drosselklappe**
Wenn der Motor abgestellt wird (Zündung aus), erhält das Magnetventil vom Motor-Steuergerät ein Signal und gibt daraufhin den Unterdruck für die Unterdruckdose –11– frei.

10 – **Druckfühler Saugrohr**

11 – **Unterdruckdose Drosselklappe**
Sobald Unterdruck anliegt, zieht die Membran in der Unterdruckdose an und schließt über eine Welle die Drosselklappe. Durch diesen Vorgang wird ein Rütteln des Motors beim Abstellen verhindert.

12 – **Impulsgeber Kurbelwelle**
Übermittelt dem Motor-Steuergerät die aktuelle Motordrehzahl.

13 – **Sensor Öltemperatur**

14 – **Einspritzpumpe mit Motor-Steuergerät**
Radialkolben-Verteilereinspritzpumpe mit Voreinspritzung VP44PSG16 mit Motormanagement PSG16.
Steuergerät und Einspritzpumpe lassen sich nicht trennen. Bei einem Defekt können sie nur komplett ersetzt werden.

15 – **Sensor Kühlmitteltemperatur**

16 – **Heißfilm-Luftmassenmesser**
Der Luftmassenmesser misst die angesaugte Luftmasse.
Im Gehäuse des Luftmassenmessers befindet sich eine dünne, elektrisch beheizte Sensorplatte, die durch die vorbeistreichende Ansaugluft abgekühlt wird. Eine Steuerelektronik regelt den Heizstrom so, dass die Temperatur der Platte konstant bleibt. Anhand der Schwankungen des Heizstromes erkennt das Motor-Steuergerät den Lastzustand des Motors und regelt dementsprechend die Kraftstoff-Einspritzmenge.

Kraftstoffanlage

Zur Kraftstoffanlage zählen der Kraftstoffvorratsbehälter (Kraftstofftank), die Kraftstoffpumpe und die Kraftstoffleitungen sowie Kraftstoff- und Luftfilter. Hinweise zum Kraftstofffilter befinden sich im Kapitel »Wartungsarbeiten«.

Der Kraftstoffvorratsbehälter hat einen Inhalt von ca. 60 Litern und ist vor der Hinterachse angeordnet. Der jeweilige Kraftstoffvorrat wird dem Fahrer im Kombiinstrument angezeigt. Über ein Entlüftungssystem wird der Tank belüftet. Die schädlichen Benzindämpfe der Tankentlüftung werden in einem Aktivkohlespeicher aufgefangen und dem Motor kontrolliert zur Verbrennung zugeführt. Der Aktivkohlebehälter befindet sich am rechten Kotflügel.

Kraftstoff sparen beim Fahren

Wesentlichen Einfluss auf den Kraftstoffverbrauch hat die Fahrweise des Fahrzeuglenkers. Hier einige Tipps für den intelligenten Umgang mit dem Gaspedal:

- Nach dem Motorstart gleich losfahren, auch bei Frost.
- Motor abschalten bei voraussichtlichen Stopps über 40 Sekunden Dauer.
- Im höchstmöglichen Gang fahren.
- Möglichst gleichmäßige Geschwindigkeiten über längere Strecken fahren, hohe Geschwindigkeiten meiden. Vorausschauend fahren. Nicht unnötig bremsen.
- Keine unnötige Zuladung mitführen, Aufbauten am Fahrzeug, beispielsweise Dachgepäckträger, möglichst abbauen.
- Immer mit richtigem, nie mit zu niedrigem Reifendruck fahren.

Sicherheits- und Sauberkeitsregeln bei Arbeiten an der Kraftstoffversorgung

Bei Arbeiten an der Kraftstoffversorgung sind die folgenden Regeln zur Sicherheit und Sauberkeit sorgfältig zu beachten:

Sicherheitshinweise

- **Kein offenes Feuer, nicht rauchen, keine glühenden oder sehr heißen Teile in die Nähe des Arbeitsplatzes bringen. Unfallgefahr! Feuerlöscher bereitstellen.**
- **Unbedingt für gute Belüftung des Arbeitsplatzes sorgen. Kraftstoffdämpfe sind giftig.**
- Das Kraftstoffsystem steht unter Druck. Beim Öffnen der Anlage kann Kraftstoff herausspritzen, daher austretenden Kraftstoff mit einem Lappen auffangen. **Schutzbrille tragen.**

- Verbindungsstellen und deren Umgebung vor dem Lösen gründlich reinigen.
- Ausgebaute Teile auf einer sauberen Unterlage ablegen und abdecken. Folie oder Papier verwenden. Keine fasernden Lappen benutzen!
- Geöffnete Bauteile sorgfältig abdecken beziehungsweise verschließen, wenn die Reparatur nicht umgehend ausgeführt wird.
- Ersatzteile erst unmittelbar vor dem Einbau aus der Verpackung nehmen. Nur saubere Teile einbauen.
- Bei geöffneter Kraftstoffanlage möglichst nicht mit Druckluft arbeiten. Das Fahrzeug möglichst nicht bewegen.
- Keine silikonhaltigen Dichtmittel verwenden. Vom Motor angesaugte Spuren von Silikonbestandteilen werden im Motor nicht verbrannt und schädigen die Lambdasonden.

Kraftstoffdruck abbauen

Benzinmotor

Das Kraftstoffsystem steht auch nach Abstellen des Motors lange unter hohem Druck (3,8 – 4,2 bar). Vor Öffnen des Kraftstoffsystems, zum Beispiel durch Abziehen von Kraftstoffleitungen, muss auf jeden Fall der Kraftstoffdruck abgebaut werden.

Achtung: Beim **Direkteinspritz-Motor Z22YH wird dabei nur der Druck im Niederdruckteil (bis ca. 4,2 bar) abgebaut. Zum Druckabbau im Hochdruckteil (bis ca. 110 bar) werden spezielle Werkstattgeräte benötigt.** Der Hochdruckteil reicht von der hinten am Zylinderkopf angeflanschten Hochdruckpumpe bis zu den Einspritzventilen. **Arbeiten am Hochdruckteil** sollten der **Fachwerkstatt** vorbehalten bleiben.

- Obere Motorabdeckung ausbauen, siehe Seite 167.

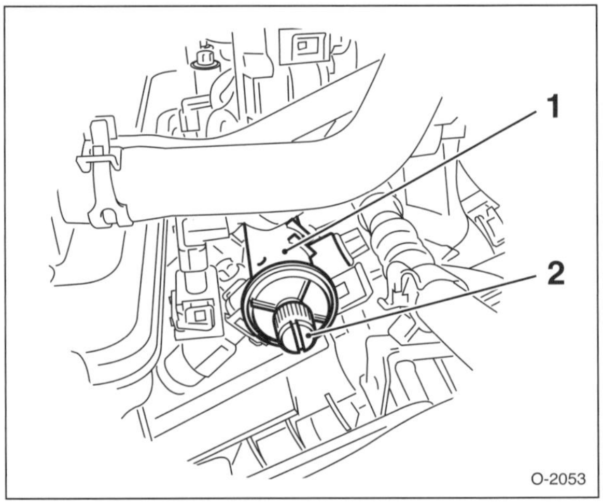

- Schutzkappe –2– am Prüfanschluss des Kraftstoffverteilerrohres –1– abschrauben.

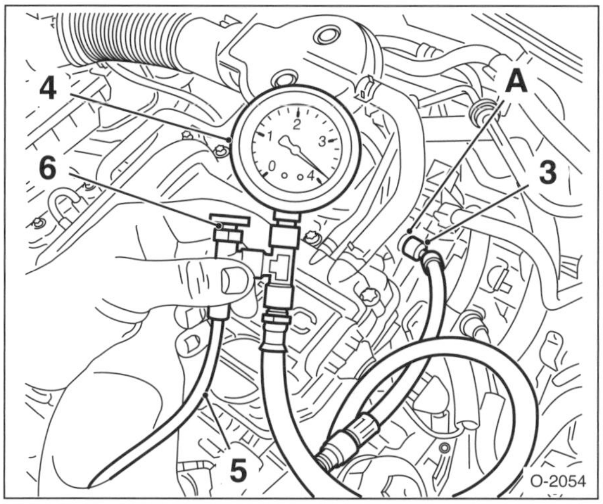

- Anschluss –3– für Kraftstoffdruck-Prüfgerät –4–, zum Beispiel OPEL-KM-J-34730-91, am Prüfanschluss –A– anschließen, siehe auch Abbildung O-2053. Ablaufschlauch –5– in geeigneten Behälter führen.
- Ablassventil –6– öffnen und Kraftstoffdruck abbauen. Dabei etwas Kraftstoff in den Auffangbehälter fließen lassen.
- Kraftstoffdruck-Prüfgerät abbauen und Schutzkappe aufschrauben.

Hinweis: Wenn das Spezialwerkzeug nicht zur Verfügung steht, kann folgendermaßen vorgegangen werden:

- Kraftstoffpumpen-Relais aus dem Relaiskasten herausziehen, siehe auch Seite 270.
- Motor starten und im Leerlauf laufen lassen, bis der Motor von selbst ausgeht.
- Motor mit Anlasser ca. 5 Sekunden durchdrehen, um sicherzustellen, dass der Druck in der Kraftstoffvorlaufleitung abgebaut wurde.
- Kraftstoffpumpen-Relais einstecken.

Kraftstoffpumpe/Tankgeber aus- und einbauen

Benziner: Die elektrische Kraftstoffpumpe befindet sich zusammen mit dem Tankgeber im Kraftstofftank.

1,9-l-Diesel: Die elektrische Kraftstoff-Vorförderpumpe befindet sich zusammen mit dem Tankgeber im Kraftstofftank.

Bei den **anderen Dieselmotoren** ist an dieser Stelle nur der Tankgeber eingebaut.

Der Tankgeber besteht aus einem Schwimmer und einem Potentiometer. Mit sinkendem Kraftstoffspiegel sinkt auch der Schwimmer des Tankgebers ab. Ein mit dem Schwimmer verbundenes Potentiometer erhöht dabei den elektrischen Widerstand des Gebers. Dadurch sinkt die Spannung am Anzeigeinstrument, und der Zeiger der Kraftstoff-Vorratsanzeige geht in Richtung »leer« zurück.

Sicherheitshinweis
Beim Ausbau der Kraftstoffpumpe kann etwas Kraftstoff austreten. Kraftstoffdämpfe sind giftig und feuergefährlich, deshalb auf besonders gute Belüftung des Arbeitsplatzes achten. Hautkontakt mit Kraftstoff vermeiden. Kraftstoffbeständige Handschuhe tragen. Kein offenes Feuer, Brandgefahr! Feuerlöscher bereitstellen.

Vor Ausbau von Kraftstoffpumpe und Tankgeber, Tank möglichst leer fahren. Der Tank darf maximal zu ⅔ voll sein. Zur Belüftung des Arbeitsplatzes kann auch ein Radiallüfter verwendet werden, **dessen Motor außerhalb des Luftstromes liegt und der über ein Mindest-Fördervolumen von 15 m^3/h verfügt.**

Hinweis: Bei den Benzinmotoren (außer Z22YH) sitzt der Kraftstoff-Druckregler im Verschlussdeckel der Kraftstofffördereinheit. Der Druckregler kann nicht separat ersetzt werden, gegebenenfalls kompletten Verschlussdeckel ersetzen.

Ausbau

- Batterie-Massekabel (–) abklemmen. **Achtung:** Hinweise im Kapitel »Batterie aus- und einbauen« beachten.
- Rücksitzbank, gegebenenfalls Rücksitzlehne ausbauen.
- Geräuschisolierung über der Abdeckung der Kraftstoff-Fördereinheit hochklappen, siehe Abbildung O-2043. **Hinweis:** Der Bereich über der Kraftstofffördereinheit ist in der Geräuschisolierung bereits vorgeschnitten. Gegebenenfalls Verbindungsstege mit einem scharfen Messer durchtrennen.

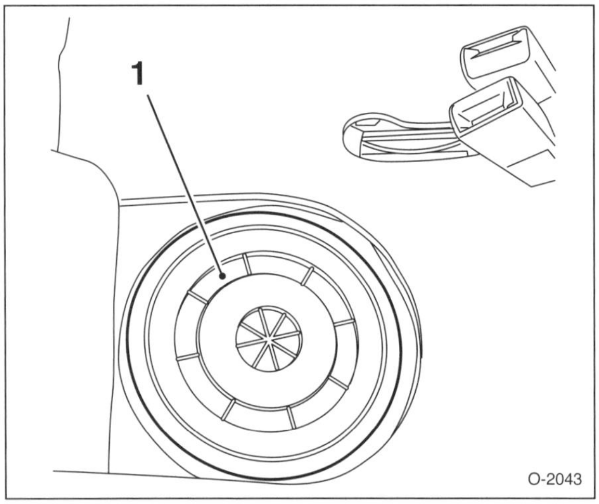

- Abdeckung –1– für Kraftstoff-Fördereinheit abhebeln.

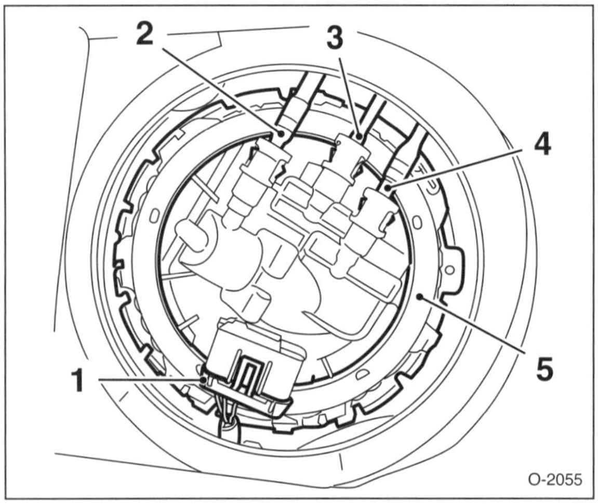

- Mehrfachstecker –1– entriegeln und abziehen.
- Kraftstoffvorlaufleitung –4– und Rücklaufleitung –2– mit Tesaband kennzeichnen. Lappen um die Kraftstoff-Anschlüsse legen, um herauslaufenden Kraftstoff aufzufangen. Kraftstoffleitungen mit Spezialzange, zum Beispiel HAZET 4501-1, entriegeln und abziehen.
- Kraftstoffleitungen mit geeigneten Stopfen verschließen und zur Seite legen.
- Falls vorhanden, Kraftstoffleitung –3– für Standheizung am Schnellverschluss abbauen und verschließen.
- Verriegelungsring –5– für Verschlussdeckel mit OPEL-Spezialwerkzeug KM-797 gegen den Uhrzeigersinn drehen und entriegeln. Steht das Werkzeug nicht zur Verfügung, geeigneten Kunststoff- oder Hartholzstab an einer Nut des Sicherungsrings ansetzen und Ring mit leichten Hammerschlägen lösen. **Achtung:** Kein Metall verwenden, Brandgefahr durch eventuell entstehende Funken! Der Verriegelungsring ist nur schwer zu lösen, daher muss das Entriegelungswerkzeug sorgfältig angesetzt werden.

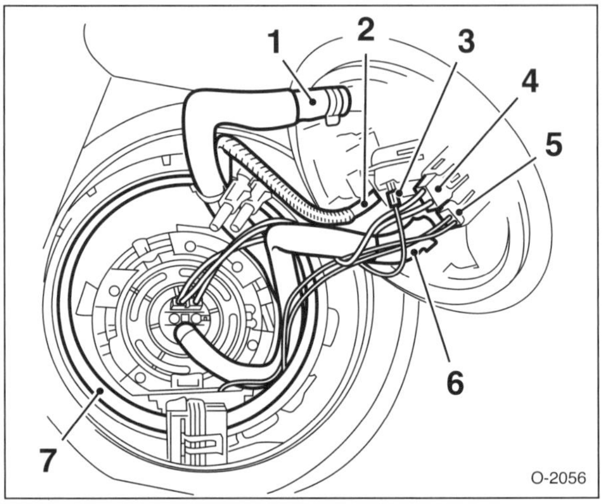

- Verschlussdeckel vorsichtig abheben, dabei auf Verlegung der Kabel- und Schlauchverbindungen achten. Gegebenenfalls Verlegung notieren. **Hinweis:** In der Abbildung ist die Verlegung nur beispielhaft dargestellt, kann aber bei jedem Fahrzeug etwas anders sein.
- Mehrfachstecker –5– für Tankgeber entriegeln und abziehen.
- **Benzinmotor/Dieselmotor Z19DTH:** Mehrfachstecker –4– für Kraftstoffpumpe entriegeln und abziehen. Massestecker –3– abziehen.
- Kraftstoff-Vorlaufschlauch –6– und Kraftstoff-Rücklaufschlauch –1– abziehen, dazu 2 Schellen öffnen
- Falls vorhanden, Kraftstoffleitung –2– für Standheizung abziehen.
- Verschlussdeckel abnehmen.
- Dichtring –7– abnehmen.

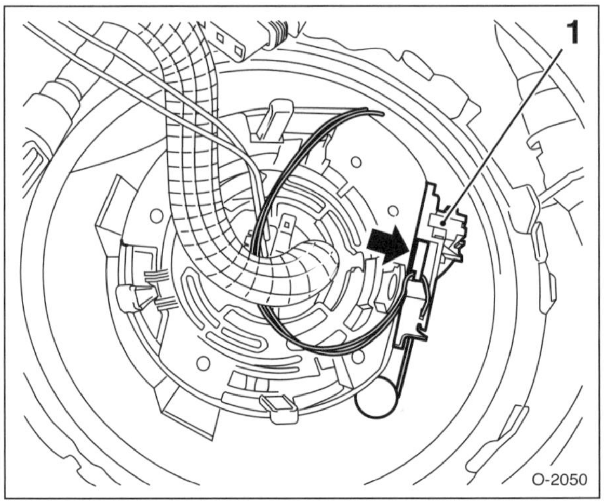

- Tankgeber ausbauen. Dazu Haken –Pfeil– nach außen drücken und Tankgeber –1– nach oben aus dem Speichertopf herausziehen.

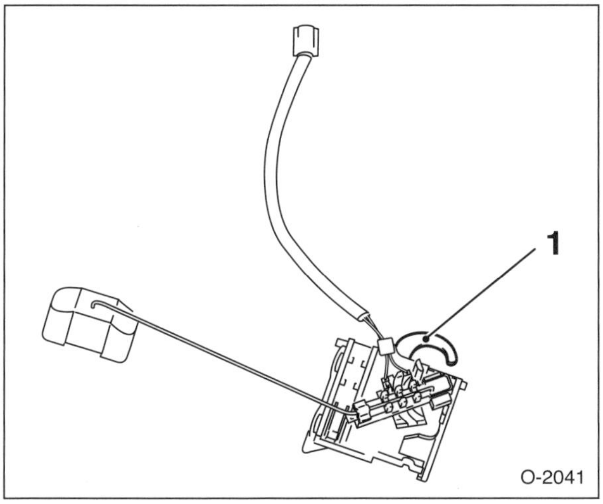

Hinweis: Die Abbildung zeigt den Verriegelungshaken –1– bei ausgebautem Kraftstoffmessgerät (Tankgeber).

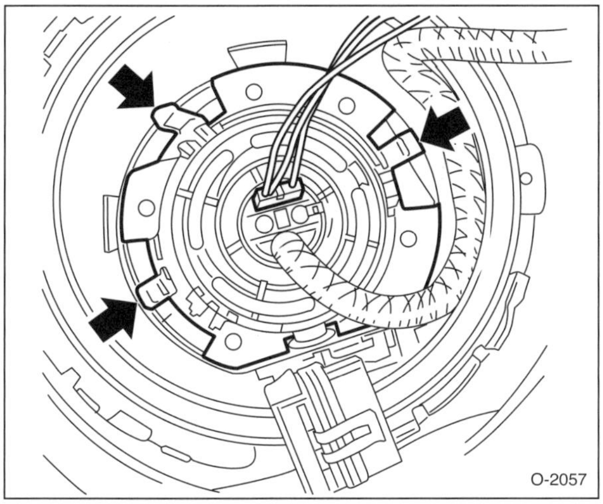

- Kraftstoffpumpe ausbauen. Dazu 3 Rastzungen –Pfeile– mit einer Hand nach innen zusammendrücken und gedrückt halten.
- Pumpengehäuse aus dem Speichertopf herausziehen. Herabtropfenden Kraftstoff mit geeignetem Gefäß und dickem Lappen auffangen.
- Kraftstoffpumpe in geeigneten Behälter ablegen.

Einbau

Hinweis: Wenn die Kraftstoffpumpe ersetzt wird, Kabelstrang umbauen.

- Kraftstoffpumpengehäuse in den Speichertopf einsetzen und einrasten. Darauf achten, dass alle 3 Rastzungen hörbar eingerastet sind.
- Tankgeber einsetzen und hörbar einrasten.
- **Neuen** Gummidichtring einsetzen.
- Verschlussdeckel anschließen, dabei auf Anordnung und Verlegung von Leitungen und Kraftstoffschläuchen achten, siehe unter »Ausbau«.
- Kraftstoffvorlaufleitung und Rücklaufleitung in markierte Einbaulage bringen und anschließen. Dabei Verschlussdeckel nicht verdrehen.
- Falls vorhanden, Kraftstoffleitung für Standheizung aufstecken.
- Mehrfachstecker für Tankgeber aufstecken und einrasten.
- **Benzinmotor/Dieselmotor Z19DTH:** Mehrfachstecker für Kraftstoffpumpe aufstecken und einrasten. Massestecker aufstecken.
- Verschlussdeckel vorsichtig ansetzen, dabei auf Verlegung der Kabel- und Schlauchverbindungen achten. Gegebenenfalls Verlegung entsprechend den angefertigten Notizen korrigieren.
- Verriegelungsring für Verschlussdeckel ansetzen und mit OPEL-Spezialwerkzeug KM-797 im Uhrzeigersinn drehen, bis die Ringsicherungsnase am Anschlag ansteht. Steht das Werkzeug nicht zur Verfügung, geeigneten Kunststoff- oder Hartholzstab an einer Nut des Sicherungsrings ansetzen und Ring mit leichten Hammerschlägen lösen. **Achtung:** Kein Metall verwenden, Brandgefahr durch eventuell entstehende Funken!
- Kraftstoff-Vorlaufleitung und Kraftstoff-Rücklaufleitung an den jeweiligen Schnellverschlüssen zusammenstecken.
- Falls vorhanden, Kraftstoffleitung für Standheizung aufstecken.
- Mehrfachstecker –1– aufstecken und einrasten.
- Falls erforderlich, Kraftstoff einfüllen.
- Batterie-Massekabel (–) anklemmen. **Achtung:** Hinweise im Kapitel »Batterie aus- und einbauen« beachten.
- Motor starten und prüfen, ob die Kraftstoffpumpe anläuft und kein Kraftstoff austritt.
- Abdeckung für Kraftstoff-Fördereinheit aufdrücken und Geräuschisolierung zurückklappen.
- Rücksitzbank und gegebenenfalls Rücksitzlehne einbauen, siehe Seite 242.

Crash-Box aus- und einbauen

Dieselmotor

Ausbau

- Batterie-Massekabel (–) abklemmen. **Achtung:** Hinweise im Kapitel »Batterie aus- und einbauen« durchlesen.

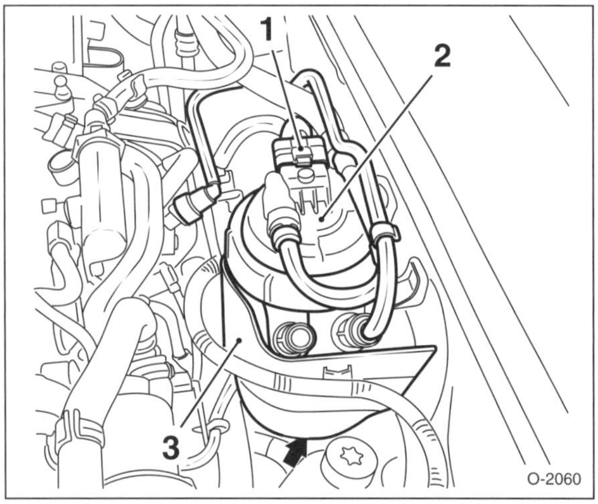

- Mehrfachstecker für Kraftstoffheizung –1– entriegeln und abziehen.
- Stecker für Kraftstofftemperatur-Geber –Pfeil– unten am Kraftstofffilter –2– entriegeln und abziehen.
- Kraftstofffiltergehäuse –2– vorsichtig aus der Crash-Box –3– herausziehen und mit angeschlossenen Kraftstoffleitungen zur Seite legen.

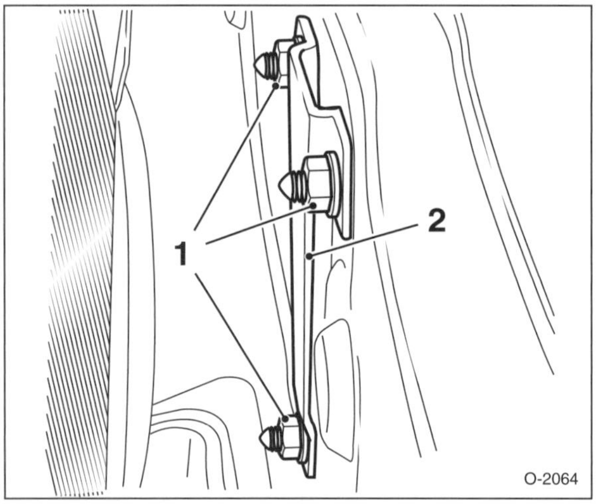

- Service-Öffnung für Pollenfilter öffnen, siehe Seite 45.
- An der Rückseite des Stirnwandbleches 3 Muttern –1– herausschrauben und Verstärkungsblech –2– abnehmen.
- Elektrische Leitung für Kraftstoffvorheizung an der Crash-Box ausclipsen.
- Crash-Box herausnehmen.

Einbau

- Crash-Box durch die Bohrung an der Stirnwand einsetzen, Verstärkungsblech auflegen und Muttern mit **25 Nm** anschrauben.
- Der weitere Einbau erfolgt in umgekehrter Ausbaureihenfolge.
- Batterie-Massekabel (–) anklemmen. **Achtung:** Hinweise im Kapitel »Batterie aus- und einbauen« durchlesen.

Kraftstoffanlage entlüften

Dieselmotor

Die Kraftstoffanlage muss nach Arbeiten an der Kraftstoffanlage sowie nach dem Leerfahren des Kraftstofftanks entlüftet werden.

Bei den Dieselmotoren Z19DT(L/H) und Y30DT ist die Kraftstoffanlage selbstentlüftend, bei den Motoren Y20DTH und Y22DTR wird zum Entlüften ein spezielles Entlüftungsgerät benötigt.

Entlüftungsvoraussetzung: Im Kraftstofftank müssen mindestens 5 Liter Kraftstoff eingefüllt sein.

- **Motor Z19DT(L/H):** Zündung einschalten. Dadurch läuft die elektrische Vorförderpumpe an und füllt das Kraftstofffiltergehäuse. Nach ca. 3 Sekunden Zündung ausschalten. Anschließend diesen Vorgang noch 2-mal wiederholen. Gegebenenfalls Vorgang so oft wiederholen, bis der Motor anspringt. **Hinweis:** Beim Einschalten der Zündung läuft jedes Mal die Kraftstoff-Vorförderpumpe im Tank an und pumpt Kraftstoff in das Kraftstofffiltergehäuse.
- **Y30DT:** Mit dem Zündschlüssel Anlasser betätigen und so lange laufen lassen, bis der Motor anspringt.

Achtung: Der Anlasser wird vom Motor-Steuergerät nach 1 Minute deaktiviert, um eine Beschädigung des Anlassers zu vermeiden. Ist der Motor in dieser Zeit nicht angesprungen oder wieder abgestorben, 1 – 2 Minuten warten und Anlasser erneut betätigen.

- **Y20DTH/Y22DTR:** Kraftstoffanlage entlüften, zum Beispiel mit Entlüftungsgerät (externe Kraftstoffpumpe) OPEL-KM-948. **Achtung:** Ein **Entlüften durch Betätigen des Anlassers ist nicht möglich.** In diesem Fall kann die Einspritzpumpe »trockenlaufen« und dadurch beschädigt werden. Entlüftungsvorgang siehe im Kapitel »Kraftstofffilter entwässern/ersetzen« auf Seite 27.

Tankentlüftungsventil aus- und einbauen

Benzinmotor

Hinweis: Hier wird der Ausbau beim 1,8-l-Motor beschrieben. Bei den anderen Motoren entsprechend vorgehen.

Ausbau

- Batterie-Massekabel (–) abklemmen. **Achtung:** Hinweise im Kapitel »Batterie aus- und einbauen« beachten.

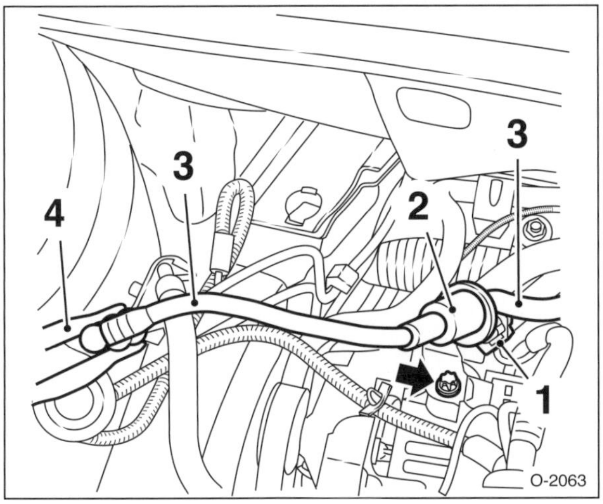

- Stecker –1– am Tankentlüftungsventil –2– entriegeln und abziehen.
- Kraftstoffleitungen –3– mit Spezialzange –4–, zum Beispiel HAZET 4501-1, entriegeln und abziehen. Kraftstoffleitungen mit geeignetem Stopfen verschließen.
- Schraube –Pfeil– herausdrehen und Tankentlüftungsventil vom Halter abnehmen.

Einbau

- Der Einbau erfolgt in umgekehrter Ausbaureihenfolge.

Luftfilter/Luftführung

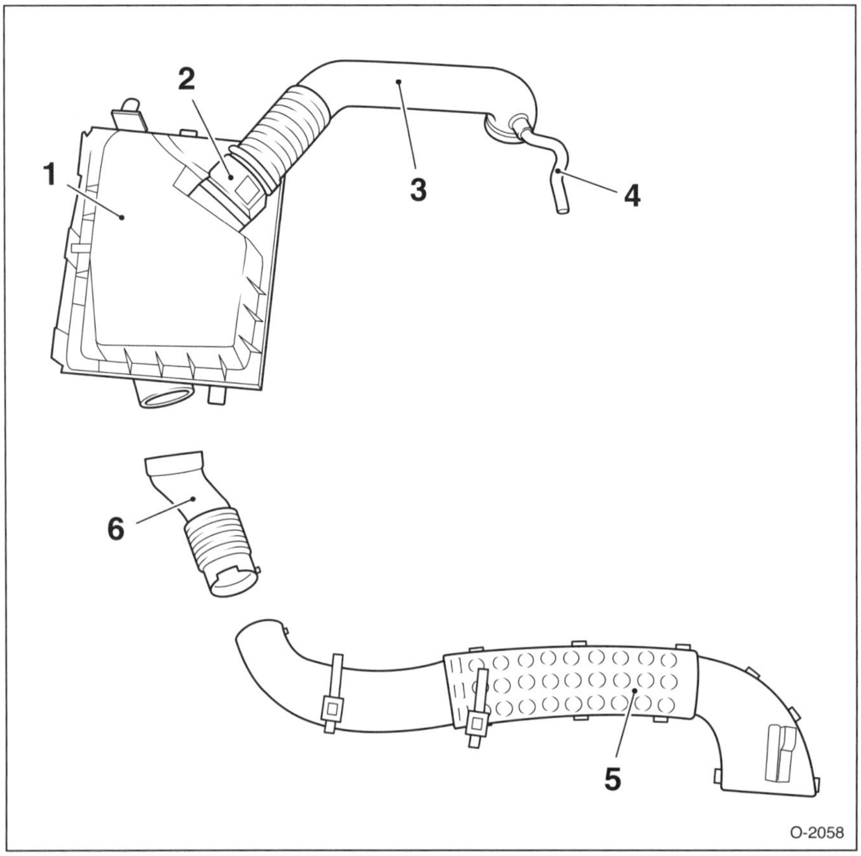

1 – Luftfilter

2 – Luftmassenmesser
Pfeil auf dem Luftmassenmesser muss in Luft-Durchflussrichtung zeigen.

3 – Luftansaugrohr

4 – Motorentlüftungsschlauch

5 – Luftansaugrohr vorn

6 – Ansaugschlauch

Hinweis: Die Abbildung zeigt den Luftfilter beim Motor Z18XE.

Luftfilter aus- und einbauen

Ausbau

Hinweis: Beschrieben wird der Ausbau des Luftfilters zusammen mit dem Luftmassenmesser am Beispiel des Motors Z18XE.

- Stecker vom Luftmassenmesser –2– abziehen, dabei geriffelte Sicherung eindrücken. Kabel ausclipsen, gegebenenfalls Einbaulage der Kabelbinder markieren und Kabelbinder durchschneiden.
- Schlauch für Motorentlüftung –4– abziehen.
- Luftansaugrohr –3– zwischen Luftfilter und Drosselklappenmodul ausbauen. Dazu Schellen öffnen und zurückschieben.
- Luftfilter aus der Lagerung aushängen.
- Vorderen Ansaugschlauch –6– abziehen und Luftfilter –1– komplett herausnehmen.

Einbau

- Der Einbau erfolgt in umgekehrter Ausbaureihenfolge.

Speziell Motor Y20DTH/Y22DTR

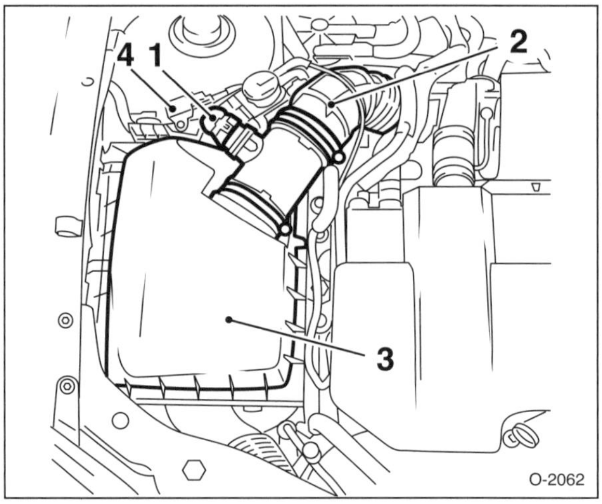

1 – Stecker Luftmassenmesser
2 – Luftansaugschlauch. Zum Ausbau 2 Schellen öffnen.
3 – Luftfilter

Hinweis: Zusätzlich Halter für Magnetventil und Sensor für Atmosphärendruck –4– nach oben ziehen.

Abgasanlage

Aus dem Inhalt:

- Katalysatorsysteme
- Abgasanlage demontieren
- Abgasanlage prüfen
- Abgasanlagen-Übersicht
- Lambdasonde
- Abgasturbolader

Die Abgasanlage besteht je nach Motor-Ausführung aus Abgaskrümmer, Katalysator, Vorschalldämpfer, mittlerem Abgasrohr sowie Nachschalldämpfer und Endrohr. Beim Benziner sind zwei Lambdasonden zur Abgasregelung eingeschraubt, wobei sich eine vor und die andere hinter dem Katalysator befindet. Die Abgasanlage des Dieselmotors ist ebenfalls mit einem Katalysator ausgerüstet.

Bei einer Reparatur lassen sich sämtliche Teile einzeln auswechseln.

Katalysatorschäden vermeiden

Um Beschädigungen am Katalysator zu vermeiden, sind folgende Hinweise unbedingt zu beachten:

Benzinmotor

- Grundsätzlich nur **bleifreies** Benzin tanken.
- Das Anlassen des Motors durch **Anschieben** oder Anschleppen darf nur in **einem** Versuch über eine Strecke von etwa 50 Metern erfolgen. Besser: Starthilfekabel verwenden. Unverbrannter Kraftstoff könnte bei einer Zündung zur Überhitzung des Katalysators und zu seiner Zerstörung führen. Ist der Motor **betriebswarm**, darf er **nicht** angeschoben oder angeschleppt werden.
- Treten Zündaussetzer auf, hohe Motordrehzahlen vermeiden und Fehler umgehend beheben.
- Nur die vorgeschriebenen Zündkerzen verwenden.
- Keine Funkenprüfung ohne ausreichende Masseverbindung durchführen.
- Es darf kein Zylindervergleich (Balancetest) durch Zündabschaltung eines Zylinders durchgeführt werden. Bei Zündabschaltung der einzelnen Zylinder – auch über Motortester – gelangt unverbrannter Kraftstoff in den Katalysator.

Benzin- und Dieselmotor

- Fahrzeug nicht über trockenem Laub oder Gras beziehungsweise auf einem Stoppelfeld abstellen. Die Abgasanlage wird im Bereich des Katalysators sehr heiß und strahlt die Wärme auch nach Abstellen des Motors noch ab.
- Keinen Unterbodenschutz auf Abgasrohre auftragen.
- Die Hitzeschilde der Abgasanlage nicht verändern.
- Bei Startschwierigkeiten nicht unnötig lange den Anlasser betätigen. Während des Anlassens wird permanent Kraftstoff eingespritzt. Fehlerursache ermitteln und beseitigen.
- Kraftstofftank nie ganz leer fahren.
- Beim Ein- oder Nachfüllen von Motoröl besonders darauf achten, dass auf keinen Fall die Maximum-Markierung am Ölmessstab (obere Markierung) überschritten wird. Das überschüssige Öl gelangt sonst aufgrund unvollständiger Verbrennung in den Katalysator und kann das Edelmetall beschädigen oder den Katalysator vollständig zerstören.

Funktion des Katalysators

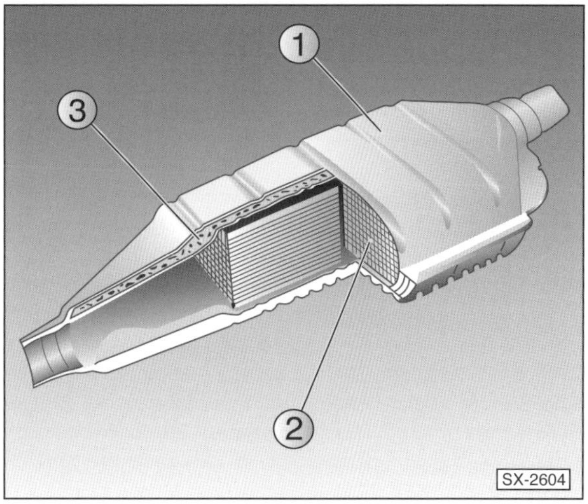

Der Katalysator dient zur Abgasumwandlung. Er besteht aus einem Keramik-Wabenkörper –2–, der mit einer Trägerschicht überzogen ist. Auf der Trägerschicht befinden sich Edelmetallsalze, die den Umwandlungsprozess bewirken. Im Gehäuse –1– wird der Katalysator durch eine Isolations-Stützmatte –3– fixiert, die außerdem Wärmeausdehnungen ausgleicht.

In Verbindung mit der elektronischen Benzin-Einspritzanlage und der oder den Lambdasonde(n) wird die Kraftstoffmenge für die Verbrennung dosiert, damit der Katalysator die Schadstoffe reduzieren kann. Bei der Lambdasonde handelt es sich um einen elektrischen Messfühler, der den Restgehalt an Sauerstoff im Abgas durch elektrische Spannungsschwankungen anzeigt und Rückschlüsse auf die Zusammensetzung des Luft-Benzingemisches ermöglicht.

Da die Verbrennung im Dieselmotor generell mit Luftüberschuss erfolgt, kommen beim Selbstzünder ungeregelte Katalysatoren zum Einsatz.

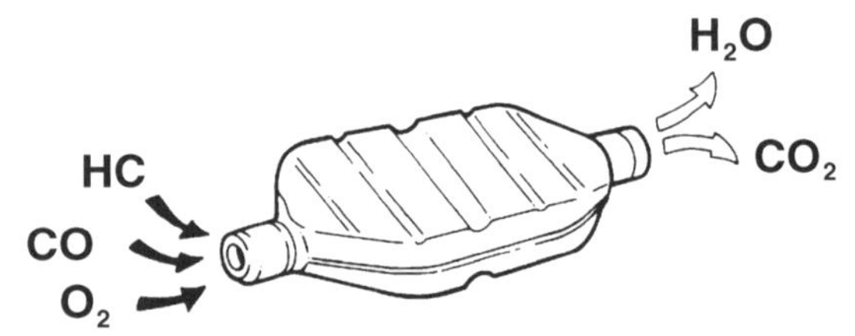

SX-2602

Der Diesel-Katalysator wandelt die im Abgas befindlichen giftigen Kohlenmonoxide und Kohlenwasserstoffverbindungen in Kohlendioxid (CO_2) und Wasser (H_2O) um. Außerdem vermindert sich der dieseltypische Abgasgeruch.

Der höhere Anteil von Stickoxiden (NO_X) im Abgas des Dieselmotors wird durch ein zusätzliches **Abgas-Rückführungssystem** (ARF) auf geringem Niveau gehalten.

Das Abgasrückführungsventil (ARF-Ventil) sitzt am Lufteinlassrohr und wird über Unterdruck angesteuert. Dadurch kann bei heißem Motor ein Teil der Abgase in die Verbrennungsräume des Motors zurückgeführt werden, um die Verbrennungstemperatur zu mindern und dadurch den Schadstoffanteil der Abgase zu reduzieren.

Der Abgasturbolader

Beim Turbolader sitzen auf einer Welle zwei Turbinenräder, die in zwei voneinander getrennten Gehäusen untergebracht sind. Für den Antrieb der Turbinenräder sorgen die Abgase. Sie bringen die Laderwelle auf bis zu 300.000 Umdrehungen in der Minute. Und da Abgas- und Frischluftrotor auf gleicher Welle sitzen, wird mit gleicher Drehzahl Frischluft in die Zylinder gedrückt. Zur Schmierung ist der Lader an den Ölkreislauf des Motors angeschlossen.

Aufgrund des guten Füllungsgrades lassen sich bei vorhandenen Motoren Leistungszuwachsraten von bis zu 100 Prozent verwirklichen. Abhängig ist der Leistungszuwachs unter anderem vom Ladedruck, der bei einem Pkw-Motor zwischen 0,4 bis 0,8 bar (Reifenfülldruck etwa 1,8 bar) liegt. Der Ladedruck wird über einen Druckfühler laufend vom Steuergerät überprüft und geregelt. Dadurch ist auch sichergestellt, dass ein maximaler Ladedruck nicht überschritten wird.

Neben der Motorleistung steigt bei der Verwendung eines Abgasladers auch das Drehmoment an, was vor allem im Hinblick auf einen elastischen Motorlauf wünschenswert ist. Voraussetzung ist allerdings, dass die Laderwelle mit ausreichender Drehzahl rotiert und somit einen ordentlichen Füllungsgrad garantiert.

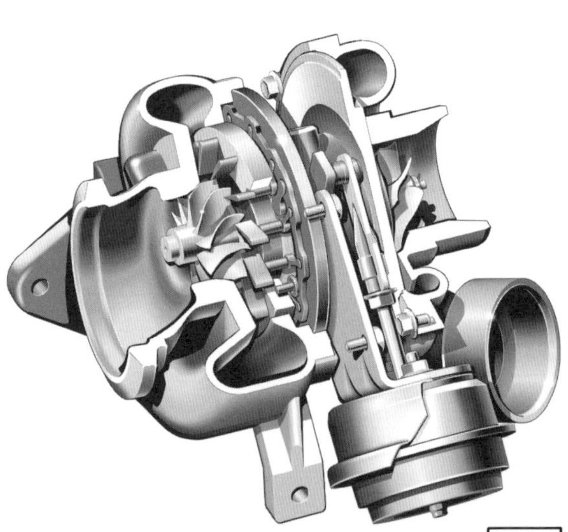

M-2619

Aus diesem Grund wird bei den Motoren Z19DT(L/H), Y22DTR und Y30DT ein Turbolader mit **v**ariabler **T**urbinen-**G**eometrie (VTG-Lader) verwendet. Dabei besitzt der Abgaslader verstellbare Leitschaufeln, die vom Motor-Steuergerät über ein Magnetventil und eine Unterdruckdose stufenlos geregelt werden. So kann bei allen Drehzahlen der optimale Ladedruck erzeugt werden, was zu höherem Drehmoment und damit zu mehr Leistung führt, insbesondere bei niedrigen Drehzahlen. **Hinweis:** Der Turbolader wird manchmal auch als VNT-Lader bezeichnet, VNT bedeutet in diesem Fall **V**ariable **N**ozzle **T**urbine.

Zwischen Turbolader und Einlasskanal des Motors befindet sich ein Ladeluftkühler, der die vorverdichtete Luft abkühlt. Das erhöht die Motorleistung, weil kühle Luft durch die höhere Luftdichte einen höheren Sauerstoffanteil besitzt.

Gegenüber dem Ottomotor ist es beim Dieseltriebwerk nicht erforderlich, die Verdichtung aufgrund der Aufladung zu verringern, so dass der eingespritzte Kraftstoff auch im unteren Drehzahlbereich gut ausgenutzt wird.

Der Turbolader ist ein äußerst präzise hergestelltes Bauteil. Deshalb wird er in der Regel bei einem Defekt komplett ausgetauscht.

Abgasanlagen-Übersicht

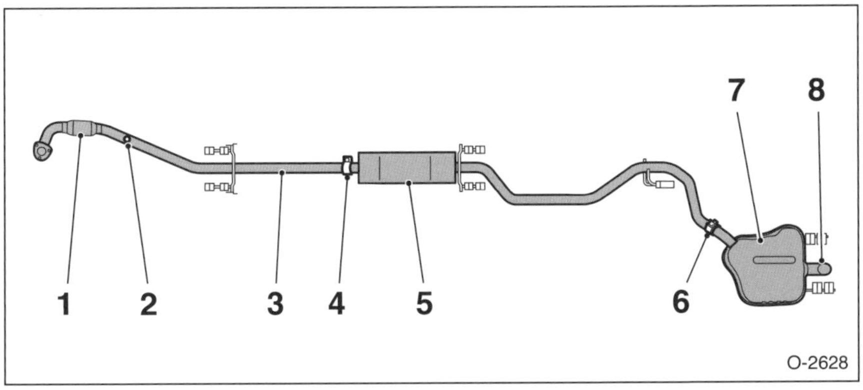

Motor Z16XE/Z18XE

1 – Flexrohr
2 – Lambdasonde
3 – Vorderes Abgasrohr
4 – Trennstelle vorn
5 – Vorschalldämpfer
6 – Trennstelle hinten
7 – Nachschalldämpfer
8 – Endrohr

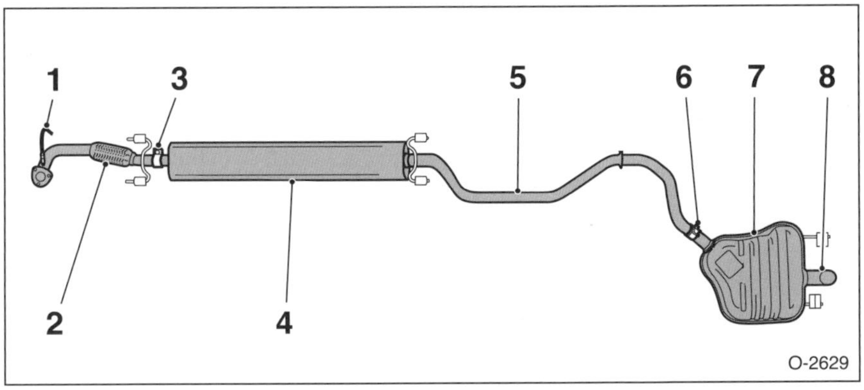

Motor Z22SE

1 – Lambdasonde
2 – Flexrohr
3 – Trennstelle vorn
4 – Vorschalldämpfer
5 – Mittleres Abgasrohr
6 – Trennstelle hinten
7 – Nachschalldämpfer
8 – Endrohr

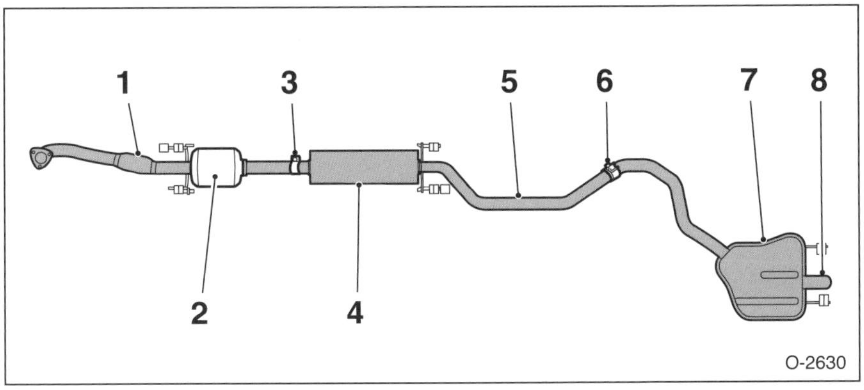

Motor Y20DTH/Y22DTR

1 – Flexrohr
2 – Vorschalldämpfer
3 – Trennstelle vorn
4 – Mittelschalldämpfer
5 – Mittleres Abgasrohr
6 – Trennstelle hinten
7 – Nachschalldämpfer
8 – Endrohr

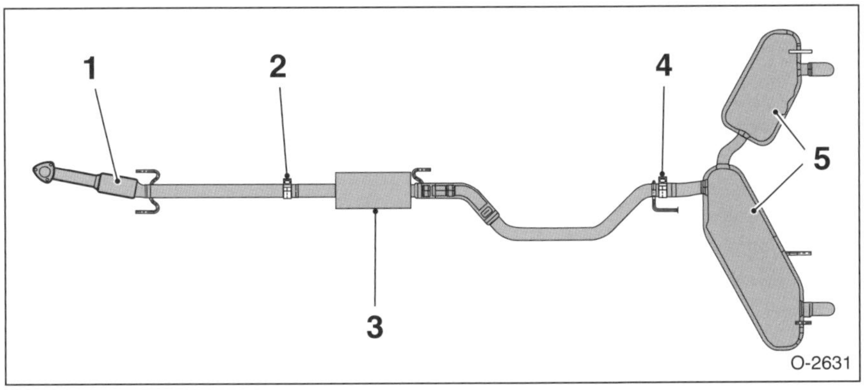

Motor Z22YH

1 – Flexrohr
2 – Trennstelle vorn
3 – Vorschalldämpfer
4 – Trennstelle hinten
5 – Nachschalldämpfer, zweigeteilt

Abgasanlage aus- und einbauen

Ausbau

Achtung: Spezielle Hinweise für bestimmte Arbeiten an der Abgasanlage stehen am Ende des Kapitels und sind unbedingt zu beachten.

Hinweis: Die Abbildung O-2635, unten auf der Seite, zeigt beispielhaft den VECTRA mit Motor Z16XE.

Sicherheitshinweis
Beim Aufbocken des Fahrzeugs besteht Unfallgefahr! Hinweise im Kapitel »Fahrzeug aufbocken« beachten.

- Fahrzeug aufbocken.
- **Dieselmotor:** Untere Motorraumabdeckung ausbauen, siehe Seite 249.
- **4-Zylinder-Benziner:** Mehrfachstecker –1– für Lambdasonde 2 für Katalysatorkontrolle –2– entriegeln und abziehen, siehe Abbildung O-2635. Beim Motor Z22YH Kabel am Halter abclipsen.
- Sämtliche Schraubverbindungen der Abgasanlage mit rostlösendem Mittel einsprühen. Rostlöser einige Zeit einwirken lassen.
- **Motor Z19DT(L/H):** Partikelfilter freilegen, siehe Kapitel »Partikelfilter aus- und einbauen«.
- Falls nur ein Teil der Abgasanlage ersetzt werden soll, Abgasrohr im Bereich der Befestigungsschelle –3– und/oder –4– trennen, siehe Abbildung O-2635. **Achtung:** Dazu Hinweise bei Teilersatz der Abgasanlage beachten.
- **4-Zylinder-Benzinmotor:** Vorderes Abgasrohr abbauen. Dazu 3 Muttern –5– abschrauben, siehe Abbildung O-2635. **Achtung:** Dabei unbedingt Hinweise zum Umgang mit dem Flexrohr beachten.
- **6-Zylinder-Benzinmotor:** Vorderes Abgasrohr von den beiden Vorkatalysatoren abbauen. Dazu je 4 Muttern abschrauben. **Achtung:** Dabei unbedingt Hinweise zum Umgang mit dem Flexrohr beachten.

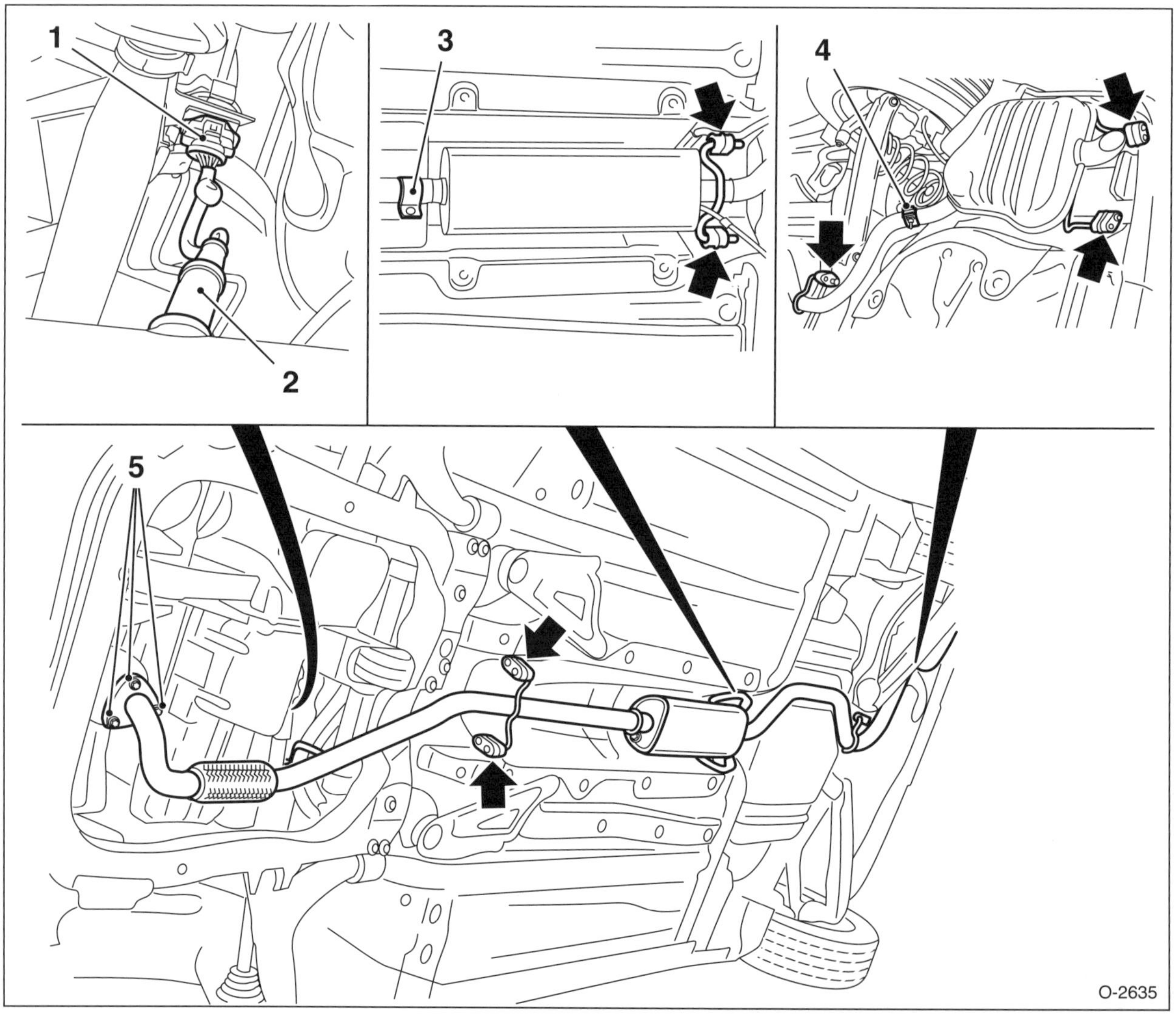

O-2635

- **Dieselmotor:** Vorderes Abgasrohr vom Vorkatalysator abbauen. Dazu je 3 Muttern abschrauben. **Achtung:** Dabei unbedingt Hinweise zum Umgang mit dem Flexrohr beachten.
- Abgasanlage zusammen mit einem Helfer aus den Gummihalterungen –Pfeile– aushängen und abnehmen, siehe Abbildung O-2635. **Hinweis:** Beim 6-Zylinder-Motor werden 2 Helfer benötigt.
- Dichtung für vorderes Abgasrohr abnehmen.

Einbau

Achtung: Beim Einbau von Teilen der Abgasanlage darauf achten, dass die Rohre dicht zusammengefügt werden. Sonst kann es bei der Abgasuntersuchung (AU) zu Fehlmessungen kommen.

Es empfiehlt sich, sämtliche Schrauben mit Hochtemperaturpaste, zum Beispiel Liqui Moly LM-508-ASC (Kupferpaste), einzusetzen. Die Schrauben lassen sich dann später leichter lösen.

Ausgebaute Befestigungsschellen und Muttern grundsätzlich ersetzen. Gummihalterungen auf Porosität und Beschädigung prüfen, gegebenenfalls ersetzen. Nach längerer Laufleistung des Fahrzeuges, Gummihalterungen grundsätzlich ersetzen.

Falls erforderlich, Dichtflächen der Abgasrohre mit Schmirgelleinen reinigen.

- **4-Zylinder-Benzinmotor:** Falls das vordere Abgasrohr ersetzt wird, Lambdasonde für Katalysatorkontrolle –2– umbauen, siehe entsprechendes Kapitel.
- Falls getrennt, Abgasanlage zusammensetzen, Schellen beiziehen.
- Abgasanlage zusammen mit einem Helfer in die Gummihalterungen einhängen. **Hinweis:** Beim 6-Zylinder-Motor werden 2 Helfer benötigt.
- Vorderes Abgasrohr mit neuer Dichtung ansetzen und leicht anschrauben.
- **Motor Z19DT(L/H):** Partikelfilter einbauen, siehe entsprechendes Kapitel.
- Vor dem Anziehen von Muttern und Schellen Abgasanlage entsprechend dem Verlauf des Wagenbodens spannungsfrei ausrichten. Dabei darauf achten, dass überall ausreichend Abstand zwischen Abgasanlage und Aufbau vorhanden ist und die Haltegummis gleichmäßig belastet werden.
- Muttern für vorderes Abgasrohr festziehen.
  Anzugsdrehmomente:
  Alle außer 6-Zylinder-Benzinmotor . . . . **20 Nm**
  6-Zylinder-Benzinmotor . . . . **30 Nm**
- **4-Zylinder-Benzinmotor:** Kabelsatzstecker für Lambdasonde 2 für Katalysatorkontrolle verbinden. Motor Z22YH: Kabel am Halter anclipsen.
- **Dieselmotor:** Untere Motorraumabdeckung einbauen, siehe Seite 249.
- Fahrzeug ablassen.
- Abgasanlage auf Dichtheit prüfen, siehe entsprechendes Kapitel.

Hinweise für den Umgang mit dem Flexrohr

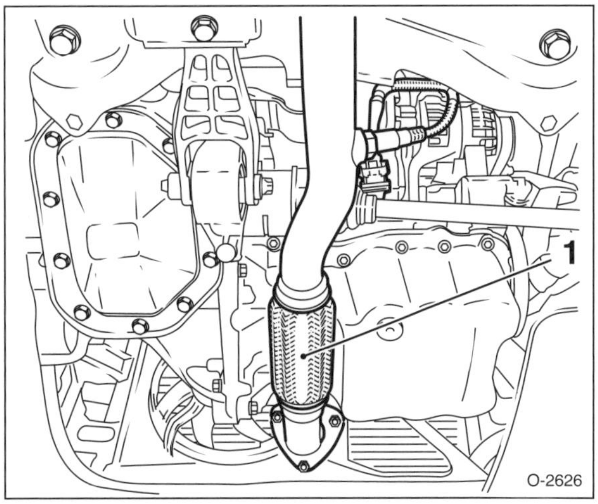

O-2626

Achtung: Bei Arbeiten im Bereich der Abgasanlage ist das vordere Abgasrohr mit Flexrohr –1– gegen unkontrolliertes Durchhängen zu sichern. Bereits Beugungen des Flexrohres um 5 – 10 Winkelgrad aus der vorgesehenen Montageposition können eine Schädigung mit anschließendem Totalausfall des Flexrohres zur Folge haben.

Aus diesem Grund ist das Abgasanlagenstück mit dem darin befindlichen Flexrohr beispielsweise mit etwas Draht am Fahrzeugunterbau zu befestigen, dabei Abgasrohr, falls erforderlich, durch einen Helfer abstützen lassen.

Wird das Flexrohr ersetzt, dann darf die Transportsicherung erst nach dem kompletten Einbau der Abgasanlage abgenommen werden.

Hinweise bei Teilersatz

Soll nur ein Teil der Abgasanlage ersetzt werden, dann muss das Abgasrohr im Bereich einer Befestigungsschelle getrennt werden. Ausgebaute Befestigungsschelle grundsätzlich ersetzen.

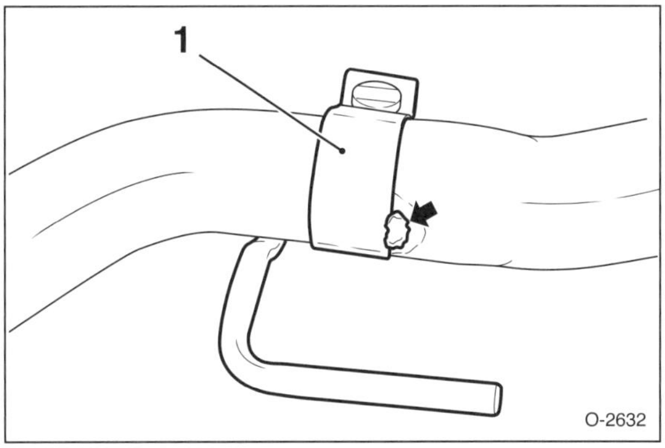

O-2632

- Befestigungsschelle –1– ausbauen. Vorher Position der Schelle markieren, damit die **neue** Schelle an gleicher Stelle wieder eingebaut werden kann. Schweißpunkt der Schelle –Pfeil– plan schleifen und Schelle abnehmen.

Lambdasonde aus- und einbauen

Benzinmotor

Die Lambdasonden dienen zur Regelung der Abgaszusammensetzung bei den Benzinmotoren. Sie sind in das Abgasrohr vor und nach dem Katalysator eingeschraubt.

Hinweis: Zum Ausbau der Lambdasonde wird in der Regel ein Spezialsteckschlüssel mit Schlitzöffnung für die elektrische Zuleitung benötigt. Steckschlüssel für Lambdasonden gibt es in unterschiedlichen Ausführungen von HAZET. Welcher Schlüssel benötigt wird, hängt von der Länge der Lambdasonde und von der Einbaulage ab.

Ausbau

- Obere Motorabdeckung ausbauen, siehe Seite 167.
- Steckverbindung für Lambdasonde 1 zur Gemischregelung trennen.
- Falls vorhanden, Kabelbinder durchschneiden.

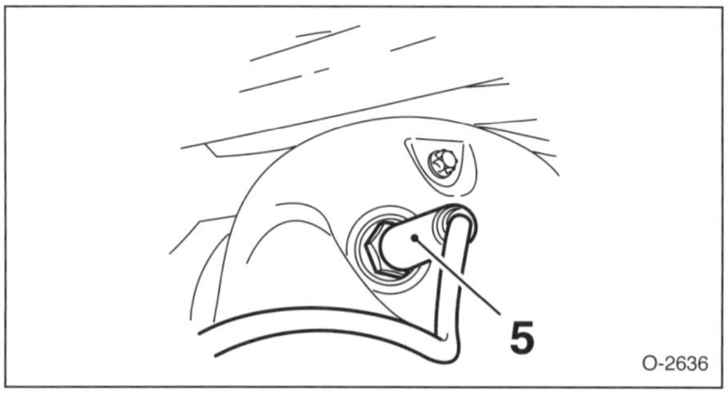

- Lambdasonde 1 –5– vorsichtig oben aus dem Katalysator beziehungsweise Abgaskrümmer herausschrauben.

Sicherheitshinweis
Beim Aufbocken des Fahrzeugs besteht Unfallgefahr! Deshalb das Kapitel »Fahrzeug aufbocken« durchlesen.

- Fahrzeug aufbocken.

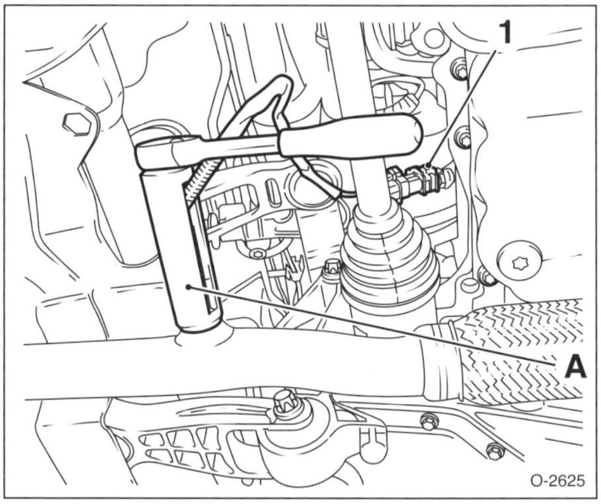

- Steckverbindung –1– für Lambdasonde 2 zur Katalysatorkontrolle trennen. **Hinweis:** Die Abbildung zeigt nicht den VECTRA C.
- **Motor Z22YH:** Damit die Lambdasonde zugänglich wird, vorderes Abgasrohr abschrauben und Abgasanlage vorsichtig absenken. Dabei darauf achten, dass das Flexrohr nicht beschädigt wird, siehe Kapitel »Abgasanlage aus- und einbauen«.
- Lambdasonde 2 vorsichtig mit geeignetem Steckschlüsseleinsatz –A– aus dem Abgasrohr herausschrauben.

Einbau

- Gewinde der Lambdasonde mit Hochtemperaturpaste, zum Beispiel BOSCH-Lambdasondenfett oder OPEL-Spezialfett (schwarz, 1948569/90513210), einstreichen und anschrauben. **Achtung:** Das Fett darf nur auf das Gewinde gelangen, nicht auf den Sondenkörper.

Anzugsdrehmomente:

Motor Z16XE/Z18XE	**30 Nm**
Motor Z20NET/Z22SE/Z22YH/Z32SE	**40 Nm**

Achtung: Wird die Sonde ohne das Hochtemperatur-Spezialfett eingeschraubt, frisst sich das Gewinde mit der Zeit fest. Die Lambdasonde kann dann später nicht mehr herausgeschraubt werden. Neue Sonden sind teilweise bereits mit dem Spezialfett bestrichen.

- Elektrische Leitung verlegen und Steckverbindung für Lambdasonde zusammenstecken. Kabel so verlegen, dass es nicht durchscheuern beziehungsweise nicht an der Abgasanlage anliegen kann. Gegebenenfalls Kabel mit neuem Kabelbinder fixieren.
- Obere Motorabdeckung einbauen, siehe Seite 167.

Partikelfilter aus- und einbauen

1,9-l-Dieselmotor Z19DT(L/H)

Ausbau

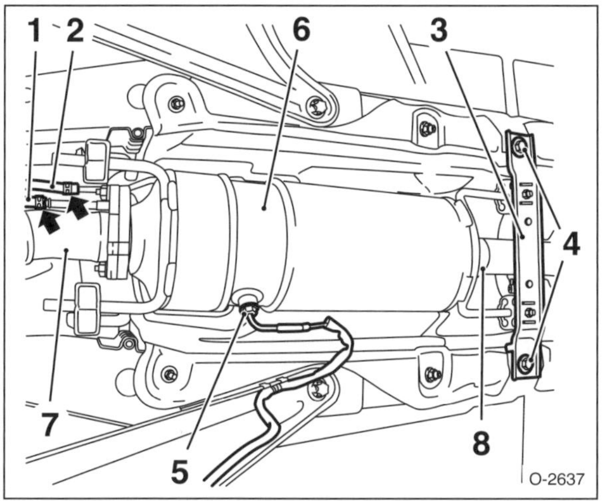

- Druckschläuche –1/2– für Partikelfilter –6– abbauen. Dazu Schellen –Pfeile– lösen und Schläuche abziehen. **Achtung:** Anordnung des dicken –1– und des dünnen –2– Schlauches notieren, damit die Schläuche in gleicher Weise eingebaut werden können.
- Temperatursensor –5– ausbauen und zur Seite hängen. Dazu Überwurfmutter abschrauben.
- 2 Schrauben –4– herausdrehen und Halter –3– abnehmen.
- Partikelfilter vom mittleren Abgasrohr abschrauben.
- Befestigungsschelle –8– ausbauen, siehe Hinweise bei Teilersatz im Kapitel »Abgasanlage aus- und einbauen«.
- Partikelfilter aushängen und herausnehmen.

Einbau

- Partikelfilter in Haltegummi einhängen.
- Befestigungsschelle einbauen, siehe Hinweise bei Teilersatz im Kapitel »Abgasanlage aus- und einbauen«.
- Mittleres Abgasrohr am Partikelfilter mit **20 Nm** anschrauben.
- Halter mit **20 Nm** anschrauben.
- Falls vorhanden, Transportsicherung entfernen. Dazu Kabelbinder durchschneiden.
- Druckschläuche, wie ausgebaut, am Partikelfilter aufschieben und mit Schellen sichern.
- Temperatursensor einsetzen und ausrichten. Überwurfmutter anschrauben und mit **55 Nm** festziehen.

Achtung: Falls der Partikelfilter ersetzt wurde, muss das Steuergerät entsprechend umprogrammiert werden (Werkstattarbeit).

Abgasanlage auf Dichtheit prüfen

Bei Fahrzeugen mit geregeltem Katalysator können Undichtigkeiten der Abgasanlage vor der Lambdasonde zu folgenden Störungen führen:

■ Startschwierigkeiten; Motor geht aus, schüttelt im Leerlauf, ruckelt beim Beschleunigen.

- Motor starten und bei laufendem Motor Abgasanlage mit einem Lappen oder Stöpsel verschließen.
- Abgasanlage auf Undichtigkeit abhören. Gegebenenfalls Verbindungsstellen Zylinderkopf/Krümmer und Krümmer/Abgasrohr vorn mit handelsüblichem »Leck-Sucher« einsprühen und auf Blasenbildung untersuchen.
- Undichtigkeit beseitigen.

Innenausstattung

Aus dem Inhalt:

- Innenspiegel ersetzen
- Mittelkonsole demontieren
- Sitze ausbauen
- Handschuhfach ausbauen
- Lenksäulenverkleidung
- Sonnenblende ausbauen
- Innenverkleidungen

Wichtige Arbeits- und Sicherheitshinweise

Werden Arbeiten an der Innenausstattung ausgeführt, sind folgende Hinweise unbedingt zu beachten:

- Zum Abhebeln von Kunststoffverkleidungen und -blenden Kunststoffkeil verwenden, zum Beispiel HAZET 1965-20.
- Clips, die beim Ausbau von Verkleidungen beschädigt werden, immer erneuern.
- Die Fenster- und Türsäulen der Karosserie werden von vorn nach hinten als A-, B-, C- und D-Säulen bezeichnet.
- Sitze, Sicherheitsgurte und Airbags sind sicherheitsrelevante Bauteile. **Aus Sicherheitsgründen nur die hier beschriebenen Arbeiten durchführen. Komplexere Arbeiten nicht in Eigenregie vornehmen, sondern von einer Fachwerkstatt durchführen lassen.**

Achtung: Wenn im Rahmen von Arbeiten an der Karosserie auch Arbeiten an der elektrischen Anlage durchgeführt werden, **grundsätzlich** das Batterie-Massekabel (–) abklemmen. Dazu Hinweise im Kapitel »Batterie aus- und einbauen« beachten. Als Arbeit an der elektrischen Anlage ist dabei schon zu betrachten, wenn eine elektrische Leitung vom Anschluss abgezogen beziehungsweise abgeklemmt wird.

Achtung: Airbag-Sicherheitshinweise unbedingt befolgen, insbesondere bei Arbeiten an der Armaturentafel, siehe Seite 138.

Um ein Auslösen des Airbags zu verhindern, ist vor dem Trennen von Kabeln des Airbag-Systems die Zündung auszuschalten und dann zuerst das Batterie-Massekabel (–) und anschließend das Batterie-Pluskabel (+) von der Batterie abzuklemmen. Außerdem muss aus Sicherheitsgründen der Minuspol von der Batterie isoliert werden, siehe Seite 63.

Halteclips/Federklammern aus- und einbauen

Zahlreiche Abdeckungen und Verkleidungen sind mit Halteclips und Federklammern an der Fahrzeug-Karosserie befestigt.

Ausbau

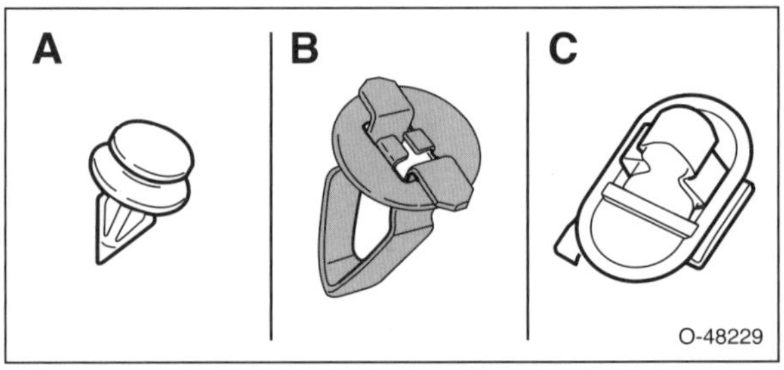

- Befestigungsclip: Clip –A– mit Schraubendreher, Lösehebel HAZET 799-3 oder Lösezange HAZET 799-4 herausziehen und Verkleidung abnehmen.
- Clip/Federklammer an der Rückseite der Verkleidung: Verkleidung mit einem Kunststoffkeil so an den Cliphalterungen lösen, dass der Clip –B– beziehungsweise die Federklammer –C– aus der Bohrung in der Karosserie herausgezogen wird.

Einbau

- Vor dem Einbau Halteclips auf Beschädigungen überprüfen, wenn nötig, ersetzen. Gegebenenfalls auf richtigen Sitz an der Verkleidung überprüfen.
- Befestigungsclip: Verkleidung ansetzen, Clip in die Bohrung stecken und eindrücken.
- Clip/Federklammer: Verkleidung so ansetzen, dass die Clips in die Bohrungen greifen. Verkleidung fest andrücken und Cliphalterung einrasten.

Blende mit Clip

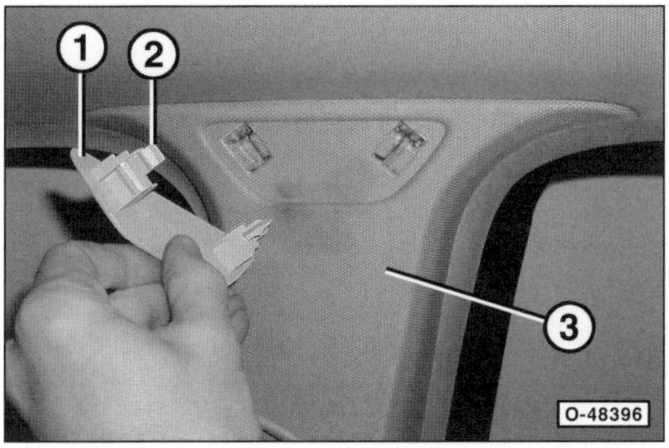

- **Fahrzeuge mit Kopfairbag:** Mit einem Kunststoffkeil Blende –1– mit Clip –2– nach und nach aus der Innenverkleidung –3– heraushebeln. Falls nötig, einen Schraubendreher zum Heraushebeln verwenden.

Haltegriff am Dach aus- und einbauen

Ausbau

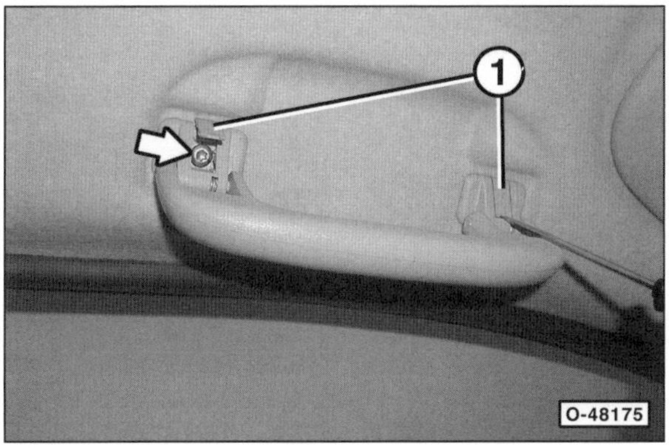

- Haltegriff nach unten klappen.
- Abdeckungen –1– mit einem Schraubendreher aufhebeln und hochklappen.
- 2 Schrauben –Pfeil– herausdrehen und Haltegriff abnehmen.

Einbau

- Der Einbau erfolgt in umgekehrter Ausbaureihenfolge.

Innenspiegel aus- und einbauen

Spiegel ohne Regensensor

Ausbau

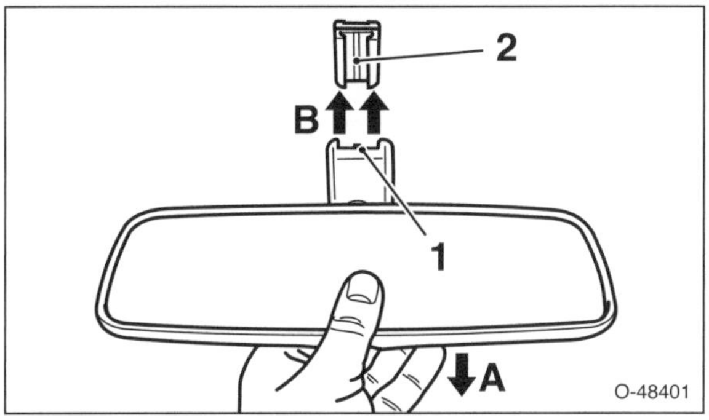

- Klammer –1– mit einem Schraubendreher drücken und Innenspiegel nach unten –Pfeil A– aus der Halteplatte –2– herausziehen.

Einbau

- Innenspiegel auf die Führungen –Pfeile B– der Halteplatte –2– einschieben und bis zum Anschlag hochschieben. Dabei muss die Klammer –1– hörbar einrasten.

Spiegel mit Regensensor

Ausbau

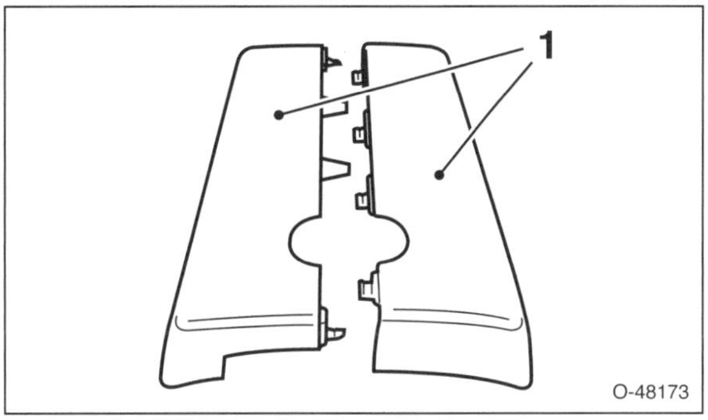

- Blende –1– am Spiegelfuß auseinander drücken, ausclipsen und abnehmen.
- Steckverbindungen für Regensensor und Abblendfunktion entriegeln und trennen.

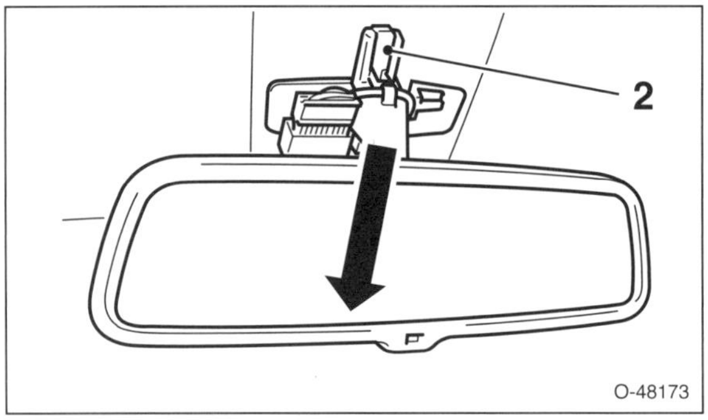

- Innenspiegel nach unten –Pfeil– aus der Halterung –2– drücken.

Einbau

- Der Einbau erfolgt in umgekehrter Ausbaureihenfolge.

Sonnenblende aus- und einbauen

Ausbau

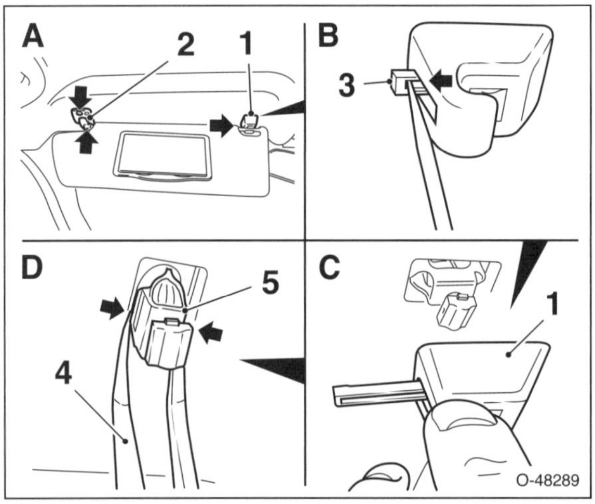

- Sonnenblende aus dem Aufnahmelager –1– aushaken.
- 2 Schrauben –Pfeile A– herausdrehen und Halterung –2– mit Sonnenblende abnehmen. **Hinweis:** Gegebenenfalls Steckverbindung für Spiegelbeleuchtung trennen.
- Riegel –3– mit einem Schraubendreher aufhebeln und Aufnahmelager –1– abnehmen.
- Mit einer Zange –4– Haltebock –5– zusammendrücken –Pfeile D– und aus dem Dachhimmel herausziehen.

Einbau

- Aufnahmelager zusammen mit Haltebock in den Dachhimmel eindrücken.
- Gegebenenfalls Stecker für Spiegelbeleuchtung verbinden.
- Sonnenblende mit 2 Schrauben am Dachhimmel festschrauben.

Handschuhfach aus- und einbauen

Ausbau

- Zierleiste von der Armaturentafel ausbauen, siehe entsprechendes Kapitel.
- Handschuhfachleuchte ausbauen, siehe Kapitel »Glühlampen für Innenleuchten auswechseln«, Seite 97.

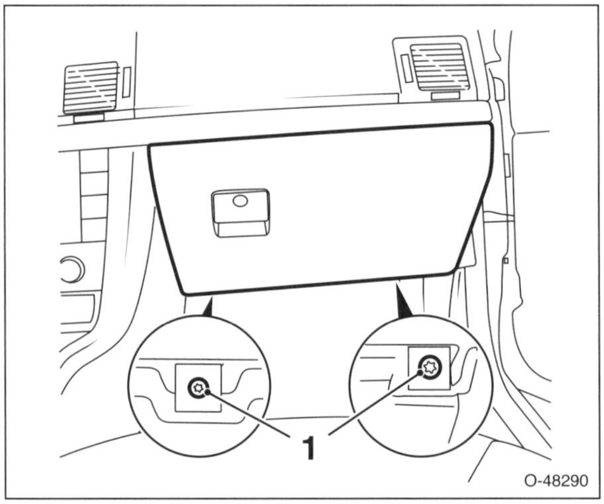

- 2 Schrauben –1– unten herausdrehen.

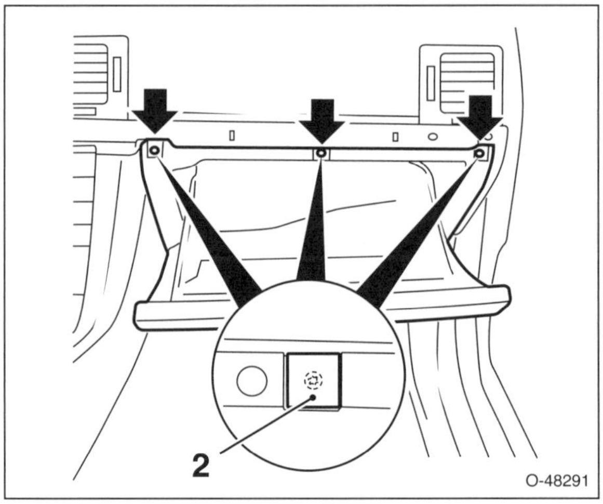

- Handschuhfach öffnen und 3 Abdeckungen –2– mit einem Schraubendreher abhebeln.
- 3 Schrauben oben –Pfeile– herausdrehen.
- Handschuhfach aus der Armaturentafel herausziehen.

Einbau

- Der Einbau erfolgt in umgekehrter Ausbaureihenfolge.

Mittelkonsole aus- und einbauen

Mittelkonsole vorn

Ausbau

- Batterie-Massekabel (–) abklemmen. **Achtung:** Hinweise im Kapitel »Batterie aus- und einbauen« beachten.
- **Ab 9/05:** Dekorleiste mit einem Kunststoffkeil von der Armaturentafel abhebeln.
- Mittelkonsole hinten ausbauen, siehe entsprechenden Absatz.
- Zierleiste von der Armaturentafel ausbauen, siehe entsprechendes Kapitel.

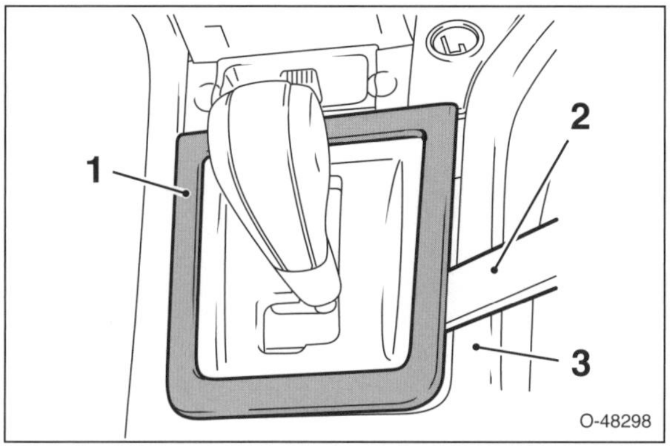

- Mit einem Kunststoffkeil –2– Blende –1– für Schalt- und Wählhebel aus der Mittelkonsole –3– heraushebeln und abnehmen.
- Aschenbecher und Aschergehäuse vorn ausbauen, siehe entsprechendes Kapitel.
- Zigarettenanzünder-Gehäuse ausbauen, siehe Kapitel »Zigarettenanzünder aus- und einbauen«, Seite 107.
- **Fahrzeuge mit Automatikgetriebe:** Wählhebelabdeckung mit Träger aus der Mittelkonsole ausbauen, siehe entsprechendes Kapitel.

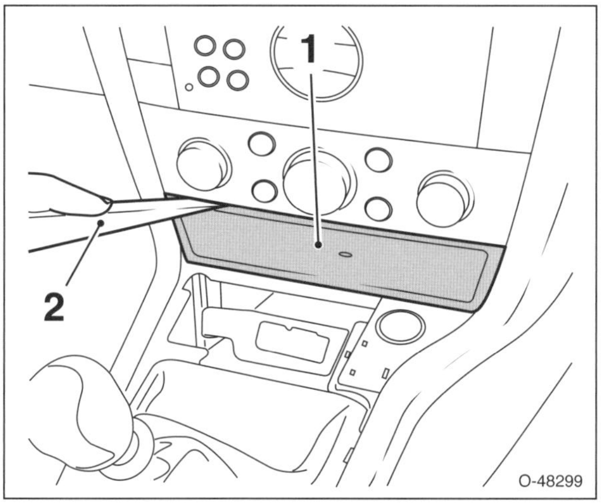

- Mit einem Kunststoffkeil –2– Ablagefach –1– aus der vorderen Mittelkonsole heraushebeln und abnehmen.

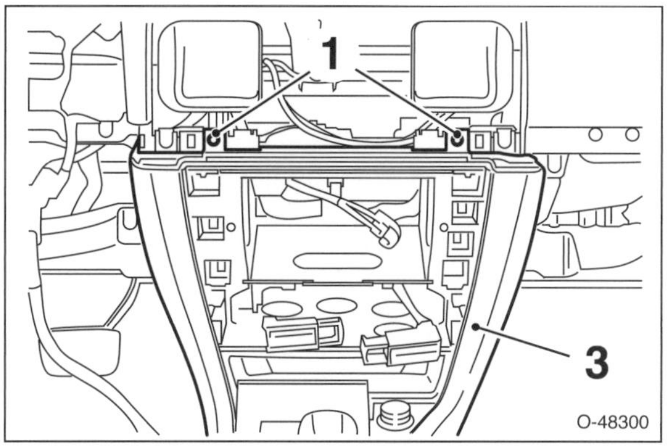

- Oben 2 Schrauben –1– an der vorderen Mittelkonsole –3– herausdrehen.

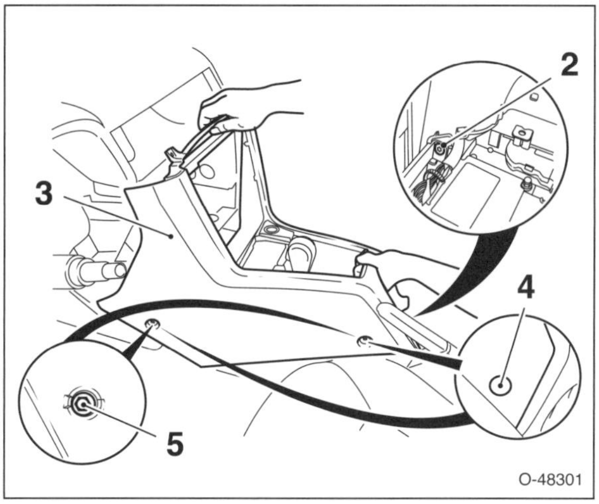

- Schraube –2– herausdrehen.
- Mit einem Kunststoffkeil 4 Abdeckkappen –4– unten aus der vorderen Mittelkonsole –3– heraushebeln und 4 Schrauben –5– herausdrehen.
- Vordere Mittelkonsole –3– hinten etwas anheben, nach hinten ziehen und herausnehmen.

Einbau

- Der Einbau erfolgt in umgekehrter Ausbaureihenfolge. Dabei darauf achten, dass die elektrischen Leitungen richtig verlegt werden und nicht gequetscht werden.

Mittelkonsole hinten

Ausbau

- Aschenbecher und Aschergehäuse hinten ausbauen, siehe entsprechendes Kapitel.

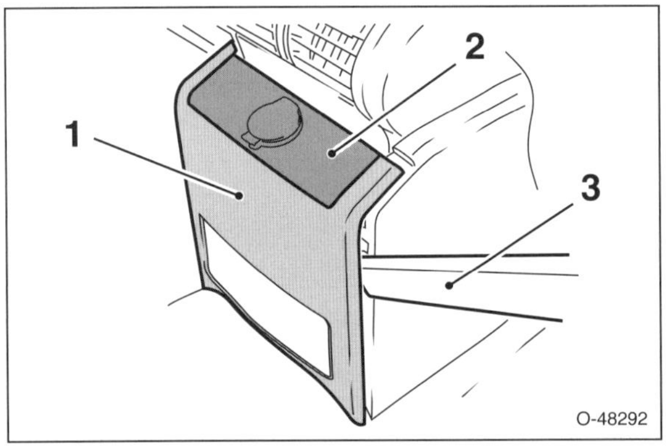

- Mit einem Kunststoffkeil –3– Abdeckung –1– in der hinteren Mittelkonsole lösen.
- Mit einem Kunststoffkeil Blende –2– mit Steckdose aus der hinteren Mittelkonsole heraushebeln. Stecker an der Rückseite entriegeln und abziehen. **Hinweis:** Siehe auch Kapitel »Schalter in der hinteren Mittelkonsole aus- und einbauen«, Seite 105.
- Abdeckung –1– von der hinteren Mittelkonsole abnehmen.

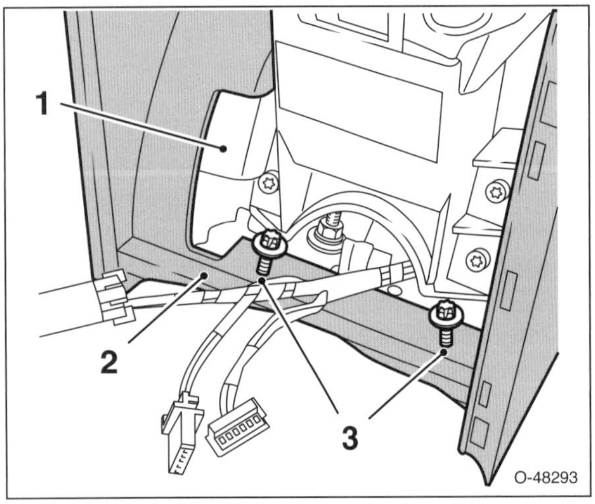

- 2 Schrauben –3– für hintere Mittelkonsole –2– herausdrehen. 1 – Mittelarmlehne.

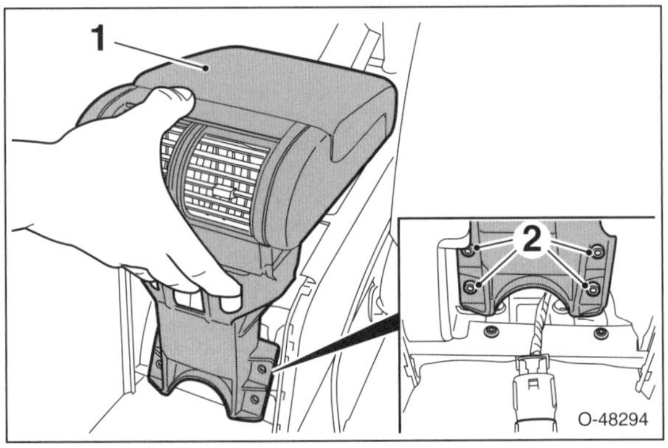

- Schrauben –2– herausdrehen und Mittelarmlehne –1– von der hinteren Mittelkonsole abnehmen.

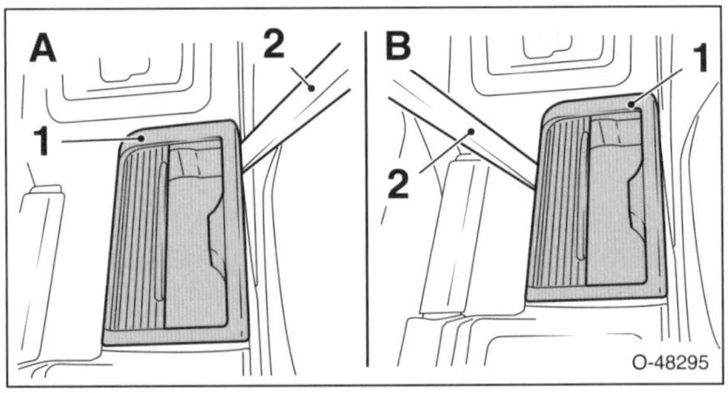

- Mit einem Kunststoffkeil –2– Ablagefach –1– mit Getränkedosenhalter rechts –A– und links –B– ausclipsen und aus der hinteren Mittelkonsole herausziehen.

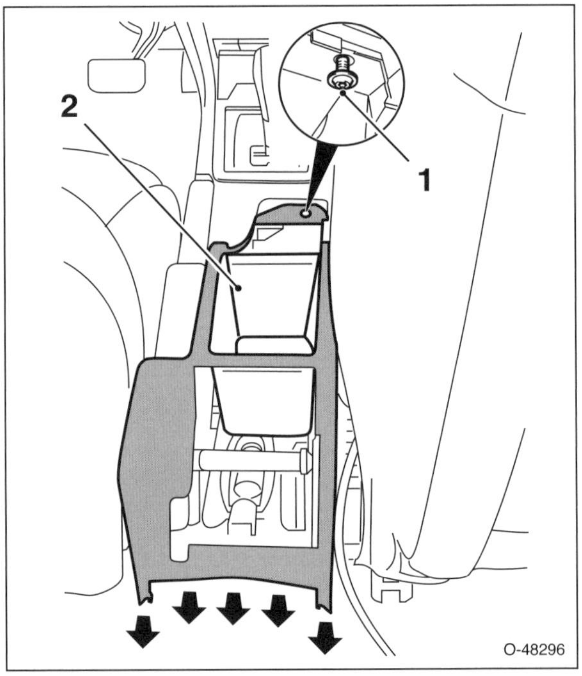

- Schraube –1– herausdrehen.
- Handbremshebel anziehen.

- Hintere Mittelkonsole –2– nach hinten ziehen –Pfeile– und zusammen mit Luftkanal für hintere Luftaustrittsdüsen vom Fahrzeugboden abnehmen.

Einbau

- Der Einbau erfolgt in umgekehrter Ausbaureihenfolge. Dabei Luftkanal an den Anschlussstücken korrekt einpassen. Darauf achten, dass die elektrischen Leitungen richtig verlegt und nicht gequetscht werden.

Aschenbecher aus- und einbauen

Ascher vorn

Ausbau

- Mit einem Kunststoffkeil Blende für Schalt- und Wählhebel aus der Mittelkonsole heraushebeln und abnehmen, siehe Kapitel »Mittelkonsole vorn aus- und einbauen«.

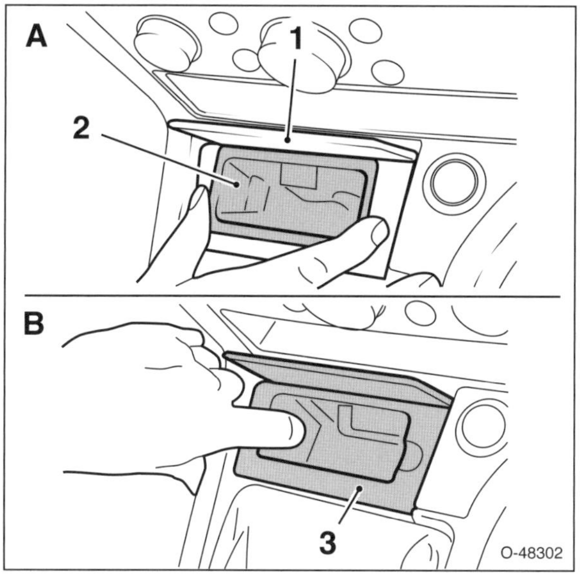

- Deckel –1– öffnen, Aschenbecher –2– an den Seiten fassen und aus dem Aschergehäuse herausziehen.
- Aschergehäuse –3– durch kräftiges Ziehen an den Seiten aus der Halterung lösen und aus der Mittelkonsole herausziehen.

Einbau

- Der Einbau erfolgt in umgekehrter Ausbaureihenfolge.

Ascher hinten

Ausbau

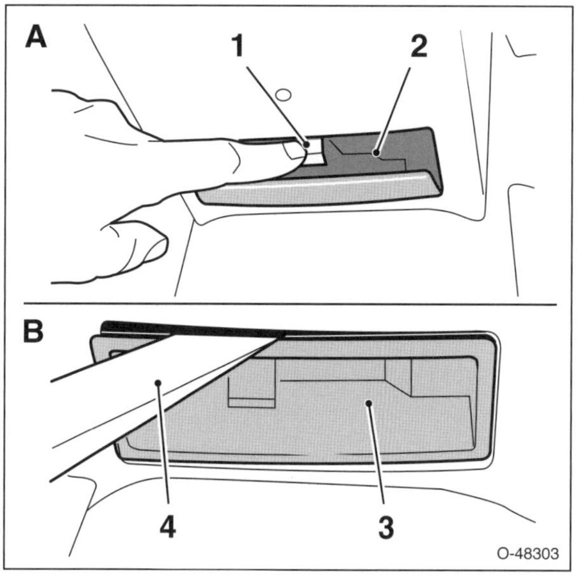

- Aschenbecher –2– öffnen, Feder –1– nach unten drücken und Aschenbecher aus dem Aschergehäuse herausziehen.
- Mit einem Kunststoffkeil –4– Aschergehäuse –3– aus der hinteren Mittelkonsole heraushebeln.

Einbau

- Der Einbau erfolgt in umgekehrter Ausbaureihenfolge.

Wählhebelabdeckung aus- und einbauen

Fahrzeuge mit Automatikgetriebe

Ausbau

- Aschenbecher und Aschergehäuse vorn ausbauen, siehe entsprechendes Kapitel.
- Mit einem Kunststoffkeil Blende für Wählhebel aus der Mittelkonsole heraushebeln und abnehmen, siehe Kapitel »Mittelkonsole vorn aus- und einbauen«.

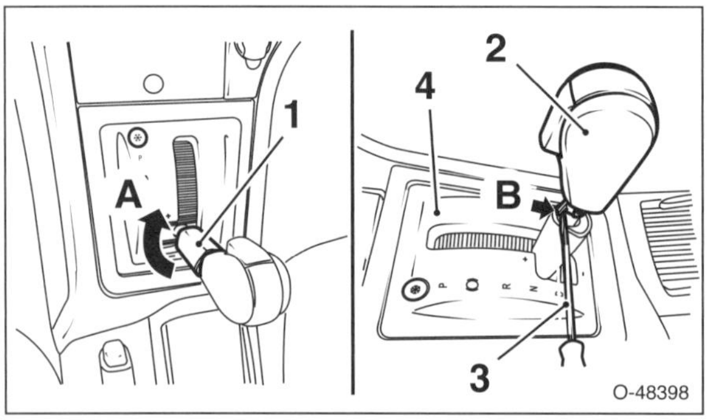

- Wählhebel auf Position »D« stellen.
- Hülse –1– im Uhrzeigersinn drehen –Pfeil A– und mit einem Schraubendreher nach unten drücken.
- Haltenase –Pfeil B– mit einem Schraubendreher –3– auseinander drücken und Wählhebelknauf –2– nach oben abziehen.
- Hülse –1– am Wählhebel herausziehen.
- Kabel aus der Führung clipsen und Stecker vorsichtig abziehen.
- Wählhebelabdeckung –4– mit Träger aus der Mittelkonsole herausnehmen.

Einbau

- Wählhebelabdeckung mit Träger in die Mittelkonsole einsetzen.
- Stecker verbinden und Kabel in Führung einclipsen.
- Wählhebelknauf mit gedrückter Sperrtaste am Wählhebel aufstecken und einrasten.
- Hülse hochschieben, gegen den Uhrzeigersinn drehen und verriegeln.

Zierleiste aus- und einbauen

Ausbau

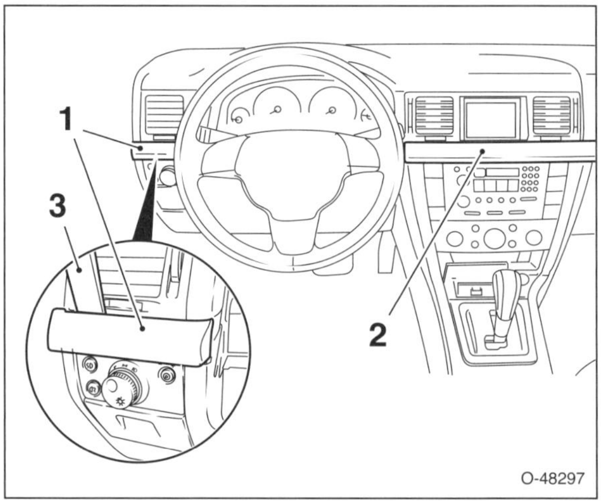

- Mit einem Kunststoffkeil –3– Zierleiste links –1– und rechts –2– von der Armaturentafel drücken.

Einbau

- Zierleiste an der Armaturentafel ansetzen und festclipsen.

Seitliche Verkleidung im Fußraum aus- und einbauen

Ausbau

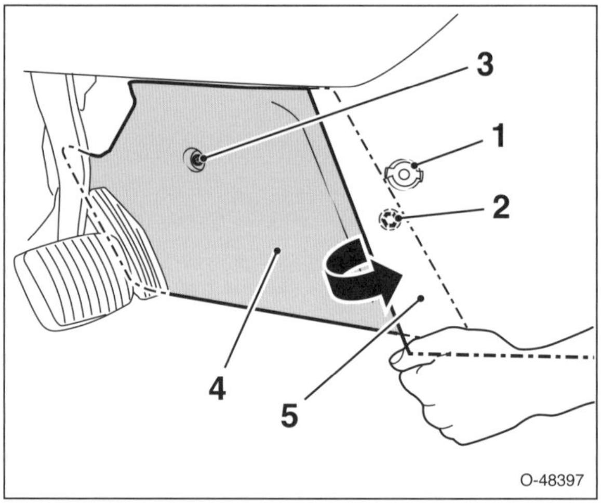

- Mit einem Kunststoffkeil Abdeckkappe aus der vorderen Mittelkonsole heraushebeln und Schraube –1– herausdrehen.
- Vordere Seitenwand –5– der Mittelkonsole nach außen ziehen und verdeckte Schraube –2– mit geeignetem Werkzeug herausdrehen.

- Zweite Schraube –3– herausdrehen, seitliche Verkleidung –4– unter der Verkleidung der Armaturentafel hervorziehen und aus dem Fußraum herausnehmen.

Einbau

- Der Einbau erfolgt in umgekehrter Ausbaureihenfolge.

Verkleidung Armaturentafel unten Fahrerseite aus- und einbauen

Ausbau

- Lenkrad auf höchste Position stellen.
- Lichtschaltereinheit aus der Armaturentafel ausbauen, siehe Seite 104.

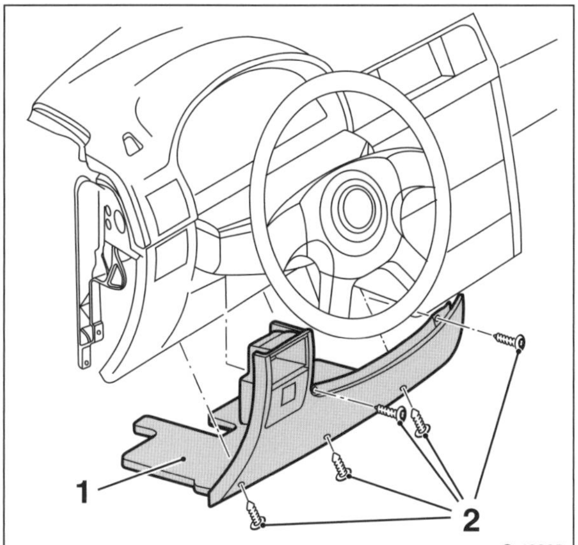

O-48305

- 5 Schrauben –2– herausdrehen und untere Verkleidung –1– von der Armaturentafel abnehmen.

Einbau

- Der Einbau erfolgt in umgekehrter Ausbaureihenfolge.

Lenksäulenverkleidung aus- und einbauen

Ausbau

- Zierleiste von der Armaturentafel ausbauen, siehe entsprechendes Kapitel.
- Verkleidung unten auf der Fahrerseite von der Armaturentafel ausbauen, siehe entsprechendes Kapitel.
- 2 Schrauben für Lenkradverstellhebel herausdrehen, Lenkradverstellhebel umlegen und Knauf vom Lenkradverstellhebel abziehen.

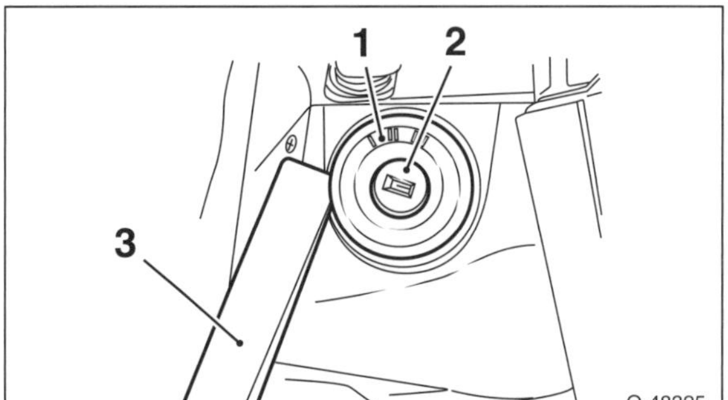

O-48325

- Mit einem Kunststoffkeil –3– Blende –1– am Zündschloss –2– abhebeln.
- Lenkrad auf unterste Position stellen.

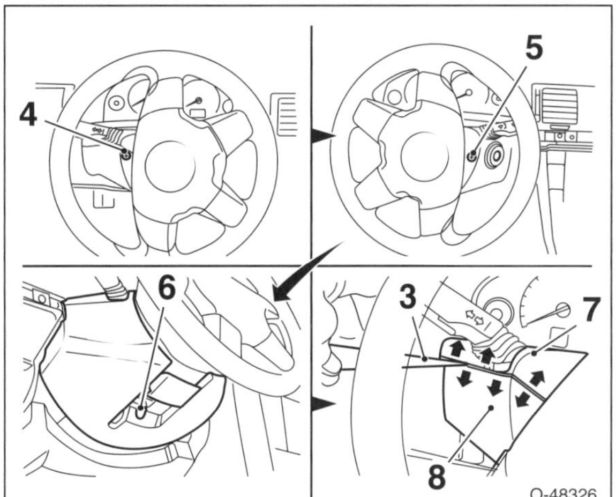

O-48326

- Mit einem Kunststoffkeil 2 Abdeckkappen aus der Lenksäulenverkleidung heraushebeln und Schrauben –4/5– herausdrehen.
- Schraube –6– unten herausdrehen.
- Kunststoffkeil –3– zwischen Verkleidungs-Ober- und Unterteil schieben und obere Verkleidung –7– von der unteren Verkleidung –8– ablösen.

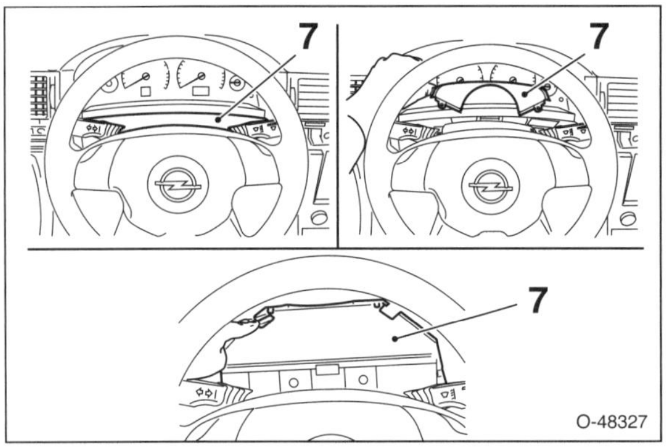

- Obere Verkleidung –7– hochklappen und von der Lenksäule lösen.

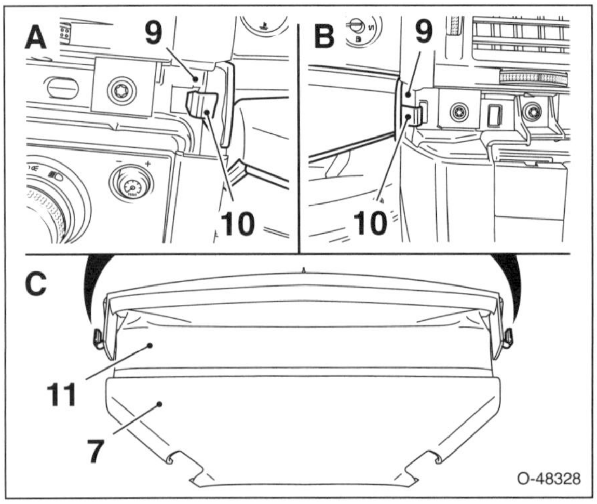

- Blende für Kombiinstrument rechts und links aus der Armaturentafel –9– ausclipsen –10–.
- Blende –11– zusammen mit oberer Verkleidung –7– herausziehen.

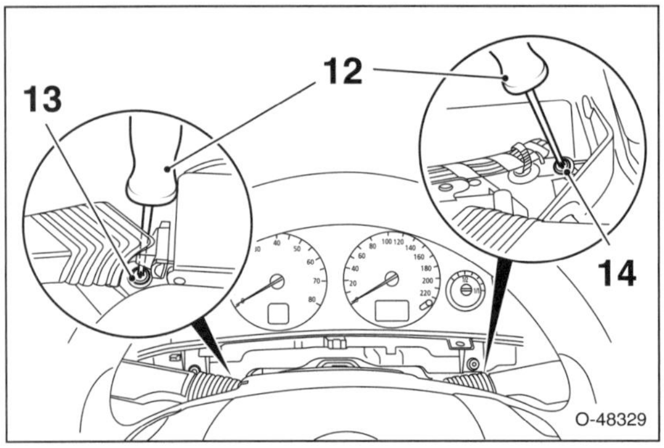

- Mit einem Schraubendreher –12– 2 Schrauben –13/14– links und rechts herausdrehen.
- Lenkradverstellhebel entriegeln und untere Verkleidung nach unten von der Lenksäule abziehen, dabei Lenkradverstellhebel durch die Verkleidung führen.

Einbau

- Der Einbau erfolgt in umgekehrter Ausbaureihenfolge. Dabei die Blende so am Zündschloss aufdrücken, dass die Markierung »0« die Nullstellung des Zündschlüssels korrekt anzeigt.

Türabdichtgummi aus- und einbauen

Ausbau

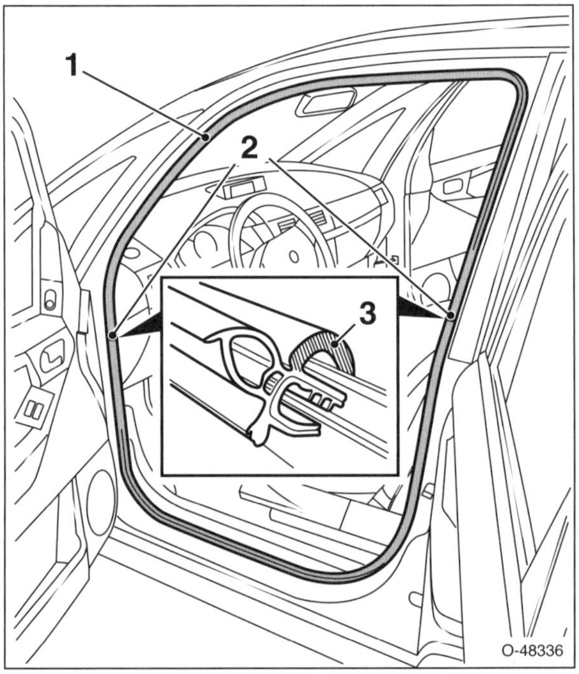

- Tür öffnen und Gummidichtung –1– vom Türrahmen abziehen.

Einbau

- Gummidichtung –1– am Türrahmen anlegen und festdrücken. Dabei darauf achten, dass die innere Dichtlippe –3– über der Innenverkleidung liegt.

Hinweis: Bei beschädigten Stoßstellen –2– der Gummidichtung Gummikleber auf ein Übergangsstück auftragen und Dichtungsenden zusammenfügen.

Einstiegsleiste aus- und einbauen

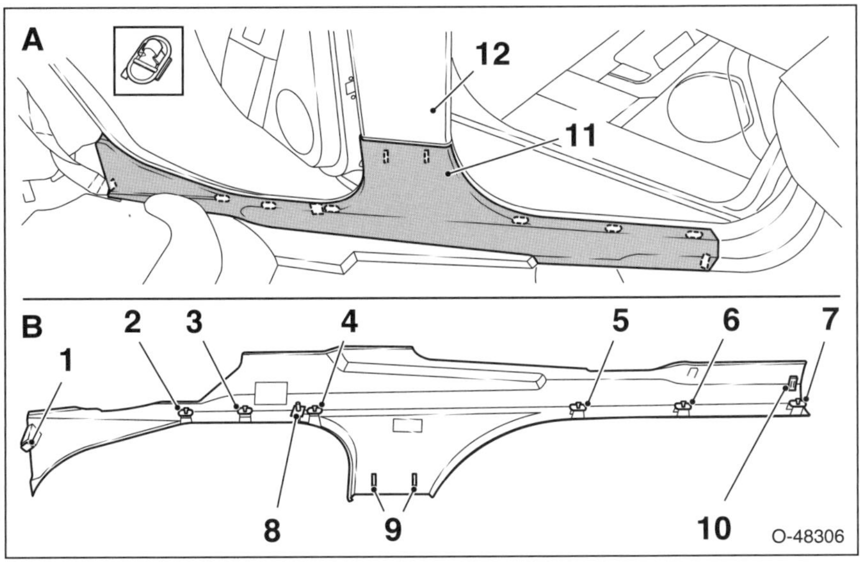

1-7 – Halteclips
In numerischer Reihenfolge ausclipsen.
8 – Führungsnase
9 – Führung
10 – Führung
11 – Einstiegsleiste
12 – B-Säulen-Verkleidung

Ausbau

- Türen vorn und hinten öffnen und Gummidichtung am Türschweller abziehen.
- **SIGNUM:** Seitliche Verkleidung im Laderaum ausbauen, siehe entsprechendes Kapitel.
- Rücksitzbank ausbauen, siehe entsprechendes Kapitel.
- **CARAVAN:** Rücksitzseitenpolster ausbauen, siehe entsprechendes Kapitel.
- **CARAVAN:** Verzurröse vom Unterboden abschrauben.
- Mit einem Kunststoffkeil B-Säulen-Verkleidung –12– unten von der Einstiegsleiste –11– ablösen. Kunststoffkeil dabei an der Seite einführen.
- Einen Kunststoffkeil unter die Einstiegsleiste schieben und Einstiegsleiste –11– an den Halteclips in numerischer Reihenfolge von –1– bis –7– vom Türschweller lösen. Dabei hinten beginnen und Einstiegsleiste vom Türschweller abziehen. **Achtung:** Einstiegsleiste an der Führungsnase –8– sowie den Stoßstellen –9/10– nicht beschädigen.

Einbau

- Darauf achten, dass die elektrischen Leitungen am Türschweller richtig verlegt werden und nicht gequetscht werden.
- Halteclips auf Beschädigungen und auf richtigen Sitz an der Einstiegsleiste überprüfen, wenn nötig, ersetzen.
- Einstiegsleiste so am Türschweller ansetzen, dass die Federclips der Einstiegsleiste in die Bohrungen eingreifen. Dabei vorne an der Führung –10– beginnen und Halteclips in absteigender Reihenfolge von –7– bis –1– eindrücken.
- Der weitere Einbau erfolgt in umgekehrter Ausbaureihenfolge, dabei darauf achten, dass die Gummidichtung über die Verkleidung greift.
- **CARAVAN:** Verzurröse mit **20 Nm** am Unterboden anschrauben.

Verkleidung A-Säule aus- und einbauen

Obere Verkleidung A-Säule

Ausbau

Achtung: Bei Fahrzeugen mit Kopfairbag unbedingt Airbag-Sicherheitshinweise beachten, siehe Seite 138.

- Um ein Auslösen des Kopf-Airbags zu verhindern, Zündung ausschalten, zuerst Massekabel (–) und danach Pluskabel (+) von der Batterie abklemmen. **Minuspol der Batterie mit Isolierband abkleben**. Hinweise im Kapitel »Batterie aus- und einbauen« beachten.

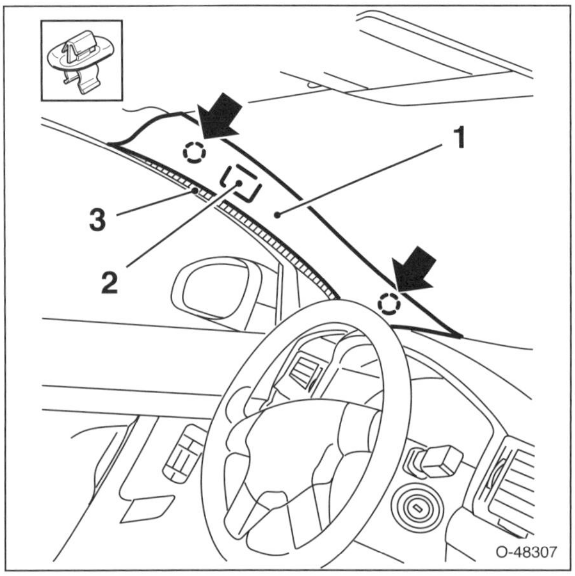

- Gummidichtung –3– an der Vordertür im Bereich der A-Säule abziehen.
- **Fahrzeuge mit Kopfairbag:** Blende mit Clip –2– mit einem Schraubendreher nach und nach aus der Verkleidung –1– an der A-Säule heraushebeln.
- Einen Kunststoffkeil unter die Verkleidung schieben und Verkleidung –1– an den Halteclips –Pfeile– von der A-Säule lösen.
- Verkleidung nach oben aus der Armaturentafel herausziehen.

Einbau

- Halteclips auf Beschädigungen und auf richtigen Sitz an der Verkleidung überprüfen, wenn nötig, ersetzen.
- Der Einbau erfolgt in umgekehrter Ausbaureihenfolge, dabei darauf achten, dass die Gummidichtung –3– über die Verkleidung greift.

Untere Verkleidung A-Säule

Ausbau

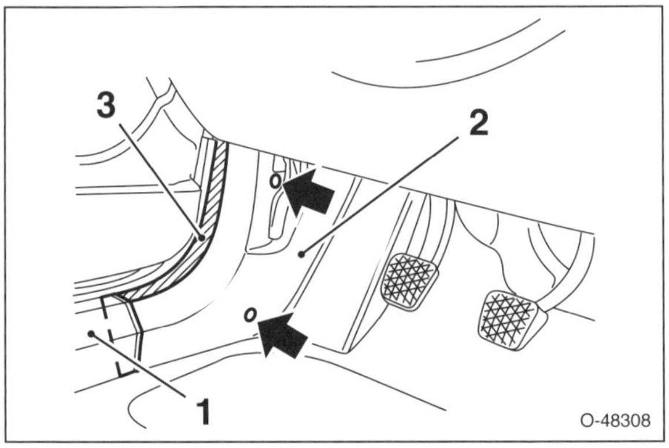

- Einstiegsleiste –1– vorne an der Stoßkante vom Türschweller ablösen, siehe entsprechendes Kapitel.
- 2 Schrauben –Pfeile– herausdrehen.
- Verkleidung –2– unten von der A-Säule abnehmen und aus dem Fußraum herausnehmen.

Einbau

- Der Einbau erfolgt in umgekehrter Ausbaureihenfolge, dabei darauf achten, dass die Gummidichtung –3– über die Verkleidung greift.

Verkleidung B-Säule aus- und einbauen

Obere Verkleidung B-Säule

Ausbau

- Türen vorn und hinten öffnen und Gummidichtung an der B-Säule abziehen.

Achtung: Bei Fahrzeugen mit Kopfairbag unbedingt Airbag-Sicherheitshinweise beachten, siehe Seite 138.

- Um ein Auslösen des Kopf-Airbags zu verhindern, Zündung ausschalten, zuerst Massekabel (–) und danach Pluskabel (+) von der Batterie abklemmen. **Minuspol der Batterie mit Isolierband abkleben**. Hinweise im Kapitel »Batterie aus- und einbauen« beachten.
- **Fahrzeuge mit Kopfairbag:** Blende mit Clip mit einem Kunststoffkeil nach und nach aus der oberen Verkleidung an der B-Säule heraushebeln.
- Vordersitz nach vorne schieben und Sicherheitsgurt-Endbeschlag vom Vordersitz abschrauben, siehe »Kapitel Vordersitz aus- und einbauen«.

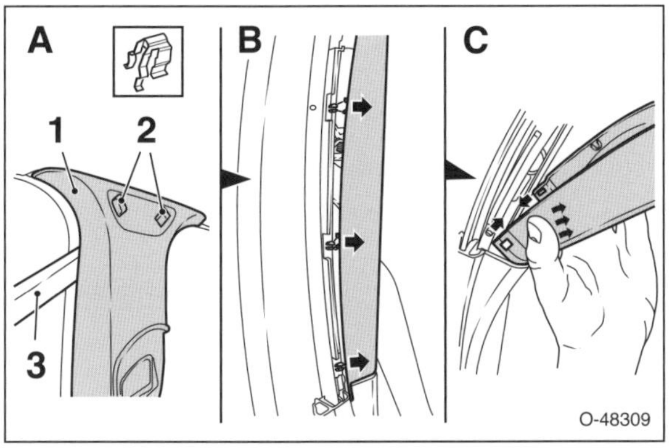

- Einen Kunststoffkeil –3– oben unter die Verkleidung schieben und Verkleidung –1– an den Halteclips –2– von der B-Säule lösen.
- Kunststoffkeil an den Seiten unter die Verkleidung schieben und Verkleidung an den Halteclips von der B-Säule lösen –Pfeile Abschnitt B–.
- Verkleidung unten an der Stoßstelle zusammendrücken –Pfeile Abschnitt C– und nach oben von der B-Säule abziehen.
- Sicherheitsgurt aus der Gurtführung des Höhenverstellers herausfädeln und Verkleidung von der B-Säule abnehmen.

Einbau

- Halteclips auf Beschädigungen und auf richtigen Sitz an der Verkleidung überprüfen, wenn nötig, ersetzen.
- Der Einbau erfolgt in umgekehrter Ausbaureihenfolge, dabei darauf achten, dass die Gummidichtung über die Verkleidung greift.
- Auf korrekten Lauf des Gurtbandes in der Verkleidung an der B-Säule achten.
- Funktion des Höhenverstellers und des Aufrollautomaten prüfen.

Untere Verkleidung B-Säule

Ausbau

- Türen vorn und hinten öffnen und Gummidichtung an der B-Säule abziehen.
- Vordersitz nach vorne schieben.
- Mit einem Kunststoffkeil Einstiegsleiste von der unteren B-Säulen-Verkleidung ablösen. Kunststoffkeil dabei an der Seite einführen. Einstiegsleiste teilweise von der B-Säule ziehen, siehe entsprechendes Kapitel.

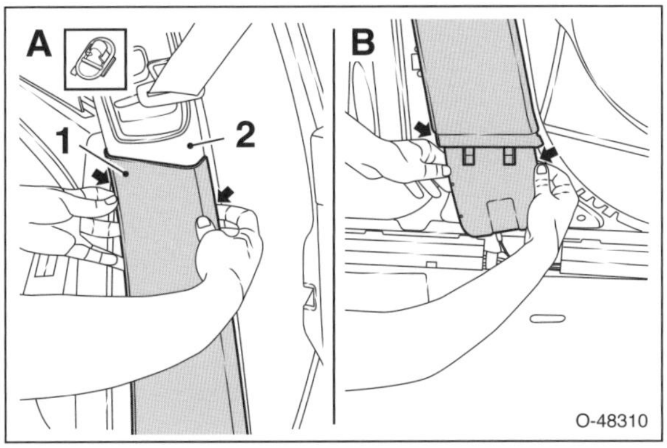

- Mit einem Kunststoffkeil –Abschnitt A– untere B-Säulen-Verkleidung –1– von der oberen B-Säulen-Verkleidung –2– ablösen. Kunststoffkeil dabei an der Seite einführen.
- Untere B-Säulen-Verkleidung –1– von der B-Säule ziehen –Pfeile Abschnitt A/B–.

Einbau

- Halteclips auf Beschädigungen und auf richtigen Sitz an der Verkleidung überprüfen, wenn nötig, ersetzen.
- Verkleidung unten an der B-Säule anclipsen.
- Verkleidung oben an die obere B-Säulen-Verkleidung anclipsen.
- Einstiegsleiste einbauen, siehe entsprechendes Kapitel.
- Gummidichtung so an der B-Säule einbauen, dass sie über die Verkleidung greift.

Verkleidung C/D-Säule aus- und einbauen

Achtung: Bei Fahrzeugen mit Kopfairbag unbedingt Airbag-Sicherheitshinweise beachten, siehe Seite 138.

- Um ein Auslösen des Kopf-Airbags zu verhindern, Zündung ausschalten, zuerst Massekabel (–) und danach Pluskabel (+) von der Batterie abklemmen. **Minuspol der Batterie mit Isolierband abkleben**. Hinweise im Kapitel »Batterie aus- und einbauen« beachten.

- Abdeckkappe am Umlenkbeschlag –1– für Sicherheitsgurt oben greifen und abziehen.
- Schraube –Pfeil– herausdrehen und Umlenkbeschlag –1– von der C-Säule abnehmen.
- Beim Einbau darauf achten, dass die Gummidichtung an der Hintertür und der Heckklappe über die Verkleidung greift.
- Gurt-Umlenkbeschlag mit **35 Nm** festschrauben. Funktion des Gurthöhenverstellers prüfen.

C-Säulen-Verkleidung/Limousine

- Rücksitzseitenpolster ausbauen, siehe entsprechendes Kapitel.

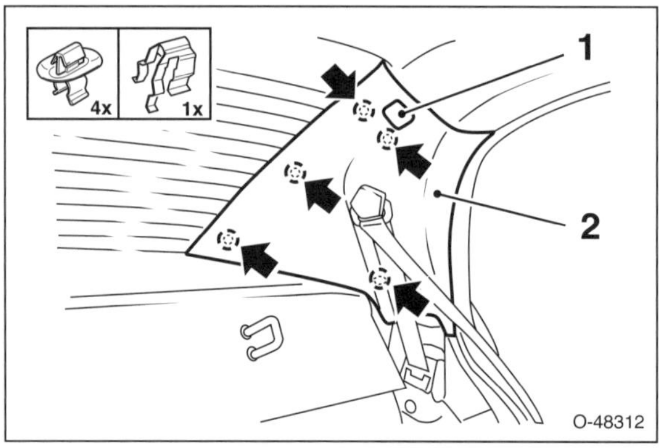

- Mit einem Schraubendreher Blende mit Clip –1– nach und nach heraushebeln.
- Einen Kunststoffkeil unter die Verkleidung –2– schieben, Verkleidung an den Halteclips –Pfeile– von der C-Säule lösen und abnehmen.

C/D-Säulen-Verkleidung/Fließheckmodell

- Heckklappe öffnen und Kofferraumabdeckung herausnehmen.
- Rücksitzlehne nach vorne klappen.
- Rücksitzseitenpolster ausbauen, siehe entsprechendes Kapitel.
- Seitliche Verkleidung im Kofferraum ausbauen, siehe entsprechendes Kapitel.

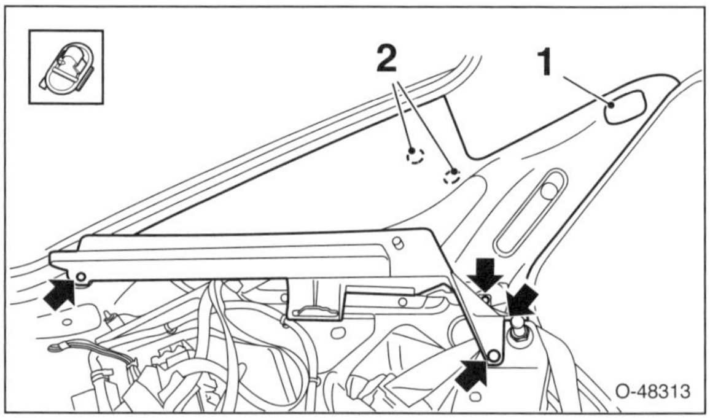

- Mit einem Kunststoffkeil Blende mit Clip –1– nach und nach heraushebeln.
- 4 Schrauben –Pfeile– herausdrehen.
- Einen Kunststoffkeil unter die Verkleidung schieben, Verkleidung an den Halteclips –2– von der C/D-Säule lösen und abnehmen.

C/D-Säulen-Verkleidung/CARAVAN

C-Säule

- Rücksitzlehne nach vorne klappen und Rücksitzseitenpolster ausbauen, siehe entsprechendes Kapitel.
- Heckklappe öffnen, Laderaumabdeckplane entriegeln und herausnehmen.
- Seitliche Auflage für Laderaumabdeckung ausbauen, siehe Abbildung O-48316 im Abschnitt für die D-Säulen-Verkleidung.

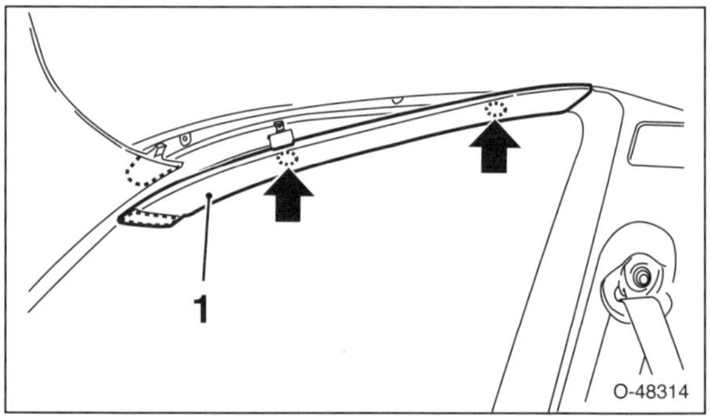

- Einen Kunststoffkeil unter die Verkleidung –1– oben am Dachhimmel schieben, Verkleidung an den Halteclips –Pfeile– lösen und abnehmen.
- Gummidichtung an der C-Säule abziehen.

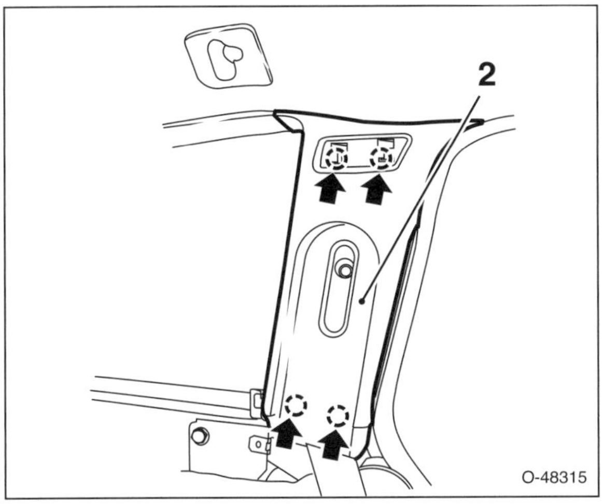

- Mit einem Kunststoffkeil Blende mit Clip oben aus der Verkleidung –2– an der C-Säule nach und nach heraushebeln.
- Einen Kunststoffkeil unter die Verkleidung –2– schieben, Verkleidung an den Halteclips –Pfeile– lösen und abnehmen.

D-Säule

- Rücksitzlehne nach vorne klappen und Rücksitzseitenpolster ausbauen, siehe entsprechendes Kapitel.
- Heckklappe öffnen, Laderaumabdeckplane entriegeln und herausnehmen.
- Einen Kunststoffkeil unter die seitliche Verkleidung –1– oben am Dachhimmel schieben, Verkleidung an den Halteclips –Pfeile– lösen und abnehmen, siehe Abbildung O-48314.
- Hintere Verkleidung oben am Dachhimmel abclipsen, dazu einen Kunststoffkeil unter die Verkleidung schieben und Verkleidung an 4 Halteclips ablösen.

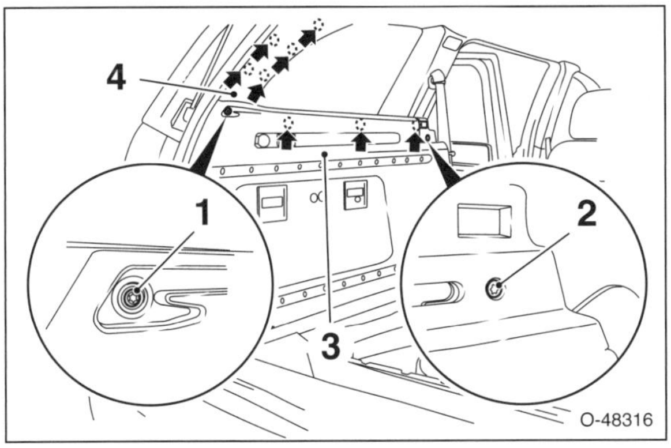

- 2 Schrauben –1/2– herausdrehen.
- Mit einem Kunststoffkeil seitliche Auflage –3– für Laderaumabdeckung an 3 Halteclips –Pfeile– von der Seitenwand lösen.
- Einen Kunststoffkeil unter die D-Säulen-Verkleidung –4– schieben, Verkleidung an 5 Halteclips –Pfeile– von der D-Säule lösen und abnehmen.

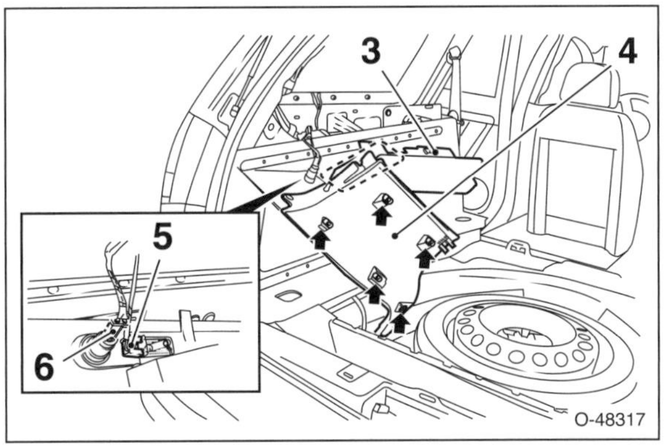

- An der Rückseite der seitlichen Auflage –3– Stecker für Kofferraumleuchte –5– und Steckdose –6– entriegeln und abziehen. Pfeile – Halteclips.
- D-Säulen-Verkleidung –4– zusammen mit seitlicher Auflage –3– abnehmen.
- D-Säulen-Verkleidung an der Stoßstelle von der seitlichen Auflage abclipsen.

C-Säulen-Verkleidung/SIGNUM

Ausbau

- Rücksitzlehne nach vorne klappen.
- Heckklappe öffnen, Laderaumabdeckplane entriegeln und herausnehmen.

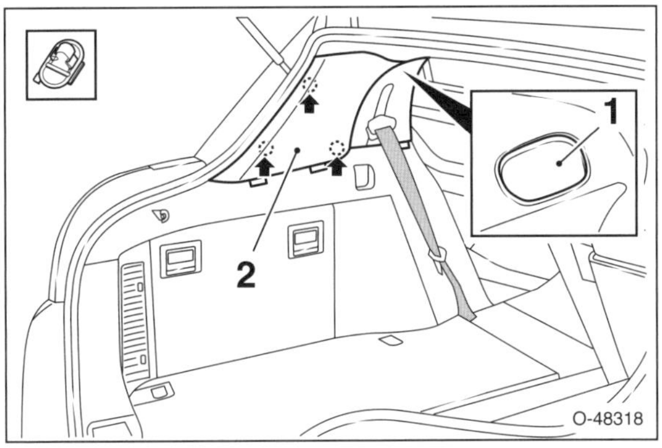

- Mit einem Schraubendreher Blende mit Clip –1– nach und nach heraushebeln.
- Einen Kunststoffkeil unter die Verkleidung –2– schieben, Verkleidung an den Halteclips –Pfeile– von der C-Säule lösen und abnehmen.

Seitliche Verkleidung im Kofferraum aus- und einbauen

Limousine/Fließheckmodell (GTS)

Ausbau

- Kofferraumdeckel beziehungsweise Heckklappe öffnen.
- **Fließheckmodell (GTS):** Kofferraumabdeckung herausnehmen und Rücksitzlehne nach vorne klappen.
- Griff hochklappen und Bodenbelag aus dem Kofferraum herausziehen.
- Verkleidung am Heckabschluss ausbauen, siehe entsprechendes Kapitel.
- 2 Stopfen mit Lösehebel, zum Beispiel HAZET 799-3, herausziehen, Verkleidung von der Seitenwand lösen und herausziehen.

Einbau

- Der Einbau erfolgt in umgekehrter Ausbaureihenfolge, dabei darauf achten, dass die Gummidichtung an der Kofferraumöffnung über die Verkleidung greift.

Seitliche Verkleidung im Laderaum aus- und einbauen

CARAVAN

Ausbau

- Rücksitzlehne nach vorne klappen.
- Heckklappe öffnen, Laderaumabdeckplane entriegeln und herausnehmen.
- Griff hinten nach unten drücken, hochziehen und Bodenbelag aus dem Laderaum herausziehen.
- Verkleidung am Heckabschluss ausbauen, siehe entsprechendes Kapitel.

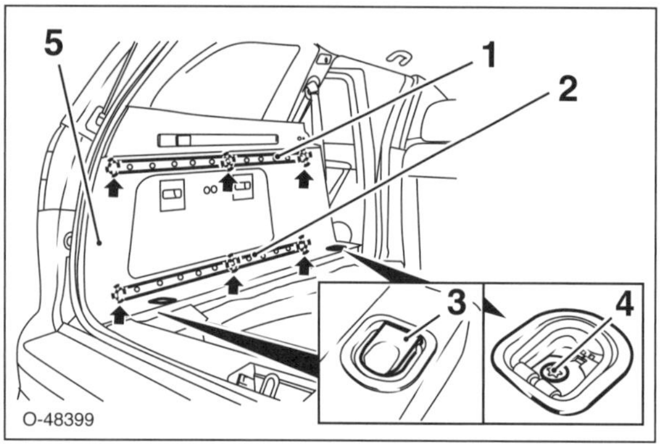

- Abdeckkappen –3– heraushebeln und Verzurrösen vom Laderaumboden abschrauben –4–.
- Obere –1– und untere –2– Leiste abclipsen und 6 darunter liegende Schrauben –Pfeile– herausdrehen.
- Verkleidung –5– von der Seitenwand lösen und herausziehen.

Einbau

- Der Einbau erfolgt in umgekehrter Ausbaureihenfolge, dabei Verzurrösen mit **20 Nm** am Laderaumboden festschrauben.

SIGNUM

Ausbau

- Heckklappe öffnen, Laderaumabdeckplane entriegeln und herausnehmen.
- Verkleidung am Heckabschluss ausbauen, siehe entsprechendes Kapitel.
- Bodenbelag aus dem Laderaum herausnehmen. Dazu vorher 3 Stopfen vorne aus dem Boden herausschrauben. Abdeckkappen heraushebeln und 2 Verzurrösen an den Seiten vom Laderaumboden abschrauben. Griff hinten nach unten drücken, hochziehen und Bodenbelag aus dem Laderaum herausziehen.
- Gummidichtung an der Laderaumöffnung und an der Hintertür im Bereich der Seitenverkleidung abziehen.
- Rücksitzlehne nach vorne klappen.
- Verkleidung von der C-Säule ausbauen, siehe entsprechendes Kapitel.

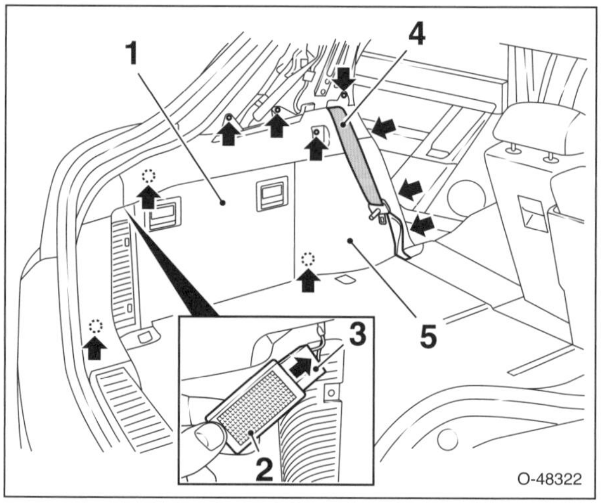

- 2 Verriegelungstasten herunterdrücken, Serviceklappe –1– in der seitlichen Laderaumverkleidung herunterklappen und herausnehmen.
- Laderaumleuchte –2– mit einem Schraubendreher vorsichtig aus der Verkleidung heraushebeln, Stecker –3– abziehen.
- Sicherheitsgurt –4– an der seitlichen Laderaumverkleidung –5– herausfädeln.
- 5 Schrauben –Pfeile oben– herausdrehen.

- Verkleidung –5– an den Halteclips –Pfeile unten– von der Seitenwand lösen und abnehmen.

Einbau

- Der Einbau erfolgt in umgekehrter Ausbaureihenfolge, dabei darauf achten, dass die Gummidichtung an der Laderaumöffnung und an der Hintertür über die Verkleidung greift. Verzurrösen mit **20 Nm** am Laderaumboden festschrauben.

Hutablage aus- und einbauen

Limousine

Ausbau

- Kopfstützen entriegeln, aus der Rücksitzlehne herausziehen und Rücksitzlehne nach vorne klappen.
- Rücksitzseitenpolster links und rechts ausbauen, siehe entsprechendes Kapitel.
- Verkleidung von der C-Säule ausbauen, siehe entsprechendes Kapitel.

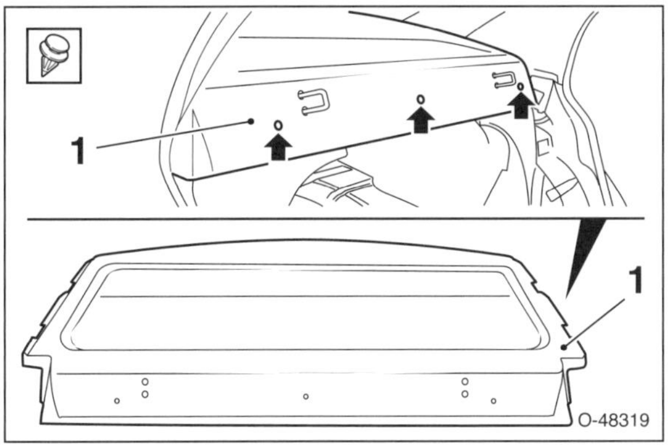

- 3 Stopfen –Pfeile– mit Lösehebel, zum Beispiel HAZET 799-3, herausziehen und Hutablage –1– nach vorne herausziehen.

Einbau

- Der Einbau erfolgt in umgekehrter Ausbaureihenfolge.

Verkleidung Heckabschluss aus- und einbauen

Limousine/Fließheckmodell (GTS)

Ausbau

- Kofferraumdeckel beziehungsweise Heckklappe öffnen.
- Griff hochklappen und Bodenbelag aus dem Kofferraum herausziehen.

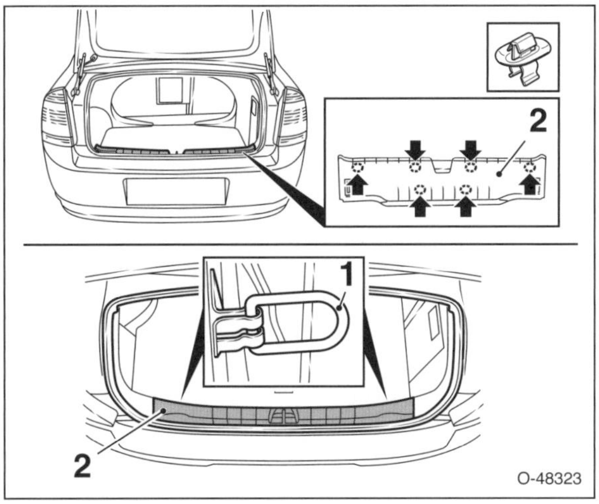

- 2 Verzurrösen –1– hochklappen.
- Verkleidung –2– an 6 Halteclips –Pfeile– von der Heckabschlusswand lösen und abnehmen.

Einbau

- Der Einbau erfolgt in umgekehrter Ausbaureihenfolge, dabei darauf achten, dass die Gummidichtung an der Laderaumöffnung über die Verkleidung greift.

CARAVAN/SIGNUM

Ausbau

- Heckklappe öffnen, Griff hinten nach unten drücken, hochziehen und Bodenbelag im Laderaum anheben.

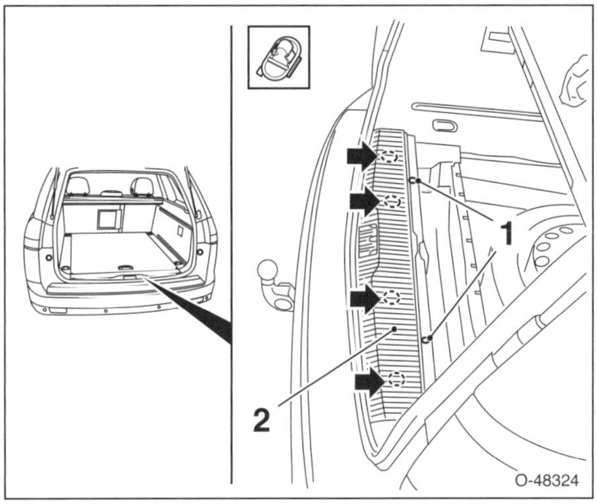

- 2 Abdeckkappen –1– aus der Verkleidung –2– am Heckabschluss heraushebeln und Schrauben herausdrehen.
- Verkleidung –2– an 4 Halteclips –Pfeile– von der Heckabschlusswand lösen und abnehmen.

Einbau

- Der Einbau erfolgt in umgekehrter Ausbaureihenfolge, dabei darauf achten, dass die Gummidichtung an der Laderaumöffnung über die Verkleidung greift.

Vordersitz aus- und einbauen

Ausbau

- Um ein Auslösen des Seiten-Airbags zu verhindern, Zündung ausschalten, zuerst Massekabel (–) und danach Pluskabel (+) von der Batterie abklemmen. **Minuspol der Batterie mit Isolierband abkleben**. Hinweise im Kapitel »Batterie aus- und einbauen« beachten.
- Kopfstütze entriegeln und aus der Vordersitzlehne herausziehen.
- Vordersitz nach vorne schieben und Vordersitzlehne nach vorne stellen.

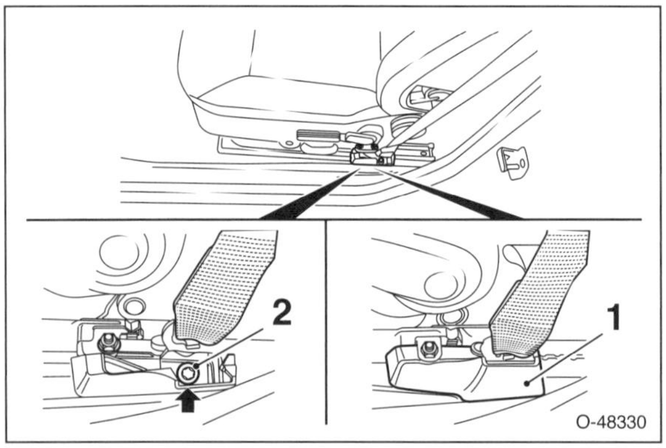

- Abdeckung –1– am Vordersitz ausclipsen und Schraube –2– für Sicherheitsgurt-Endbeschlag herausdrehen.
- Sicherheitsgurt vom Vordersitz abnehmen.

Achtung: Vor dem Trennen der Steckverbindung für Seitenairbag, elektrostatische Aufladung abbauen, dazu kurz den Schließbügel der Tür oder die Karosserie anfassen. Unbedingt **Airbag-Sicherheitshinweise** befolgen, siehe Seite 138.

- Stecker hinten unter dem Vordersitz abziehen. Dazu Abdeckung am Stecker abziehen. Verriegelungsschieber aus dem Steckergehäuse herausziehen und Stecker abziehen.

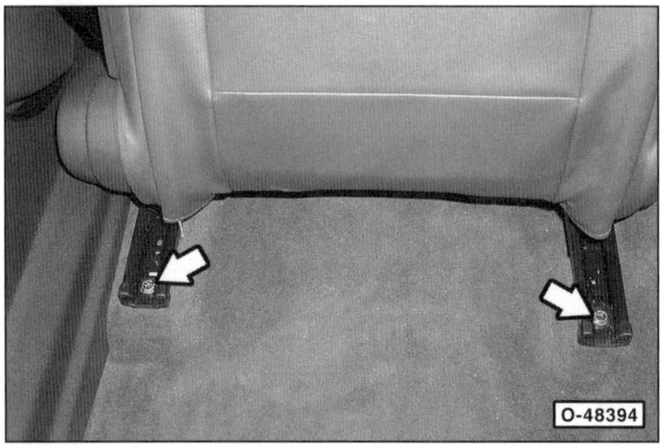

- 2 Schrauben –Pfeile– hinten am Vordersitz aus dem Boden herausdrehen.
- Vordersitz mit Führungsschiene nach hinten ziehen, Sitz dabei vorne aus den Einhak-Aufnahmen herausziehen.
- Vordersitz aus dem Fahrzeug herausnehmen.

Einbau

- Schrauben für Vordersitz und Sicherheitsgurt-Endbeschlag mit einem Gewindeschneider nachschneiden, säubern und mit Schraubensicherungsmittel, zum Beispiel LOCTITE 243, bestreichen.
- Vordersitz vorne in die Einhak-Aufnahmen einsetzen und nach vorne schieben.
- Schrauben hinten reindrehen und mit **25 Nm** festziehen.
- Sicherheitsgurt-Endbeschlag mit **25 Nm** am Vordersitz festschrauben und Abdeckung anclipsen.
- Stecker unter dem Vordersitz ansetzen und aufschieben. Verriegelungsschieber eindrücken. Abdeckung am Stecker aufdrücken.
- Kopfstütze in die Vordersitzlehne einschieben.

Achtung: Beim Anklemmen der Batterie darf sich keine Person im Innenraum des Fahrzeugs aufhalten.

- Isolierband vom Minuspol der Batterie entfernen, zuerst Pluskabel (+) und danach Massekabel (–) an der Batterie anklemmen. **Achtung:** Hinweise im Kapitel »Batterie aus- und einbauen« beachten.
- Falls die Airbag-Warnlampe im Kombiinstrument nach Einschalten der Zündung nicht erlischt, liegt eine Störung im Airbag-System vor. In diesem Fall muss eine Fachwerkstatt aufgesucht werden.

Rücksitz aus- und einbauen

Rücksitzbank/Limousine, Fließheckmodell

Ausbau

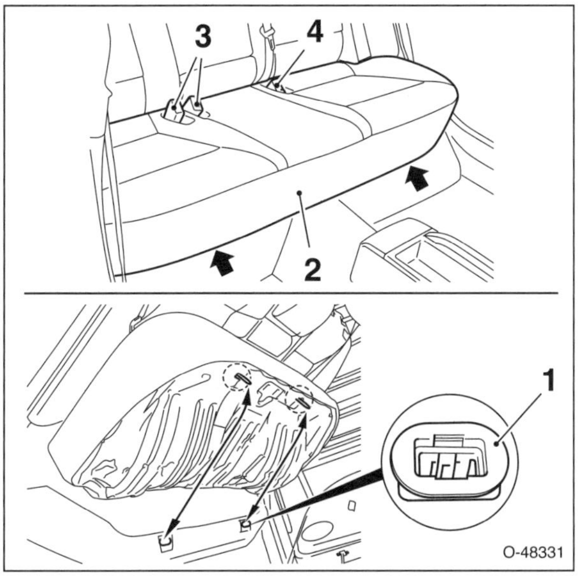

- Rücksitzbank –2– vorne –Pfeile– anheben und aus den Aufnahmen –1– am Boden herausziehen.
- Sicherheitsgurt-Schlösser –3/4– aus der Rücksitzbank ausfädeln und Rücksitzbank –2– vorziehen.
- Fahrzeuge mit Sitzheizung hinten: An der Rückseite der Rücksitzbank Stecker für Sitzheizung entriegeln und abziehen.
- Rücksitzbank herausnehmen.

Einbau

- Rücksitzbank einsetzen, Gurtschlösser einfädeln und Rücksitzbank vorne hörbar in die Aufnahmen einrasten.
- Gegebenenfalls Stecker für Sitzheizung anklemmen.

Rücksitzbank/CARAVAN

Ausbau

- Rücksitzbank vorne untergreifen und mit einem kräftigen Ruck aus 2 Aufnahmen rechts und links am Boden herausziehen.

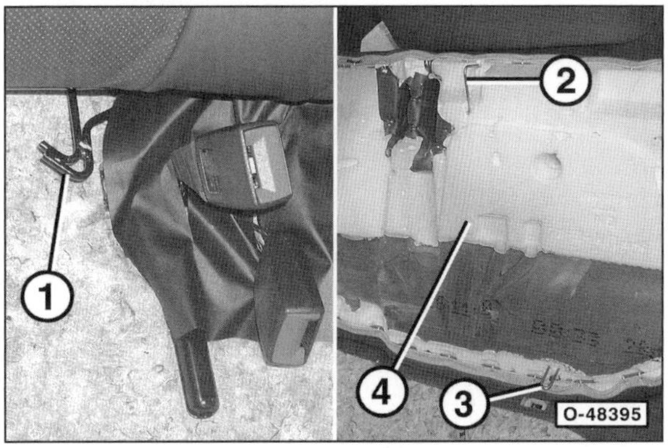

- Rücksitzbank an der rechten Seite nach hinten drücken, dann nach außen ziehen und rechten Befestigungsbügel –2– aus dem Haken –1– aushängen. 3 – Haltebügel vorn, 4 – Rückseite der Rücksitzbank.

Hinweis: Die hinteren Befestigungsbügel sind sehr schwer aus den Haken auszuhängen. Darum kann es hilfreich sein, die Rücksitzseitenpolster auszubauen, siehe entsprechenden Abschnitt.

- An der linken Seite Rücksitzbank ebenfalls nach hinten drücken, dann nach außen ziehen und linken Befestigungsbügel aushängen.
- Sicherheitsgurt-Schlösser aus der Rücksitzlehne herausziehen.
- Fahrzeuge mit Sitzheizung hinten: An der Rückseite der Rücksitzbank Stecker für Sitzheizung entriegeln und abziehen.
- Rücksitzbank herausnehmen.

Einbau

- Rücksitzbank einsetzen und Gurtschlösser einfädeln.
- Befestigungsbügel hinten an der Rücksitzbank einhängen und Rücksitzbank vorne hörbar in die Aufnahmen einrasten.
- Gegebenenfalls Stecker für Sitzheizung anklemmen.

Rücksitzseitenpolster/ Limousine, Fließheckmodell, CARAVAN

Ausbau

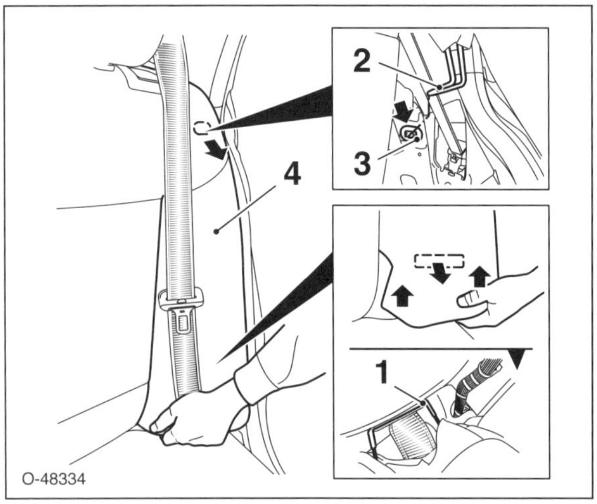

- Seitliches Rückenpolster –4– zuerst aus der oberen Aufnahme –3– herausziehen. Polster dabei oben greifen und mit einem kräftigen Ruck herausziehen, dadurch wird der Haltebügel –2– aus der Aufnahme –3– herausgezogen.
- Anschließend Rückenpolster unten greifen und nach oben aus der unteren Aufnahme –1– herausziehen.

Einbau

- Rückenpolster zuerst in die untere Aufnahme einsetzen und oben einrasten. Dabei auf korrekten Verlauf des Sicherheitsgurtes achten.

Rücksitzlehne/ Limousine, Fließheckmodell, CARAVAN

Ausbau

- Rücksitzbank ausbauen, siehe entsprechenden Abschnitt.
- Rücksitzseitenpolster ausbauen, siehe entsprechenden Abschnitt.
- **Rücksitzlehne links:** Mutter abschrauben und mittleres Sicherheitsgurtschloss vom Boden abnehmen.

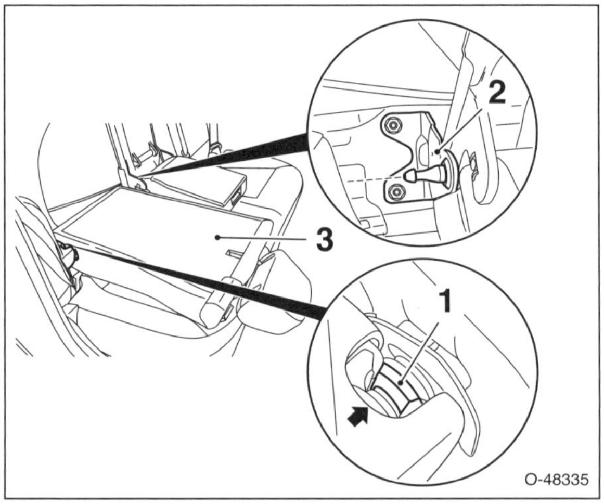

- Rücksitzlehne –3– nach vorne klappen.
- Mit einem Schraubendreher Lager außen –1– nach innen drücken –Pfeil– und entriegeln.
- Rücksitzlehne nach oben aus dem Lager herausziehen.
- **Rücksitzlehne rechts:** Rücksitzlehne aus dem Zapfen am Scharnier –2– herausziehen.
- **Rücksitzlehne links:** Rücksitzlehne mit Zapfen aus dem Scharnier herausziehen.
- Rücksitzlehne aus dem Fahrzeug herausnehmen.

Einbau

- Der Einbau erfolgt in umgekehrter Ausbaureihenfolge.
- Mittleres Sicherheitsgurtschloss mit **35 Nm** am Boden festschrauben.

Rücksitz außen/SIGNUM

Ausbau

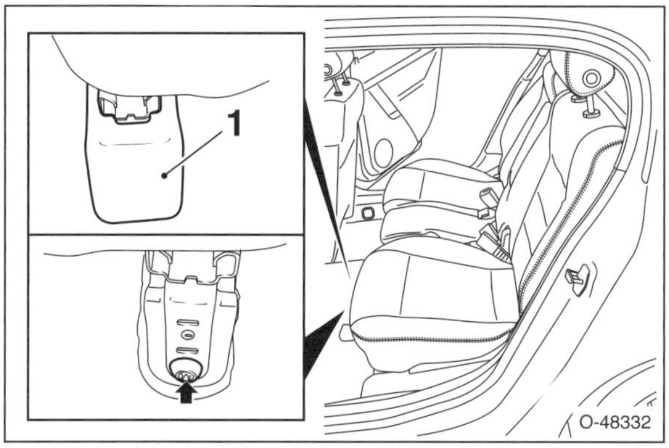

- 2 Blenden –1– für Führungsschienen ausclipsen und abnehmen.
- 2 Schrauben –Pfeil– herausdrehen.
- Rücksitz nach vorne schieben und Rücksitzlehne nach vorne klappen.
- Kopfstütze entriegeln und aus der Rücksitzlehne herausziehen.

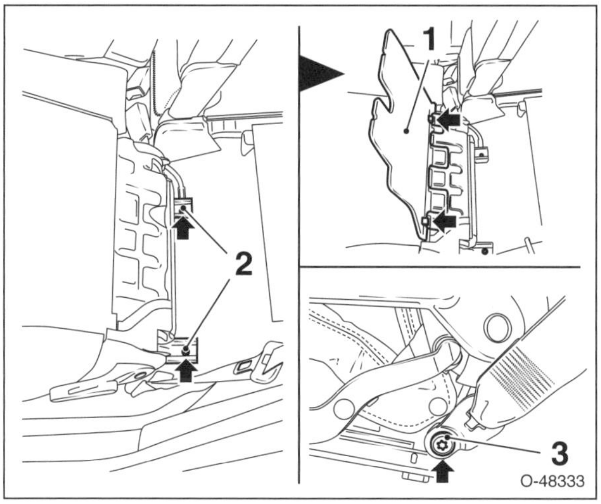

- Schraube –3– für Sicherheitsgurt-Endbeschlag herausdrehen und Sicherheitsgurt vom Rücksitz abnehmen.
- Abdeckung –1– hinten an der Rücksitzlehne aushängen –Pfeile– und abnehmen.
- 2 Schrauben –2– hinten am Rücksitz aus dem Boden herausdrehen.
- Rücksitz vorne vorsichtig anheben und Stecker für Gurtstraffer und Sitzheizung abziehen. Dazu Sicherung am Stecker herausziehen, zusammendrücken und abziehen.
- Rücksitz aus dem Fahrzeug herausnehmen.

Einbau

- Schrauben für Rücksitz und Sicherheitsgurt-Endbeschlag mit einem Gewindeschneider nachschneiden, säubern und mit Schraubensicherungsmittel, zum Beispiel LOCTITE 243, bestreichen.
- Der Einbau erfolgt in umgekehrter Ausbaureihenfolge, dabei Rücksitz mit **25 Nm** festschrauben und Sicherheitsgurt-Endbeschlag mit **35 Nm** am Rücksitz festschrauben.

Rücksitz Mitte/SIGNUM

Ausbau

- Falls eingebaut, Ablagekasten vom mittleren Rücksitz abbauen.
- Rechten Rücksitz nach vorne in Mittelstellung schieben.
- Rechte Rücksitzlehne nach vorne klappen, bis die rechte Sitzfläche entriegelt wird. Sitzfläche nach vorne schieben, nach unten drücken und gedrückt halten. Lasche im Bodenbelag aufklappen und Schraube für mittleren Rücksitz vorn rechts herausdrehen.

Achtung: Nach Loslassen der rechten Sitzfläche fährt diese selbsttätig in die Ausgangsstellung zurück und verriegelt. Dabei besteht Verletzungsgefahr der Hände durch Klemmen oder Quetschen.

- In gleicher Weise linke vordere Schraube für mittleren Rücksitz herausdrehen.
- Alle Rücksitzlehnen ganz nach unten klappen und 2 Muttern für mittleren Rücksitz hinten rechts und links abschrauben.
- Lehnen für rechten und linken Rücksitz zurückklappen und mittleren Rücksitz nach vorne aus dem Fahrzeug herausnehmen.

Einbau

- Mittleren Rücksitz einsetzen.
- Lehnen für rechten und linken Rücksitz ganz nach unten klappen und 2 Muttern hinten für mittleren Rücksitz aufschrauben. Muttern mit **35 Nm** festziehen.
- Linke Rücksitzlehne zurückklappen, dabei die Sitzfläche vorne halten. Linke Schraube vorn eindrehen und mit **35 Nm** festziehen. **Achtung:** Einklemmgefahr.
- In gleicher Weise rechte Schraube vorn reindrehen und mit **35 Nm** festziehen.

Karosserie außen

Aus dem Inhalt:

- **Motorraumabdeckung**
- **Windlaufgrill**
- **Kotflügel**
- **Stoßfänger**
- **Motorhaube**
- **Heckklappe**
- **Tür zerlegen**
- **Fensterheber**
- **Außenspiegel**

Bei der selbsttragenden Karosserie des VECTRA/SIGNUM sind Bodengruppe, Seitenteile, Dach und die hinteren Kotflügel miteinander verschweißt. Die Reparatur größerer Karosserieschäden sowie das Auswechseln von Front- und Heckscheibe sollten von einer Fachwerkstatt durchgeführt werden. Alle Karosserieteile sind gegen Durchrostung verzinkt.

Motorhaube, Heckklappe, Türen und die vorderen Kotflügel sind angeschraubt und lassen sich leicht auswechseln. Beim Einbau ist dann unbedingt ein gleichmäßiger Luftspalt einzuhalten, sonst klappert beispielsweise die Tür, oder es können während der Fahrt erhöhte Windgeräusche auftreten. Der Luftspalt muss auf jeden Fall parallel verlaufen, das heißt, der Abstand zwischen den Karosserieteilen muss auf der gesamten Länge des Spaltes gleich groß sein. Abweichungen bis zu 1 mm sind zulässig.

Achtung: Wenn im Rahmen von Arbeiten an der Karosserie auch Arbeiten an der elektrischen Anlage durchgeführt werden, **grundsätzlich** das Batterie-Massekabel (–) abklemmen. Dazu Hinweise im Kapitel »Batterie aus- und einbauen« durchlesen. Als Arbeit an der elektrischen Anlage ist dabei schon zu betrachten, wenn eine elektrische Leitung vom Anschluss abgezogen beziehungsweise abgeklemmt wird.

Hinweis: Zum Lösen von Tür- und Heckklappenverkleidungen einen Kunststoffkeil verwenden, zum Beispiel HAZET 1965-20. Clips, die beim Ausbau von Verkleidungen beschädigt werden, immer erneuern.

Sicherheitshinweise bei Karosseriearbeiten

Sicherheitshinweis
Bei Karosseriearbeiten entstehen oft starke Erschütterungen, beispielsweise durch Hammerschläge. Daher immer Zündung ausschalten und beide Batteriekabel abklemmen, sonst kann der Airbag ausgelöst werden. Airbag-Sicherheitshinweise durchlesen, siehe Seite 138.

- Muss an der Karosserie geschweißt werden, soll dies grundsätzlich durch Widerstandspunktschweißen (RP) durchgeführt werden. Nur wenn sich die Schweißzange nicht ansetzen lässt, ist das Schutzgas-Schweißverfahren anzuwenden.
- So weit Schweißarbeiten oder andere funkenerzeugende Arbeiten durchgeführt werden, grundsätzlich die Batterie komplett abklemmen (Pluskabel und Massekabel) und beide Batteriepole (+) und (–) sorgfältig mit Klebeband isolieren. Bei Arbeiten in Batterienähe muss die Batterie ausgebaut werden. **Achtung:** Unbedingt Hinweise im Kapitel »Batterie aus- und einbauen« beachten.
- **Fahrzeuge mit Klimaanlage:** An Teilen der befüllten Klimaanlage darf weder geschweißt noch hart- oder weichgelötet werden. Das gilt auch für Schweiß- und Lötarbeiten am Fahrzeug, wenn die Gefahr besteht, dass sich Teile der Klimaanlage erwärmen.

Sicherheitshinweis
Der **Kältemittelkreislauf** der Klimaanlage darf **nicht geöffnet** werden, da das Kältemittel bei Hautberührung Erfrierungen hervorrufen kann.
Bei versehentlichem Hautkontakt, die Stelle sofort mindestens 15 Minuten lang mit kaltem Wasser spülen. Austretendes Kältemittel verdampft bei Umgebungstemperatur. Das Kältemittel ist farb- und geruchlos sowie schwerer als Luft. Da das Kältemittel nicht wahrnehmbar ist, besteht am Boden beziehungsweise in einer Montagegrube Erstickungsgefahr.

- **Lackierung trocknen:** Im Rahmen einer Reparatur-Lackierung darf das Fahrzeug im Trockenofen oder in der Vorwärmzone nicht über **+80° C** aufgeheizt werden. Sonst können elektronische Steuergeräte im Fahrzeug beschädigt werden. Außerdem kann dadurch in der Klimaanlage ein starker Überdruck entstehen, der möglicherweise zum Platzen der Anlage führt.

■ **PVC-Unterbodenschutz entfernen:** Als Korrosionsschutz ist auf dem Unterboden ein PVC-Unterbodenschutz aufgetragen. Unterbodenschutz an der Reparaturstelle mit rotierender Drahtbürste entfernen oder mit einem Heißluftgebläse auf maximal +180° C erwärmen und mit einem Spachtel ablösen. **Achtung:** Durch Abbrennen beziehungsweise Erwärmen von PVC-Material über +180° C entsteht stark korrosionsfördernde Salzsäure, außerdem werden stark gesundheitsschädliche Dämpfe frei.

Steinschlagschäden an der Frontscheibe

Hinweis: Kleinere Schäden an der Frontscheibe, zum Beispiel durch Steinschlag verursacht oder Scheibenwischerstreifen, beeinträchtigen die Sicht und können zu Folgeschäden an der Scheibe (Risse) führen. Diese Schäden sollten so bald wie möglich behoben werden. Verschiedene Glas-Unternehmen sind auf Reparaturen an Auto-Scheiben spezialisiert. Der Austausch der Scheibe kann auf diese Weise vermieden werden. Überdies werden die Kosten für die Scheibenreparatur von der Kaskoversicherung übernommen.

Spreiznieten aus- und einbauen

Viele Abdeckungen und Verkleidungen sind mit Spreiznieten befestigt. Aus- und Einbau weiterer Halteclips, siehe Seite 224.

Ausbau

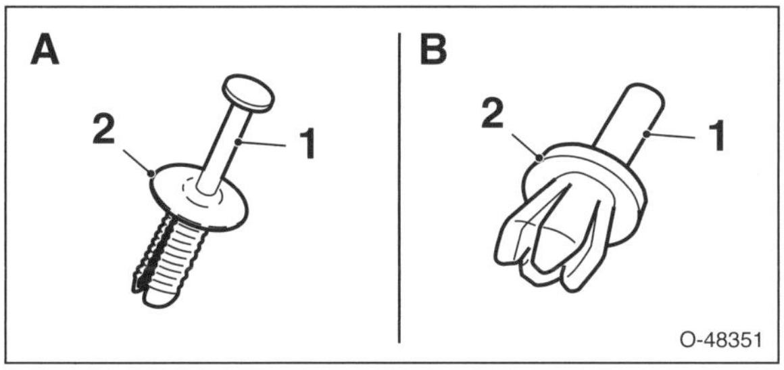

- A – Lange Spreizniete: Bolzen –1– herausziehen.
- B – Dicke Spreizniete: Bolzen –1– mit einem geeigneten Dorn durchdrücken. **Hinweis:** Der Bolzen geht dabei unter Umständen verloren und muss ersetzt werden.
- Spreizniete –2– aus der Bohrung herausziehen.

Einbau

- Beschädigte oder fehlende Spreiznieten durch Neuteile ersetzen.
- Spreizniete –2– in die Bohrung setzen und Bolzen –1– eindrücken. **Hinweis:** Dadurch werden die Clipnasen gespreizt und die Spreizniete sitzt sicher in der Bohrung.

Seitenschutzleiste aus- und einbauen

Ausbau

- Schutzleiste mit einem Heißluftföhn erwärmen.
- Kunststoffkeil zwischen Tür und Schutzleiste schieben und Schutzleiste gleichmäßig Stück für Stück abziehen.

Einbau

- Klebeflächen mit Benzin reinigen, mit Silikonentferner nachbehandeln und anschließend trockenreiben.
- Folie von der selbstklebenden Schutzleiste abziehen.
- Schutzleiste auf der Rückseite im Bereich der Klebefläche mit einem Föhn erwärmen.
- Schutzleiste am Außenblech ansetzen, leicht anheften und danach kräftig andrücken.

Windlaufgrill aus- und einbauen

Ausbau

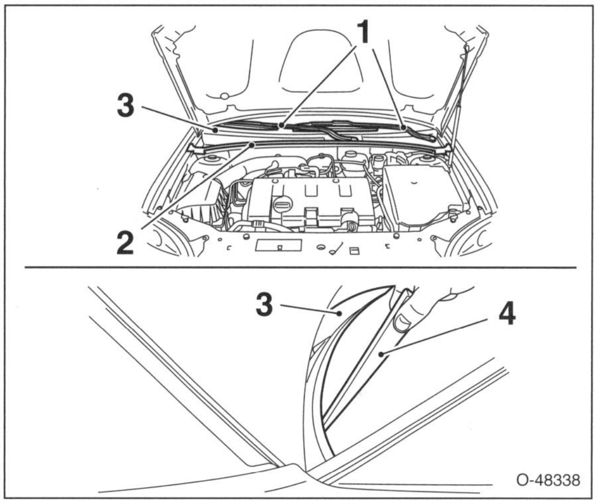

- Wischerarme –1– ausbauen, siehe Seite 83.
- Motorhaube öffnen.
- Gummidichtung –2– auf der gesamten Länge vom Wasserkasten abziehen.
- Mit einem Kunststoffkeil –4–, zum Beispiel HAZET 1965-20, Windlaufgrill –3– von der Frontscheibe abhebeln.
- Wasserschlauch und Waschdüse an der Rückseite vom Windlaufgrill ausclipsen.

Einbau

- Der Einbau erfolgt in umgekehrter Ausbaureihenfolge.

Stoßfänger/Stoßfängerabdeckung vorn aus- und einbauen

Bis 8/05

Ausbau

- Innenkotflügel von der Stoßfängerabdeckung lösen, siehe Seite 250.
- Dieselmotor: Untere Motorabdeckung links und rechts von der Stoßfängerabdeckung abschrauben und nach unten klappen.
- Falls eingebaut, Stecker für Nebelscheinwerfer entriegeln und abziehen.
- Falls eingebaut, Schlauch für Scheinwerferwaschanlage abziehen.
- Motorhaube öffnen.

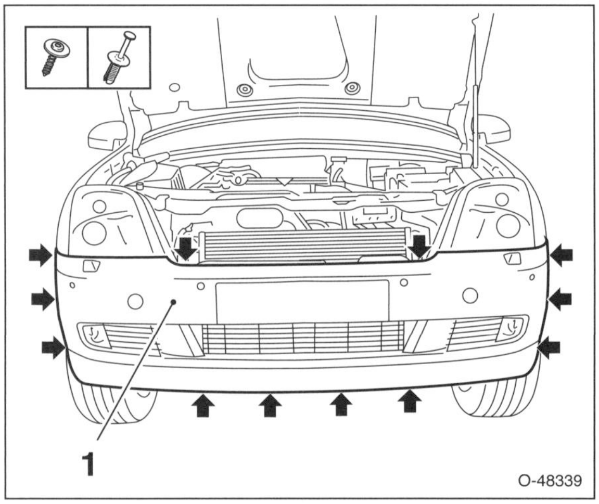

- 6 Schrauben herausdrehen und 6 Spreizclips aus der Stoßfängerabdeckung –1– herausziehen –Pfeile–.

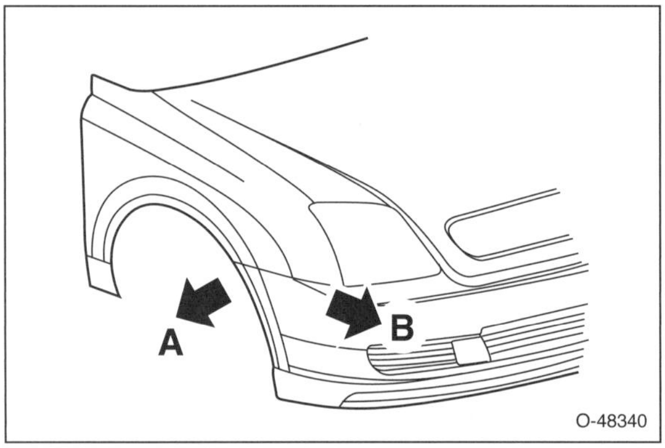

- Stoßfängerabdeckung an den Seiten links und rechts aus den Führungsschienen ausrasten –Pfeil A–.
- Mit einem Helfer Stoßfängerabdeckung nach vorne aus den Führungsschienen herausziehen –Pfeil B–.

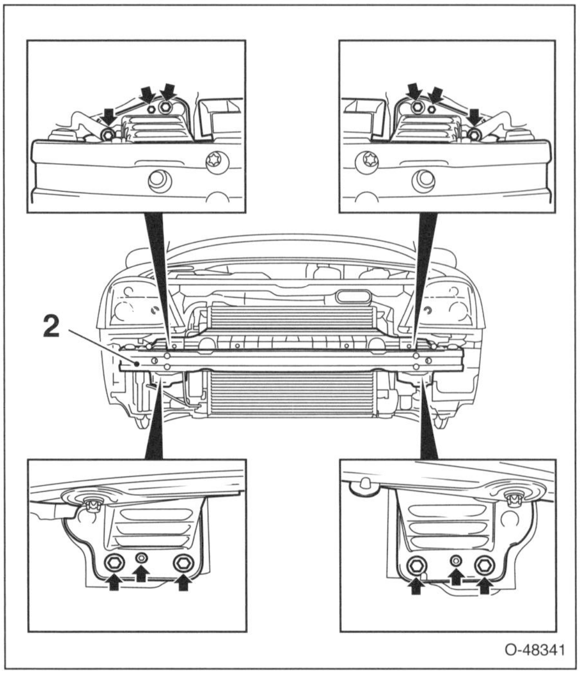

- 8 Schrauben herausdrehen sowie 4 Muttern abschrauben –Pfeile–.
- Stoßfängerträger –2– vom Vorderrahmen des Fahrzeugs abnehmen.

Einbau

- Der Einbau erfolgt in umgekehrter Ausbaureihenfolge, dabei Stoßfängerträger mit **20 Nm** festschrauben.
- Flansche des Stoßfängerträgers nach Anziehen der Schrauben und Muttern zum Schutz mit Wachs versiegeln.

Stoßfängerabdeckung vorn aus- und einbauen

Ab 9/05

Ausbau

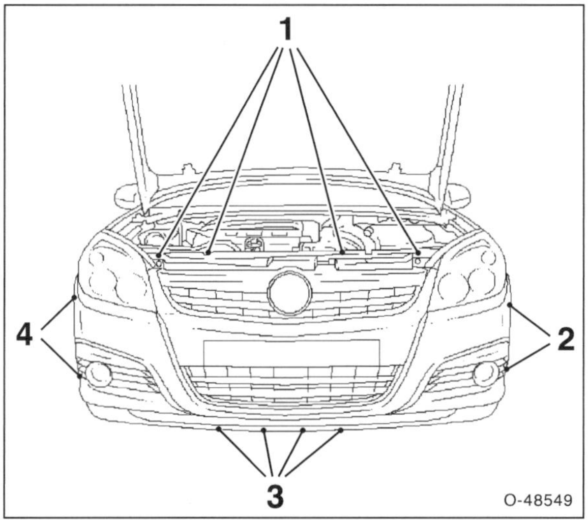

- Stoßfängerabdeckung oben abschrauben –1–.
- Stoßfängerabdeckung seitlich rechts abschrauben –4–.
- Antriebswellenkühlung rechts abnehmen, dazu 1 Schraube herausdrehen.
- Stoßfängerabdeckung seitlich links abschrauben –2–.
- Bremsenbelüftung links abnehmen, dazu 1 Schraube herausdrehen.
- Stoßfängerabdeckung unten abbauen, dazu 4 Spreiznieten –3– herausdrücken.

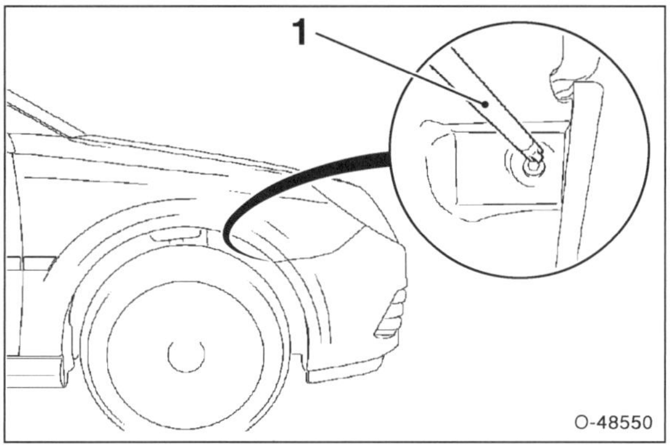

- Stoßfängerabdeckung außen rechts entriegeln. Dazu die Verriegelung-Führungsschiene mit geeignetem Werkzeug –1– durch das obere Befestigungsloch der Schutzverkleidung innen nach vorne bis zum Endanschlag schieben.
- Stoßfängerabdeckung rechts seitlich an 3 Verbindungsstellen aus der Führungsschiene am Kotflügel ausclipsen.
- Stoßfängerabdeckung außen links auf die gleiche Weise wie auf der rechten Seite entriegeln.
- Stoßfängerabdeckung links seitlich an 3 Verbindungsstellen aus der Führungsschiene am Kotflügel ausclipsen.
- Kabelsatzstecker für Nebelscheinwerfer rechts und links trennen.
- Außentemperatur-Sensor aus dem Kühlergitter unten ausclipsen.

Achtung: Wasser tritt aus! Auffangbehälter unterstellen.

- Schlauch für Scheinwerferreinigungsanlage trennen.
- Schlauch von Vorratsbehälter trennen, dazu Schnellverschluß entriegeln.
- Kabelsatzstecker für Parkpilot trennen.
- Stoßfängerabdeckung zusammen mit einer Hilfsperson abziehen.

Einbau

Achtung: Bei Ersatz der Stoßfängerabdeckung sind gegebenenfalls die Ausschnitte für Scheinwerferreinigungsanlage gemäß Markierung in das Neuteil einzuarbeiten!

- Ausschnitt für Scheinwerferreinigungsanlage gemäß vorhandenen Anzeichnungen mit geeignetem Werkzeug ausschneiden. Kanten entgraten.
- Stoßfängerabdeckung zusammen mit einer Hilfsperson aufschieben.
- Kabelsatzstecker für Parkpilot verbinden.
- Schlauch für Scheinwerferreinigungsanlage aufstecken, Schnellverschluss verriegeln.
- Außentemperatur-Sensor in Kühlergitter unten einclipsen.
- Kabelsatzstecker für Nebelscheinwerfer rechts und links verbinden.
- Stoßfängerabdeckung außen links ansetzen und an 3 Stellen seitlich in Führungsschiene an Kotflügel einclipsen.
- Stoßfängerabdeckung außen rechts ansetzen und an 3 Stellen seitlich in Führungsschiene an Kotflügel einclipsen.
- Stoßfängerabdeckung unten mit 4 Spreiznieten befestigen.
- Stoßfängerabdeckung seitlich links anbauen. **Achtung:** Durch Festziehen der oberen Befestigungsschraube wird die Führungsschiene der Stoßfängerabdeckung verriegelt. Auf richtige Position der Stoßfängerabdeckung zum Kotflügel achten. 2 Schrauben festziehen.
- Bremsenbelüftung links anschrauben.
- Stoßfängerabdeckung seitlich rechts anbauen. **Achtung:** Durch Festziehen der oberen Befestigungsschraube wird die Führungsschiene der Stoßfängerabdeckung verriegelt. Auf richtige Position der Stoßfängerabdeckung zum Kotflügel achten. 2 Schrauben festziehen.
- Antriebswellenkühlung anschrauben.
- Stoßfängerabdeckung oben mit 4 Schrauben anschrauben.

Stoßfänger/Stoßfängerabdeckung hinten aus- und einbauen

Limousine/Fließheckmodell (GTS)

Ausbau

- Heckleuchten ausbauen, siehe Seite 92.
- Kennzeichenleuchten ausbauen, siehe Seite 95.

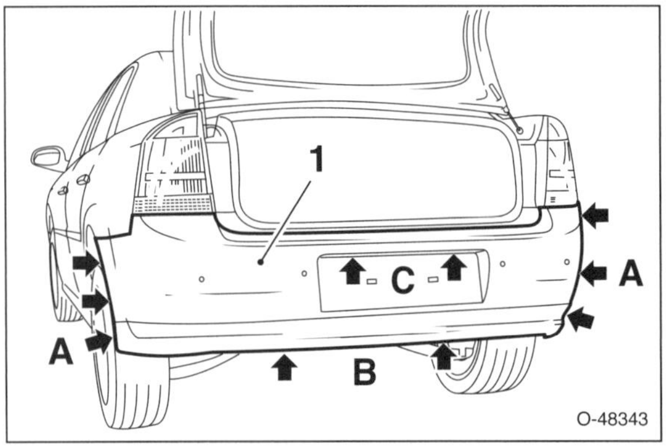

- 6 Schrauben –Pfeile A– herausdrehen und Innenkotflügel von der Stoßfängerabdeckung –1– lösen, siehe Seite 250.
- 2 Halter –Pfeile B– unten ausclipsen.
- 2 Schrauben –Pfeile C– oben herausdrehen.
- Stoßfängerabdeckung –1– an den Seiten links und rechts aushängen und nach hinten abnehmen.

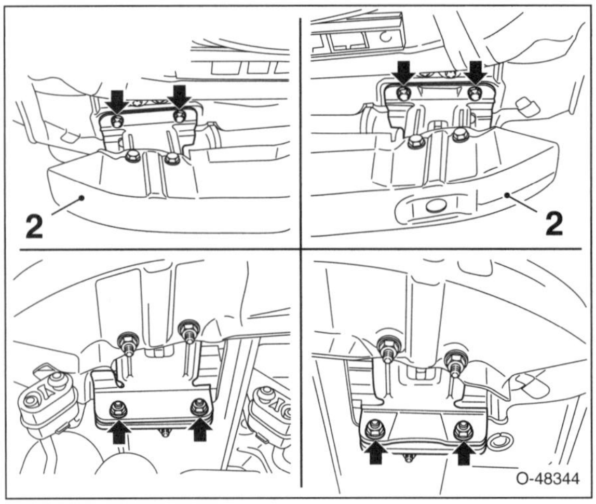

- 8 Muttern –Pfeile– abschrauben und Stoßfängerträger –2– nach hinten abnehmen.

Einbau

- Der Einbau erfolgt in umgekehrter Ausbaureihenfolge, dabei Muttern für Stoßfängerträger mit **20 Nm** festziehen.
- Flansche des Stoßfängerträgers nach Anziehen der Muttern zum Schutz mit Wachs versiegeln.

CARAVAN

Ausbau

- Heckleuchten ausbauen, siehe Seite 92.

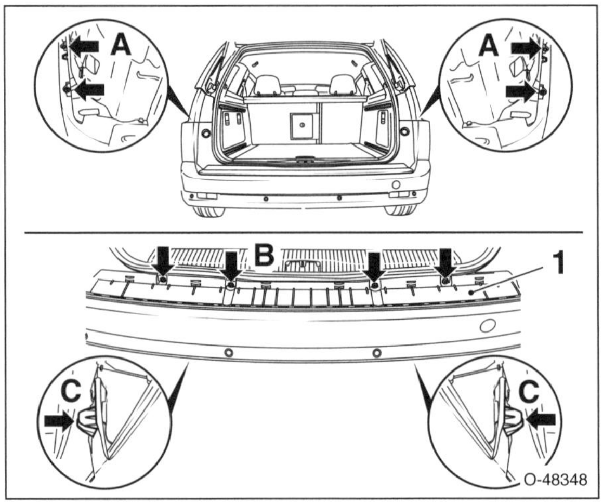

- 4 Schrauben –Pfeile A– oben herausdrehen.
- Verkleidung Heckabschluss –1– ausbauen, siehe Seite 239.
- 4 Schrauben –Pfeile B– oben herausdrehen.
- 2 Nasen drücken –Pfeile C– und Halter unten entriegeln.

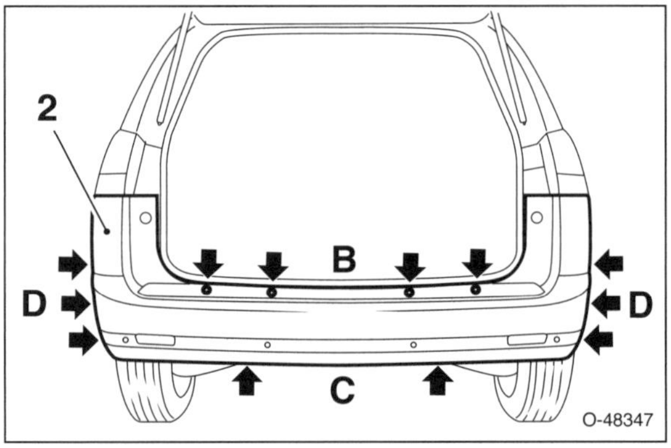

- 6 Schrauben –Pfeile D– herausdrehen und Innenkotflügel von der Stoßfängerabdeckung –2– lösen, siehe Seite 250.
- Stecker von den Sensoren für Einparkhilfe abziehen, Haltelaschen auseinander drücken und Sensor an der Rückseite der Stoßfängerabdeckung aus der Halterung herausziehen.
- Stoßfängerabdeckung –2– an den Seiten links und rechts aushängen und nach hinten abnehmen. Pfeile B – Schrauben oben, Pfeile C – Halter unten.
- 6 Schrauben und Muttern herausdrehen und Stoßfängerträger nach hinten vom Längsträger abnehmen, siehe im Abschnitt für den SIGNUM.

Einbau

- Der Einbau erfolgt in umgekehrter Ausbaureihenfolge, dabei Stoßfängerträger mit **neuen selbstsichernden Muttern** festschrauben.
- Flansche des Stoßfängerträgers nach Anziehen der Schrauben und Muttern mit Wachs versiegeln.

SIGNUM

Ausbau

- Heckleuchten ausbauen, siehe Seite 92.

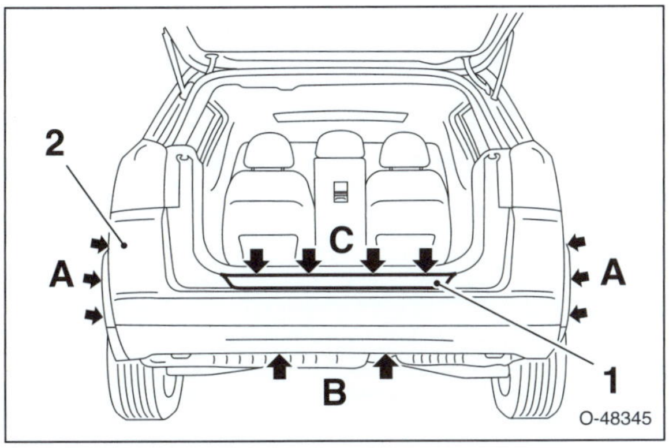

- 6 Schrauben –Pfeile A– herausdrehen und Innenkotflügel von der Stoßfängerabdeckung –2– lösen.
- 2 Halter –Pfeile B– unten ausclipsen.
- Abdeckleiste –1– ausclipsen und abnehmen.
- 4 Schrauben –Pfeile C– oben herausdrehen.
- Stoßfängerabdeckung an den Seiten links und rechts aushängen und nach hinten abnehmen.

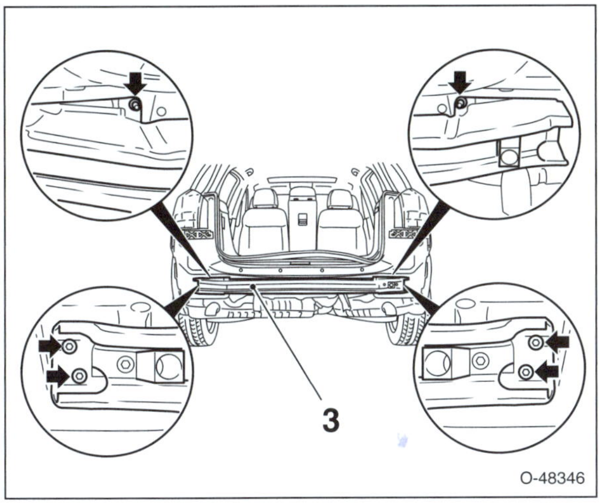

- 6 Schrauben und Muttern herausdrehen –Pfeile– und Stoßfängerträger –3– nach hinten abnehmen.

Einbau

- Der Einbau erfolgt in umgekehrter Ausbaureihenfolge. Flansche des Stoßfängerträgers nach Anziehen der Schrauben und Muttern mit Wachs versiegeln.

Motorraumabdeckung unten aus- und einbauen

Dieselmotor

Ausbau

Sicherheitshinweis
Beim Aufbocken des Fahrzeugs besteht Unfallgefahr! Hinweise im Kapitel »Fahrzeug aufbocken« beachten.

- Fahrzeug vorne aufbocken.

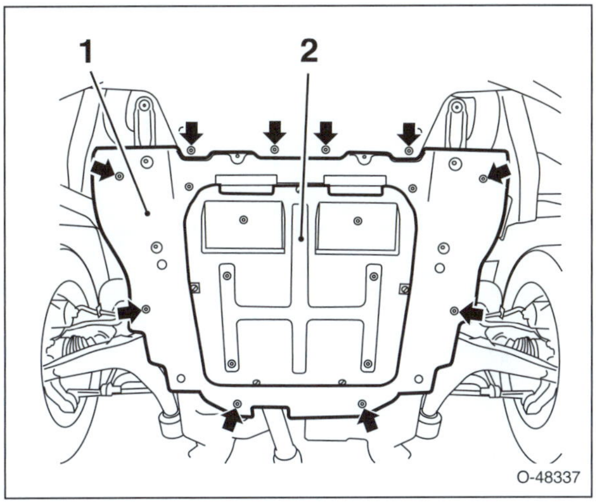

- 10 Schrauben –Pfeile– herausdrehen. **Hinweis:** Beim 1,9-l-Dieselmotor müssen 17 Schrauben herausgedreht werden.
- Untere Motorraumabdeckung –1– abnehmen. 2 – Serviceklappe.

Einbau

- Der Einbau erfolgt in umgekehrter Ausbaureihenfolge.

Innenkotflügel vorn aus- und einbauen

Ausbau

- Reifen-Laufrichtung mit Pfeil am Reifen markieren. Radschrauben lösen. Fahrzeug vorne aufbocken und Vorderrad abnehmen. **Achtung:** Unbedingt Hinweise im Kapitel »Rad aus- und einbauen« beachten.
- 3 Schrauben herausdrehen und seitliche Motorabdeckung aus dem Radkasten herausnehmen.

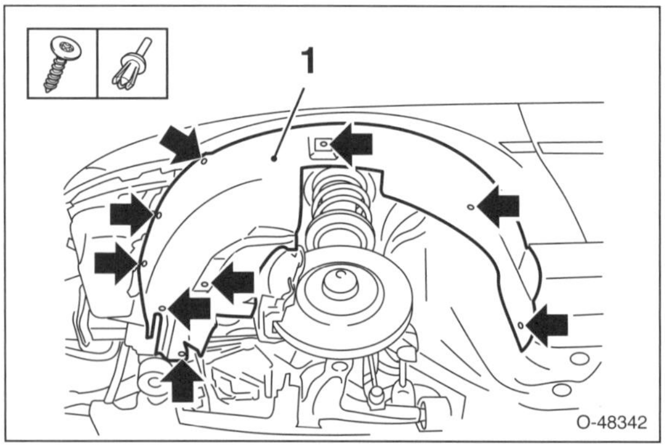

- Schrauben herausdrehen und Spreiznieten herausziehen –Pfeile–. **Hinweis:** Die Bolzen der Spreiznieten gehen dabei unter Umständen verloren und müssen ersetzt werden.
- Innenkotflügel vorn –1– aus dem Radkasten herausziehen.

Einbau

- Innenkotflügel in den Radkasten einsetzen und festschrauben. Spreiznieten eindrücken.
- Seitliche Motorabdeckung in den Radkasten einsetzen und festschrauben.
- Reifen-Laufrichtung beachten, Rad anschrauben, Fahrzeug ablassen, erst dann Radschrauben über Kreuz mit **110 Nm** festziehen. **Achtung:** Unbedingt Hinweise im Kapitel »Rad aus- und einbauen« beachten.

Innenkotflügel hinten aus- und einbauen

Ausbau

- Reifen-Laufrichtung mit Pfeil am Reifen markieren. Radschrauben lösen. Fahrzeug hinten aufbocken und Hinterrad abnehmen. **Achtung:** Unbedingt Hinweise im Kapitel »Rad aus- und einbauen« beachten.

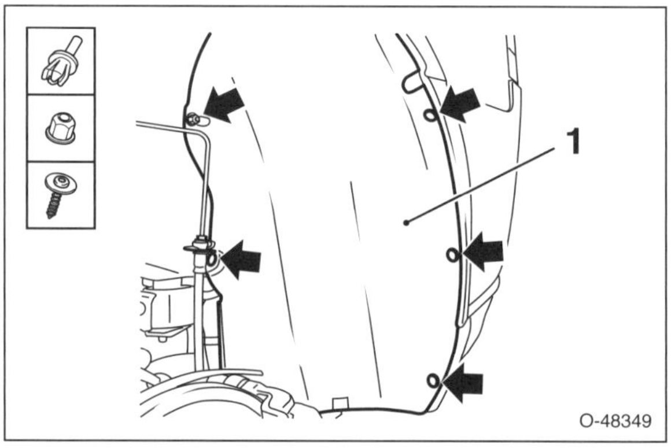

- 3 Schrauben herausdrehen, 1 Mutter abschrauben und 1 Spreizniete herausziehen –Pfeile–.
- Innenkotflügel hinten –1– aus dem Radkasten herausziehen.

Einbau

- Innenkotflügel in den Radkasten einsetzen und festschrauben. Spreiznieten eindrücken.
- Reifen-Laufrichtung beachten, Rad anschrauben, Fahrzeug ablassen, erst dann Radschrauben über Kreuz mit **110 Nm** festziehen. **Achtung:** Unbedingt Hinweise im Kapitel »Rad aus- und einbauen« beachten.

Speziell CARAVAN

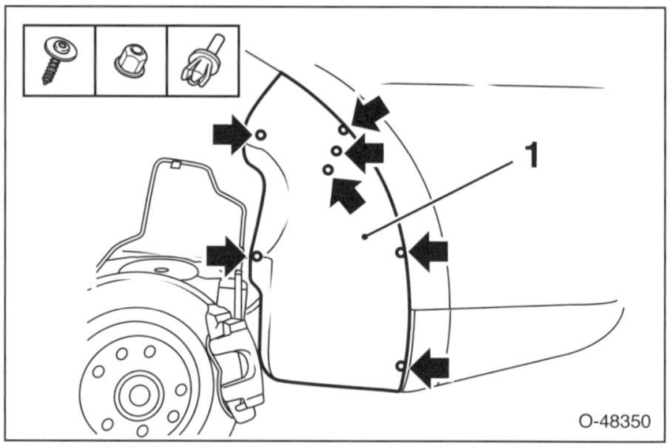

- 5 Schrauben herausdrehen, 1 Mutter abschrauben und 1 Spreizniete herausziehen –Pfeile–.
- Innenkotflügel hinten –1– aus dem Radkasten herausziehen.

Kotflügel vorn aus- und einbauen

Ausbau

- Stoßfängerabdeckung vorn ausbauen, siehe entsprechendes Kapitel.
- Scheinwerfer ausbauen, siehe Seite 90/101.
- Seitliche Blinkleuchte ausbauen, siehe Seite 91.
- Innenkotflügel vorn ausbauen, siehe entsprechendes Kapitel.
- Schwellerverkleidung seitlich ausbauen, siehe entsprechendes Kapitel.

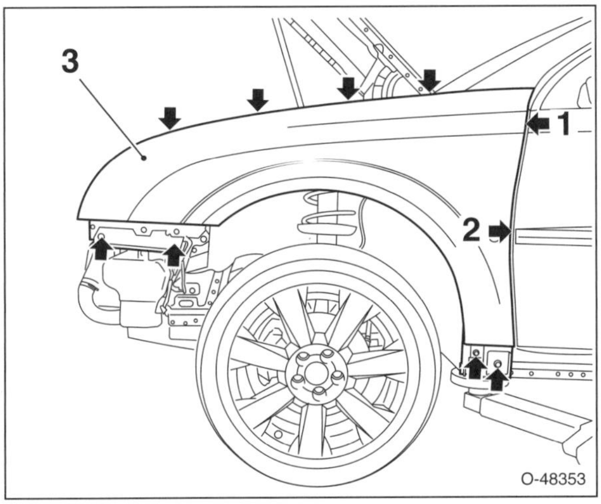

- Tür öffnen und obere Schraube –1– an der A-Säule herausdrehen.
- Mittlere Schraube –2– an der A-Säule vom Radkasten aus herausdrehen.
- 8 Schrauben –Pfeile– herausdrehen.
- Kotflügel –3– an den Anlagepunkten im Bereich der A-Säule mit einem Heißluftföhn erwärmen und abnehmen. Gegebenenfalls Dichtungsmasse mit einem Messer durchtrennen. **Achtung:** Dichtungsmasse nur leicht und kurzzeitig erwärmen. Es dürfen weder Farbveränderungen noch Blasen zu sehen sein.
- Dichtungsmasse von der Karosserie vorsichtig abschaben, dabei Lack nicht beschädigen.

Einbau

- Neuen Kotflügel vor dem Einbau an den später unzugänglichen Stellen lackieren.
- Anlageflächen des Kotflügels reinigen, gegebenenfalls ausrichten und handelsübliches Kotflügelabdichtband auflegen oder Dichtmasse auftragen.
- Kotflügel ansetzen und auf gleichmäßige Spaltmaße ausrichten.

  Spaltmaße, Sollwerte:
  Kotflügel – Tür vorn: .... $4{,}0^{+1{,}0}$ mm
  Kotflügel – Motorhaube: .... $4{,}0^{+1{,}0}$ mm
- Kotflügel anschrauben.
- Der weitere Einbau erfolgt in umgekehrter Ausbaureihenfolge.

Schwellerverkleidung seitlich aus- und einbauen

Ausbau

- Türen vorn und hinten öffnen.
- Mit einem Kunststoffkeil, zum Beispiel HAZET 1965-20, Abdeckleiste vorsichtig vom Türschweller abziehen.

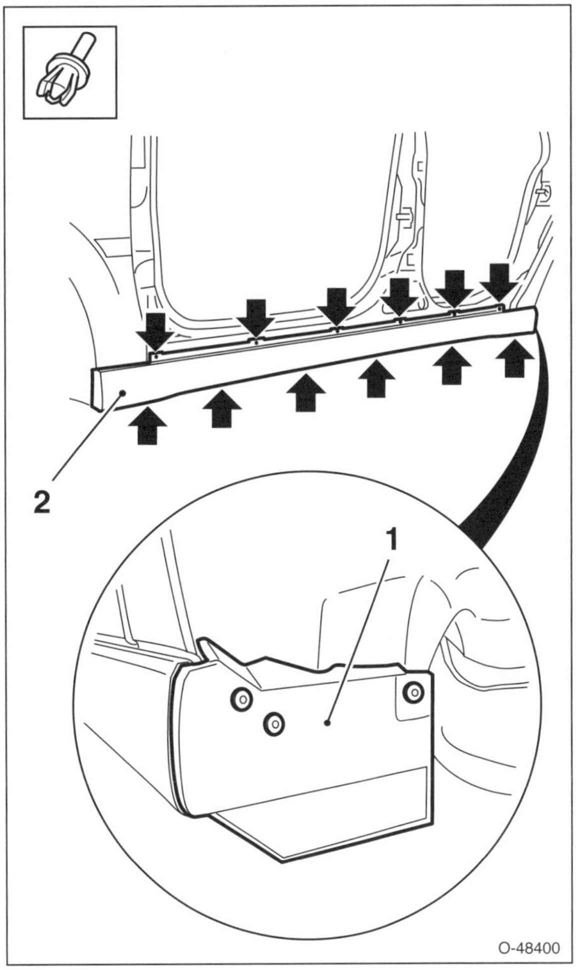

- 3 Spreiznieten –Pfeile– herausziehen und Abdeckung –1– hinten vom Türschweller abziehen.
- 12 Spreiznieten –Pfeile– oben und unten aus dem Türschweller herausziehen und Schwellerverkleidung –2– abnehmen.

Einbau

- Der Einbau erfolgt in umgekehrter Ausbaureihenfolge.

Motorhaube aus- und einbauen/einstellen

Ausbau

- Motorhaube öffnen.

Sicherheitshinweis
Motorhaube unbedingt durch einen Helfer abstützen lassen, bevor eine Gasdruckfeder gelöst wird.

- Gasdruckfeder von der Motorhaube abbauen. Dazu mit einem kleinen Schraubendreher Sicherungsklammer etwas anheben und Gasdruckfeder vom oberen Kugelzapfen abziehen, siehe Kapitel »Heckklappe aus- und einbauen«.

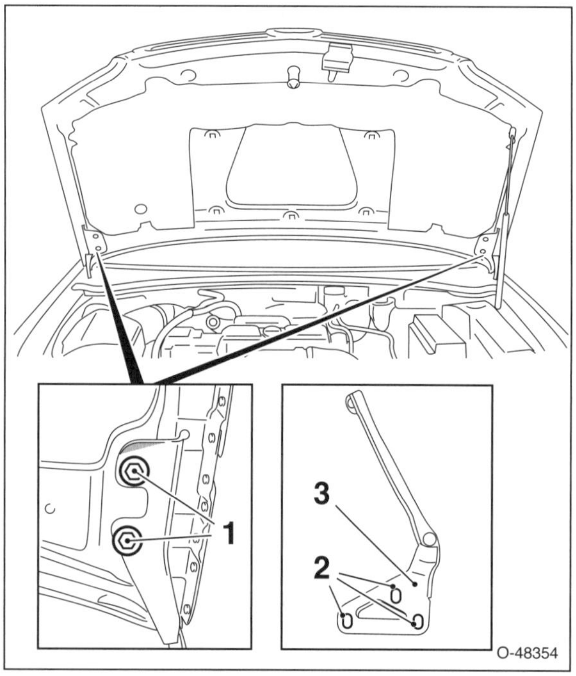

- Für den Wiedereinbau Einbaulage der Scharniere –3– mit Filzstift an der Motorhaube markieren.
- Motorhaube von einem Helfer abstützen lassen. Scharnierschrauben –1– auf jeder Seite aus der Motorhaube herausdrehen.

Hinweis: Soll das Scharnier –3– ausgebaut werden, Scharnierschrauben –2– aus der Karosserie herausdrehen. Zuvor den Windlaufgrill ausbauen.

- Motorhaube mit Helfer abnehmen und vorsichtig ablegen.

Hinweis: Zum Ausbau des Kühlergrills 8 Schrauben herausdrehen und Kühlergrill aus der Motorhaube ausclipsen.

Einbau

- Motorhaube mit Helfer am Scharnier ansetzen. Die alte Motorhaube dabei nach den Markierungen ausrichten. Scharnierschrauben –1– handfest eindrehen.
- Motorhaube schließen und auf korrekte Spaltmaße einstellen, siehe entsprechendes Kapitel.
- Motorhaube öffnen und Scharnierschrauben mit **18 Nm** festziehen.
- Gasdruckfeder an der Motorhaube anbauen. Dazu Gasdruckfeder auf Kugelzapfen aufdrücken und einrasten.

Einstellen

- Scharnierschrauben –1– an der Motorhaube lockern.
- Motorhaube schließen und Spaltmaße der Motorhaube prüfen, dabei soll der Spalt zum rechten und linken Kotflügel jeweils gleichmäßig breit sein und parallel verlaufen.

  Spaltmaße, Sollwerte:
  3/02 – 8/05: Motorhaube – Kotflügel: . . . . $4{,}0^{+1{,}0}$ mm
  Ab 9/05: Motorhaube – Kotflügel: . . . . $3{,}8^{+1{,}2}$ mm
  Motorhaube – Scheinwerfer: . . . . . . $3{,}7^{+1{,}2}$ mm
  Motorhaube – Stoßfängerabdeck.: . $4{,}5^{+1{,}0}$ mm

- Gegebenenfalls Motorhaube durch Verschieben nach links oder rechts ausrichten.
- Scharnierschrauben –1– mit **18 Nm** festziehen.
- Windlaufgrill ausbauen, siehe entsprechendes Kapitel.
- Scharnierschrauben –2– an der Karosserie lockern.
- Gegebenenfalls Motorhaube durch Verschieben am Scharnier in der Höhe ausrichten.
- Zusätzlich Höhe im vorderen Bereich durch Herausdrehen der 4 Gummipuffer vorn am Schlossträger einstellen.

Hinweis: Als Einstell-Hilfe Knetmasse an den Gummipuffern aufdrücken. Nach Schließen der Motorhaube ist am Abdruck in der Knetmasse zu erkennen, ob die Motorhaube richtig aufliegt.

- Die Motorhaube ist richtig eingestellt, wenn die Konturen im geschlossenen Zustand mit den umliegenden Karosserieteilen fluchten.
- Scharnierschrauben –2– an der Karosserie mit **18 Nm** festziehen. **Hinweis:** Schrauben mit Schraubensicherungsmittel, zum Beispiel LOCTITE 243, bestreichen.
- Motorhaube schließen und einwandfreie Passung und Schließfunktion prüfen, gegebenenfalls nochmals einstellen.
- Windlaufgrill einbauen, siehe entsprechendes Kapitel.

Schließhaken/Schließzapfen einbauen

Hinweis: Bei Einbau einer neuen Motorhaube müssen der Schließhaken und der Schließzapfen an der Haube angebaut werden.

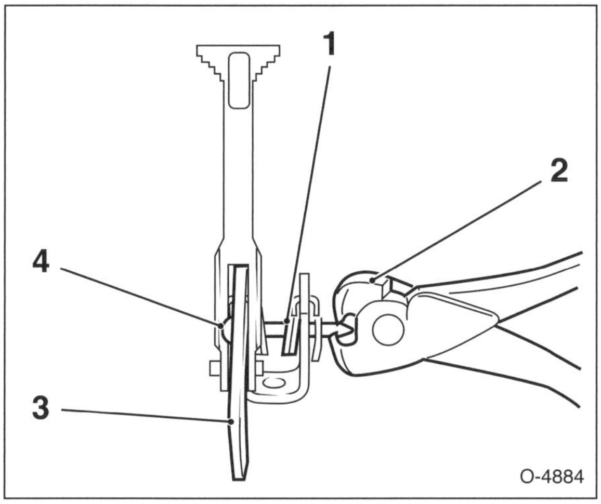

- Schließhaken –3– mit Feder –1– und Niet –4– an der Motorhaube einbauen, dabei Nietenden mit Zange –2– aufweiten.

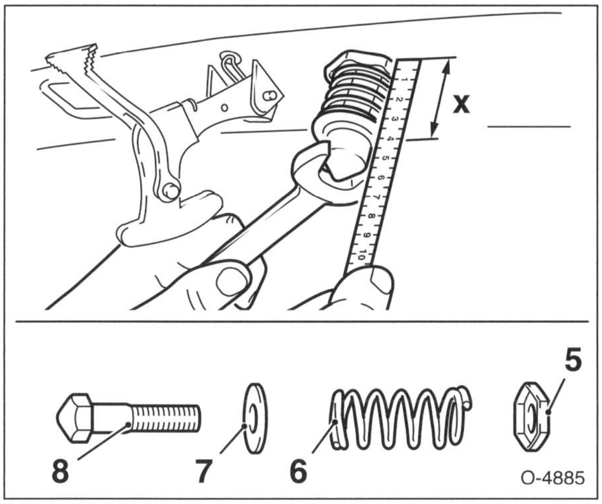

- Schließzapfen –8– mit kleiner Scheibe –7–, Spiralfeder –6– und großer Scheibenmutter –5– in die Haube einschrauben und auf das Abstandsmaß **X = 40 – 45 mm** einstellen. Das Maß –X– wird vom Haubenblech bis zum Rand der Scheibe –7– gemessen. Anschließend Schließzapfen mit Gabelschlüssel festhalten und Scheibenmutter –5– gegen das Haubenblech drehen. Dadurch wird der Schließzapfen gekontert.
- Schließzapfen mit Mehrzweckfett bestreichen.

Kofferraumdeckel aus- und einbauen/einstellen

Limousine

Ausbau

- Kofferraumdeckel öffnen.
- Verkleidung Kofferraumdeckel ausbauen, siehe entsprechendes Kapitel.
- Elektrische Steckverbindungen für Zusatzbremsleuchte und Zentralverriegelung trennen.
- Gummidurchführung am Kofferraumdeckel herausdrücken und Leitungen herausziehen.

> **Sicherheitshinweis**
> Kofferraumdeckel unbedingt durch einen Helfer abstützen lassen, bevor eine Gasdruckfeder gelöst wird.

- Gasdruckfedern vom Kofferraumdeckel abbauen. Dazu mit einem kleinen Schraubendreher Sicherungsklammer etwas anheben und Gasdruckfeder vom oberen Kugelzapfen abziehen, siehe Kapitel »Heckklappe aus- und einbauen«.
- Für den Wiedereinbau Einbaulage der Scharniere mit Filzstift am Kofferraumdeckel markieren.

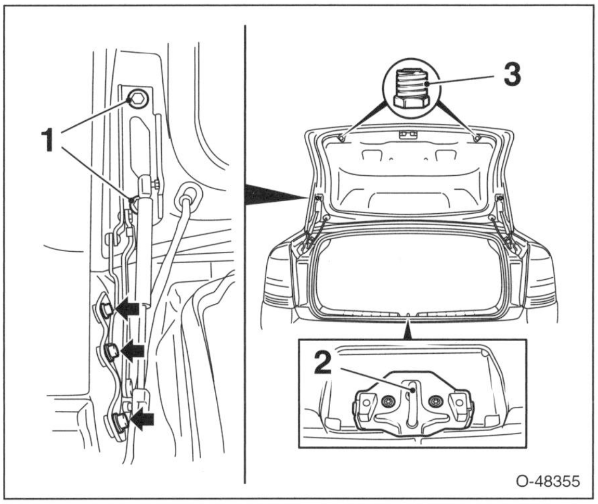

- Kofferraumdeckel von einem Helfer abstützen lassen. Scharnierschrauben –1– auf jeder Seite aus dem Kofferraumdeckel herausdrehen. 2 – Schließbügel, 3 – Einstellpuffer.
- Kofferraumdeckel mit Helfer abnehmen und vorsichtig ablegen.

Einbau

- Kofferraumdeckel mit Helfer am Scharnier ansetzen. Den alten Kofferraumdeckel dabei nach den Markierungen ausrichten. Scharnierschrauben –1– handfest eindrehen.
- Kofferraumdeckel schließen und auf korrekte Spaltmaße einstellen, siehe entsprechendes Kapitel.

- Kofferraumdeckel öffnen und Scharnierschrauben mit **20 Nm** festziehen.
- Gasdruckfedern am Kofferraumdeckel anbauen. Dazu Gasdruckfeder auf Kugelzapfen aufdrücken und einrasten.
- Elektrische Leitungen einziehen beziehungsweise neu verlegen und anschließen.
- Gummidurchführung eindrücken.
- Verkleidung Kofferraumdeckel einbauen, siehe entsprechendes Kapitel.

Einstellen

- Verkleidung Heckabschluss ausbauen, siehe Seite 239.
- Schließbügel –2– an der Ladekante abschrauben.
- Scharnierschrauben –1– am Kofferraumdeckel lockern, siehe Abbildung O-48355.
- Kofferraumdeckel schließen und Spaltmaße prüfen. Der Kofferraumdeckel ist richtig eingestellt, wenn im geschlossenen Zustand überall ein gleichmäßiges Spaltmaß ist, der Kofferraumdeckel nicht zu weit nach innen oder außen steht und die Konturen mit den umliegenden Karosserieteilen fluchten.
  Spaltmaße, Sollwerte:
  Kofferraumdeckel – hintere Seitenteile: . . . . . $4{,}0^{+1{,}0}$ mm
  Kofferraumdeckel – Heckfenster: . . . . $4{,}0^{+1{,}0}$ mm
- Gegebenenfalls Kofferraumdeckel durch Verschieben nach links und rechts ausrichten.
- Scharnierschrauben –1– mit **20 Nm** festziehen.
- Untere Scharnierschrauben –Pfeile– an der Karosserie lockern, siehe Abbildung O-48355.
- Gegebenenfalls Kofferraumdeckel durch Verschieben am Scharnier in der Höhe ausrichten.
- Einstellpuffer –3– an beiden Seiten so weit herausdrehen, dass der Kofferraumdeckel in geschlossenem Zustand spannungsfrei auf den Puffern aufliegt.

Hinweis: Als Einstell-Hilfe Knetmasse an den Puffern aufdrücken. Nach Schließen des Kofferraumdeckels ist am Abdruck in der Knetmasse zu erkennen, ob der Kofferraumdeckel richtig aufliegt.

- Scharnierschrauben mit **20 Nm** festziehen. **Hinweis:** Schrauben mit Schraubensicherungsmittel, zum Beispiel LOCTITE 243, bestreichen.
- Schließbügel ausrichten und mit **20 Nm** festschrauben.
- Kofferraumdeckel schließen und einwandfreie Passung und Schließfunktion prüfen, gegebenenfalls nochmals einstellen.
- Verkleidung Heckabschluss einbauen, siehe Seite 239.

Verkleidung Kofferraumdeckel aus- und einbauen

Limousine

Ausbau

- Kofferraumdeckel öffnen.

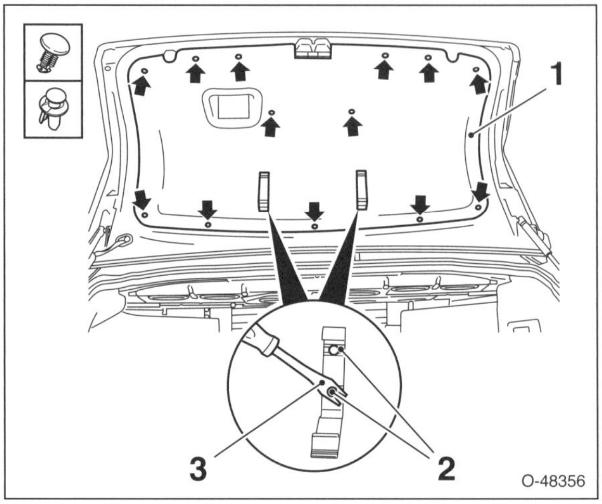

- 13 Stopfen –Pfeile– mit Lösehebel –3–, zum Beispiel HAZET 799-3, aus der Verkleidung herausziehen.
- 4 Spreiznieten –2– mit Lösehebel –3– herausziehen.
- Verkleidung –1– vom Kofferraumdeckel abnehmen.

Einbau

- Der Einbau erfolgt in umgekehrter Ausbaureihenfolge, dabei Spreiznieten –2– mit einem Kunststoffhammer einschlagen.

Heckklappe aus- und einbauen/einstellen

Fließheckmodell (GTS)/CARAVAN/SIGNUM

Ausbau

- Batterie-Massekabel (–) abklemmen. **Achtung:** Hinweise im Kapitel »Batterie aus- und einbauen« beachten.
- Heckklappenverkleidung ausbauen, siehe entsprechendes Kapitel.
- Elektrische Steckverbindungen für Heckscheibenheizung und -wischer sowie für Zusatzbremsleuchte und Zentralverriegelung trennen.
- Gegebenenfalls Schlauch für Heckscheibenwaschanlage abziehen.

Hinweis: Als Montagehilfe für den Wiedereinbau an den Leitungsenden eine Schnur befestigen, die nach dem Herausziehen der Leitungen in der Klappe bleibt.

- Gummidurchführung an der Heckklappe herausdrücken und Leitungen aus der Heckklappe herausziehen.

Sicherheitshinweis
Heckklappe unbedingt durch einen Helfer abstützen lassen, bevor eine Gasdruckfeder gelöst wird. Sonst fällt die Heckklappe herunter, da sie durch einen Dämpfer allein nicht gehalten werden kann.

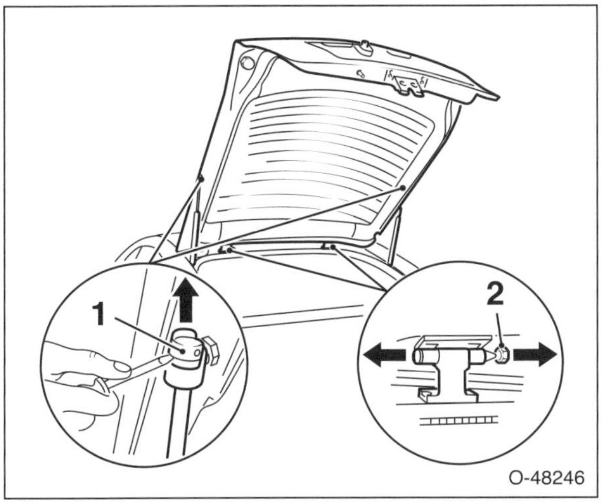

- Mit einem kleinen Schraubendreher Sicherungsklammer –1– etwas anheben und Gasdruckfeder vom oberen Kugelzapfen abziehen.
- Zweite Gasdruckfeder auf die gleiche Weise abbauen.
- Sicherungsklammern –2– abziehen, Scharnierbolzen für Heckklappe herausziehen oder mit Hammer und Durchschlag heraustreiben.
- Heckklappe mit Helfer abnehmen.

Einbau

- Heckklappe mit Helfer an die Scharniere ansetzen und Bolzen an den Scharnieren durchschieben. Sicherungsklammern aufschieben.
- Heckklappe schließen und auf korrekte Spaltmaße einstellen, siehe entsprechendes Kapitel.
- Gasdruckfeder auf Kugelzapfen aufdrücken und einrasten. Zweite Gasdruckfeder auf die gleiche Weise einbauen.
- Wasserschlauch sowie elektrische Leitungen mithilfe der Schnur einziehen beziehungsweise bei einer neuen Heckklappe verlegen. Wasserschlauch und elektrische Leitungen anschließen.
- Gummidurchführung an der Heckklappe eindrücken.
- Batterie-Massekabel (–) anklemmen. **Achtung:** Hinweise im Kapitel »Batterie aus- und einbauen« beachten.
- Heckklappenverkleidung einbauen, siehe entsprechendes Kapitel.

Einstellen

- Verkleidung Heckabschluss ausbauen, siehe Seite 239.

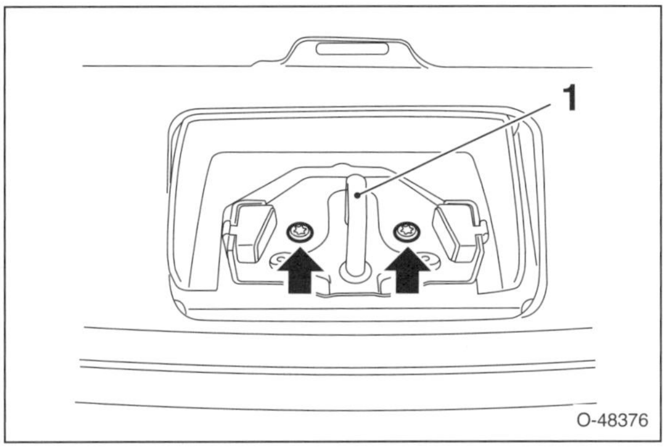

- Schließbügel –1– an der Ladekante abschrauben –Pfeile–.
- Verkleidung an der C/D-Säule oben lösen, siehe Seite 236.
- Dachhimmel an den Halteclips lösen, nach unten ziehen und Scharnierschrauben lockern.
- Heckklappe schließen und Spaltmaße der Heckklappe prüfen. Die Heckklappe ist richtig eingestellt, wenn sie im geschlossenen Zustand überall ein gleichmäßiges Spaltmaß hat, nicht zu weit nach innen oder außen steht und die Konturen mit den umliegenden Karosserieteilen fluchten.

  Spaltmaße, Sollwerte:
  Heckklappe – hintere Seitenteile: . . . . $4{,}0^{+1{,}0}$ mm
  Heckklappe – Dach: . . . . $4{,}0^{+1{,}0}$ mm
- Gegebenenfalls Heckklappe durch Verschieben nach links und rechts ausrichten.

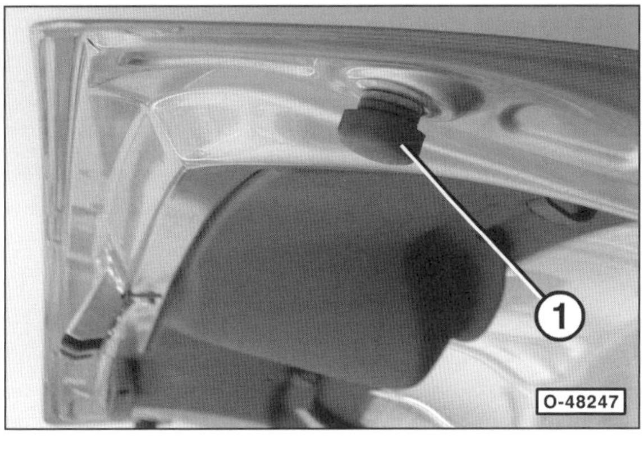

- Gummipuffer –1– an beiden Seiten so weit herausdrehen, dass die Heckklappe in geschlossenem Zustand spannungsfrei auf den Puffern aufliegt.

Hinweis: Als Einstell-Hilfe Knetmasse an den Gummipuffern aufdrücken. Nach Schließen der Heckklappe ist am Abdruck in der Knetmasse zu erkennen, ob die Heckklappe richtig aufliegt.

- Scharnierschrauben mit **25 Nm** festziehen.

- Schließbügel ausrichten und mit **20 Nm** festschrauben.
- Heckklappe schließen und einwandfreie Passung und Schließfunktion prüfen, gegebenenfalls nochmals einstellen.
- Verkleidung Heckabschluss einbauen, siehe Seite 239.

Gasdruckfeder entsorgen

Achtung: Falls die Gasdruckfeder ersetzt wird, muss die alte Feder entgast werden, bevor sie entsorgt wird.

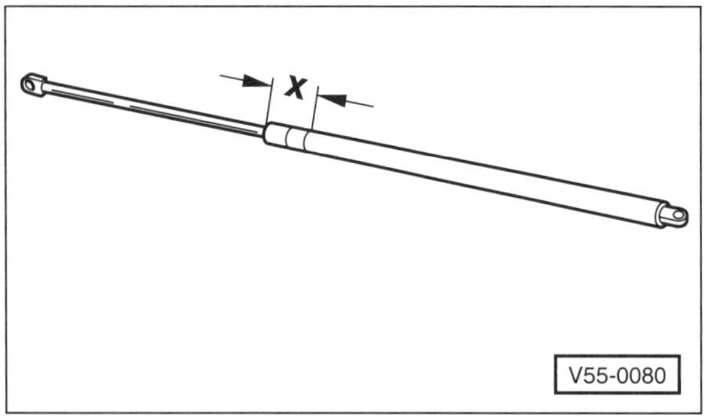

- Gasdruckfeder im **Bereich x = 50 mm** in den Schraubstock einspannen. **Achtung**: Feder unbedingt **nur in diesem Bereich** einspannen, sonst besteht Unfallgefahr!
- Zylinder im ersten Drittel der Zylindergesamtlänge – ausgehend von der Bezugskante auf der Kolbenstangenseite – aufsägen. Um herausspritzendes Öl aufzufangen, Bereich des Sägetrennschnittes mit einem Lappen abdecken. **Achtung:** Während des Sägevorganges Schutzbrille tragen.

Heckklappenschloss aus- und einbauen

Ausbau

- Batterie-Massekabel (–) abklemmen. **Achtung:** Hinweise im Kapitel »Batterie aus- und einbauen« beachten.
- Heckklappenverkleidung beziehungsweise Kofferraumdeckelverkleidung ausbauen, siehe entsprechendes Kapitel.
- Stecker für Heckklappenschloss entriegeln und abziehen.
- **Limousine/Fließheckmodell:** 2 Muttern an der Innenseite der Heckklappe beziehungsweise des Kofferraumdeckels abschrauben und Schließzylinder mit Gehäuse abnehmen. Bowdenzug vom Schließzylinder entriegeln und aushängen.
- **SIGNUM:** Stecker für Kennzeichenbeleuchtung abziehen. 2 Stopfen an der Innenseite der Heckklappe rechts und links heraushebeln. 6 Muttern abschrauben und Außengriff von der Heckklappe abnehmen.
- **SIGNUM:** 2 Muttern abschrauben und Heckklappenentriegelungsschalter abnehmen.

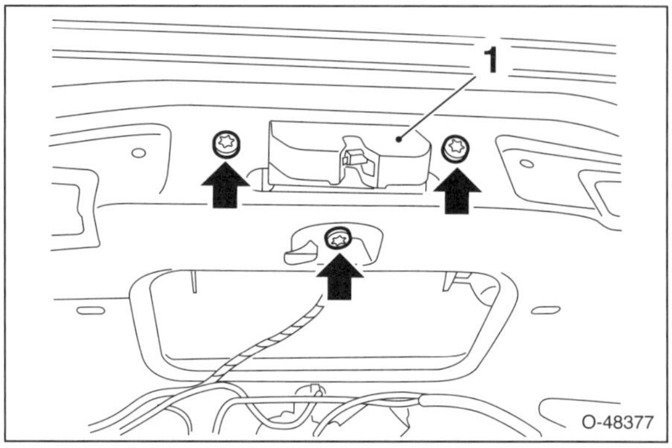

- 3 Schrauben –Pfeile– herausdrehen und Schloss –1– von der Heckklappe abnehmen.

Einbau

- Der Einbau erfolgt in umgekehrter Ausbaureihenfolge.
- Bei geöffneter Heckklappe Schließmechanismus auf Funktion prüfen.

Heckklappenverkleidung aus- und einbauen

Fließheckmodell (GTS)

Ausbau

- Heckklappe öffnen und Kofferraumabdeckung herausnehmen.

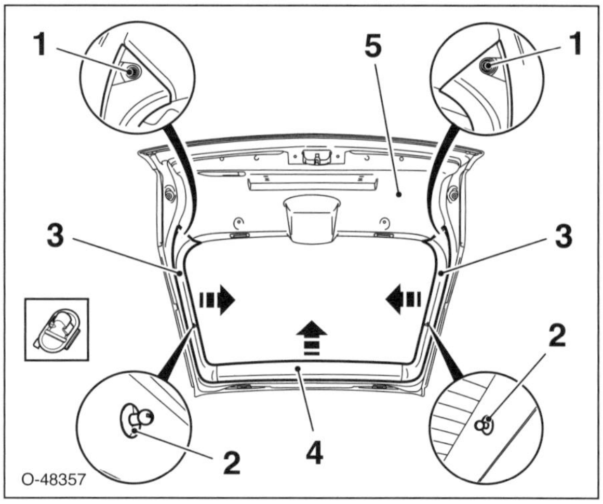

- Abdeckkappen links und rechts abhebeln und Schrauben –1– herausdrehen. **Hinweis:** Wird nur die untere Verkleidung –5– ausgebaut, genügt es, die Schrauben –1– für die Fensterrahmenverkleidung –3/4– herauszudrehen.
- Haltebolzen –2– für Kofferraumabdeckung herausschrauben.
- Einen Kunststoffkeil unter die Fensterrahmenverkleidung –3/4– schieben, Verkleidung an den Halteclips in Pfeilrichtung vom Fensterrahmen lösen und abnehmen.

Hinweis: Jedes Segment der Fensterrahmenverkleidung ist mit jeweils 3 Halteclips befestigt.

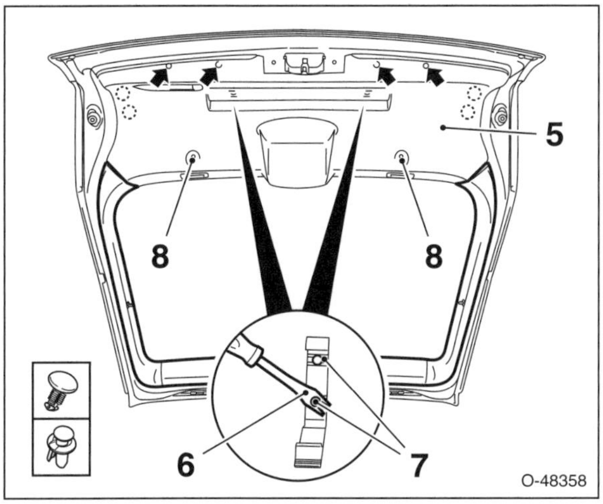

O-48358

- 4 Stopfen –Pfeile– mit Lösehebel –6–, zum Beispiel HAZET 799-3, aus der Verkleidung –5– herausziehen.
- 4 Spreiznieten –7– mit Lösehebel –6– herausziehen und 2 Halter abnehmen.
- 2 Schrauben –8– herausdrehen.
- Einen Kunststoffkeil unter die Verkleidung –5– schieben, Verkleidung an 4 Halteclips –Markierungen– lösen und von der Heckklappe abnehmen.

Einbau

- Der Einbau erfolgt in umgekehrter Ausbaureihenfolge.

Heckklappenverkleidung/CARAVAN

Ausbau

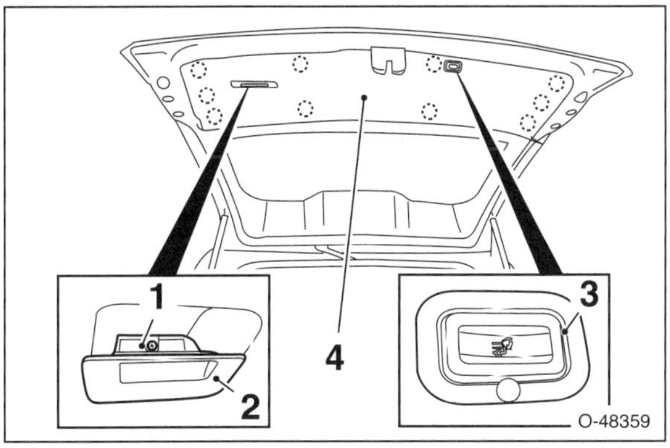

O-48359

- Heckklappe öffnen, Schraube –1– herausdrehen und Griffschale –2– von der Verkleidung –4– abnehmen.
- Fahrzeuge mit automatischem Öffnungsmechanismus: Schalter –3– mit einem Kunststoffkeil aus dem Schaltergehäuse ausclipsen. 2 Sicherungslaschen im Schaltergehäuse nach innen drücken und Schaltergehäuse aus der Verkleidung herausziehen. Stecker an der Rückseite herausschieben.
- Mit einem Kunststoffkeil untere Verkleidung –4– an 10 Halteclips –Markierungen– lösen und von der Heckklappe abnehmen.

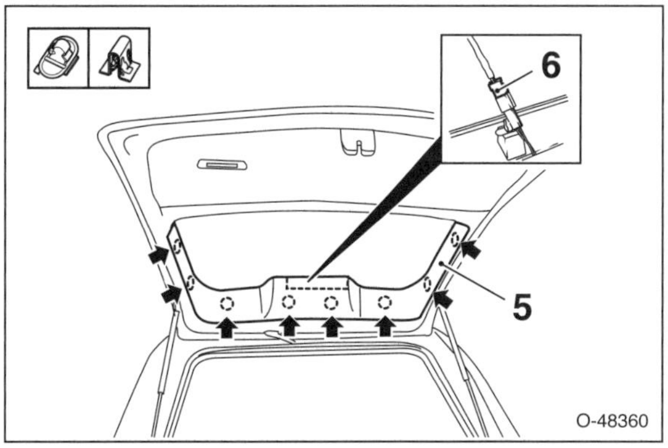

O-48360

- Einen Kunststoffkeil unter die Fensterrahmenverkleidung –5– schieben und Verkleidung an 8 Halteclips –Pfeile– vom Fensterrahmen lösen.
- Stecker –6– für Zusatzbremsleuchte entriegeln und abziehen.
- Fensterrahmenverkleidung abnehmen.

Einbau

- Der Einbau erfolgt in umgekehrter Ausbaureihenfolge.
- Zusatzbremsleuchte und Schalter für automatischem Öffnungsmechanismus auf Funktion prüfen.

Heckklappenverkleidung/SIGNUM

Ausbau

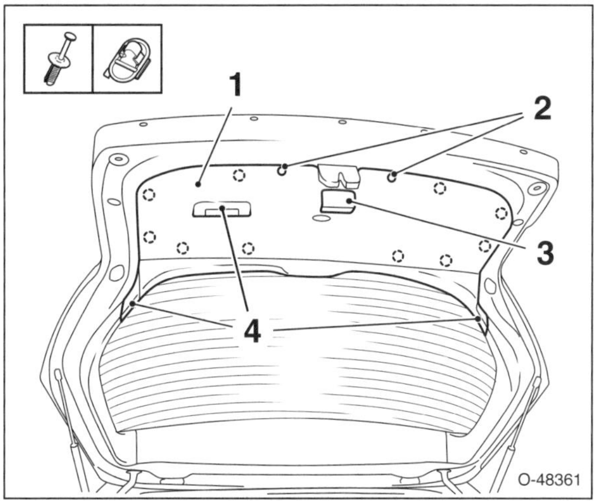

O-48361

- Heckklappe öffnen, Leuchte –3– aus der Verkleidung heraushebeln und Stecker abziehen.
- 3 Schrauben –4– herausdrehen.
- 2 Spreiznieten –2– mit Lösehebel, zum Beispiel HAZET 799-3, aus der unteren Verkleidung –1– herausziehen.
- Mit einem Kunststoffkeil untere Verkleidung –1– an 10 Halteclips –Markierungen– lösen.

- Untere Verkleidung –1– von der Heckklappe abnehmen.

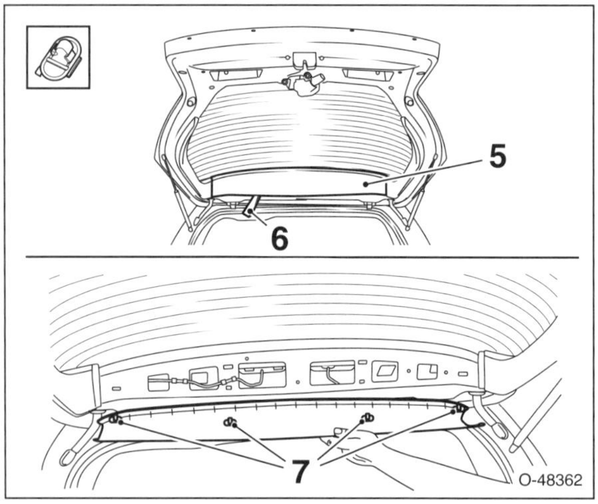

- Einen Kunststoffkeil –6– unter die obere Fensterrahmenverkleidung –5– schieben, Verkleidung an 4 Halteclips –7– vom Fensterrahmen lösen und abnehmen.

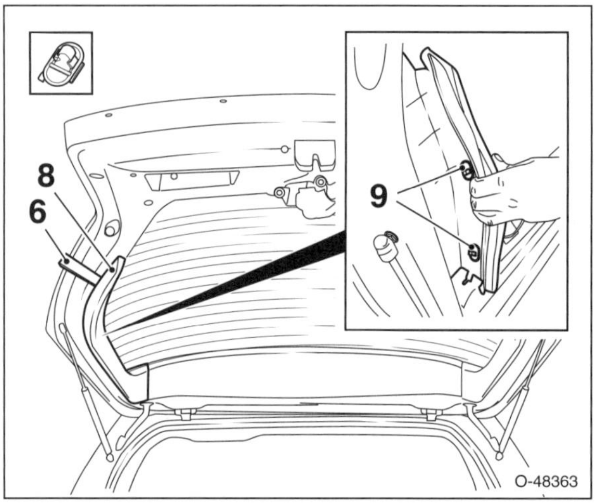

- Einen Kunststoffkeil –6– unter die seitliche Fensterrahmenverkleidung –8– schieben, Verkleidung an 2 Halteclips –9– vom Fensterrahmen lösen und abnehmen.

Einbau

- Der Einbau erfolgt in umgekehrter Ausbaureihenfolge.

Tür aus- und einbauen

Hinweis: Hier wird der Aus- und Einbau der Vordertür beschrieben. Bei der Hintertür in gleicher Weise vorgehen.

Ausbau

- Batterie-Massekabel (–) abklemmen. **Achtung:** Hinweise im Kapitel »Batterie aus- und einbauen« beachten.

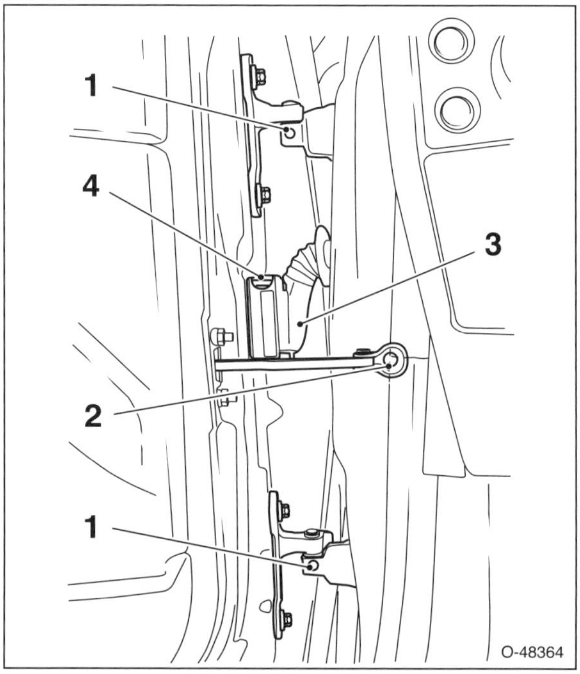

- Tür öffnen, Schraube –2– herausdrehen und Türstopper von der A-Säule lösen.
- **Vordertür:** Riegel –4– am Stecker –3– hochziehen und weiter über den Widerstand hinaus drücken. Dadurch wird die Steckverbindung an der Tür getrennt.
- **Hintertür:** Blauen Ring an der Steckverbindung eindrücken und Stecker durch ruckartige Bewegungen vorsichtig von der Tür abziehen.
- 2 Feststellschrauben –1– oben und unten herausdrehen und Tür von der A-Säule nehmen. **Achtung:** Tür von einen Helfer abstützen lassen.

Einbau

- **Neue Feststellschrauben** mit Schraubensicherungsmittel, zum Beispiel LOCTITE 243, bestreichen.
- Tür an den Scharnieren aufsetzen und Feststellschrauben eindrehen, dabei Tür von einen Helfer abstützen lassen.
- Der weitere Einbau erfolgt in umgekehrter Ausbaureihenfolge.

Tür einstellen

- Schließbügel von der B-Säule abschrauben.
- Scharniere oben und unten an der Tür so lösen, dass sie sich verschieben lassen. Dazu jeweils 2 Scharnierschrauben lockern.
- Spaltmaße der Tür prüfen. Die Tür ist richtig eingestellt, wenn sie im geschlossenen Zustand überall ein gleichmäßiges Spaltmaß hat, nicht zu weit nach innen oder außen steht und die Konturen mit den umliegenden Karosserieteilen fluchten. Die hintere Tür darf vorne maximal 1 mm weiter innen stehen als die Vordertür.

  Spaltmaße, Sollwerte:

  Tür vorn – Kotflügel vorn: . . . . $4{,}0^{+1{,}0}$ mm

  Tür vorn – Tür hinten: . . . . $4{,}0^{+1{,}0}$ mm

  Tür hinten – Seitenteil hinten: . . . . $4{,}0^{+1{,}0}$ mm

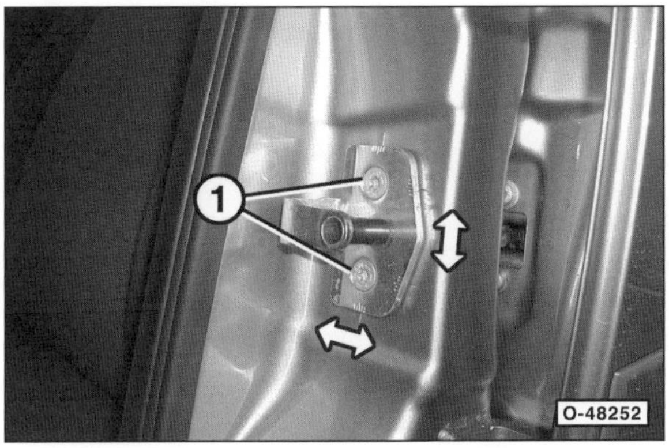

- Schließbügel anschrauben und Schrauben handfest anziehen, so dass der Schließbügel leicht verschoben werden kann.
- Tür schließen und ausrichten. Dadurch wird auch der Schließbügel ausgerichtet. Anschließend Tür vorsichtig öffnen und Schrauben –1– für Schließbügel mit **20 Nm** festziehen.
- Scharnierschrauben an der Tür mit **25 Nm** festziehen, Schrauben vorher mit Schraubensicherungsmittel, zum Beispiel LOCTITE 243, bestreichen.

Türschloss aus- und einbauen

Ausbau

- Batterie-Massekabel (–) abklemmen. **Achtung:** Hinweise im Kapitel »Batterie aus- und einbauen« beachten.
- Türverkleidung ausbauen, siehe entsprechendes Kapitel.
- Wasserabweisfolie teilweise abziehen.
- Hintere Führungsschiene für Fensterscheibe ausbauen, siehe Kapitel »Fensterheber aus- und einbauen«. **Hinweis:** Dieser Arbeitsschritt entfällt an der Hintertür beim Fließheckmodel (GTS).

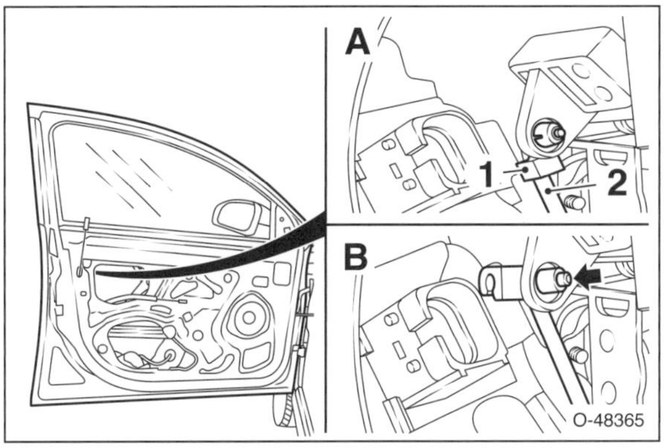

- Halteklammer –1– umschwenken, Zugstange –2– entriegeln und vom Türgriff aushängen.
- **Fahrertür:** Tür-Außengriff mit Lagerbügel ausbauen, siehe entsprechendes Kapitel.

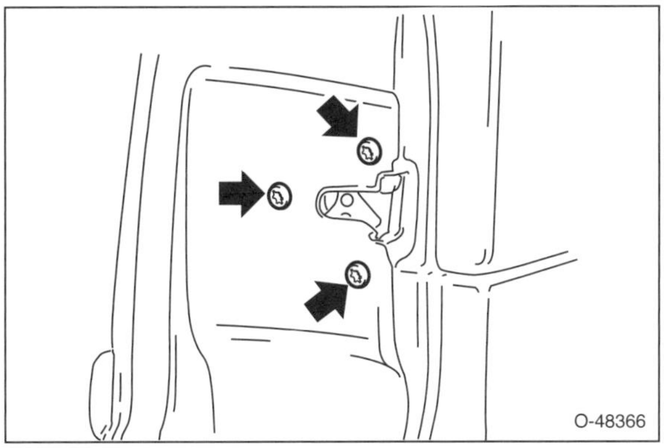

- 3 Schrauben –Pfeile– an der Schmalseite der Tür herausdrehen und Schloss vom Türrahmen lösen.

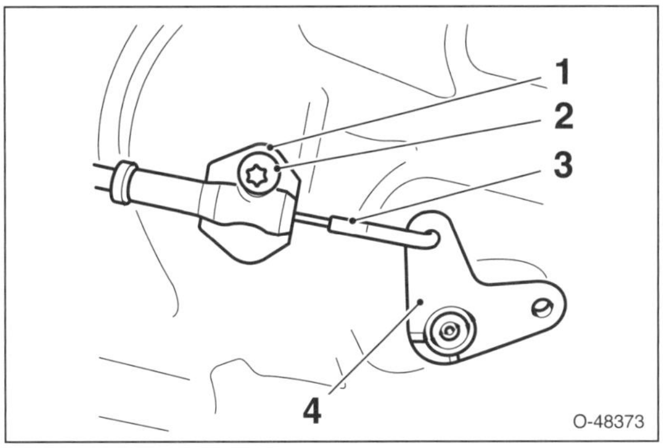

- **Hintertür:** Schraube –2– herausdrehen, Halter –1– für Bowdenzug vom Türrahmen ablösen und Zugseele –3– am Umlenkhebel –4– für Verriegelungsknopf aushängen.

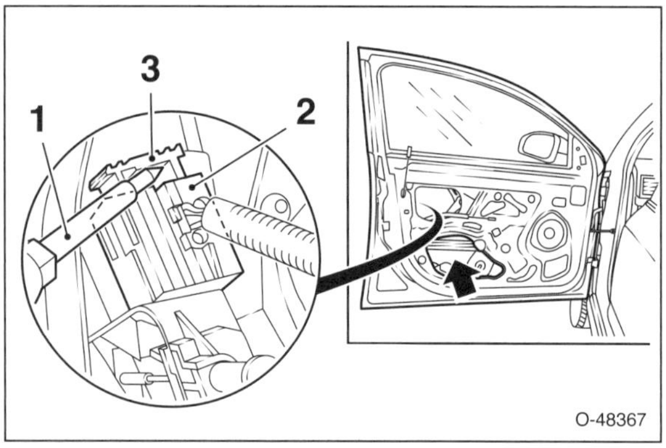

- Mit einem Schraubendreher –1– Riegel –3– am Stellmotor für Türschloss hochdrücken und Stecker –2– abziehen.
- **Vordertür:** Mit einem Lösehebel, zum Beispiel HAZET 799-3, Kabel am Türschloss abclipsen.
- Türschloss mit Bowdenzug aus dem Türrahmen herausziehen. **Hinweis:** An der Vordertür Türschloss aus der unteren Öffnung –Pfeil– herausziehen.

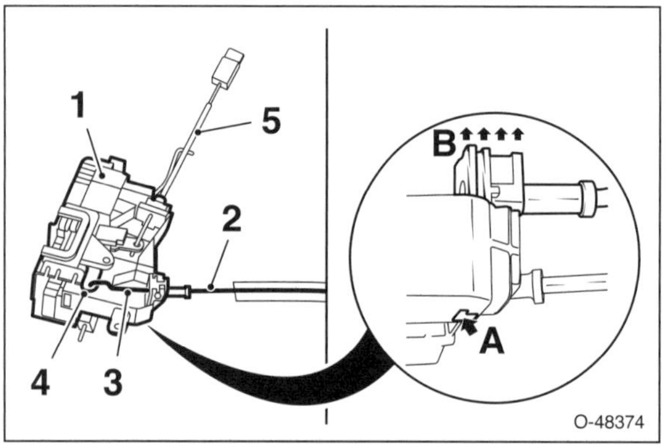

- Bowdenzug –2– am Türschloss –1– entsichern –Pfeil A– und herausziehen –Pfeile B–. Zugseele –3– aus der Aufnahme –4– aushängen.
- **Hintertür:** Bowdenzug für Verriegelungsknopf in gleicher Weise am Türschloss aushängen.
- **Vordertür:** Gestänge –5– für Verriegelungsknopf am Türschloss aushängen.

Einbau

- **Vordertür:** Gestänge für Verriegelungsknopf am Türschloss einhängen.
- Zugseele in die Aufnahme am Türschloss einhängen, Bowdenzug einsetzen und hörbar einrasten.
- Der weitere Einbau erfolgt in umgekehrter Ausbaureihenfolge. Dabei beschädigte Wasserabweisfolie ersetzen.
- Bei geöffneter Tür Schließmechanismus auf Funktion prüfen.

Tür-Außengriff mit Lagerbügel aus- und einbauen

Ausbau

- Tür öffnen.

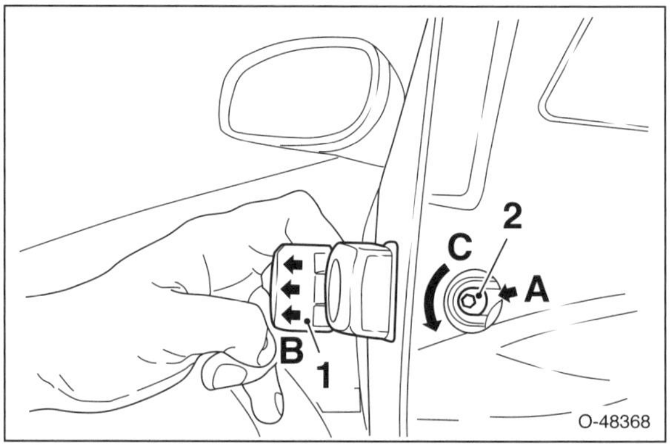

- Mit einem Kunststoffkeil, zum Beispiel HAZET 1965-20, Abdeckkappe aus der Bohrung –Pfeil A– an der Schmalseite der Tür heraushebeln.
- Außengriff –1– nach außen ziehen –Pfeile B– und festhalten.
- Schraube –2– bis zum Anschlag gegen den Uhrzeigersinn –Pfeil C– drehen.

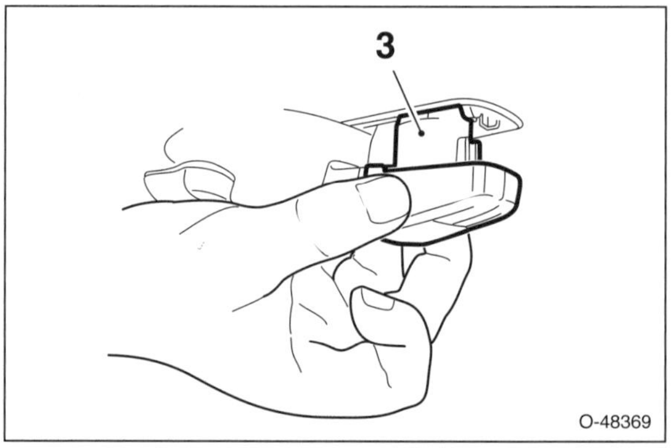

- Schließzylinder mit Gehäuse –3– aus der Tür herausziehen. **Hinweis:** An der Beifahrertür sowie den hinteren Türen ist im Gehäuse kein Schließzylinder eingesetzt.

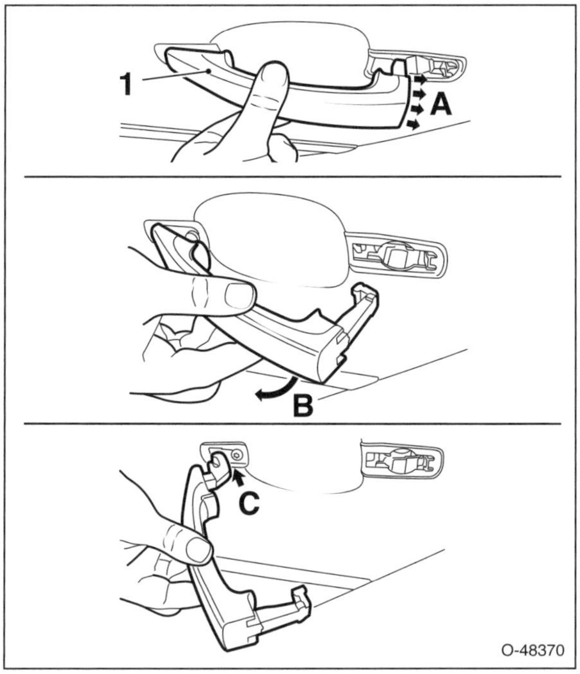

- Außengriff –1– nach hinten ziehen –Pfeile A–, nach außen schwenken –Pfeil B– und aus dem vorderen Lager –Pfeil C– aushängen.
- Türverkleidung ausbauen, siehe entsprechendes Kapitel.
- Wasserabweisfolie teilweise abziehen.
- Türschloss ausbauen, siehe entsprechendes Kapitel.

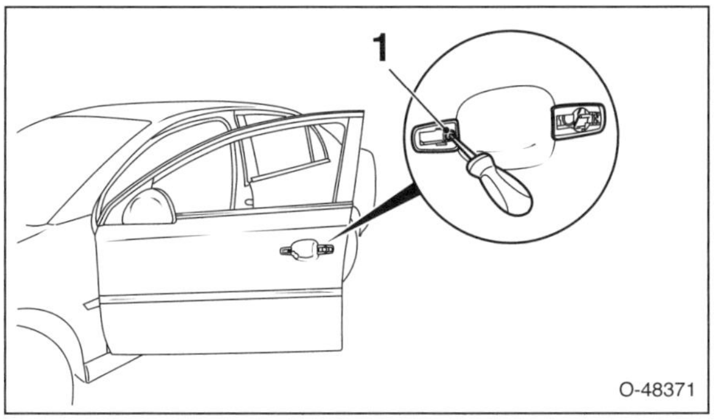

- Schraube –1– am vorderen Lager 5 Umdrehungen losdrehen.

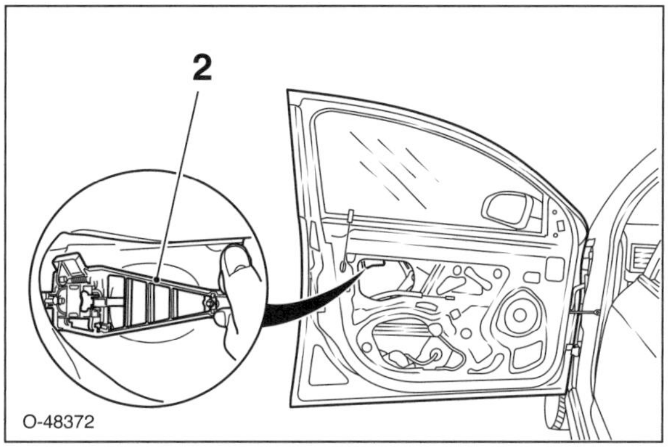

- Lagerbügel –2– für Tür-Außengriff aus der oberen Öffnung herausziehen.

Einbau

- Lagerbügel einsetzen und Schraube am vorderen Lager festziehen.
- Außengriff durch das Türblech einführen, in das vordere Lager einhängen, nach innen schwenken und im hinteren Lager einrasten.
- Schließzylinder mit Gehäuse einsetzen.
- Schraube an der Schmalseite der Tür bis zum Anschlag im Uhrzeigersinn drehen, dabei Außengriff festhalten und Schließzylindergehäuse gegenhalten.
- Abdeckkappe in die Bohrung drücken.
- Türschloss einbauen, siehe entsprechendes Kapitel.
- Wasserabweisfolie ankleben.
- Türverkleidung einbauen, siehe entsprechendes Kapitel.

Speziell Schließzylinder

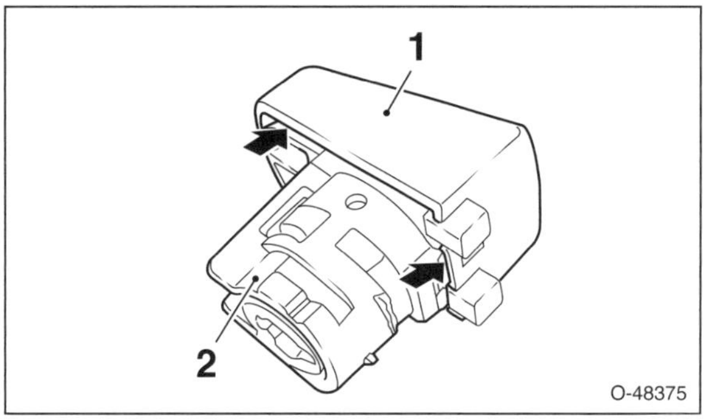

- **Fahrertür:** Kappe –1– vom Schließzylindergehäuse –2– abclipsen –Pfeile–.

Türverkleidung aus- und einbauen

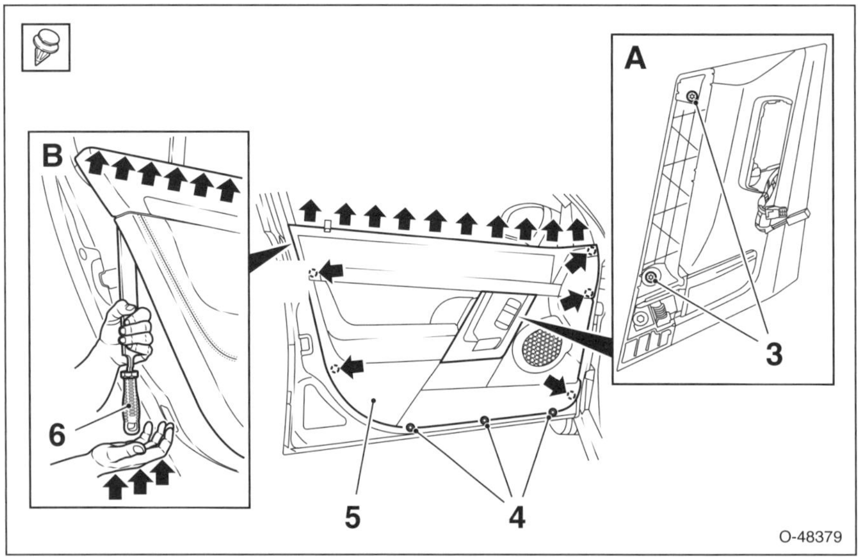

3 – Schrauben

4 – Schrauben

5 – Verkleidung

6 – Ausbauwerkzeug

Hinweis: Es wird der Ausbau der vorderen Türverkleidung beschrieben. Der Arbeitsablauf an der Hintertür ist identisch, auf Abweichungen wird am Kapitelende hingewiesen.

Ausbau

- Fenster nach unten fahren.

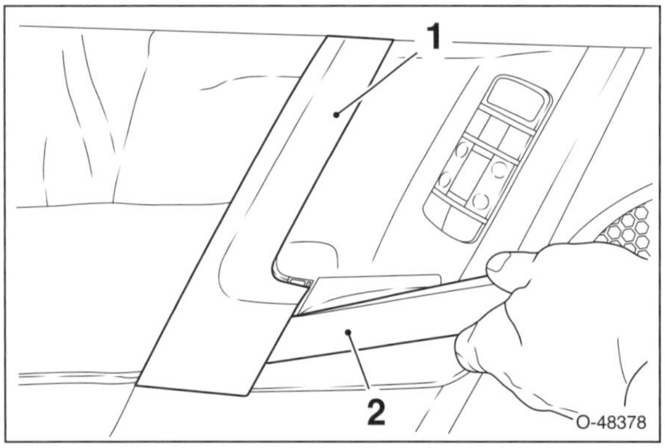

- Kunststoffkeil –2– unten zwischen Türgriff und Blende –1– einführen, Keil nach oben ziehen und Blende von der Türverkleidung abhebeln.
- 2 Schrauben –3– am Türgriff herausdrehen.
- 3 Schrauben –4– unten an der Verkleidung –5– herausdrehen.
- 5 Halteclips –Pfeile– an beiden Seiten mit einem Lösehebel, zum Beispiel HAZET 799-6, aus der Verkleidung –5– herausziehen.
- Mit einem Kunststoffkeil innere Fensterschachtleiste zusammen mit der Türverkleidung vom Fensterschacht lösen. Keil dabei von außen in den Fensterschacht einführen.

Hinweis: Die innere Fensterschachtleiste ist mit Federklammern an der Türverkleidung angeclipst. Bei Abbau der Fensterschachtleiste von der Türverkleidung werden die Federklammern beschädigt und müssen ersetzt werden.

- Mit geeignetem Werkzeug –6–, zum Beispiel HAZET-Krafthebel 2164-2, Türverkleidung durch leichte Stöße von unten vom Türrahmen lösen und nach oben abnehmen.

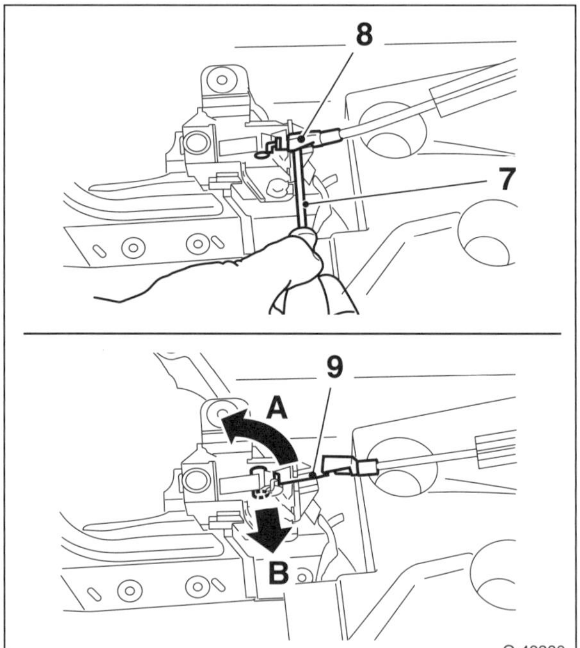

- An der Rückseite der Türverkleidung mit einem kleinen Schraubendreher –7– Sicherungsclip –8– für Bowdenzug am Türöffner ausrasten und zurückschieben.
- Bowdenzug –9– am Türöffner aushängen –Pfeile A/B–.

- Stecker für Türschalter mit einem Schraubendreher entriegeln und abziehen, siehe Seite 106.
- Verkleidung von der Tür abnehmen.

Einbau

- Halteclips auf Beschädigungen und auf richtigen Sitz an der Verkleidung überprüfen, wenn nötig, ersetzen.
- Verkleidung so an die Tür ansetzen, dass die Halteclips in die Bohrungen eingreifen.
- Verkleidung an die Tür andrücken und einclipsen. Schrauben eindrehen.
- Der weitere Einbau erfolgt in umgekehrter Ausbaureihenfolge.

Speziell Hintertür

- Falls vorhanden, Stellung der Fensterkurbel bei geschlossenem Fenster für den Wiedereinbau merken.
- Fenster nach unten fahren.

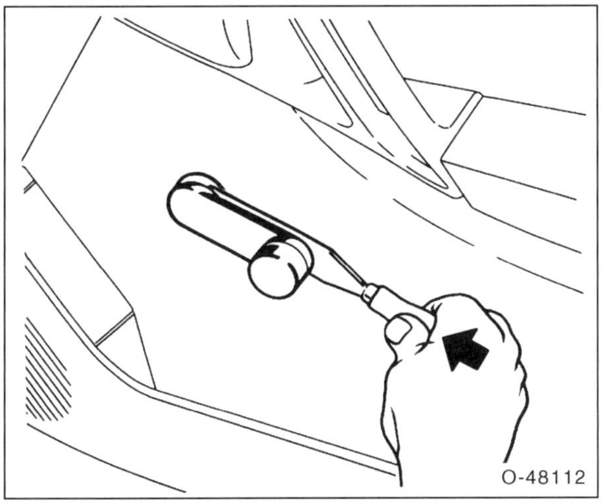

- Falls vorhanden, Fensterkurbel ausbauen. Dazu mit Spezialzange HAZET 799 die Drahtklammer abdrücken.

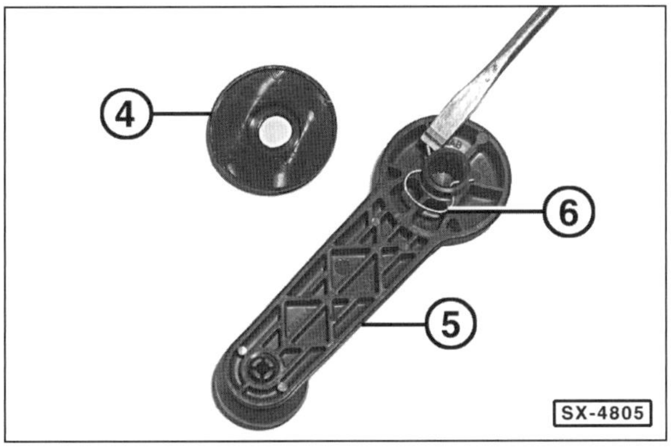

- Steht das Werkzeug nicht zur Verfügung, Drahtklammer –6– mit einem schmalen Schraubendreher abdrücken.
- Kurbel –5– von der Achse abziehen. Falls beim Ausbau die Drahtklammer ganz aus der Fensterkurbel herausgedrückt wurde, Drahtklammer wieder in die Nut der Kurbel eindrücken. Kunststoffscheibe –4– abnehmen.

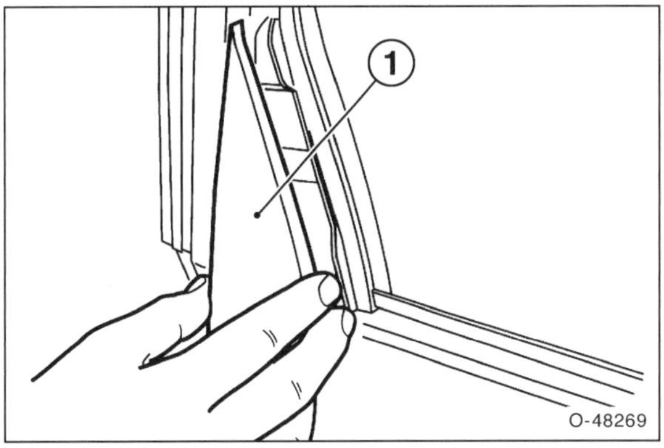

- **Fließheckmodell (GTS):** Mit einem Kunststoffkeil Dreieckblende –1– an der Hintertür abhebeln. Dazu Keil oben ansetzen und Blende an 3 Halteclips lösen und vom Türrahmen abziehen.

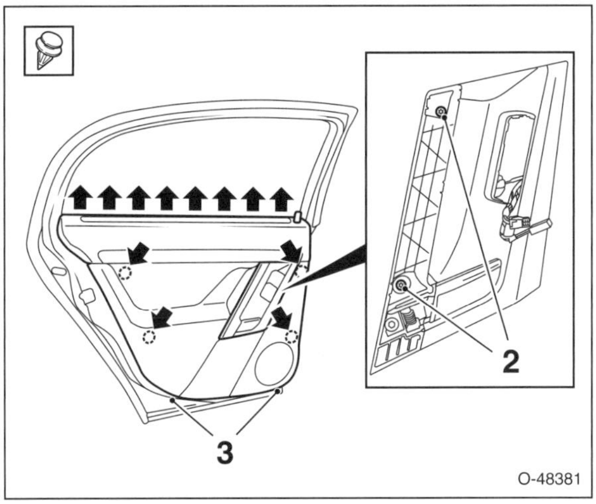

- 2 Schrauben –2– am Türgriff herausdrehen.
- 2 Schrauben –3– unten an der Verkleidung herausdrehen.
- 4 Halteclips –Pfeile– an beiden Seiten herausziehen.

Wasserabweisfolie

- Türverkleidung ausbauen.
- Mit einem Lösehebel, zum Beispiel HAZET 799-3, Kabel vom Türrahmen abclipsen.
- Steuergerät vom Türrahmen abschrauben, Stecker entriegeln und abziehen.
- Wasserabweisfolie vorsichtig abziehen.
- Beschädigte Wasserabweisfolie beim Einbau ersetzen.

Dreieckblende aus- und einbauen

Tür vorn

Ausbau

- Vorderes Fenster nach unten fahren.
- Türverkleidung ausbauen, siehe entsprechendes Kapitel.

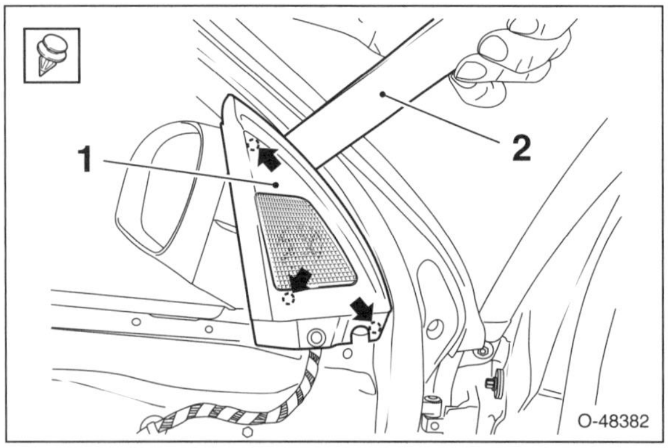

- Kunststoffkeil –2–, zum Beispiel HAZET 1965-20, oben in den Spalt zwischen Türrahmen und Dreieckblende –1– einführen.
- Dreieckblende –1– an 3 Halteclips –Pfeile– vom Türrahmen abhebeln.
- Mit einem Lösehebel Lautsprecher-Kabel an der Rückseite der Dreieckblende abclipsen
- Stecker vom Lautsprecher abziehen und Dreieckblende abnehmen.

Einbau

- Der Einbau erfolgt in umgekehrter Ausbaureihenfolge.

Außenspiegel aus- und einbauen

Ausbau

- Dreieckblende ausbauen, siehe entsprechendes Kapitel.

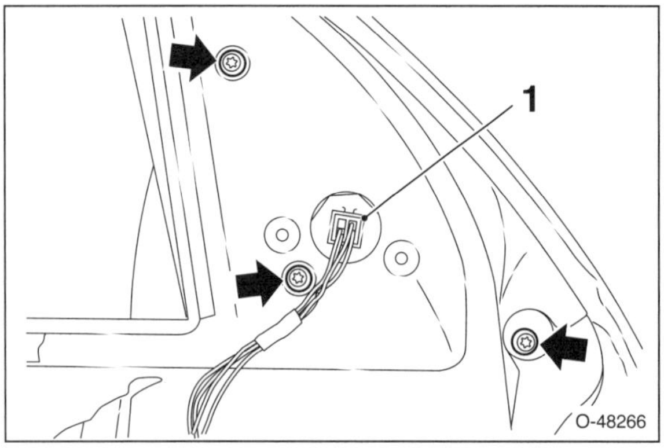

- Stecker –1– für elektrischen Spiegelversteller entriegeln und abziehen.
- 3 Schrauben –Pfeile– herausdrehen, dabei Spiegel außen festhalten. Außenspiegel von der Tür abnehmen.

Einbau

- Der Einbau erfolgt in umgekehrter Ausbaureihenfolge.

Spiegelglas aus- und einbauen

Ausbau

- Außenspiegel nach vorne klappen.

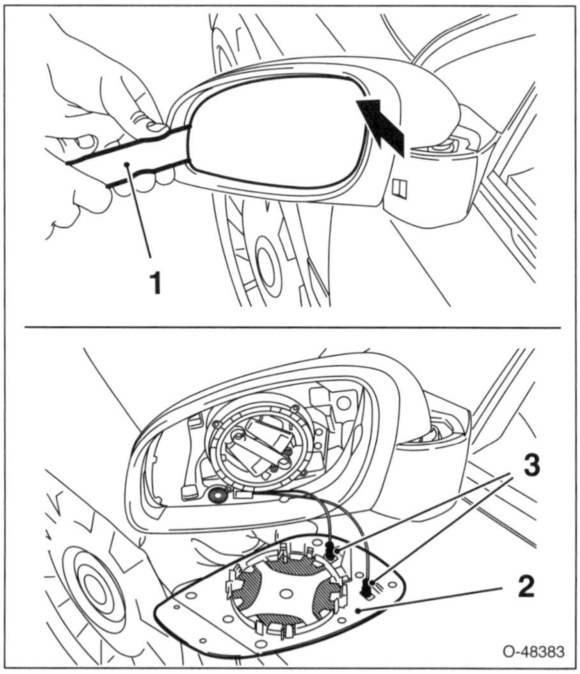

- Spiegelglas so verstellen, dass die obere Ecke rechts –Pfeil– bis zum Anschlag ins Spiegelgehäuse geneigt ist. **Hinweis:** Beim rechten Außenspiegel obere Ecke links ins Spiegelgehäuse neigen.
- Kunststoffkeil an der diagonal gegenüberliegenden Seite einführen und Spiegelglas vorsichtig abhebeln.
- Beide Anschlusskabel –3– für elektrisch beheizbaren Außenspiegel von der Spiegelglas-Rückseite –2– abziehen. Dabei die angenieteten Kontaktzungen festhalten, um Beschädigungen zu vermeiden.

Einbau

- Anschlusskabel am Spiegelglas aufstecken.

> **Sicherheitshinweis**
> Beim Aufdrücken des Spiegelglases unbedingt Handschuhe anziehen oder sauberen Lappen unterlegen. Bruch- und Verletzungsgefahr!

- Spiegelglas ansetzen, aufdrücken und einrasten. Durch Hin- und Herbewegen des Spiegelglases festen Sitz in der Halterung prüfen.
- Außenspiegel einstellen.

Stellmotor für Außenspiegel aus- und einbauen

Ausbau

- Spiegelglas ausbauen, siehe entsprechendes Kapitel.

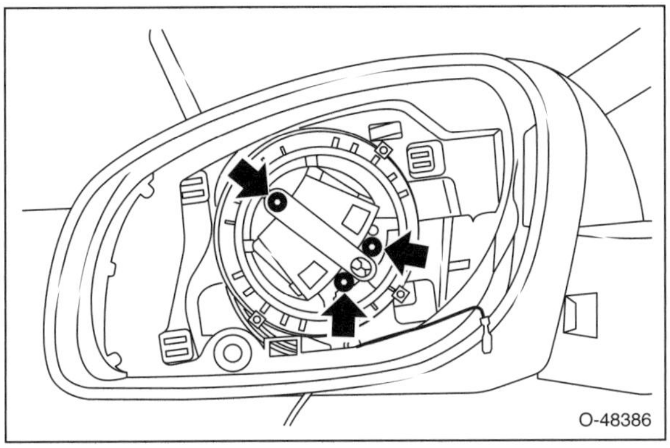

- 3 Schrauben –Pfeile– herausdrehen und Stellmotor aus dem Spiegelgehäuse herausziehen.
- Stecker an der Rückseite vom Stellmotor abziehen.

Einbau

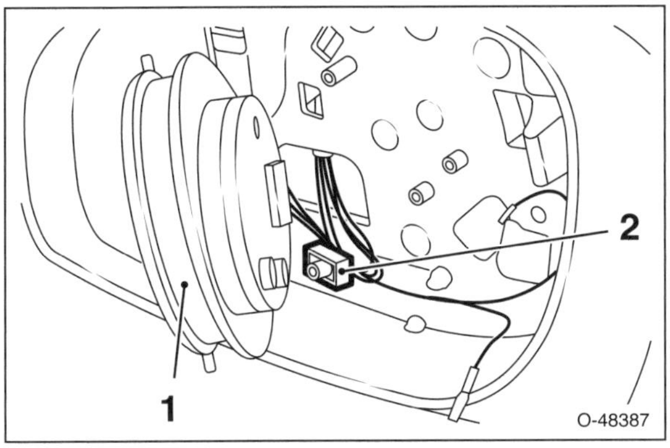

- Stecker am Stellmotor –1– aufschieben.
- Stellmotor –1– am Spiegelgehäuse ansetzen, dabei Kabel hinter dem unteren Anschlag –2– verlegen.
- Stellmotor im Spiegelgehäuse festschrauben.
- Spiegelglas einbauen, siehe entsprechendes Kapitel.

Abdeckung für Außenspiegel aus- und einbauen

Ausbau

- Spiegelglas ausbauen, siehe entsprechendes Kapitel.

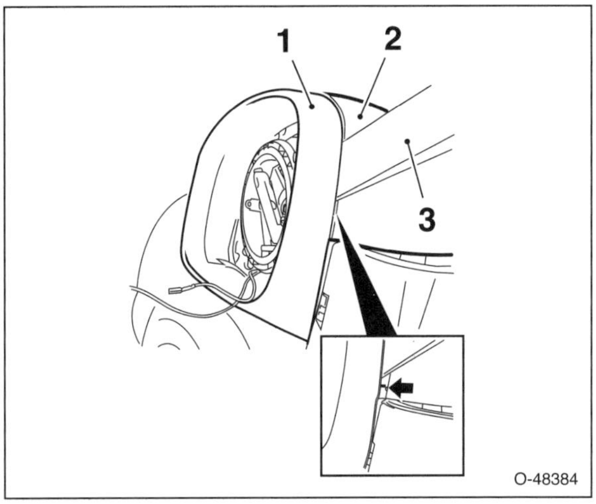

- Mit einem Kunststoffkeil –3– Blende –1– vorsichtig von der Spiegelabdeckung –2– abhebeln.
- Verriegelungsstift aus der Bohrung herausheben –Pfeil–.

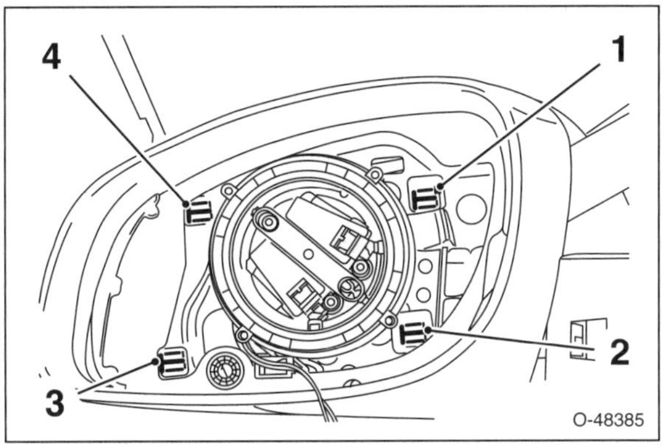

- Rastnasen in numerischer Reihenfolge von –1– bis –4– im Spiegelgehäuse ausrasten und Spiegelabdeckung nach vorne vom Außenspiegel abziehen.

Einbau

- Der Einbau erfolgt in umgekehrter Ausbaureihenfolge, dabei Verriegelungsstift mit einem Kunststoffkeil in der Bohrung positionieren.

Fensterheber an der Vordertür aus- und einbauen

Ausbau

- Fenster 5 cm nach unten fahren, in dieser Position mit Klebeband fixieren und gegen Herunterrutschen sichern.
- Batterie-Massekabel (–) abklemmen. **Achtung:** Hinweise im Kapitel »Batterie aus- und einbauen« beachten.
- Türverkleidung ausbauen, siehe entsprechendes Kapitel.
- Wasserabweisfolie teilweise abziehen.
- Lautsprecher aus der Tür ausbauen, siehe Seite 109.
- Mit einem Kunststoffkeil äußere Fensterschachtleiste von unten vom Fensterschacht ablösen. **Hinweis:** Fensterschachtleiste erst über die gesamte Länge ablösen.
- Fensterschachtleiste abziehen.

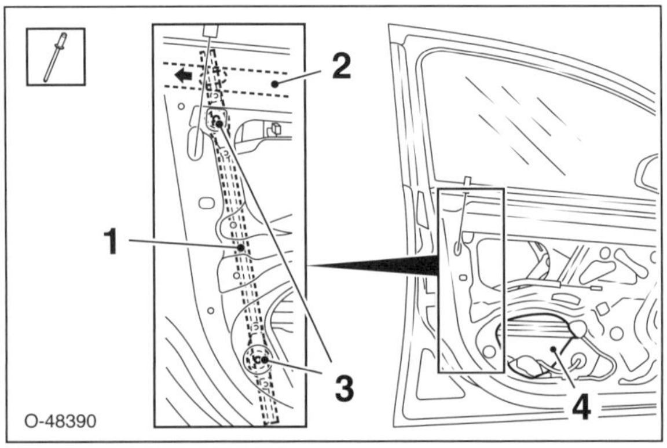

O-48390

- 2 Nieten –3– ausbohren.
- Hintere Führungsschiene –1– für Fensterscheibe nach hinten –Pfeil– aus der unteren Fensterschiene –2– herausziehen.
- Führungsschiene –1– aus der unteren Öffnung –4– im Türrahmen herausziehen.

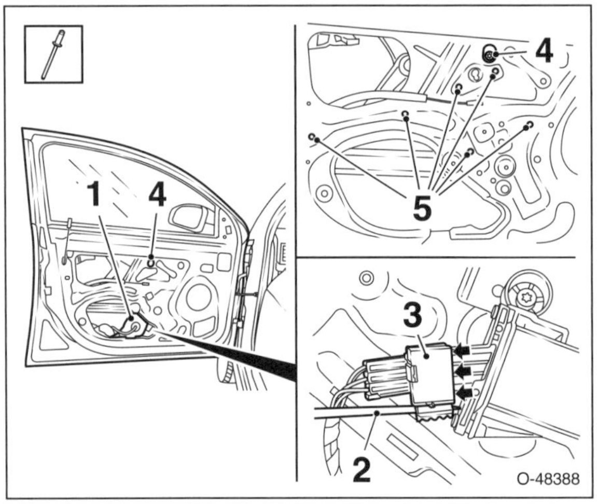

O-48388

- Abdeckung –1– im Türrahmen ausclipsen, mit einem Schraubendreher –2– Stecker –3– für Fensterhebermotor entriegeln und abziehen –Pfeile–.
- Schraube –4– an der unteren Fensterschiene lockern.
- 6 Nieten –5– für Fensterheber ausbohren.

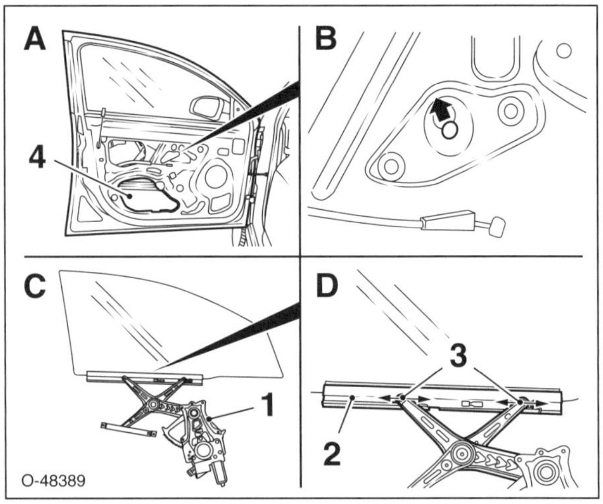

O-48389

- Fensterheber –1– im Türrahmen aushängen –Pfeil B–.
- Gleiter –3– aus der unteren Fensterschiene –2– herausziehen –Pfeile D–.
- Fensterheber –1– mit Fensterhebermotor aus der unteren Öffnung –4– im Türrahmen herausziehen.

Einbau

- Bohrspäne aus dem Türrahmen und den Gleitschienen entfernen.
- Fensterheber im Türrahmen einsetzen.
- Gleitstücke des Fensterhebers mit Mehrzweckfett schmieren und in die Fensterschiene schieben.
- Fensterheber im Türrahmen einhängen.
- Fensterheber und hintere Führungsschiene mit Popnieten ∅ 4,8 x 11 mm oder kurzen Schrauben und Muttern am Türrahmen befestigen. Schraubengewinde mit Sicherungsmittel bestreichen.
- Fensterscheibe bis zum Anschlag in die hintere Führungsschiene eindrücken.
- Schraube an der unteren Fensterschiene festziehen.
- Der weitere Einbau erfolgt in umgekehrter Ausbaureihenfolge.
- Beschädigte Wasserabweisfolie ersetzen.
- Nach dem Anklemmen der Batterie automatische Hochlauffunktion des elektrischen Fensterhebers neu aktivieren, siehe Kapitel »Batterie aus- und einbauen«.
- Fensterheber auf Funktion prüfen.

Fensterheber an der Hintertür aus- und einbauen

Ausbau

- **Elektrischer Fensterheber:** Batterie-Massekabel (–) abklemmen. **Achtung:** Hinweise im Kapitel »Batterie aus- und einbauen« beachten.
- Türverkleidung ausbauen, siehe entsprechendes Kapitel.
- Wasserabweisfolie teilweise abziehen.

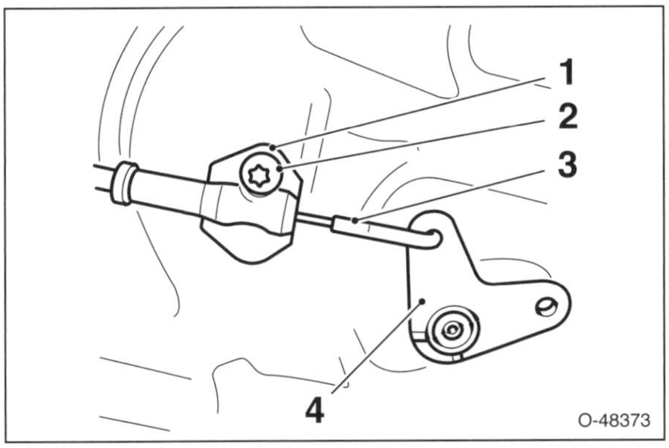

- Schraube –2– herausdrehen, Halter –1– für Bowdenzug vom Türrahmen ablösen und Zugseele –3– am Umlenkhebel –4– für Verriegelungsknopf aushängen.

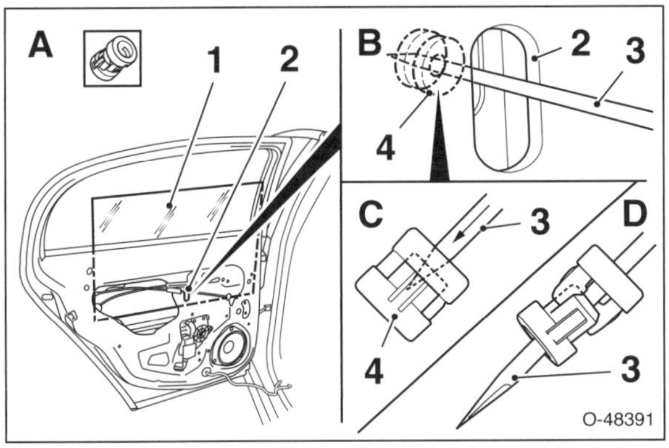

- Fensterscheibe –1– so weit herunterfahren, bis der Halteclip –4– durch die Öffnung –2– im Türrahmen zugänglich ist.
- Reißnadel –3– mit ∅ 4 mm in den Halteclip –4– einführen, Halteclip entriegeln und aus dem Türrahmen herausziehen.
- Fensterscheibe von Hand ganz nach oben schieben, in dieser Position mit Klebeband fixieren und gegen Herunterrutschen sichern.

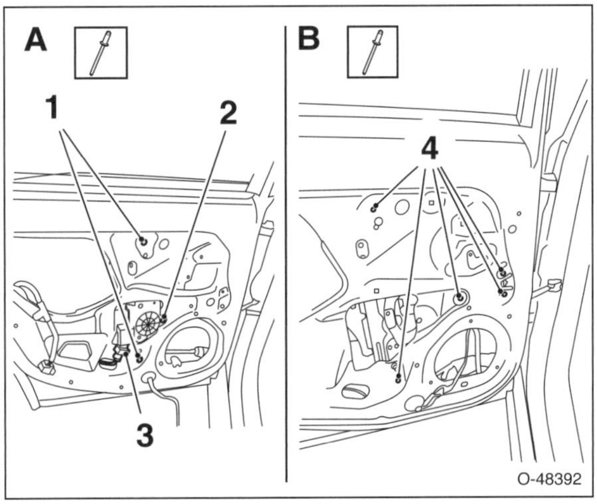

- **Elektrischer Fensterheber –A–:** Stecker –3– für Fensterhebermotor entriegeln und abziehen. Schraube –2– herausdrehen. 2 Nieten –1– für Fensterheber ausbohren.
- **Manueller Fensterheber –B–:** 5 Nieten –4– für Fensterheber ausbohren.

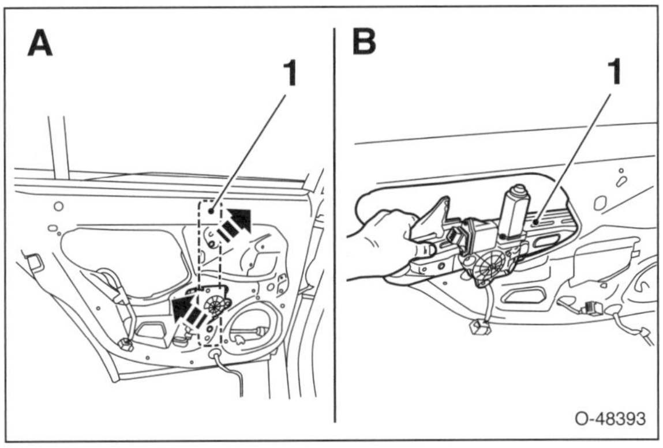

- Fensterheber –1– aushängen –Pfeile A– und aus dem Türrahmen herausziehen.

Einbau

- Bohrspäne aus dem Türrahmen entfernen.
- Fensterheber im Türrahmen einsetzen und mit Popnieten ∅ 4,8 x 11 mm oder kurzen Schrauben befestigen. Schraubengewinde mit Sicherungsmittel bestreichen.
- **Elektrischer Fensterheber:** Schraube reindrehen und Stecker für Fensterhebermotor aufschieben.
- Fensterheber in die Position fahren, so dass der Halteclip eingesetzt werden kann.
- Fensterscheibe von Hand herunterschieben, Halteclip in Fensterscheibe und Aufnahme einsetzen.
- Der weitere Einbau erfolgt in umgekehrter Ausbaureihenfolge. Beschädigte Wasserabweisfolie ersetzen.
- Nach dem Anklemmen der Batterie automatische Hochlauffunktion des elektrischen Fensterhebers neu aktivieren, siehe Kapitel »Batterie aus- und einbauen«.
- Fensterheber auf Funktion prüfen.

Stromlaufpläne

Aus dem Inhalt:

- **Zeichenerklärung**
- **Stromlaufplan-Übersicht**
- **Relaisbelegung**
- **Einzelpläne**

Der Umgang mit dem Stromlaufplan

In einem Personenwagen werden bis zu 3.000 Meter Leitungen verlegt, um alle elektrischen Verbraucher (Scheinwerfer, Radio usw.) mit Strom zu versorgen.

Will man einen Fehler in der elektrischen Anlage aufspüren oder nachträglich ein elektrisches Zubehör montieren, kommt man nicht ohne Stromlaufplan aus; anhand dessen der Stromverlauf und damit die Kabelverbindungen aufgezeigt werden. Grundsätzlich muss der betreffende Stromkreis geschlossen sein, sonst kann der elektrische Strom nicht fließen. Es reicht beispielsweise nicht aus, dass an der Plusklemme eines Scheinwerfers Spannung anliegt, wenn nicht gleichzeitig über den Masseanschluss der Stromkreis geschlossen ist.

Deshalb ist auch das Massekabel von der Batterie mit der Karosserie verbunden. Mitunter reicht diese Masseverbindung jedoch nicht aus, und der betreffende Verbraucher bekommt eine direkte Masseleitung, deren Isolierung in der Regel braun eingefärbt ist. In den einzelnen Stromkreisen können Schalter, Relais, Sicherungen, Messgeräte, elektrische Motoren oder andere elektrische Bauteile integriert sein. Damit diese Bauteile richtig angeschlossen werden können, haben die einzelnen Kontakte entsprechende Klemmenbezeichnungen.

Um das Kabelgewirr zumindest auf dem Stromlaufplan übersichtlich zu ordnen, sind die einzelnen Strompfade senkrecht nebeneinander angeordnet und durchnummeriert.

Die senkrechten Linien münden oben in Rechtecken, die die plusseitigen Anschlüsse des Stromkreises symbolisieren. Es handelt sich dabei um die Klemmen 30 und 15. Die Ziffern in den Rechtecken weisen auf die weiterführenden Strompfade zum Batterie-Pluspol beziehungsweise Zündschloss hin. Unten mündet der Stromkreis auf einer waagerechten Linie, die den Masseanschluss symbolisiert. Die Masseverbindung wird normalerweise direkt über die Karosserie hergestellt oder aber über eine zusätzliche Leitung von einem an der Karosserie angebrachten Massepunkt.

Die wichtigsten Klemmenbezeichnungen sind:

Klemme 15 wird über das Zündschloss gespeist. Die Leitungen führen nur bei eingeschalteter Zündung Strom. Die Kabel sind meist schwarz oder schwarz mit farbigem Streifen.

Klemme 30. An dieser Klemme liegt immer die Batteriespannung an. Die Kabel sind meist rot oder rot mit farbigem Streifen.

Klemme 31 führt zur Masse. Die Masse-Leitungen sind in der Regel braun.

Wenn der Stromkreis durch ein Quadrat unterbrochen wird, in dem eine Zahl steht, weist die Ziffer auf den Strompfad hin, in dem der Stromkreis weitergeführt wird.

Im Stromlaufplan sind in den einzelnen Leitungen Buchstabenkombinationen und Ziffern eingefügt.

Beispiel: **BKWH 0.5**

Die Buchstaben weisen auf die Leitungsfarben hin. Besteht die Kennzeichnung aus zwei Buchstabengruppen wie im Beispiel, dann nennt die erste Buchstabenfolge die Leitungsgrundfarbe: BK = schwarz und die zweite die Zusatzfarbe: WH = weiß. Die Ziffern 0.5 geben an, welchen Leitungsquerschnitt in mm^2 die Leitung hat.

Schlüssel für Leitungsfarben

BK = Schwarz	GY = Grau	VT = Violett
BN = Braun	OG = Orange	WH = Weiß
BU = Blau	PK = Rosa	YE = Gelb
GN = Grün	RD = Rot	

Zuordnung der Stromlaufpläne

OPEL VECTRA C, Modelljahr 2004

Wegen des großen Umfangs können nicht alle Stromlaufpläne aus jedem Modelljahr berücksichtigt werden. Jedoch kann man sich auch an den vorliegenden Stromlaufplänen orientieren, wenn das eigene Fahrzeug einem anderen Modelljahr angehört, da die Änderungen in der Regel nur Teilbereiche betreffen.

Gebrauchsanleitung für Stromlaufpläne

Hinweis: Alle Schalter und Kontakte sind in mechanischer Ruhestellung gezeichnet.

Weiterführendes Bauteil
Hier: G1 = Batterie

Weiterführender Strompfad
Hier: 129
Hinweis: Aus Platzgründen können nicht alle Strompfade abgedruckt werden.

Sicherung
Hier: Nr. 8 mit einer Stärke von 10 Ampere.

Steckverbindung

Leitungsquerschnitt in mm^2

Leitungsfarbe
Entspricht der Leitungsfarbe im Auto.
Hier:
GYBK = grau/schwarz

Masseanschlüsse
Klemme 31

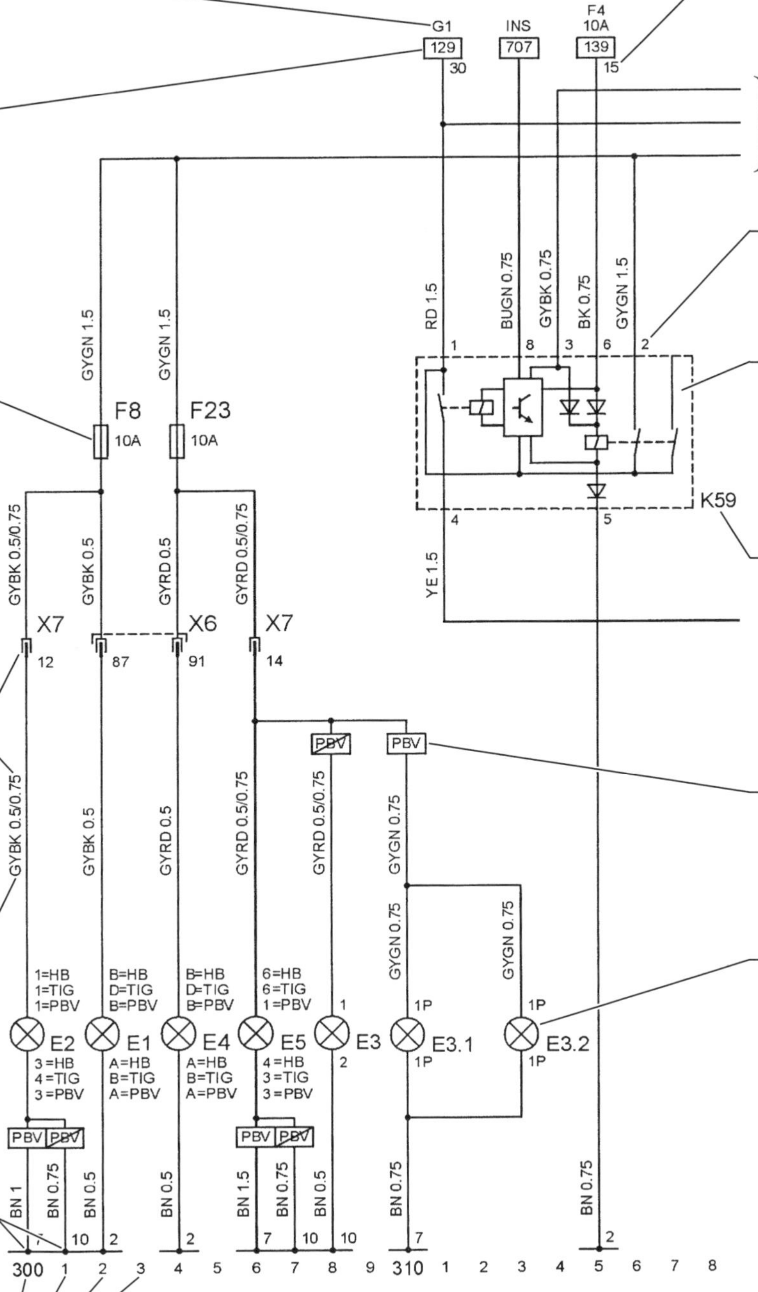

Strompfadnummern
300, 301, 302, 303 usw.
Strompfad
ist die Bezeichnung für eine gedachte senkrechte Linie über der Strompfadnummer.

Klemmenbezeichnung
15 – bei eingeschalteter Zündung liegt Batteriespannung an.

Plusseitige Anschlüsse
Klemme 30 und 15

Klemmenbezeichnung
Hier: Klemme 2 am Relais für Tagesfahrlicht.

Schaltzeichen
Hier: Relais für Tagesfahrlicht.

Teilebezeichnung
Damit findet man in der Legende, wie das als Schaltzeichen dargestellte Bauteil heißt.
Hier: K59 = Relais für Tagesfahrlicht.

Abkürzung
Beispiel:
PBV = OPEL COMBO

Schaltzeichen
Hier: Kennzeichenleuchte rechts.

Relaisbelegung

Relaiskasten im Innenraum

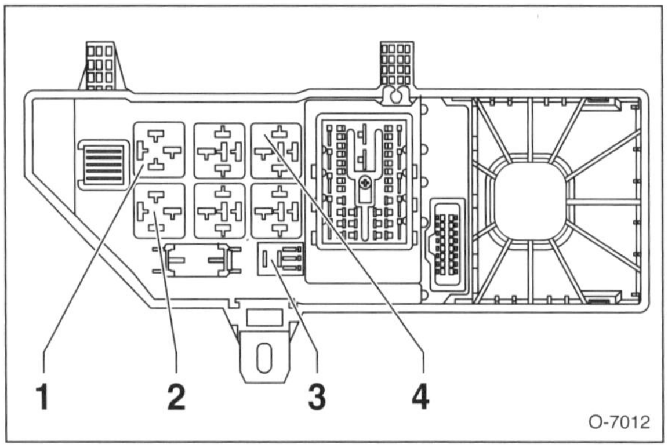

Nr.	Relais für ...	Bezeichnung
1	Klemme 15a	K2_X129
2	Klemme 15	K3_X129
3	Gebläse, Innenraum	K4_X129
4	Gebläse, Innenraum	K5_X129

Relaiskasten im Gepäckraum, links

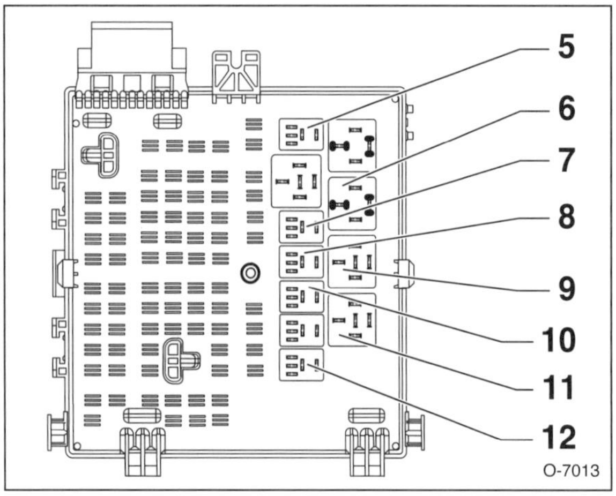

Nr.	Relais für ...	Bezeichnung
5	Wischer, Heckscheibe	K2_ X97
6	Klemme 15	K1_ X97
7	Sitzheizung, hinten, links	K5_ X97
8	Sitzheizung, hinten, rechts	K6_ X97
9	Heckscheibe, beheizt	K7_ X97
10	Signalhorn, Diebstahlwarnanlage	K4_ X97
11	Kraftstoffpumpe	K3_ X97
12	Zentralverriegelung, Tankklappe	K8_ X97

Relaiskasten im Motorraum, links

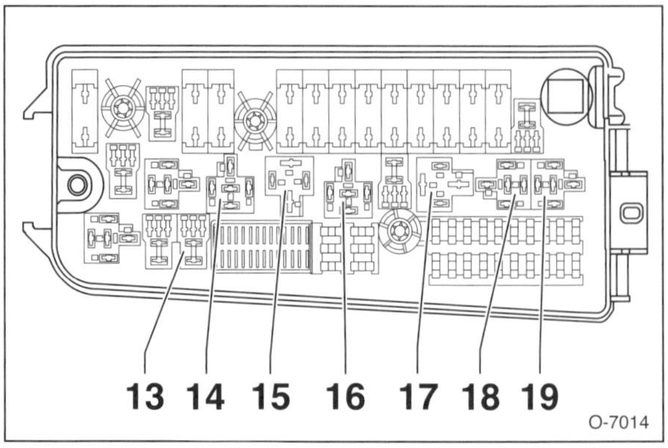

Nr.	Relais für ...	Bezeichnung
13	Kompressor, Klimaanlage	K8_ X125
14	Motorsteuergerät	K2_ X125
15	Anlasser	K1_ X125
16	Wischer, Frontscheibe, Ein/Aus	K6_ X125
17	Klemme 15	K3_ X125
18	Wischer, Frontscheibe, langsam/schnell	K5_ X125
19	Wascherpumpe, Scheinwerfer	K7_ X125

Relaiskasten im Motorraum, links

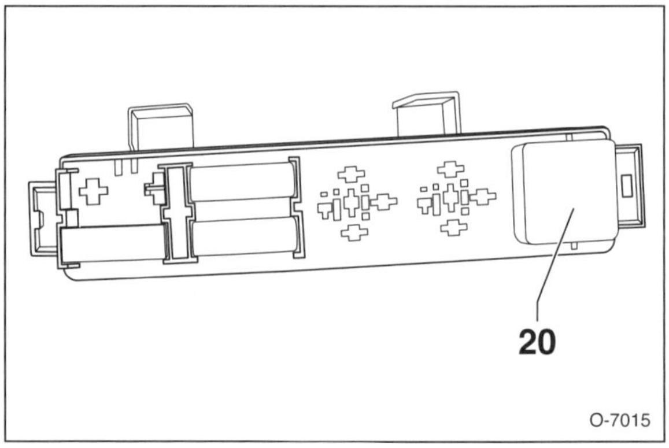

Nr.	Relais für ...	Bezeichnung
20	Filterheizung	K1_ X161

Abkürzungen

15. . . . . Klemme 15, Zündspannung
30. . . . . Klemme 30, Batteriespannung
31. . . . . Masse
15A. . . . . . . 15 Ampere
ABS . . . . . . Antiblockiersystem
AC . . . . Klimaanlage
ASP . . . . . . Außenspiegel
AT . . . . Automatikgetriebe
AZV. . . . . . . Anhängerzugvorrichtung
BCM . . . . . . Karosseriesteuergerät
BRAKE . . . . . Bremslichtschalter
CDL . . . . . . Zentralverriegelung
CDLNB/HB . . . Zentralverriegelung (Stufenheck/Fließheck)
CIM. . . . . . . Lenksäulenintegriertes Modul
CLS. . . . . . . Kupplungsschalter
CVT . . . . . . Stufenloses Getriebe
DL . . . . Safe-Lock
DWA . . . . . . Diebstahlwarnanlage
FD . . . . Doppelter Lüfter
FE1. . . . . . . Sicherung Schaltgetriebe, Motorraum
FE13 . . . . . . Sicherung, Elektrozentrale Motorraum
FE15 . . . . . . Sicherung, Elektrozentrale Motorraum
FE3. . . . . . . Sicherung, Elektrozentrale Motorraum
FE35 . . . . . . Sicherung Motor Y22YH, Motorraum
FE36 . . . . . . Sicherung Motor Z32SE, Motorraum
FE5. . . . . . . Sicherung SIGNUM, Motorraum
FE7. . . . . . . Sicherung Bremslichtschalter, Motorraum
FE8. . . . . . . Sicherung Motor Z20NET, Motorraum
FFD. . . . . . . Signalhorn, doppelt
FH . . . . Fensterheber
FHF. . . . . . . Fensterheber, vorn
FI15 . . . . . . Sicherung, Armaturententafel
FI18 . . . . . . Sicherung, Armaturententafel
FI2 . . . . Sicherung, Armaturententafel
FI20 . . . . . . Sicherung Motor Z22YH, Armaturententafel
FI23 . . . . . . Sicherung, Armaturententafel
FI25 . . . . . . Sicherung, Armaturententafel
FI6 . . . . Sicherung Motor Z22SE, Armaturententafel
FI8 . . . . Sicherung Zentralverriegelung, Armaturententafel
FL . . . . Scheinwerfer
FL-NXNL . . . . Scheinwerfer (nicht Xenon-Lampen)
FOG-F . . . . . Nebelscheinwerfer
FR10 . . . . . . Sicherung, Elektrozentrale hinten
FR13 . . . . . . Sicherung Blinkleuchten, Elektrozentrale hinten
FR14 . . . . . . Sicherung, Elektrozentrale hinten
FR27 . . . . . . Sicherung, Elektrozentrale hinten
FR28 . . . . . . Sicherung, Elektrozentrale hinten
FR6. . . . . . . Sicherung, Elektrozentrale hinten
FR7. . . . . . . Sicherung, Elektrozentrale hinten
FS . . . . Einfacher Lüfter
HB . . . . Fließheck
HEAT. . . . . . Heizung
HOR . . . . . . Fanfare, Hupe
HSCAN-H . . . Hochgeschwindigkeits-CAN-Bus - High
HSCAN-L. . . . Hochgeschwindigkeits-CAN-Bus - Low
INS . . . . Kombiinstrument
IRL . . . . Innenbeleuchtung
KSP . . . . . . Kraftstoffpumpe
KW . . . . CARAVAN
KZL-NB. . . . . Kennzeichenleuchten (Stufenheck/Schrägheck)
KZL-SIG . . . . Kennzeichenleuchten (SIGNUM)
LHD . . . . . . Linkslenker
LIG-RHB/NB . . Beleuchtung hinten (Fließheck/Stufenheck)
LIG-R-SIG . . . Beleuchtung hinten (SIGNUM)
LSW . . . . . . Lichtschalter
MEM . . . . . . Memory, Spiegel und Sitzeinstellung
MIR-L. . . . . . Außenspiegel (Linkslenker)
MK . . . . Motorkühlung
MKM . . . . . . Motorkühlungsmodul, Motoren Y20DTH/Y22DTR
NB . . . . Stufenheck-Limousine
PTG . . . . . . Elektrische Heckklappe
PU . . . . Kraftstoffpumpe
RC . . . . Fernbedienung
RHD . . . . . . Rechtslenker
SBUL. . . . . . Schalter - Rückfahrscheinwerfer
SIG . . . . SIGNUM
SL-MHB/NB . . Bremslicht - Mitte (Fließheck/Stufenheck)
SL-M-SIG. . . . Bremslicht - Mitte (SIGNUM)
SLS. . . . . . . Bremslichtschalter
STA. . . . . . . Start & Laden
SUN_SCR . . . Sonnenrollo
SW-HEAD . . . Schaltereinheit - Licht
TL . . . . Blinkleuchten
TL . . . . Blinkleuchten
WA . . . . Scheibenwischer vorn/hinten
WI-B . . . . . . Heckscheibenwischer
WI-F . . . . . . Frontscheibenwischer
XNL. . . . . . . Xenon-Scheinwerfer
Y20DTH . . . . Motor Y20DTH
Y22DTR . . . . Motor Y22DTR
Y30DT . . . . . Motor Y30DT
Z16XE . . . . . Motor Z16XE
Z16XE . . . . . Motor Z16XE
Z18XE . . . . . Motor Z18XE
Z18XE . . . . . Motor Z18XE
Z20NET . . . . Motor Z20NET
Z22SE . . . . . Motor Z22SE
Z32SE . . . . . Motor Z32SE
ZV . . . . Zentralverriegelung